飞行器设计与工程力学品牌专业系列教材

工程力学

唐静静　孙　伟　浦奎英　主编

科学出版社

北　京

内 容 简 介

本书体现了近十年来南京航空航天大学基础力学教学团队开展基础力学研究型教学改革与实践的理念和成果。

本书根据教育部高等学校工科基础课程教学指导委员会 2019 年制订的“理论力学课程教学基本要求（B 类）”和“材料力学课程教学基本要求（B 类）”，在确保基本要求的前提下，删去一些偏难、偏深的内容。全书共 15 章，包含两部分内容，1～8 章为理论力学部分，9～15 章为材料力学部分。

本书可作为高等学校工科各专业工程力学课程（中少学时）的教材，也可供有关工程技术人员参考。

图书在版编目(CIP)数据

工程力学/唐静静，孙伟，浦奎英主编. —北京：科学出版社，2020.11

（飞行器设计与工程力学品牌专业系列教材）

ISBN 978-7-03-066748-9

Ⅰ. ①工…　Ⅱ.①唐…②孙…③浦…　Ⅲ.①工程力学-高等学校-教材　Ⅳ.①TB12

中国版本图书馆 CIP 数据核字（2020）第 218601 号

责任编辑：余　江　陈　琪 / 责任校对：王　瑞

责任印制：张　伟 / 封面设计：迷底书装

科 学 出 版 社 出版

北京东黄城根北街 16 号

邮政编码：100717

http://www.sciencep.com

北京中科印刷有限公司 印刷

科学出版社发行　各地新华书店经销

*

2020 年 11 月第　一　版　开本：787×1092　1/16

2020 年 11 月第一次印刷　印张：20

字数：487 000

定价：79.00 元

（如有印装质量问题，我社负责调换）

前　言

本书是我校“飞行器设计与工程力学品牌专业系列教材”之一，编者团队为长期从事基础力学课程教学工作的优秀骨干教师。本书体现了近十年来我校基础力学教学团队开展基础力学研究型教学改革与实践的理念和成果，引入了涉及广泛领域的工程实例以及与工程有关的例题和习题。

在全国普通高等学校新一轮培养计划中，课程的总学时数大幅度减少，工程力学课程的教学时数也相应压缩。本书根据教育部高等学校工科基础课程教学指导委员会 2019 年制订的“理论力学课程教学基本要求（B 类）”和“材料力学课程教学基本要求（B 类）”，在确保基本要求的前提下，删去一些偏难、偏深的内容。从力学素质教育的要求出发，更注重基本概念，而不追求烦琐的理论推导与数学运算。本书共 15 章，第 1～8 章为理论力学部分，包含静力学、运动学和动力学的内容；第 9～15 章为材料力学部分。同时以二维码的形式补充了动静法、振动斜弯曲、薄壁容器强度设计、动载荷、疲劳等内容。本书可供高等院校工科不同专业、不同层次教学选用。任课老师可以方便地选择、组织课内和课外的教学内容。

本书在习题中增加选择填空题，以强化学生对工程力学基本概念的理解和掌握。每章最后有“小结与讨论”，便于读者学习和总结。书中难度系数高的内容用“*”表示。

感谢清华大学范钦珊教授对本书的详细审阅和提出的宝贵修正意见！感谢南京航空航天大学航空学院的大力支持！

限于编者水平，书中难免有不足之处，望读者多提宝贵意见。

编　者

2020 年 6 月于南京

目　　录

第三篇 动 力 学

第四篇 材 料 力 学

绪　论

工程力学(engineering mechanics)涉及众多的力学学科分支与广泛的工程技术学科。作为高等工科学校的一门课程，工程力学是其中最基础的部分，它涵盖了原有理论力学和材料力学两门课程的主要经典内容，同时，适当地增加了面向21世纪的新内容。

工程力学课程不仅与力学密切相关，而且紧密联系于广泛的工程实际。

0.1　工程与工程力学

20世纪以前，推动近代科学技术与社会进步的蒸汽机、内燃机、铁路、桥梁、船舶、兵器等，都是在力学知识的累积、应用和完善的基础上逐渐形成和发展起来的。

20世纪产生的诸多高新技术工程，如高层建筑、大跨度悬索桥(图0-1)、海洋平台(图0-2)、精密仪器、航空航天器(图0-3和图0-4)、机器人(图0-5)、高速列车(图0-6)以及大型水利工程(图0-7)等更是在工程力学指导下得以实现，并不断发展完善的。

(a)

(b)

图0-1　高层建筑与大型桥梁

图 0-2　海洋石油钻井平台

图 0-3　我国的长征火箭

图 0-4　国际空间站

(a)

(b)

图 0-5　工业生产与控制系统中的机器人

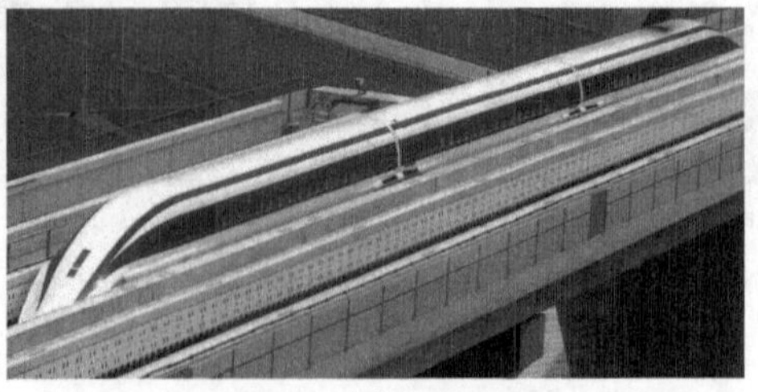

图 0-6　高速列车

图 0-7 我国的葛洲坝水力枢纽工程

20 世纪产生的另一些高新技术工程，如核反应堆工程、电子工程、计算机工程等，虽然是在其他基础学科指导下产生和发展起来的，但都需利用工程力学解决各式各样的、大大小小的问题。例如核反应堆堆芯与压力壳(图 0-8)，在核反应堆的核心部分——堆芯的核燃料元件盒，由于热核反应产生大量的热量和气体，从而受到高温和压力作用，当然还受到核辐照作用。在这些因素的作用下，元件盒将产生怎样的变形？这种变形又将对反应堆的运行产生什么影响？此外，反应堆压力壳在高温和压力作用下，其壁厚如何选择才能确保反应堆安全运行？

又如计算机硬盘驱动器(图 0-9)，若给定不变的角加速度，如何确定从启动到正常运行所需的时间以及转数？已知硬盘转台的质量及其分布，当驱动器达到正常运行所需角速度时，驱动电动机的功率如何确定等，也都与工程力学有关。

图 0-8 核反应堆压力容器

图 0-9 计算机硬盘驱动器

跟踪目标的雷达(图 0-10)怎样在不同的时间间隔内，通过测量目标与雷达之间的距离和雷达的方位角，才能准确地测定目标的速度和加速度？这也是工程力学中最基础的内容之一。

舰载飞机(图 0-11)在飞机发动机和弹射器推力作用下从甲板上起飞，于是就有下列工程力学问题：若已知推力和跑道的可能长度，则需要多大的初始速度和时间间隔才能达到飞离甲板时的速度？反之，如果已知初始速度、一定时间间隔后飞离甲板时的速度，那么需要飞机发动机和弹射器施加多大的推力，或者需要多长的跑道？

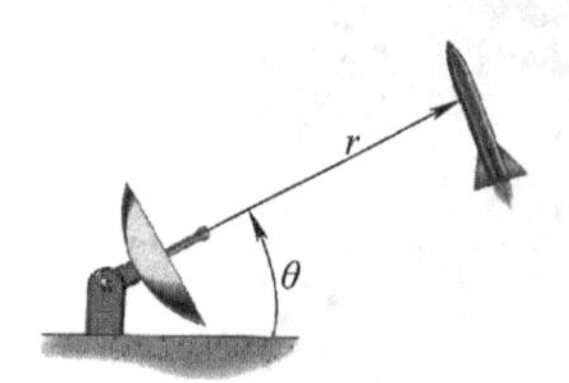

图 0-10　雷达确定目标的方位

图 0-11　舰载飞机从甲板上起飞

需要指出的是，除了工业部门的工程外，还有一些非工业工程也都与工程力学密切相关，体育运动工程就是一例。图 0-12 所示的棒球运动员用球棒击球前后，棒球的速度大小和方向都发生了变化，如果已知这种变化即可确定棒球受力；反之，如果已知击球前棒球的速度，根据被击后球的速度，就可确定球棒对球所需施加的力。赛车结构(图 0-13)为什么前细后粗？为什么车轮也是前小后大？这些都是工程力学的基础知识。

图 0-12　击球力与球的速度

图 0-13　赛车结构

0.2　工程力学的研究对象与模型

1. 工程力学的研究对象与研究内容

力学是研究物质宏观机械运动的学科。所谓“机械运动”是指物体空间位置的改变、物体的移动和变形、气体和流体的流动等。所谓“宏观”是指与人的尺度相差不大的空间范围。自然界以及工程技术过程都包含着这种最基本的运动。工程力学是研究自然界以及各种工程中机械运动最普遍、最基本的规律，以指导人们认识自然界，科学地从事工程技术工作。

本书论及的工程力学研究的机械运动主要有两大类：一类是研究物体的运动，研究作用在物体上的力和运动之间的关系；另一类是研究物体的变形，研究作用在物体上的力与变形之间的关系。当然，这两类问题并非完全孤立，它们之间有一些交叉。例如，当研究运动物体的变形时必须首先分析运动；又如，研究某些运动(振动)问题时也必须考虑变形。

2. 工程力学的两种主要模型

自然界与各种工程中涉及机械运动的物体有时是很复杂的，工程力学研究物体的机械运动时，必须忽略一些次要因素的影响，对其进行合理的简化，抽象出研究模型。

当所研究的物体的运动范围远远超过其本身的几何尺度时，物体的形状和大小对运动的影响很小，这时可将其抽象为只有质量而无体积的“质点”。由若干质点组成的系统，称为**质点系**(system of particles)。运动中的飞机相对于其飞行轨迹可以视为质点，编队飞行的机群则可视为质点系(图 0-14)。

图 0-14　飞机的飞行轨迹

质点系中质点之间的联系如果是刚性的，这样的质点系就是刚体(rigid body)；如果联系是弹性的，质点系就是弹性体或变形体；如果质点系中的质点都是自由的，这时，质点系就是自由质点系。因此，可以认为本书所涉及的质点系是广义的质点系。

实际物体在力的作用下都是可以变形的。但是，对于那些在运动中变形极小，或者虽有变形但不影响其整体运动的物体，这时可忽略其变形，而将其简化为刚体。但当研究作用在物体上的力所产生的变形，以及由于变形而在物体内部产生相互作用力时，即使变形很小，也不能将物体简化为刚体。

刚体与变形体也不是绝对的，例如在变形问题的分析中，当涉及平衡问题时，大部分情形下，依然可以沿用刚体模型。

0.3　工程力学的研究方法

传统的力学研究方法有两种，即理论方法和实验方法。

1. 两种不同的理论分析方法

本书在研究不同问题时所采用的理论方法不完全相同。

研究物体的运动、作用在物体上的力和运动之间的关系，采用的主要是建立在归纳基础上的演绎法——在建立研究对象力学模型的基础上，根据物体机械运动的基本概念与基本原理，应用数学演绎的方法，确定物体的运动规律以及运动与力之间关系的定理与方程。

研究物体的变形、作用在物体上的力与变形之间的关系，所采用的是：通过建立在实验基础上的简化与假定，应用平衡、变形协调与物性关系，确定变形体受力后的变形与位移以及由于变形而引起的内力分布规律。

2. 工程力学的实验分析方法

钱学森院士 1997 年 9 月在致清华大学工程力学系建系 40 周年的贺信中写道：“20 世纪初，工程设计开始重视理论计算分析，这也是因为新工程技术发展较快，原先主要靠经验的办法跟不上时代了，这就产生了国外所谓应用力学这门学问”，“为的是探索新设计、新结构，但当时主要因为计算工具落后，至多只是电动机械式计算器，所以应用力学只能探索发展新途径，具体设计还得靠试验验证。”

工程力学的实验分析方法大致可以分为以下几种类型。

(1)基本力学量的测定实验，包括位移、速度、加速度、角速度、角加速度、频率等的测定。

(2)材料的力学性能实验，通过试验机(图 0-15)测定不同材料的弹性常数(如杨氏模量)、材料的物性关系(图 0-16 中的实验材料为硬塑料；图 0-17 中的实验材料为软塑料)等。

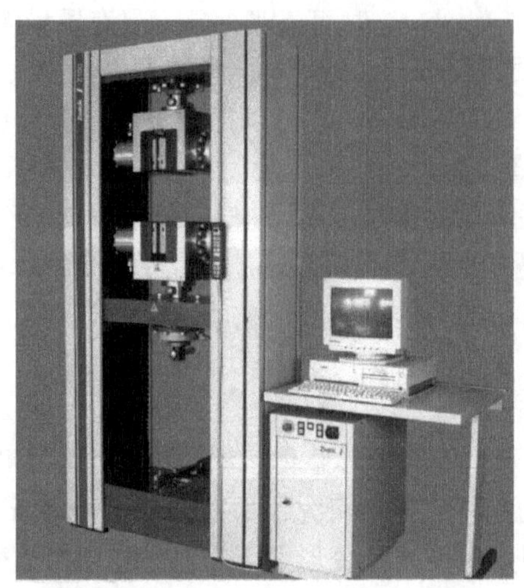

图 0-15　计算机控制的现代材料试验机

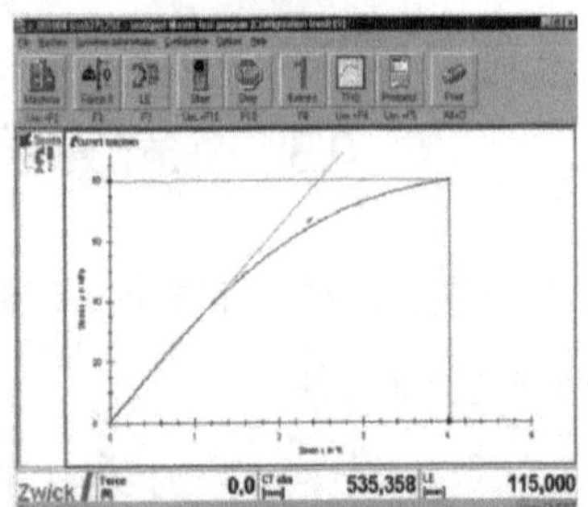

图 0-16　硬塑料的物性关系

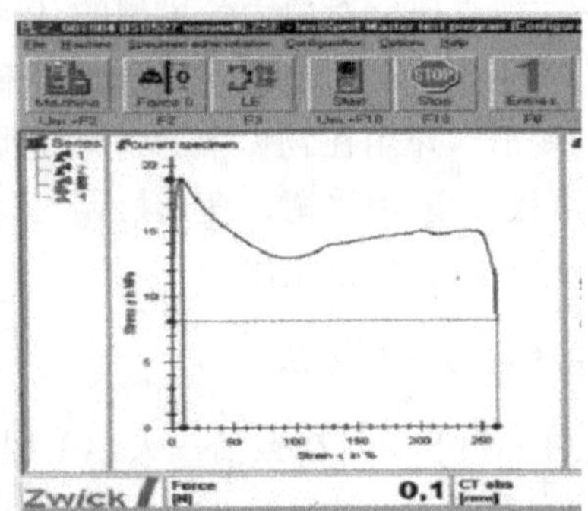

图 0-17　软塑料的物性关系

(3)综合性与研究型实验，一方面，研究工程力学的基本理论应用于实际问题时的正确性与适用范围；另一方面，研究一些基本理论难以解决的实际问题，通过实验建立合适的简化模型，为理论分析提供必要的基础。

3. 工程力学的计算机分析方法

由于计算机的飞速发展和广泛应用，工程力学又增加了一种分析方法，即计算机分析方法。而且，即使是传统的理论方法和实验方法，也要求助于计算机。在理论分析中，人们可以借助于计算机推导那些难于导出的公式，从而求得复杂的解析解。在实验研究中，计算机不仅可以采集和整理数据、绘制实验曲线、显示图形，而且可以选用最优参数。图 0-18、图 0-19 和图 0-20 中所示分别为豪华游艇的应力分析、战斗机振动模态分析和运动过程中乒乓球尾流的计算机分析结果。

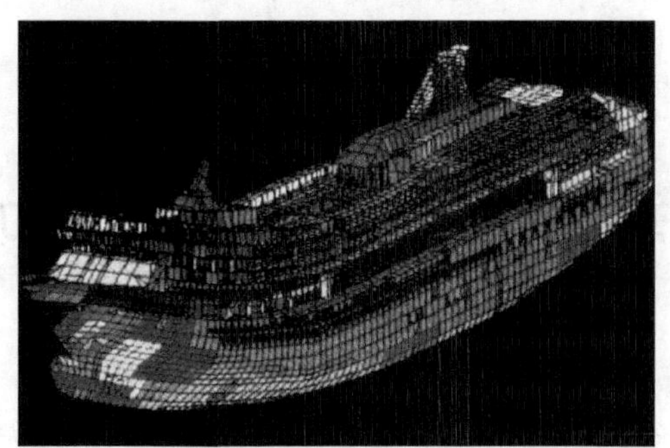

图 0-18　豪华游艇的应力分析

图 0-19　战斗机振动模态分析

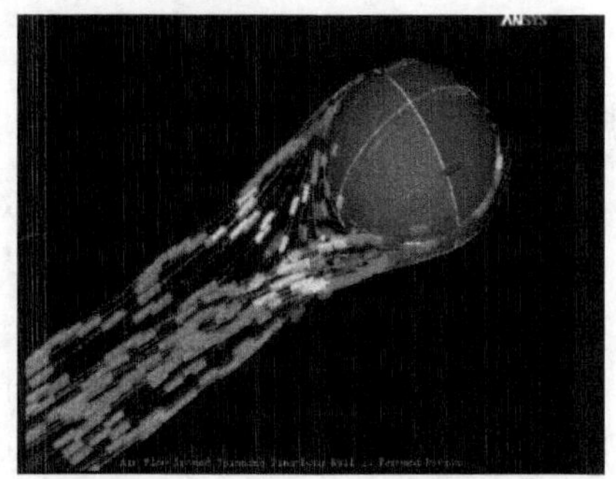

图 0-20　乒乓球尾流的计算机分析

正如钱学森院士所指出的“到了 60 年代，能快速进行计算的芯片计算机已出现，引起计算能力的一场革命。到现在每秒能进行几亿次浮点运算的机器已出现。随着力学计算能力的提高，用力学理论解决设计问题成为主要途径，而试验手段成为次要的了。”“由此展望 21 世纪，力学加电子计算机将成为工程新设计的主要手段，就连工程型号研制也只用电子计算机加形象显示。都是虚的，不是实的，所以称为虚拟型号研制(virtual prototyping)。最后就是实物生产了。”

不难看出，由于计算机的不断进步，工程力学的研究方法也需要更新。更重要的是，由于研究方法和研究手段革命性变革，“工程力学走过了从工程设计的辅助手段到中心主要手段，不是唱配角，而是唱主角了。”

第一篇 静 力 学

力是物体间的相互作用。这种作用使物体产生两种效应：运动效应——力使物体的运动状态发生改变的效应；变形效应——力使物体发生变形的效应。本书前三篇(静力学、运动学和动力学)主要研究力的运动效应；第四篇(材料力学)则主要研究力的变形效应。

静力学研究物体的受力与平衡的一般规律。物体的平衡是一种特殊的运动状态，是指物体相对于惯性参考系保持静止或作匀速直线平移的状态。

静力学的研究模型是刚体。

第 1 章 静力学概念与物体受力分析

本章首先介绍工程静力学的基本概念，包括力和力矩的概念、力系的概念、约束与约束力的概念。在此基础上，介绍受力分析的基本方法，包括隔离体的选取与受力图的画法。

1.1 静力学模型

1.1.1 力的概念

力(force)是物体间的相互作用。力对物体的作用效应取决于力的大小、方向和作用点。

(1)力的大小反映了物体间相互作用的强弱程度。国际通用的力的计量单位是牛顿，简称牛，英文字母 N 和 kN 分别表示牛和千牛。

(2)力的方向指的是静止质点在该力作用下开始运动的方向。沿该方向画出的直线称为力的作用线，力的方向包含力的作用线在空间的方位和指向。

(3)力的作用点是物体相互作用位置的抽象化。实际上两物体接触处总会占有一定面积，力总是分布地作用于物体的一定面积上的。如果这个面积很小，则可将其抽象为一个点，这时作用力称为集中力；如果接触面积比较大，力在整个接触面上分布作用，这时的作用力称为分布力，通常用单位长度的力表示沿长度方向上的分布力的强弱程度，称为**载荷集度**(density of load)，用记号 q 表示，单位为 N/m。如图 1-1(a)所示汽车通过轮胎作用在桥面上的力，因为轮胎与桥面的接触面积很小，所以可以看作是集中力；而如图 1-1(b)所示汽车和桥面作用在桥梁上的力，则是沿着桥梁长度方向连续分布的，所以是分布力。

综上所述，力是矢量(图 1-2)。矢量的模表示力的大小；矢量的作用线方位加上箭头表示力的方向；矢量的始端(或末端)表示力的作用点。

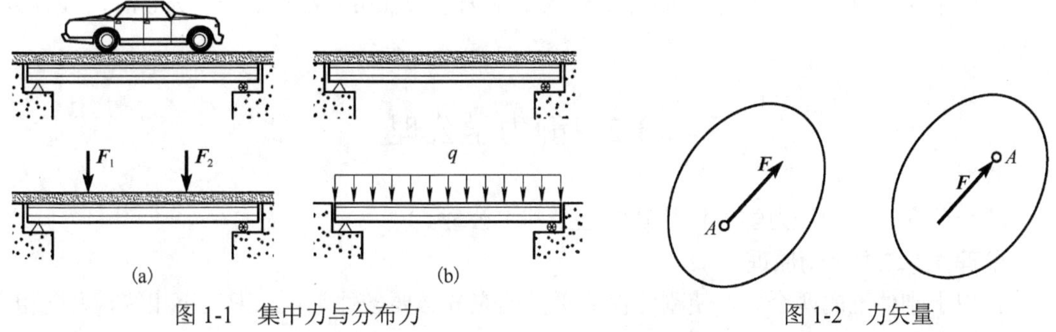

图 1-1　集中力与分布力　　　图 1-2　力矢量

1.1.2　力的效应

力使物体产生两种效应：

(1) 运动效应(effect of motion)——力使物体的运动状态发生变化的效应。

(2) 变形效应(effect of deformation) ——力使物体发生变形的效应。

物体受力时，其内部各点间的相对位置会发生改变，从而使物体的形状发生改变，这种改变称为变形。

在研究力的运动效应时，如果物体的变形对运动和平衡的影响甚微，则变形可以忽略不计，这时的物体便可以抽象为**刚体**。可以说，刚体就是受力作用时不变形的物体。也可以说，刚体内任意两点之间的距离保持不变。显然，刚体是一种理想化的物体的模型。

力使刚体产生两种运动效应：

(1) 若力的作用线通过物体的质心，则力将使物体在力的方向平移(图 1-3(a))。

(2) 若力的作用线不通过物体质心，则力将使物体既发生平移又发生转动(图 1-3(b))。

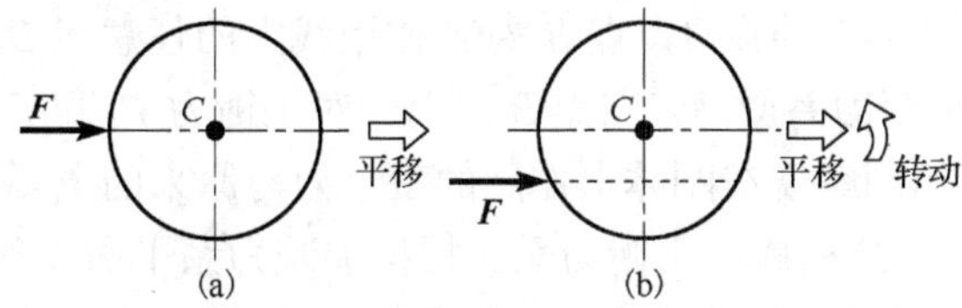

图 1-3　力的运动效应

物体的**平衡**是一种特殊的运动状态——相对于惯性参考系保持静止或做匀速直线平移的状态。

1.1.3　力系的概念

两个或两个以上的力组成的力的系统称为**力系**(system of forces)，由 $\boldsymbol{F}_1$, $\boldsymbol{F}_2$, …, $\boldsymbol{F}_n$ 等 n 个力组成的力系，可以用记号 $(\boldsymbol{F}_1, \boldsymbol{F}_2, \cdots, \boldsymbol{F}_n)$ 表示。图 1-4 所示为 3 个力组成的力系。

如果力系中的所有力的作用线都处于同一平面内，这种力系称为**平面力系**(system of forces in a plane)。

两个力系如果分别作用在同一刚体上，所产生的运动效应是相同的，这两个力系称为**等效力系**(equivalent force system)。

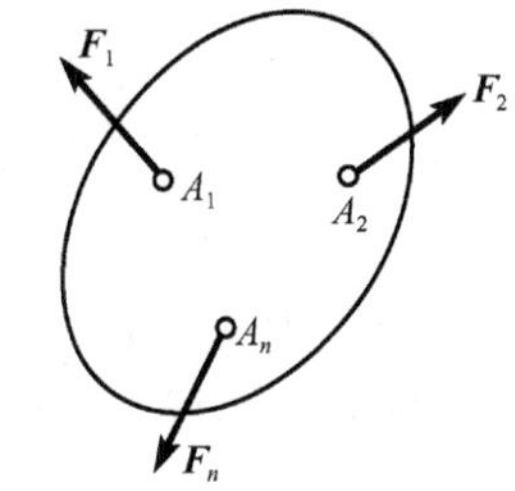

图 1-4　由 3 个力组成的力系

作用于刚体并使之保持平衡的力系称为**平衡力系**(equilibrium force system)，或称为零力系。

1.2 静力学公理

这一节介绍作为静力学理论基础的五个基本公理。

公理 1 二力平衡原理

作用于刚体上的两个力，使刚体保持平衡的充分必要条件是：二力大小相等，方向相反，并且作用在同一直线上。

这一原理给出了最简单力系的平衡条件，是研究复杂力系平衡条件的基础。

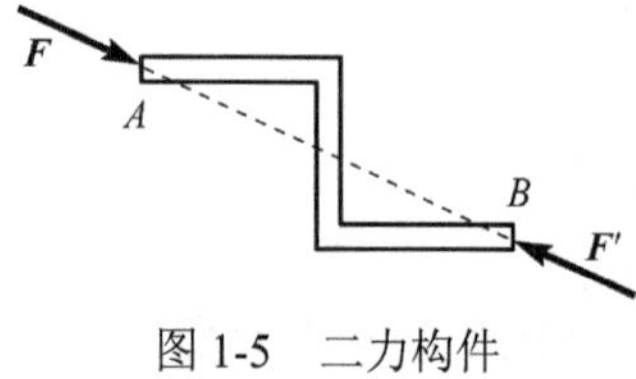

图 1-5 二力构件

在工程问题中，有些构件可简化为只在两点处各受到一个力作用的刚体，这样的构件称为**二力构件**。当二力构件平衡时，这两个力必定大小相等，方向相反，作用线共线，如图 1-5 所示。由于工程上的二力构件大多数是杆件，因此二力构件常被简称为**二力杆**。

公理 2 加减平衡力系原理

在作用于刚体的任何一个力系上，加上或减去一个平衡力系，不改变原力系对刚体的作用。

由上面的两个原理，可以导出如下推论。

推论 1 力的可传性原理

作用于刚体上一点的力，可以沿其作用线移到刚体内任意一点，而不改变它对刚体的作用效应。

证明 设 $\boldsymbol{F}$ 作用于刚体上的点 A，点 B 为 $\boldsymbol{F}$ 作用线上的任意点 B，且点 B 在刚体内，如图 1-6(a)所示。由加减平衡力系原理，在点 B 加上一对平衡力 $\boldsymbol{F}_1$ 和 $\boldsymbol{F}_2$，且 $\boldsymbol{F}_1$ 和 $\boldsymbol{F}_2$ 的大小与 $\boldsymbol{F}$ 相等，$\boldsymbol{F}_2$ 的方向与 $\boldsymbol{F}$ 相同。现在刚体上作用的三个力与原来的 $\boldsymbol{F}$ 等效，如图 1-6(b)所示。而由二力平衡原理，$\boldsymbol{F}_1$ 和 $\boldsymbol{F}$ 构成一平衡力系。根据加减力系平衡原理，将平衡力系 $\boldsymbol{F}_1$ 和 $\boldsymbol{F}$ 除去。这样，刚体上只剩下 $\boldsymbol{F}_2$ 作用在点 B，且 $\boldsymbol{F}_2=\boldsymbol{F}$，如图 1-6(c)所示。这就将原来作用在点 A 的 $\boldsymbol{F}$ 沿着作用线移到了刚体内的点 B 处，而没有改变原来的力对于刚体的作用效应。

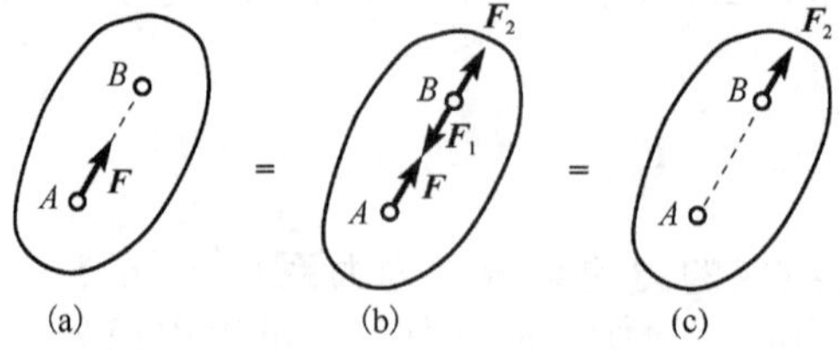

图 1-6 力的可传性

当作用于刚体上的力具有可传性后，力的三要素，即：大小、方向和作用点就转化为大小、方向和作用线。所以力是可以沿作用线移动的矢量，这种矢量称为**滑移矢量**。

公理 3　力的平行四边形法则

作用于物体上同一点的两个力，可以合成为一个合力，合力的作用点仍在该点，合力的大小和方向由以这两个力为边构成的平行四边形的对角线确定，如图 1-7 所示。也就是说，合力矢量为两个力的矢量和，可用矢量式表示为

$$\boldsymbol{F}_1+\boldsymbol{F}_2=\boldsymbol{F}_R$$

力的平行四边形法则是力系简化和合成的理论基础。

推论 2　三力平衡汇交定理

当刚体在三个力作用下平衡时，如果其中两个力的作用线汇交于一点，这三个力必在同一平面内，而且第三个力的作用线通过汇交点。

证明　设刚体在 $\boldsymbol{F}_1$、$\boldsymbol{F}_2$ 和 $\boldsymbol{F}_3$ 三个力的作用下平衡，其中，$\boldsymbol{F}_1$ 和 $\boldsymbol{F}_2$ 的作用线汇交于点 O，如图 1-8(a)所示。应用力的可传性原理，将 $\boldsymbol{F}_1$ 和 $\boldsymbol{F}_2$ 沿各自的作用线移至汇交点 O。再根据力的平行四边形法则，将作用于同一点的 $\boldsymbol{F}_1$ 和 $\boldsymbol{F}_2$ 合成，得到二者的合力 $\boldsymbol{F}_{12}$，如图 1-8(b)所示。用合力 $\boldsymbol{F}_{12}$ 代替 $\boldsymbol{F}_1$ 和 $\boldsymbol{F}_2$ 的作用后，刚体只受两个力的作用，即：作用于点 O 的 $\boldsymbol{F}_{12}$ 和作用于点 A_3 的 $\boldsymbol{F}_3$。由二力平衡原理，$\boldsymbol{F}_{12}$ 和 $\boldsymbol{F}_3$ 的作用线必共线，由此，$\boldsymbol{F}_3$ 的作用线必通过点 O。而且 $\boldsymbol{F}_{12}$ 是 $\boldsymbol{F}_1$ 和 $\boldsymbol{F}_2$ 构成的平行四边形的对角线，所以 $\boldsymbol{F}_{12}$ 与 $\boldsymbol{F}_1$ 和 $\boldsymbol{F}_2$ 共面，亦即：$\boldsymbol{F}_3$ 与 $\boldsymbol{F}_1$ 和 $\boldsymbol{F}_2$ 共面。

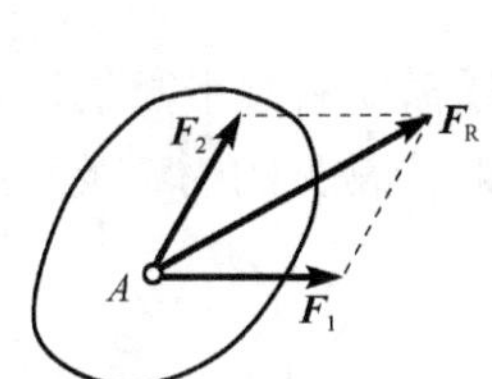

图 1-7　力的平行四边形法则

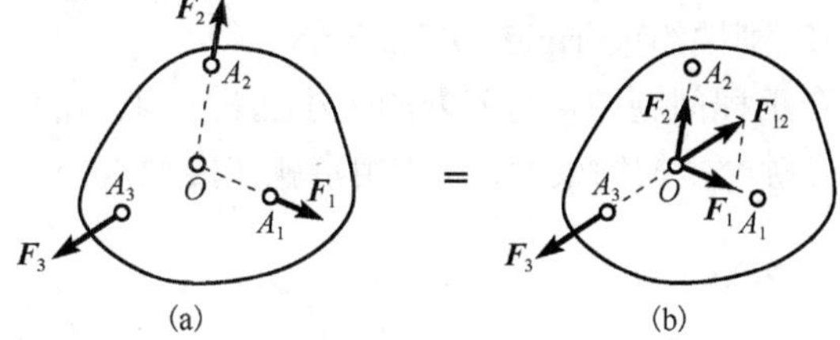

图 1-8　三力平衡汇交

公理 4　作用和反作用定律

作用力与反作用力总是同时存在，二者大小相等、方向相反、作用线共线，分别作用在两个相互作用的物体上，这就是牛顿第三定律。通常，如果作用力用 $\boldsymbol{F}$ 表示，则它的反作用力用 $\boldsymbol{F}'$表示。

公理 5　刚化原理

变形体在某一力系作用下处于平衡时，如将变形后的变形体刚化为刚体，则平衡状态保持不变。

也就是说，如果变形体在某一力系作用下是平衡的，那么刚体在该力系作用下就一定也是平衡的。这表明，只要变形体是平衡的，它就必定满足刚体的平衡条件。所以，刚体的平衡条件，是变形体平衡的必要条件。

刚化原理建立了变形体平衡与刚体平衡的联系。它的重要性体现在两个方面。一方面，静力学中研究工程结构的平衡问题时，所选取的研究对象可以是单个刚体，而大多数情况下是由解除了外部约束的若干个刚体组成的刚体系统。而这样的刚体系统作为一个整体，它一般不满足刚体的定义，即不满足系统中任意两点之间的距离保持不变。如果没有刚化原理，则静力学对单个刚体推导出的力系的平衡条件，要应用于上述的刚体系统上，就没有理论依

据。根据刚化原理，只要已知上述的刚体系统是平衡的，它就一定满足对刚体导出的力系平衡条件。另一方面，材料力学研究变形体，根据刚化原理，就可以将静力学中对刚体得到的力系平衡条件，应用于已知是平衡的变形体上。从这个意义上讲，刚化原理建立了理论力学与材料力学之间的联系。

1.3　工程常见约束与约束力

作用在物体上的力大致可分为两大类：主动力和约束力。

约束物与被约束物之间的相互作用力，统称为**约束力**(constraint force)。约束力是一种被动力。约束力以外的力均称为**主动力**(active force)或**载荷**(loads)，重力、风力、水压力、弹簧力、电磁力等均属此类。

工程中的约束种类很多。根据约束物体与被约束物体接触面之间有无摩擦，约束可分为：

(1)理想约束(ideal constraint)——接触面绝对光滑的约束。

(2)非理想约束(non-ideal constraint)——接触面之间存在摩擦时，一般为非理想约束。

本章将主要讨论理想约束。根据约束物体的刚性程度，约束又可以分为：

(1)柔性约束(flexible constraint)。

(2)刚性约束(rigid constraint)。

在工程问题中，约束力的大小通常是未知的，对于静力学问题需要通过平衡条件来求解。通过接触产生的约束力，其作用点就在接触点处。下面介绍几种工程中常见的约束及其约束力。

1.3.1　柔性约束

绳索、皮带、链条等都可以理想化为柔性约束，统称为**柔索**(cable)。这种约束所能限制的运动是被约束体沿柔索伸长方向的运动，所以柔性约束的约束力只能是拉力，不能是压力。图 1-9(a)所示的是绳索对物体的约束力。

再如图 1-9(b)中的皮带轮传动机构，皮带虽然有紧边和松边之分，但两边的皮带所产生的约束力都是拉力，只不过紧边的拉力要大于松边的拉力。

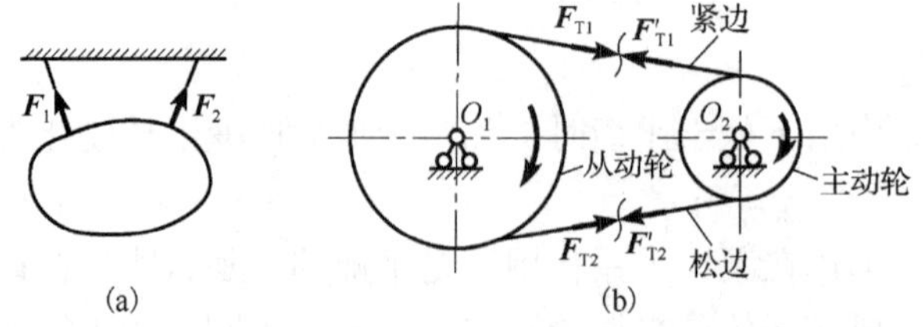

图 1-9　柔性约束

1.3.2　刚性约束

约束物与被约束物如果都是刚体，则二者之间为刚性接触。下面介绍几种常见的刚性约束。

1. 光滑接触面(smooth surface)约束

两个物体的接触面处光滑无摩擦时，约束物体只能限制被约束物体沿二者接触面公法线方向的运动，因此，其约束力沿着接触面的公法线方向，故称为法向约束力，用 $\boldsymbol{F}_{\mathrm{N}}$ 表示。此外，由于光滑接触没有摩擦力，不能限制沿接触面切线方向的运动，因此没有切向约束力。图 1-10(a)和(b)所示分别为光滑曲面对刚体球的约束力和齿轮传动机构中齿轮的约束力。

2. 光滑圆柱铰链约束

光滑圆柱铰链(smooth cylindrical pin)简称为**铰链**，由柱孔和销钉组成，其实际结构简图如图 1-11(a)所示，相互连接的两个构件并不直接接触，而是通过铰链连接。

现分析铰链对其中一个构件的约束力。销钉与构件的接触如图 1-11(b)所示。可以看出二者之间为线(销钉的母线)接触，在图示的平面上则为点接触。而这个接触点的位置随构件所受的外载荷的变化而改变。所以，虽然从接触的情况看，这种约束与光滑接触面约束相同，但由于接触点无法事先确定，它又与光滑接触面约束不同。

约束力的方向应沿着接触点处的公法线方向，而由于接触点无法事先确定，因此约束力的方向是未知的。工程上通常用分量来表示大小、方向均未知的约束力。在平面问题中这些分量分别为 F_x、F_y，即 $\boldsymbol{F}_{\mathrm{R}}=(F_x,F_y)$，如图 1-11(b)所示。铰链约束的力学符号如图 1-11(c)所示。

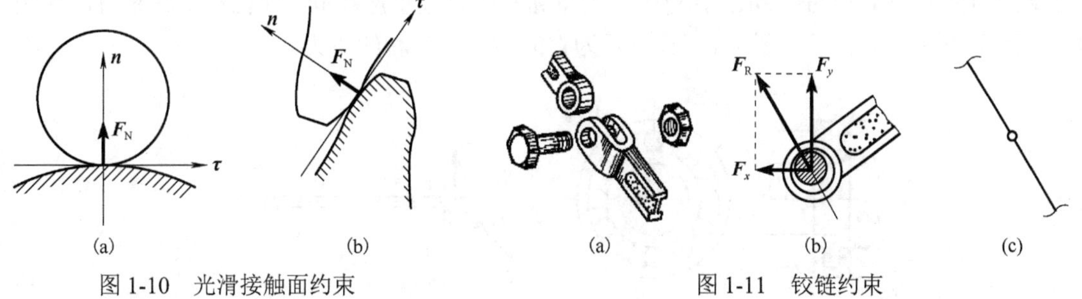

图 1-10　光滑接触面约束　　图 1-11　铰链约束

3. 固定铰链支座约束

若将铰链连接的两个物体中的一个物体固定在地面或机架上，则构成固定铰链支座约束，简称为固定铰支座或固定支座，其结构简图如图 1-12(a)所示。这种连接方式的特点是限制了被约束物体只能绕铰链轴线转动，而不能有移动。其约束力的表示与铰链相同。图 1-12(b)所示为固定铰支座力学符号和约束力。

4. 可动铰链支座约束

为了解决桥梁、屋架结构等工程结构由于温度变化而使得其跨度伸长或缩短的问题，在固定铰链支座中，解除其对某一方向运动的限制，这就构成了可动铰链支座(roller support)，简称为可动铰支座或可动支座，又称为辊轴，其结构简图如图 1-13(a)所示。

这样在固定铰支座的两个约束力分量中，对于可动支座就只剩下一个分量，即与可移动方向垂直的分量 $\boldsymbol{F}_{\mathrm{N}}$。图1-13(b)或(c)所示为它的力学符号和约束力。

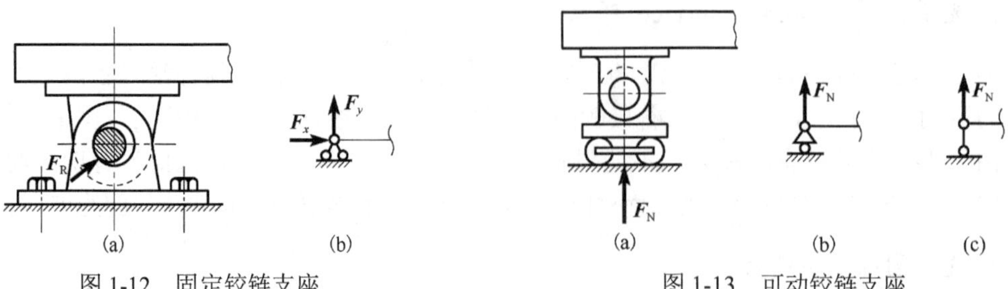

图 1-12　固定铰链支座　　　　图 1-13　可动铰链支座

需要指出的是，某些工程结构中的可动铰支座，既限制被约束物体向下运动，也限制向上运动。因此，约束力$\boldsymbol{F}_N$垂直于接触面，可能指向上，也可能指向下。

只限制物体沿某一方向的运动，而不限制沿其相反方向的运动的约束，称为**单面约束**，如柔性约束和光滑接触面约束都是单面约束。既能限制物体沿某一方向的运动，又能限制沿其相反方向的运动的约束，称为**双面约束**，可动铰支座为双面约束。单面约束的约束力指向是确定的，而双面约束的约束力指向需要根据平衡条件来确定。

5. 向心轴承

如果将固定铰支座中的圆柱铰链的长度延长，使它成为一根轴，则固定支座就限制该轴只能绕其轴线转动。这样固定支座对于被约束体轴来说，就构成了向心轴承约束。实际的向心轴承的简图如图 1-14(a)所示。其对轴的约束力与固定铰支座相同，即在与轴线垂直的平面内，用两个正交分量表示。图 1-14(b)所示为它的力学符号和约束力。

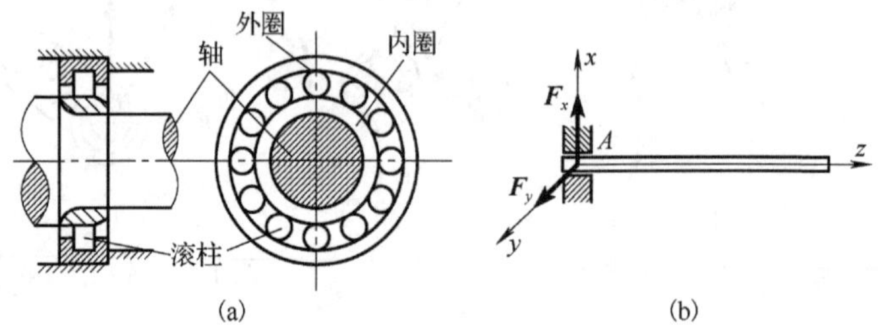

图 1-14　向心轴承

6. 向心止推轴承

如果在向心轴承上再增加对沿轴线方向运动的限制，则就成为向心止推轴承，简称**止推轴承**，其结构简图如图 1-15(a)所示。它的约束力就是在向心轴承的两个约束力分量基础上增加一个沿轴线方向的分量 $\boldsymbol{F}_z$，如图 1-15(b)所示。图 1-15(c)所示为它的力学符号。

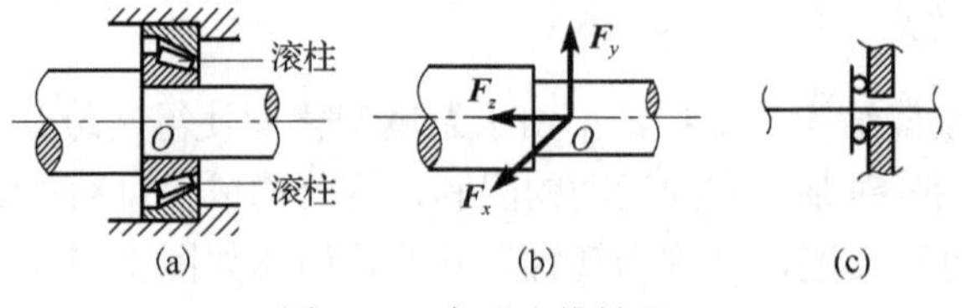

图 1-15　向心止推轴承

7. 球形铰链约束

球形铰链(ball-socket joint)简称**球铰**。与一般铰链相似也有固定球铰与活动球铰之分。其结构简图如图 1-16(a)所示，被约束物体上的球头与约束物体上的球窝连接。

这种约束的特点是被约束物体只绕球心作空间转动，而不能有空间任意方向的移动。因此，球铰的约束力为空间力，一般用三个分量表示：$\boldsymbol{F}_R=(F_x, F_y, F_z)$，如图 1-16(b)所示，其力学符号如图 1-16(c)所示。

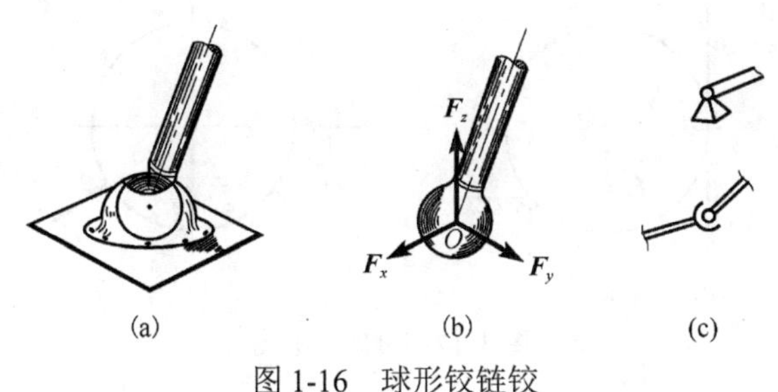

图 1-16　球形铰链铰

1.4　受力分析方法与过程

1.4.1　受力分析概述

所谓受力分析，主要是确定所要研究的物体上受有哪些力，分清哪些力是已知的，哪些力是未知的。

进行受力分析，首先必须根据问题的性质、已知量和所要求的未知量，选择某一物体(或几个物体组成的系统)作为分析研究对象，并将所研究的物体从与之接触或连接的物体中分离出来，即解除其所受的约束而代之以相应的约束力。

解除约束后的物体，称为**分离体**(isolated body)或**隔离体**。分析作用在分离体上的全部主动力和约束力，画出分离体的受力简图——**受力图**。受力分析具体步骤如下：

(1)选定合适的研究对象，取出分离体。

(2)画出所有作用在分离体上的主动力(一般皆为已知力)。

(3)在分离体的所有约束处，根据约束的性质画出相应的约束力。

当选择若干个物体组成的系统作为研究对象时，作用于系统上的力可分为两类：系统外物体作用于系统内物体上的力，称为**外力**(external force)；系统内物体间的相互作用力称为**内力**(internal force)。

应该指出，内力和外力的区分不是绝对的，内力和外力，只有相对于某一确定的研究对象才有意义。由于内力总是成对出现的，不会影响所选择的研究对象的平衡状态，因此，不必在受力图上画出。

此外，当所选择的研究对象不止一个时，要正确应用作用与反作用定律，确定相互联系的物体在同一约束处的约束力，作用力与反作用力应该大小相等、方向相反(参见例题 1-3)。

1.4.2 受力图绘制方法应用举例

【例题 1-1】 具有光滑表面、重力为 $\boldsymbol{F}_{W}$ 的圆柱体，放置在刚性光滑墙面与刚性凸台之间，接触点分别为 A 和 B 两点，如图 1-17(a)所示。试画出圆柱体的受力图。

解 (1)选择研究对象。

本例中要求画出圆柱体的受力图，所以，只能以圆柱体作为研究对象。

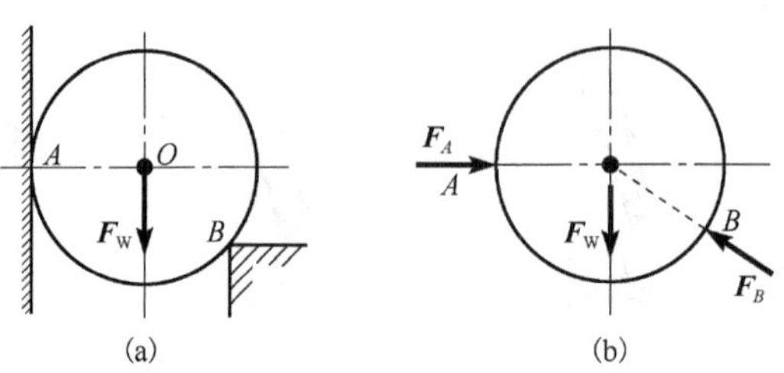

图 1-17 例题 1-1 图

(2)取隔离体，画受力图。

将圆柱体从图 1-17(a)中分离出来，即得到圆柱体的隔离体。作用在圆柱体上的力，有：

① 主动力——圆柱体所受的重力 $\boldsymbol{F}_{W}$，沿铅垂方向向下，作用点在圆柱体的重心处。

② 约束力——因为墙面和圆柱体表面都是光滑的，所以在 A、B 二处均为光滑面约束，约束力垂直于墙面，指向圆柱体中心；圆柱与凸台间接触也是光滑的，也属于光滑面约束，约束力作用线沿二者的公法线方向，即沿点 B 与点 O 的连线方向，指向点 O。于是，可以画出圆柱体的受力图如图 1-17(b)所示。

【例题 1-2】 梁 A 端为固定铰链支座，B 端为可动支座，支承平面与水平面夹角为30°。梁中点 C 处作用有集中力(图 1-18(a))。如不计梁的自重，试画出梁的受力图。

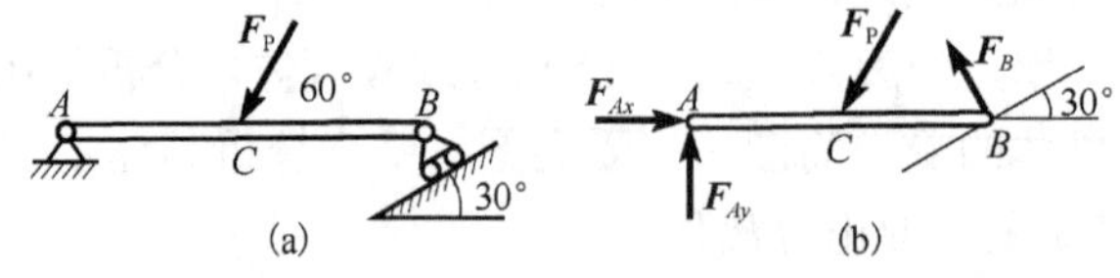

图 1-18 例题 1-2 图

解 (1)择合适的研究对象。

确定本例中只有 AB 梁一个构件，同时又指明要画出梁的受力图，所以研究对象只有一个选择，就是 AB 梁。

(2)解除约束，取隔离体。

将 A、B 端的约束解除，也就是将 AB 梁从原来图 1-18(a)的系统中分离出来。

(3)分析主动力与约束力，画出受力图。

首先，在梁的中点 C 处画出主动力 $\boldsymbol{F}_{P}$。然后，根据约束性质，画出约束力：因为 A 端为固定铰链支座，其约束力可以用一个水平分力 $\boldsymbol{F}_{Ax}$ 和一个垂直分力 $\boldsymbol{F}_{Ay}$ 表示；B 端为可动支座，约束力垂直于支承平面并指向 AB 梁，用 $\boldsymbol{F}_{B}$ 表示。于是，可以画出梁的受力图，如图 1-18(b)所示。

【例题 1-3】 二直杆 AC 与 BC 在点 C 用光滑铰链连接，二杆的点 D 和点 E 之间用绳索相连。A 处为固定铰链支座，B 端放置在光滑水平面上。AC 杆的中点作用有集中力 $\boldsymbol{F}_P$ 其作用线垂直于 AC 杆(图 1-19(a))。如果不计二杆自身重量，试分别画出 AC 杆与 BC 杆组成的整体结构，以及 AC 杆和 BC 杆的受力图。

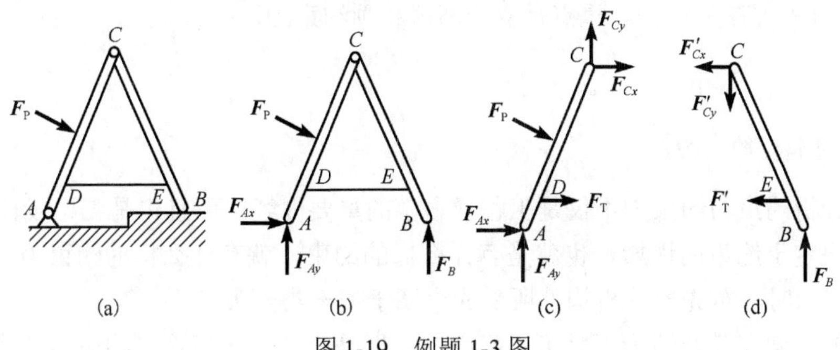

图 1-19　例题 1-3 图

解：(1)整体结构受力图。

以整体为研究对象，解除 A、B 两处的约束，得到隔离体。作用在整体的外力有：①主动力—— $\boldsymbol{F}_P$；②约束力——固定铰支座 A 处的约束力 $\boldsymbol{F}_{Ax}$、$\boldsymbol{F}_{Ay}$；③B 处光滑接触面的约束力 $\boldsymbol{F}_B$。

于是，整体结构的受力图如图 1-19(b)所示。

注意：画整体受力图时，铰链 C 处以及绳索两端 D、E 二处的约束都没有解除，这些部分的约束力，都是各相连接部分的相互作用力，这些力对于整体结构而言是内力，因而都不会显示出来，所以不应该画在整体的受力图上。

(2)AC 杆的受力图。

以 AC 杆为研究对象，解除 A、C、D 三处的约束，得到其隔离体。作用在 AC 杆上的主动力为 $\boldsymbol{F}_P$。约束力有：固定铰支座 A 处的约束力 $\boldsymbol{F}_{Ax}$、$\boldsymbol{F}_{Ay}$；铰链 C 处约束力 $\boldsymbol{F}_{Cx}$、$\boldsymbol{F}_{Cy}$，D 处绳索的约束力为拉力 $\boldsymbol{F}_T$。于是，AC 杆的受力图如图 1-19(c)所示。

(3)BC 杆的受力图。

以 BC 杆为研究对象，解除 B、C、E 三处的约束，得到其隔离体。作用在 BC 杆上的力有：光滑接触面 B 处的约束力 $\boldsymbol{F}_B$；E 处绳索的约束力为拉力 $\boldsymbol{F}'_T$，$\boldsymbol{F}'_T$ 与作用在 AC 杆上 D 处约束力 $\boldsymbol{F}_T$ 大小相等、方向相反；C 处约束力为 $\boldsymbol{F}'_{Cx}$、$\boldsymbol{F}'_{Cy}$，二者分别与作用在 AC 杆上 C 处约束力 $\boldsymbol{F}_{Cx}$、$\boldsymbol{F}_{Cy}$ 大小相等、方向相反，互为作用力与反作用力。

于是，BC 杆的受力图如图 1-19(d)所示。

1.5　小结与讨论

1.5.1　本章小结

本章主要内容有以下几点。

(1)力的基本概念：力的三要素、力的两种效应、刚体、平衡、力、集中力、分布力、力系、等效力系。

(2)静力学公理：二力平衡原理，加减平衡力系原理，力的平行四边形法则，作用和反作用定律和刚化原理。

(3) 推论：力的可传性原理，三力平衡汇交定理。

(4) 约束类型与约束力：柔性约束，光滑接触面约束，光滑圆柱铰链约束，固定铰链支座约束，可动铰链支座约束，向心轴承，向心止推轴承，球形铰链等。

(5) 受力分析方法与过程。重点是取分离体和画约束力。

1.5.2 讨论

1. 关于约束与约束力

正确地分析约束与约束力不仅是工程静力学的重要内容，而且也是工程设计的基础。

约束力决定于约束的性质，也就是有什么样的约束，就有什么样的约束力。因此，分析构件上的约束力时，首先要分析构件所受约束属于哪一类约束。

约束力的方向在某些情形下是可以确定的，但是，在很多情形下约束力的作用线与指向都是未知的。当约束力的作用线或指向仅凭约束性质不能确定时，可将其分解为两个相互垂直的约束分力。

至于约束力的大小，则需要根据作用在构件上的主动力与约束力之间必须满足的平衡条件确定，将在第 3 章介绍。

此外，本章只介绍了几种常见的工程约束模型。工程中还有一些约束，其约束力为复杂的分布力系，对于这些约束需要将复杂的分布力加以简化，得到简单的约束力。这类问题将在第 2 章详细讨论。

2. 关于受力分析

通过本章分析，受力分析的方法与过程可以概述如下：

(1) 确定物体所受的主动力或外加荷载。

(2) 根据约束性质确定约束力，当约束力作用线可以确定，而指向不能确定时，可以假设某一方向，最后根据计算结果的正负号决定假设方向是否正确。

(3) 选择合适的研究对象，取隔离体。

(4) 画出受力图。

(5) 考察研究对象的平衡，确定全部未知力。

受力分析时注意以下两点是很重要的。

(1) 研究对象的选择有时不是唯一的，需要根据不同的问题，区别对待。基本原则是：所选择的研究对象上应当既有未知力，也有已知力，或者已经求得的力；同时，通过研究对象的平衡分析，能够求得尽可能多的未知力。

(2) 分析相互连接的构件受力时，要注意构件与构件之间的作用力与反作用力。例如，例题 1-3 中，分析 AC 杆和 BC 杆受力时，二者在连接点 C 处的约束力就互为作用与反作用力(图 1-19(c)和(d))，即 $\boldsymbol{F}'_{Cx}$、$\boldsymbol{F}'_{Cy}$ 分别与 $\boldsymbol{F}_{Cx}$、$\boldsymbol{F}_{Cy}$ 大小相等、方向相反。

3. 关于二力构件

作用在刚体上的两个力平衡的充要条件：二力大小相等、方向相反且共线。实际结构中，只要构件的两端是铰链连接，两端之间没有其他外力作用，则这一构件必为二力构件。对于

图 1-20 所示各种结构中，请读者判断哪些构件是二力构件，哪些构件则不是二力构件。

需要指出的是，充分应用二力平衡和三力平衡的概念，可以使受力分析与计算过程简化。

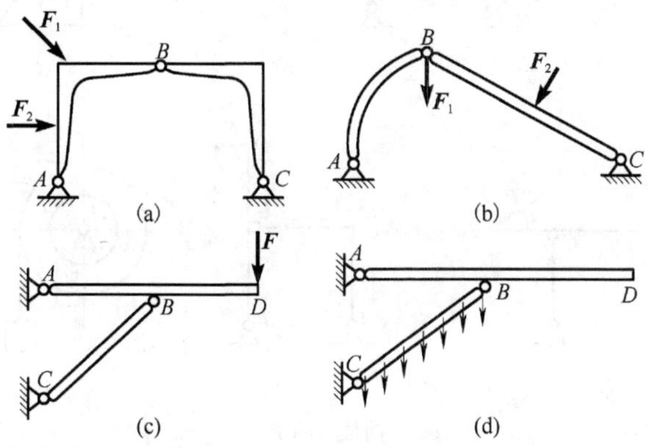

图 1-20　二力构件与非二力构件的判断

4. 关于静力学中某些原理的适应性

静力学中的某些原理，例如，力的可传性、平衡的充要条件等，对于柔性体是不成立的，而对于弹性体则是在一定的前提下成立。

图 1-21(a) 所示的拉杆 *ACB*，当 *B* 端作用有拉力 $\boldsymbol{F}_P$ 时，整个拉杆 *ACB* 都会产生伸长变形。但是，如果将拉力 $\boldsymbol{F}_P$ 沿其作用线从 *B* 端传至点 *C* 时 (图 1-21(b))，则只有 *AC* 端杆产生伸长变形，*CB* 端却不会产生变形。可见，两种情形下的变形效应是完全不同的。因此，当研究构件的变形效应时，力的可传性是不适用的。

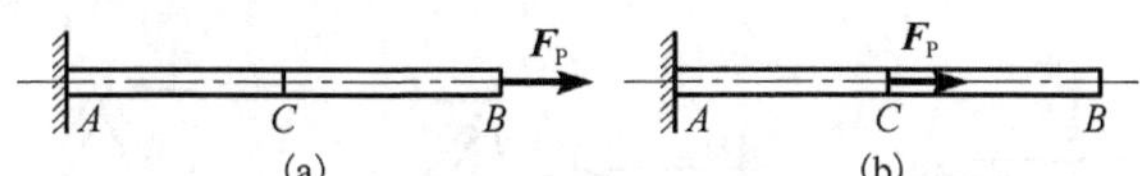

图 1-21　研究变形效应时力的可传性不适用

习　　题

1-1　如习题 1-1 图 (a) 和 (b) 所示分别为正交坐标系 Ox_1y_1 与斜交坐标系 Ox_2y_2。试将同一个力 $\boldsymbol{F}$ 分别在两种坐标系中分解和投影，比较两种情形下所得的分力与投影。

1-2　试画出习题 1-2 图 (a) 和 (b) 所示两种情形下各构件的受力图，并加以比较。

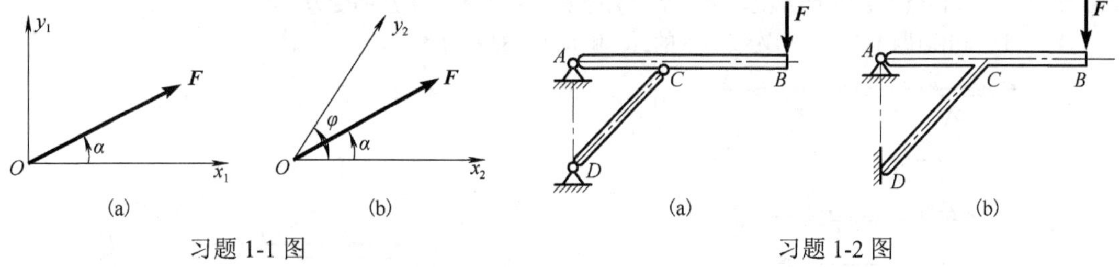

习题 1-1 图　　　　习题 1-2 图

1-3　试画出习题 1-3 图所示各构件的受力图。

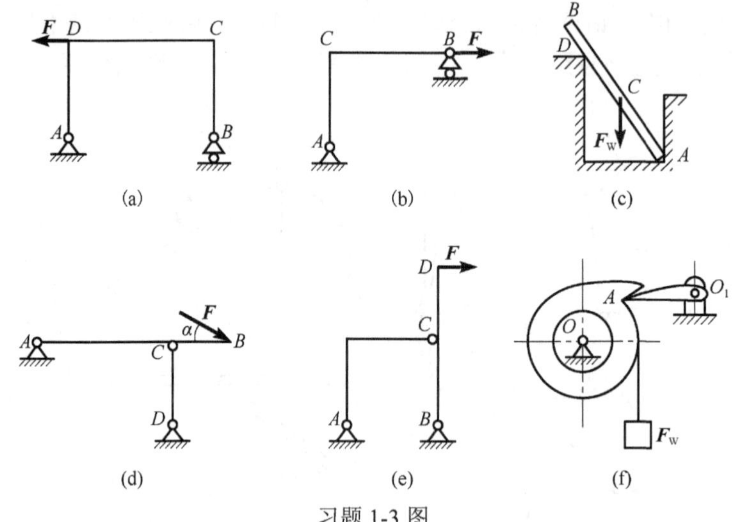

(a)　(b)　(c)
(d)　(e)　(f)

习题 1-3 图

1-4 习题 1-4 图(a)所示为三脚架结构。荷载 $\boldsymbol{F}_1$ 作用在 B 铰上。AB 杆不计自重，BD 杆自重为 $\boldsymbol{F}_{\mathrm{W}}$，作用在杆的中点。试画出习题 1-4 图(b)、(c)、(d)所示的隔离体的受力图，并加以讨论。

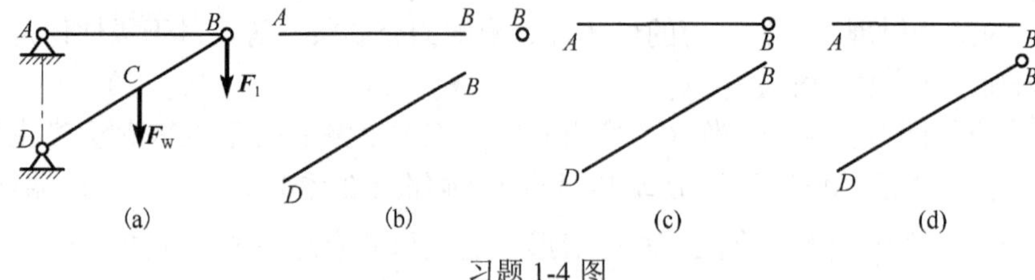
(a)　(b)　(c)　(d)

习题 1-4 图

1-5 试画出习题 1-5 图所示结构中各杆的受力图。

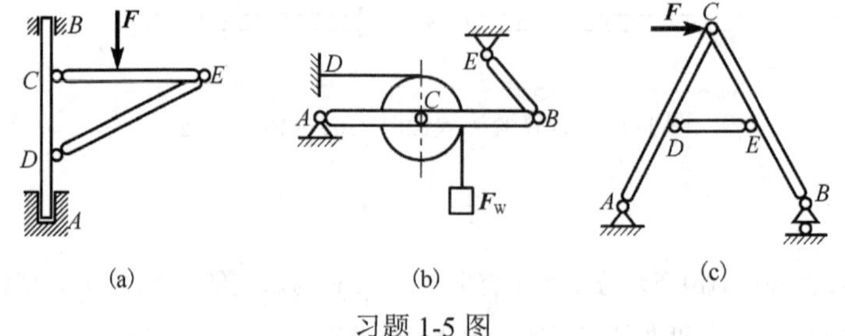
(a)　(b)　(c)

习题 1-5 图

1-6 习题 1-6 图所示刚性构件 ABC 由销钉 A 和拉杆 D 所悬挂，在构件的点 C 作用有一水力 $\boldsymbol{F}$。如果将力 $\boldsymbol{F}$ 沿其作用线移至点 D 或点 E 处，请问是否会改变销钉 A 和拉杆 D 的受力？

1-7 试画出习题 1-7 图所示连续梁中的 AC 和 CD 梁的受力图。

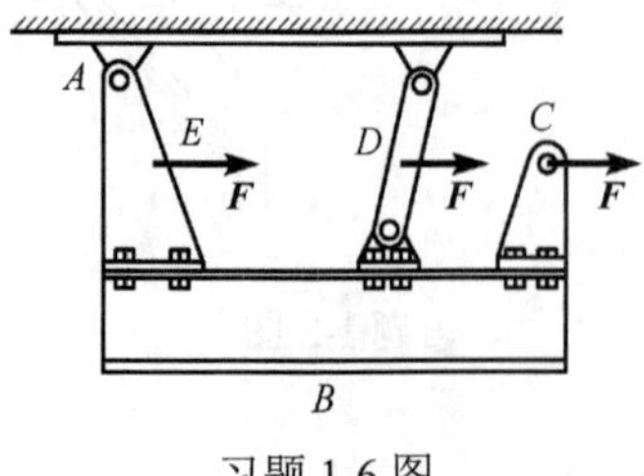
习题 1-6 图

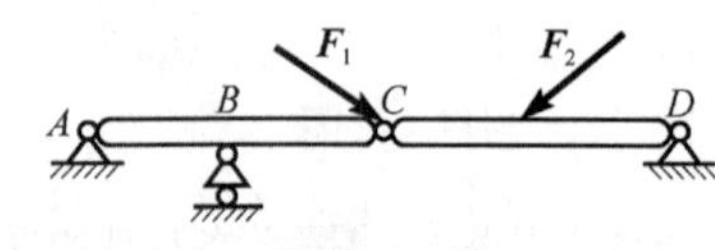
习题 1-7 图

1-8　习题 1-8 图所示压路机的碾子可以在推力或拉力作用下滚过 100mm 高的台阶。假设力 $\boldsymbol{F}$ 都是沿着杆 AB 的方向，杆与水平面的夹角为 30°，碾子重量为 250N。图中长度单位为 mm，试比较这两种情形下，碾子越过台阶所需力 $\boldsymbol{F}$ 的大小。

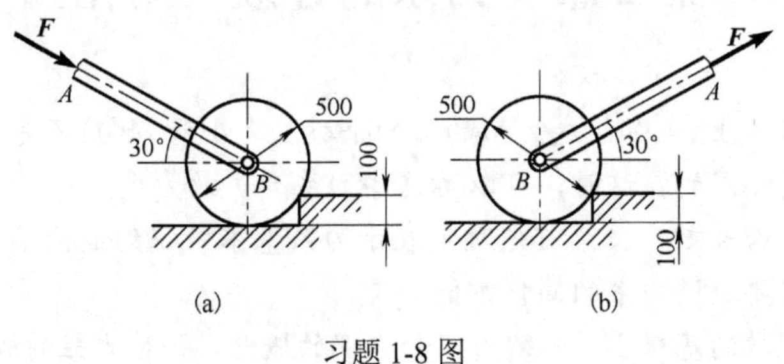

习题 1-8 图

第 2 章　力系的等效与简化

某些力系，从形式上(比如组成力系的力的个数、大小和方向)不完全相同，但其所产生的运动效应却可能是相同的。这时，可以称这些力系为等效力系。

为了判断力系是否等效，必须首先确定表示力系基本特征的最简单、最基本的量——力系基本特征量。这需要通过力系的简化方能实现。

本章首先在物理学的基础上，介绍力矩和力偶的概念，并对力矩的概念加以扩展和延伸，同样在物理学的基础上引出力系基本特征量，然后应用力向一点平移定理和方法对力系加以简化，进而导出力系等效定理，并将其应用于简单力系。

2.1　力　　矩

2.1.1　力对点之矩

力矩概念最早是由人们使用滑车、杠杆这些简单机械而产生的。

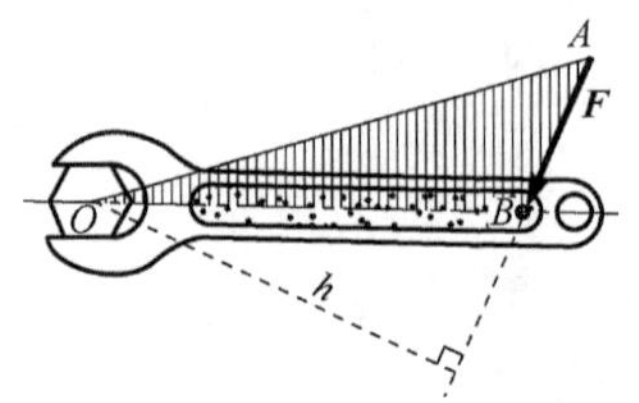

图 2-1　扳手拧紧螺母时的转动效应

使用过扳手的读者都能体会到：用扳手拧紧螺母(图 2-1)时，作用在扳手上的力 $\boldsymbol{F}$ 使螺母绕点 O 的转动效应不仅与力的大小成正比，而且与点 O 到力作用线的垂直距离 h 成正比。点 O 到力作用线的垂直距离称为**力臂**(arm of force)。

由此，规定力 $\boldsymbol{F}$ 与力臂 h 的乘积作为力 $\boldsymbol{F}$ 使螺母绕点 O 转动效应的度量，称为力 $\boldsymbol{F}$ 对点 O 之矩(force moment for a given point)，简称**力矩**，用符号 $M_O(\boldsymbol{F})$ 表示。即

$$M_O(\boldsymbol{F}) = \pm F \times h = \pm \triangle ABO \tag{2-1}$$

式中，点 O 称为力矩中心，简称**矩心**(center of a force moment)；$\triangle ABO$ 为三角形 ABO 的面积；“±”表示力矩的转动方向。

通常规定：若力 $\boldsymbol{F}$ 使物体绕矩心点 O 逆时针转动，力矩为正；反之，若力 $\boldsymbol{F}$ 使物体绕矩心点 O 顺时针转动，力矩为负。

力矩的国际单位记号是 N·m 或 kN·m。

以上所讨论的是在确定的平面里，力对物体的转动效应，因而用力矩标量 $M_O(\boldsymbol{F}) = \pm F \times h$ 即可度量。

在空间系问题中，度量力对物体的转动效应，不仅要考虑力矩的大小和转向，而且还要确定力使物体转动的方位，也就是力使物体绕着什么轴转动以及沿着什么方向转动，即力与矩心组成的平面的方位。

例如，作用在飞机机翼上的力和作用在飞机尾翼上的力，对飞机的转动效应不同：作用在机翼上的力使飞机发生侧倾；而作用在水平尾翼上的力则使飞机发生俯仰。

因此，在研究力对物体的空间转动时，必须使力对点之矩这个概念除了包括力矩的大小和转向外，还应包括力的作用线与矩心所组成的平面的方位。这表明，必须用力矩矢量描述力的转动效应。

$$\begin{aligned} \boldsymbol{M}_O(\boldsymbol{F}) &= \boldsymbol{r}\times\boldsymbol{F} \\ &= \begin{vmatrix} \boldsymbol{i} & \boldsymbol{j} & \boldsymbol{k} \\ x & y & z \\ F_x & F_y & F_z \end{vmatrix} \\ &= (yF_z - zF_y)\boldsymbol{i} + (zF_x - xF_z)\boldsymbol{j} + (xF_y - yF_x)\boldsymbol{k} \end{aligned} \tag{2-2}$$

式中，矢量 $\boldsymbol{r}$ 为自矩心至力作用点的矢径(图 2-2(a))。

力矩矢量 $\boldsymbol{M}_O(\boldsymbol{F})$ 的模描述转动效应的大小，它等于力的大小与矩心到力作用线的垂直距离(力臂)的乘积，即

$$|\boldsymbol{M}_O(\boldsymbol{F})| = Fh = Fr\sin\theta$$

式中，θ 为矢径 $\boldsymbol{r}$ 与力 $\boldsymbol{F}$ 之间的夹角。

力矩矢量的作用线与力和矩心所组成的平面之法线一致，它表示物体将绕着这一平面的法线转动(图 2-2(a))。力矩矢量的方向由右手定则确定：右手握拳，手指指向表示力矩转动方向，拇指指向为力矩矢量的方向(图 2-2(b))。

【例题 2-1】　图 2-3(a)和(b)所示为用手锤拔起钉子的两种加力方式。两种情形下，加在手柄上的力 $\boldsymbol{F}$ 的数值都等于 100N，方向如图 2-3 所示。手柄的长度 l=100mm。试求两种情况下，力 $\boldsymbol{F}$ 对点 O 之矩。

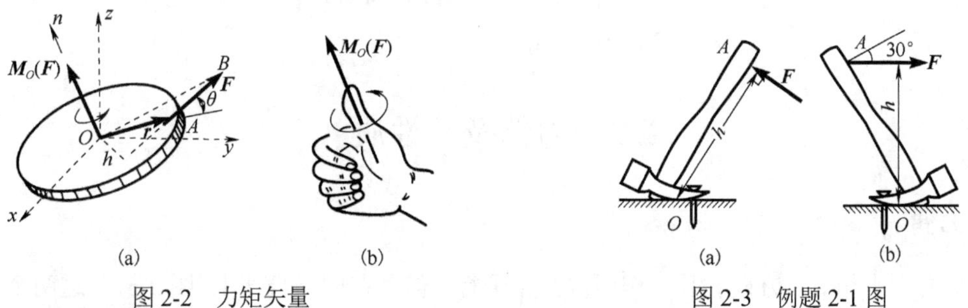

图 2-2　力矩矢量　　　　图 2-3　例题 2-1 图

解　(1)图 2-3(a)中的情形。

这种情形下，力臂——点 O 到力 $\boldsymbol{F}$ 作用线的垂直距离 h 等于手柄长度 l，力 $\boldsymbol{F}$ 使手锤绕点 O 逆时针方向转动，所以 $\boldsymbol{F}$ 对点 O 之矩的代数值为

$$M_O(\boldsymbol{F}) = Fh = Fl = 100\times300\times10^{-3} = 30(\mathrm{N\cdot m})$$

(2)图 2-3(b)中的情形。

这种情形下，力臂

$$h = l\cos30^\circ$$

力 $\boldsymbol{F}$ 使手锤绕点 O 顺时针方向转动，所以 $\boldsymbol{F}$ 对点 O 之矩的代数值为

$$M_O(\boldsymbol{F}) = -Fh = -Fl\cos30^\circ = -100\times300\times10^{-3}\times\cos30^\circ = -25.98(\mathrm{N\cdot m})$$

2.1.2　合力矩定理

如果平面力系$(\boldsymbol{F}_1, \boldsymbol{F}_2, \cdots, \boldsymbol{F}_n)$可以合成为一个合力 $\boldsymbol{F}_{\mathrm{R}}$，则可以证明

$$M_O(\boldsymbol{F}_R) = M_O(\boldsymbol{F}_1) + M_O(\boldsymbol{F}_2) + \cdots + M_O(\boldsymbol{F}_n) \tag{2-3a}$$

或者简写成

$$M_O(\boldsymbol{F}_R) = \sum_{i=1}^{n} M_O(\boldsymbol{F}_i) \tag{2-3b}$$

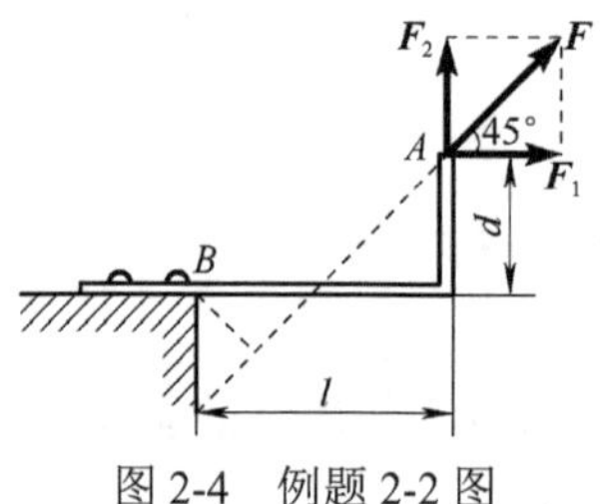

图 2-4　例题 2-2 图

这表明：平面力系的合力对平面上任一点之矩等于力系中所有的力对同一点之矩的代数和。这一结论称为合力矩定理。

【例题 2-2】　托架受力如图 2-4 所示。作用在点 A 的力为 $\boldsymbol{F}$。已知 F=500N，d=0.1m，l=0.2m。求力 $\boldsymbol{F}$ 对点 B 之矩。

解　可以直接应用式(2-1)，即 $M_B(\boldsymbol{F}) = \pm F \times h$ 计算力 $\boldsymbol{F}$ 对点 O 之矩。但是，在本例的情形下，不易计算矩心 B 到力 $\boldsymbol{F}$ 作用线的垂直距离 h(如图 2-4 中虚线所示)。如果将力 $\boldsymbol{F}$ 分解为互相垂直的两个分力 $\boldsymbol{F}_1$ 和 $\boldsymbol{F}_2$，二者的数值分别为

$$F_1 = F\cos 45^\circ \qquad F_2 = F\sin 45^\circ$$

这时，矩心 B 到 $\boldsymbol{F}_1$ 和 $\boldsymbol{F}_2$ 作用线的垂直距离都容易确定。

于是，应用合力矩定理得

$$M_B(\boldsymbol{F}) = M_B(\boldsymbol{F}_1) + M_B(\boldsymbol{F}_2)$$

可以得到

$$\begin{aligned} M_B(\boldsymbol{F}) &= F_2 \times l - F_1 \times d = F\left(l\sin 45^\circ - d\cos 45^\circ\right) \\ &= 500 \times \left(0.2 \times \cos 45^\circ - 0.1 \times \sin 45^\circ\right) \\ &= 35.35(\mathrm{N \cdot m}) \end{aligned}$$

2.2　力偶及其性质

2.2.1　力偶

两个力大小相等、方向相反、作用线互相平行，但不在同一直线上(图 2-5)，这两个力组成的力系称为**力偶**(couple)。力偶可以用记号 $(\boldsymbol{F}, \boldsymbol{F}')$ 表示，其中，$\boldsymbol{F} = -\boldsymbol{F}'$。组成力偶 $(\boldsymbol{F}, \boldsymbol{F}')$ 的两个力所在的平面称为**力偶作用面**(active plane of couple)；力 $\boldsymbol{F}$ 和 $\boldsymbol{F}'$ 作用线之间的距离 h 称为**力偶臂**(arm of couple)。

工程实际中，力偶的例子是很常见的。例如，钳工用绞杠丝锥攻螺纹时(图 2-6)，两手施于绞杆上的力 $\boldsymbol{F}$ 和 $\boldsymbol{F}'$，如果大小相等、方向相反，且作用线互相平行而不重合时，便组成一力偶；汽车司机两手施加在方向盘上的力；用两个手指头拧动水龙头，作用在水龙头上的一对力等，也都可以组成力偶。

力偶对自由体作用的结果是使物体绕质心转动。例如湖面上的小船，若用双桨反向均匀用力划动，就相当于有一个力偶作用在小船上，小船会在原处旋转。

力偶作用于物体，将使物体产生转动效应。力偶的这种转动效应是组成力偶的两个力共同作用的结果。

力偶对物体产生的绕某点 O 的转动效应，可用组成力偶的两个力对该点之矩之和度量。

设有力偶$(\boldsymbol{F},\boldsymbol{F}')$作用在物体上，如图 2-7 所示。二力作用点分别为点 A 和点 B，力偶臂为 h，二力数值相等，$F=F'$。任取一点 O 为矩心，自点 O 分别作力 $\boldsymbol{F}$ 和 $\boldsymbol{F}'$ 的垂线 OC 与 OD。显然，力偶臂

$$h=\overline{OC}+\overline{OD}$$

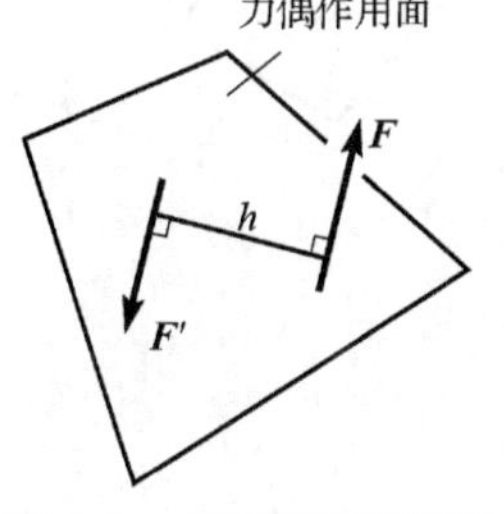

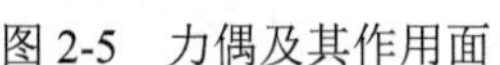
图 2-5　力偶及其作用面

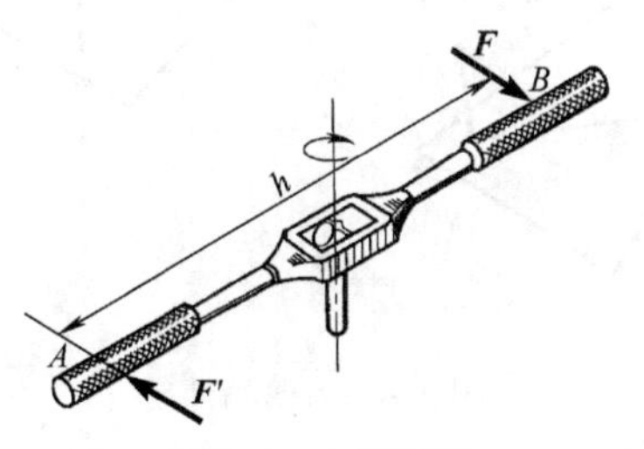

图 2-6　力偶实例

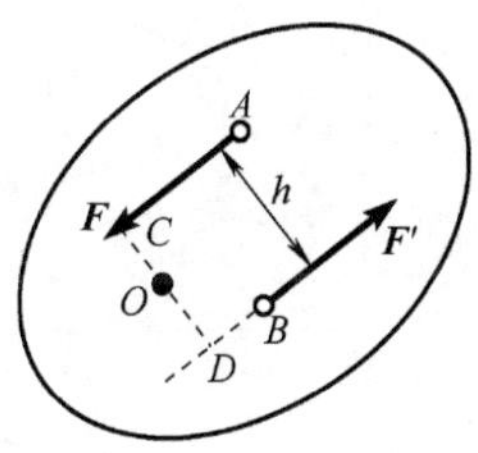

图 2-7　力偶矩

力 $\boldsymbol{F}$ 和 $\boldsymbol{F}'$ 对点 O 之矩之和为

$$M=M_O(\boldsymbol{F})+M_O(\boldsymbol{F}')=\boldsymbol{F}\times\overline{OC}+\boldsymbol{F}'\times\overline{OD}$$

于是，得到

$$M=M_O(\boldsymbol{F})+M_O(\boldsymbol{F}')=Fh$$

这就是组成力偶的两个力对同一点之矩的代数和，称为该力偶的**力偶矩**(moment of couple)。力偶矩用以度量力偶使物体产生转动效应的大小。

考虑到力偶的不同转向，上式也可以改写为

$$M=\pm Fh \tag{2-4}$$

这是计算力偶矩的一般公式，式中，F 为组成力偶的一个力；h 为力偶臂；正负号表示力偶的转动方向：逆时针方向转动者为正；顺时针方向转动者为负。

上述结果还表明：*力偶矩与矩心 O 的位置无关，即力偶对任一点之矩均相等，即等于力偶中的一个力乘以力偶臂。因此，在考虑力偶对物体的转动效应时，不需要指明矩心。*

2.2.2　力偶的性质

根据力偶的定义，可以证明，力偶具有如下性质。

性质一　*由于力偶只产生转动效应，而不产生移动效应，因此力偶不能与一个力等效(即力偶无合力)，也不能与一个力平衡。*

性质二　*只要保持力偶的转向和力偶矩的大小不变，可以同时改变力和力偶臂的大小，或在其作用面内任意转动，而不会改变力偶对物体作用的效应(图 2-8(a))。力偶的这一性质是很明显的，因为力偶的这些变化，并没有改变力偶矩的大小和转向，因此也就不会改变对物体作用的效应。*

根据力偶的这一性质，力偶作用的效应不单独取决于力偶中力的大小和力偶臂的大小，而只取决于它们的乘积和力偶的转向，因此可以用力偶作用面内的一个圆弧箭头表示力偶(图 2-8(b))，圆弧箭头的方向表示力偶转向。

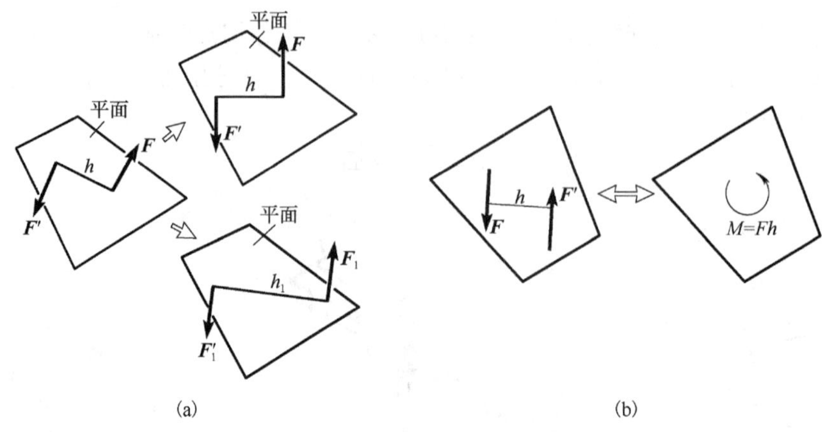

图 2-8　力偶的性质

2.2.3　力偶系及其合成

由两个或两个以上的力偶所组成的系统，称为**力偶系**(system of couples)。

对于所有力偶的作用面都处于同一平面内的力偶系，其转动效应可以用一合力偶的转动效应代替，这表明：力偶系可以合成一合力偶。可以证明：合力偶的力偶矩等于力偶系中所有力偶的力偶矩的代数和。

2.3　力系等效与简化的概念

2.3.1　力系的主矢与主矩

由任意多个力所组成的力系$(\boldsymbol{F}_1, \boldsymbol{F}_2, \cdots, \boldsymbol{F}_n)$中所有力的矢量和，称为力系的主矢量，简称为**主矢**(principal vector)，用$\boldsymbol{F}_\mathrm{R}$表示。即

$$\boldsymbol{F}_\mathrm{R} = \sum_{i=1}^{n} \boldsymbol{F}_i \tag{2-5}$$

力系中所有力对于同一点O之矩的矢量和，称为力系对这一点的**主矩**(principal moment)，用$\boldsymbol{M}_O$表示。即

$$\boldsymbol{M}_O = \sum_{i=1}^{n} \boldsymbol{M}_O(\boldsymbol{F}_i) \tag{2-6}$$

需要指出的是，主矢只有大小、方向，并未涉及作用点；主矩却是对于指定点的。因此，对于一个确定的力系，主矢是唯一的；主矩并不是唯一的，同一个力系对于不同的点，主矩一般不相同。

2.3.2　等效的概念

如果两个力系的主矢和主矩分别对应相等，二者对于同一刚体就会产生相同的运动效应，因而称这两个力系为**等效力系**(equivalent force system)。

2.3.3　简化的概念

所谓力系的简化，就是将由若干个力和力偶所组成的力系，变为一个力或一个力偶，或

者一个力与一个力偶的简单而等效的情形。这一过程称为**力系的简化**(reduction of force system)，力系简化的基础是**力向一点平移定理**(theorem of translation of a force)。

2.4　力系简化的基础——力向一点平移定理

根据力的可传性，作用在刚体上的力，可以沿其作用线移动，而不会改变力对刚体的作用效应。但是，如果将作用在刚体上的力，从一点平行移动至另一点，力对刚体的作用效应将发生变化。

能不能使作用在刚体上的力平移到作用线以外的任意点，而不改变原有力对刚体的作用效应？答案是肯定的。

为了使平移后与平移前力对刚体的作用等效，需要应用加减平衡力系原理。

假设在任意刚体上的点 A 作用一力 $\boldsymbol{F}$，如图 2-9(a)所示，为了使这一力能够等效地平移到刚体上的其他任意一点(例如点 B)，先在这一点施加一对大小相等、方向相反的平衡力系 $(\boldsymbol{F},\boldsymbol{F}')$，这一对力的数值与作用在点 A 的力 $\boldsymbol{F}$ 数值相等，作用线与 $\boldsymbol{F}$ 平行，如图 2-9(b)所示。

根据加减平衡力系原理，施加上述平衡力系后，力对刚体的作用效应不会发生改变。因此，施加平衡力系后，由 3 个力组成的新力系对刚体的作用与原来的一个力等效。

增加平衡力系后，作用在点 A 的力 $\boldsymbol{F}$ 与作用在点 B 的力 $\boldsymbol{F}'$ 组成一力偶，这一力偶的力偶矩 M 等于力 $\boldsymbol{F}$ 对点 O 之矩，即

$$M=M_O(\boldsymbol{F})=Fh \tag{2-7}$$

这样，施加平衡力系后由 3 个力所组成的力系，变成了由作用在点 B 的力 $\boldsymbol{F}$ 和作用在刚体上的一个力偶矩为 M 的力偶所组成的力系，如图 2-9(c)所示。

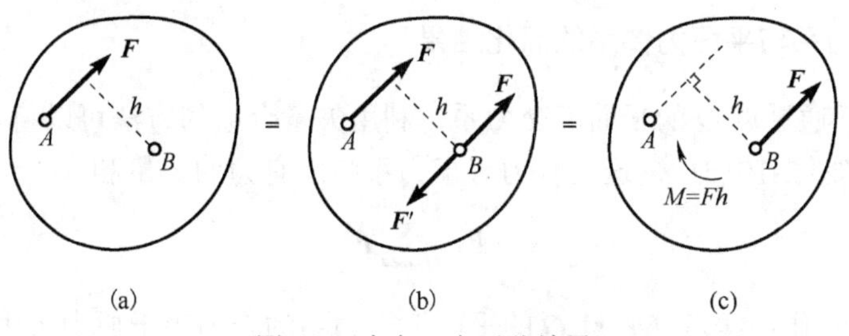

图 2-9　力向一点平移结果

根据以上分析，可以得到重要结论：作用于刚体上的力可以平移到任意一点，而不改变它对刚体的作用效应，但平移后必须附加一个力偶，附加力偶的力偶矩等于原力对平移点之矩。此即力向一点平移定理。

力向一点平移结果表明，一个力向任一点平移，得到与之等效的一个力和一个力偶；反之，作用于同一平面内的一个力和一个力偶，也可以合成作用于另一点的一个力。

需要指出的是，力偶矩与力矩一样也是矢量，因此，力向一点平移所得到的力偶矩矢量，可以表示成

$$\boldsymbol{M}=\boldsymbol{r}_{AB}\times\boldsymbol{F} \tag{2-8}$$

式中，$\boldsymbol{r}_{AB}$ 为点 A 至点 B 的矢径。

2.5 平面力系的简化

2.5.1 平面一般力系向一点简化

下面应用力向一点平移定理，讨论平面力系的简化。

设刚体上作用有由任意多个力所组成的平面力系$(\boldsymbol{F}_1,\boldsymbol{F}_2,\cdots,\boldsymbol{F}_n)$，如图 2-10(a)所示。现在将力系向其作用平面内任一点简化，这一点称为简化中心，通常用 O 表示。

简化的方法是：将力系中所有的力逐个向简化中心点 O 平移，每平移一个力，便得到一个力和一个力偶，如图 2-10(b)所示。

简化的结果，得到一个作用线都通过点 O 的力系$(\boldsymbol{F}_1,\boldsymbol{F}_2,\cdots,\boldsymbol{F}_n)$，这种由作用线处于同一平面并且汇交于一点的力所组成的力系，称为平面汇交力系。同时，还得到由若干处于同一平面内的力偶所组成的平面力偶系$(M_1,M_2,\cdots,M_n)$，如图 2-10(c)所示。

平面力系向一点简化所得到的平面汇交力系和平面力偶系，还可以分别合成为一个合力和一个合力偶。

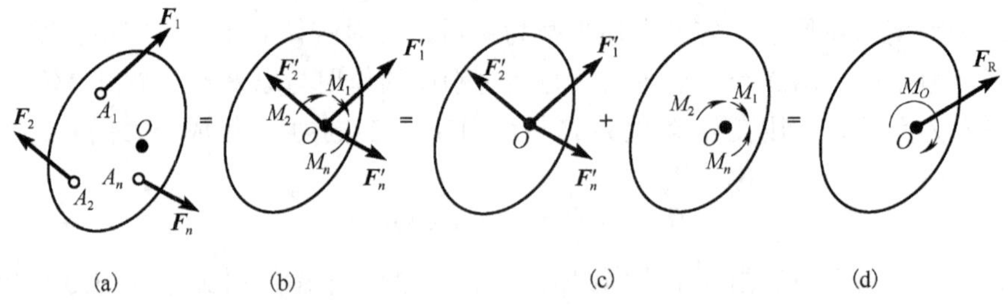

图 2-10　平面力系的简化过程与简化结果

2.5.2 平面汇交力系与平面力偶系的简化结果

对于作用线都通过点 O 的平面汇交力系，利用矢量合成的方法可以将这一力系合成为一通过点 O 的合力(图 2-10(d))，这一合力等于力系中所有力的矢量和。

$$\boldsymbol{F}_{\mathrm{R}}=\sum_{i=1}^{n}\boldsymbol{F}_i \tag{2-9}$$

上述结果表明，作用线汇交于点 O 的平面汇交力系的合力等于原力系中所有力的矢量和，称为原力系的主矢。

对于平面力系，在 Oxy 坐标系中，式(2-9)可以写成力的投影形式

$$\begin{aligned}F_{\mathrm{R}x}&=\sum_{i=1}^{n}F_{ix}\\F_{\mathrm{R}y}&=\sum_{i=1}^{n}F_{iy}\end{aligned} \tag{2-10}$$

式中，$F_{\mathrm{R}x}$、$F_{\mathrm{R}y}$ 为主矢 $\boldsymbol{F}_{\mathrm{R}}$ 分别在 x 轴和 y 轴上的投影，等号右边的项 $\sum_{i=1}^{n}F_{ix}$、$\sum_{i=1}^{n}F_{iy}$ 分别为力系中所有的力在 x 轴和 y 轴上投影的代数和。

由平面力系简化所得到的平面力偶系，只能合成一合力偶，合力偶的力偶矩等于各附加力偶的力偶矩的代数和，而各附加力偶的力偶矩分别等于原力系中所有力对简化中心之矩。

于是有

$$M_O=\sum_{i=1}^{n}M_i=\sum_{i=1}^{n}M_O(\boldsymbol{F}_i) \tag{2-11}$$

这一结果表明，平面力系简化所得平面力偶系合成一合力偶(图 2-10(d))，合力偶的力偶矩等于原力系中所有力对简化中心之矩的代数和。

2.5.3　平面力系的简化结果

上述分析结果表明：平面力系向作用面内任意一点简化，一般情形下，得到一个力和一个力偶。所得力的作用线通过简化中心，其矢量称为力系的主矢，它等于力系中所有力的矢量和；所得力偶仍作用于原平面内，其力偶矩称为原力系对于简化中心的主矩，数值等于力系中所有力对简化中心之矩的代数和。

由于力系向任意一点简化其主矢都是等于力系中所有力的矢量和，因此主矢与简化中心的选择无关；主矩则不然，主矩等于力系中所有力对简化中心之矩的代数和，对于不同的简化中心，力对简化中心之矩也各不相同，所以，主矩与简化中心的选择有关。因此，当我们提及主矩时，必须指明是对哪一点的主矩。例如，M_O 就是指对点 O 的主矩。

注意：主矢与合力是两个不同的概念，主矢只有大小和方向两个要素，并不涉及作用点，可在任意点画出；而合力有三要素，除了大小和方向之外，还必须指明其作用点。

【例题 2-3】　固定于墙内的环形螺钉上，有 3 个作用力 $\boldsymbol{F}_1$、$\boldsymbol{F}_2$、$\boldsymbol{F}_3$，各力的方向如图 2-11(a)所示，各力的大小分别 F_1=3kN、$F_2=4\text{kN}$、$F_3=5\text{kN}$。试求螺钉作用在墙上的力。

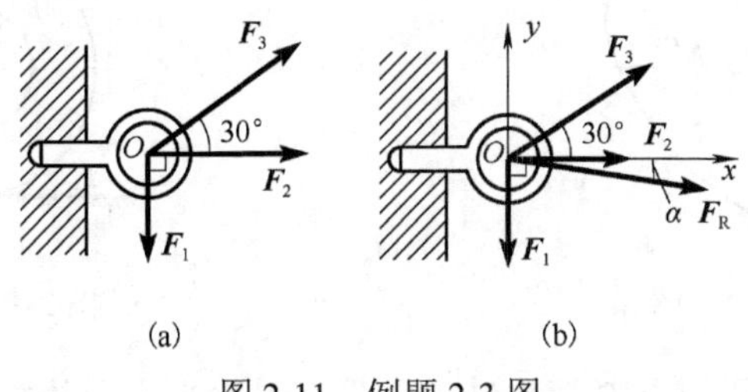

图 2-11　例题 2-3 图

解　要求螺钉作用在墙上的力就是要确定作用在螺钉上所有力的合力。确定合力可以利用力的平行四边形法则，对力系中的各个力两两合成。但是，对于力系中力的个数比较多的情形，这种方法显得很烦琐。而采用主矢的投影表达式(2-10)，则比较方便。

为了应用式(2-10)，首先需要建立坐标系 Oxy 坐标系如图 2-11(b)所示。

先将各力分别向 x 轴和 y 轴投影，然后代入式(2-10)，得

$$F_x=\sum_{i=1}^{3}F_{ix}=F_{1x}+F_{2x}+F_{3x}=0+4+5\times\cos30^\circ=8.33(\text{kN})$$

$$F_y=\sum_{i=1}^{n}F_{ix}=F_{1y}+F_{2y}+F_{3y}=-3+0+5\times\sin30^\circ=-0.5(\text{kN})$$

由此可求得合力 $\boldsymbol{F}_\text{R}$ 的大小与方向(即其作用线与 x 轴的夹角)分别为

$$F_R=\sqrt{F_{Rx}^2+F_{Ry}^2}=\sqrt{(8.33)^2+(-0.5)^2}=8.345(\text{kN})$$

$$\cos\alpha=\frac{F_{Rx}}{F_R}=\frac{8.33\text{kN}}{8.345\text{kN}}=0.998$$

$$\alpha=3.6^\circ$$

【例题 2-4】 作用在刚体上的 6 个力组成处于同一平面内的 3 个力偶$(\boldsymbol{F}_1,\boldsymbol{F}_1')$、$(\boldsymbol{F}_2,\boldsymbol{F}_2')$和$(\boldsymbol{F}_3,\boldsymbol{F}_3')$，如图 2-12 所示，其中 F_1=200N，F_2=600N，F_1=400N。图中长度单位为 mm，试求 3 个平面力偶所组成的平面力偶系的合力偶矩。

解 根据平面力偶系的简化结果，本例中 3 个力偶所组成的平面力偶系的合力偶的力偶矩，等于 3 个力偶的力偶矩之代数和。

$$\begin{aligned}M_O&=\sum_{i=1}^{n}M_i=M_1+M_2+M_3\\&=F_1\times h_1+F_2\times h_2+F_3\times h_3\\&=200\times1+600\times\frac{0.4}{\sin30^\circ}-400\times0.4\\&=520(\text{N}\cdot\text{m})\end{aligned}$$

【例题 2-5】 图 2-13 之刚性圆轮上所受复杂力系可以简化为一摩擦力 $\boldsymbol{F}$ 和一力偶矩为 M 的力偶。已知力 $\boldsymbol{F}$ 的数值为 F=2.4kN。如果要使力 $\boldsymbol{F}$ 和力偶向点 B 简化结果只是沿水平方向的主矢 $\boldsymbol{F}_R$，而主矩等于零。点 B 到轮心 O 的距离 $\overline{OB}$=12mm(图中长度单位为 mm)。试求作用在圆轮上的力偶的力偶矩 M。

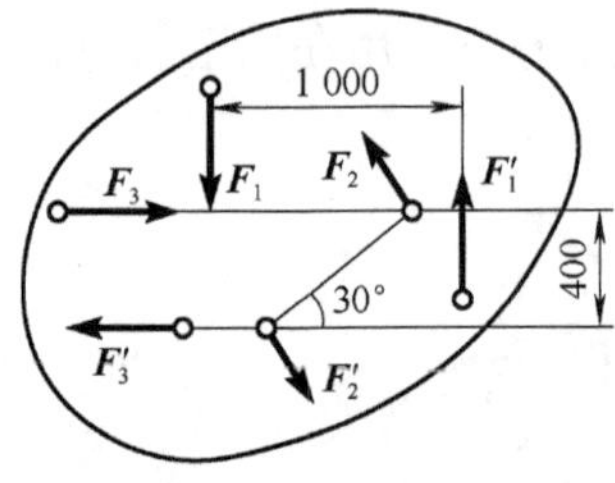

图 2-12 例题 2-4 图

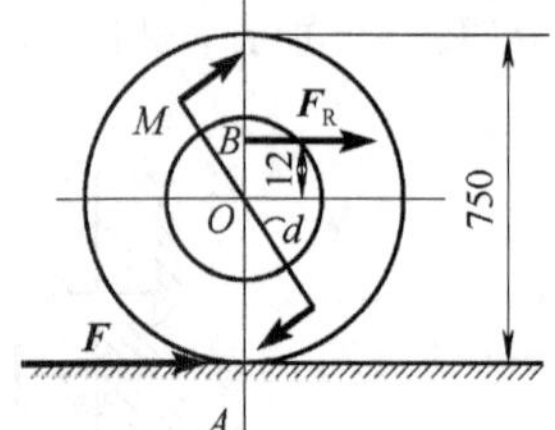

图 2-13 例题 2-5 图

解 因为要求力和力偶向点 B 简化结果，只有沿水平方向的主矢，即通过点 B 的合力，因而简化后所得的主矩，即合力偶的力偶矩等于零。根据式(2-11)，有

$$M_B=\sum_{i=1}^{n}M_i=-M+F\times\overline{AB}=0$$

式中，M 的负号表示力偶为顺时针转向，式中

$$\overline{AB}=\frac{750}{2}+12=387(\text{mm})=0.387(\text{m})$$

将其连同力 F=2.4kN 代入上式后，解出所要求的力偶矩为

$$M=F\times\overline{AB}=2.4\times0.387=0.93(\text{kN}\cdot\text{m})$$

2.5.4 固定端约束的约束力

本节应用平面力系的简化方法分析一种约束力比较复杂的约束。这种约束称为**固定端**或

插入端(fixed end support)约束。

固定端约束在工程中是很常见的。图 2-14(a)所示为机床上夹持加工件的卡盘，卡盘对工件的约束就是固定端约束；图 2-14(b)所示为车床上夹持车刀的刀架，刀架对车刀的约束也是固定端约束；图 2-14(c)所示为一端镶嵌在建筑物墙内的门或窗户顶部的雨罩，墙对于雨罩的约束也属于固定端约束。

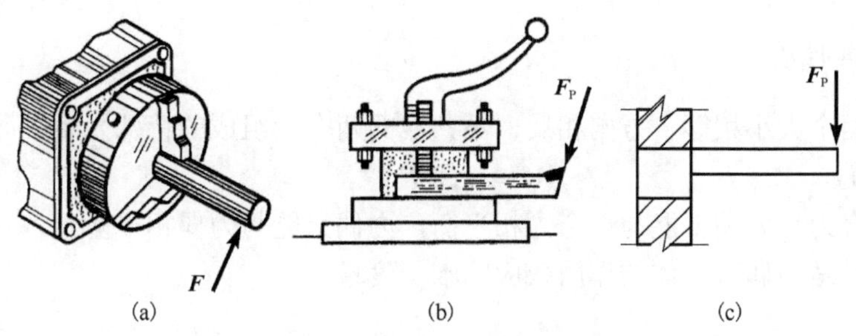

图 2-14　固定端约束的工程实例

固定端对于被约束的构件，在约束处所产生的约束力，是一种比较复杂的分布力系。在平面问题中，如果主动力为平面力系，这一分布约束力系也是平面力系，如图 2-15(a)所示。将这一分布力系向被约束构件根部(例如点 A)简化，可得到一约束力 $\boldsymbol{F}_A$ 和一约束力偶 M_A，约束力 $\boldsymbol{F}_A$ 的方向以及约束力偶 M_A 的转向均不确定，如图 2-15(b)所示。固定端方向未知的约束力 $\boldsymbol{F}_A$ 也可以用两个互相垂直分力 $\boldsymbol{F}_{Ax}$ 和 $\boldsymbol{F}_{Ay}$ 表示(图 2-15(c))。

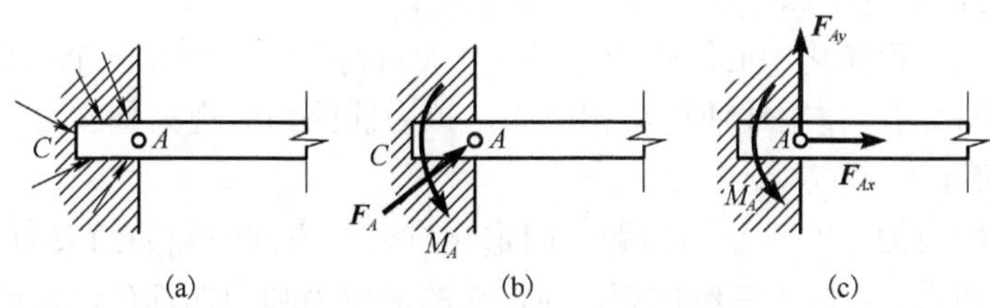

图 2-15　固定端的约束力及其简化

约束力偶的转向可任意假设，一般设为正向，即逆时针方向。如果最后计算结果为正值，表明所假设的逆时针方向是正确的；若为负值，说明实际方向与所假设的逆时针方向相反，即为顺时针方向。

固定端约束与固定铰链约束不同的是，不仅限制了被约束构件的移动，还限制了被约束构件的转动。因此，固定端约束力系的简化结果为一个力与一个力偶，与其对构件的约束效果是一致的。

2.6　小结与讨论

2.6.1　本章小结

1. 力矩

(1) 力对点之矩是定位矢量，其矢量表达式为

$$M_O(F) = r \times F$$

解析表达式为

$$M_O(F) = (yF_z - zF_y)i + (zF_x - xF_z)j + (xF_y - yF_x)k$$

(2) 合力矩定理

$$M_O(F_R) = \sum M_O(F_i)$$

2. 力偶及其性质

力偶是由两个大小相等、方向相反、不共线的两个力组成的特殊力系。

力偶矩矢量 $M = r_{BA} \times F$

力偶没有合力，力偶不能与一个力相平衡，力偶只能与力偶相平衡。

力偶矩矢量是力偶对刚体的作用效应的唯一度量。

3. 力系的主矢和主矩

主矢 $F_R = \sum F_i$

对 O 点的主矩 $M_O = \sum M_O(F_i)$

4. 力系的简化

(1) 力向一点平移定理：作用在刚体上的力可以向刚体内任一点平移，平移后需附加一力偶，这一力偶的力偶矩等于原来的力对平移点之矩。

(2) 一般力系向任意简化中心简化的结果，一般可得到一个力和一个力偶，该力的大小和方向与力系的主矢相同，作用线通过简化中心，该力偶的力偶矩矢量的大小和方向与力系对简化中心的主矩相同。

(3) 固定端的约束力：对于平面问题，固定端有一个方向未知的约束力(可以分解为两个互相垂直的分量)和力偶；对于三维问题，固定端的约束力和力偶都可以分解为三个互相垂直的分量。

2.6.2 讨论

1. 关于力的矢量性质的讨论

本章所涉及的力学矢量比较多，因而比较容易混淆。根据这些矢量对刚体所产生的运动效应，以及这些矢量大小、方向、作用点或作用线，可以将其归纳为三类：定位矢、滑移矢、自由矢。

请读者判断力矢、主矢、力偶矩矢以及主矩分别属于哪一类矢量。

2. 关于平面力系简化结果的讨论

本章介绍了力系简化的理论以及平面一般力系向某一确定点的简化结果。但是，在很多情形下，这并不是力系简化的最后结果。

所谓力系简化的最后结果，是指力系在向某一确定点简化所得到的主矢和对这一点的主矩，还可以进一步简化(确定点以外的点)，最后得到一个合力或合力偶(特殊情况二者均为零)，或者一个力和一个矢量与力矢共线的力偶。

图 2-16 所示为一平面力系向确定点 O' 的简化结果。请读者分析，这一结果能不能再简化？再简化的结果又是什么？

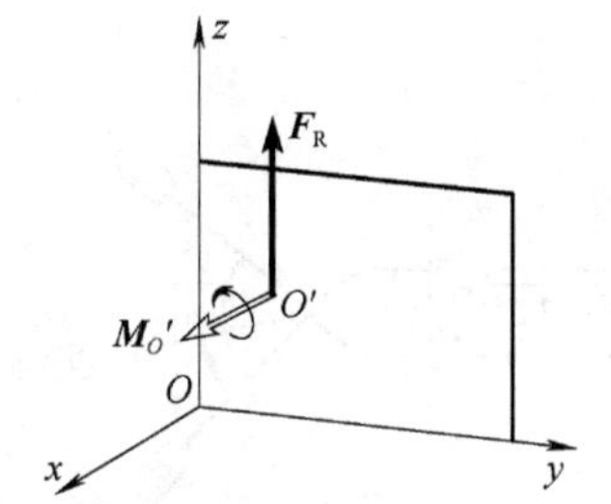

图 2-16　平面力系简化结果再简化

3. 关于实际约束的讨论

第 1 章和第 2 章中分别介绍了铰链约束与固定端约束。这两种约束的差别就在于：铰链约束限制了被约束物体的移动，没有限制被约束物体的转动；固定端约束既限制了被约束物体的移动，也限制了被约束物体的转动。因此，固定端约束与铰链约束相比，增加了一个约束力偶。

实际结构中的约束、被约束物体的转动不可能完全被限制。因而，很多约束可能既不属于铰链约束，也不属于固定端约束，而是介于二者之间。这时，可以简化为铰链上附加一扭转弹簧，表示被约束物体既不能自由转动，又不是完全不能转动。实际结构中的约束，简化为哪一种约束，需要通过实验加以验证。

习　　题

2-1　由作用线处于同一平面内的两个力 $\boldsymbol{F}$ 和 $2\boldsymbol{F}$ 所组成平行力系如习题 2-1 图所示。二力作用线之间的距离为 d。试问：(1) 这一力系向哪一点简化，所得结构只有合力，而没有合力偶？(2) 确定这一合力的大小和方向；(3) 说明这一合力矢量属于哪一类矢量。

2-2　已知一平面力系对 $A(3，0)$，$B(0，4)$ 和 $C(-4.5，2)$ 三点的主矩分别为：M_A、M_B 和 M_C，如习题 2-2 图所示。若已知：M_A=20kN·m、M_B=0 和 M_C= –10kN·m，求这一力系最后简化所得合力的大小、方向和作用线。

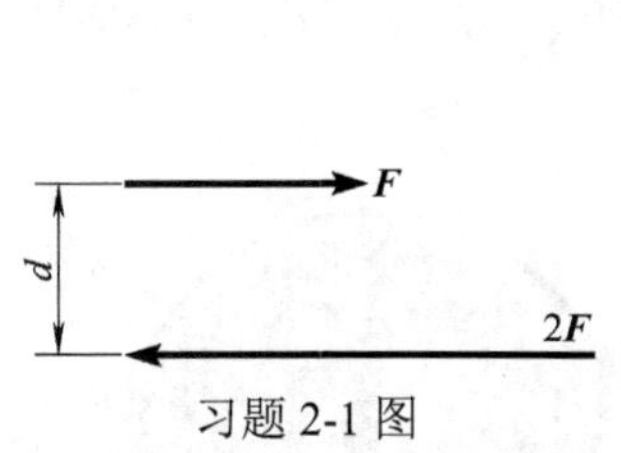

习题 2-1 图

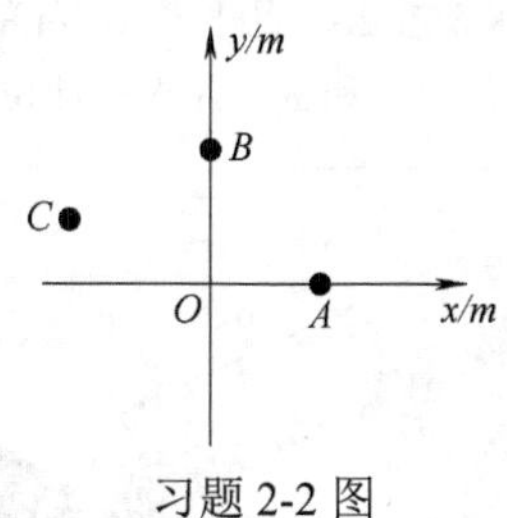

习题 2-2 图

2-3　3 个小拖船拖着一条大船，如习题 2-3 图所示。每根拖缆的拉力为 5kN。试求：(1) 作用于大船上的合力的大小和方向；(2) 当船 A 与大船轴线 x 的夹角 θ 为何值时，合力沿大船轴线方向？

2-4　钢柱受到一偏心力 10kN 的作用，如习题 2-4 图所示。若将此力向中心线平移，得到一力(使钢柱压缩)和一力偶(使钢柱弯曲)。已知力偶矩为 800N·m，求偏心距 d。

2-5　在设计起重吊钩时，要注意起吊重量 $\boldsymbol{F}_W$ 对 n-n 截面产生两种作用，一为作用线与 $\boldsymbol{F}$ 平行并过点 B 的拉力，另一为力偶。已知力偶矩为 4000N·m，如习题 2-5 图所示(图中长度单位为 mm)，求力 $\boldsymbol{F}$ 的大小。

2-6　如习题 2-6 图所示两种正方形结构所受载荷 $\boldsymbol{F}$ 均为已知。试求两种结构中 1、2、3 杆的受力。

2-7　如习题 2-7 图所示为一绳索拔桩装置。绳索的 E、C 两点拴在架子上，点 B 与拴在桩 A 上的绳索 AB 相连接，在点 D 处加一铅垂向下的力 $\boldsymbol{F}$，AB 可视为铅垂方向，DB 可视为水平方向。已知 $\alpha = 0.1$ rad，F=800N。试求绳索 AB 中产生的拔桩力(当 α 很小时，$\tan\alpha \approx \alpha$)。

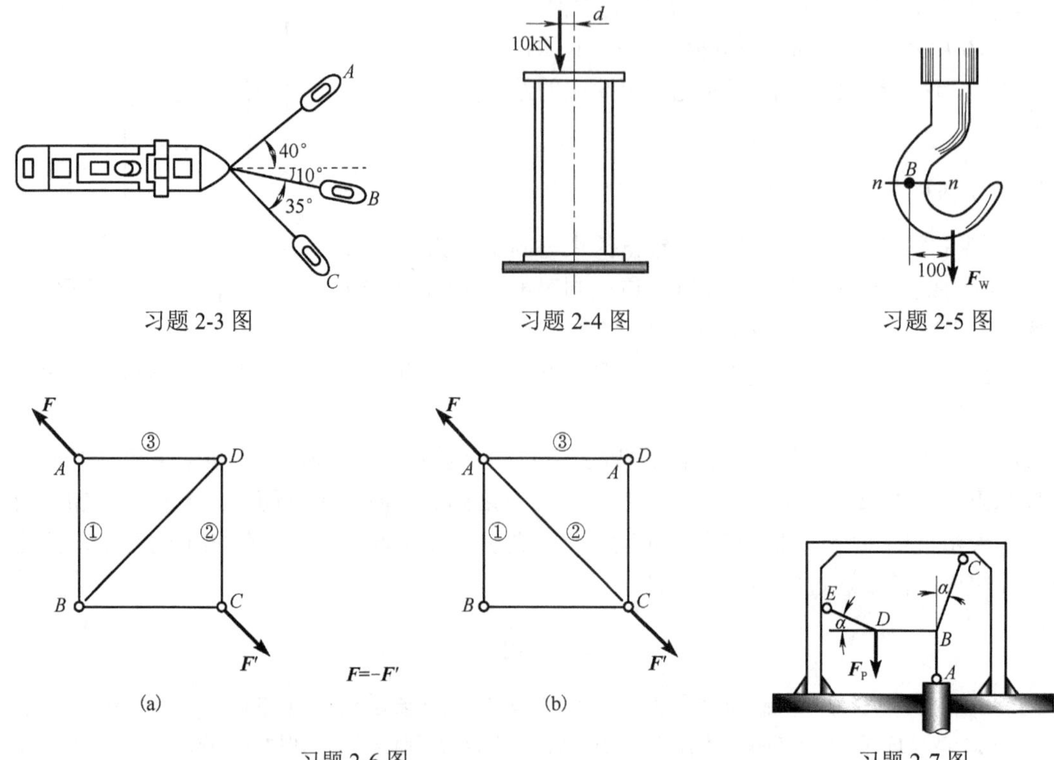

习题 2-3 图　　习题 2-4 图　　习题 2-5 图

(a)　　(b)

习题 2-6 图　　习题 2-7 图

2-8　杆 AB 及其两端滚子的整体重心在点 G 处，滚子搁置在倾斜的光滑刚性平面上，如习题 2-8 图所示。对于给定的 θ 角，试求平衡时的 β 角。

2-9　如习题 2-9 图所示，两个小球 A、B 放置在光滑圆柱面上，圆柱面(轴线垂直于纸平面)半径 OA=0.1m。球 A 重 1N，球 B 重 2N，用长度 0.2m 的线连结两小球。试求小球在平衡位置时，半径 OA 和 OB 分别与铅垂线 OC 之间的夹角 φ_1 和 φ_2，并求在此位置时小球 A 和 B 对圆柱表面的压力 F_{N1} 和 F_{N2}。小球的尺寸忽略不计。

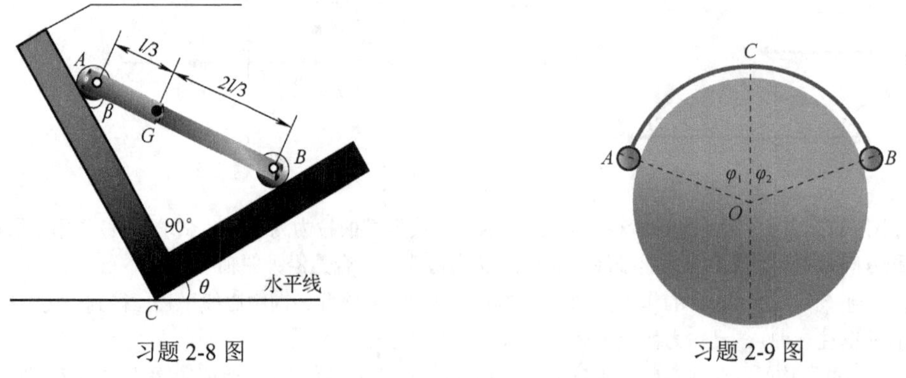

习题 2-8 图　　习题 2-9 图

第 3 章　静力学平衡问题

受力分析的最终任务是确定作用在构件上的所有未知力，作为对工程构件进行动力学分析以及强度设计、刚度设计与稳定性设计的基础。

本章将在平面力系简化的基础上，建立平衡力系的平衡条件和平衡方程；并应用平衡条件和平衡方程求解单个构件以及由几个构件所组成的系统的平衡问题，确定作用在构件上的全部未知力。此外，本章的最后还将简单介绍考虑摩擦时的平衡问题。

“平衡”不仅是本章的重要概念，而且也是工程力学课程的重要概念。对于一个系统，如果整体是平衡的，则组成这一系统的每一个构件也是平衡的。对于单个构件，如果是平衡的，则构件的每一个局部也是平衡的。这就是整体平衡与局部平衡的概念。

3.1　力系的平衡条件与平衡方程

3.1.1　平面汇交力系和平面力偶系的平衡条件与平衡方程

由于平面汇交力系简化的结果是一合力，故得结论：平面汇交力系平衡的必要和充分条件(conditions both of necessary and sufficient for equilibrium)是该力系的合力为零。这一条件简称为**平衡条件**(equilibrium condition)。即平面汇交力系的平衡条件是

$$\boldsymbol{F}_{\mathrm{R}}=\sum_{i=1}^{n}\boldsymbol{F}_i=0 \tag{3-1}$$

在解析法中，将式(3-1)在 x 轴和 y 轴上投影，得

$$\sum F_x=0 \qquad \sum F_y=0 \tag{3-2}$$

由此可知，平面汇交力系解析法平衡的必要与充分条件是：力系中所有在作用面内两个任选的坐标轴上投影的代数和分别为零。式(3-2)称为平面汇交力系的平衡方程(equilibrium equation)。

由于平面力偶系简化的结果是一合力偶，即当合力偶的力偶矩为零时，平面力偶系是平衡力系。因此平面力偶系的平衡条件是：力偶系中各力偶矩的代数和为零，即

$$\sum M=0 \tag{3-3}$$

式(3-3)称为平面力偶系的平衡方程。

3.1.2　平面一般力系的平衡条件与平衡方程

当力系的主矢和对于任意一点的主矩同时等于零时，力系既不能使物体发生移动，也不能使物体发生转动，即物体处于平衡状态。这是平面力系平衡的充分条件。另一方面，如果力系为平衡力系，则力系的主矢和对于任意一点的主矩必同时等于零。这是平面力系平衡的必要条件。

因此，力系**平衡的必要与充分条件**是力系的主矢和对任意一点的主矩同时等于零。满足

平衡条件的力系称为平衡力系。

本章主要介绍构件在平面力系作用下的平衡问题。

对于平面力系，根据第 2 章中所得到的主矢表达式(2-5)和主矩的表达式(2-6)，力系的平衡条件可以写成

$$\boldsymbol{F}_{\mathrm{R}}=\sum_{i=1}^{n}\boldsymbol{F}_{i}=0 \tag{3-4}$$

$$\boldsymbol{M}_{O}=\sum_{i=1}^{n}\boldsymbol{M}_{O}\left(\boldsymbol{F}_{i}\right)=0 \tag{3-5}$$

将式(3-5)的矢量形式，改写成力的投影形式，得到

$$\begin{cases}\sum_{i=1}^{n}F_{ix}=0\\ \sum_{i=1}^{n}F_{iy}=0\\ \sum_{i=1}^{n}M_{O}\left(\boldsymbol{F}_{i}\right)=0\end{cases} \tag{3-6a}$$

这一组方程称为平面力系的**平衡方程**。通常将上述平衡方程中的第一、二式称为力的平衡方程；第三式称为力矩平衡方程。

以后，为了书写方便，力的平衡方程和力矩的平衡方程也可以简写为

$$\begin{cases}\sum F_{x}=0\\ \sum F_{y}=0\\ \sum M_{O}\left(\boldsymbol{F}\right)=0\end{cases} \tag{3-6b}$$

上述平衡方程表明，平面力系平衡的必要与充分条件是：力系中所有的力在直角坐标系 Oxy 的各坐标轴上投影的代数和以及所有的力对任意点之矩的代数和同时等于零。

根据平衡的充分和必要条件，可以证明，平衡方程除了式(3-6)的形式外，还有以下两种形式：

$$\begin{cases}\sum F_{x}=0\\ \sum M_{A}\left(\boldsymbol{F}\right)=0\\ \sum M_{B}\left(\boldsymbol{F}\right)=0\end{cases} \tag{3-7}$$

式中，A、B 两点的连线不能垂直于轴 x；

$$\begin{cases}\sum M_{A}\left(\boldsymbol{F}\right)=0\\ \sum M_{B}\left(\boldsymbol{F}\right)=0\\ \sum M_{C}\left(\boldsymbol{F}\right)=0\end{cases} \tag{3-8}$$

式中，A、B、C 三点不能位于同一条直线上。

式(3-7)和式(3-8)分别称为平衡方程的“二矩式”和“三矩式”。

在很多情形下，如果选用二矩式或三矩式，可以使一个平衡方程中只包含一个未知力，不会遇到求解联立方程的麻烦。

需要指出的是，对于平衡的平面力系，只有 3 个平衡方程是独立的，3 个独立的平衡方

程以外的其他平衡方程便不再是独立的。不独立的平衡方程可以用来验证由独立平衡方程所得结果的正确性。

【例题 3-1】 图 3-1(a)所示为悬臂式吊车结构简图。其中，AB 为吊车大梁，BC 为钢索，A 处为固定铰链支座，B、C 二处为铰链约束。已知，起重电动机 E 与重物的总重力为 $\boldsymbol{F}_{\mathrm{P}}$(因为两滑轮之间的距离很小，$\boldsymbol{F}_{\mathrm{P}}$ 可视为集中力作用在大梁上)，梁的重力为 $\boldsymbol{F}_{\mathrm{Q}}$。已知角度 $\theta=30^{\circ}$，A、B 之间的长度为 l。求：(1) 电动机处于任意位置时，钢索 BC 所受的力和支座 A 处的约束力；(2) 分析电动机处于什么位置时，钢索受的力最大，并确定其数值。

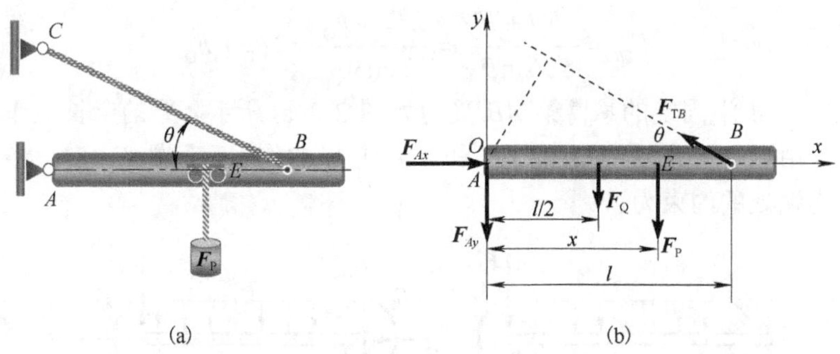

图 3-1　例题 3-1 图

解　(1) 选择研究对象。

本例中要求的是钢索 BC 所受的力和支座 A 处的约束力。钢索受一个未知拉力，若以钢索为研究对象，不可能建立已知力和未知力之间的关系。

吊车大梁 AB 上既有未知的 A 处约束力和钢索的拉力，又有已知的电动机和重物的重力以及大梁的重力。所以选择吊车大梁 AB 作为研究对象，将吊车大梁从吊车中隔离出来。

假设 A 处约束力为 $\boldsymbol{F}_{Ax}$ 和 $\boldsymbol{F}_{Ay}$，钢索的拉力为 $\boldsymbol{F}_{\mathrm{T}B}$，加上已知力 $\boldsymbol{F}_{\mathrm{P}}$ 和 $\boldsymbol{F}_{\mathrm{Q}}$，于是可以画出大梁的受力图，如图 3-1(b)所示。

建立 Axy 坐标系，如图 3-1(b)中所示。因为要求电动机处于任意位置时的约束力，所以假设力 $\boldsymbol{F}_{\mathrm{P}}$ 作用在坐标为 x 处。

在吊车大梁 AB 的受力图中，$\boldsymbol{F}_{Ax}$、$\boldsymbol{F}_{Ay}$ 和 $\boldsymbol{F}_{\mathrm{T}B}$ 均为未知约束力，这些力与已知的主动力 $\boldsymbol{F}_{\mathrm{P}}$ 和 $\boldsymbol{F}_{\mathrm{Q}}$ 组成平面力系。因此，应用平面力系的 3 个平衡方程可以求出全部 3 个未知约束力。

(2) 建立平衡方程。

因为 A 点是力 $\boldsymbol{F}_{Ax}$ 和 $\boldsymbol{F}_{Ay}$ 的汇交点，故先以点 A 为矩心，建立力矩平衡方程，由此求出一个未知力 $\boldsymbol{F}_{\mathrm{T}B}$。然后，再应用力的平衡方程投影形式求出约束力 $\boldsymbol{F}_{Ax}$ 和 $\boldsymbol{F}_{Ay}$。

$$\sum M_A(\boldsymbol{F})=0 \qquad -F_{\mathrm{Q}}\times\frac{l}{2}-F_{\mathrm{P}}\times x+F_{\mathrm{T}B}\times l\sin\theta=0$$

$$F_{\mathrm{T}B}=\frac{F_{\mathrm{P}}\times x+F_{\mathrm{Q}}\times\dfrac{l}{2}}{l\sin\theta}=\frac{2F_{\mathrm{P}}x}{l}+F_{\mathrm{Q}} \tag{a}$$

$$\sum F_x=0 \qquad F_{Ax}-F_{\mathrm{T}B}\times\cos\theta=0$$

$$F_{Ax} = \left(\frac{2F_{\rm P}x + F_{\rm Q}l}{l}\right)\cos 30^\circ = \sqrt{3}\left(\frac{F_{\rm P}}{l}x + \frac{F_{\rm Q}}{2}\right) \tag{b}$$

$$\sum F_x = 0 \qquad -F_{Ay} - F_{\rm Q} - F_{\rm P} + F_{{\rm T}B} \times \sin\theta = 0$$

$$F_{Ay} = -\left[\left(\frac{l-x}{l}\right)F_{\rm P} + \frac{F_{\rm Q}}{2}\right] \tag{c}$$

由式(a)的结果可以看出，当 $x=l$，即电动机移动到吊车大梁右端点 B 处时，钢索所受拉力最大。钢索拉力最大值为

$$F_{{\rm T}B} = \frac{2F_{\rm P}l + F_{\rm Q}l}{2l\sin\theta} = \frac{2F_{\rm P} + F_{\rm Q}}{2\sin 30^\circ} = 2F_{\rm P} + F_{\rm Q} \tag{d}$$

【例题 3-2】 A 端固定的悬臂梁 AB 受力如图 3-2(a)所示。梁的全长上作用有集度为 q 的均布载荷；自由端 B 处承受一集中力 $\boldsymbol{F}_{\rm P}$ 和一力偶 M 的作用。已知 $F_{\rm P}=ql$，$M=ql^2$；l 为梁的长度。试求固定端处的约束力。

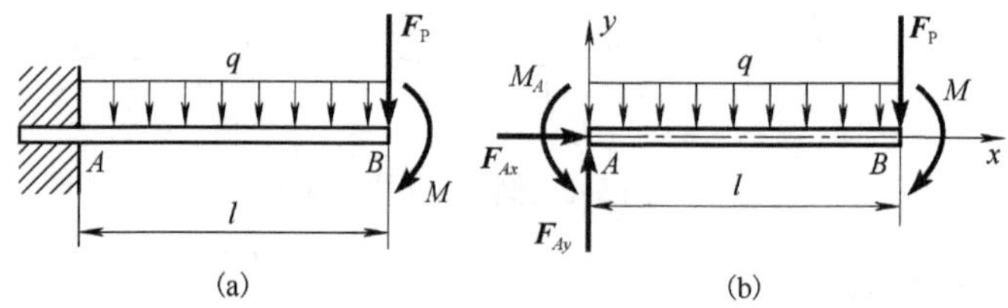

图 3-2　例题 3-2 图

解　(1)研究对象、隔离体与受力图。

本例中只有梁一个构件，以梁 AB 为研究对象，解除 A 端的固定端约束，代之以约束力 $\boldsymbol{F}_{Ax}$、$\boldsymbol{F}_{Ay}$ 和约束力偶 M_A，假设方向如图 3-2(b)所示。于是，梁 AB 的受力图如图 3-2(b)所示。图中 $\boldsymbol{F}_{\rm P}$、M、q 为已知的外加载荷，是主动力。

(2)将均布载荷简化为集中力。

作用在梁上的均匀分布力的合力等于载荷集度与作用长度的乘积，即 ql；合力的方向与均布载荷的方向相同；合力作用线通过均布载荷作用段的中点。

(3)建立平衡方程，求解未知约束力。

通过对 A 点的力矩平衡方程，可以求得固定端的约束力偶 M_A；利用两个力的平衡方程求出固定端的约束力 $\boldsymbol{F}_{Ax}$ 和 $\boldsymbol{F}_{Ay}$。

$$\sum F_x=0 \qquad F_{Ax}=0$$

$$\sum F_y=0 \qquad F_{Ay}-ql-F_{\rm P}=0 \qquad F_{Ay}=2ql$$

$$\sum M_A(\boldsymbol{F})=0 \qquad M_A-ql\times\frac{l}{2}-F_{\rm P}\times l-M=0 \qquad M_A=\frac{5}{2}ql^2$$

【例题 3-3】 如图 3-3(a)所示刚架，由立柱 AB 和横梁 BC 组成，B 处为刚性节点。刚架在 A 处为固定铰链支座，C 处为辊轴支座，受力如图 3-3(a)所示。若图中 $\boldsymbol{F}_{\rm P}$ 和 l 均为已知，求 A、C 二处的约束力。

解　(1)研究对象、隔离体和受力图。

以刚架 ABC 为研究对象，解除 A、C 二处的约束：A 处为固定铰支座，假设互相垂直的

两个约束力 $\boldsymbol{F}_{Ax}$ 和 $\boldsymbol{F}_{Ay}$；C 处为辊轴支座，只有一个约束力 $\boldsymbol{F}_C$，垂直于支承面，假设方向向上。于是，刚架 ABC 的受力如图 3-3(b)所示。

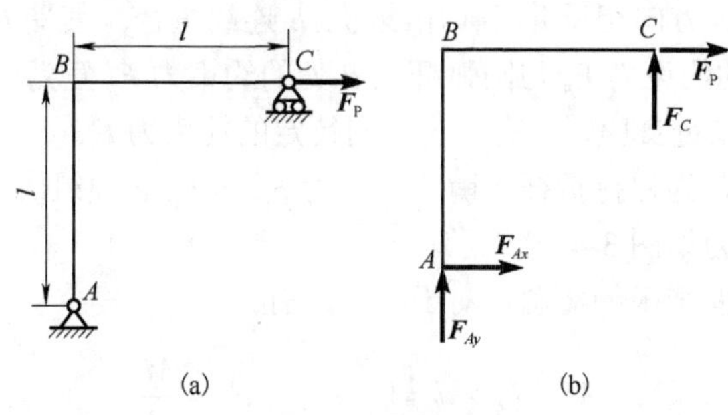

图 3-3　例题 3-3 图

(2)应用平衡方程求解未知力。

首先，通过对 A 点的力矩平衡方程，可以求得辊轴支座 C 处的约束力 $\boldsymbol{F}_C$；然后，再利用两个力的平衡方程求出固定铰链支座 A 处的约束力 $\boldsymbol{F}_{Ax}$ 和 $\boldsymbol{F}_{Ay}$。

$$\sum M_A(\boldsymbol{F})=0 \qquad F_C\times l-F_P\times l=0 \qquad F_C=F_P$$

$$\sum F_x=0 \qquad F_{Ax}+F_P=0 \qquad F_{Ax}=-F_P$$

$$\sum F_y=0 \qquad F_{Ay}+F_C=0 \qquad F_{Ay}=-F_C=-F_P$$

式中，F_{Ax} 和 F_{Ay} 均为负值，表明 $\boldsymbol{F}_{Ax}$ 和 $\boldsymbol{F}_{Ay}$ 的实际方向均与假设的方向相反。

【例题 3-4】　图 3-4(a)所示简单结构中，半径为 r 的四分之一圆弧杆 AB 与折杆 BDC 在 B 处用铰接连接，A、C 二处均为固定铰链支座，折杆 BDC 上承受力偶矩为 M 的力偶作用，力偶的作用面与结构平面重合。图中 $l=2r$。若 r、M 均为已知，试求 A、C 二处的约束力。

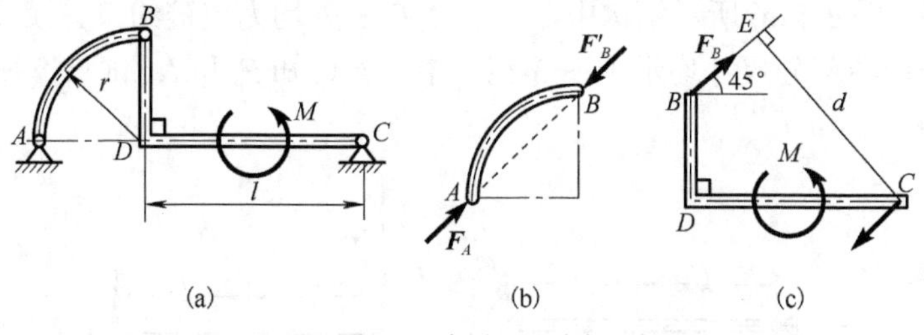

图 3-4　例题 3-4 图

解　(1)受力分析。

先考察整体结构的受力：A、C 二处均为固定铰链支座，每处各有两个互相垂直的约束力，所以共有 4 个未知力，而以整体为研究对象，平面力系只能提供 3 个独立的平衡方程。因此，仅仅以整体为研究对象，无法确定全部未知力。

为了建立求解全部未知力的足够的平衡方程，除了解除 A、C 二处的约束外，还必须解除 B 处的约束，即需要将整体结构拆开。于是，便出现两个构件，同时由于铰链 B 处也有两个互相垂直的约束力，未知力变为 6 个。两个构件可以提供 6 个独立的平衡方程，因而可以确定全部未知约束力。根据前面所介绍的方法，应用平面力系平衡方程，即可求出解答。但是，如果应用二力构件以及力偶只能与力偶平衡的概念，求解过程要简单得多。

(2) 应用二力构件以及力偶只能与力偶平衡的概念求解。

圆弧杆两端 A、B 均为铰链，中间无外力作用，因此圆弧杆为二力构件。A、B 二处的约束力 $\boldsymbol{F}_A$ 和 $\boldsymbol{F}_B'$ 大小相等、方向相反并且作用线与 AB 连线重合。其受力如图 3-4(b) 所示。

折杆 BDC 在 B 处的约束力 $\boldsymbol{F}_B$ 与圆弧杆上 B 处的约束力 $\boldsymbol{F}_B'$ 互为作用与反作用力，故二者方向相反；C 处为固定铰链支座，本有一个方向待定的约束力 $\boldsymbol{F}_C$，但由于作用在折杆上的只有一个外加力偶，因此，为保持折杆平衡，约束力 $\boldsymbol{F}_C$ 和 $\boldsymbol{F}_B$ 必须组成一力偶，与外加力偶 M 平衡。于是，折杆的受力如图 3-4(c) 所示。

根据力偶必须与力偶平衡的概念，对于折杆，有

$$M - F_C \times d = 0 \qquad F_C = \frac{M}{d} \tag{a}$$

根据图 3-4(c) 所示之几何关系，有

$$d = \frac{\sqrt{2}}{2}r + \frac{\sqrt{2}}{2}l = \frac{3\sqrt{2}}{2}r \tag{b}$$

将式(b)代入式(a)，求得

$$F_C = F_B = \frac{M}{d} = \frac{\sqrt{2}}{3}\frac{M}{r} \tag{c}$$

最后应用作用与反作用力以及二力平衡的概念，求得

$$F_A = F_B' = F_B = \frac{M}{d} = \frac{\sqrt{2}}{3}\frac{M}{r}$$

【例题 3-5】 图 3-5(a) 所示结构中，A、C、D 三处均为铰链约束。横梁 AB 在 B 处承受集中载荷 $\boldsymbol{F}_{\mathrm{P}}$。结构各部分尺寸均示于图 3-5(a) 中，若已知 F_{P} 和 l，试求撑杆 CD 的受力以及 A 处的约束力。

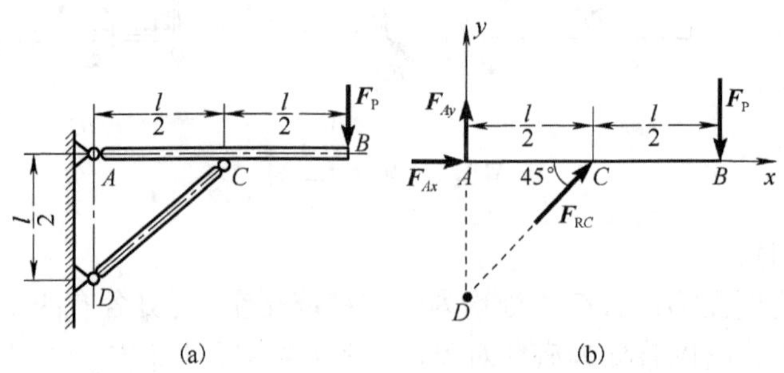

图 3-5 例题 3-5 图

解 (1) 受力分析。

撑杆 CD 的两端均为铰链约束，中间无其他力作用，故 CD 为二力杆。

因为 CD 为二力杆，横梁 AB 在 C 处的约束力 $\boldsymbol{F}_{\mathrm{RC}}$ 与撑杆在 C 处的受力互为作用与反作用力，其作用线已确定，指向如图 3-5(b) 中所设。此外，横梁在 A 处为固定铰支座，可提供一个大小和方向均未知的约束力。于是横梁 AB 承受 3 个力作用。根据三力平衡条件，不难确

定 A、C 二处的约束力。

为了应用平面力系的平衡方程，现将 A 处的约束力分解为相互垂直的两个分力 $\boldsymbol{F}_{Ax}$ 和 $\boldsymbol{F}_{Ay}$。于是，横梁 AB 的受力如图 3-5(b)所示。

(2)确定研究对象、建立平衡方程、求解未知力。

本例所要求的是 CD 杆的受力和 A 处的约束力，若以 CD 杆为研究对象，只能确定两端约束力大小相等、方向相反，不能得到所需结果。

以横梁 AB 为研究对象，其上作用有 $\boldsymbol{F}_{\mathrm{P}}$、$\boldsymbol{F}_{Ax}$、$\boldsymbol{F}_{Ay}$ 和 $\boldsymbol{F}_{\mathrm{R}C}$，四个力中有 3 个是所要求的量，因而可以由平面力系的 3 个独立平衡方程求得。

应用三矩式平衡方程，以 A 点为矩心，建立力矩平衡方程，$\boldsymbol{F}_{Ax}$ 和 $\boldsymbol{F}_{Ay}$ 不会出现在平衡方程中；以点 C 为矩心，建立力矩平衡方程，$\boldsymbol{F}_{Ax}$ 和 $\boldsymbol{F}_{\mathrm{R}C}$ 作用线都通过点 C，二者不会出现在这一平衡方程中；以点 D 为矩心，建立力矩平衡方程，$\boldsymbol{F}_{Ay}$ 和 $\boldsymbol{F}_{\mathrm{R}C}$ 作用线都通过点 D，这一平衡方程中不会出现 $\boldsymbol{F}_{Ay}$ 和 $\boldsymbol{F}_{\mathrm{R}C}$。所以，每个力矩平衡方程中只包含一个未知力。于是，可以写出

$$\sum M_A(\boldsymbol{F})=0 \qquad -F_{\mathrm{P}}\times l+F_{\mathrm{R}C}\times\frac{l}{2}\sin 45^{\circ}=0$$

$$\sum M_C(\boldsymbol{F})=0 \qquad -F_{Ay}\times\frac{l}{2}-F_{\mathrm{P}}\times\frac{l}{2}=0$$

$$\sum M_D(\boldsymbol{F})=0 \qquad -F_{Ax}\times\frac{l}{2}-F_{\mathrm{P}}\times l=0$$

由此解出

$$F_{\mathrm{R}C}=2\sqrt{2}F_{\mathrm{P}}$$

$$F_{Ax}=-2F_{\mathrm{P}} \qquad \text{(实际方向与图设方向相反)}$$

$$F_{Ay}=-F_{\mathrm{P}} \qquad \text{(实际方向与图设方向相反)}$$

上述分析和计算结果表明，每个力矩平衡方程中只包含一个未知力，因而避免了求解联立方程的麻烦。

3.1.3 空间力系的平衡条件与平衡方程

若力系中各力的作用线在空间任意分布，则该力系称为空间任意力系或空间一般力系，简称空间力系。前面所介绍的各种平面力系实际上都是空间力系的特例。工程实际中，受空间力系作用的构件和零部件是常见的。例如图 3-6(a)所示之齿轮传动轴，轴上安装有 3 个齿轮，轴在 A、B 二处由轴承支承。作用在每一个齿轮上的力分别向轴线简化，得到一个力和一个力偶，如图 3-6(b)所示。作用在轴上的力和力偶以及轴承的约束力组成空间力系，如图 3-6(c)所示。

本节主要研究空间力系的简化与平衡问题。与平面力系一样，仍然采用力向一点平移的方法将空间力系分解为两个基本力系——空间汇交力系和空间力偶系，进而对这两个力系加以简化，导出平衡方程。

为此需要引入力对轴之矩的概念及其与力对点之矩的关系。

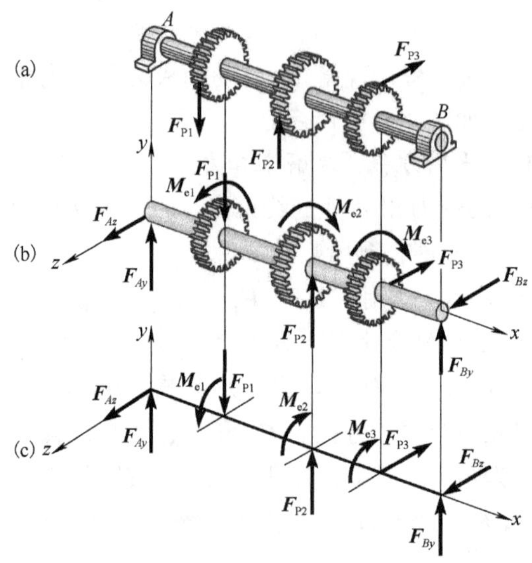

图 3-6　空间力系实例——齿轮传动轴

1. 力对轴之矩

第 2 章中曾经指出，力 $\boldsymbol{F}$ 对任意点 O 之矩是这一力使刚体绕点 O 转动效应的度量。在平面问题中，所谓刚体绕点 O 转动，实际上，就是刚体绕过点 O 且垂直于力作用线与点 O 组成的平面的轴的转动，如图 3-7 所示，因此，力 $\boldsymbol{F}$ 对点 O 之矩就是力 $\boldsymbol{F}$ 使刚体绕 Oz 轴转动效应的度量，称为力 $\boldsymbol{F}$ 对 Oz 轴之矩。显然，力 $\boldsymbol{F}$ 的作用线与 Oz 轴在空间是相互垂直的，但是这只是力对轴之矩的一种特殊情形。

日常生活中力对轴之矩例子很多，例如推门或拉门时，人的推力或拉力对门上合页转轴之矩就是力对轴之矩。

一般情形下，力 $\boldsymbol{F}$ 的作用线与轴不垂直。这时为考察力使刚体绕轴的转动效应，可将力分解为沿轴向的分力 $\boldsymbol{F}_z$ 和在垂直于轴的平面内的分力 $\boldsymbol{F}_{xy}$，如图 3-8 所示。显然，轴向分力 $\boldsymbol{F}_z$ 不能使刚体绕 Oz 轴转动，只有作用在垂直于轴的平面内的分力 $\boldsymbol{F}_{xy}$ 才有可能使刚体绕 Oz 轴转动。力对轴之矩等于该力在与轴垂直的平面上的投影对轴与平面的交点之矩，它是力使刚体绕此轴转动的效应的度量。力对轴之矩用记号 $M_z(\boldsymbol{F})$ 表示，即

$$M_z(\boldsymbol{F}) = \boldsymbol{M}_O(\boldsymbol{F}_{xy}) = \pm F_{xy}h = \pm 2\triangle AOB \tag{3-9}$$

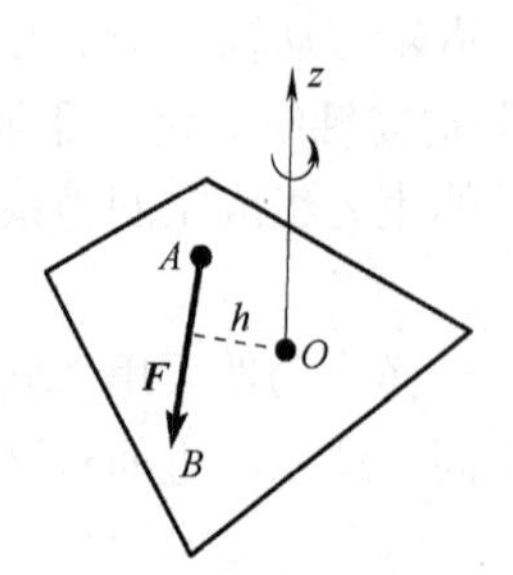

图 3-7　力对点之矩与力对轴之矩

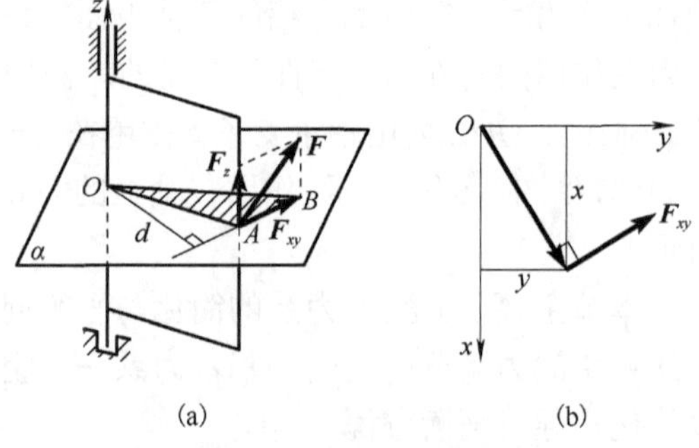

图 3-8　力对轴之矩的计算

力对轴之矩为代数量，其正负号与转动方向有关，按照右手螺旋法则确定：右手的四指握拳方向与力使物体绕轴转动的方向一致，若拇指指向坐标轴正向，则力对轴之矩为正，反之为负。

根据上述定义，当力与轴相交（$h=0$）或力与轴平行（$F_{xy}=0$），即力与轴共面时，力对轴之矩等于零。

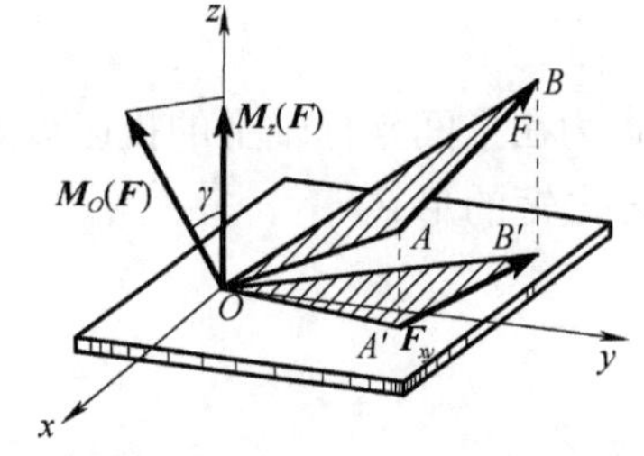

图 3-9　力对点之矩与力对轴之矩的关系

力对点之矩与力对通过该点的轴之矩的关系：

如图 3-9 所示，力对点 O 之力矩矢量的模可用三角形面积来表示，即 $|\boldsymbol{M}_O(\boldsymbol{F})| = 2\triangle OAB$，而力对通过点 O 的轴（z）之矩也可用相应的三角形面积表示，即 $M_z(\boldsymbol{F}) = 2\triangle OA'B'$，$\triangle OA'B'$ 是 $\triangle OAB$ 在坐标面 Oxy 上的投影。如两三角形平面间的夹角（用平面法线的夹角来表示）为 γ，由几何学知 $\triangle OA'B' = \triangle OAB\cos\gamma$，由此得

$$|\boldsymbol{M}_O(\boldsymbol{F})|\cos\gamma = M_z(\boldsymbol{F})$$

力对点之矩在通过该点的 x、y、z 轴上的投影，亦即力对轴之矩分别为

$$\begin{cases} [\boldsymbol{M}_O(\boldsymbol{F})]_z = M_z(\boldsymbol{F}) \\ [\boldsymbol{M}_O(\boldsymbol{F})]_y = M_y(\boldsymbol{F}) \\ [\boldsymbol{M}_O(\boldsymbol{F})]_x = M_x(\boldsymbol{F}) \end{cases} \tag{3-10}$$

式（3-10）表明：力对点之矩矢在通过该点的某轴上的投影等于力对该轴之矩。应用这一关系，可以用力对坐标轴之矩计算力对坐标原点的力矩矢量。

2. 空间力系的简化和平衡方程

与平面力系类似，空间力系简化结果也得到一主矢和一主矩。即式（2-5）和式（2-6）依然成立

$$\boldsymbol{F}_{\mathrm{R}} = \sum_{i=1}^{n} \boldsymbol{F}_i$$

$$\boldsymbol{M}_O = \sum_{i=1}^{n} \boldsymbol{M}_O(\boldsymbol{F}_i)$$

与平面力系一样，空间力系的主矢与简化中心无关，空间力系的主矩与简化中心有关。

与平面力系相似，空间力系可以进一步简化为一个合力或合力偶（特殊情况二者均为零），或者一个力和一个力偶（且两矢量共线），这一种特殊的力和力偶所组成的系统称为**力螺旋**（force screw）。例如**用螺丝刀拧螺丝**、钻头钻孔时施加的力螺旋。

同样可以证明一个矢量，对于空间力系，合力矩定理也是正确的，即合力对任一点（轴）之矩等于力系中各力对同一点（轴）之矩的矢量和（对轴之矩则为代数和）。

根据空间力系的简化结果，空间力系平衡的必要与充分条件是力系的主矢和对任一点主矩都等于零，即式（3-4）和式（3-5）依然成立

$$\boldsymbol{F}_{\mathrm{R}} = \sum_{i=1}^{n} \boldsymbol{F}_i = 0$$

$$M_O = \sum_{i=1}^{n} M_O\left(F_i\right) = 0$$

根据力在空间坐标轴上的投影以及力对坐标轴之矩，将上述二式分别写成力的投影形式和力对轴之矩的形式

$$\begin{cases} \sum F_x = 0 \\ \sum F_y = 0 \\ \sum F_z = 0 \\ \sum M_x\left(F\right) = 0 \\ \sum M_y\left(F\right) = 0 \\ \sum M_z\left(F\right) = 0 \end{cases} \tag{3-11}$$

其中，前 3 式表示力系中所有力在任选的 3 个直角坐标轴上投影的代数和等于零，称为投影式平衡方程；后 3 式表示力系中所有力对 3 个直角坐标轴之矩的代数和等于零，称为力矩式平衡方程。

3.2　简单的刚体系统平衡问题

实际工程结构大都是由两个或两个以上构件通过一定约束方式连接起来的系统，因为在工程静力学中构件的模型都是刚体，所以，这种系统称为**刚体系统**(system of rigidity body)。

分析刚体系统平衡问题的基本原则与处理单个刚体的平衡问题是一致的，但有其特点，其中很重要的是要正确判断刚体系统的静定性质，并选择合适的研究对象。

3.2.1　刚体系统静定与超静定的概念

3.1 节所研究的问题中，作用在刚体上的未知力的数目正好等于独立的平衡方程数目。因此，应用平衡方程可以解出全部未知量。这类问题称为**静定问题**(statically determinate problem)，相应的结构称为**静定结构**(statically determinate structure)。

实际工程结构中，为了提高结构的强度和刚度，或者为了其他工程要求，常常需要在静定结构上，再加上一些构件或者约束，从而使作用在刚体上未知约束力的数目多于独立的平衡方程数目，因而仅仅依靠刚体平衡条件不能求出全部未知量。这类问题称为**超静定问题**(statically indeterminate problem)，相应的结构称为**超静定结构**(statically indeterminate structure)或**静不定结构**。

对于静不定问题，必须考虑物体因受力而产生的变形，补充某些方程，才能使未知量的数目等于方程的数目。求解静不定问题已超出工程静力学的范围，本教材将在“材料力学”篇中介绍。本章将讨论静定的刚体系统的平衡问题。

3.2.2　刚体系统的平衡问题的特点与解法

1. 整体平衡与局部平衡的概念

某些刚体系统的平衡问题中，若仅考虑整体平衡，其未知约束力的数目多于平衡方程的

数目，但是，如果将刚体系统中的构件分开，依次考虑每个构件的平衡，则可以求出全部未知约束力。这种情形下的刚体系统依然是静定的。

求解刚体系统的平衡问题需要将平衡的概念加以扩展，即：系统如果整体是平衡的，则组成系统的每一个局部以及每一个刚体也不然是平衡的。

2. 研究对象有多种选择

由于刚体系统是由多个刚体组成的，因此，研究对象的选择对于能不能求解以及求解过程的繁简程度有很大关系。一般先以整个系统为研究对象，虽然不能求出全部未知约束力，但可求出其中一个或几个未知力。

3. 对刚体系统作受力分析时，要分清内力和外力

内力和外力是相对的，需视选择的研究对象而定。研究对象以外的物体作用于研究对象上的力称为**外力**(external force)，研究对象内部各部分间的相互作用力称为**内力**(internal force)。内力总是成对出现，它们大小相等、方向相反、作用在同一直线上。

考虑以整体为研究对象的平衡时，由于内力在任意轴上的投影之和以及对任意点的力矩之和均为零，因而不必考虑。但是，一旦将系统拆开，以局部或单个刚体作为研究对象时，在拆开处，原来的内力变成了外力，建立平衡方程时，必须考虑这些力。

4. 刚体系统的受力分析过程中，必须严格根据约束的性质确定约束力的方向，使作用在平衡系统整体上的力系和作用在每个刚体上的力系都满足平衡条件

常常有这样的情形，作用在系统上的力系似乎满足平衡条件，但由此而得到的单个刚体的力系却是不平衡的，这显然是不正确的。

【例题 3-6】　图 3-10(a)所示之静定结构称为**连续梁**(continue beam)，由 AB 和 BC 梁在 B 处用中间铰连接而成。其中，C 处为辊轴支座，A 处为固定端。DE 段梁上承受均布载荷作用，载荷集度为 q；E 处作用有外加力偶，其力偶矩为 M。若 q、M、l 等均为已知，试求 A、C 二处的约束力。

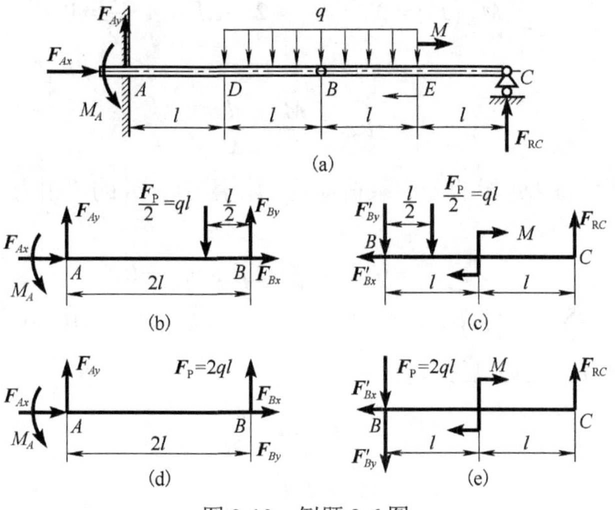

图 3-10　例题 3-6 图

解 (1)受力分析。

对于结构整体，在固定端 A 处有 3 个约束力，设为 $\boldsymbol{F}_{Ax}$、$\boldsymbol{F}_{Ay}$ 和 M_A；在辊轴支座 C 处有 1 个竖直方向的约束力 $\boldsymbol{F}_{RC}$，这些约束力都是系统的外力。若将结构从 B 处拆开成两个刚体，则铰链 B 处的约束力可以用相互垂直的两个分量表示，但作用在两个刚体上同一处的约束力互为作用与反作用力，这种约束力对于拆开的单个刚体是外力，对于拆开之前的系统，却是内力。这些力在考察结构整体平衡时并不出现。

因此，整体结构的受力如图 3-10(a)所示，AB 和 BC 两个刚体的受力如图 3-10(b)、(c)所示。图中作用 DB 段和 BC 段梁上的均布载荷的合力为

$$\frac{F_P}{2}=ql$$

(2)考察连续梁整体平衡。

考察整体结构的受力如图 3-10(a)所示，其上作用有 4 个未知约束力，而平面力系独立的平衡方程只有 3 个，因此，仅仅考察整体平衡不能求得全部未知约束力，但是可以求得其中某些未知量。例如，由平衡方程

$$\sum F_x=0 \qquad F_{Ax}=0$$

(3)考察局部平衡。

考察图 3-10(b)、(c)所示之拆开后的 AB 梁和 BC 梁的平衡。

AB 梁在 A、B 二处作用有 5 个约束力，其中，已求得 $F_{Ax}=0$，尚有 4 个是未知的，故 AB 梁不宜最先选作研究对象。

BC 梁在 B、C 二处共有 3 个未知约束力，可由 3 个独立平衡方程确定。因此，先以 BC 梁作为研究对象，求得其上的约束力后，再应用拆开后两部分在 B 处的约束力互为作用与反作用力关系，使得 AB 梁上 B 处的约束力变为已知。

最后再考察 AB 梁的平衡，即可求得 A 处的约束力。

也可以在确定了 C 处的约束力之后再考察整体平衡，求得 A 处的约束力。

先考察 BC 梁的平衡，由

$$\sum M_B(\boldsymbol{F})=0 \qquad F_{RC}\times 2l-M-ql\times\frac{l}{2}=0$$

求得

$$F_{RC}=\frac{M}{2l}+\frac{ql}{4} \tag{a}$$

再考察整体平衡，将 DE 段的分布载荷简化为作用于 B 处的集中力，其值为 $2ql$，建立平衡方程。

$$\sum F_y=0 \qquad F_{Ay}-2ql+F_{RC}=0 \tag{b}$$

$$\sum M_A(\boldsymbol{F})=0 \qquad M_A-2ql\times 2l-M+F_{RC}\times 4l=0 \tag{c}$$

将式(a)代入式(b)、式(c)后，得到

$$F_{Ay}=\frac{7}{4}ql-\frac{M}{2l} \tag{d}$$

$$M_A=3ql^2-M \tag{e}$$

(4) 结果验证。

为了验证上述结果的正确性，建议读者再以 AB 梁为研究对象，应用已经求得的 F_{Ay} 和 M_A，确定 B 处的约束力，与考察 BC 梁平衡求得的 B 处约束力互相印证。

对于初学习者，上述验证过程显得过于烦琐，但对于工程设计，为了确保安全可靠，这种验证过程却是非常必要的。

本例讨论： 本例中关于均布载荷的简化，有两种方法：考察整体平衡时，将其简化为作用在 B 处的集中力，其值为 $2ql$；考察局部平衡时，是先拆开，再将作用在各个局部上的均布载荷分别简化为集中力。

在将系统拆开之前，能不能先将均布载荷简化？这样简化得到的集中力应该作用在哪一个局部上？图 3-10(d)、(e) 所示之将集中力 $F_P=2ql$ 同时作用在两个局部的 B 处，这样的处理是否正确？请读者应用等效力系定理自行分析研究。

【例题 3-7】　图 3-11(a) 所示为房屋和桥梁中常见的**三铰拱** (three-hinged arch) 结构模型。这种结构由两个构件通过中间铰连接而成：A、B 二处为固定铰链支座；C 处为中间铰。各部分尺寸均示于图中。拱的顶面承受集度为 q 的均布载荷。若已知 q、l、h，且不计拱结构的自重，试求 A、B 二处的约束力。

解　(1) 受力分析。

固定铰支座 A、B 二处的约束力均用两个相互垂直的分量表示。中间铰 C 处亦用两个分量表示其约束力。但前者为外力；后者为内力。内力仅在系统拆开时才会出现。

(2) 考察整体平衡。

将作用在拱顶面的均布载荷简化为过点 C 的集中力，其值为 $F_P=ql$，考虑到 A、B 二处的约束力，整体结构的受力如图 3-11(d) 所示。

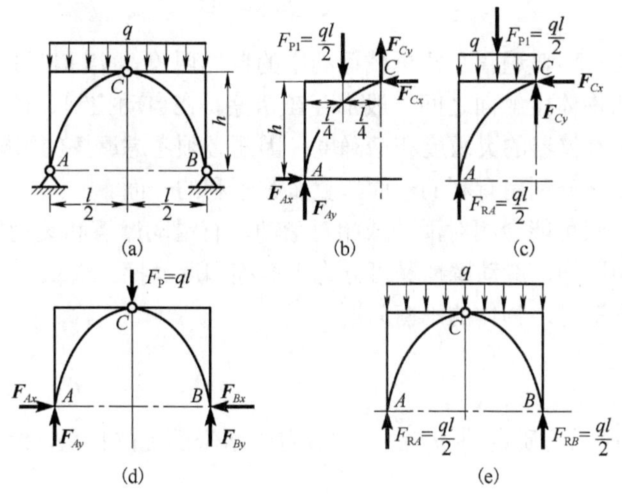

图 3-11　例题 3-7 图

从图中可以看出，4 个未知约束力中，分别有 3 个约束力的作用线通过 A、B 两点。这表明，应用对 A、B 二处的力矩式平衡方程，可以各求得一个未知力。于是，由

$$\sum M_A(\boldsymbol{F})=0 \qquad F_{By}\times l-F_P\times\frac{l}{2}=0$$

$$\sum M_B(\boldsymbol{F})=0 \qquad -F_{Ay}\times l+F_{\mathrm{P}}\times\frac{l}{2}=0$$

$$\sum F_x=0 \qquad F_{Ax}-F_{Bx}=0$$

求得

$$F_{Ay}=F_{By}=\frac{ql}{2} \tag{a}$$

$$F_{Ax}=F_{Bx} \tag{b}$$

方向与图 3-11(d)中所设相同。

(3)考察局部平衡。

将系统从 C 处拆开，考察左边或右边部分的平衡，由图 3-11(b)之受力图，其中

$$F_{\mathrm{P1}}=\frac{ql}{2}$$

为作用在左边部分顶面均匀载荷的简化结果。于是，可以写出

$$\sum M_C(\boldsymbol{F})=0 \qquad F_{Ax}\times h+\frac{ql}{2}\times\frac{l}{4}-F_{Ay}\times\frac{l}{2}=0$$

将式(a)代入后，解得

$$F_{Ax}=F_{Bx}=\frac{ql^2}{8h} \tag{c}$$

本例讨论： 怎样验证上述结果式(a)和式(c)的正确性？请读者自行研究。同时请读者分析图 3-11(c)和(e)中的受力图是否正确？

3.3　考虑摩擦时的平衡问题

摩擦(friction)是一种普遍存在于机械运动中的自然现象。实际机械与结构中，完全光滑的表面并不存在。两物体接触面之间一般都存在摩擦。在自动控制、精密测量等工程中即使摩擦很小，也会影响到仪器的灵敏度和精确度，因而必须考虑摩擦的影响。

研究摩擦就是要充分利用有利的一面，克服其不利的一面。

按照接触物体之间可能会相对滑动或相对滚动，有滑动摩擦和滚动摩擦之分。根据接触物体之间是否存在润滑剂，滑动摩擦又可分为干摩擦和湿摩擦。

本书只介绍干摩擦时，物体的平衡问题。

3.3.1　滑动摩擦定律

考察图 3-12(a)所示之质量为 m、静止地放置于水平面上的物块，设二者接触面都是非光滑面。

在物块上施加水平力 $\boldsymbol{F}_{\mathrm{P}}$，并令其自零开始连续增大，使物块具有相对滑动的趋势。这时，物块的受力如图 3-12(b)所示。因为是非光滑面接触，故作用在物块上的约束力除法向力 $\boldsymbol{F}_{\mathrm{N}}$ 外，还有一方向与运动趋势相反的力，称为静滑动摩擦力，简称**静摩擦力**(static friction force)，用 $\boldsymbol{F}$ 表示。

当 $F_{\mathrm{P}}=0$ 时，由于二者无相对滑动趋势，故静摩擦力 $F=0$。当 F_{P} 开始增加时，静摩擦力 F

随之增加，直至 $F=F_P$ 时，物块仍然保持静止。

F_P 再继续增加，达到某一临界值 F_{Pmax} 时，摩擦力达到最大值，$F=F_{max}$。这时，物块开始沿力 $\boldsymbol{F}_P$ 的作用方向滑动。

物块开始运动后，静滑动摩擦力突变至动滑动摩擦力 F_d。此后，主动力 $\boldsymbol{F}_P$ 的数值若再增加，则摩擦力基本上保持为常值 F_d。

上述过程中主动力与摩擦力之间的关系曲线如图 3-13 所示。

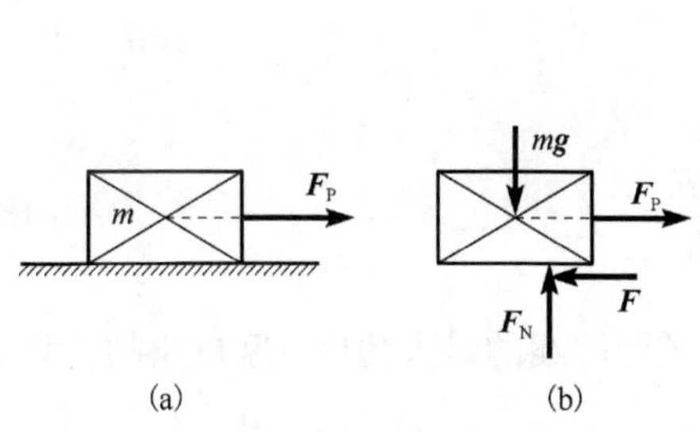

图 3-12　静滑动摩擦力

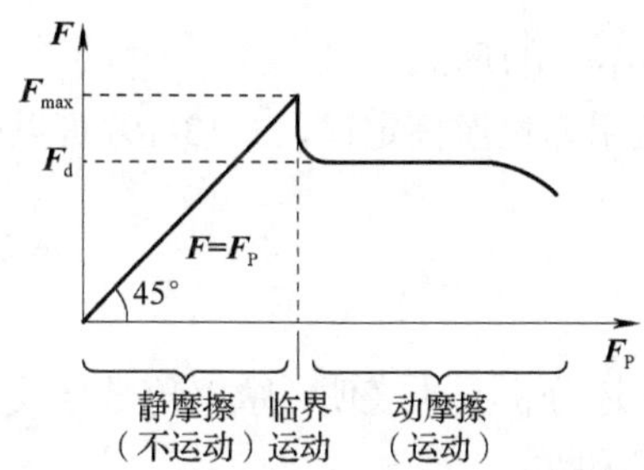

图 3-13　主动力与滑动摩擦力之间的关系

根据库伦(Coulomb)摩擦定律，**最大静摩擦力**(maximum static friction force)与正压力成正比，其方向与相对滑动趋势的方向相反，而与接触面积的大小无关。

$$F_{max} = f_s F_N \tag{3-12}$$

式中，f_s 称为**静摩擦因数**(static friction factor)。静摩擦因数 f_s 主要与材料和接触面的粗糙程度有关，可在机械工程手册中查到，但由于影响摩擦因数的因素比较复杂，因此如果需要较准确的 f_s 数值，则应由实验测定。

上述分析表明，开始运动之前，即物体保持静止时，静摩擦力的数值在零与最大静摩擦力之间，即

$$0 \leqslant F \leqslant F_{max} \tag{3-13}$$

从约束的角度，静滑动摩擦力也是一种约束力，而且是在一定范围内取值的约束力。

3.3.2　摩擦角与自锁的概念

1. 摩擦角

当考虑摩擦时，作用在物体接触面上有法向约束力 $\boldsymbol{F}_N$ 和切向摩擦力 $\boldsymbol{F}$，二者的合力便是接触面处所受的总约束力，又称为全反力，用 $\boldsymbol{F}_R$ 表示，如图 3-14(a)所示。

$$\boldsymbol{F}_R = \boldsymbol{F}_N + \boldsymbol{F} \tag{3-14}$$

全反力的大小为

$$F_R = \sqrt{F_N^2 + F^2} \tag{3-15}$$

全反力作用线与接触面法线的夹角为 φ，由式(3-16)确定

$$\tan\varphi = \frac{F}{F_N} \tag{3-16}$$

由于物体从静止到开始运动的过程中，摩擦力 $\boldsymbol{F}$ 从 0 开始增加直到最大值 F_{max}。上述中的 φ 角，也从 0 开始增加直到最大值，φ 角的最大值称为**摩擦角**(angle of friction)，用 φ_m 表

示。由此，在刚刚开始运动的临界状态下，全反力为

$$\boldsymbol{F}_{\mathrm{R}} = \boldsymbol{F}_{\mathrm{N}} + \boldsymbol{F}_{\max} \tag{3-17}$$

摩擦角由式(3-18)确定

$$\tan\varphi_{\mathrm{m}} = \frac{F_{\max}}{F_{\mathrm{N}}} \tag{3-18}$$

如图 3-14(b)所示。

应用库伦摩擦定律，式(3-19)可以改写成

$$\tan\varphi_{\mathrm{m}} = \frac{F_{\max}}{F_{\mathrm{N}}} = \frac{f_{\mathrm{s}}F_{\mathrm{N}}}{F_{\mathrm{N}}} = f_{\mathrm{s}} \tag{3-19}$$

上述分析结果表明：摩擦角是全反力 $\boldsymbol{F}_{\mathrm{R}}$ 偏离接触面法线的最大角度；摩擦角的正切等于静摩擦因数。

2. 自锁现象

当主动力合力的作用线位于摩擦角的范围以内时，无论主动力有多大，物体必定保持平衡(图 3-15)，这种现象称为**自锁**(self-locking)。反之，如果主动力合力的作用线位于摩擦角的范围以外时，无论主动力有多小，物体必定发生运动，这种现象称为**不自锁**(unlockself)。介于自锁与不自锁之间者为临界状态。

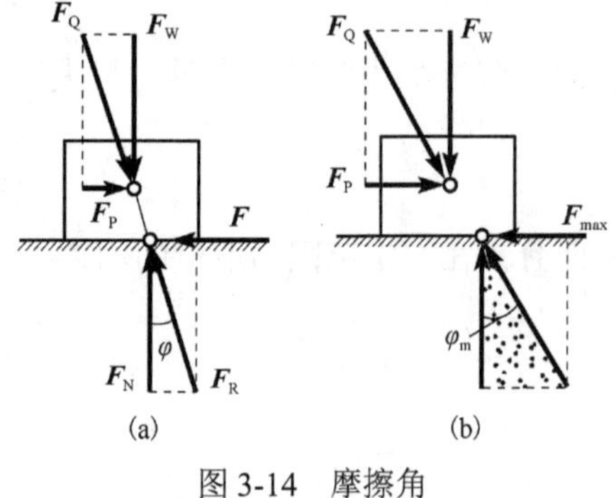

图 3-14　摩擦角

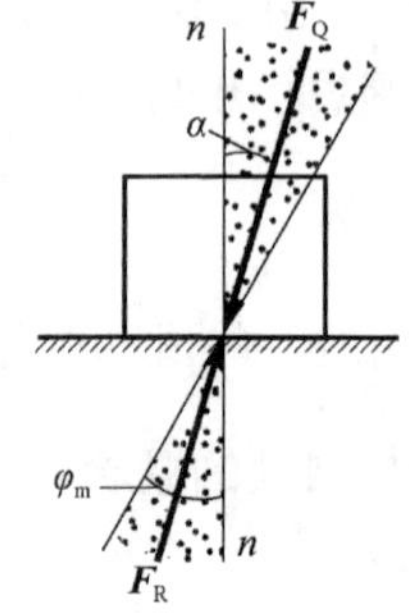

图 3-15　自锁的条件

如图 3-16 所示之水平表面上的物块为例，作用在物块上的主动力有重力 $\boldsymbol{mg}$ 和水平推力 $\boldsymbol{F}_{\mathrm{P}}$。主动力的合力

$$\boldsymbol{F}_{\mathrm{Q}}=\boldsymbol{mg}+\boldsymbol{F}_{\mathrm{P}}$$

假设主动力合力的作用线与接触面法线之间的夹角为 θ。可以证明，物块将存在 3 种可能运动状态：

(1) $\theta < \varphi_{\mathrm{m}}$ 时，物块保持静止(图 3-16(a))。

(2) $\theta > \varphi_{\mathrm{m}}$ 时，物块发生运动(图 3-16(b))。

(3) $\theta = \varphi_{\mathrm{m}}$ 时，物块处于临界状态(图 3-16(c))。

考虑摩擦时平衡所需要的力或其他参数不是一个定值，而是在一定的范围内取值。

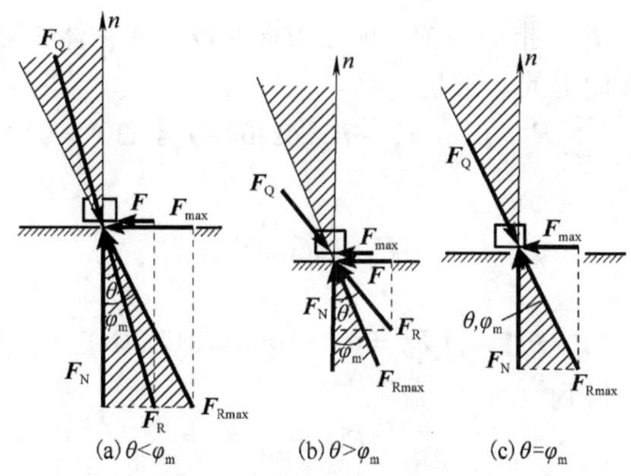

图 3-16　物块的 3 种运动状态

3.3.3　考虑摩擦时构件的平衡问题

考虑摩擦时的平衡问题，与不考虑摩擦时的平衡问题有着共同特点，即物体平衡时应满足平衡条件，解题方法与过程也基本相同。

但是，这类平衡问题的分析过程也有其特点：首先，受力分析时必须考虑摩擦力，而且要注意摩擦力的方向与相对滑动趋势的方向相反；其次，在滑动之前，即处于静止状态时，摩擦力不是一个定值，而是在一定的范围内取值。

【例题 3-8】　图 3-17(a)所示为放置于斜面上的物块。物块重 F_W=1000N；斜面倾角为 30°。物块承受一方向自左至右的水平推力，其数值为 F_P=400N。若已知物块与斜面之间的摩擦因数 f_s=0.2。试求：(1)物块处于静止状态时，静摩擦力的大小和方向；(2)使物块向上滑动时，力 $\boldsymbol{F}_P$ 的最小值。

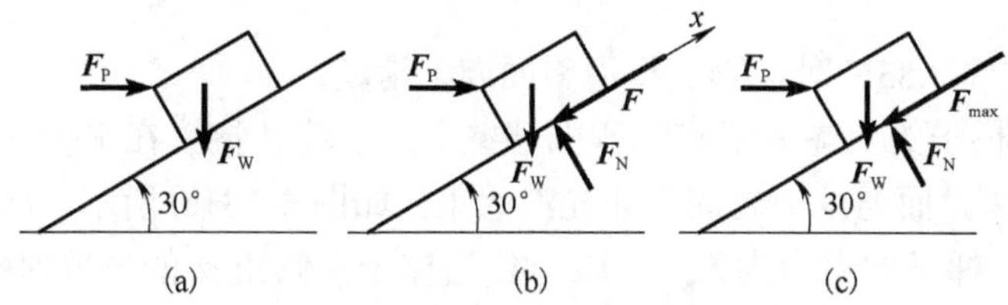

图 3-17　例题 3-8 图

解　根据本例的要求，需要判断物块是否静止。这一类问题的解法是：假设物体处于静止状态，首先由平衡方程求出静摩擦力 F 和法向反力 F_N。再求出最大静摩擦力 F_{max}。将 F 与 F_{max} 加以比较，若 $|F| \leqslant F_{max}$，物体处于静止状态，所求 F 有意义；若 $|F| > F_{max}$，物体已进入运动状态，所求 F 无意义。

(1)确定物块静止时的摩擦力 F 值($|F| \leqslant F_{max}$)。

以物块为研究对象，假设物块处于静止状态，并有向上滑动的趋势，受力如图 3-10(b)所示。其中，摩擦力的指向是假设的，若结果为负，表明实际指向与假设方向相反。由

$$\sum F_x = 0 \qquad -F - F_W \sin 30^\circ + F_P \cos 30^\circ = 0$$

得

$$F = -153.6\text{N} \tag{a}$$

负号表示实际摩擦力 $\boldsymbol{F}$ 的指向与图中所设方向相反，即物体实际上有下滑的趋势，摩擦力的方向实际上是沿斜面向上的。于是，由

$$\sum F_y = 0 \qquad F_{\mathrm{N}} - F_{\mathrm{W}}\cos 30^\circ - F_{\mathrm{P}}\sin 30^\circ = 0$$

求得

$$F_{\mathrm{N}}=1066.0\mathrm{N}$$

最大静摩擦力为

$$F_{\max} = f_{\mathrm{s}} F_{\mathrm{N}} = 0.2\times 1066 = 213.2(\mathrm{N}) \tag{b}$$

比较式(a)和式(b)，得到

$$|F| < F_{\max}$$

因此，物块在斜面上静止，摩擦力大小为 153.6N，其指向沿斜面向上。

(2)确定物块向上滑动时所需要主动力 $\boldsymbol{F}_{\mathrm{P}}$ 的最小值 F_{Pmin}。

仍以物块为研究对象，此时，物块处于临界状态，即力 F_{P} 再大于 F_{Pmin}，物块将发生运动，此时摩擦力 F 达到最大值 $F_{\max}$。这时，必须根据运动趋势确定 $F_{\max}$ 的实际方向。于是，物块的受力如图 3-17(c)所示。

建立平衡方程和关于摩擦力的物理方程

$$\sum F_x = 0 \qquad -F_{\max} - F_{\mathrm{W}}\sin 30^\circ + F_{\mathrm{Pmin}}\cos 30^\circ = 0 \tag{c}$$

$$\sum F_y = 0 \qquad F_{\mathrm{N}} - F_{\mathrm{W}}\cos 30^\circ - F_{\mathrm{Pmin}}\sin 30^\circ = 0 \tag{d}$$

$$F_{\max} = f_{\mathrm{s}} F_{\mathrm{N}} \tag{e}$$

将式(c)、式(d)、式(e)联立，解得

$$F_{\mathrm{Pmin}}=878.59\mathrm{N}$$

当力 F_{P} 的数值超过 878.83N 时，物块将沿斜面向上滑动。

【例题 3-9】 梯子的上端 B 靠在铅垂的墙壁上，下端 A 搁置在水平地面上。假设梯子与墙壁之间为光滑约束，而与地面之间为非光滑约束，如图 3-18(a)所示。已知：梯子与地面之间的摩擦因数为 f_{s}；梯子的重力为 $\boldsymbol{F}_{\mathrm{W}}$ 。求：(1)当梯子在倾角 α_1 的位置保持平衡时，A、B 二处约束力 $F_{\mathrm{N}A}$、$F_{\mathrm{N}B}$ 和摩擦力 F_A；(2)当梯子不致滑倒时，其倾角 α 的范围。

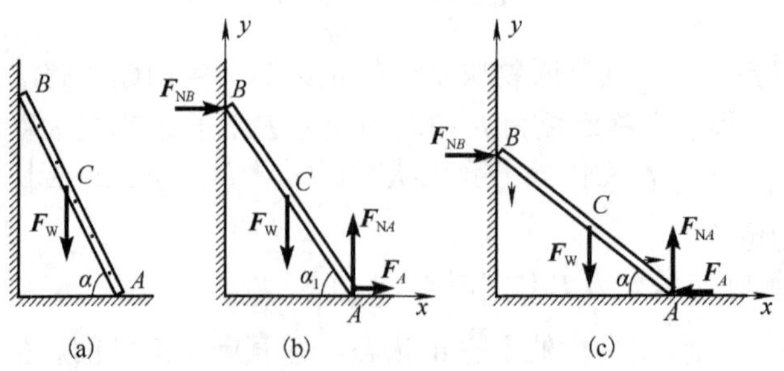

图 3-18　例题 3-9 图

解　(1)梯子在倾角 α_1 的位置保持平衡时的约束力。

这种情形下，梯子的受力如图 3-18(b)所示。其中，将摩擦力 F_A 作为一般的约束力，假设其方向如图 3-18(b)示。于是有

$$\sum M_A(\boldsymbol{F})=0 \quad F_{\mathrm{W}}\times\frac{l}{2}\times\cos\alpha_1-F_{\mathrm{N}B}\times l\times\sin\alpha_1=0$$

$$\sum F_y=0 \quad F_{\mathrm{N}A}-F_{\mathrm{W}}=0$$

$$\sum F_x=0 \quad F_A+F_{\mathrm{N}B}=0$$

由此解得

$$F_{\mathrm{N}B}=\frac{F_{\mathrm{W}}\cos\alpha_1}{2\sin\alpha_1} \tag{a}$$

$$F_{\mathrm{N}A}=F_{\mathrm{W}} \tag{b}$$

$$F_A=-F_{\mathrm{N}B}=-\frac{F_{\mathrm{W}}}{2}\cot\alpha_1 \tag{c}$$

所得 F_A 的结果为负值，表明梯子下端所受的摩擦力与图 3-18(b)中所假设的方向相反。

(2)求梯子不滑倒的倾角 α 的范围。

这种情形下，摩擦力 F_A 的方向必须根据梯子在地上的滑动趋势预先确定，不能任意假设。于是，梯子的受力如图 3-18(c)所示。

平衡方程和物理方程分别为

$$\sum M_A(\boldsymbol{F})=0 \quad F_{\mathrm{W}}\times\frac{l}{2}\times\cos\alpha-F_{\mathrm{N}B}\times l\times\sin\alpha=0 \tag{d}$$

$$\sum F_y=0 \quad F_{\mathrm{N}A}-F_{\mathrm{W}}=0 \tag{e}$$

$$\sum F_x=0 \quad F_A-F_{\mathrm{N}B}=0 \tag{f}$$

$$F_A=f_{\mathrm{s}}F_{\mathrm{N}A} \tag{g}$$

将式(d)～式(g)联立，不仅可以解出 A、B 二处的约束力，而且可以确定保持梯子平衡时的临界倾角

$$\alpha=\operatorname{arccot}(2f_{\mathrm{s}}) \tag{h}$$

由常识可知，角度 α 越大，梯子越易保持平衡，故平衡时梯子对地面的倾角范围为

$$\alpha\geqslant\operatorname{arccot}(2f_{\mathrm{s}}) \tag{i}$$

3.4　小结与讨论

3.4.1　本章小结

(1)作用于刚体上的力系平衡的充分必要条件为：力系的主矢和力系对任一点的主矩同时为零。

(2)平衡方程的一般形式：

$$\sum F_x=0 \quad \sum M_x(\boldsymbol{F})=0$$

$$\sum F_y=0 \quad \sum M_y(\boldsymbol{F})=0$$

$$\sum F_z=0 \quad \sum M_z(\boldsymbol{F})=0$$

(3)平面一般力系的平衡方程：

① 基本形式　$\sum F_x=0 \quad \sum F_y=0 \quad \sum M_O(\boldsymbol{F})=0$

② 二矩式（AB 连线不与 x 轴垂直）

$$\sum F_x = 0 \qquad \sum M_A(\boldsymbol{F}) = 0 \qquad \sum M_B(\boldsymbol{F}) = 0$$

③ 三矩式（A、B、C 三点不共线）

$$\sum M_A(\boldsymbol{F}) = 0 \qquad \sum M_B(\boldsymbol{F}) = 0 \qquad \sum M_C(\boldsymbol{F}) = 0$$

(4) 静定问题：系统中的未知量个数等于独立平衡方程的个数，可由静力学平衡方程求出全部未知量的问题。

超静定问题：系统中的未知量个数大于独立平衡方程的个数，无法仅由静力学平衡方程求出全部未知量的问题。

(5) 在求解有摩擦的平衡问题时，要正确处理摩擦力，摩擦力的方向沿接触面的公切线并与相对滑动趋势相反，摩擦力的大小取决于主动力，但其最大值由库伦摩擦定律确定。

$$F_f \leqslant F_{\max} = f_s F_N$$

由于不等式的出现，有摩擦的平衡问题的求解结果是一个范围。

3.4.2 讨论

1. 关于坐标系和力矩中心的选择

选择适当的坐标系和力矩中心，可以减少每个平衡方程中所包含未知量的数目。在平面力系的情形下，力矩中心应尽量选在两个或多个未知力的交点上，这样建立的力矩平衡方程中将不包含这些未知力；坐标系中坐标轴取向应尽量与多数未知力相垂直，从而使这些未知力在这一坐标轴上的投影等于零，这同样可以减少投影平衡方程中未知力的数目。

需要特别指出的是，平面力系的平衡方程虽然有 3 种形式，但是独立的平衡方程只有 3 个。这表明，平面力系平衡方程的 3 种形式是等价的。采用了一种形式的平衡方程，其余形式的平衡方程就不再是独立的，但是可以用于验证所得结果的正确性。

在很多情形下，采用力矩平衡方程计算，往往比采用力的投影平衡方程方便些。

2. 关于受力分析的重要性

读者从本章关于单个刚体与简单刚体系统平衡问题的分析中可以看出，受力分析是决定分析平衡问题成败的关键，只有当受力分析正确无误时，其后的分析才能取得正确的结果。

初学者常常不习惯根据约束的性质分析约束力，而是根据不正确的直观判断确定约束力，例如“根据主动力的方向确定约束力及其方向”就是初学者最容易采用的错误方法。对于图 3-19(a)所示之承受水平载荷 $\boldsymbol{F}_P$ 的平面刚架 ABC，应用上述错误方法，得到图 3-19(b)所示的受力图。请读者分析：这种情形下，刚架 ABC 能平衡吗？这一受力图错在哪里？

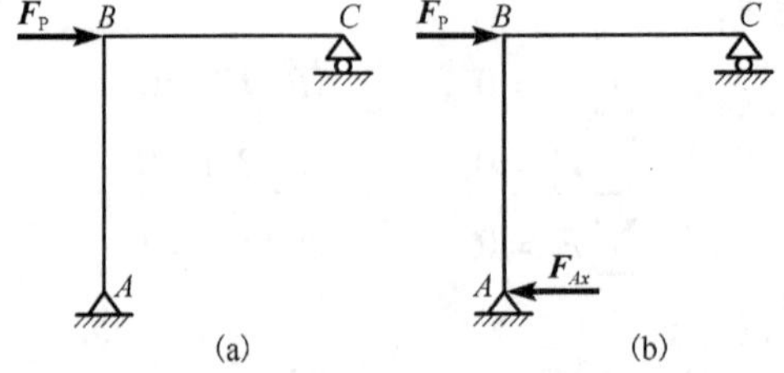

图 3-19 不正确的受力分析之一

又如，对于图 3-20(a)所示之三铰拱，当考察其总体平衡时，得到图 3-20(b)所示之受力图。根据这一受力图三铰拱整体是平衡的，局部能够平衡吗？这一受力图又错在哪里呢？

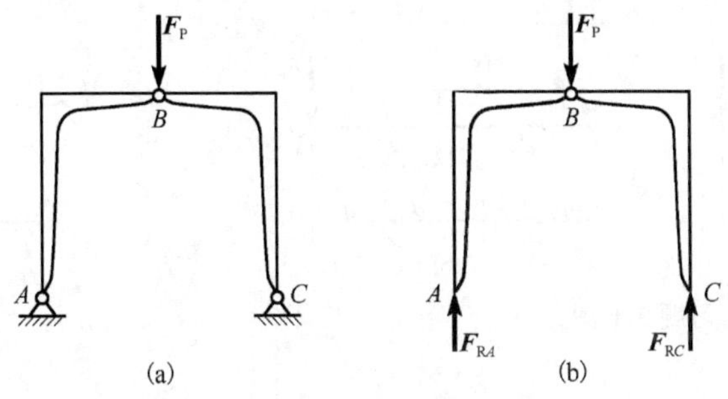

图 3-20　不正确的受力分析之二

3. 关于求解刚体系统平衡问题时要注意的几个方面

根据刚体系统的特点，分析和处理刚体系统平衡问题时，注意以下几方面是很重要的。

(1)认真理解、掌握并能灵活运用“系统整体平衡，组成系统的每个局部必然平衡”的重要概念。

某些受力分析，从整体上看，可以使整体平衡，似乎是正确的。但是局部却是不平衡的，因而是不正确的。图 3-13(b)所示之错误的受力分析即属此例。

(2)要灵活选择研究对象。所谓研究对象包括系统整体、单个刚体以及由两个或两个以上刚体组成的子系统。灵活选择其中之一或之二作为研究对象，一般应遵循：研究对象上既有未知力，也有已知力或者前面计算过程中已经计算出结果的未知力；同时，应当尽量使一个平衡方程中只包含一个未知约束力，不解或少解联立方程。

(3)注意区分内力与外力、作用力与反作用力。

内力只有在系统拆开时才会出现，故而在考察整体平衡时，无须考虑内力。

当同一约束处有两个或两个以上刚体相互连接时，为了区分作用在不同刚体上的约束力是否互为作用力与反作用力，必须逐个对刚体进行分析，分清哪一个是施力体，哪一个是受力体。

(4)注意对分布载荷进行等效简化。

考察局部平衡时，分布载荷可以在拆开之前简化，也可以在拆开之后简化。要注意的是，先简化、后拆开时，简化后合力加在何处才能满足力系等效的要求，这一问题请读者结合例题 3-6 中图 3-10(d)、(e)所示受力图，加以分析。

习　　题

3-1　试求习题 3-1 图示两外伸梁的约束力 F_{RA}、F_{RB}。图(a)中 M=60kN·m，F_P=20kN；图(b)中 F_P=10kN，F_{P1}=20kN，q=20kN/m，d=0.8m。

3-2　直角折杆所受载荷、约束及尺寸均如习题 3-2 图所示，试求 A 处全部约束力。

3-3　如习题 3-3 图所示，拖车重 F_W=20kN，汽车对它的牵引力 F_S=10kN，试求拖车匀速直线行驶时，车轮 A、B 对地面的正压力。

3-4　如习题 3-4 图所示，旋转式起重机 ABC 具有铅垂转动轴 AB，起重机重 F_W=3.5kN，重心在 D 处。在 C 处吊有重 F_{W1}=10kN 的物体，试求滑动轴承 A 和止推轴承 B 处的约束力。

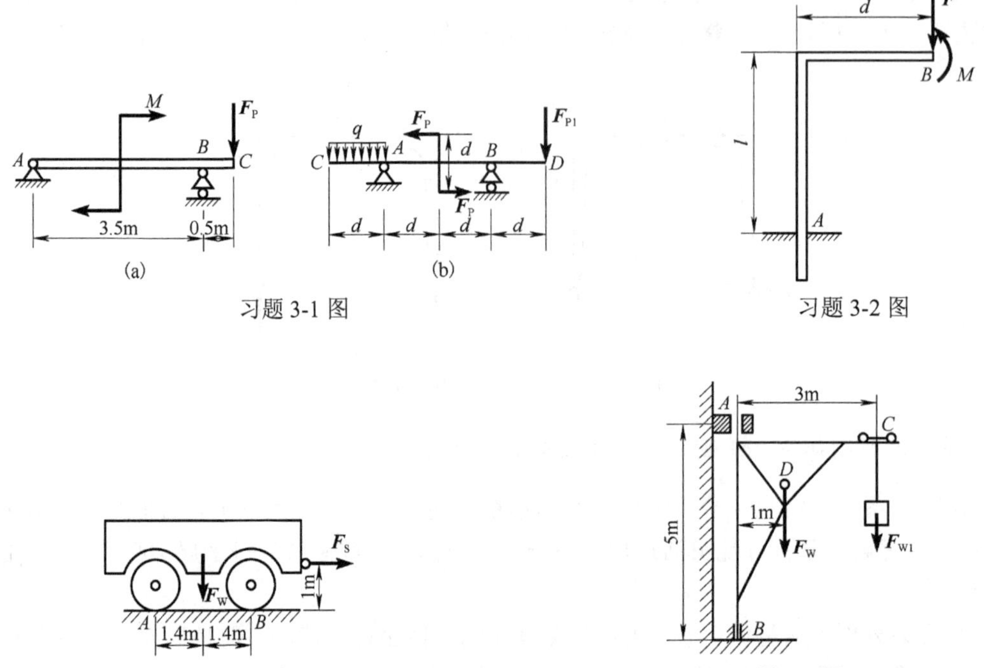

习题 3-1 图

习题 3-2 图

习题 3-3 图

习题 3-4 图

3-5　如习题 3-5 图所示，图(a)、(b)、(c)所示结构中的折杆 AB 以 3 种不同的方式支承。假设 3 种情形下，作用在折杆 AB 上的力偶的位置和方向都相同，力偶矩数值均为 M，试求 3 种情形下支承处的约束力。

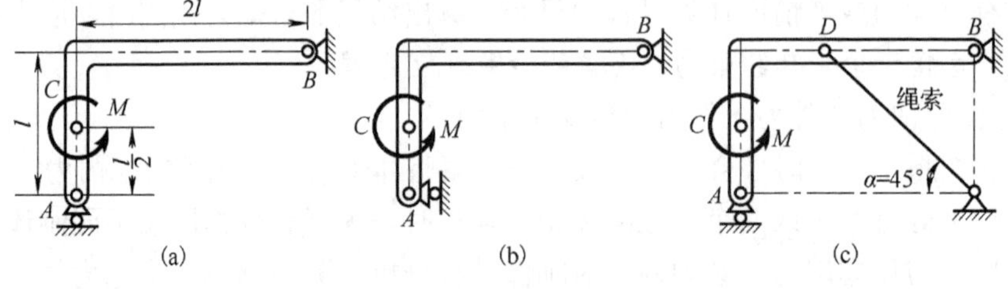

习题 3-5 图

3-6　如习题 3-6 图所示结构中(图中长度单位为 mm)，各构件的自重都略去不计。在构件 AB 上作用一力偶，其力偶矩数值 M=800N·m，试求支承 A 和 C 处的约束力。

3-7　装有轮子的起重机，可沿轨道 A、B 移动。起重机桁架下弦 DE 杆的中点 C 上挂有滑轮(习题 3-7 图中未画出)，用来吊起挂在链索 CO 上的重物。从材料架上吊起重量 F_W=50kN 的重物。当此重物离开材料架时，链索与铅垂线的夹角 $\alpha=20^\circ$。为了避免重物摆动，又用水平绳索 GH 拉住重物。设链索张力的水平分力仅由右轨道 B 承受，试求当重物离开材料架时轨道 A、B 的受力。

3-8　试求如习题 3-8 图所示静定梁在 A、B、C 三处的全部约束力。已知 d、q 和 M，注意比较和讨论图(a)、(b)、(c)三梁的约束力以及图(d)、(e)两梁的约束力。

3-9　如习题 3-9 图所示，一活动梯子放在光滑的水平地面上，梯子由 AC 与 BC 两部分组成，每部分的重量均为 150N，重心在杆子的中点，AC 与 BC 两部分用铰链 C 和绳子 EF 相连接。今有一重量为 600N 的人，站在梯子的 D 处，试求绳子 EF 的拉力和 A、B 两处的约束力。

3-10　如习题 3-10 图所示的提升机构中，物体放在小台车 C 上，小台车上装有 A、B 轮，可沿垂导轨 ED 上下运动。已知物体重 2kN，图中长度单位为 mm，试求导轨对 A、B 轮的约束力。

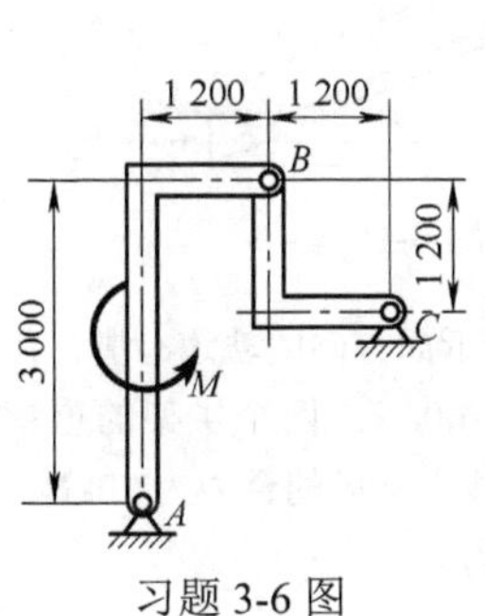

习题 3-6 图

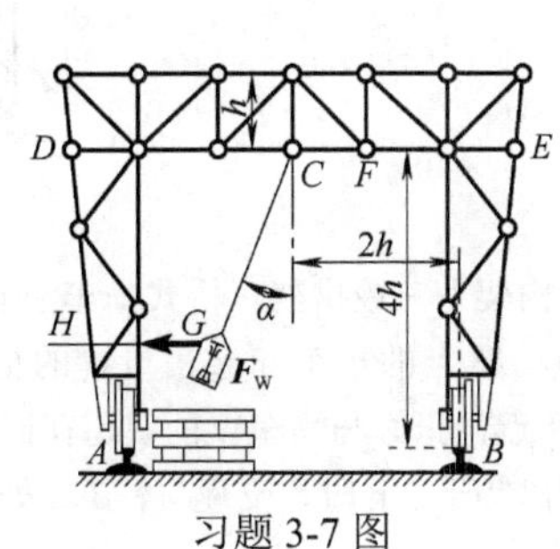

习题 3-7 图

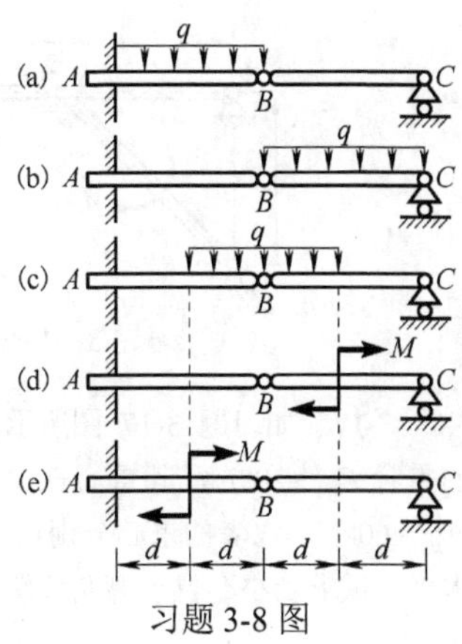

习题 3-8 图

3-11　结构的受力和尺寸如习题 3-11 图所示，试求结构中杆 1、2、3 所受的力。

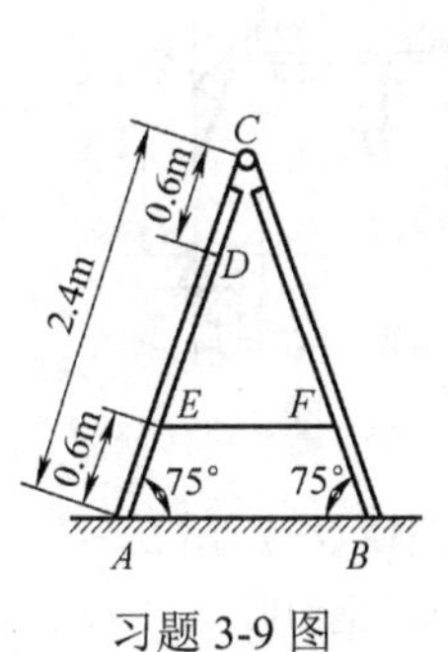

习题 3-9 图

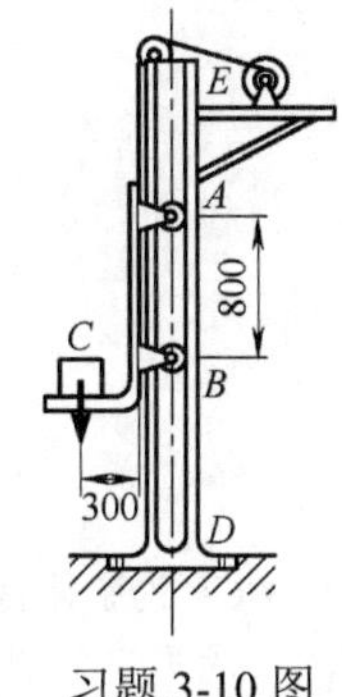

习题 3-10 图

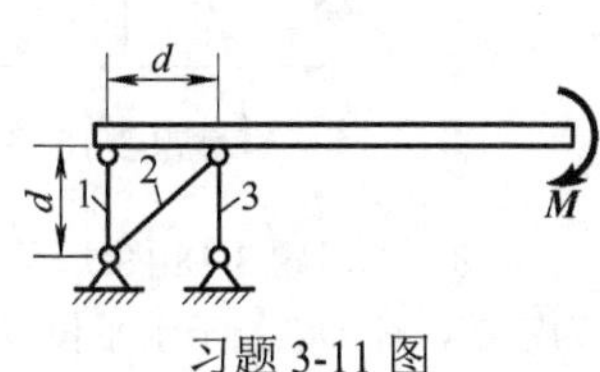

习题 3-11 图

3-12　为了测定飞机螺旋桨所受的空气阻力偶，可将飞机水平放置，其一轮搁置在地秤上。当螺旋桨未转动时，测得地秤所受的压力为 4.6kN；当螺旋桨转动时，测得地秤所受的压力为 6.4kN。如习题 3-12 图所示，已知两轮间的距离 l=2.5m，试求螺旋桨所受的空气阻力偶的力偶矩 M 的数值。

3-13　两种结构的受力和尺寸如习题 3-13 图所示，试求两种情形下 A、C 二处的约束力。

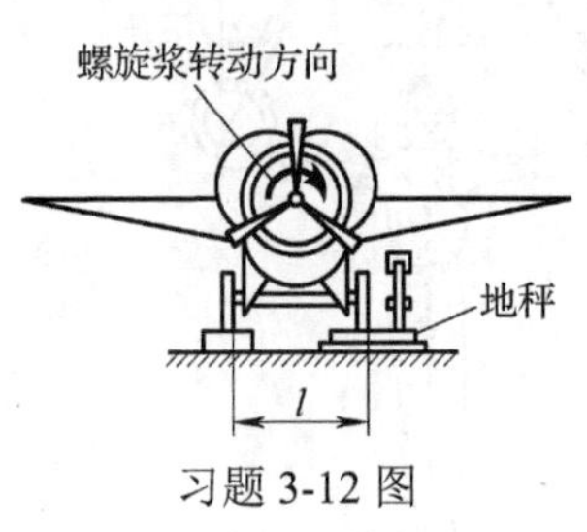

习题 3-12 图

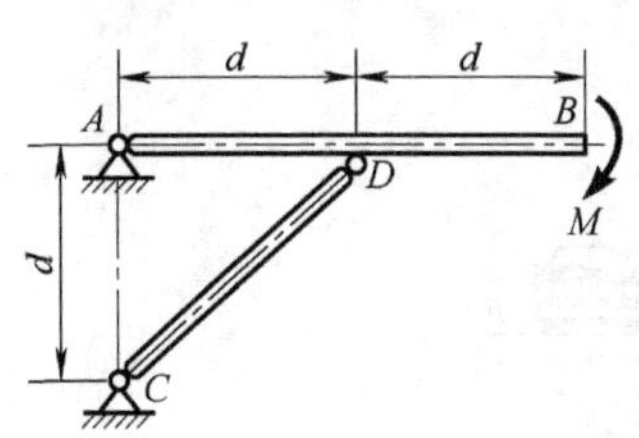

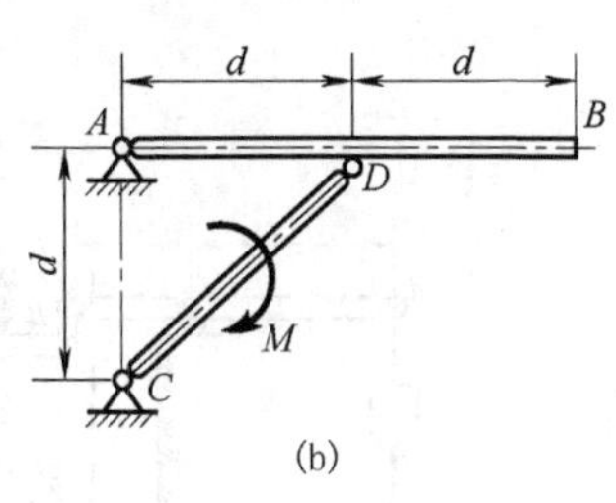

习题 3-13 图

3-14　承受两个力偶作用的机构在习题 3-14 图所示位置时保持平衡，试求这时两力偶之间关系的数学表达式。

3-15　承受 1 个力 $\boldsymbol{F}$ 和 1 个力偶矩为 M 的力偶同时作用的机构，在习题 3-15 图所示位置时保持平衡。求机构在平衡时力 $\boldsymbol{F}$ 和力偶矩 M 之间的关系式。

3-16　如习题 3-16 图所示，三铰拱结构的两半拱上，作用有数值相等、方向相反的两力偶 M。试求 A、B 二处的约束力。

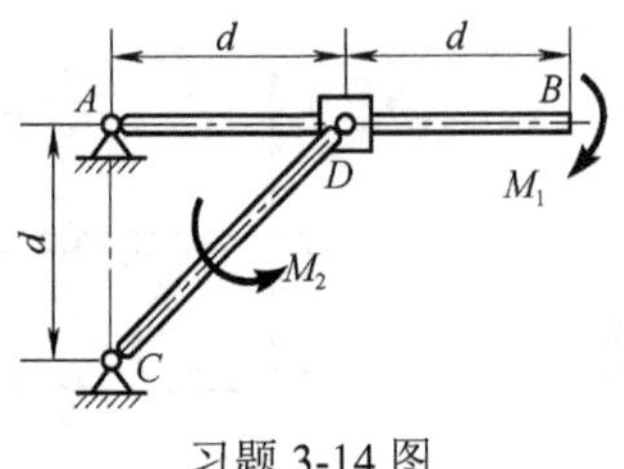

习题 3-14 图

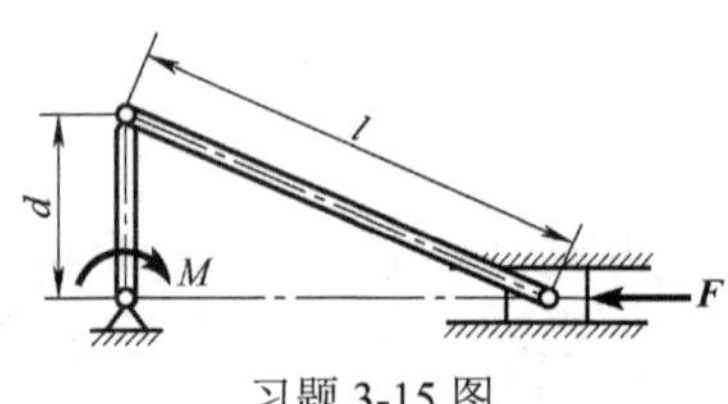

习题 3-15 图

3-17　如习题 3-17 图所示，厂房构架为三铰拱架。桥式吊车沿着垂直于纸面方向的轨道行驶，吊车梁的重量 F_{W1} =20kN，其重心在梁的中点。梁上的小车和起吊重物的重量 F_{W2} =60kN。两个拱架的重量均为 F_{W3} =60kN，二者的重心分别在 D、E 两点，正好与吊车梁的轨道在同一铅垂线上。风的合力为 10kN，方向水平。试求当小车位于离左边轨道的距离等于 2m 时，支座 A、B 二处的约束力。

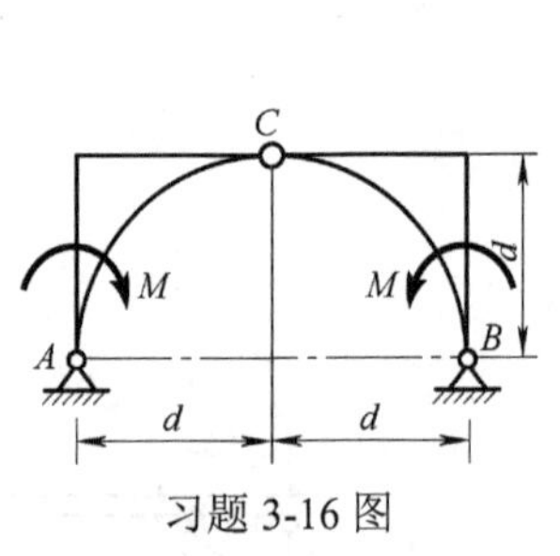

习题 3-16 图

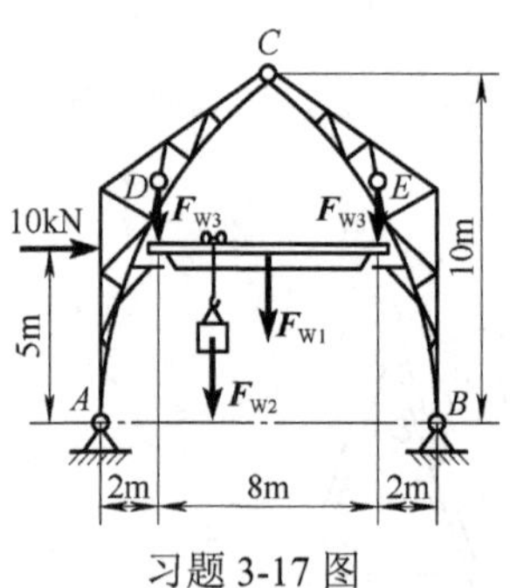

习题 3-17 图

3-18　如习题 3-18 图所示为汽车台秤简图，*BCF* 为整体台面，杠杆 *AB* 可绕轴 *O* 转动，*B*、*C*、*D* 三处均为铰链，杆 *DC* 处于水平位置。假设砝码和汽车的重量分别为 F_{W1} 和 F_{W2}，试求平衡时 F_{W1} 和 F_{W2} 之间的关系。

3-19　体重为 F_W 的体操运动员在吊环上做十字支撑。如习题 3-19 图所示，*d* 为两肩关节间的距离，F_{W1} 为两臂总重量。已知 *l*、*θ*、*d* 、F_{W1} 和假设手臂为均质杆，试求肩关节受力。

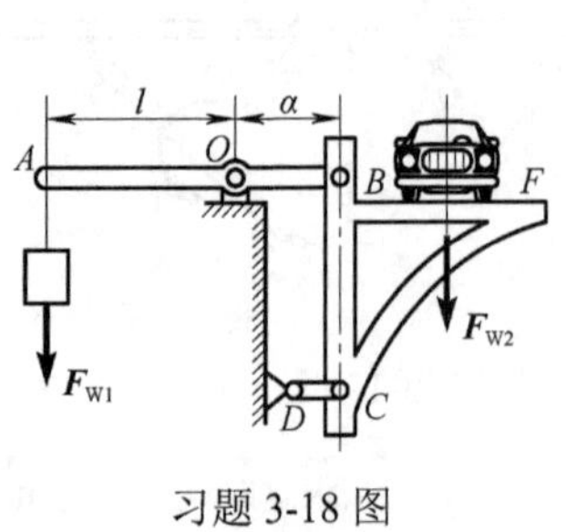

习题 3-18 图

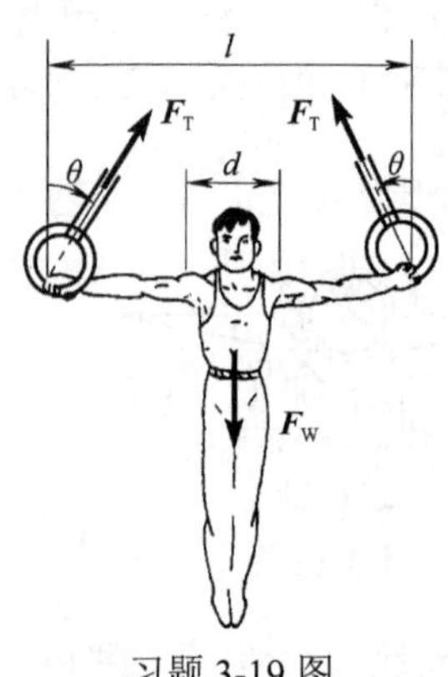

习题 3-19 图

3-20　*A*、*B* 两组纸片按习题 3-20 图所示方式相互交错叠放，两组纸片的一端用纸粘连。每张纸重 0.06N，纸片总共有 200 张，纸与纸之间以及纸与桌面之间的摩擦因数都是 0.2。假设其中一叠纸是固定的，试求拉出另一叠纸所需的水平力 F_P。

3-21　尖劈起重装置如习题 3-21 图所示。尖劈 *A* 的顶角为 α ，物块 *B* 上受力 $\boldsymbol{F}_Q$ 的作用。尖劈 *A* 与物块 *B* 之间的静摩擦因数为 f_s（有滚珠处摩擦力忽略不计）。如不计尖劈 *A* 和物块 *B* 的重量，试求保持平衡时，

施加在尖劈 A 上的力 $\boldsymbol{F}_{\mathrm{P}}$ 的范围。

3-22　砖夹的宽度为 250mm，杆件 AGB 和 $GCED$ 在点 G 处铰接。已知：砖的重量为 F_{W}，提砖的合力为 $\boldsymbol{F}_{\mathrm{P}}$，作用在砖夹的对称中心线上，尺寸如习题 3-22 图所示，图中长度单位为 mm，砖夹与砖之间的静摩擦因数 $f_{\mathrm{s}}=0.5$，试求能将砖夹起的 d 值（d 是点 G 到砖块上所受正压力作用线的距离）。

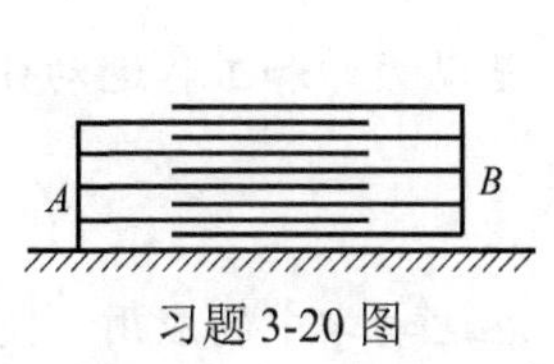

习题 3-20 图

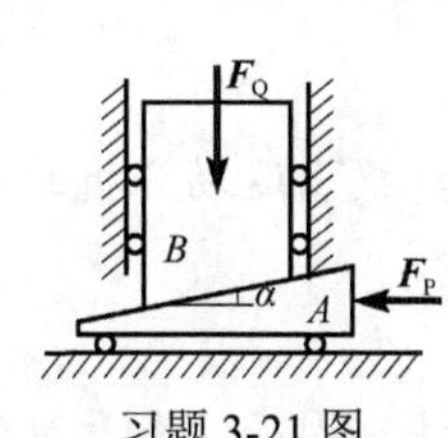

习题 3-21 图

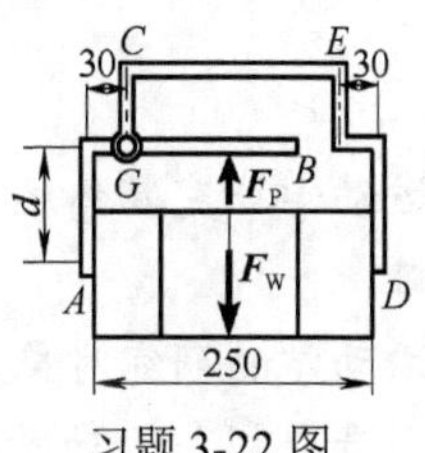

习题 3-22 图

第二篇　运　动　学

运动学研究物体运动的几何性质，提出运动分析的一般方法，是动力学和工程运动分析的基础。

运动学的研究对象是点和刚体。

矢量分析是运动学的主要研究方法。因而，矢量对时间的导数在运动学中的应用，是本篇的精华内容。

第 4 章　点的一般运动与刚体的基本运动

本章首先研究点的一般运动，即研究点相对于某一参考系的几何位置随时间变化的规律，包括点的运动方程、运动轨迹、速度和加速度等；然后在点的运动学基础上研究刚体的两种基本运动：平移和定轴转动。

描述点的运动的矢量法

描述点的运动的直角坐标法

4.1　描述点的运动的弧坐标法

在实际工程及现实生活中，动点的轨迹往往是已知的。如运行的列车、运转的机件上的某一点等，此时便可利用点的运动轨迹建立弧坐标及自然轴系，并以此来描述和分析点的运动。

1. 运动方程

设动点 P 沿已知轨迹运动，在轨迹上任选一参考点 O 作为原点，并设原点 O 的某一侧为正向，则另一侧为负向，如图 4-1 所示。动点 P 在轨迹上任一瞬时的位置就可以用弧长 s 来确定，弧长 s 为代数量，称为动点 P 的**弧坐标**(arc coordinate of a directed curve)。显然，动点 P 运动时弧坐标 s 是时间 t 的单值连续函数，即

$$s = f(t) \tag{4-1}$$

式(4-1)称为**以弧坐标表示的点的运动方程**。

2. 自然轴系

设有任意空间曲线，如图 4-2 所示。它在点 P 的切线为 PT，在其邻近一点 P' 的切线为

$P'T_1'$。一般情形下，这两条切线不在同一平面内。若过点 P 作直线 PT_2' 平行于 $P'T_1'$，则 PT 与 PT_2' 决定一平面 α_1。当 P' 无限趋近于 P 时，则平面 α_1 趋近于某一极限平面 α，此极限平面 α 称为曲线在点 P 的**密切面**(osculating plane)。

如图 4-3 所示，沿曲线上点 P 的**切线** PT 取单位矢量 $\boldsymbol{\tau}$，并规定指向弧坐标的正向；过点 P 在密切面内作切线 PT 的垂线 PN，称为**主法线**，其单位矢量 $\boldsymbol{n}$ 指向曲线的曲率中心；过点 P 且垂直于切线 PT 及主法线 PN 的直线 PB 称为**副法线**，其单位矢量 $\boldsymbol{b}$ 由 $\boldsymbol{b}=\boldsymbol{\tau}\times\boldsymbol{n}$ 决定。显然，$\boldsymbol{\tau}$、$\boldsymbol{n}$ 均处于密切面内，而 $\boldsymbol{b}$ 垂直于密切面。

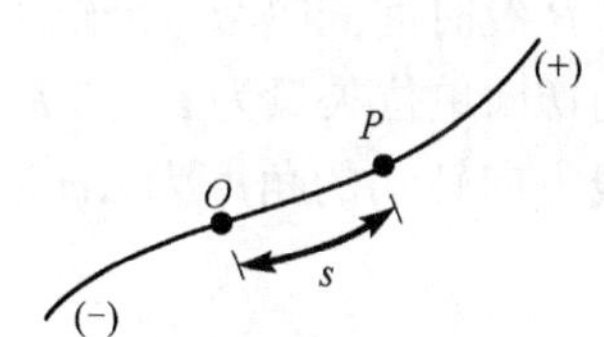

图 4-1　用弧坐标表示点的运动

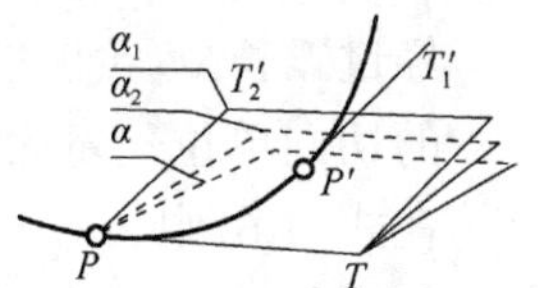

图 4-2　曲线在点 P 的密切面形成图像

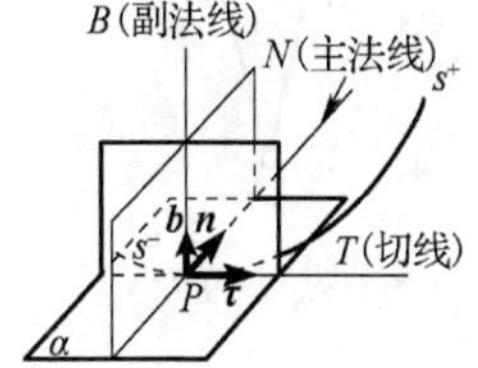

图 4-3　自然轴系及其单位矢量

以动点 P 为原点，由该点切线 PT、主法线 PN 和副法线 PB 为坐标轴组成的正交坐标系，称为曲线在点 P 的**自然轴系**(trihedral axes of a space curve)。注意，随着点 P 在轨迹上的运动，单位矢量 $\boldsymbol{\tau}$、$\boldsymbol{n}$ 和 $\boldsymbol{b}$ 的方向也在不断改变。

思考：自然轴系和定直角坐标系有何共同点与不同点?

3. 速度

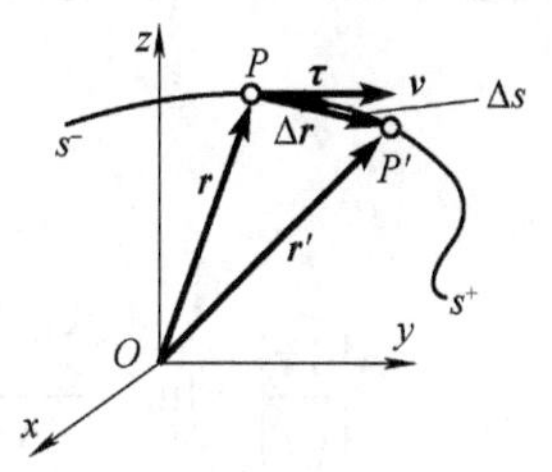

图 4-4　弧坐标下点的速度

如图 4-4 所示，设动点在瞬时 t 位于曲线的点 P，经过时间间隔 Δt 后，动点运动到曲线的点 P'，弧坐标的增量为 Δs，位矢的增量为 $\Delta\boldsymbol{r}$。根据 $\boldsymbol{v}=\lim\limits_{\Delta t\to 0}\dfrac{\Delta\boldsymbol{r}}{\Delta t}$，并注意到 $\Delta t\to 0$ 时有 $\Delta s\to 0$，则动点的速度为

$$\boldsymbol{v}=\lim_{\Delta t\to 0}\frac{\Delta\boldsymbol{r}}{\Delta t}=\lim_{\Delta t\to 0}\frac{\Delta s}{\Delta t}\cdot\lim_{\Delta s\to 0}\frac{\Delta\boldsymbol{r}}{\Delta s}=\frac{\mathrm{d}s}{\mathrm{d}t}\cdot\lim_{\Delta s\to 0}\frac{\Delta\boldsymbol{r}}{\Delta s} \tag{4-2}$$

因为

$$\lim_{\Delta s\to 0}\left|\frac{\Delta\boldsymbol{r}}{\Delta s}\right|=1$$

且 $\Delta\boldsymbol{r}$ 的极限方向与 $\boldsymbol{\tau}$ 一致，故式(4-2)可写为

$$\boldsymbol{v}=\frac{\mathrm{d}s}{\mathrm{d}t}\boldsymbol{\tau}=\dot{s}\boldsymbol{\tau} \tag{4-3}$$

式(4-3)表明：**动点的速度大小等于弧坐标对时间的一阶导数的绝对值，方向沿曲线的切线方向**。若 $\dot{s}>0$，则点沿轨迹正向运动；若 $\dot{s}<0$，则点沿轨迹负向运动。

设

$$v=\frac{\mathrm{d}s}{\mathrm{d}t} \tag{4-4}$$

则动点的速度为

$$\boldsymbol{v}=v\boldsymbol{\tau}=\dot{s}\boldsymbol{\tau} \tag{4-5}$$

式中，v 为代数量，是速度 $\boldsymbol{v}$ 沿轨迹切向的投影。式(4-5)将速度 $\boldsymbol{v}$ 的大小和方向分开表示，这对于进一步研究这两方面的变化即加速度，具有重要意义。

4. 加速度

将式(4-5)代入 $\boldsymbol{a}=\dot{\boldsymbol{v}}$，得动点的加速度为

$$\boldsymbol{a}=\frac{\mathrm{d}\boldsymbol{v}}{\mathrm{d}t}=\frac{\mathrm{d}}{\mathrm{d}t}(v\boldsymbol{\tau})=\frac{\mathrm{d}v}{\mathrm{d}t}\boldsymbol{\tau}+v\frac{\mathrm{d}\boldsymbol{\tau}}{\mathrm{d}t} \tag{4-6}$$

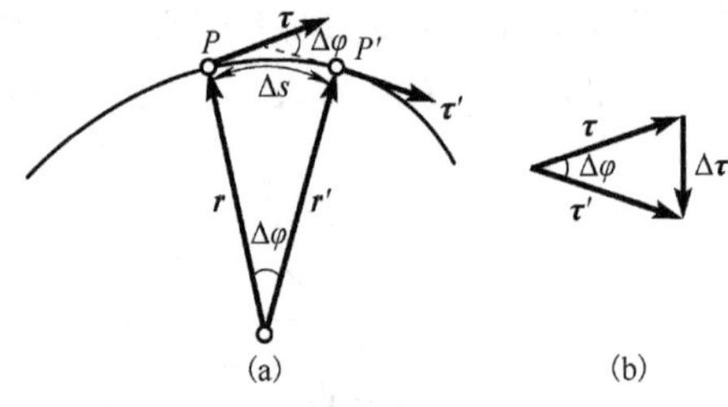

图 4-5　切向单位矢量对时间的变化率

由式(4-6)可知，速度矢的变化率由其大小(代数值 v)的变化率和方向(单位向量 $\boldsymbol{\tau}$)的变化率两部分组成。

下面先讨论式(4-6)中单位矢量 $\boldsymbol{\tau}$ 对时间的变化率。如图 4-5(a)所示，动点 P 经时间间隔Δt，沿轨迹经过弧长Δs 至点 P'，点 P 的切向单位矢量为 $\boldsymbol{\tau}$，点 P' 的切向单位矢量为 $\boldsymbol{\tau}'$，切线方向转动的角度为 $\Delta\varphi$。在式(4-6)中

$$\frac{\mathrm{d}\boldsymbol{\tau}}{\mathrm{d}t}=\lim_{\Delta t\to 0}\frac{\Delta\boldsymbol{\tau}}{\Delta t}=\lim_{\Delta t\to 0}\frac{\boldsymbol{\tau}'-\boldsymbol{\tau}}{\Delta t}$$

由图 4-5(b)知，$\Delta\boldsymbol{\tau}$ 的模为

$$|\Delta\boldsymbol{\tau}|=2\cdot|\boldsymbol{\tau}|\cdot\sin\frac{\Delta\varphi}{2}=2\sin\frac{\Delta\varphi}{2}$$

则

$$\left|\frac{\mathrm{d}\boldsymbol{\tau}}{\mathrm{d}t}\right|=\lim_{\Delta t\to 0}\frac{2\sin\dfrac{\Delta\varphi}{2}}{\Delta t}=\lim_{\Delta t\to 0}\left[\frac{\Delta s}{\Delta t}\cdot\frac{\Delta\varphi}{\Delta s}\cdot\frac{\sin\dfrac{\Delta\varphi}{2}}{\dfrac{\Delta\varphi}{2}}\right]=\lim_{\Delta t\to 0}\left|\frac{\Delta s}{\Delta t}\right|\cdot\lim_{\Delta s\to 0}\left|\frac{\Delta\varphi}{\Delta s}\right|\cdot\lim_{\Delta\varphi\to 0}\frac{\sin\dfrac{\Delta\varphi}{2}}{\dfrac{\Delta\varphi}{2}}$$

$$=|v|\cdot\frac{1}{\rho}\cdot 1=\frac{|v|}{\rho}$$

式中，$\dfrac{1}{\rho}=\lim\limits_{\Delta s\to 0}\left|\dfrac{\Delta\varphi}{\Delta s}\right|$ 为轨迹在点 P 的曲率，ρ 为曲率半径。

当 $\Delta t\to 0$ 时，$\Delta\varphi\to 0$，由 $\boldsymbol{\tau}$ 与 $\boldsymbol{\tau}'$ (包括 $\Delta\boldsymbol{\tau}$)构成的平面在 $\Delta\varphi\to 0$ 时便是曲线在点 P 的密切面，且 $\Delta\boldsymbol{\tau}$ 的极限方向垂直于 $\boldsymbol{\tau}$，指向曲线的曲率中心，即沿着曲线在该点处的主法线方向，于是有

$$\frac{\mathrm{d}\boldsymbol{\tau}}{\mathrm{d}t}=\frac{v}{\rho}\boldsymbol{n} \tag{4-7}$$

将式(4-7)代入式(4-6)，可得动点的加速度为

$$\boldsymbol{a}=\frac{\mathrm{d}v}{\mathrm{d}t}\boldsymbol{\tau}+\frac{v^2}{\rho}\boldsymbol{n} \tag{4-8}$$

式(4-8)右端第一项是反映速度大小变化的加速度，是沿轨迹切线的矢量，称为**切向加速度**(tangential acceleration)，记为 $\boldsymbol{a}_{\mathrm{t}}$；第二项是反映速度方向变化的加速度，是沿轨迹法线指向曲率中心的矢量，称为**法向加速度**(normal acceleration)，记为 $\boldsymbol{a}_{\mathrm{n}}$。则式(4-8)又可写为

$$\boldsymbol{a}=\boldsymbol{a}_{\mathrm{t}}+\boldsymbol{a}_{\mathrm{n}}=a_{\mathrm{t}}\boldsymbol{\tau}+a_{\mathrm{n}}\boldsymbol{n} \tag{4-9}$$

式中

$$a_{\mathrm{t}}=\frac{\mathrm{d}v}{\mathrm{d}t}=\dot{v}=\ddot{s} \tag{4-10}$$

$$a_n = \frac{v^2}{\rho} \tag{4-11}$$

若 $\dot{v} \geqslant 0$，则 $\boldsymbol{a}_t$ 指向轨迹的正向；$\dot{v} < 0$，则 $\boldsymbol{a}_t$ 指向轨迹的负向。

由于 $\boldsymbol{a}_t$、$\boldsymbol{a}_n$ 均在密切面内，因此加速度 $\boldsymbol{a}$ 也必在密切面内，如图 4-6 所示。加速度 $\boldsymbol{a}$ 的大小和方向为

$$a = \sqrt{a_t^2 + a_n^2} \tag{4-12}$$

$$\tan\theta = \frac{|a_t|}{a_n} \tag{4-13}$$

式中，θ 为加速度 $\boldsymbol{a}$ 与主法线之间的夹角。

另外，由式(4-9)知，加速度 $\boldsymbol{a}$ 沿副法线上的分量恒为零。

【例题 4-1】　如图 4-7 所示，动点 P 由点 A 开始沿以 R 为半径的圆弧运动，且点 P 到点 A 的距离 AP 以匀速 u 增加，求点 P 沿轨迹的运动方程和以 u，φ 表示的加速度。φ 为连线 AP 与直径 AB 间的夹角。

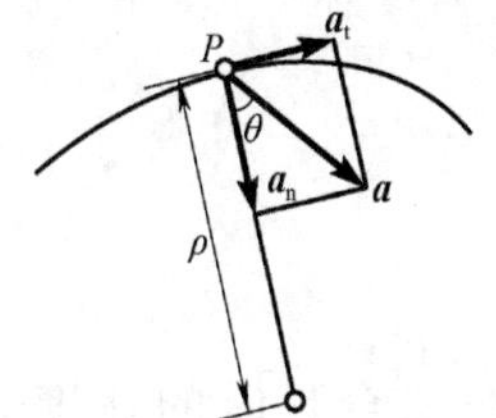

图 4-6　弧坐标下点的加速度

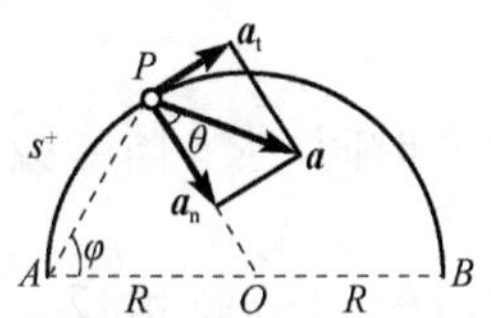

图 4-7　例题 4-1 图

解　因为点P沿已知轨迹做曲线运动，故可采用弧坐标法。

选点 A 为弧坐标的原点，并规定由 A 到 P 为弧坐标的正向 s^+，则点 P 的弧坐标为

$$s = R(\pi - 2\varphi)$$

因为 $AP = 2R\cos\varphi = ut$，故所求运动方程为

$$s = R(\pi - 2\arccos\frac{ut}{2R})\theta$$

且有

$$\dot{\varphi} = -\frac{u}{2R\sin\varphi}$$

式中，$\dot{\varphi}$ 为点 P 运动时，φ 角对时间的变化率。从而有

$$v = \dot{s} = -2R\dot{\varphi} = \frac{u}{\sin\varphi}$$

$$a_t = \dot{v} = -u\frac{\cos\varphi}{\sin^2\varphi}\dot{\varphi} = u\frac{\cos\varphi}{\sin^2\varphi}\cdot\frac{u}{2R\sin\varphi} = \frac{u^2\cos\varphi}{2R\sin^3\varphi}$$

$$a_n = \frac{v^2}{R} = \frac{u^2}{R\sin^2\varphi}$$

点 P 加速度 $\boldsymbol{a}$ 的大小和方向为

$$a = \sqrt{a_t^2 + a_n^2} = \frac{u^2}{2R\sin^3\varphi}\sqrt{\cos^2\varphi + 4\sin^2\varphi}$$

$$\tan\theta = \frac{|a_t|}{a_n} = \frac{1}{2}\cot\varphi$$

式中，θ 为 $\boldsymbol{a}$ 与法向加速度之间的夹角。

【例题 4-2】 图 4-8(a)所示为两齿轮传动系统。大齿轮绕定轴 O_1 沿顺时针方向转动，带动小齿轮绕定轴 O_2 沿逆时针方向转动。两齿轮的节圆半径分别为 r_1 和 r_2。试分析两齿轮啮合点 P_1 与 P_2 的速度和加速度。

解 两齿轮啮合转动时，节圆上的啮合点不发生相对滑动。在任意时间间隔内，两齿轮节圆上滚过的弧长相等，有 $\overset{\frown}{P_1P_1'} = \overset{\frown}{P_2P_2'}$，即弧坐标

$$s_1 = s_2 \tag{a}$$

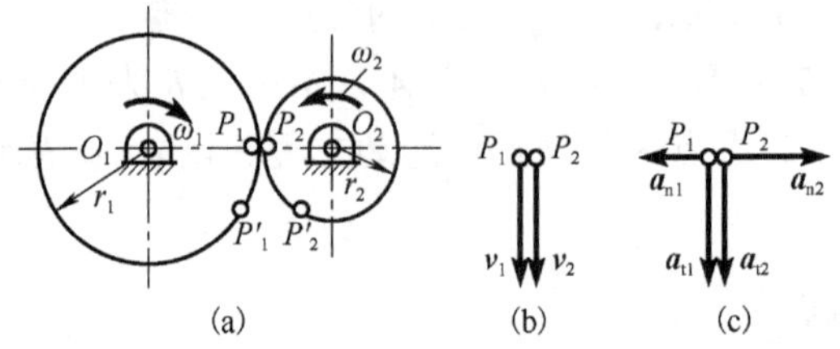

图 4-8 例题 4-2 图

将式(a)对时间 t 求一阶导数，得

$$v_1 = \dot{s}_1 = \dot{s}_2 = v_2 \tag{b}$$

虽然两齿轮的转向相反，但两齿轮啮合点 P_1 与 P_2 在啮合瞬时的速度方向却相同(图 4-8(b))，所以有

$$\boldsymbol{v}_1 = \boldsymbol{v}_2 \tag{c}$$

将式(b)对时间 t 求一阶导数，有

$$a_{t1} = \ddot{s}_1 = \ddot{s}_2 = a_{t2} \tag{d}$$

同理，两齿轮啮合点的切向加速度方向也相同，故有

$$\boldsymbol{a}_{t1} = \boldsymbol{a}_{t2} \tag{e}$$

而法向加速度

$$a_{n1} = \frac{\dot{s}_1^2}{r_1} \qquad a_{n2} = \frac{\dot{s}_2^2}{r_2} \tag{f}$$

且 $a_{n1} < a_{n2}$，其方向分别指向各自的轴，如图 4-8(c)所示。

本例小结： 节圆半径不等的两齿轮啮合点的速度相等、切向加速度相等，但法向加速度不相等，且大齿轮啮合点速度的方向变化比小齿轮的要缓慢。

【例题 4-3】 已知点的运动方程为 $x = r\cos\omega t$，$y = r\sin\omega t$，$z = ct$，式中，r、ω、c 均为常数。求点的切向加速度、法向加速度及轨迹的曲率半径。

解 将运动方程对时间分别求一阶和二阶导数，得点的速度和加速度在坐标轴上的投影为

$$v_x = -r\omega\sin\omega t \qquad v_y = r\omega\cos\omega t \qquad v_z = c$$

$$a_x = -r\omega^2\cos\omega t \qquad a_y = -r\omega^2\sin\omega t \qquad a_z = 0$$

点的速度和加速度大小为

$$v=\sqrt{v_x^2+v_y^2+v_z^2}=\sqrt{r^2\omega^2+c^2}=\text{const}.$$

$$a=\sqrt{a_x^2+a_y^2+a_z^2}=r\omega^2$$

于是，点的切向加速度和法向加速度大小为

$$a_{\mathrm{t}}=\dot{v}=0$$

$$a_{\mathrm{n}}=\sqrt{a^2-a_{\mathrm{t}}^2}=r\omega^2$$

点运动轨迹的曲率半径为

$$\rho=\frac{v^2}{a_{\mathrm{n}}}=\frac{r^2\omega^2+c^2}{r\omega^2}=r+\frac{c^2}{r\omega^2}$$

这是半径为 r 的圆柱面上的匀速螺旋线运动。注意其运动轨迹的曲率半径并不等于圆柱面的半径。

4.2　刚体的基本运动

平移和定轴转动是刚体的两种基本运动。

4.2.1　平移

刚体在运动过程中，其上任意一条直线始终与其初始位置平行，这种运动称为刚体的**平行移动**，简称**平移**(translation)。例如，汽缸内活塞的运动、沿直线轨道行驶的火车车厢的运动以及油压操纵的摆动式运输机货物的运动(图 4-9)等。

设在作平移刚体内任取两点 A 和 B，令两点的位矢分别为 $\boldsymbol{r}_A$ 和 $\boldsymbol{r}_B$，则两条位矢端图就是两点的轨迹，如图 4-10 所示。由图可知

$$\boldsymbol{r}_A=\boldsymbol{r}_B+\overrightarrow{BA}$$

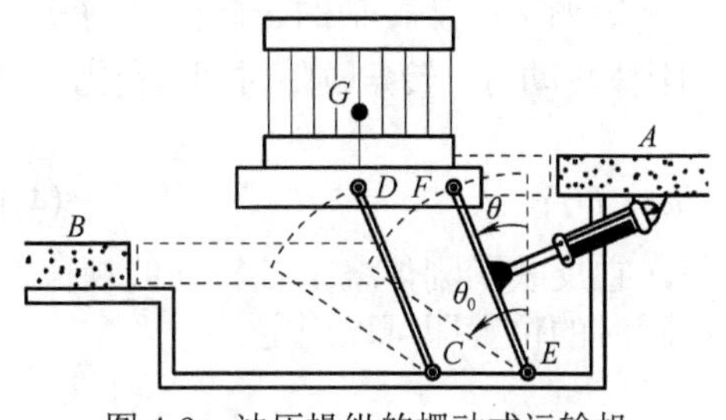

图 4-9　油压操纵的摆动式运输机

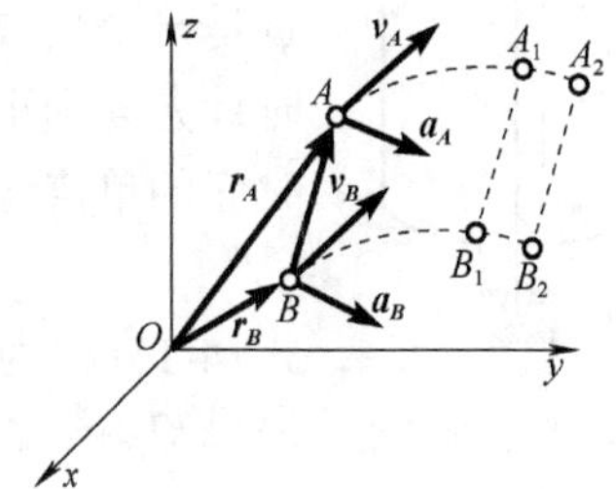

图 4-10　刚体平移

当刚体平移时，线段 BA 的长度和方向均不随时间而变化，即 $\overrightarrow{BA}$ 为常矢量。可见，点 A 和点 B 的轨迹形状完全相同。若其上各点轨迹为直线，则称为**直线平移**(rectilinear translation)；若为曲线，则称为**曲线平移**(curvilinear translation)。上面列举的活塞和火车车厢均作直线平移，而摆动式运输机的货物则作曲线平移。

将上式对时间 t 分别求一阶和二阶导数，得到

$$\boldsymbol{v}_A=\boldsymbol{v}_B\qquad \boldsymbol{a}_A=\boldsymbol{a}_B \tag{4-14}$$

因为点 A 和点 B 是任意选取的，因此可得结论：当刚体平移时，其上各点的轨迹形状完

全相同；在同一瞬时，刚体上各点的速度相同，各点的加速度也相同。

综上所述，研究刚体平移，可以归结为研究刚体上任一点(如质心)的运动。

4.2.2 定轴转动

刚体运动过程中，其上或扩展部分有一条直线始终保持不动，则这种运动称为刚体的**定轴转动**(fixed-axis rotation)。这条固定的直线称为刚体的转轴，简称轴。

定轴转动是工程中较为常见的一种运动形式。例如，图 4-11 所示为由电动机 M 带动的齿轮系统，其中，齿轮 A 和 B 均做定轴转动；图 4-12 所示为垂直轴风力发电机，在空气动力作用下两叶片绕铅垂轴做定轴转动。

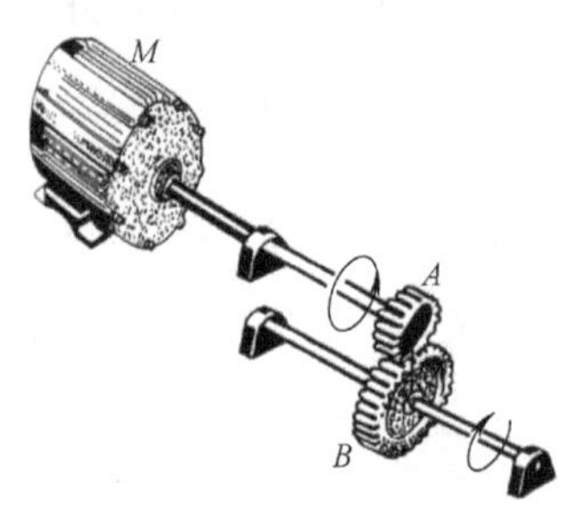

图 4-11　电动机带动的齿轮系统

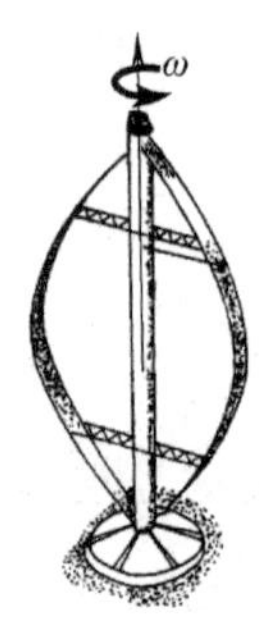

图 4-12　垂直轴风力发电机

1. 刚体的转动方程

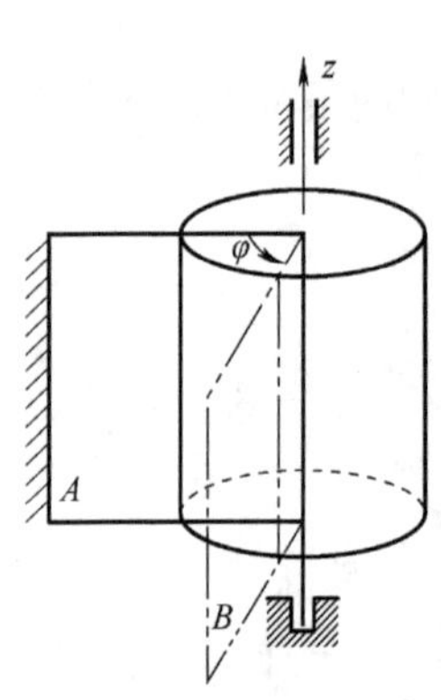

图 4-13　刚体的定轴转动

设有一刚体绕定轴转动，取其转轴为 z 轴，如图 4-13 所示。为了确定刚体的位置，过轴 z 作 A、B 两个平面，其中，A 为固定平面，B 是与刚体固连并随刚体一起绕 z 轴转动的平面。两平面间的夹角用 φ 表示，它确定了刚体的位置，称为刚体的**转角**，单位为弧度(rad)。转角 φ 是一个代数量，其正负号的规定如下：从转轴的正向向负向看，逆时针方向为正；反之为负。当刚体转动时，转角 φ 随时间 t 变化，它是时间的单值连续函数，即

$$\varphi = f(t) \tag{4-15}$$

式(4-15)称为刚体的**转动方程**，它反映了刚体绕定轴转动的规律，如果已知函数 $f(t)$，则刚体任一瞬时的位置即可以确定。

2. 刚体的角速度

为度量刚体转动的快慢和转动方向，引入角速度的概念。设在时间间隔 Δt 内，刚体转角的改变量为 $\Delta\varphi$，则刚体的瞬时角速度定义为

$$\omega = \lim_{\Delta t \to 0} \frac{\Delta\varphi}{\Delta t} = \frac{\mathrm{d}\varphi}{\mathrm{d}t} = \dot{\varphi} \tag{4-16}$$

即刚体的角速度等于转角对时间的一阶导数。

角速度是一个代数量，其正、负号分别对应于刚体沿转角 φ 增大、减小的方向转动。角速度的单位是弧度/秒(rad/s)。在工程中很多情况还用转速 n(转/分)来表示刚体转动速度。此时，ω 与 n 之间的换算关系为

$$\omega=\frac{2n\pi}{60}=\frac{n\pi}{30} \tag{4-17}$$

3. 刚体的角加速度

为度量角速度变化的快慢和转向，引入角加速度的概念。在时间间隔 Δt 内，转动刚体角速度的变化量是 $\Delta\omega$，则刚体的瞬时角加速度定义为

$$\alpha=\lim_{\Delta t\to 0}\frac{\Delta\omega}{\Delta t}=\frac{\mathrm{d}\omega}{\mathrm{d}t}=\dot{\omega}=\ddot{\varphi} \tag{4-18}$$

即刚体的角加速度等于角速度对时间的一阶导数，也等于转角对时间的二阶导数。角加速度 α 的单位为弧度/秒^2（rad/s^2）。

角加速度，同样是代数量，但它的方向并不代表刚体的转动方向。当 α 与 ω 同号时，表示角速度绝对值增大，刚体作加速转动；反之，当 α 与 ω 异号时，刚体做减速转动。

角速度和角加速度都是描述刚体整体运动的物理量。

4. 定轴转动刚体上各点的速度和加速度

刚体绕定轴转动时，除转轴上各点固定不动外，其他各点都在通过该点并垂直于转轴的平面内做圆周运动。因此，宜采用弧坐标法。

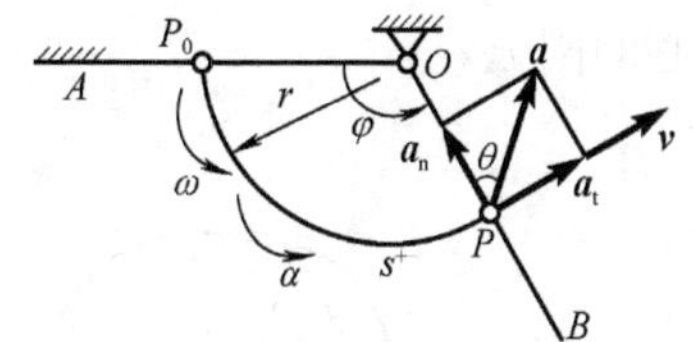

图 4-14　转动刚体上点 P 的运动分析

设刚体由定平面 A 绕定轴 O 转过一角度 φ，到达平面 B，其上任一点 P_0 运动到了点 P，刚体的角速度为 ω，角加速度为 α，如图 4-14 所示。以固定点 P_0 为弧坐标原点，弧坐标的正向与 φ 角正向一致，则点 P 的弧坐标为

$$s=r\varphi \tag{4-19}$$

式中，r 为点 P 到转轴 O 的垂直距离，即转动半径。

将式(4-19)对 t 求一阶导数，得点 P 的速度为

$$v=\dot{s}=r\dot{\varphi}=r\omega \tag{4-20}$$

即**定轴转动刚体上任一点的速度，其大小等于该点的转动半径与刚体角速度的乘积，方向沿圆周的切线并指向转动的一方**。

由此，进一步可得点 P 的切向加速度和法向加速度为

$$a_{\mathrm{t}}=\dot{v}=r\dot{\omega}=r\alpha \tag{4-21}$$

$$a_{\mathrm{n}}=\frac{v^2}{\rho}=\frac{(r\omega)^2}{r}=r\omega^2 \tag{4-22}$$

即**定轴转动刚体上任一点切向加速度的大小，等于该点的转动半径与刚体角加速度的乘积，方向垂直转动半径，指向与角加速度的转向一致；法向加速度的大小等于该点的转动半径与刚体角速度平方的乘积，方向沿半径并指向转轴**。

于是，点 P 的加速度为

$$a=\sqrt{a_{\mathrm{t}}^2+a_{\mathrm{n}}^2}=r\sqrt{\alpha^2+\omega^4} \tag{4-23}$$

$$\tan\theta=\frac{|a_{\mathrm{t}}|}{a_{\mathrm{n}}}=\frac{|\alpha|}{\omega^2} \tag{4-24}$$

式中，θ 为加速度 $\boldsymbol{a}$ 与半径 OP 之间的夹角，如图 4-14 所示。

由式(4-20)、式(4-23)和式(4-24)可得以下结论。

(1) 在每一瞬时，定轴转动刚体上各点的速度大小、加速度大小，与该点的转动半径成正比。

(2) 在每一瞬时，定轴转动刚体上各点的加速度与转动半径间的夹角都相同。

因此，转动刚体上任一条通过且垂直于轴的直线上各点的速度和加速度呈线性分布，如图 4-15 所示。

【例题 4-4】 长为 a、宽为 b 的矩形平板 $ABDE$ 悬挂在两根等长为 l，且相互平行的直杆上，如图 4-16 所示。板与杆之间用铰链 A、B 连接。两杆又分别用铰链 O_1、O_2 与固定的水平平面连接。已知杆 O_1A 的角速度与角加速度分别为 ω 和 α。试求板中心点 C 的运动轨迹、速度和加速度。

解 分析杆与板的运动形式：两杆做定轴转动，板做平面平移。因此，点 C 与点 A 运动轨迹的形状、同一瞬时的速度与加速度均相同。

点 A 的运动轨迹为以点 O_1 为圆心、l 为半径的圆弧。为此，过点 C 作线段 CO，使 $CO \parallel AO_1$ 且等于 l，点 C 的轨迹即为以点 O 为圆心，l 为半径的圆弧。而不是以点 O_1 为圆心或以点 O_3 为圆心的圆弧。

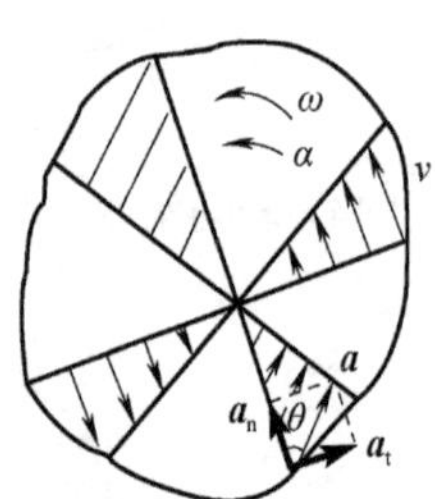

图 4-15 转动刚体上各点速度和加速度分布

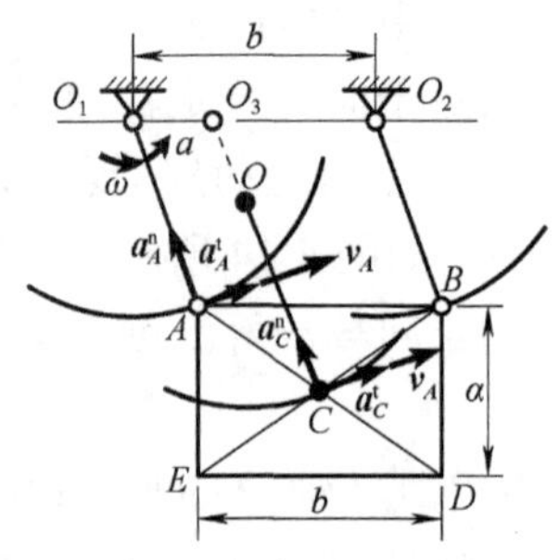

图 4-16 例题 4-4 图

点 C 的速度与加速度大小分别为

$$v_C = v_A = \omega l$$

$$a_C = a_A = \sqrt{(a_A^t)^2 + (a_A^n)^2} = \sqrt{(\alpha l)^2 + (\omega^2 l)^2} = l\sqrt{\alpha^2 + \omega^4}$$

它们的方向分别示于图 4-16 上。

注意： 虽然平板上各点的运动轨迹为圆，但平板并不做转动，而是做曲线平移。因此，分析时要特别注意刚体运动与刚体上点的运动的区别。

5. 用矢量表示角速度和角加速度

研究图 4-17 所示的刚体定轴转动。图中，$Oxyz$ 为定参考系，其中，轴 Oz 即为刚体的转动轴。设转轴 Oz 的单位矢为 $\boldsymbol{k}$，则刚体的角速度和角加速度可以分别表示为矢量 $\boldsymbol{\omega}$ 和 $\boldsymbol{\alpha}$，称为**角速度矢**和**角加速度矢**

$$\boldsymbol{\omega} = \omega \boldsymbol{k} \qquad \boldsymbol{\alpha} = \alpha \boldsymbol{k} \tag{4-25}$$

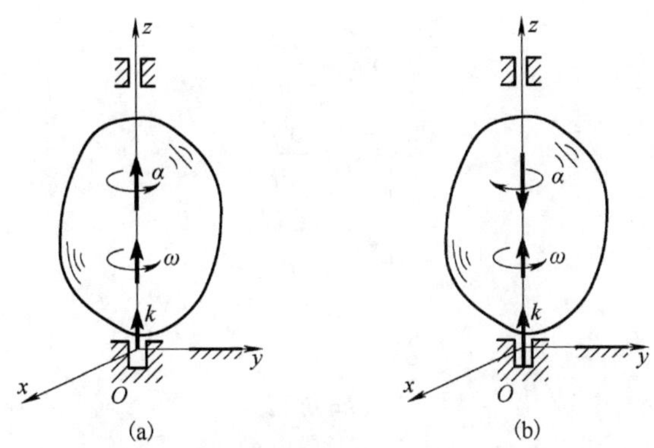

图 4-17　用矢量表示角速度和角加速度

即其大小分别为$|\boldsymbol{\omega}|=|\omega|=|\dot{\varphi}|$，$|\boldsymbol{\alpha}|=|\alpha|=|\dot{\omega}|=|\ddot{\varphi}|$，方向沿轴 Oz，指向确定如下：对 $\boldsymbol{\omega}$ 按右手螺旋法则，右手弯曲的四指表示刚体的转向，拇指指向则表示 $\boldsymbol{\omega}$ 的方向；对 $\boldsymbol{\alpha}$，若刚体加速转动，则 $\boldsymbol{\alpha}$ 与 $\boldsymbol{\omega}$ 同向(图 4-17(a))；减速转动则反向(图 4-17(b))。

角速度矢 $\boldsymbol{\omega}$ 和角加速度矢 $\boldsymbol{\alpha}$ 均为滑动矢量。

6. 用矢积表示点的速度和加速度

如图 4-18 所示，刚体上点 P 的速度可表示为

$$\boldsymbol{v}_P=\boldsymbol{\omega}\times\boldsymbol{r}_P \tag{4-26}$$

式中，$\boldsymbol{r}_P$ 为点 P 对于点 O 的位矢。可以验证，该式中 $\boldsymbol{v}_P$ 的模即与式(4-20)相同。

将式(4-26)对时间求一阶导数，得到点 P 的加速度

$$\begin{aligned}\boldsymbol{a}_P&=\dot{\boldsymbol{v}}_P=\dot{\boldsymbol{\omega}}\times\boldsymbol{r}_P+\boldsymbol{\omega}\times\dot{\boldsymbol{r}}_P\\&=\boldsymbol{\alpha}\times\boldsymbol{r}_P+\boldsymbol{\omega}\times(\boldsymbol{\omega}\times\boldsymbol{r}_P)=\boldsymbol{a}_P^{\mathrm{t}}+\boldsymbol{a}_P^{\mathrm{n}}\end{aligned} \tag{4-27}$$

式(4-27)表明，定轴转动刚体上点 P 的加速度由两部分组成，即切向加速度 $\boldsymbol{a}_P^{\mathrm{t}}$ 和法向加速度 $\boldsymbol{a}_P^{\mathrm{n}}$。$\boldsymbol{a}_P^{\mathrm{t}}$ 和 $\boldsymbol{a}_P^{\mathrm{n}}$ 的模分别对应式(4-21)、式(4-22)中加速度的大小。

7. 泊松公式

如图 4-19 所示，动坐标系 $O_1x'y'z'$ 固连在绕定轴 Oz 转动的刚体上，考察其单位矢量 $\boldsymbol{i}'$、$\boldsymbol{j}'$、$\boldsymbol{k}'$ 的端点 P_1、P_2、P_3(图中未示出)，根据 $\boldsymbol{v}=\lim\limits_{\Delta t\to 0}\dfrac{\Delta\boldsymbol{r}}{\Delta t}=\dfrac{\mathrm{d}\boldsymbol{r}}{\mathrm{d}t}$ 得

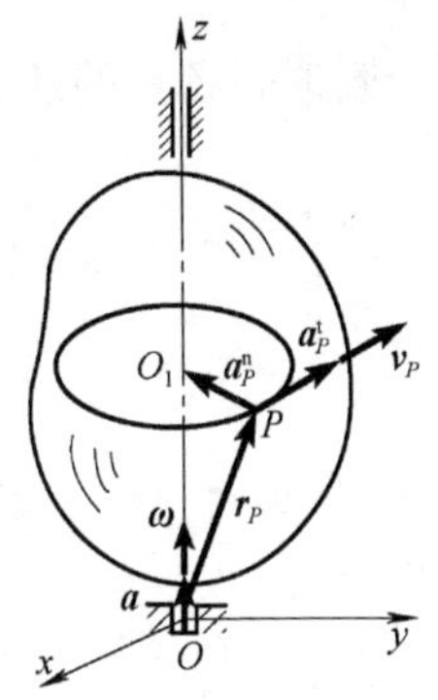

图 4-18　用矢积表示点的速度和加速度

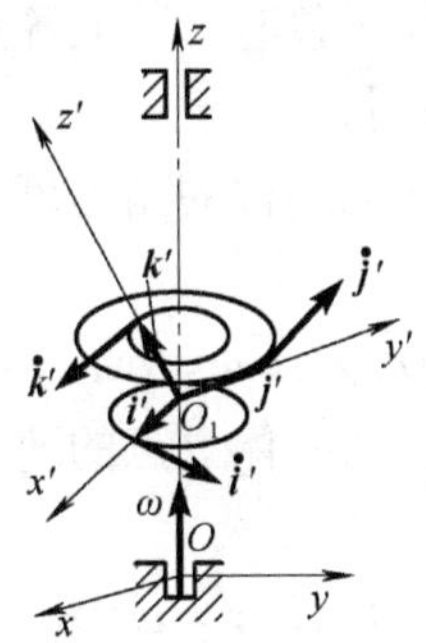

图 4-19　泊松公式推证

$$\begin{cases} \boldsymbol{v}_{P1} = \dfrac{\mathrm{d}\boldsymbol{i}'}{\mathrm{d}t} \\ \boldsymbol{v}_{P2} = \dfrac{\mathrm{d}\boldsymbol{j}'}{\mathrm{d}t} \\ \boldsymbol{v}_{P3} = \dfrac{\mathrm{d}\boldsymbol{k}'}{\mathrm{d}t} \end{cases} \tag{a}$$

再由式(4-26)有

$$\begin{cases} \boldsymbol{v}_{P1} = \boldsymbol{\omega} \times \boldsymbol{i}' \\ \boldsymbol{v}_{P2} = \boldsymbol{\omega} \times \boldsymbol{j}' \\ \boldsymbol{v}_{P1} = \boldsymbol{\omega} \times \boldsymbol{k}' \end{cases} \tag{b}$$

比较式(a)和式(b)，得到

$$\begin{cases} \dfrac{\mathrm{d}\boldsymbol{i}'}{\mathrm{d}t} = \boldsymbol{\omega} \times \boldsymbol{i}' \\ \dfrac{\mathrm{d}\boldsymbol{j}'}{\mathrm{d}t} = \boldsymbol{\omega} \times \boldsymbol{j}' \\ \dfrac{\mathrm{d}\boldsymbol{k}'}{\mathrm{d}t} = \boldsymbol{\omega} \times \boldsymbol{k}' \end{cases} \tag{4-28}$$

该式称为泊松公式(poisson formula)。

4.3　小结与讨论

4.3.1　本章小结

(1)描述点的运动的弧坐标法。

描述点的运动的两种方法

$$s = f(t)$$

$$\boldsymbol{v} = v\boldsymbol{\tau}，\quad v = \dot{s}$$

$$\boldsymbol{a} = a_{\mathrm{t}}\boldsymbol{\tau} + a_{\mathrm{n}}\boldsymbol{n}，\quad a_{\mathrm{t}} = \dot{v} = \ddot{s}，\quad a_{\mathrm{n}} = \frac{v^2}{\rho}$$

(2)刚体作平移时，其上各点的轨迹形状完全相同；在同一瞬时，各点的速度相同、各点的加速度也相同。

(3)定轴转动刚体的角速度和角加速度分别为

$$\omega = \dot{\varphi} \qquad \alpha = \dot{\omega} = \ddot{\varphi}$$

用矢量表示为：$\boldsymbol{\omega} = \omega\boldsymbol{k}$，$\boldsymbol{\alpha} = \alpha\boldsymbol{k} = \dot{\omega}\boldsymbol{k} = \dot{\boldsymbol{\omega}}$。

(4)定轴转动刚体上点的速度、切向加速度和法向加速度分别为

$$v = r\omega \qquad a_{\mathrm{t}} = r\alpha \qquad a_{\mathrm{n}} = r\omega^2$$

用矢积表示为：$\boldsymbol{v} = \boldsymbol{\omega} \times \boldsymbol{r}$，$\boldsymbol{a}_{\mathrm{t}} = \boldsymbol{\alpha} \times \boldsymbol{r}$，$\boldsymbol{a}_{\mathrm{n}} = \boldsymbol{\omega} \times \boldsymbol{v}$。

4.3.2　讨论

1. 点的运动学的两类应用问题

第一类是已知点的运动方程，确定其速度和加速度，或者给出约束条件，确定运动方程，进而确定速度和加速度。第二类是已知点的加速度和运动初始条件，通过积分求得速度和运动方程(轨迹)。

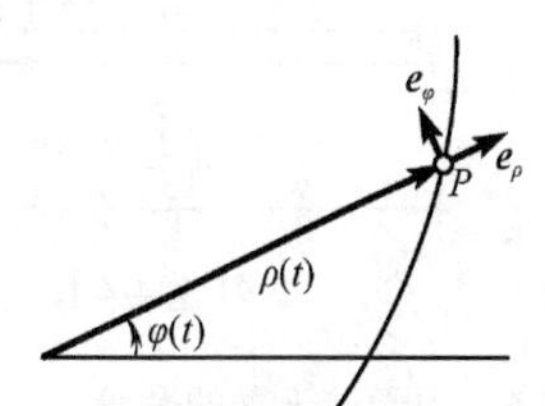

图 4-20　用极坐标描述点的运动

2. 描述点的运动的极坐标形式

工程中，对于某些问题，采用极坐标形式描述点的运动更方便些。例如，图 4-20 中，(ρ,φ) 为极坐标，$(\boldsymbol{e}_\rho,\boldsymbol{e}_\varphi)$ 为极坐标的单位矢量。其运动方程为

$$\rho = f_1(t) \qquad \varphi = f_2(t) \tag{4-29}$$

速度为

$$\boldsymbol{v}_\rho = \dot{\rho}\boldsymbol{e}_\rho + \rho\dot{\varphi}\boldsymbol{e}_\varphi \tag{4-30}$$

加速度为

$$\boldsymbol{a}_\rho = (\ddot{\rho} - \rho\dot{\varphi}^2)\boldsymbol{e}_\rho + (\rho\ddot{\varphi} + 2\dot{\rho}\dot{\varphi})\boldsymbol{e}_\varphi \tag{4-31}$$

有兴趣的读者可以用矢量导数方法推导上述公式。

习　　题

4-1　如习题 4-1 图所示，滑块 M 同时在固定的圆弧槽 BC 和摇杆 OA 的滑道中滑动。如弧 BC 的半径为 R，摇杆 OA 的轴 O 在弧 BC 的圆周上。摇杆绕 O 轴以等角速度 ω 转动，当运动开始时，摇杆在水平位置。试分别用直角坐标法和弧坐标法给出点 M 的运动方程，并求其速度和加速度。

4-2　如习题 4-2 图所示，滑座 B 沿水平面以匀速 v_0 向右移动，由其上固连的销钉 C 固定的滑块 C 带动槽杆 OA 绕 O 轴转动。当开始时槽杆 OA 恰在铅垂位置，即销钉 C 位于 C_0，$OC_0=b$。试求槽杆的转动方程、角速度和角加速度。

4-3　纸盘由厚度为 a 的纸条卷成，令纸盘的中心不动，而以等速度 v 拉纸条，如习题 4-3 图所示。试求纸盘的角加速度(以半径 r 的函数表示)。

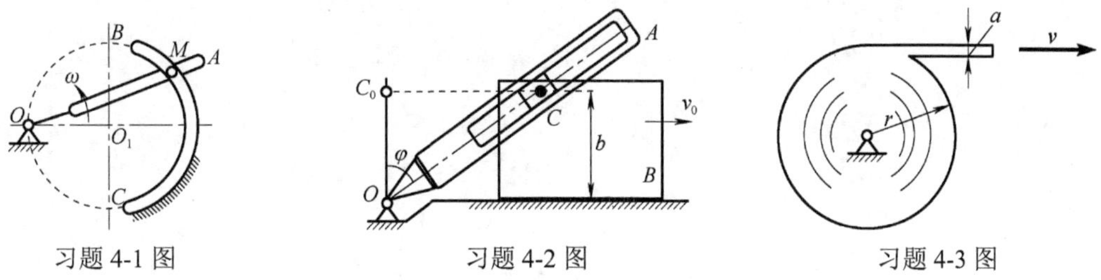

习题 4-1 图　　习题 4-2 图　　习题 4-3 图

4-4　如习题 4-4 图所示，摩擦传动机构的主动轮 I 的转速为 n=600r/min，它与轮 II 的接触点按箭头所示的方向移动，距离 d 按规律 d=10−0.5t 变化，单位为 cm，t 以 s 计。摩擦轮的半径 r=5cm，R=15cm。试求：(1) 以距离 d 表示轮 II 的角加速度；(2) 当 $d=r$ 时，轮 II 边缘上一点的全加速度的大小。

4-5　如习题 4-5 图所示，机构中齿轮 1 紧固在杆 AC 上，$AB = O_1O_2$，齿轮 1 和半径为 r_2 的齿轮 2 啮合，齿轮 2 可绕 O_2 轴转动且和曲柄 O_2B 没有联系。设 $O_1A = O_2B = l$，$\varphi=b\sin\omega t$，试确定 $t=\pi/(2\omega)$时，齿轮 2 的

角速度和角加速度。

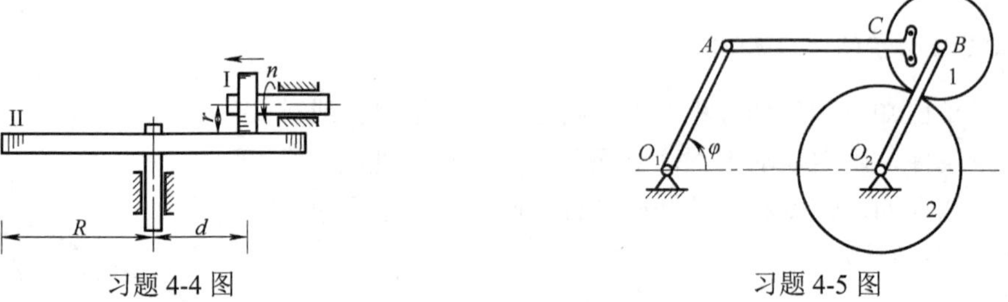

习题 4-4 图　　　　习题 4-5 图

4-6　由于航天器的套管式悬臂以等速向外伸展，因此通过内部机构控制其以等角速 $\omega=$ 0.05rad/s 绕 z 轴转动，如习题 4-6 图所示。悬臂伸展的长度 l 从 0 到 3m 之间变化，外伸的敏感试验组件受到的最大加速度为 0.011m/s^2，试求悬臂被允许的伸展速度 $\dot{l}$ 。

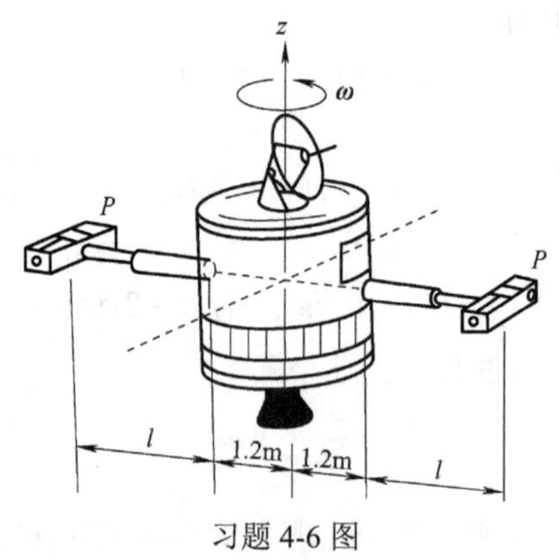

习题 4-6 图

补充习题

第 5 章　点的复合运动

同一动点相对于不同的参考系，其运动方程、速度和加速度是不相同的，这就是运动的相对性。许多力学问题中，常常需要研究一点在不同参考系中的速度、加速度的相互关系。

本章将采用定、动两种参考系，描述同一动点的运动；分析两种运动之间的相互关系，建立点的速度合成定理和加速度合成定理。

点的复合运动分析是运动分析方法的重要内容，在工程运动分析中有着广泛的应用；点的复合运动的分析方法还可推广应用于分析刚体的复合运动。

5.1　点的复合运动的概念

5.1.1　两种参考系

一般工程问题中，通常将固连在地球或相对地球不动的机架上的坐标系称为**固定参考系**(fixed reference system)，简称**定系**，用 $Oxyz$ 坐标系表示；固连在其他相对于地球运动的参考体上的坐标系称为**动参考系**(moving reference system)，简称**动系**，用 $O'x'y'z'$ 坐标系表示。例如，图 5-1 所示为沿直线轨道做纯滚动的车轮与车身。可以将定系 $Oxyz$ 固连于地球，将动系 $O'x'y'z'$ 固连于车身，分析轮缘上点 P(称为**动点**)的运动。又如，图 5-2 所示为夹持在车床三爪卡盘上的圆柱体工件与切削车刀，卡盘-工件绕轴 y' 转动，车刀向左做直线平移，运动方向如图 5-2 所示。若以刀尖点 P 为动点，则可以将定系 $Oxyz$ 固连于车床床身(亦固连于地球)，将动系 $O'x'y'z'$ 固连于卡盘-工件，以此分析点 P 的运动。

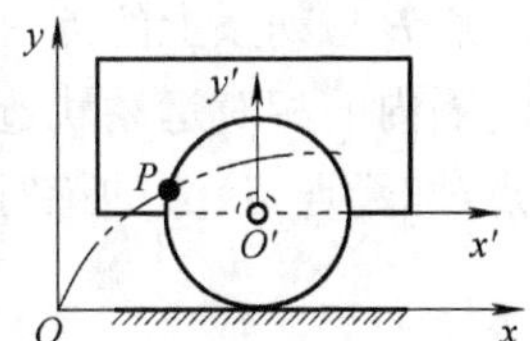

图 5-1　车辆轮缘上点 P 的运动分析

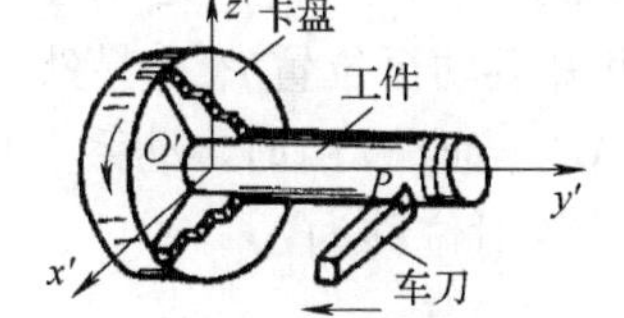

图 5-2　车刀刀尖点 P 的运动分析

车刀

5.1.2　三种运动

动点相对于定系的运动，称为动点的**绝对运动**(absolute motion)；动点相对于动系的运动，称为动点的**相对运动**(relative motion)；动系相对于定系的运动称为**牵连运动**(convected motion)。图 5-1 中轮缘上点 P 的绝对运动是沿旋轮线(摆线)的曲线运动，相对运动是以 O' 为圆心、轮半径为半径的圆周运动，牵连运动是直线平移。图 5-2 中刀尖点 P 的绝对运动为水平直线运动，相对运动是工件圆柱面上的螺旋线运动，牵连运动是绕 y' 轴的定轴转动。

直升机

注意：动点的绝对运动和相对运动均指点的运动(直线运动、圆周运动或其他某种曲线运动)；而牵连运动则指刚体的运动(平移、定轴转动或其他某种复杂的刚体运动)。

5.1.3　三种速度和三种加速度

动点相对于定系运动的速度和加速度，分别称为动点的**绝对速度**(absolute velocity)和**绝对加速度**(absolute acceleration)，分别用符号 $\boldsymbol{v}_a$ 和 $\boldsymbol{a}_a$ 来表示。

动点相对于动系运动的速度和加速度，分别称为动点的**相对速度**(relative velocity)和**相对加速度**(relative acceleration)，分别用符号 $\boldsymbol{v}_r$ 和 $\boldsymbol{a}_r$ 来表示。

由于动系的运动是刚体的运动而不是一个点的运动，因此除了动系做平移外，一般情形下，刚体上各点的运动并不相同。将动系上每一瞬时与动点相重合的那一点，称为**牵连点**，**牵连点**相对于定系运动的速度和加速度，分别称为动点的**牵连速度**(convected velocity)和**牵连加速度**(convected acceleration)，分别用符号 $\boldsymbol{v}_e$ [①]和 $\boldsymbol{a}_e$ 表示。由于动点相对于动系是运动的，因此，在不同的瞬时，牵连点是动系上的不同的点。

点的复合运动的问题分为两大类：一是已知点的相对运动及动系的牵连运动，求点的绝对运动，这是**运动合成**的问题；二是已知点的绝对运动求相对运动或牵连运动，这是**运动分解**的问题。运动合成与分解的概念在理论和实践上都有重要的意义，可以通过一些简单运动的合成，得到比较复杂的运动，也可将复杂的运动分解为比较简单的运动。本章所研究的是点的三种运动之间的关系，以及三种速度及加速度之间的关系。

5.2　速度合成定理

下面用几何法研究点的绝对速度、相对速度和牵连速度三者之间的关系。

如图 5-3 所示，在定系 $Oxyz$ 中，设想有刚性金属丝由 t 瞬时的位置 I，经过时间间隔 Δt 后运动至位置 II。金属丝上套一小环 P，在金属丝运动的过程中，小环 P 亦沿金属丝运动，因而小环也在同一时间间隔 Δt 内由 P 运动至 P'。小环 P 即为考察的动点，动系固连于金属丝。点 P 的绝对运动轨迹为 PP'，绝对运动位移为 $\Delta\boldsymbol{r}$；在 t 瞬时，点 P 与动系上的点 P_1 相重合，在 $t+\Delta t$ 瞬时，点 P_1 运动至位置 P_1'。显然，点 P 在同一时间间隔内的相对运动轨迹为 $P_1'P'$，相对运动位移为 $\Delta\boldsymbol{r}'$；而在 t 瞬时，动系上与动点 P 相重合之点(即牵连点) P_1 的绝对运动轨迹为 P_1P_1'，牵连点的绝对位移为 $\Delta\boldsymbol{r}_1$。

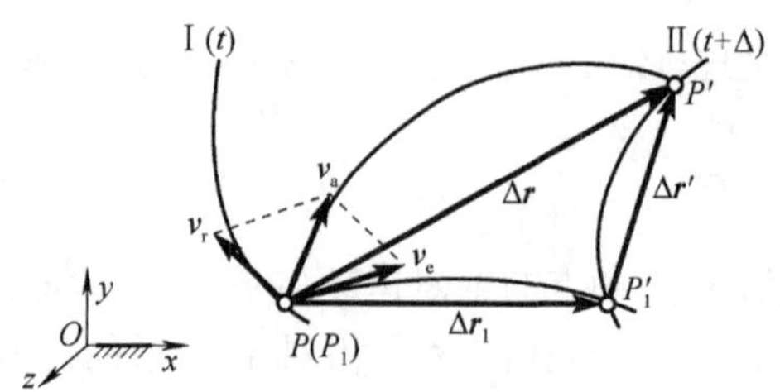

图 5-3　速度合成定理的几何法证明

从几何上不难看出，上述三个位移有如下关系

$$\Delta\boldsymbol{r} = \Delta\boldsymbol{r}_1 + \Delta\boldsymbol{r}' \tag{5-1}$$

① $\boldsymbol{v}_e$ 的下角标 e 为法文 entraînement 的第一字母。

将式(5-1)中各项除以同一时间间隔Δt，并令$\Delta t \to 0$，取极限，有

$$\lim_{\Delta t \to 0}\frac{\Delta \boldsymbol{r}}{\Delta t}=\lim_{\Delta t \to 0}\frac{\Delta \boldsymbol{r}_1}{\Delta t}+\lim_{\Delta t \to 0}\frac{\Delta \boldsymbol{r}'}{\Delta t} \tag{5-2}$$

式(5-2)等号左侧项为点 P 的绝对速度$\boldsymbol{v}_\mathrm{a}$，等号右侧第二项为点 P 的相对速度$\boldsymbol{v}_\mathrm{r}$，而右侧第一项为在 t 瞬时动系上的与动点相重合之点(牵连点)相对于定系的速度，即牵连速度$\boldsymbol{v}_\mathrm{e}$。

式(5-2)即可写为

$$\boldsymbol{v}_\mathrm{a}=\boldsymbol{v}_\mathrm{e}+\boldsymbol{v}_\mathrm{r} \tag{5-3}$$

式(5-3)称为**速度合成定理**，即动点的绝对速度等于其牵连速度与相对速度的矢量和。

需要说明的是，在推导速度合成定理时，并未限制动系作何种运动，因此本定理适用于牵连运动为任何运动的情况。

速度合成定理是瞬时矢量式，每一项都有大小、方向 2 个要素，共 6 个要素。在平面问题中，一个矢量方程相当于两个代数方程，如果已知其中 4 个元素，就能求出其他 2 个。

【例题 5-1】 如图 5-4 所示，仿形机床中半径为 R 的半圆形靠模凸轮以速度$\boldsymbol{v}_0$沿水平轨道向右运动，带动顶杆 AB 沿铅垂方向运动。试求$\varphi=60^\circ$时顶杆 AB 的速度。

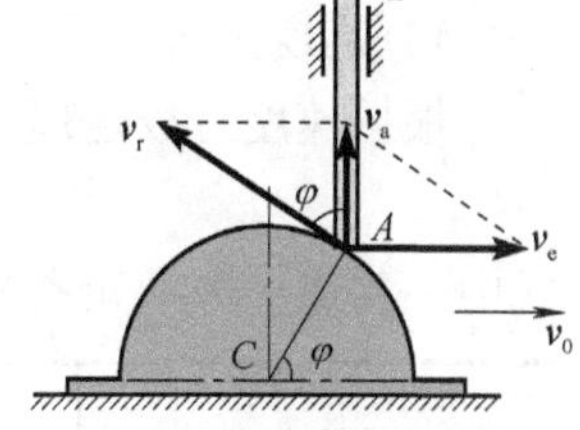

图 5-4　例题 5-1 图

解　(1)选取动点和动系。

由于顶杆 AB 做平移，因此要求顶杆 AB 的速度，只要求其上任一点的速度即可。故选顶杆 AB 上的点 A 为动点，动系固结于凸轮。

(2)分析三种运动。

绝对运动：动点 A 沿铅垂方向的直线运动。

相对运动：动点 A 沿凸轮轮廓的圆周运动。

牵连运动：凸轮的水平直线平移。

(3)速度分析。

根据速度合成定理

$$\boldsymbol{v}_\mathrm{a}=\boldsymbol{v}_\mathrm{e}+\boldsymbol{v}_\mathrm{r}$$

式中，绝对速度的方向沿 AB 的铅垂方向，大小未知(即为所求)；牵连速度为凸轮上与动点 A 相重合点的速度，其方向沿水平方向，大小为$v_\mathrm{e}=v_0$；相对速度的方向沿凸轮轮廓上点 A 的切线方向，即垂直于半径 CA，但大小未知。现将速度矢量元素分析结果列表如下。

	$\boldsymbol{v}_\mathrm{a}$	$\boldsymbol{v}_\mathrm{e}$	$\boldsymbol{v}_\mathrm{r}$
大小	未知	v_0	未知
方向	沿 AB	水平	$\perp CA$

据此，作速度的平行四边形，如图 5-4 所示。

(4)确定所求的未知量。

由平行四边形的几何关系，求得

$$v_\mathrm{a}=v_\mathrm{e}\cot\varphi=v_0\cot 60^\circ=\frac{\sqrt{3}}{3}v_0$$

此即为顶杆 AB 的速度，方向为铅垂向上。

此外，还可求得

$$v_r = \frac{v_e}{\sin\varphi} = \frac{v_0}{\sin 60^\circ} = \frac{2\sqrt{3}}{3} v_0$$

本例讨论：若将凸轮上与顶杆点 A 相重合之点选为动点，动系固结于顶杆 AB，是否可行？此时，赖以决定 $\boldsymbol{v}_r$ 方向的相对运动轨迹是什么？

注意：作速度平行四边形时，应使绝对速度为平行四边形的对角线。

【例题 5-2】 图 5-5 所示直角弯杆 OBC 以匀角速度 ω=0.5rad/s 绕轴 O 转动，使套在其上的小环 M 沿固定直杆 OA 滑动。已知 OB=0.1m，OB 垂直 BC，试求当 $\varphi = 60^\circ$ 时小环 M 的速度。

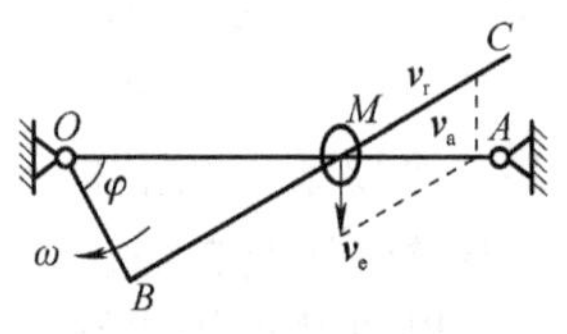

图 5-5　例题 5-2 图

解　(1) 选取动点和动系。

动点：小环 M；动系：固连于直角弯杆 OBC。

(2) 分析三种运动。

绝对运动：小环 M 沿杆 OA 的直线运动。

相对运动：小环 M 沿杆 BC 的直线运动。

牵连运动：弯杆 OBC 绕轴 O 的定轴转动。

(3) 速度分析。

根据速度合成定理

$$\boldsymbol{v}_a = \boldsymbol{v}_e + \boldsymbol{v}_r$$

式中，各速度矢量元素分析结果列表如下。

	$\boldsymbol{v}_a$	$\boldsymbol{v}_e$	$\boldsymbol{v}_r$
大小	未知	$OM \cdot \omega$	未知
方向	水平	铅垂向下	沿 BC

作速度的平行四边形，如图 5-5 所示。

(4) 确定所求的未知量。

由速度平行四边形的几何关系，解得小环 M 的速度为

$$v_a = \sqrt{3} v_e = 0.173\text{m/s}\quad（方向向右）$$

【例题 5-3】 刨床的急回机构如图 5-6(a) 所示。曲柄 OA 的一端 A 与滑块用铰链连接。当曲柄 OA 以匀角速度 ω_0 绕轴 O 转动时，通过滑块带动摇杆 O_1B 绕轴 O_1 转动。已知：$OA=r$，$\angle AO_1O = 30^\circ$。试求该瞬时摇杆 O_1B 的角速度。

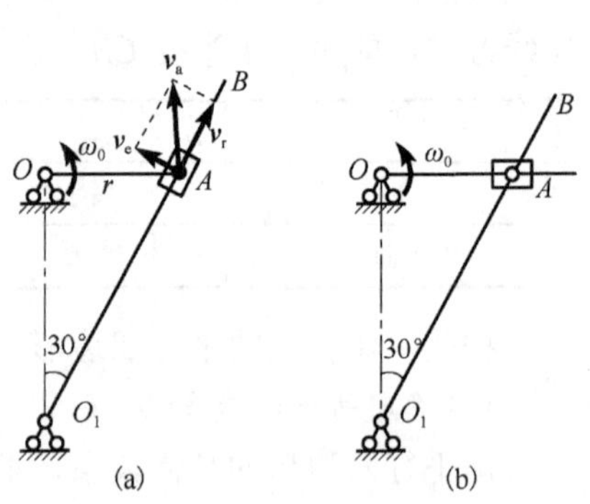

图 5-6　例题 5-3 图

解　(1) 选取动点和动系。

动点：曲柄上的端点 A（滑块）；动系：固连于摇杆 O_1B。

(2) 分析三种运动。

绝对运动：以点 O 为圆心，r 为半径的圆周运动。

相对运动：沿 O_1B 的直线运动。

牵连运动：绕轴 O_1 的定轴转动。

(3) 速度分析。

根据速度合成定理

$$\boldsymbol{v}_a = \boldsymbol{v}_e + \boldsymbol{v}_r$$

式中，各速度矢量元素分析结果列表如下。

	$\boldsymbol{v}_a$	$\boldsymbol{v}_e$	$\boldsymbol{v}_r$
大小	$r\omega_0$	未知	未知
方向	铅垂向上	$\perp O_1A$	沿 O_1B

作速度的平行四边形，如图 5-6 (a) 所示。

(4) 确定所求的未知量。

由平行四边形的几何关系，求得

$$v_e = v_a \sin 30^\circ = \frac{1}{2} r\omega_0$$

则摇杆 O_1B 的角速度为

$$\omega = \frac{v_e}{O_1A} = \frac{1}{4}\omega_0 \quad (\text{逆时针})$$

本例讨论： 若将图 5-6 (a) 所示的曲柄一摇杆机构改为图 5-6 (b) 所示的形式，即摇杆上点 A 铰接滑块，而滑块被约束在曲柄 OA 上滑动。则动点、动系如何选取？请读者自己对其进行运动分析和速度分析。

综合以上例题，请读者总结动点、动系的选取原则。

5.3　牵连运动为平移时的加速度合成定理

点的合成运动中，加速度之间的关系比较复杂，因此，先分析动系做平移的情形。

设 $O'x'y'z'$ 为平移参考系，由于 x'、y'、z' 各轴方向不变，不妨使其与定坐标轴 x、y、z 分别平行，如图 5-7 所示。如动点 P 相对于动系的相对坐标为 x'、y'、z'，而由于 $\boldsymbol{i}'$、$\boldsymbol{j}'$、$\boldsymbol{k}'$ 为平移动坐标轴的单位矢量，则点 P 的相对速度和相对加速度为

$$\boldsymbol{v}_r = \dot{x}'\boldsymbol{i}' + \dot{y}'\boldsymbol{j}' + \dot{z}'\boldsymbol{k}' \tag{5-4}$$

$$\boldsymbol{a}_r = \ddot{x}'\boldsymbol{i}' + \ddot{y}'\boldsymbol{j}' + \ddot{z}'\boldsymbol{k}' \tag{5-5}$$

因为牵连运动为平移，所以

$$\boldsymbol{v}_{O'} = \boldsymbol{v}_e \tag{5-6}$$

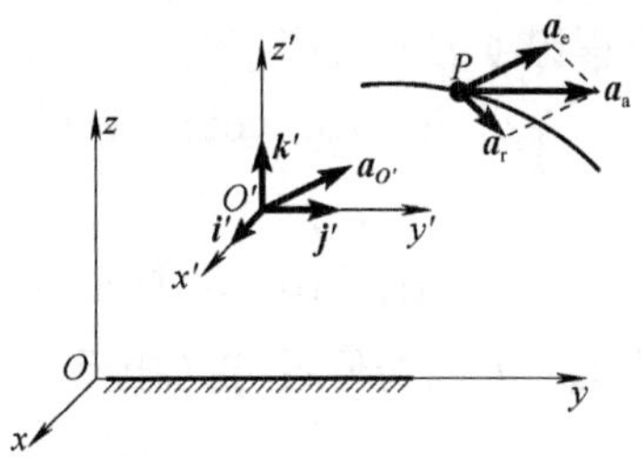

图 5-7　牵连运动为平移的加速度合成定理证明

将式(5-4)和式(5-6)代入式(5-3)，得

$$\boldsymbol{v}_{\mathrm{a}} = \boldsymbol{v}_{O'} + \dot{x}'\boldsymbol{i}' + \dot{y}'\boldsymbol{j}' + \dot{z}'\boldsymbol{k}' \tag{5-7}$$

将上式两边对时间求导，并因动系平移，$\boldsymbol{i}'$、$\boldsymbol{j}'$、$\boldsymbol{k}'$为常矢量，故有

$$\boldsymbol{a}_{\mathrm{a}} = \dot{\boldsymbol{v}}_{O'} + \ddot{x}'\boldsymbol{i}' + \ddot{y}'\boldsymbol{j}' + \ddot{z}'\boldsymbol{k}' \tag{5-8}$$

由于$\dot{\boldsymbol{v}}_{O'} = \boldsymbol{a}_{O'}$，且动系平移，故

$$\boldsymbol{a}_{O'} = \boldsymbol{a}_{\mathrm{e}} \tag{5-9}$$

将式(5-5)和式(5-9)代入式(5-8)，得

$$\boldsymbol{a}_{\mathrm{a}} = \boldsymbol{a}_{\mathrm{e}} + \boldsymbol{a}_{\mathrm{r}} \tag{5-10}$$

式(5-10)表明：当牵连运动为平移时，动点在某瞬时的绝对加速度等于该瞬时它的牵连加速度与相对加速度的矢量和。即为**牵连运动为平移时点的加速度合成定理**。

【例题 5-4】 图 5-8 所示为曲柄导杆机构。滑块在水平滑槽中运动，与滑槽固结在一起的导杆在固定的铅垂滑道中运动。已知：曲柄 OA 转动的角速度为 ω_0，角加速度为 α_0(转向如图)，设曲柄长为 r。试求当曲柄与铅垂线之间的夹角 $\theta < 90^\circ$ 时导杆的加速度。

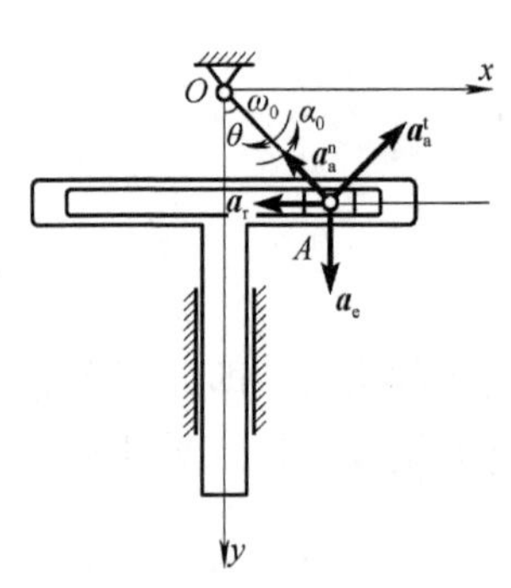

图 5-8　例题 5-4 图

解　(1)选取动点和动系。

动点：滑块 A；动系：导杆。

(2)运动分析。

绝对运动：以 O 为圆心，r 为半径的圆周运动。

相对运动：沿滑槽的水平直线运动。

牵连运动：铅垂方向的平移。

(3)加速度分析。

根据牵连运动为平移时的加速度合成定理

$$\boldsymbol{a}_{\mathrm{a}} = \boldsymbol{a}_{\mathrm{a}}^{\mathrm{t}} + \boldsymbol{a}_{\mathrm{a}}^{\mathrm{n}} = \boldsymbol{a}_{\mathrm{e}} + \boldsymbol{a}_{\mathrm{r}}$$

式中，各加速度分析结果列表如下。

	绝对加速度 $\boldsymbol{a}_{\mathrm{a}}$		牵连加速度 $\boldsymbol{a}_{\mathrm{e}}$	相对加速度 $\boldsymbol{a}_{\mathrm{r}}$
	$\boldsymbol{a}_{\mathrm{a}}^{\mathrm{t}}$	$\boldsymbol{a}_{\mathrm{a}}^{\mathrm{n}}$		
大小	$r\alpha_0$	$r\omega_0^2$	未知	未知
方向	$\perp OA$	$A\to O$	铅垂方向	水平方向

各加速度方向如图 5-8 所示。

(4)确定所求的未知量。

将加速度合成定理的矢量方程沿 y 方向投影，有

$$-a_{\mathrm{a}}^{\mathrm{t}}\sin\theta - a_{\mathrm{a}}^{\mathrm{n}}\cos\theta = a_{\mathrm{e}}$$

解得

$$a_{\mathrm{e}} = -r(\alpha_0\sin\theta + \omega_0{}^2\cos\theta)$$

此即导杆的加速度，负号表示其实际方向与假设方向相反，为铅垂向上。

【例题 5-5】 在例题 5-1 中，已知凸轮的加速度为 $\boldsymbol{a}_0$，试求该瞬时顶杆 AB 的加速度。

解 (1)运动分析和速度分析。

本例的运动分析与速度分析与例题 5-1 相同。

(2)加速度分析。

根据牵连运动为平移时的加速度合成定理

$$\boldsymbol{a}_{\mathrm{a}} = \boldsymbol{a}_{\mathrm{e}} + \boldsymbol{a}_{\mathrm{r}} = \boldsymbol{a}_{\mathrm{e}} + \boldsymbol{a}_{\mathrm{r}}^{\mathrm{t}} + \boldsymbol{a}_{\mathrm{r}}^{\mathrm{n}}$$

式中，各加速度分析结果列表如下。

加速度	$\boldsymbol{a}_{\mathrm{a}}$	$\boldsymbol{a}_{\mathrm{e}}$	$\boldsymbol{a}_{\mathrm{r}}^{\mathrm{t}}$	$\boldsymbol{a}_{\mathrm{r}}^{\mathrm{n}}$
大小	未知	a_0	未知	v_{r}^2/R
方向	沿 AB	→	$\perp CA$	$A \to C$

各加速度方向如图 5-9 所示。

将加速度合成定理的矢量方程沿 n 方向投影，有

$$a_{\mathrm{a}} \sin\varphi = a_{\mathrm{e}} \cos\varphi - a_{\mathrm{r}}^{\mathrm{n}}$$

解得

$$a_{\mathrm{a}} = (a_{\mathrm{e}} \cos\varphi - a_{\mathrm{r}}^{\mathrm{n}}) / \sin\varphi = \frac{\sqrt{3}}{3}\left(a_0 - \frac{8v_0^2}{3R}\right)$$

此即顶杆 AB 的加速度。若 $a_{\mathrm{a}} > 0$，则加速度方向铅垂向上；反之，则为铅垂向下。

在应用加速度合成定理时，一般应用投影方法，将加速度合成定理的矢量方程沿所选的投影轴进行投影，并由此求得所需的加速度(或角加速度)。特别要注意的是：加速度矢量方程的投影是等式两边的投影，与静平衡方程的投影关系不同。

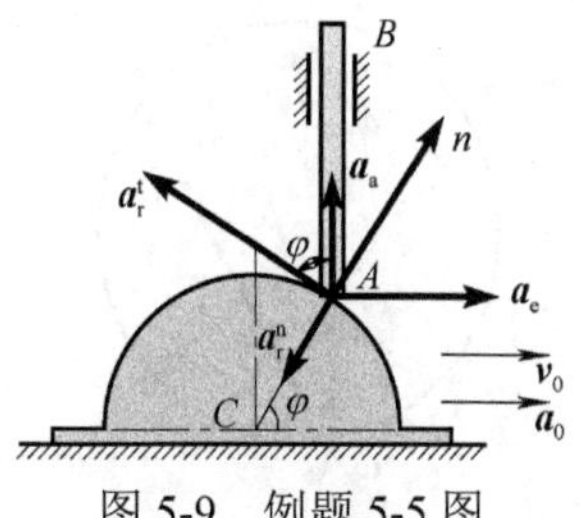

图 5-9　例题 5-5 图

5.4　牵连运动为转动时的加速度合成定理

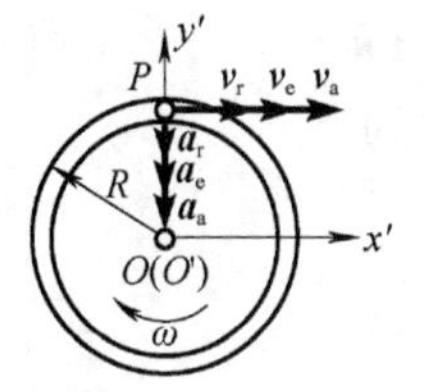

图 5-10　验证加速度关系示例

当牵连运动为定轴转动时，动点的加速度合成定理是否具有与式(5-10)相同的形式？下面我们通过一个特例来说明。

以图 5-10 所示的圆盘为例。设圆盘以匀角速度 ω 绕垂直于盘面的固定轴 O 转动，动点 P 沿半径为 R 的盘上圆槽以匀速 v_{r} 相对圆盘运动。若将动系 $O'x'y'$ 固结于圆盘，则图示瞬时，动点的相对运动为匀速圆周运动，其相对加速度指向圆盘中心，大小为

$$a_{\mathrm{r}} = \frac{v_{\mathrm{r}}^2}{R}$$

牵连运动为圆盘绕定轴 O 的匀角速转动，则牵连点的速度、加速度方向如图 5-10 所示，大小分别为

$$v_{\mathrm{e}} = R\omega \qquad a_{\mathrm{e}} = R\omega^2$$

由式(5-4)可知动点 P 的绝对速度为

$$v_a = v_e + v_r = R\omega + v_r = \text{常量}$$

可见，动点 P 的绝对运动也是半径为 R 的匀速圆周运动，故其绝对加速度的大小为

$$a_a = \frac{v_a^2}{R} = \frac{(R\omega + v_r)^2}{R} = R\omega^2 + \frac{v_r^2}{R} + 2\omega v_r = a_e + a_r + 2\omega v_r$$

显然

$$a_a \neq a_e + a_r$$

这表明式(5-10)在牵连运动为定轴转动的情形下已不再适用。

5.4.1 牵连运动为转动时点的加速度合成定理

如图 5-11 所示，$Oxyz$ 为定系，$O'x'y'z'$ 为动系。设动系以角速度矢 $\boldsymbol{\omega}_e$ 绕定轴 Oz 转动，角加速度矢为 $\boldsymbol{\alpha}_e$。动点 P 的相对矢径、相对速度和相对加速度可表示为

$$\boldsymbol{r}' = x'\boldsymbol{i}' + y'\boldsymbol{j}' + z'\boldsymbol{k}' \tag{5-11}$$

$$\boldsymbol{v}_r = \dot{x}'\boldsymbol{i}' + \dot{y}'\boldsymbol{j}' + \dot{z}'\boldsymbol{k}' \tag{5-12}$$

$$\boldsymbol{a}_r = \ddot{x}'\boldsymbol{i}' + \ddot{y}'\boldsymbol{j}' + \ddot{z}'\boldsymbol{k}' \tag{5-13}$$

设此瞬时动系 $O'x'y'z'$ 上与动点重合的点，即牵连点为 P_1，利用第 4 章式(4-26)和式(4-27)，则动点 P 的牵连速度和牵连加速度分别为

$$\boldsymbol{v}_e = \boldsymbol{v}_{P_1} = \boldsymbol{\omega}_e \times \boldsymbol{r}' \tag{5-14}$$

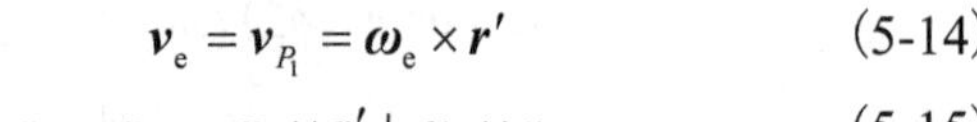

$$\boldsymbol{a}_e = \boldsymbol{a}_{P_1} = \boldsymbol{\alpha}_e \times \boldsymbol{r}' + \boldsymbol{\omega}_e \times \boldsymbol{v}_e \tag{5-15}$$

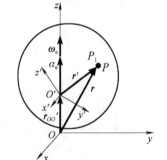

图 5-11　牵连运动为定轴转动时加速度合成定理证明

另外，由图 5-11 可见，动点的绝对矢径 $\boldsymbol{r}$ 和相对矢径 $\boldsymbol{r}'$ 存在关系 $\boldsymbol{r} = \boldsymbol{r}_{OO'} + \boldsymbol{r}'$，将该式对时间求导，得

$$\dot{\boldsymbol{r}} = \dot{\boldsymbol{r}}_{OO'} + \dot{\boldsymbol{r}}'$$

因为 $\dot{\boldsymbol{r}} = \boldsymbol{v}_a = \boldsymbol{v}_e + \boldsymbol{v}_r$，注意到 $\boldsymbol{r}_{OO'}$ 为常矢量，$\dot{\boldsymbol{r}}_{OO'}=0$，故此可得

$$\dot{\boldsymbol{r}}' = \boldsymbol{v}_e + \boldsymbol{v}_r \tag{5-16}$$

根据速度合成定理、式(5-12)和式(5-14)，有

$$\boldsymbol{v}_a = \boldsymbol{v}_e + \boldsymbol{v}_r = \boldsymbol{\omega}_e \times \boldsymbol{r}' + \dot{x}'\boldsymbol{i}' + \dot{y}'\boldsymbol{j}' + \dot{z}'\boldsymbol{k}'$$

将上式对时间求导，可得

$$\boldsymbol{a}_a = \dot{\boldsymbol{v}}_a = \dot{\boldsymbol{\omega}}_e \times \boldsymbol{r}' + \boldsymbol{\omega}_e \times \dot{\boldsymbol{r}}' + (\ddot{x}'\boldsymbol{i}' + \ddot{y}'\boldsymbol{j}' + \ddot{z}'\boldsymbol{k}') + (\dot{x}'\dot{\boldsymbol{i}}' + \dot{y}'\dot{\boldsymbol{j}}' + \dot{z}'\dot{\boldsymbol{k}}') \tag{5-17}$$

式中，$\dot{\boldsymbol{\omega}}_e = \boldsymbol{\alpha}_e$，并利用式(5-16)和式(5-15)，上式等号右端前两项可化为

$$\dot{\boldsymbol{\omega}}_e \times \boldsymbol{r}' + \boldsymbol{\omega}_e \times \dot{\boldsymbol{r}}' = \boldsymbol{\alpha}_e \times \boldsymbol{r}' + \boldsymbol{\omega}_e \times \boldsymbol{v}_e + \boldsymbol{\omega}_e \times \boldsymbol{v}_r = \boldsymbol{a}_e + \boldsymbol{\omega}_e \times \boldsymbol{v}_r \tag{5-18}$$

又利用第 4 章式(4-28)，有

$$\dot{x}'\dot{\boldsymbol{i}}' + \dot{y}'\dot{\boldsymbol{j}}' + \dot{z}'\dot{\boldsymbol{k}}' = \boldsymbol{\omega}_e \times (\dot{x}'\boldsymbol{i}' + \dot{y}'\boldsymbol{j}' + \dot{z}'\boldsymbol{k}') = \boldsymbol{\omega}_e \times \boldsymbol{v}_r \tag{5-19}$$

将式(5-18)、式(5-13)和式(5-19)代入式(5-17)，得

$$\boldsymbol{a}_a = \boldsymbol{a}_e + \boldsymbol{a}_r + 2\boldsymbol{\omega}_e \times \boldsymbol{v}_r \tag{5-20}$$

令

$$\boldsymbol{a}_C = 2\boldsymbol{\omega}_e \times \boldsymbol{v}_r \tag{5-21}$$

$\boldsymbol{a}_C$ 称为**科里奥利加速度**(Coriolis acceleration)，简称**科氏加速度**。于是，式(5-20)最后可表示为

$$\boldsymbol{a}_a = \boldsymbol{a}_e + \boldsymbol{a}_r + \boldsymbol{a}_C \tag{5-22}$$

式(5-22)即**牵连运动为转动时点的加速度合成定理**：当动系为定轴转动时，动点在某瞬时的绝对加速度等于该瞬时它的**牵连加速度、相对加速度与科氏加速度的矢量和**。

可以证明，当牵连运动为任意运动时式(5-22)都成立，它是点的加速度合成定理的普遍形式。

5.4.2　科氏加速度

由式(5-21)知，科氏加速度的表达式为

$$\boldsymbol{a}_{\mathrm{C}} = 2\boldsymbol{\omega}_{\mathrm{e}} \times \boldsymbol{v}_{\mathrm{r}}$$

即**科氏加速度等于动系的角速度与动点相对速度矢量积的两倍**。科氏加速度体现了动系转动时，相对运动与牵连运动的相互影响。

设动系转动的角速度矢 $\boldsymbol{\omega}_{\mathrm{e}}$ 与动点的相对速度矢 $\boldsymbol{v}_{\mathrm{r}}$ 之间的夹角为 θ，则由矢积运算规则，科氏加速度 $\boldsymbol{a}_{\mathrm{C}}$ 的大小为

$$a_{\mathrm{C}} = 2\omega_{\mathrm{e}} v_{\mathrm{r}} \sin\theta$$

其方向由右手法则确定：四指指向 $\boldsymbol{\omega}_{\mathrm{e}}$ 矢量正向，再转到 $\boldsymbol{v}_{\mathrm{r}}$ 矢量的正向，拇指指向即为 $\boldsymbol{a}_{\mathrm{C}}$ 的方向，如图 5-12 所示。

当 $\boldsymbol{\omega}_{\mathrm{e}} \parallel \boldsymbol{v}_{\mathrm{r}}$ 时，$\boldsymbol{a}_{\mathrm{C}} = 0$；当 $\boldsymbol{\omega}_{\mathrm{e}} \perp \boldsymbol{v}_{\mathrm{r}}$ 时，$a_{\mathrm{C}} = 2\omega v_{\mathrm{r}}$。

当牵连运动为平移时，$\boldsymbol{\omega}_{\mathrm{e}} = 0$，因此 $\boldsymbol{a}_{\mathrm{C}} = 0$，式(5-22)即退化为式(5-10)。

【例题 5-6】　试求例题 5-3 中摇杆 O_1B 在图 5-13 所示瞬时的角加速度。

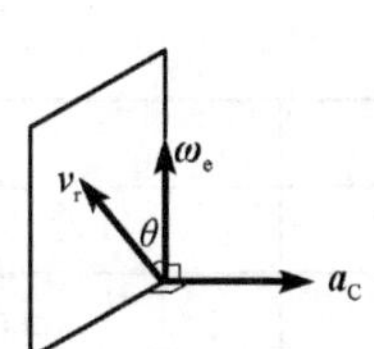

图 5-12　科氏加速度方向的确定

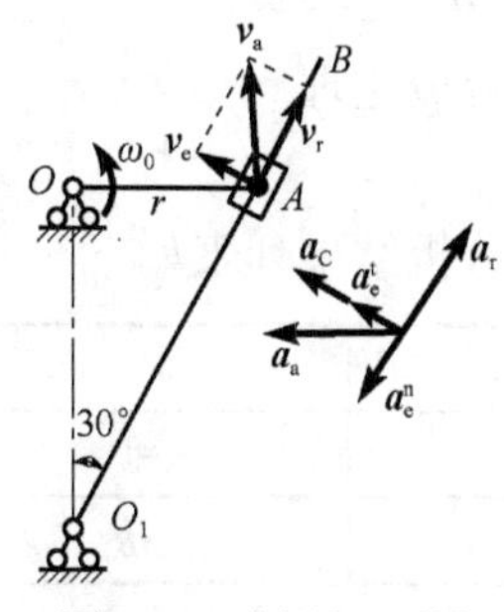

图 5-13　例题 5-6 图

解　(1)运动分析和速度分析。

本例的运动分析与速度分析与例题 5-3 相同。

(2)加速度分析。

根据牵连运动为转动时的加速度合成定理

$$\boldsymbol{a}_{\mathrm{a}} = \boldsymbol{a}_{\mathrm{e}}^{\mathrm{t}} + \boldsymbol{a}_{\mathrm{e}}^{\mathrm{n}} + \boldsymbol{a}_{\mathrm{r}} + \boldsymbol{a}_{\mathrm{C}}$$

式中，各加速度分析结果列表如下。

加速度	$\boldsymbol{a}_{\mathrm{a}}$ ($\boldsymbol{a}_{\mathrm{a}}^{\mathrm{n}}$)	$\boldsymbol{a}_{\mathrm{e}}^{\mathrm{t}}$	$\boldsymbol{a}_{\mathrm{e}}^{\mathrm{n}}$	$\boldsymbol{a}_{\mathrm{r}}$	$\boldsymbol{a}_{\mathrm{C}}$
大小	$r\omega_0^2$	未知	$O_1A \cdot \omega^2$	未知	$2\omega v_{\mathrm{r}}$
方向	←	$\perp O_1A$	$A \to O_1$	沿 O_1B	$\perp O_1B$ 左上

各加速度方向如图 5-13 所示。

将加速度合成定理的矢量方程沿 $\boldsymbol{a}_C$ 方向投影，有

$$a_a \cos 30^\circ = a_e^t + a_C$$

解得

$$a_e^t = r\omega_0^2 \cdot \frac{\sqrt{3}}{2} - \frac{\sqrt{3}}{4} r\omega_0^2 = \frac{\sqrt{3}}{4} r\omega_0^2$$

则杆 O_1B 的角加速度为

$$\alpha = \frac{a_e^t}{O_1A} = \frac{\sqrt{3}}{8}\omega_0^2 \quad （逆时针）$$

【例题 5-7】 图 5-14(a)所示为偏心凸轮顶杆机构。已知凸轮的偏心距 $OC=e$，半径 $R=\sqrt{3}\,e$，凸轮以匀角速度 ω 绕定轴 O 转动。图示瞬时 $OC \perp CA$，且 O、A、B 三点共线。试求该瞬时顶杆 AB 的速度和加速度。

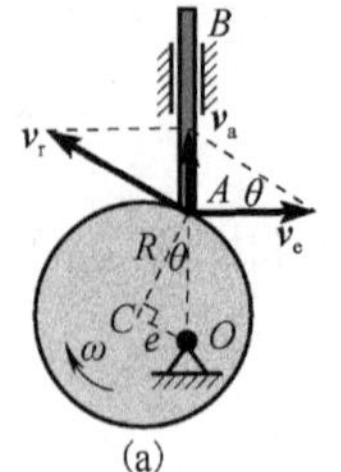

图 5-14　例题 5-7 图

解 (1)选取动点和动系。

动点：杆 AB 上的 A 点；动系：固结于凸轮。

(2)运动分析。

绝对运动：动点 A 沿铅垂方向的直线运动。

相对运动：动点 A 沿凸轮边缘以 C 为圆心，R 为半径的圆周运动。

牵连运动：凸轮绕轴 O 的定轴转动。

(3)速度分析。

根据速度合成定理

$$\boldsymbol{v}_a = \boldsymbol{v}_e + \boldsymbol{v}_r$$

式中，各速度分析结果列表如下。

速度	$\boldsymbol{v}_a$	$\boldsymbol{v}_e$	$\boldsymbol{v}_r$
大小	未知	$OA \cdot \omega$	未知
方向	沿 AB	→	$\perp CA$

作速度的平行四边形，如图 5-14(a)所示。

由平行四边形的几何关系，求得顶杆 AB 的速度为

$$v_a = v_e \tan\theta = OA \cdot \omega \cdot \tan 30^\circ = \frac{2\sqrt{3}}{3} e\omega \quad （铅垂向上）$$

又

$$v_r = \frac{v_e}{\cos\theta} = \frac{OA \cdot \omega}{\cos 30^\circ} = \frac{4\sqrt{3}}{3} e\omega$$

(4)加速度分析。

根据牵连运动为转动时的加速度合成定理

$$\boldsymbol{a}_a = \boldsymbol{a}_e + \boldsymbol{a}_r^t + \boldsymbol{a}_r^n + \boldsymbol{a}_C$$

式中，各加速度分析结果列表如下。

加速度	$\boldsymbol{a}_a$	$\boldsymbol{a}_e$（$\boldsymbol{a}_e^n$）	$\boldsymbol{a}_r^t$	$\boldsymbol{a}_r^n$	$\boldsymbol{a}_C$
大小	未知	$OA\cdot\omega^2$	未知	v_r^2/R	$2\omega v_r$
方向	铅垂	↓	⊥ CA	$A\to C$	$C\to A$

各加速度方向如图 5-14(b)所示。

将加速度合成定理的矢量方程沿 $\boldsymbol{a}_C$ 方向投影，有

$$a_a\cos\theta=-a_e\cos\theta-a_r^n+a_C$$

式中

$$a_r^n=\frac{v_r^2}{R}=\frac{16\sqrt{3}}{9}e\omega^2\qquad a_C=2\omega v_r=\frac{8\sqrt{3}}{3}e\omega^2$$

代入得

$$a_a=-\frac{2}{9}e\omega^2$$

此即顶杆AB的加速度，负号表示加速度实际方向与假设方向相反，为铅垂向下。

【例题 5-8】　已知圆轮半径为 r，以匀角速度 ω 绕 O 轴转动，如图 5-15(a)所示。试求杆 AB 在图示位置的角速度 ω_{AB} 及角加速度 α_{AB}。

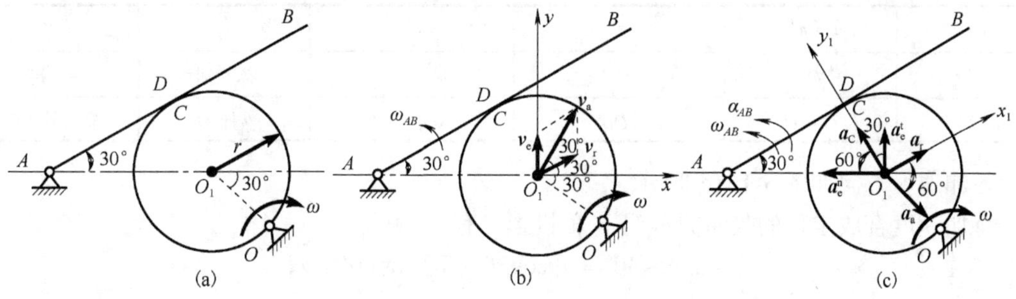

图 5-15　例题 5-8 图

解　(1)选取动点和动系。

由于本例中两物体的接触点——圆轮上点 C 和杆 AB 上点 D 都随时间而变，故均不宜选作动点，其原因是相对运动的分析非常困难。

注意到在机构运动的过程中，圆轮始终与杆 AB 相切，且轮心 O_1 到杆 AB 之距离保持不变。此时，宜选非接触点 O_1 为动点，将动系固结在杆 AB 上，且随杆 AB 做定轴转动。于是，在动系杆 AB 看动点 O_1 的运动，就会发现：点 O_1 与杆 AB 距离保持不变，并做与杆 AB 平行的直线运动。这样处理，相对运动简单、明确。

(2)运动分析。

绝对运动：动点 O_1 做以 O 为圆心，r 为半径的圆周运动。

相对运动：动点 O_1 沿平行于 AB 的直线运动。

牵连运动：杆 AB 绕轴 A 的定轴转动。

(3)速度分析。

根据速度合成定理

$$\boldsymbol{v}_a=\boldsymbol{v}_e+\boldsymbol{v}_r$$

式中，各速度分析结果列表如下。

速度	$\boldsymbol{v}_a$	$\boldsymbol{v}_e$	$\boldsymbol{v}_r$
大小	$r\omega$	未知	未知
方向	$\perp O_1O$ 右偏上	$\perp AO_1$	$//AB$

作速度的平行四边形，如图 5-15(b)所示。

由平行四边形的几何关系，有

$$v_e = v_r = \frac{v_a}{2\cos 30°} = \frac{\sqrt{3}}{3} r\omega$$

于是杆 AB 的角速度为

$$\omega_{AB} = \frac{v_e}{O_1A} = \frac{\sqrt{3}}{6}\omega \qquad \text{(逆时针)}$$

(4)加速度分析。

根据牵连运动为转动的加速度合成定理

$$\boldsymbol{a}_a = \boldsymbol{a}_e^t + \boldsymbol{a}_e^n + \boldsymbol{a}_r + \boldsymbol{a}_C$$

式中，各加速度分析结果列表如下。

加速度	$\boldsymbol{a}_a$（$\boldsymbol{a}_a^n$）	$\boldsymbol{a}_e^t$	$\boldsymbol{a}_e^n$	$\boldsymbol{a}_r$	$\boldsymbol{a}_C$
大　小	$r\omega^2$	$O_1A\cdot\alpha_{AB}$	$O_1A\cdot\omega_{AB}^2$	未　知	$2\omega_{AB}v_r$
方　向	$O_1\to O$	$\perp O_1A$	$O_1\to A$	// 杆 AB	沿 y_1 轴正向

各加速度方向如图 5-15(c)所示。

将加速度合成定理的矢量方程沿 y_1 轴投影，有

$$-a_a\cos 30° = a_e^t\cos 30° + a_e^n\cos 60° + a_C$$

其中

$$a_e^n = O_1A\cdot\omega_{AB}^2 = \frac{1}{6}r\omega^2 \qquad a_C = 2\omega_{AB}v_r = \frac{1}{3}r\omega^2$$

解得

$$a_e^t = -(1+\frac{5\sqrt{3}}{18})r\omega^2 \approx -1.48r\omega^2$$

于是杆 AB 的角加速度为

$$\alpha_{AB} = \frac{a_e^t}{O_1A} = -0.74\omega^2 \qquad \text{(顺时针转向)}$$

本例讨论：(1)当两物体的接触点均随时间而改变时，为使动点相对动系的运动明确、清晰，应选取适当的非接触点为动点。

(2)因机构中两物体均做定轴转动，出现了两个角速度，所以计算 $\boldsymbol{a}_C$ 时应多加注意，牵连角速度是 ω_{AB} 而非 ω。

5.5　小结与讨论

5.5.1　本章小结

(1) 点的绝对运动为点的牵连运动和相对运动的合成结果。

绝对运动：动点相对于定系的运动；

相对运动：动点相对于动系的运动；

牵连运动：动系相对于定系的运动。

(2) 点的速度合成定理。

$$\boldsymbol{v}_{\mathrm{a}} = \boldsymbol{v}_{\mathrm{e}} + \boldsymbol{v}_{\mathrm{r}}$$

绝对速度 $\boldsymbol{v}_{\mathrm{a}}$：动点相对于定系运动的速度；

相对速度 $\boldsymbol{v}_{\mathrm{r}}$：动点相对于动系运动的速度；

牵连速度 $\boldsymbol{v}_{\mathrm{e}}$：动系上与动点相重合之点(牵连点)相对于定系运动的速度。

(3) 点的加速度合成定理。

$$\boldsymbol{a}_{\mathrm{a}} = \boldsymbol{a}_{\mathrm{e}} + \boldsymbol{a}_{\mathrm{r}} + \boldsymbol{a}_{\mathrm{C}}$$

绝对加速度 $\boldsymbol{a}_{\mathrm{a}}$：动点相对于定系运动的加速度；

相对加速度 $\boldsymbol{a}_{\mathrm{r}}$：动点相对于动系运动的加速度；

牵连加速度 $\boldsymbol{a}_{\mathrm{e}}$：动系上与动点相重合之点(牵连点)相对于定系运动的加速度；

科氏加速度 $\boldsymbol{a}_{\mathrm{C}}$：牵连运动为转动时，牵连运动和相对运动相互影响而出现的一项附加的加速度。

$$\boldsymbol{a}_{\mathrm{C}} = 2\boldsymbol{\omega}_{\mathrm{e}} \times \boldsymbol{v}_{\mathrm{r}}$$

当动系做平移，或 $\boldsymbol{v}_{\mathrm{r}} = 0$，或 $\boldsymbol{\omega}_{\mathrm{e}} \parallel \boldsymbol{v}_{\mathrm{r}}$ 时，$\boldsymbol{a}_{\mathrm{C}} = 0$。

5.5.2　讨论

1. 正确选择动点和动系是应用点的复合运动理论的重要步骤

动点和动系选择的两条基本原则：一是，动点、动系应分别选在两个不同的刚体上；二是，应使相对运动轨迹简单或直观。其中，第二条是选择的关键。这是因为，在一般情形下，加速度合成定理中的绝对、牵连和相对加速度都能分解为切向和法向两个分量，即

$$\boldsymbol{a}_{\mathrm{a}}^{\mathrm{t}} + \boldsymbol{a}_{\mathrm{a}}^{\mathrm{n}} = \boldsymbol{a}_{\mathrm{e}}^{\mathrm{t}} + \boldsymbol{a}_{\mathrm{e}}^{\mathrm{n}} + \boldsymbol{a}_{\mathrm{r}}^{\mathrm{t}} + \boldsymbol{a}_{\mathrm{r}}^{\mathrm{n}} + \boldsymbol{a}_{\mathrm{C}}$$

式中，相对切向加速度 $\boldsymbol{a}_{\mathrm{r}}^{\mathrm{t}}$ 的大小往往是未知的，若相对运动轨迹的曲率半径 ρ_{r} 未知，则相对法向加速度的大小 $(a_{\mathrm{r}}^{\mathrm{n}} = v_{\mathrm{r}}^{2} / \rho_{\mathrm{r}})$ 也必未知，这样就已经有了两个未知量。例如对平面问题，已无法再求其他未知量。因此，选择动点和动系时，只有使与相对运动轨迹有关的几何性质已知，才能使问题得以求解。

怎样选择动点和动系才能使相对运动轨迹简单或直观?主要是根据主动件与从动件的约束特点加以确定。图 5-16 所示为一些机构中常见的约束形式。这些约束的特点是：构件 *AB* 上至少有一个点 *A* 被另一构件 *CD* 所约束，使之只能在构件上或滑道内运动。若将被约束的点作为动点，约束该点的构件作为动系，则相对运动轨迹就是这一构件的轮廓线或滑道。这

样相对运动轨迹必然简单或直观。

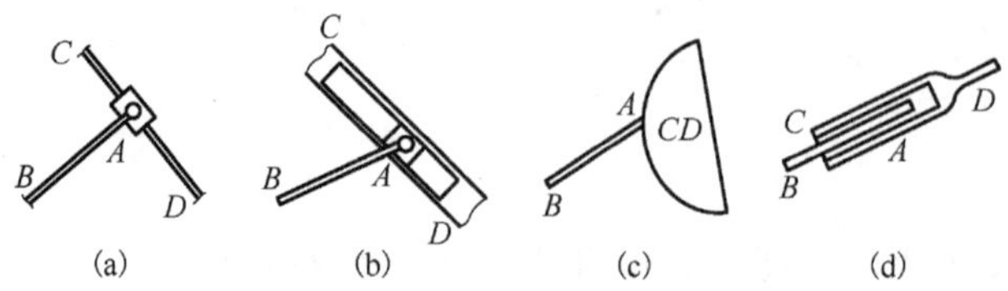

图 5-16　机构中几种有关的约束形式

2. 牵连运动与牵连速度的概念

牵连运动是动系相对于定系的运动，而牵连速度则是指动系上与动点相重合之点即牵连点相对于定系运动的速度。两者联系是牵连点，是动系上的瞬时重合点。

如图 5-17 所示，滑块 B 沿杆 OA 滑动的速度为 $\boldsymbol{v}$，而杆 OA 又以角速度 ω 绕轴 O 转动。图上几何尺寸均为已知，可根据需要自行假设。现以杆 OA 为动系，计算滑块上点 P 的绝对速度为

$$\boldsymbol{v}_P = \boldsymbol{v}_{\mathrm{e}} + \boldsymbol{v} \qquad v_{\mathrm{e}} = OC \cdot \omega$$

式中，点 C 为“杆 OA 与滑块的一个重合点”。

请读者分析上述计算是否正确？“牵连运动是圆周运动”的说法，对吗?

3. 正确应用加速度合成定理的投影式

图 5-18 所示曲柄-摇杆机构中，曲柄 OA 以角速度 ω_0、角加速度 α_0 绕轴 O 转动，从而带动摇杆 O_1B 绕轴 O_1 做往复转动。若以滑块 A 为动点，摇杆 O_1B 为动系，则各项加速度如图 5-18 所示。

试问：为求摇杆 O_1B 的角加速度 α_{01} 和滑块 A 的相对加速度 $\boldsymbol{a}_{\mathrm{r}}$，写出的以下投影式正确吗？

$$a_{\mathrm{a}}^{\mathrm{n}} \cos\varphi - a_{\mathrm{a}}^{\mathrm{t}} \sin\varphi + a_{\mathrm{e}}^{\mathrm{t}} + a_{\mathrm{C}} = 0$$
$$a_{\mathrm{a}}^{\mathrm{n}} \sin\varphi + a_{\mathrm{a}}^{\mathrm{t}} \cos\varphi + a_{\mathrm{e}}^{\mathrm{n}} - a_{\mathrm{r}} = 0$$

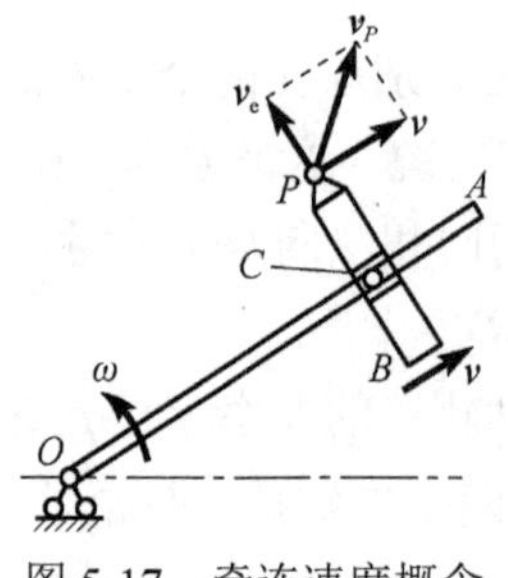

图 5-17　牵连速度概念

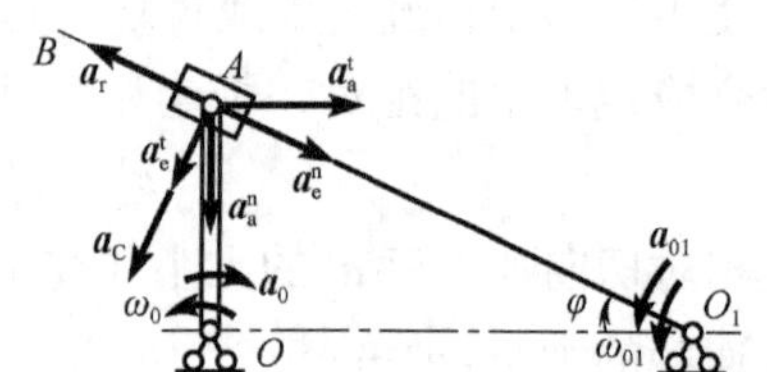

图 5-18　曲柄-摇杆机构中的加速度分析

习　题

5-1　如习题 5-1 图所示，车 A 沿半径 R 的圆弧轨道运动，其速度为 $\boldsymbol{v}_A$。车 B 沿直线轨道行驶，其速度为 $\boldsymbol{v}_B$。试问坐在车 A 中的观察者所看到车 B 的相对速度 $\boldsymbol{v}_{BA}$，与坐在车 B 中的观察者看到车 A 的相对速度 $\boldsymbol{v}_{AB}$，是否有 $\boldsymbol{v}_{BA} = \boldsymbol{v}_{AB}$？（试用矢量三角形加以分析）

5-2　曲柄 OA 在习题 5-2 图所示瞬时以 ω_0 绕轴 O 转动，并带动直角曲杆 O_1BC 在平面内运动。若 d 为已知，试求曲杆 O_1BC 的角速度。

习题 5-1 图　　习题 5-2 图

5-3　如习题 5-3 图所示，在曲柄滑杆机构中、滑杆上有圆弧滑道，其半径 $R = 10\text{cm}$，圆心 O_1 在导杆 BC 上。曲柄长 $OA = 10\text{cm}$，以匀角速 $\omega = 4\pi\text{rad/s}$ 绕 O 轴转动。当机构在图示位置时，曲柄与水平线交角 $\varphi = 30°$，试求此时滑杆 CB 的速度。

5-4　如习题 5-4 图所示，小环 M 套在两个半径为 r 的圆环上，令圆环 O' 固定，圆环 O 绕其圆周上一点 A 以匀角速度 ω 转动，试求当 A、O、O' 位于同一直线时小环 M 的速度。

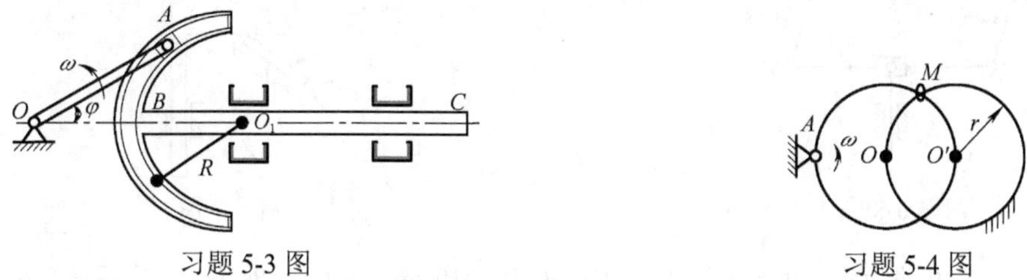

习题 5-3 图　　习题 5-4 图

5-5　如习题 5-5 图所示，刨床的加速机构由两平行轴 O 和 O_1、曲柄 OA 和滑道摇杆 O_1B 组成。曲柄 OA 的末端与滑块铰接，滑块可沿摇杆 O_1B 上的滑道滑动。已知曲柄 OA 长 r 并以等角速度 ω 转动，两轴间的距离是 $OO_1 = d$，试求滑块滑道中的相对运动方程以及摇杆的转动方程。

5-6　如习题 5-6 图所示，瓦特离心调速器以角速度 ω 绕铅垂轴转动。由于机器负荷的变化，调速器重球以角速度 ω_1 向外张开。已知：$\omega = 10\,\text{rad/s}, \omega_1 = 1.21\,\text{rad/s}$；球柄长 $l = 0.5\,\text{m}$；悬挂球柄的支点到铅垂轴的距离 $e = 0.05\,\text{m}$；球柄与铅垂轴夹角 $\alpha = 30^\circ$，试求此时重球的绝对速度。

习题 5-5 图　　习题 5-6 图

5-7　如习题 5-7(a)、(b)图所示两种情形下，物块 B 均以速度 $\boldsymbol{v}_B$、加速度 $\boldsymbol{a}_B$ 沿水平直线向左做平移，从而推动杆 OA 绕点 O 做定轴转动，$OA = r$，$\varphi = 40°$。试问若应用点的复合运动方法求解杆 OA 的角速度与角加速度，其计算方案与步骤应当怎样？将两种情况下的速度与加速度分量标注在图上，并写出计算表达式。

5-8　如习题 5-8 图所示，在铰接四边形机构中，$O_1A = O_2B = 100\text{mm}$，又 $O_1O_2 = AB$，杆 O_1A 以等角速

度 $\omega=2\text{rad/s}$ 绕 O_1 轴转动。杆 AB 上有一套筒 C，此筒与杆 CD 相铰接。机构的各部件都在同一铅直面内。试求当 φ=60°时，杆 CD 的速度和加速度。

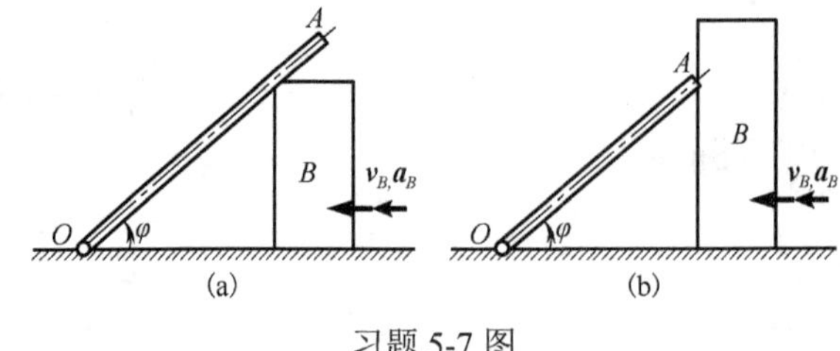

习题 5-7 图

5-9　如习题 5-9 图所示，曲柄 OA 长 0.4m，以等角速度 $\omega=0.5\text{rad/s}$ 绕 O 轴逆时针转向转动。由于曲柄的 A 端推动水平板 B，而使滑杆 C 沿铅直方向上升。试求当曲柄与水平线间的夹角 θ =30° 时，滑杆 C 的速度和加速度。

习题 5-8 图　　　　习题 5-9 图

5-10　如习题 5-10 图所示，在平面机构中，$O_1A=O_2B=r$=10cm，$O_1O_2=AB$=20cm。在图示位置时，杆 O_1A 的角速度 ω=1rad/s，角加速度 $\alpha=0.5\text{rad/s}^2$，O_1A 与 EF 两杆位于同一水平线上。EF 杆的 E 端与三角形板 BCD 的 BD 边相接触，试求图示瞬时 EF 杆的加速度。

5-11　如习题 5-11 图所示，直角曲杆 OBC 绕 O 轴转动，使套在其上的小环 M 沿固定直杆 OA 滑动。已知 $OB=0.1\text{m}$，OB 与 BC 垂直，曲杆的角速度 $\omega=0.5\text{rad/s}$，角加速度为零。试求当 $\varphi=60°$ 时，小环 M 的加速度。

习题 5-10 图　　　　习题 5-11 图

5-12　如习题 5-12 图所示，圆盘以等角速度 $\omega=0.5\text{rad/s}$ 绕固定点 O 转动。盘上有一小孩由点 A 相对圆盘等速行走，其相对速度 $v_r=0.75\text{m/s}$。若(1)小孩沿 ADC 方向到达点 D，d=1m；(2)沿 ABC 方向到达点 B，r=3m，试求小孩的加速度 $\boldsymbol{a}_D$ 与 $\boldsymbol{a}_B$。

5-13　如习题 5-13 图所示，圆盘上点 C 铰接一个套筒，套在摇杆 AB 上，从而带动摇杆运动。已知 R=0.2m，$h=0.4\text{m}$，在图示位置时，$\theta=60°$，$\omega_0=4\text{rad/s}$，$\alpha_0=2\text{rad/s}^2$。试求该瞬时摇杆 AB 的角速度和角加速度。

5-14　习题 5-14 图所示为偏心凸轮-顶板机构。凸轮以等角速度 ω 绕点 O 转动，其半径为 R，偏心距 $OC=e$，图示瞬时 $\varphi=30°$，试求顶板的速度和加速度。

5-15　如习题 5-15 图所示偏心轮摇杆机构中，摇杆 O_1A 借助弹簧压在半径为 R 的偏心轮 C 上。偏心轮 C 绕轴 O 往复摆动，从而带动摇杆绕轴 O_1 摆动。设 $OC\perp OO_1$ 时，轮 C 的角速度为 ω，角加速度为零，$\theta=60°$。试求此瞬时摇杆 O_1A 的角速度 ω_1 和角加速度 α_1。

5-16　如习题 5-16 图所示直升飞机以速度 $v_H = 1.22\,\text{m/s}$ 和加速度 $a_H = 2\,\text{m/s}^2$ 向上运动。与此同时，机身(不是旋翼)绕铅垂轴 z 以等角速度 $\omega_H = 0.9\,\text{rad/s}$ 转动。若尾翼相对机身转动的角速度为 $\omega_{BH} = 180\,\text{rad/s}$，试求位于尾翼叶片顶端的点 P 的速度和加速度。

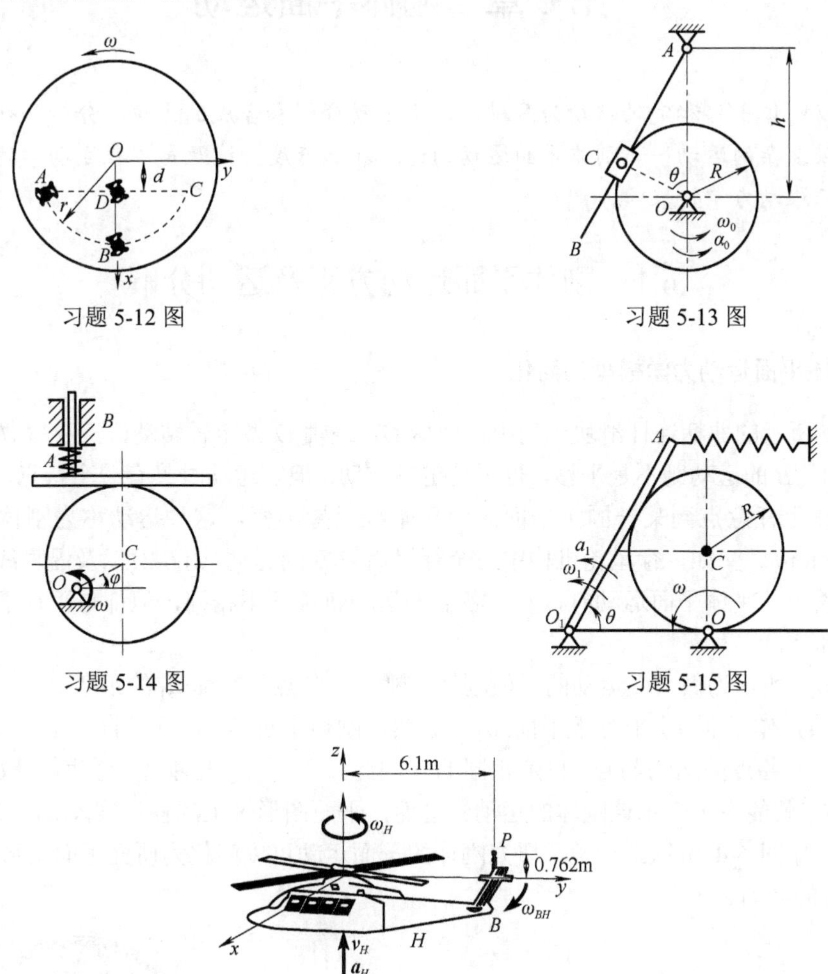

习题 5-12 图　　习题 5-13 图

习题 5-14 图　　习题 5-15 图

习题 5-16 图

第 6 章　刚体平面运动

本章以刚体平移和定轴转动为基础，应用运动分解和合成的方法，分析和研究工程中常见而又比较复杂的运动——刚体平面运动的速度和加速度。这既是工程运动学的重点内容，同时也是工程动力学的基础。

6.1　刚体平面运动方程及运动分解

6.1.1　刚体平面运动力学模型的简化

图 6-1 所示的曲柄连杆滑块机构中，曲柄 OA 绕轴 O 做定轴转动，滑块 B 做水平直线平移，而连杆 AB 的运动既不是平移，也不是定轴转动，但它运动时具有一个特点，即在运动过程中，刚体上任意点到某一固定平面的距离始终保持不变，这种运动称为刚体的**平面运动**(planar motion)。又如，行星轮机构中三个行星齿轮 B 的运动(图 6-2)以及沿直线轨道滚动的轮子的运动等。刚体平面运动时，其上各点的运动轨迹各不相同，但都是平行于某一固定平面的平面曲线。

设图 6-3 所示为做平面运动的一般刚体，刚体上各点至平面 α_1 的距离保持不变。过刚体上任意点 A，作平面 α_2 平行于平面 α_1，显然，刚体上过点 A 且垂直于平面 α_1 的直线上 A_1、A_2、A_3、… 各点的运动与点 A 是相同的。因此，平面 α_2 与刚体相交所截取的**平面图形**(section) S，就能完全表示该刚体的运动。进而，平面图形 S 上的任意线段 AB 又能代表该图形的运动，如图 6-4 所示。于是，研究刚体的平面运动可以简化为研究平面图形 S 或其上任一线段 AB 的运动。

曲柄连杆滑块

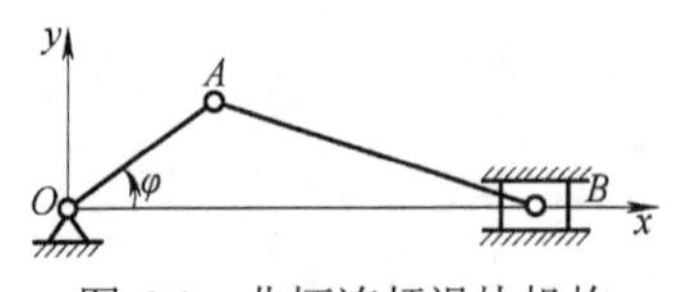

图 6-1　曲柄连杆滑块机构

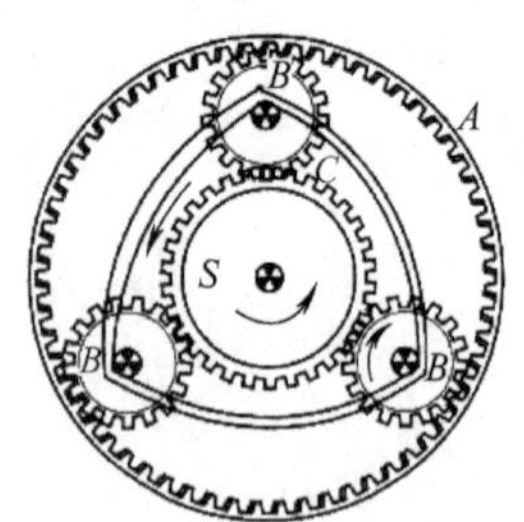

图 6-2　行星齿轮机构

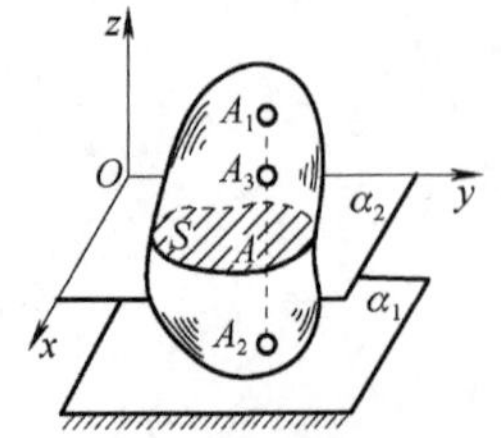

图 6-3　作平面运动的一般刚体

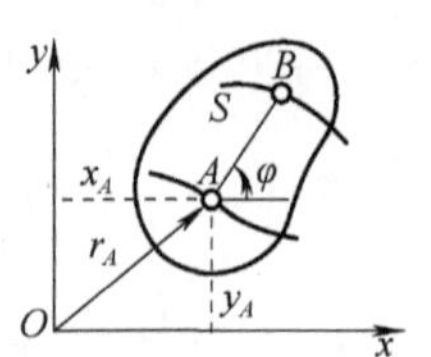

图 6-4　作平面运动的平面图形

6.1.2　刚体平面运动的运动方程

为了确定直线 AB 在平面 Oxy 上的位置，需要三个独立变量，一般选用广义坐标 $q=(x_A,y_A,\varphi)$ (图 6-4)。其中，线坐标 x_A、 y_A 确定点 A 在该平面上的位置，角坐标 φ 确定直线 AB 在该平面中的方位。所以，刚体平面运动的运动方程为

$$\begin{cases} x_A = f_1(t) \\ y_A = f_2(t) \\ \varphi = f_3(t) \end{cases} \tag{6-1}$$

式中，x_A、 y_A 和 φ 均为时间 t 的单值连续函数。

式(6-1)描述了平面运动刚体的整体运动性质，该式完全确定了平面运动刚体的运动规律，也完全确定了该刚体上任一点的运动性质(轨迹、速度和加速度等)。

【例题 6-1】　图 6-5 所示的曲柄-滑块机构中，曲柄 OA 长为 r，以匀角速度 ω 绕轴 O 转动，连杆 AB 长为 l。试求：(1)连杆的平面运动方程；(2)求连杆上一点 $P(AP=l_1)$ 的轨迹、速度和加速度。

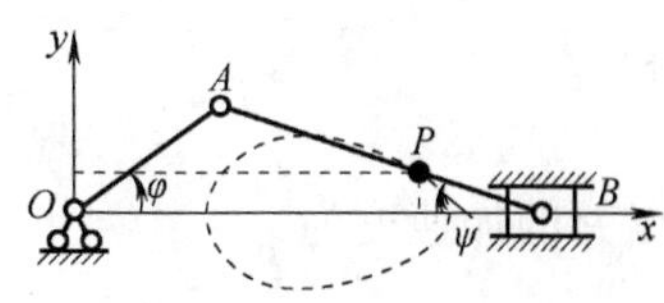

图 6-5　例题 6-1 图

解　机构组成的三角形 AOB 中，有

$$\frac{l}{\sin\varphi} = \frac{r}{\sin\psi}$$

即

$$\sin\psi = \frac{r}{l}\sin\omega t \tag{a}$$

式中，$\varphi=\omega t$。故连杆平面运动的运动方程为

$$\begin{cases} x_A = r\cos\omega t \\ y_A = r\sin\omega t \\ \psi = \arcsin(\frac{r}{l}\sin\omega t) \end{cases} \tag{b}$$

根据约束条件，写出点 P 的运动方程为

$$\begin{cases} x_P = r\cos\omega t + l_1\cos\psi \\ y_P = (l-l_1)\sin\psi \end{cases} \tag{c}$$

将式(a)代入式(c)，有

$$\begin{cases} x_P = r\cos\omega t + l_1\sqrt{1-(\frac{r}{l}\sin\omega t)^2} \\ y_P = \frac{r(l-l_1)}{l}\sin\omega t \end{cases} \tag{d}$$

式(d)即为点 P 的运动方程，也是以时间 t 为参变量的轨迹方程(据此画出图 6-5 中的卵形线)。

对式(d)求一阶和二阶导数，可以得到点 P 的速度和加速度表达式。

考虑到实际的曲柄-滑块机构中，往往有 $\frac{r}{l}<\frac{1}{3.5}$，因此，可利用泰勒公式将 x_P 表达式等

号右边的第二项展开，并略去$(\frac{r}{l})^4$以上的高阶量，得

$$\sqrt{1-(\frac{r}{l}\sin\omega t)^2}=1-\frac{1}{2}(\frac{r}{l})^2\sin^2\omega t+\cdots \tag{e}$$

再以$\frac{1-\cos2\omega t}{2}$代替$\sin^2\omega t$，最后得点$P$的近似运动方程

$$\begin{aligned} x_P &= l_1[1-\frac{1}{4}(\frac{r}{l})^2+\frac{r}{l_1}\cos\omega t+\frac{1}{4}(\frac{r}{l})^2\cos2\omega t] \\ y_P &= \frac{r(l-l_1)}{l}\sin\omega t \end{aligned} \tag{f}$$

点P的速度为

$$\begin{aligned} v_x &= \dot{x}_P=-r\omega(\sin\omega t+\frac{1}{2}\frac{rl_1}{l^2}\sin2\omega t) \\ v_y &= \dot{y}_P=\frac{r(l-l_1)\omega}{l}\cos\omega t \end{aligned} \tag{g}$$

点P的加速度为

$$\begin{aligned} a_x &= -r\omega^2(\cos\omega t+\frac{rl_1}{l^2}\cos2\omega t) \\ a_y &= -\frac{r(l-l_1)}{l}\omega^2\sin\omega t \end{aligned} \tag{h}$$

分别描述刚体AB和点P运动的式(b)与式(f)都是在固定坐标系Oxy中得到的。将该两式对时间求导数，可以全面了解它们的连续运动性质。在上例中，已对式(f)做了分析。读者自己可以对式(b)加以分析，这是一种适宜于用计算机进行计算的方法。

6.1.3　平面运动分解为平移和转动

由刚体的平面运动方程可以看到，如果平面图形中的点A固定不动，则刚体将做定轴转动；如果线段AB的方位不变(即φ=常数)，则刚体将做平移。由此可见，平面图形的运动可以看成是平移和转动的合成运动。

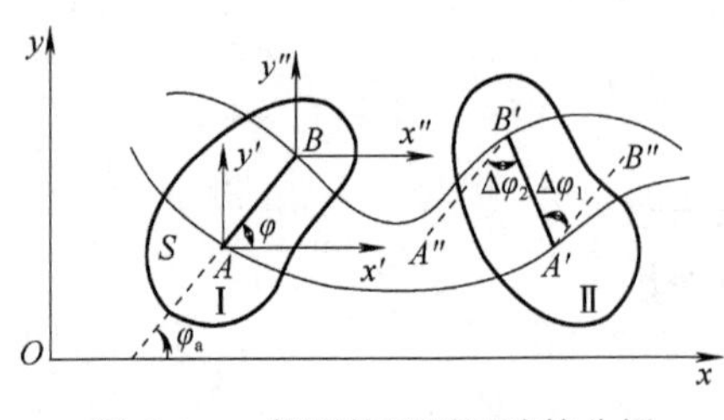

图 6-6　一般刚体平面运动的分解

设在时间间隔Δt内，平面图形S由位置Ⅰ运动到位置Ⅱ，相应地，平面图形内任取的线段从AB运动到$A'B'$，如图 6-6 所示。在点A处假想地安放一个随点A运动的平移坐标系$Ax'y'$，若初始时Ax'轴和Ay'轴分别平行于定坐标轴Ox和Oy，则当平面图形S运动时，平移坐标系的两轴始终分别平行于定坐标轴Ox和Oy，通常将这一平移坐标系的原点A称为**基点**(base point)。于是，平面图形的平面运动便可分解为随同基点A的平移(牵连运动)和绕基点A的转动(相对运动)。这一位移可分解为：线段AB随点A平行移动到位置$A'B''$，再绕点A'由位置$A'B''$转动$\Delta\varphi_1$角到达位置$A'B'$；若取点B为基点，这一位移可分解为：线段AB随点B平行移动到位置$B'A''$，再绕点B'由位置$B'A''$转动$\Delta\varphi_2$角到达位置$A'B'$。当然，实际上平移和转动两者是同时进行的。

由图 6-6 可知，取不同的基点，平移部分一般来说是不同的(比较图中点 A 的轨迹 AA' 和点 B 的轨迹 BB')，其速度和加速度也是不相同。但对于转动部分，绕不同基点转过的角度大小、转向均相同，有 $\Delta\varphi_1=\Delta\varphi_2=\Delta\varphi$，于是

$$\lim_{\Delta t\to 0}\frac{\Delta\varphi_1}{\Delta t}=\lim_{\Delta t\to 0}\frac{\Delta\varphi_2}{\Delta t} \tag{6-2}$$

即绕不同基点转动的角速度相同。进而得到平面图形绕不同基点转动的角加速度也相同。于是有结论：平面运动可以分解为随基点的平移和绕基点的转动，其平移部分与基点的选择有关，而转动部分与基点的选择无关。

由图 6-6 也可以看出，在瞬时 t，平面图形 S 上线段 AB 相对于平移系 $Ax'y'$ 方位用角度 φ 表示，而在同一瞬时，AB 相对于定系 Oxy 的方位是角度 φ_a，且有

$$\varphi(t)=\varphi_a(t) \tag{6-3a}$$

从而有

$$\omega(t)=\omega_a(t) \tag{6-3b}$$

$$\alpha(t)=\alpha_a(t) \tag{6-3c}$$

由于平移系相对定系无方位变化，故其相对转动量即为其绝对转动量，正因为如此，以后凡涉及平面图形相对转动的角速度和角加速度时，不必指明基点，而只说是平面图形的角速度和角加速度即可。

请读者对图 6-7 所示的曲柄-滑块机构加以分析，当分别选 A, B 为基点，并建立平移系 $Ax_1'y_1'$ 与 $Bx_2'y_2'$ 时，证明：做平面运动的连杆 AB 的角速度 ω_{AB} 与基点选择无关，此 ω_{AB} 即为连杆 AB 的绝对角速度。

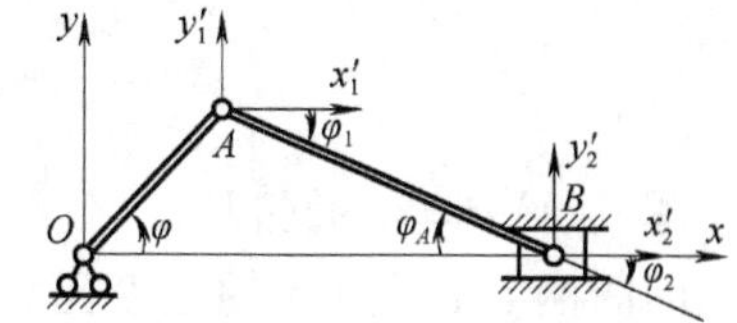

图 6-7　对连杆 AB 选择不同基点分解运动

6.2　平面图形上各点的速度分析

6.2.1　基点法

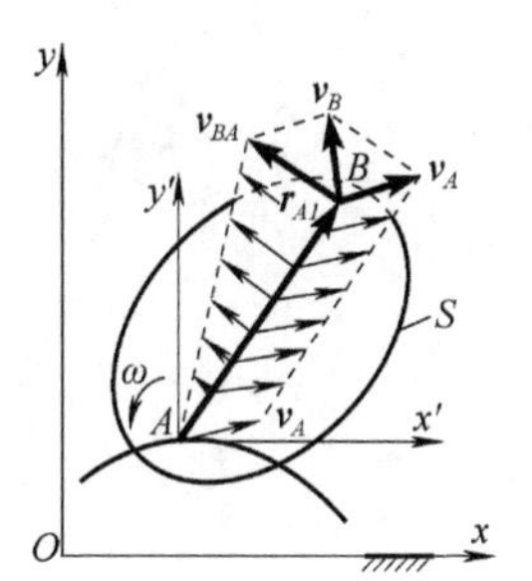

图 6-8　平面图形 S 上点的速度分析

考察图 6-8 所示平面图形 S。已知在 t 瞬时，S 上点 A 的速度 $\boldsymbol{v}_A$ 和 S 的角速度 ω，为求 S 上点 B 在该瞬时的速度，可以点 A 为基点，建立平移系 $Ax'y'$，将 S 的平面运动分解为跟随 $Ax'y'$ 的平移和相对它的转动。这样，点 B 的绝对运动就被分解成牵连运动为平移和相对运动为圆周运动。根据速度合成定理，并沿用刚体运动的习惯符号，有

$$\boldsymbol{v}_B=\boldsymbol{v}_a=\boldsymbol{v}_e+\boldsymbol{v}_r=\boldsymbol{v}_A+\boldsymbol{v}_{BA} \tag{6-4}$$

式中，牵连速度即基点的速度 $\boldsymbol{v}_e=\boldsymbol{v}_A$ (因平移系上各点速度均相同)；点 B 相对平移系 $Ax'y'$ 的速度 $\boldsymbol{v}_r$ 记为 $\boldsymbol{v}_{BA}$，且 $\boldsymbol{v}_{BA}=\boldsymbol{\omega}\times\boldsymbol{r}_{AB}$，$\boldsymbol{r}_{AB}$ 为自基点 A 引向点 B 的位矢。几何上，由以 $\boldsymbol{v}_A$ 和 $\boldsymbol{v}_{BA}$ 为边的速度平行四边形，可求得点 B 的速度 $\boldsymbol{v}_B$。

式(6-4)表明，**平面图形上任一点的速度等于基点的速度与该点相对于以基点为原点的平移系的相对速度的矢量和**。这种确定平面图形上点的速度的方法称为**基点法**(method of base point)。

在图 6-8 中，还画出了平面图形上线段 AB 之各点的牵连速度 $\boldsymbol{v}_e = \boldsymbol{v}_A$ 与相对速度 $\boldsymbol{v}_{BA}$ 的分布。不难看出，AB 上各点的牵连速度呈均匀分布，而相对速度则依该点至基点 A 的距离呈线性分布。

总之，用基点法分析平面图形上点的速度，只是速度合成定理的具体应用而已。

【例题 6-2】 图 6-9(a) 所示的曲柄-滑块机构中，曲柄 OA 长为 r，以匀角速度 ω_0 绕轴 O 转动，连杆 AB 长为 l。试求曲柄转角 $\varphi = \varphi_0$（此瞬时 $\angle OAB = 90^\circ$）和 $\varphi = 0^\circ$ 时，滑块 B 的速度 $\boldsymbol{v}_B$ 与连杆 AB 的角速度 ω_{AB}。

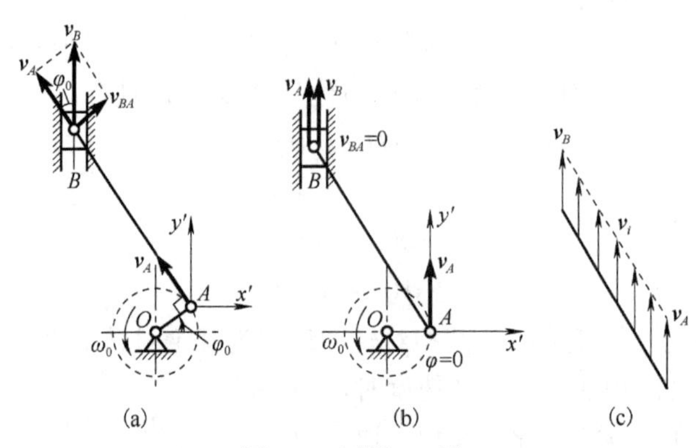

图 6-9　例题 6-2 图

解　(1) $\varphi = \varphi_0$ 的情形。

因曲柄 OA 上点 A 的速度已知，故选点 A 为基点，并建立平移系 $Ax'y'$。

由基点法，点 B 的速度可表示为

$$\boldsymbol{v}_B = \boldsymbol{v}_A + \boldsymbol{v}_{BA} \tag{a}$$

式中，$\boldsymbol{v}_B$ 的方向沿铅垂方向，大小未知；$\boldsymbol{v}_A$ 的方向垂直 OA 指向左上方，大小为 $v_A = r\omega_0$；$\boldsymbol{v}_{BA}$ 的方向垂直 AB，大小未知。作速度平行四边形，如图 6-9(a) 所示。

由几何关系，求得

$$v_B = \frac{v_A}{\cos\varphi_0} = \frac{r\omega_0}{\cos\varphi_0} \qquad (\uparrow) \tag{b}$$

$$v_{BA} = v_A \tan\varphi_0 = r\omega_0 \tan\varphi_0$$

则连杆 AB 的角速度为

$$\omega_{AB} = \frac{v_{BA}}{l} = \frac{r}{l}\omega_0 \tan\varphi_0 \qquad \text{(顺时针)} \tag{c}$$

(2) $\varphi = 0^\circ$ 的情形。

同样，选点 A 为基点，则点 B 的速度为

$$\boldsymbol{v}_B = \boldsymbol{v}_A + \boldsymbol{v}_{BA}$$

因此时 $\boldsymbol{v}_B /\!/ \boldsymbol{v}_A$，$\boldsymbol{v}_{BA} \perp AB$，所以速度平行四边形为特殊情形，如图 6-9(b) 所示。则有

$$v_B = v_A = r\omega_0 \quad (\uparrow) \tag{d}$$

$$v_{BA} = 0 \qquad \omega_{AB} = 0 \tag{e}$$

读者还可进一步分析这种情形下连杆 AB 上任一点 i 的绝对速度 $\boldsymbol{v}_i$，可以得到

$$\boldsymbol{v}_i = \boldsymbol{v}_B = \boldsymbol{v}_A \tag{f}$$

即连杆 AB 上各点的速度大小和方向均相同，如图 6-9(c)所示。可见，此瞬时就速度分布而言，连杆 AB 具有平移的运动特征。由于曲柄转角 $\varphi=0^\circ$ 的前、后邻近瞬时，连杆均不具有这一特征，故它在该瞬时的运动称为**瞬时平移**(instantaneous translation)。

6.2.2　速度投影法

将由图 6-8 得到的式(6-4)中各项分别向 A、B 两点连线 AB 投影，如图 6-10 所示。由于 $\boldsymbol{v}_{BA}=\boldsymbol{\omega}\times\boldsymbol{r}_{AB}$ 始终垂直于线段 AB，因此得

$$v_B\cos\beta=v_A\cos\alpha \tag{6-5}$$

式中，角 α、β 分别为速度 $\boldsymbol{v}_A$、$\boldsymbol{v}_B$ 与线段 AB 间的夹角。

该式表明，平面图形上任意两点的速度在该两点连线上的投影相等，这称为**速度投影定理**(theorem of projection of velocities)。

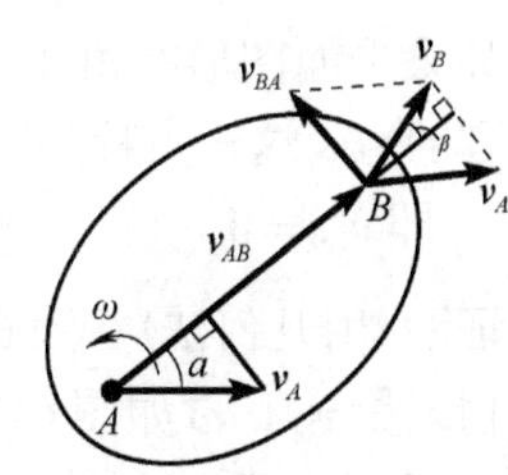

图 6-10　速度投影定理的几何表示

这个定理的正确性也可以从另一角度得到证明：平面图形是从刚体上截取的，图形上 A、B 两点的距离应保持不变。所以这两点的速度在 AB 方向的分量必须相等，否则两点距离必将伸长或缩短。因此，速度投影定理对所有的刚体运动形式都是适用的。

应用速度投影定理分析平面图形上点的速度的方法称为**速度投影法**。

【例题 6-3】　试用速度投影法求例题 6-2 中曲柄转角 $\varphi=\varphi_0$（此瞬时 $\angle OAB=90^\circ$）和 $\varphi=0^\circ$ 两种情形下滑块 B 的速度 $\boldsymbol{v}_B$。

解　(1) $\varphi=\varphi_0$ 的情形。

如图 6-9(a)所示，点 A 的速度大小和方向已知，由滑块 B 被限制在滑槽内运动的约束条件，点 B 的速度 $\boldsymbol{v}_B$ 沿铅垂方向，亦为已知。由式(6-5)，有

$$v_A=v_B\cos\varphi_0$$

于是

$$v_B=\frac{r\omega_0}{\cos\varphi_0}\quad(\uparrow)$$

(2) $\varphi=0^\circ$ 的情形。

如图 6-9(b)所示，$\boldsymbol{v}_B\,/\!/\,\boldsymbol{v}_A$，同理也有

$$v_B=v_A=r\omega_0\ (\uparrow)$$

本例讨论： (1)为什么两种情形下 $\boldsymbol{v}_B$ 的方向都是向上？若初设时 $\boldsymbol{v}_B$ 方向与图示相反，则结果如何？

(2)比较本例与例题 6-2 可知，如果已知图形上一点 A 的速度大小和方向，又知道另一点 B 的速度方向，欲求其速度大小时，用速度投影法求解较简便，而不必知道图形的角速度。那么，用速度投影法能否直接求得图形的角速度呢？

6.2.3　瞬时速度中心法

1. 一个有趣的问题

如图 6-11 所示为一自行车车轮在平坦的地面上滚动时拍下的一幅照片，我们的问题是：

图 6-11　自行车车轮滚动时的图片

为什么车轮辐条某些部分能够清晰地显示出来，而另外一些部分则不能呢？

根据读者拍照的常识，不难得到这样的结论：车轮辐条上各点的速度各不相同，是生成上述具有明显特征图片的原因。

怎样确定车轮辐条上各点的速度呢？本节所要介绍的瞬时速度中心的概念以及相关的方法，将为解决这一问题提供一条方便的途径。

2. 瞬时速度中心的定义

如果平面图形的角速度 $\omega \neq 0$，则在每一瞬时，平面图形或其扩展部分上都唯一存在速度等于零的点，这一点称为瞬时速度中心(instantaneous center of velocity)，简称为**速度瞬心**，记为 C^*，即 $v_{C^*}=0$。

证明(用几何法)　设在 t 瞬时，表征平面图形 S 运动的物理量 $\boldsymbol{v}_A$、ω 如图 6-12 所示。在平面图形 S 上，过点 A 作垂直于该点速度 $\boldsymbol{v}_A$ 的直线 AP。根据式(6-4)，以点 A 为基点，分析直线 AP 上各点速度可知：在 AP 上一定存在其上各点的相对速度与基点速度不仅共线而且反向的部分。又因为各相对速度呈线性分布，而基点速度 $\boldsymbol{v}_A$ 为均匀分布。所以，在直线 AP 的这部分上唯一存在一点 C^*，使

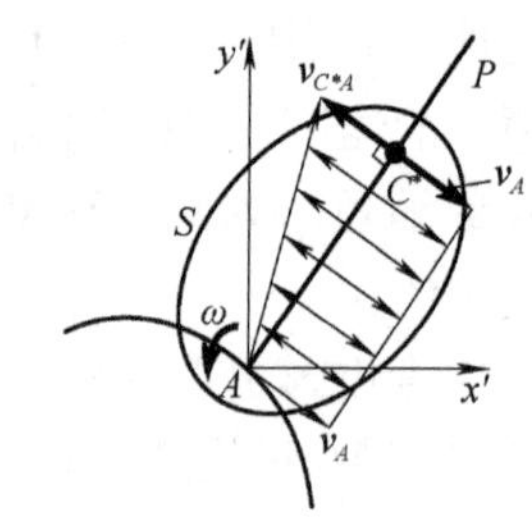

图 6-12　速度瞬心唯一存在的几何证明

$$v_{C^*}=v_A-v_{C^*A}=v_A-AC^*\cdot\omega=0$$

所以

$$AC^*=\frac{v_A}{\omega} \tag{6-6}$$

3. 瞬时速度中心的意义

若已知平面图形在 t 瞬时的速度瞬心 C^* 与角速度 ω，则可以点 C^* 为基点，建立平移系，分析图形上点的速度。此时，基点速度 $v_{C^*}=0$，式(6-4)化为

$$\boldsymbol{v}_B=\boldsymbol{v}_{BC^*}=\boldsymbol{\omega}\times\boldsymbol{r}_{C^*B} \tag{6-7}$$

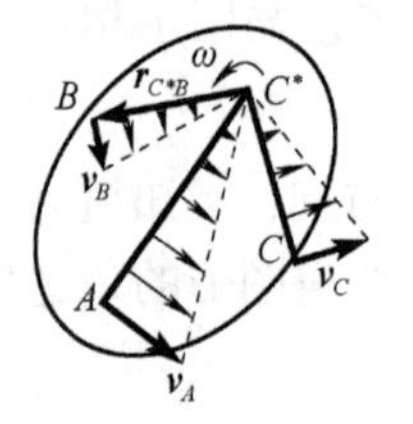

图 6-13　平面图形在 t 瞬时的运动图像

式中，$\boldsymbol{r}_{C^*B}$ 为自点 C^* 至点 B 的位矢。

式(6-7)表明，此情形下，平面图形上点 B 的牵连速度等于零，绝对速度就等于相对速度。如图 6-13 所示，线段 C^*B 上各点的速度大小依照该点至点 C^* 的距离呈线性分布，其速度方向垂直于线段 C^*B，指向与图形的转向相一致。图中，线段 C^*A 与 C^*C 上各点的速度亦与上相同。可见，就速度分布而言，平面图形在该瞬时的运动与假设它绕点 C^* 做定轴转动相类似。

另一方面，表征平面图形运动的物理量是随时间变化的，即 $\boldsymbol{v}_A(t)$、$\omega(t)$。因此，速度瞬

心在平面图形上的位置也在不断变化，即**在不同瞬时，平面图形上有不同的速度瞬心**。这又是它与定轴转动的重要区别。

因此，速度瞬心的概念对运动比较复杂的平面图形给出了清晰的运动图像：平面图形的瞬时运动为绕该瞬时的速度瞬心做瞬时转动，其连续运动为绕图形上一系列的速度瞬心做瞬时转动；同时这也为分析平面图形上各点的速度提供了一种有效方法。若已知平面图形的速度瞬心 C^* 与角速度 ω，则平面图形上各点的速度均可求出。

4. 瞬时速度中心的确定

确定平面图形在某一瞬时的速度瞬心，与已知定轴转动刚体上两点速度的有关量确定刚体转轴位置的过程相似。下面介绍几种常见情形。

(1) 已知某瞬时平面图形上 A、B 两点速度的方向，且两速度互不平行，如图 6-14(a) 所示。因为各点速度垂直于该点与速度瞬心的连线，所以，过 A、B 两点分别作速度 $\boldsymbol{v}_A$、$\boldsymbol{v}_B$ 的垂线，其交点就是速度瞬心 C^*。

(2) 已知某瞬时平面图形上 A、B 两点速度的大小与方向，且两速度均垂直于该两点的连线，如图 6-14(b)、(c) 所示。则 A、B 两点速度矢端的连线与该两点连线(或连线的延长线)的交点就是速度瞬心 C^*。

(3) 已知平面图形在某固定面上做纯滚动，则平面图形上与固定面的接触点就是速度瞬心 C^*，如图 6-14(d) 所示。因为此时图形上和固定面上两接触点的速度相等，所以平面图形上接触点处的速度为零。

(4) 已知某瞬时平面图形上 A、B 两点的速度平行，但不垂直于两点的连线，如图 6-14(e) 所示，或两点的速度均垂直于两点连线，且两速度大小相等、指向相同，如图 6-14(f) 所示。则此时图形的速度瞬心在无穷远处，平面图形的角速度 $\omega=0$，平面图形做瞬时平移，如例题 6-2 中 $\varphi=0^\circ$ 的情形。

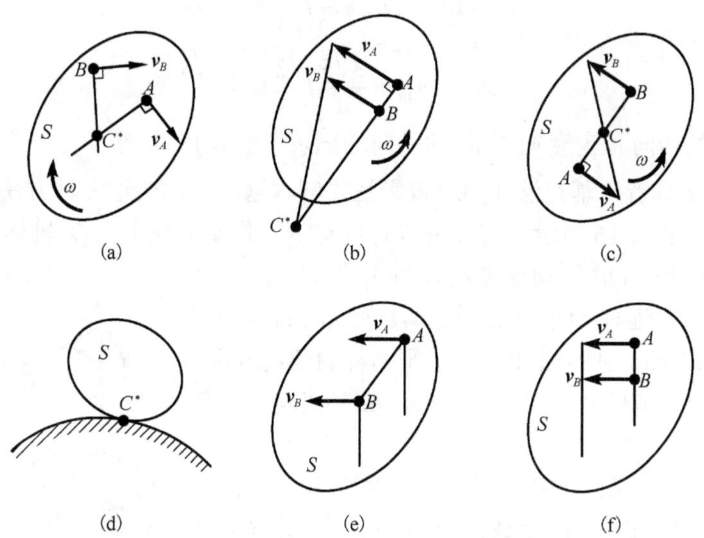

图 6-14　几种常见情形下速度瞬心位置的确定

注意： 速度瞬心 C^* 有时位于平面图形以内，有时却位于平面图形边界以外，如图 6-14(b) 所示的就是一例，此时可以认为速度瞬心位于平面图形的扩展部分，即此时平面图形绕图形外的点 C^* 做瞬时转动。

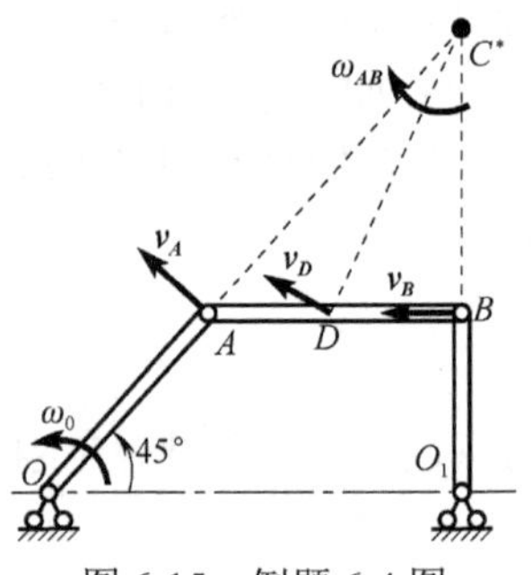

图 6-15　例题 6-4 图

【例题 6-4】 图 6-15 所示四连杆机构中，杆 OA 以角速度 ω_0 绕轴 O 转动，已知 $O_1B = l$，$AB = \dfrac{3}{2}l$，且 AD=DB。在图示位置，$O_1B \perp OO_1$，$AB \perp O_1B$。试求此瞬时点 B 和点 D 的速度，以及杆 AB 的角速度。

解　杆AB做平面运动。杆上A、B两点的速度$\boldsymbol{v}_A$、$\boldsymbol{v}_B$的方向已知，且互不平行。为此，过A、B两点分别作$\boldsymbol{v}_A$、$\boldsymbol{v}_B$的垂线，其交点C^*即为杆AB的速度瞬心，如图6-15所示。显然

$$\omega_{AB} = \frac{v_A}{AC^*} = \frac{OA \cdot \omega_0}{AC^*}$$

由几何关系，有

$$OA = \sqrt{2}l \qquad AC^* = \frac{3\sqrt{2}}{2}l$$

$$BC^* = \frac{3}{2}l \qquad DC^* = \frac{3\sqrt{5}}{4}l$$

于是，杆 AB 的角速度为

$$\omega_{AB} = \frac{\sqrt{2}l \cdot \omega_0}{\dfrac{3\sqrt{2}}{2}l} = \frac{2}{3}\omega_0$$

由此可求得点 B 和点 D 的速度分别为

$$v_B = BC^* \cdot \omega_{AB} = \frac{3}{2}l \cdot \frac{2}{3}\omega_0 = l\omega_0$$

$$v_D = DC^* \cdot \omega_{AB} = \frac{3\sqrt{5}}{4}l \cdot \frac{2}{3}\omega_0 = \frac{\sqrt{5}}{2}l\omega_0$$

所求角速度 ω_{AB} 的转向和速度 $\boldsymbol{v}_B$、$\boldsymbol{v}_D$ 的方向均已示于图 6-15 中。

本例讨论： 请读者用基点法和速度投影法求解本题，并比较这三种方法各自的特点。

【例题 6-5】 图 6-16 所示瓦特行星传动机构中，平衡杆 O_1A 绕 O_1 轴转动，并借连杆 AB 带动曲柄 OB；而曲柄 OB 活动地装在 O 轴上。在 O 轴上装有齿轮 I、齿轮 II 与连杆 AB 固连于一体。已知：$r_1 = r_2 = 30\sqrt{3}$ cm，$O_1A = 75$cm，$AB = 150$cm；又平衡杆的角速度 $\omega = 6$ rad/s。试求当 $\gamma = 60°$ 且 $\beta = 90°$ 时，曲柄 OB 和齿轮 I 的角速度。

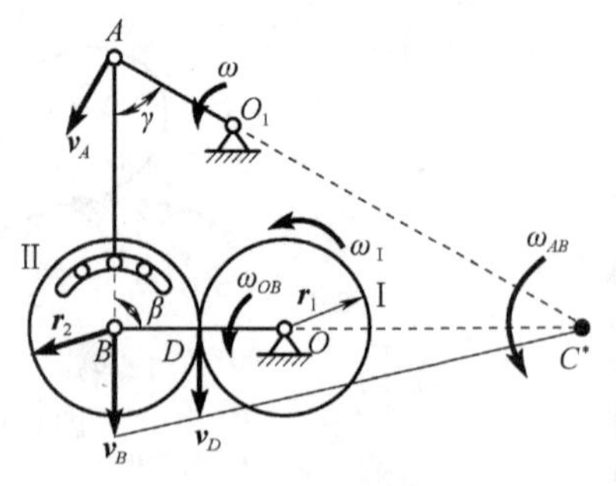

图 6-16　例题 6-5 图

解　在机构中，平衡杆 O_1A、曲柄 OB 和齿轮 I 均做定轴转动，而连杆 AB 与齿轮 II 一起做平面运动。只要求出点 B 及两齿轮啮合点 D 的速度，所要求的问题就解决了。

由于 A、B 两点的速度方向已知，故作两点速度的垂线交于点 C^*，此点即为连杆 AB 与齿轮 II 的速度瞬心，如图 6-16

所示。因为

$$v_A = O_1A\cdot\omega = 75\times 6 = 450(\text{cm/ s})$$

$$AC^* = \frac{AB}{\cos\gamma} = \frac{150}{\cos 60^\circ} = 300(\text{cm})$$

所以，连杆 AB 与齿轮Ⅱ的角速度为

$$\omega_{AB} = \frac{v_A}{AC^*} = \frac{450}{300} = 1.5(\text{rad/ s})$$

由此，可求得点 B 及啮合点 D 的速度分别为

$$v_B = \omega_{AB}\cdot BC^* = \omega_{AB}\cdot AB\tan\gamma = 1.5\times 150\times\sqrt{3} = 225\sqrt{3}(\text{cm/ s})$$

$$v_D = \omega_{AB}\cdot DC^* = \omega_{AB}\cdot(BC^* - r_2) = 1.5\times 120\times\sqrt{3} = 180\sqrt{3}(\text{cm/ s})$$

于是，曲柄 OB 和齿轮Ⅰ的角速度分别为

$$\omega_{OB} = \frac{v_B}{OB} = \frac{v_B}{r_1 + r_2} = \frac{225\sqrt{3}}{60\sqrt{3}} = 3.75(\text{rad/ s})\quad（逆时针）$$

$$\omega_{\text{I}} = \frac{v_D}{r_1} = \frac{180\sqrt{3}}{30\sqrt{3}} = 6(\text{rad/ s})\quad（逆时针）$$

【例题 6-6】　半径为 R 的车轮沿直线轨道做纯滚动，如图 6-17(a)所示。已知轮心 O 的速度 $\boldsymbol{v}_O$。试求轮缘上点 1、2、3、4 的速度。

解　因为车轮沿直线轨道做纯滚动，符合图 6-14(d)的情形，故车轮上点 1 即为速度瞬心 C^*，有

$$点1：\ v_1 = v_{C^*} = 0$$

于是，车轮的角速度为

$$\omega = \frac{v_O}{R}\qquad（顺时针）$$

车轮上其余各点的速度均可视为该瞬时绕点 1 转动的速度(图 6-17(b))，故有

$$点2：\ v_2 = \sqrt{2}R\cdot\omega = \sqrt{2}v_O$$

$$点3：\ v_3 = 2R\cdot\omega = 2v_O$$

$$点4：\ v_4 = \sqrt{2}R\cdot\omega = \sqrt{2}v_O$$

各点速度方向如图 6-17(b)所示。

本例讨论：(1)请读者应用基点法(以点 O 为基点)校核由瞬心法所得结果，并思考本例能否用速度投影法求解？

(2)通过本例的分析及其所得结果，不难确定自行车车轮在地面上做纯滚动时，车轮辐条上各点的速度，如图 6-18 所示。当然，也不难解释本节图 6-11 那幅照片。

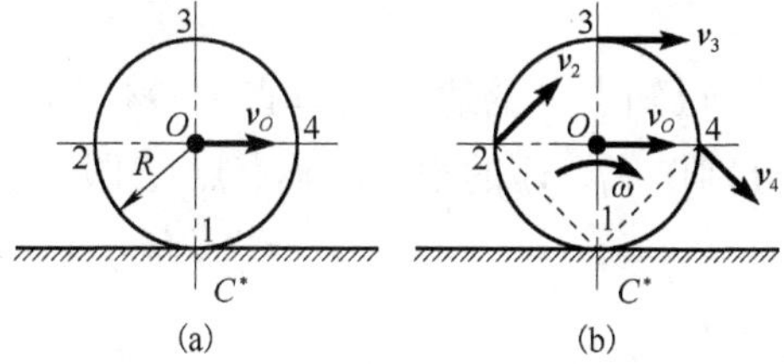

图 6-17　例题 6-6 图

图 6-18　自行车车轮滚动时其上各点的速度

6.3　平面图形上各点的加速度分析

本节只介绍用基点法确定平面图形上点的加速度。

如图 6-19(a) 所示，已知平面图形 S 上点 A 的加速度 $\boldsymbol{a}_A$、图形的角速度 ω 与角加速度 α。与平面图形上各点速度分析相类似，选点 A 为基点，建立平移系 $Ax'y'$，分解图形的运动，从而也分解了图形上任一点 B 的运动。由于牵连运动为平移，可应用动系为平移时加速度合成定理的公式，并采用刚体运动的习惯符号，有

$$\boldsymbol{a}_B = \boldsymbol{a}_\mathrm{a} = \boldsymbol{a}_\mathrm{e} + \boldsymbol{a}_\mathrm{r} = \boldsymbol{a}_A + \boldsymbol{a}_{BA} = \boldsymbol{a}_A + \boldsymbol{a}_{BA}^\mathrm{t} + \boldsymbol{a}_{BA}^\mathrm{n} \tag{6-8}$$

式中，$\boldsymbol{a}_{BA}$ 为点 B 相对于平移系 $Ax'y'$ 做圆周运动的加速度，而 $\boldsymbol{a}_{BA}^\mathrm{t}$ 与 $\boldsymbol{a}_{BA}^\mathrm{n}$ 分别为其中的**相对切向加速度**(relative tangential acceleration) 和**相对法向加速度**(relative normal acceleration)，且 $a_{BA}^\mathrm{t} = AB \cdot \alpha$，方向垂直于 AB，指向与角加速度 α 的转向一致；$a_{BA}^\mathrm{n} = AB \cdot \omega^2$，方向由 B 指向基点 A。式(6-8)中的各量均已示于图 6-19(a) 中。

式(6-8)表明，**平面图形上任一点的加速度等于基点的加速度与该点相对以基点为原点的平移系的相对切向加速度和相对法向加速度的矢量和。**

图 6-19(b) 中，还画出了平面图形上线段 AB 之各点的牵连加速度 $\boldsymbol{a}_\mathrm{e} = \boldsymbol{a}_A$ 与相对加速度 $\boldsymbol{a}_\mathrm{r} = \boldsymbol{a}_{BA}$ 的分布。

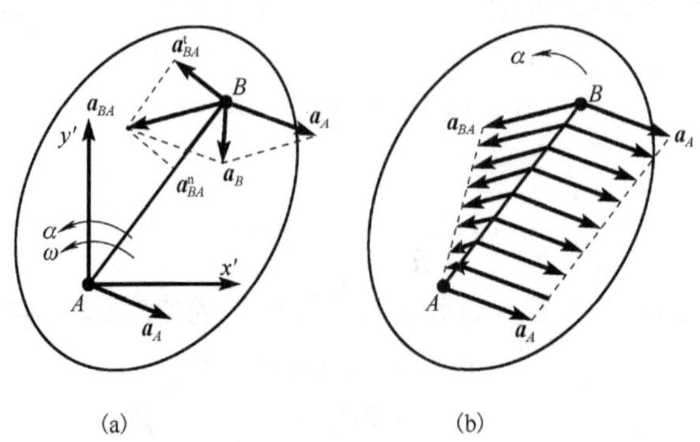

(a)　　(b)

图 6-19　平面图形上点的加速度分析

式(6-8)为平面内的矢量方程，通常可向两个相交的坐标轴投影，得到两个代数方程，用以求解两个未知量。

【例题 6-7】　曲柄-滑块机构如图 6-20(a) 所示。曲柄 OA 长为 r，它以匀角速度 ω_0 绕轴 O 转动，连杆 AB 长为 l。试求曲柄转角 $\varphi = \varphi_0$ (此时 $OA \perp OB$) 和 $\varphi = 0^\circ$ (此时 $OA /\!/ AB$) 两种情形下，滑块 B 的加速度 $\boldsymbol{a}_B$ 与连杆 AB 的角加速度 α_{AB}。

解　(1) $\varphi = \varphi_0$ 的情形。

连杆 AB 做平面运动，先用速度瞬心法分析速度。已知点 A 的速度 $\boldsymbol{v}_A$ 垂直于 OA，大小为 $v_A = r\omega_0$，点 B 的速度 $\boldsymbol{v}_B$ 方向水平。过 A、B 两点分别作 $\boldsymbol{v}_A$、$\boldsymbol{v}_B$ 的垂线，其交点 C^* 即为连杆 AB 的速度瞬心。则连杆 AB 的角速度为

$$\omega_{AB} = \frac{v_A}{AC^*} = \frac{r\omega_0}{l^2 / r} = \frac{r^2}{l^2}\omega_0 \tag{a}$$

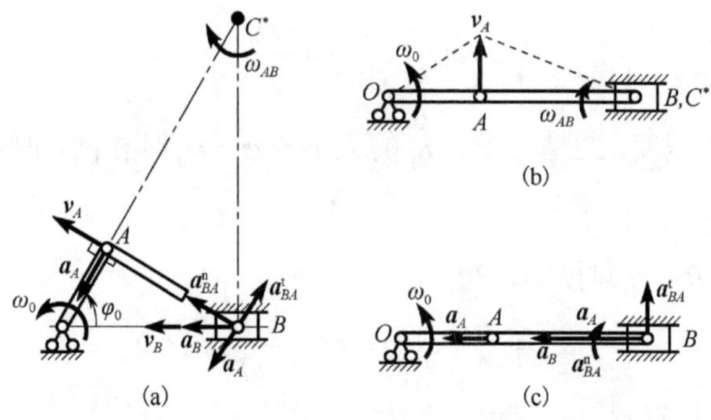

图 6-20　例题 6-7 图

再用基点法分析加速度。以点 A 为基点，由式(6-8)，点 B 的加速度为

$$\boldsymbol{a}_B = \boldsymbol{a}_A + \boldsymbol{a}_{BA}^{\mathrm{t}} + \boldsymbol{a}_{BA}^{\mathrm{n}} \tag{b}$$

式中，点 B 的加速度 $\boldsymbol{a}_B$ 方向水平，大小未知；基点 A 的加速度 $\boldsymbol{a}_A$ 方向沿 OA 指向 O，大小为 $a_A = r\omega_0^2$；点 B 的相对切向加速度 $\boldsymbol{a}_{BA}^{\mathrm{t}}$ 方向垂直于 AB，大小未知；相对法向加速度 $\boldsymbol{a}_{BA}^{\mathrm{n}}$ 方向沿 BA 指向 A，大小为 $a_{BA}^n = AB\cdot\omega_{AB}^2 = \dfrac{r^4}{l^3}\omega_0^2$。各加速度分析结果列表如下。

加速度	$\boldsymbol{a}_B$	$\boldsymbol{a}_A$	$\boldsymbol{a}_{BA}^{\mathrm{t}}$	$\boldsymbol{a}_{BA}^{\mathrm{n}}$
大小	未知	$r\omega_0^2$	未知	$AB\cdot\omega_{AB}^2 = \dfrac{r^4}{l^3}\omega_0^2$
方向	水平	$A\to O$	$\perp AB$	$B\to A$

各加速度方向如图 6-20(a)所示。

将式(b)中各项向 BA 方向投影，有

$$a_B \sin\varphi_0 = a_{BA}^{\mathrm{n}}$$

解得

$$a_B = \frac{a_{BA}^{\mathrm{n}}}{\sin\varphi_0} = \frac{r^4\omega_0^2}{l^3\sin\varphi_0} \quad (\leftarrow) \tag{c}$$

再将式(b)中各项向 $\boldsymbol{a}_A$ 方向投影，有

$$a_B \cos\varphi_0 = a_A - a_{BA}^{\mathrm{t}}$$

解得

$$a_{BA}^{\mathrm{t}} = a_A - a_B\cos\varphi_0 = r\omega_0^2 - \frac{r^4}{l^3}\omega_0^2\cot\varphi_0$$

于是，杆 AB 的角加速度为

$$\alpha_{AB} = \frac{a_{BA}^{\mathrm{t}}}{AB} = \frac{r}{l}\omega_0^2\left(1 - \frac{r^3}{l^3}\cot\varphi_0\right) \tag{d}$$

(2) $\varphi = 0^\circ$ 的情形。

如图 6-20(b)所示，过 A、B 两点分别作 $\boldsymbol{v}_A$、$\boldsymbol{v}_B$ 的垂线，其交点恰好位于点 B。因此，点 B 即为连杆 AB 的速度瞬心 C^*。于是，连杆 AB 的角速度为

$$\omega_{AB} = \frac{v_A}{AB} = \frac{r\omega_0}{l} \tag{e}$$

仍用基点法分析加速度。此情形下，$\boldsymbol{a}_A$ 的大小与 $\varphi = \varphi_0$ 时相同，但 $a_{BA}^n = AB \cdot \omega_{AB}^2 = \frac{r^2}{l}\omega_0^2$。各加速度方向如图 6-20(c)所示。

将式(b)中各项向 BA 方向投影，得

$$a_B = a_A + a_{BA}^{\mathrm{n}} = r\omega_0^2\left(1+\frac{r}{l}\right) \quad (\leftarrow) \tag{f}$$

而在 AB 的垂线方向上只有 $\boldsymbol{a}_{BA}^{\mathrm{t}}$ 一个量，故有

$$a_{BA}^{\mathrm{t}} = 0 \qquad \alpha_{AB} = 0 \tag{g}$$

此情形下的结果表明，速度瞬心 B 的速度为零，但加速度不为零。这也说明在下一瞬时，点 B 将不再是速度瞬心，即速度瞬心是瞬时的。

【例题 6-8】 如图 6-21(a)所示，半径为 R 的车轮沿直线轨道做纯滚动。已知轮心 O 的速度为 $\boldsymbol{v}_O$，加速度为 $\boldsymbol{a}_O$。试求轮缘上点 1、2、3、4 的加速度。

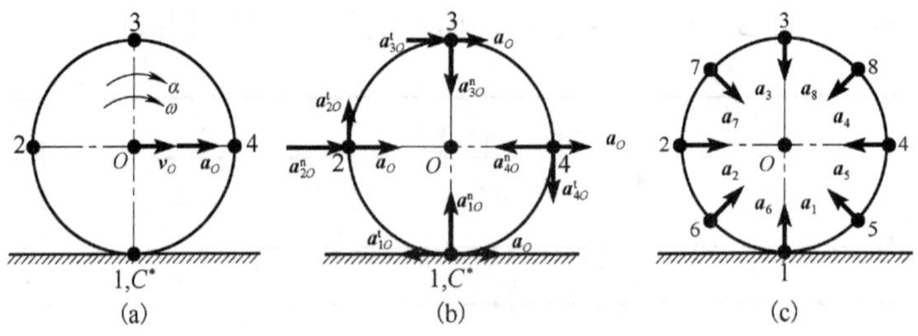

图 6-21　例题 6-8 图

解　车轮做平面运动。由例题6-6可知车轮的角速度为

$$\omega = \frac{v_O}{R} \quad （顺时针） \tag{a}$$

因轮心 O 的加速度已知，故以轮心 O 为基点，由式(6-8)，轮缘上任一点 P（图中未标出）的加速度为

$$\boldsymbol{a}_P = \boldsymbol{a}_O + \boldsymbol{a}_{PO}^{\mathrm{t}} + \boldsymbol{a}_{PO}^{\mathrm{n}} \tag{b}$$

在上例中，待求点的加速度方向是已知的，而本例中，待求点的加速度大小、方向均未知。因此，必须先求出车轮的角加速度 α，否则问题无法求解。

因式(a)在任何瞬时均成立，故可将其对时间求一阶导数，得

$$\alpha = \dot{\omega} = \frac{\dot{v}_O}{R} = \frac{a_O}{R} \quad （顺时针） \tag{c}$$

由此，式(b)中等号右边的三项除 $\boldsymbol{a}_O$ 已知外，其余二项的大小分别为

$$\left.\begin{aligned} a_{PO}^{\mathrm{t}} &= \alpha R = a_O \\ a_{PO}^{\mathrm{n}} &= \omega^2 R = \frac{v_O^2}{R} \end{aligned}\right\} \tag{d}$$

于是，由式(b)和式(d)，轮缘上点 1、2、3、4 的加速度分别为

$$点 1：\boldsymbol{a}_1 = \frac{v_O^2}{R}\boldsymbol{j}$$

$$点 2：\boldsymbol{a}_2=(a_O+\frac{v_O^2}{R})\boldsymbol{i}+a_O\boldsymbol{j}$$

$$点 3：\boldsymbol{a}_3=2a_O\boldsymbol{i}-\frac{v_O^2}{R}\boldsymbol{j}$$

$$点 4：\boldsymbol{a}_4=(a_O-\frac{v_O^2}{R})\boldsymbol{i}-a_O\boldsymbol{j}$$

各点加速度的方向如图 6-21(b)所示。

本例讨论: (1)点 1 为速度瞬心 C^*，但其加速度仍不为零。故当车轮在地面上只滚不滑(纯滚动)时，车轮与地面的接触点(速度瞬心)的加速度不等于零，其方向指向轮心。

(2)若轮心 O 做等速运动，即 $\boldsymbol{a}_O=0$，则轮缘上各点的加速度分布如图 6-21(c)所示，即大小均相同，方向指向轮心。请读者思考，此时轮缘上的加速度是“绝对法向加速度”吗？

【例题 6-9】 图 6-22 所示平面机构由直角三角形板 ABC 与杆 O_1A 和杆 O_2C 铰接，O_1O_2 连线铅垂。已知：杆 O_2C 以匀角速度 ω=2 rad/s 绕轴 O_2 转动，O_2C=20cm，O_1A =AC=40cm。在图示位置时，杆 O_1A 和 O_2C 处于水平位置。试求此瞬时：(1)板 ABC 和杆 O_1A 的角速度；(2)板 ABC 和杆 O_1A 的角加速度。

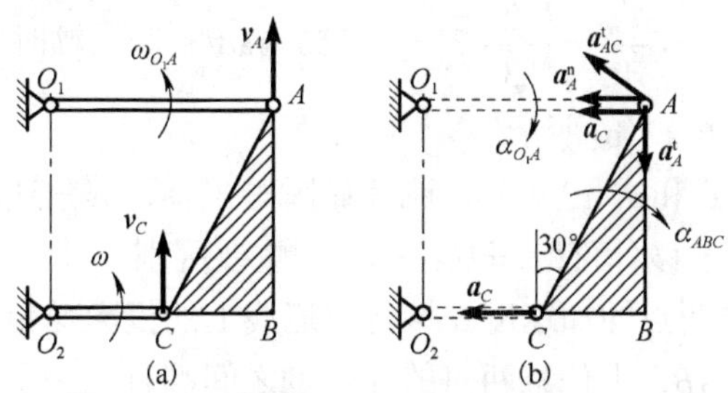

图 6-22　例题 6-9 图

解　杆 O_1A 和杆 O_2C 做定轴转动，板 ABC 做平面运动。

(1)速度分析。

由于 A、C 两点的速度 $\boldsymbol{v}_A \,//\, \boldsymbol{v}_C$，且两速度并不垂直于 AC，所以，板 ABC 做瞬时平移。

$$\omega_{ABC}=0 \tag{a}$$

$$v_A=v_C=O_2C\cdot\omega=40\,\text{cm/s}$$

则杆 O_1A 的角速度为

$$\omega_{O_1A}=\frac{v_A}{O_1A}=\frac{40}{40}=1(\text{rad/s})\qquad(逆时针)$$

(2)加速度分析。

以点 C 为基点，由式(6-8)，点 A 的加速度为

$$\boldsymbol{a}_A=\boldsymbol{a}_A^t+\boldsymbol{a}_A^n=\boldsymbol{a}_C+\boldsymbol{a}_{AC}^t+\boldsymbol{a}_{AC}^n \tag{b}$$

式中，各加速度分析结果列表如下。

加速度	$\boldsymbol{a}_A^t$	$\boldsymbol{a}_A^n$	$\boldsymbol{a}_C$	$\boldsymbol{a}_{AC}^t$	$\boldsymbol{a}_{AC}^n$
大小	未知	$O_1A\cdot\omega_{O_1A}^2$	$O_2C\cdot\omega^2$	未知	0
方向	$\perp O_1A$	$A\to O_1$	$C\to O_2$	$\perp AC$	

各加速度方向如图 6-22(b)所示。

将式(b)中各项向 AC 方向投影，得

$$a_A^{t}\cos 30^\circ + a_A^{n}\sin 30^\circ = a_C\sin 30^\circ \tag{c}$$

解得

$$a_A^{t} = (a_C - a_A^{n})\tan 30^\circ = \frac{40}{3}\sqrt{3}\ \text{cm/s}^2$$

则杆 O_1A 的角加速度为

$$\alpha_{O_1A} = \frac{a_A^{t}}{O_1A} = \frac{\sqrt{3}}{3} = 0.577\ (\text{rad/ s}^2) \qquad (顺时针)$$

将式(b)中各项向 AO_1 方向投影，得

$$a_A^{n} = a_C + a_{AC}^{t}\cos 30^\circ$$

解得

$$a_{AC}^{t} = (a_A^{n} - a_C)/\cos 30^\circ = -\frac{80}{3}\sqrt{3}\ \text{cm/s}^2$$

则板 ABC 的角加速度为

$$\alpha_{ABC} = \frac{a_{AC}^{t}}{AC} = -\frac{2}{3}\sqrt{3} = -1.155\ (\text{rad/ s}^2) \quad (顺时针) \tag{d}$$

各角加速度转向如图 6-22(b)所示。

本例讨论： (1)由式(a)和式(d)可知，刚体做瞬时平移，其角速度等于零，而角加速度不等于零。这是瞬时平移和平移(恒有 $\omega = 0, \alpha = 0$)的重要区别。

(2)式(c)表明，A、C 两点的加速度在该两点连线上的投影是相等的，即 $[\boldsymbol{a}_A]_{AC} = [\boldsymbol{a}_C]_{AC}$。实际上，此瞬时三角形板 ABC 上任意两点的加速度之间都有此关系式，这就是加速度投影定理。请读者思考，加速度投影定理应在什么条件下成立？

6.4　小结与讨论

6.4.1　本章小结

(1)刚体平面运动可以简化为平面图形的运动，其运动方程为

$$x_A = f_1(t) \qquad y_A = f_2(t) \qquad \varphi = f_3(t)$$

(2)刚体平面运动可分解为随任选基点上建立的平移系的平移和相对此平移系的转动。其中，平移规律与基点的选择有关，而转动规律却与基点的选择无关。

(3)每一瞬时，平面图形或其扩展部分上速度为零的点称为瞬时速度中心，简称速度瞬心。就速度分布而言，平面图形的运动可视为绕该瞬时的速度瞬心做瞬时转动。

(4)平面图形上点的速度分析方法

基点法：$\boldsymbol{v}_B = \boldsymbol{v}_A + \boldsymbol{v}_{BA}$

速度投影法：$(\boldsymbol{v}_B)_{AB} = (\boldsymbol{v}_A)_{AB}$

瞬时速度中心法：$\boldsymbol{v}_B = \boldsymbol{v}_{BC^*} = \boldsymbol{\omega} \times \boldsymbol{r}_{C^*B}$

(5)平面图形上点的加速度分析方法——基点法

$$\boldsymbol{a}_B = \boldsymbol{a}_A + \boldsymbol{a}_{BA}^{\mathrm{t}} + \boldsymbol{a}_{BA}^{\mathrm{n}}$$

6.4.2 讨论

1. 两种运动分析方法的评价与选用

以平面图形上点的运动分析方法为例，本章主要介绍或使用了以下两种方法：

(1) 运动方程求导数法；

(2) 矢量方程解析法。

评价与选用这些方法有两条原则：①有利于应用计算机进行数值计算；②有利于初学者掌握运动学的基本概念和基本理论。

第(1)种方法描述了点的连续运动过程(轨迹、速度和加速度)，适应于计算机分析；第(2)种方法只给出了特定瞬时或特定位置的运动信息，有利于初学者加深对刚体运动复合等一系列基本概念的理解，是本章使用的主要方法。

2. 刚体复合运动概述

第 4、6 两章只介绍了刚体的平移、定轴转动和平面运动，而实际上刚体还有其他运动形式。在第 5 章的引言中曾指出，点运动的分解与合成的分析方法可推广到刚体的复合运动，而在本章中我们已将平面运动分解成随基点的平移和绕基点的转动。类似于式(5-3)，对于刚体绕相交轴转动的合成，有

$$\boldsymbol{\omega}_{\mathrm{a}} = \boldsymbol{\omega}_{\mathrm{e}} + \boldsymbol{\omega}_{\mathrm{r}} \tag{6-9}$$

式中，$\boldsymbol{\omega}_{\mathrm{a}}$ 为刚体的绝对角速度，$\boldsymbol{\omega}_{\mathrm{e}}$ 为刚体的牵连角速度，$\boldsymbol{\omega}_{\mathrm{r}}$ 为刚体的相对角速度。

式(6-9)在机械传动中有广泛应用。而对于刚体绕平行轴转动的合成，则退化为

$$\omega_{\mathrm{a}} = \omega_{\mathrm{e}} \pm \omega_{\mathrm{r}} \tag{6-10}$$

当 $\boldsymbol{\omega}_{\mathrm{r}}$ 与 $\boldsymbol{\omega}_{\mathrm{e}}$ 反向时，式(6-10)右边 ω_{r} 前取“负”号；而当 $\omega_{\mathrm{e}} - \omega_{\mathrm{r}} = 0$ 时，$\omega_{\mathrm{a}}=0$，称为转动偶，此时刚体做平移。自行车的脚踏板运动基本上就是这种情况。

习　题

6-1　如习题 6-1 图所示，半径为 r 的齿轮由曲柄 OA 带动，沿半径为 R 的固定齿轮滚动。曲柄 OA 以匀角加速度 α_0 绕轴 O 转动，当运动开始时，角速度 $\omega_0 = 0$，转角 $\varphi_0 = 0$。试求动齿轮以圆心 A 为基点的平面运动方程。

6-2　杆 AB 斜靠于高为 h 的台阶角 C 处，一端 A 以匀速 v_0 沿水平向右运动，如习题 6-2 图所示。试以杆与铅垂线的夹角 θ 表示杆的角速度。

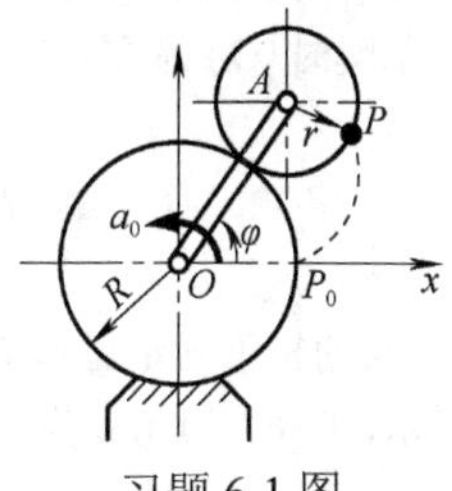

习题 6-1 图

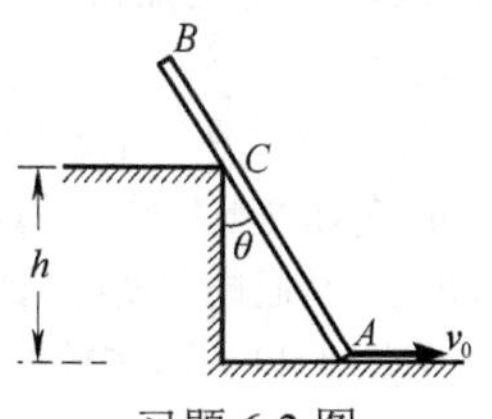

习题 6-2 图

6-3 如习题 6-3 图所示，拖车的车轮 A 与垫滚 B 的半径均为 r。试问当拖车以速度 $\boldsymbol{v}$ 前进时，轮 A 与垫滚 B 的角速度 ω_A 与 ω_B 有什么关系?设轮 A 和垫滚 B 与地面之间以及垫滚 B 与拖车之间无滑动。

6-4 如习题 6-4 图所示的四连杆机械 $OABO_1$ 中，$OA = O_1B = AB/2$，曲柄 OA 的角速度 $\omega = 3\,\text{rad/s}$。试求当 $\varphi = 90°$ 而曲柄 O_1B 重合于 OO_1 的延长线上时，杆 AB 和曲柄 O_1B 的角速度。

习题 6-3 图　　习题 6-4 图

6-5 如习题 6-5 图所示，飞机以速度 $v = 200\,\text{km/h}$ 沿水平航线飞行，同时以角速度 $\omega = 0.25\,\text{rad/s}$ 回收着陆轮。试求着陆轮 OC 的瞬时速度中心，并说明瞬时速度中心相对飞机的位置与角 θ 有无关系。

6-6 如习题 6-6 图所示，绕电话线的卷轴在水平地面上做纯滚动，线上的点 A 有向右的速度 $v_A = 0.8\,\text{m/s}$，试求卷轴中心 O 的速度与卷轴的角速度，并问此时卷轴是向左，还是向右方滚动?

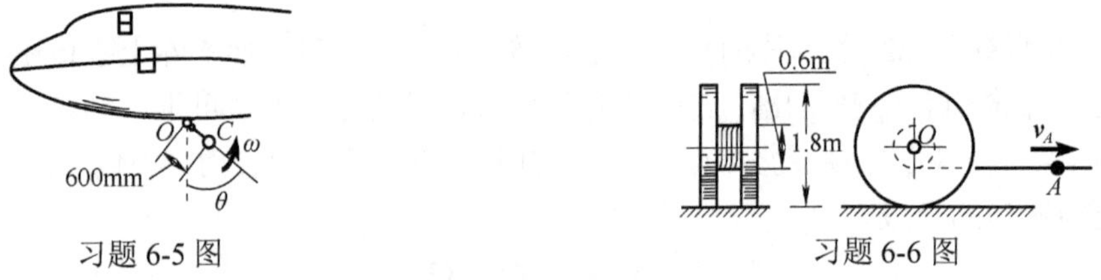

习题 6-5 图　　习题 6-6 图

6-7 如习题 6-7 图所示，直径为 $60\sqrt{3}$ mm 的滚子在水平面上作纯滚动，杆 BC 一端与滚子铰接，另一端与滑块 C 铰接。设杆 BC 在水平位置时，滚子的角速度 ω=12rad/s，θ=30°，φ=60°，BC=270mm。试求该瞬时杆 BC 的角速度和点 C 的速度。

6-8 如习题 6-8 图所示的曲柄一滑块机构中，如曲柄角速度 $\omega = 20\,\text{rad/s}$，试求当曲柄 OA 在两铅垂位置和两水平位置时配汽机构中气阀推杆 DE 的速度。已知 OA=400mm，AC=CB= $200\sqrt{37}$ mm。

习题 6-7 图　　习题 6-8 图

6-9 杆 AB 长为 $l = 1.5\text{m}$，一端铰接在半径为 $r = 0.5\text{m}$ 的轮缘上，另一端放在水平面上，如习题 6-9 图所示。轮沿地面做纯滚动，已知轮心 O 速度的大小为 v_O =20m/s。试求图示瞬时（OA 水平）点 B 的速度以及轮 O 和杆 AB 的角速度。

6-10 如习题 6-10 图所示的滑轮组中，绳索以速度 $v_C = 0.12\,\text{m/s}$ 下降，各轮半径已知。假设绳在轮上不打滑，试求轮 B 的角速度与重物 D 的速度。

6-11 电动机车是通过与发电机轴相连的传动齿轮 B 驱动的。齿轮 B 的轴承固定在车身上，齿轮 B 与固定在车轮上的齿轮 A 相啮合，车轮在钢轨上做纯滚动。如习题 6-11 图所示，半径 R=0.3m。若使机车以 12.2m/s 的速度前进，试求传动齿轮的角速度 ω_t。

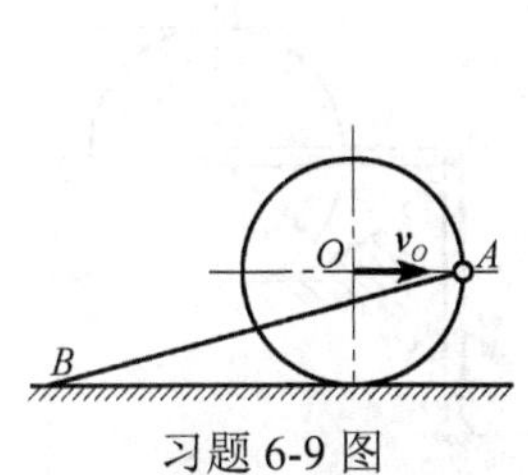

习题 6-9 图

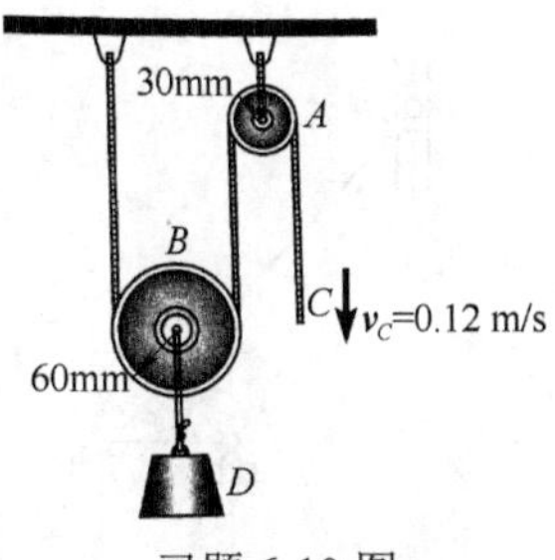

习题 6-10 图

6-12　链杆式摆动传动机构如习题 6-12 图所示，$DCEA$ 为一摇杆，且 $CA \perp DE$。曲柄 OA=200mm，CD=CE=250mm，曲柄转速 n=70r/min，$CO = 200\sqrt{3}\,\text{mm}$。试求当 $\varphi = 90^\circ$ 且 OA 与 CA 成 60° 角时，F、G 两点的速度的大小和方向。

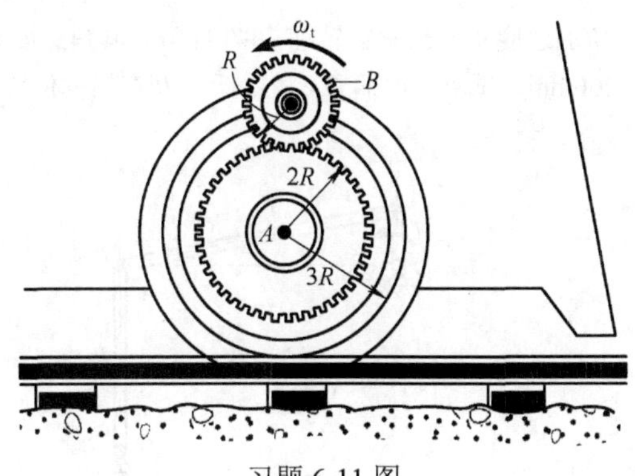

习题 6-11 图

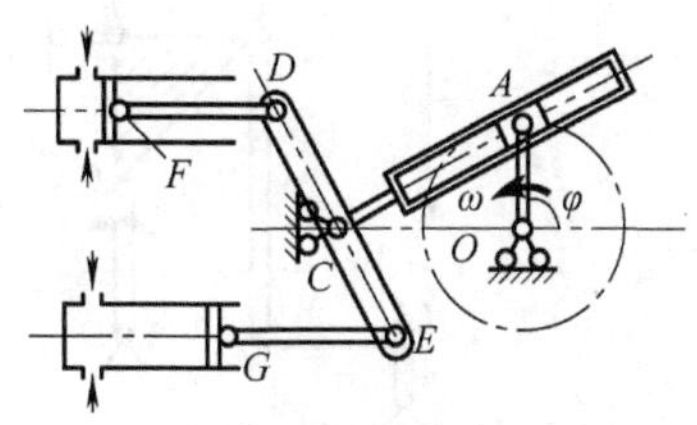

习题 6-12 图

6-13　半径为 r 的圆柱形滚子沿半径为 R 的固定圆弧槽纯滚动，如习题 6-13 图所示的瞬时，滚子中心 C 的速度为 $\boldsymbol{v}_C$，切向加速度为 $\boldsymbol{a}_C^{\mathrm{t}}$。试求该瞬时速度瞬心 A 的加速度。

6-14　如习题 6-14 图所示，某瞬时，平面图形上 A 点的速度 $\boldsymbol{v}_A \neq 0$，加速度 $\boldsymbol{a}_A$=0，B 点的加速度大小 a_B = 40cm/s^2，与 AB 连线之间的夹角 $\varphi = 60^\circ$。若 AB = 5cm，试求此瞬时该平面图形的角速度和角加速度。

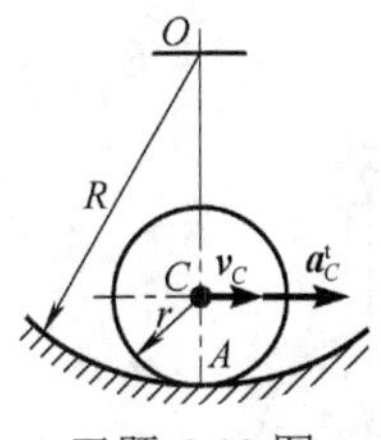

习题 6-13 图

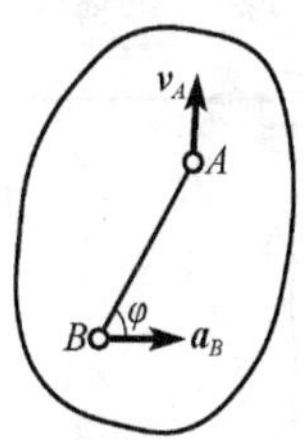

习题 6-14 图

6-15　如习题 6-15 图所示，曲柄 OA 长为 200mm，以等角速度 $\omega = 10\,\text{rad/s}$ 转动，并带动长为 1000mm 的连杆 AB；滑块 B 沿铅垂滑道运动。试求当曲柄与连杆相互垂直并与水平轴线各成角 $\alpha = 45^\circ$ 和 $\beta = 45^\circ$ 时，连杆的角速度、角加速度以及滑块 B 的加速度。

6-16　曲柄 OA 以恒定的角速度 ω = 2rad/s 绕轴 O 转动，并借助连杆 AB 驱动半径为 r 的轮子在半径为 R 的圆弧槽中做无滑动的滚动。设 $OA = AB = R = 2r$ = 1m。试求习题 6-16 图所示瞬时点 B 和点 C 的速度和加速度。

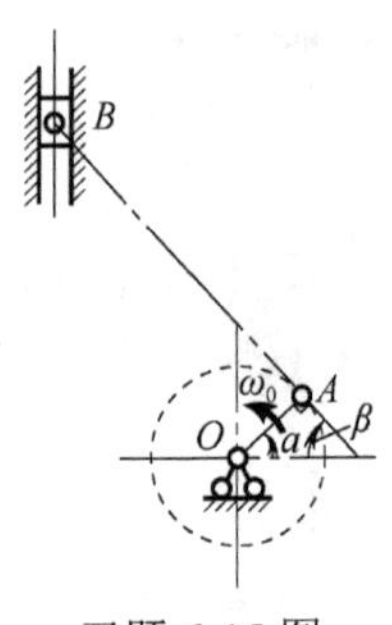

习题 6-15 图

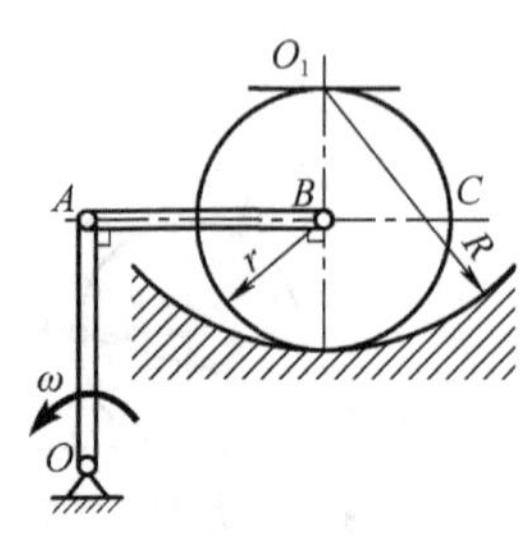

习题 6-16 图

6-17　如习题 6-17 图所示，机构由直角形曲杆 ABC，等腰直角三角形板 CEF，直杆 DE 等三个刚体和两个链杆铰接而成，DE 杆绕 D 轴匀速转动，角速度为 ω_0。试求图示瞬时（AB 水平，DE 铅垂）点 A 的速度和三角板 CEF 的角加速度。

6-18　如习题 6-18 图所示的机构中，曲柄 OA 以等角加速度 $\alpha_0 = 5\text{rad/s}^2$ 转动，并在此瞬时其角速度为 $\omega_0 = 10\text{rad/s}$，$OA = r = 200\text{mm}$，$O_1B = 1000\text{mm}$，$AB = l = 1200\text{mm}$。试求当曲柄 OA 和摇杆 O_1B 在铅垂位置时，B 点的速度和加速度（切向和法向）。

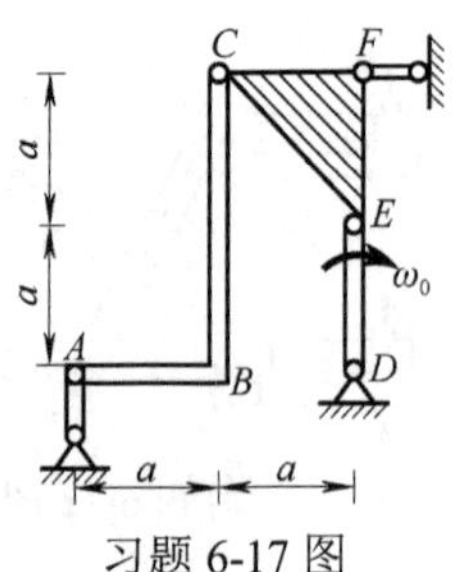

习题 6-17 图

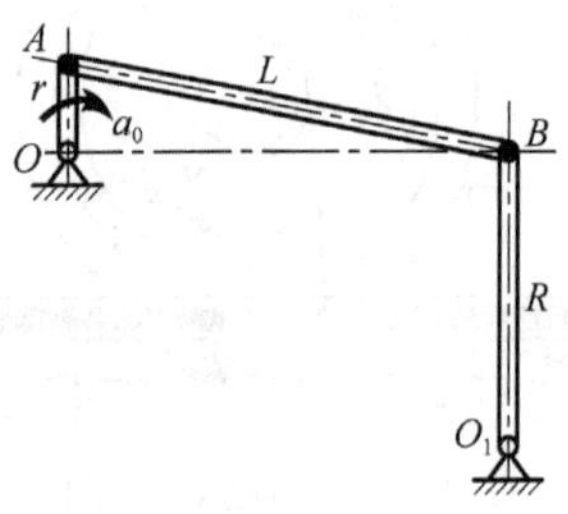

习题 6-18 图

6-19　如习题 6-19 图所示直角刚性杆，$AC = CB = 0.5\text{m}$，设在图示瞬时，两端滑块沿水平与铅垂轴的加速度大小分别为 $a_A = 1\text{m/s}^2$、$a_B = 3\text{m/s}^2$。试求此时直角杆的角速度和角加速度。

6-20　如习题 6-20 图所示的机构中，曲柄 OA 长为 r，绕 O 轴以等角速度 ω_O 转动，$AB = 6r$，$BC = 3\sqrt{3}r$。试求图示位置时，滑块 C 的速度和加速度。

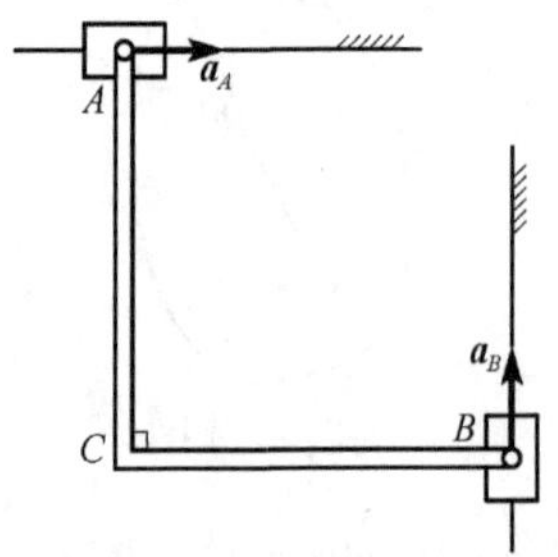

习题 6-19 图

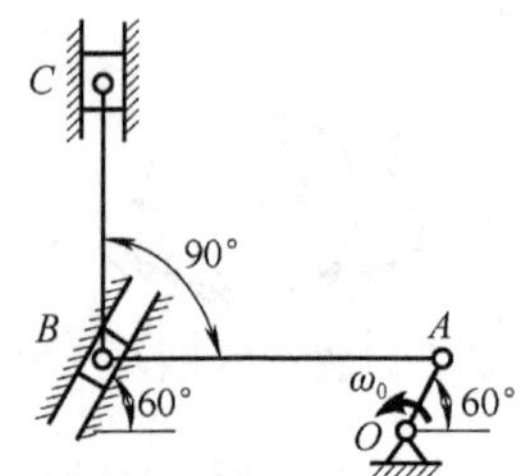

习题 6-20 图

第三篇　动　力　学

动力学研究作用在物体上的力与物体运动的关系，从而建立物体机械运动的普遍规律。动力学主要研究两类问题，一类是：已知物体的运动，确定作用在物体上的力；另一类是：已知作用在物体上的力，确定物体运动。实际工程问题中多以这两类问题的交叉形式出现。

动力学的研究对象是质点和质点系(包括刚体)，因此动力学一般分为质点动力学和质点系动力学，前者是后者的基础。

第 7 章　质点动力学

质点动力学研究作用在质点上的力和质点运动之间的关系。本章主要介绍质点在惯性系下的运动微分方程和简单的振动问题。

7.1　质点在惯性系中的运动微分方程

根据牛顿第二定律，即

$$m\boldsymbol{a} = \sum \boldsymbol{F} \tag{7-1}$$

质点在惯性系中的运动微分方程有以下形式。

1) 矢量形式

$$m\ddot{\boldsymbol{r}} = \sum \boldsymbol{F}_i \tag{7-2}$$

式中，$\boldsymbol{r}$ 为质点的位矢。应用矢量形式的微分方程进行理论分析非常方便，但在求解具体问题时一般都选择合适的坐标系，采用微分方程的投影形式。

2) 直角坐标形式

将矢量方程(7-2)在直角坐标系中投影，得到质点运动微分方程的直角坐标形式

$$\begin{aligned} m\ddot{x} &= \sum_{i=1}^{n} F_{ix} \\ m\ddot{y} &= \sum_{i=1}^{n} F_{iy} \\ m\ddot{z} &= \sum_{i=1}^{n} F_{iz} \end{aligned} \tag{7-3}$$

直角坐标形式的微分方程，原则上适用于所有问题，但对某些问题，仍有不方便之处。

3) 弧坐标形式

当点的运动轨迹已知时，将矢量方程(7-2)在自然轴系(切线、主法线、副法线)中投影，

得到质点运动微分方程的弧坐标形式

$$
\begin{aligned}
m\ddot{s} &= \sum_{i=1}^{n} F_{it} \\
m\frac{\dot{s}^2}{\rho} &= \sum_{i=1}^{n} F_{in} \\
0 &= \sum_{i=1}^{n} F_{ib}
\end{aligned}
\tag{7-4}
$$

式中，$\ddot{s}=a_{\mathrm{t}}$ 为质点的切向加速度；$\dfrac{\dot{s}^2}{\rho}=a_{\mathrm{n}}$ 为质点的法向加速度；ρ 为质点运动轨迹的曲率半径。F_{it}、F_{in}、F_{ib} 为作用在质点上的力 $\boldsymbol{F}_i$ 在自然坐标轴方向上的投影。

除了以上三种常用的质点运动微分方程形式外，根据质点的运动特点，还可以选用柱坐标、球坐标、极坐标等形式的运动微分方程。正确分析质点运动特点，选择合适的微分方程形式，会使求解问题的过程大为简化。

注意： 牛顿第二定律适用的条件是：惯性参考系、单个质点、宏观物体和速度远低于光速的问题。

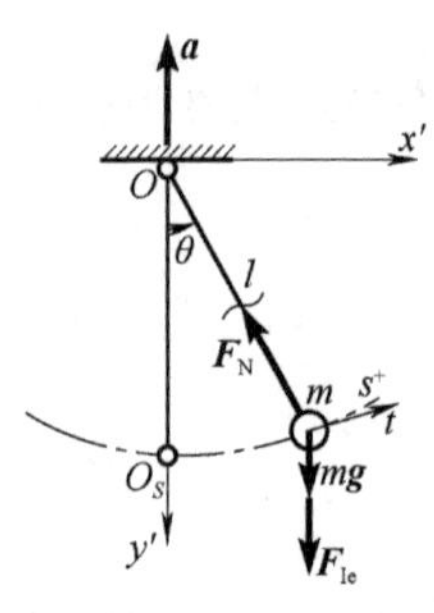

图 7-1　例题 7-1 图

【例题 7-1】 图 7-1 所示之单摆由一无重量细长杆和固结在细长杆一端的重球组成。杆 OA 长为 l，小球质量为 m。试求单摆的运动微分方程；在小摆动的假设下分析摆的运动；在运动已知的情况下求杆对球的约束力。

解　取摆球为研究对象，分析摆球的受力。

(1) 单摆的运动微分方程。

不难看出，摆球的运动轨迹为圆弧，故采用自然坐标系比较合适。于是，建立自然坐标系如图 7-1 所示。将弧坐标原点 O_s 选在摆处于铅垂线上时球的位置处(平衡位置)，弧坐标的正方向 s^+ 自左向右。

将球置于弧坐标的一般位置 s。此时，杆 OA 与铅垂线夹角为 θ。当规定弧坐标 s 与角坐标 θ 的正方向对应一致时，有

$$
s=l\theta \qquad \dot{s}=l\dot{\theta} \qquad \ddot{s}=l\ddot{\theta}
$$

根据方程(7-4)有

$$
\begin{aligned}
m\ddot{s} &= -mg\sin\theta \\
m\frac{\dot{s}^2}{l} &= F_{\mathrm{N}} - mg\cos\theta
\end{aligned}
\tag{a}
$$

将 $\dot{s}=v$, $\ddot{s}=l\ddot{\theta}$ 代入式(a)有

$$
\begin{cases}
\ddot{\theta}+\dfrac{g}{l}\sin\theta=0 \\
F_{\mathrm{N}}=mg\cos\theta+m\dfrac{v^2}{l}
\end{cases}
\tag{b}
$$

式(b)中，第一式描述了系统的运动，就是所要求的单摆的运动微分方程；第二式给出了杆对球的约束力的表达式。

(2) 在小摆动的假设下分析摆的运动。

在小摆动的假设条件下，摆做微幅摆动，即 $\sin\theta\approx\theta$，这时式(b)中的第一式变为

$$\ddot{\theta}+\frac{g}{l}\theta=0$$

引入 $\omega_n=\sqrt{\frac{g}{l}}$，上式为二阶线性齐次微分方程

$$\ddot{\theta}+\omega_n^2\theta=0 \tag{c}$$

其通解为

$$\theta=A\sin(\omega_n t+\varphi)$$

式中，A 和 φ 由初始条件决定。

(3) 在运动已知的情形下求杆对球的约束力。

已知运动，求未知的约束力，属质点动力学的第一类问题。将 $v^2=l^2\dot{\theta}^2$ 代入式(b)中第二式，即可求出约束力 F_N。

本例讨论：本例如果采用直角坐标形式建立运动微分方程，建立如图 7-1 所示的直角坐标系，根据方程(7-3)有

$$\begin{cases} m\ddot{x}=-F_N\sin\theta \\ m\ddot{y}=mg-F_N\cos\theta \end{cases} \tag{d}$$

式中，x、y、θ 三个变量相互不独立，所以需要建立 x、y、θ 三个变量之间的关系，因而会给方程的求解带来困难。因此，方程(c)虽然是正确的，但求解不方便。

【例题 7-2】　发射宇宙飞船，已知，铅垂向上发射，不计空气阻力和地球自转的影响。求脱离地球引力场的最小初速。

解　这是动力学第二类问题——已知力求运动。

取飞船为研究对象，建立坐标系如图 7-2 所示。飞船可视为质量为 m 的质点，将飞船放在一般位置 x 处，受力如图 7-2 所示。

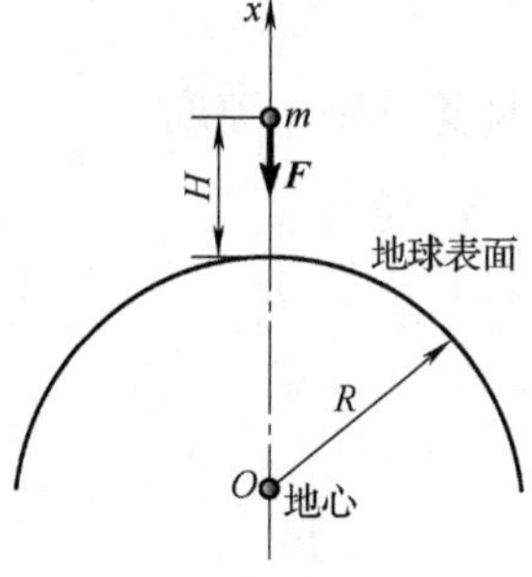

图 7-2　例题 7-2 图

在地球表面，飞船所受重力为 $\boldsymbol{mg}$。根据万有引力定律

$$F=f\cdot\frac{mM}{x^2} \tag{a}$$

式中，M 和 m 分别为地球和飞船的质量；x 为飞船到地心的距离。假设地球半径为 R，于是有

$$mg=f\cdot\frac{mM}{R^2} \tag{b}$$

由此解出系数

$$f=\frac{gR^2}{M} \tag{c}$$

飞船离开地球表面到达任意位置 x 处时，所受地球引力为

$$F=\frac{gR^2}{M}\cdot\frac{mM}{x^2}=\frac{mgR^2}{x^2} \tag{d}$$

根据质点运动微分方程的直角坐标投影形式，质点沿 x 轴的运动微分方程为

$$m\frac{\mathrm{d}x^2}{\mathrm{d}t^2}=-\frac{mgR^2}{x^2} \tag{e}$$

式中，负号表示引力方向与飞船加速度方向相反。

$$\frac{\mathrm{d}x^2}{\mathrm{d}t^2}=\frac{\mathrm{d}v}{\mathrm{d}t}=\frac{\mathrm{d}v}{\mathrm{d}x}\cdot\frac{\mathrm{d}x}{\mathrm{d}t}=v\frac{\mathrm{d}v}{\mathrm{d}x} \tag{f}$$

将式(f)代入式(e)，并分离变量，得到

$$mv\,\mathrm{d}v=-mg\frac{R^2}{x^2}\mathrm{d}x \tag{g}$$

初始条件为，$t=0$ 时，$x=R$，$v=v_0$，对式(g)等号两侧做定积分，有

$$\int_{v_0}^{v}mv\,\mathrm{d}v=\int_{R}^{x}-mg\frac{R^2}{x^2}\mathrm{d}x$$

据此，得到飞船到达任意高度 x 时的速度

$$v=\sqrt{v_0^2-2gR+\frac{2gR^2}{x}} \tag{h}$$

这一结果表明，速度 v 随着 x 的增加而减小。当 $v_0^2<2gR$ 时，在某一位置 $x=R+H$ 时飞船速度将减小到零，这时飞船回落。当 $v_0^2\geqslant 2gR$ 时，无论 x 多大，飞船也不会回落。这时，飞船将脱离地球引力而去。于是，考虑到地球半径 $R=6370\text{km}$，得到飞船脱离地球所需要的最小发射速度

$$v_0=\sqrt{2gR}=\sqrt{2\times 9.8\times 10^{-3}\times 6370}\approx 11.2(\text{km/s})$$

即第二宇宙速度。

弹簧-质量系统的振动

单自由度线性系统的受迫振动

7.2　小结与讨论

7.2.1　本章小结

(1)质点动力学研究质点的运动与受力之间的关系，其主要基本步骤是：动力学建模(列写运动微分方程及补充方程，如运动学关系)、方程求解、结果分析等。这也是研究工程中的动力学问题的主要步骤。

(2)质点在惯性参考系中的运动微分方程。

矢量形式：$m\ddot{\boldsymbol{r}}=\sum \boldsymbol{F}(t,\boldsymbol{r},\dot{\boldsymbol{r}})$

直角坐标形式：$m\ddot{x}=\sum F_x \qquad m\ddot{y}=\sum F_y \qquad m\ddot{z}=\sum F_z$

弧坐标形式：$m\ddot{s}=\sum F_{\mathrm{t}} \qquad m\dfrac{\dot{s}^2}{\rho}=\sum F_{\mathrm{n}} \qquad 0=\sum F_{\mathrm{b}}$

当已知质点的运动求质点的受力时，数学上主要是微分问题；而当已知质点的受力求质点的运动时，数学上主要是积分问题，这时需要运动初始条件确定积分常数。

7.2.2 讨论

在解决动力学第二类问题时可用积分法求解，即求运动微分方程的精确解。求解问题时列出的运动微分方程一般为三个二阶微分方程，以直角坐标形式的运动微分方程为例，方程为

$$\begin{cases} m\ddot{x} = \sum_{i}^{n} F_{ix} \\ m\ddot{y} = \sum_{i}^{n} F_{iy} \\ m\ddot{z} = \sum_{i}^{n} F_{iz} \end{cases}$$

等式的右端为力函数，若力函数比较复杂，往往求不出方程的精确解，只能求近似解或数值解。目前我们仅讨论可求出精确解的一些简单问题。

对上式积分后，得到含积分常数的通解，一般表示为

$$\begin{cases} x = x(t, c_1, c_2, \ldots, c_6) \\ y = y(t, c_1, c_2, \ldots, c_6) \\ z = z(t, c_1, c_2, \ldots, c_6) \end{cases} \tag{7-5a}$$

这六个积分常数就要由质点运动的初始条件确定。正确的写出质点运动的初始条件此时就显得极为重要。

初始条件就是质点的初位置和初速度，初始条件一般写为：当 t=0 时

$$\begin{cases} x = x_0 \quad & y = y_0 \quad & z = z_0 \\ \dot{x} = v_{0x} \quad & \dot{y} = v_{0y} \quad & \dot{z} = v_{0z} \end{cases} \tag{7-5b}$$

可见一个质点若受相同的力作用，但是如果初始条件不同，质点的运动将会不同。例如重力场中的单摆，若在平衡位置附近由静止无初速释放，则摆做微幅振动；若初速度非常大，摆可做圆周运动；这两种情形下的运动微分方程都是线性的，求解过程比较简单。若偏角很大，摆将做非线性运动，运动微分方程是非线性的，问题的求解将变得很复杂。

初学者在分析和处理这一类问题时，一定要重视运动的初始条件，结合具体问题认真总结运动初始条件对运动规律的影响。

关于机械振动的讨论

习　题

7-1　如习题 7-1 图所示，滑水运动员刚接触跳台斜面时，具有平行于斜面方向的速度 40.2km/h，忽略摩擦，并假设他一经接触跳台后，牵引绳就不再对运动员有作用力。试求滑水运动员从飞离斜面到再落水时的水平长度。

7-2　消防人员为了扑灭高 21m 仓库屋顶平台上的火灾，把水龙头置于离仓库墙基 15m、距地面高 1m 处，如习题 7-2 图所示。水柱的初速度 $v_0 = 25$ m/s，若欲使水柱正好能越过屋顶边缘到达屋顶平台，且不计空气阻力，试问水龙头的仰角 α 应为多少？水柱射到屋顶平台上的水平距离 s 为多少？

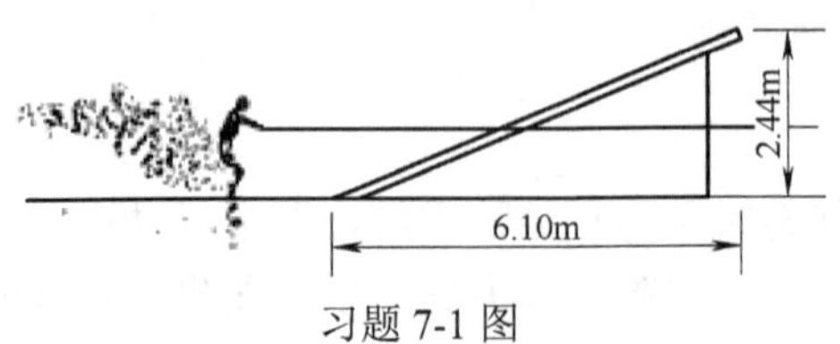

习题 7-1 图

7-3　如习题 7-3 图所示，三角形物块置于光滑水平面上，并以水平等加速度 $\boldsymbol{a}$ 向右运动。另一物块置于其斜面上，斜面的倾角为 θ。设物块与斜面间的静摩擦因数为 f_s，且 $\tan\theta > f_s$，开始时物块在斜面上静止，如果保持物块在斜面上不滑动，加速度 $\boldsymbol{a}$ 的最大值和最小值应为多少？

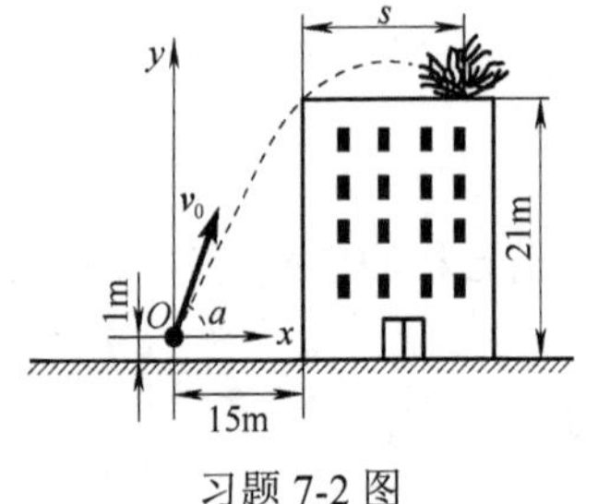

习题 7-2 图

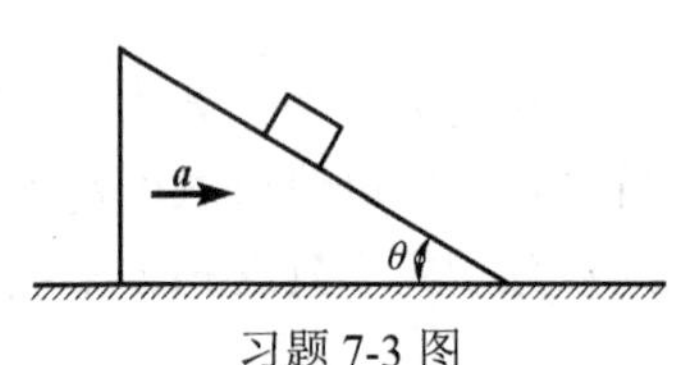

习题 7-3 图

7-4　质量 m=2kg 的物体从高度 h=0.5m 处无初速地降落在长为 l=1m 的悬臂木梁的自由端上，如习题 7-4 图所示，图中长度单位为 mm。梁的横截面为矩形，高为 30mm，宽为 20mm，梁的弹性模量 E=10^6MPa。若不计梁的质量，并设物体碰到梁后不回弹，试求物体的运动规律。

7-5　如习题 7-5 图所示，用两绳悬挂的质量 m 处于静止。试问：(1)两绳中的张力各等于多少？(2)若将绳 A 剪断，则绳 B 在该瞬时的张力又等于多少？

7-6　质量为 1kg 的滑块 A 可在矩形块上光滑的斜槽中滑动，如习题 7-6 图所示。若矩形板以水平的等加速度 a_0=8m/s^2 运动，求滑块 A 相对滑槽的加速度和对槽的压力。若滑块相对于槽的初速度为零，试求其相对运动规律。

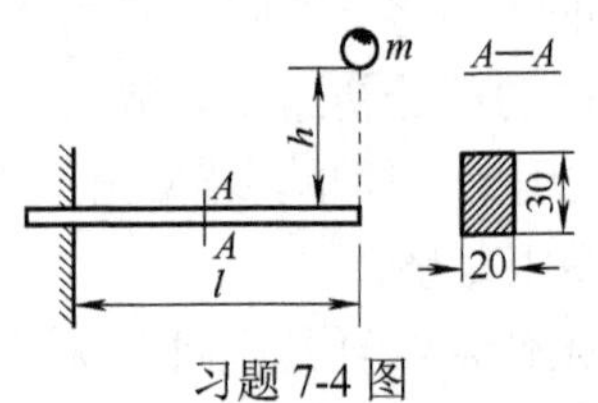

习题 7-4 图

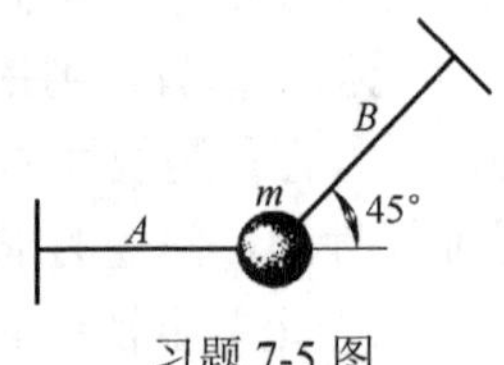

习题 7-5 图

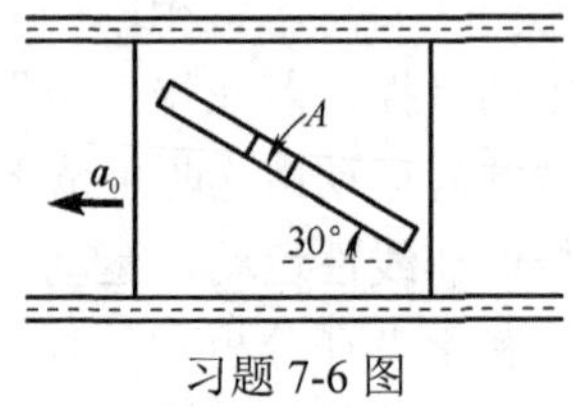

习题 7-6 图

7-7　如习题 7-7 图所示，质量为 m 的质点置于光滑的小车上，且以刚度系数为 k 的弹簧与小车相联。若小车以水平等加速度 a 做直线运动，开始时小车及质点均处于静止状态，试求质点的相对运动方程(不计摩擦)。

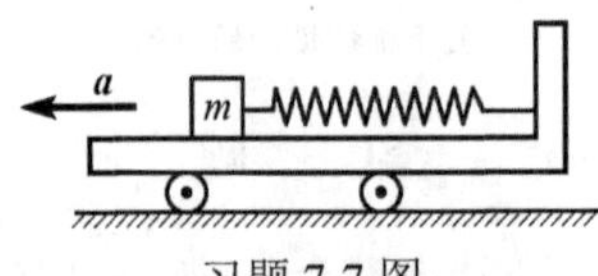

习题 7-7 图

补充习题

第 8 章　动力学普遍定理及综合应用

将适用于质点的牛顿第二定律扩展到质点系，得到质点系的动量定理、动量矩定理和动能定理，统称为质点系的动力学普遍定理。

动量定理、动量矩定理用矢量方程描述，动能定理则用标量方程表示。求解实际问题时，往往需要综合应用动量定理、动量矩定理和动能定理。

质点系动力学普遍定理的主要特征是：建立了描述质点系整体运动状态的物理量(动量、动量矩和动能)与作用在质点系上的力系的特征量(主矢、主矩和功)之间的关系。

根据静力学中所得到的结论，任意力系的简化结果为一主矢和一主矩，当主矢和主矩同时为零时，该力系平衡；而当主矢和主矩不为零时，物体将产生运动。质点系的动量定理建立了质点系动量对时间的变化率与主矢之间的关系。质点系的动量矩定理建立了质点系动量矩对时间的变化率与主矩之间的关系。动能定理从能量的角度来分析质点(系)的动力学问题。揭示动能和力所做的功之间的关系，它表达了机械运动状态变化时能量之间的传递和转化规律。

8.1　动 量 定 理

本节的内容是大学物理学中相关教学内容的延伸和扩展，但是不是简单的重复，而且我们将更着重讲解动量定理在工程中的应用。

8.1.1　质点系的动量

1. 质点的动量

质点的质量与速度的乘积称为质点的**动量**(momentum)或称**线动量**(1inear-momentum)。即

$$\boldsymbol{p}_i = m_i \boldsymbol{v}_i \tag{8-1}$$

质点的动量是定位矢量，是度量质点运动的基本特征量之一。例如，子弹的质量虽小，但由于其运动速度很大，因此能将钢板击穿；轮船的速度很小，但因其质量很大，故可以将钢筋混凝土的码头撞坏。这说明将质点的质量和速度这两个量综合为动量，以度量运动的一种效应，具有明显的物理意义。

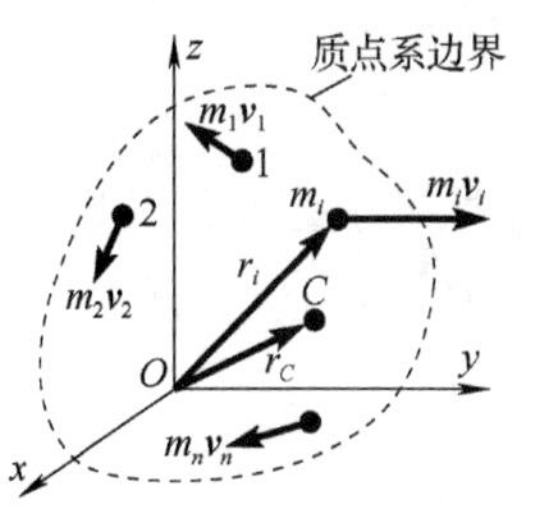

图 8-1　质点系的动量系

2. 质点系的动量

考察由 n 个质点组成的质点系，如图 8-1 所示。其中，第 i 个质点的质量、位矢和速度分别为 m_i、$\boldsymbol{r}_i$ 和 $\boldsymbol{v}_i$，其诸质点在每一瞬时均有各自的动量矢。它们就像作用在诸质点上的力系一样，也是一个矢量系。力系是力的集合，动量系是各质点动量矢的集合。即 $\boldsymbol{p} = (m_1\boldsymbol{v}_1, m_2\boldsymbol{v}_2, \cdots, m_n\boldsymbol{v}_n)$。

质点系中所有质点动量的矢量和，即动量系的主矢量，称为**质点系的动量**。即

$$\boldsymbol{p}=\sum m\boldsymbol{v} \tag{8-2}$$

质点系的动量是度量质点系整体运动的基本特征量之一。将质点系质心的位矢公式

$$\boldsymbol{r}_C=\frac{\sum m\boldsymbol{r}}{M} \tag{8-3}$$

对时间求一次导数得

$$\boldsymbol{v}_C=\frac{\sum m\boldsymbol{v}}{M} \tag{8-4}$$

式中，$\boldsymbol{r}_C$ 为质点系质心的位矢，$\boldsymbol{v}_C$ 为质心的速度，M 为质点系的总质量。于是，式(8-2)可改写为

$$\boldsymbol{p}=M\boldsymbol{v}_C \tag{8-5}$$

该式表明，质点系的动量大小等于质点系的总质量乘质心速度的大小，方向与质心速度的方向相同，这相当于将质点系总质量集中于质心的质点的动量。因此，质点系的动量反映了其质心的运动，这是质点系整体运动的一部分。

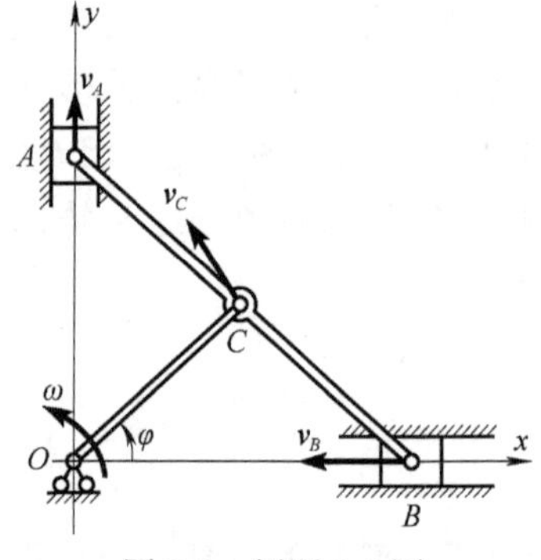

图 8-2　例题 8-1 图

【例题 8-1】　图 8-2 所示的椭圆规中 $OC=AC=BC=l$，曲柄 OC 与连杆 AB 的质量不计，滑块 A、B 的质量均为 m，曲柄以角速度 ω 转动。试写出系统在图示位置时的动量。

解　*方法1*　利用式(8-2)，系统的总动量

$$\boldsymbol{p}=m_A\boldsymbol{v}_A+m_B\boldsymbol{v}_B \tag{a}$$

式中，等号右边两项分别为滑块 A 和 B 的动量。

应用点的运动学方法确定 A、B 两点的速度 $\boldsymbol{v}_A$ 与 $\boldsymbol{v}_B$

$$\begin{aligned} y_A&=2l\sin\varphi \qquad v_{Ay}=\dot{y}_A=2l\dot{\varphi}\cos\varphi=2l\omega\cos\varphi \\ x_B&=2l\cos\varphi \qquad v_{Bx}=\dot{x}_B=-2l\dot{\varphi}\sin\varphi=-2l\omega\sin\varphi \end{aligned} \tag{b}$$

将式(b)代入式(a)，得

$$\boldsymbol{p}=-2l\omega m\sin\varphi\boldsymbol{i}+2l\omega m\cos\varphi\boldsymbol{j}=2l\omega m(-\sin\varphi\boldsymbol{i}+\cos\varphi\boldsymbol{j}) \tag{c}$$

请读者思考，还有什么运动学方法可以求出 A、B 两点的速度 $\boldsymbol{v}_A$ 与 $\boldsymbol{v}_B$？

方法 2　机构的总质心在点 C，总质量为 $(m_A+m_B)=2m$，利用式(8-5)有

$$\boldsymbol{p}=2m\boldsymbol{v}_C \tag{d}$$

将点 C 的速度写成矢量形式

$$\boldsymbol{v}_C=l\omega(-\sin\varphi\boldsymbol{i}+\cos\varphi\boldsymbol{j})$$

代入式(d)，得到与式(c)相同的结果。

注意：应用动量定理时，正确写出质点系的动量十分重要。在本题中，方法 1 是分别求出两质量的动量再叠加；方法 2 是按机构的总质心计算动量。质点系的动量是矢量，有大小，还有方向。

8.1.2　质点系的动量定理

根据牛顿第二定律，对于质点系中第 i 个质点，有

$$\frac{\mathrm{d}}{\mathrm{d}t}(m_i \boldsymbol{v}_i) = \boldsymbol{F}_i$$

将质点系中所有质点写出此式并求和；然后，对等号左边求和与求导的记号互换并省略下标 i，同时由于内力总是成对出现的，故

$$\sum \boldsymbol{F}_i^{\mathrm{i}} = 0 \tag{8-6}$$

式中，上标 i 表示内力，从而可得

$$\frac{\mathrm{d}}{\mathrm{d}t}\left(\sum m\boldsymbol{v}\right) = \sum \boldsymbol{F}^{\mathrm{e}} \tag{8-7}$$

即

$$\frac{\mathrm{d}\boldsymbol{p}}{\mathrm{d}t} = \boldsymbol{F}_{\mathrm{R}}^{\mathrm{e}} \tag{8-8}$$

式中，$\sum \boldsymbol{F}^{\mathrm{e}}$ 或 $\boldsymbol{F}_{\mathrm{R}}^{\mathrm{e}}$ 为作用在质点系上的外力系主矢。式(8-7)和式(8-8)表明，质点系动量的主矢对时间的一阶导数等于作用在该质点系上外力系的主矢。这就是质点系**动量定理**(theorem of momentum of a system of particles)。

由式(8-7)和式(8-8)可见，质点系动量的变化仅决定于外力系的主矢，内力系不能改变质点系的动量。

8.1.3　质心运动定理

将式(8-5)代入式(8-8)，得

$$M\boldsymbol{a}_C = \boldsymbol{F}_{\mathrm{R}}^{\mathrm{e}} \tag{8-9}$$

此式表明，质点系的质量与其质心加速度的乘积等于作用在该质点系上外力系的主矢。这就是**质量中心运动定理**，简称为**质心运动定理**(theorem of the motion of the centre of mass)。

式(8-9)与牛顿第二定律表达形式 $m\boldsymbol{a} = \boldsymbol{F}$ 类似，但前者是描述质点系整体运动的动力学方程，后者仅描述单个质点的动力学关系。

质心运动定理是动量定理的推论。这一推论进一步说明了动量定理的实质：外力系的主矢仅确定了质点系质心的运动状态变化。

8.1.4　动量定理与质心运动定理的投影式与守恒式

(1)质点系动量定理与质心运动定理在实际应用时通常采用投影式。式(8-8)与式(8-9)在直角坐标系中的投影式分别为

$$\begin{cases} \dfrac{\mathrm{d}p_x}{\mathrm{d}t} = F_{\mathrm{R}x}^{\mathrm{e}} \\ \dfrac{\mathrm{d}p_y}{\mathrm{d}t} = F_{\mathrm{R}y}^{\mathrm{e}} \\ \dfrac{\mathrm{d}p_z}{\mathrm{d}t} = F_{\mathrm{R}z}^{\mathrm{e}} \end{cases} \tag{8-10}$$

$$\begin{cases} Ma_{Cx} = F_{\mathrm{R}x}^{\mathrm{e}} \\ Ma_{Cy} = F_{\mathrm{R}y}^{\mathrm{e}} \\ Ma_{Cz} = F_{\mathrm{R}z}^{\mathrm{e}} \end{cases} \tag{8-11}$$

(2)若作用于质点系上的外力主矢恒等于零，即 $\boldsymbol{F}_{\mathrm{R}}^{\mathrm{e}}=0$，根据式(8-8)和式(8-9)，则有

$$\boldsymbol{p}=\boldsymbol{C}_1 \tag{8-12}$$

$$\boldsymbol{v}_C=\boldsymbol{C}_2 \tag{8-13}$$

两式中的 $\boldsymbol{C}_1$ 与 $\boldsymbol{C}_2$ 均为常矢量，它们取决于运动的初始条件。式(8-12)称为**质点系动量守恒**(conservation of momentum of system of particles)，式(8-13)称为**质点系质心速度守恒**。

(3)若作用于质点系上的外力主矢在某一坐标轴(如 x 轴)上的投影恒等于零，即 $F_{\mathrm{R}x}^{\mathrm{e}}=0$，根据式(8-10)与式(8-11)，则分别有

$$p_x=C_3 \tag{8-14}$$

$$v_{Cx}=C_4 \tag{8-15}$$

两式中的 C_3 与 C_4 为两个常标量，它决定于运动的初始条件。式(8-14)和式(8-15)分别表示**质点系动量和质心速度在 x 轴上的投影守恒**。

【例题 8-2】　图 8-3(a)所示的电动机用螺栓固定在刚性基础上。设其外壳和定子的总质量为 m_1，质心位于转子转轴的中心 O_1；转子质量为 m_2，由于制造或安装时的偏差，转子质心 O_2 不在转轴中心上，偏心距 $O_1O_2=e$，已知转子以等角速 ω 转动。试求基础对电动机机座的约束力。

解　本例已知转子的运动，求电动机所受到的约束力，可用质心运动定理求解。

选择转子、定子、外壳组成的刚体系整体为研究对象，这样可不考虑使转子转动的电磁内力偶和转子轴与定子轴承间的内约束力。系统所受到的外力有：定子和转子的重力分别为 $m_1\boldsymbol{g}$ 与 $m_2\boldsymbol{g}$；机座上的分布约束力经向其中点简化得到的约束力($\boldsymbol{F}_x$, $\boldsymbol{F}_y$)与约束力偶 M。

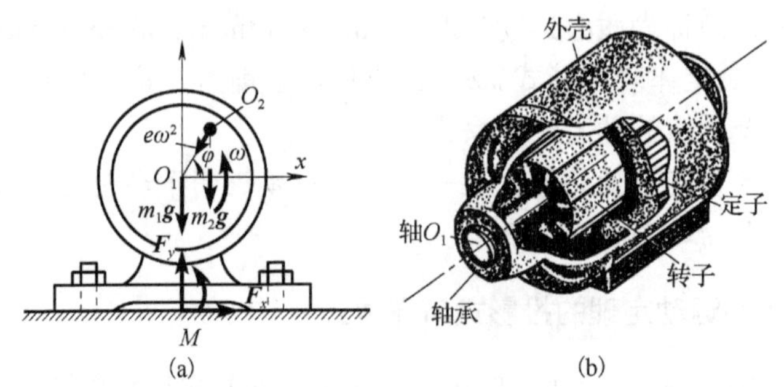

图 8-3　例题 8-2 图

外壳和定子静止，其动量为零，且无变化。转子以等角速 ω 做定轴转动，其质心有法向加速度，大小为 $e\omega^2$。

根据式(8-11)，有

$$\sum_i m_i a_{Cix}=F_{\mathrm{R}x}^{\mathrm{e}} \qquad m_1\cdot 0-m_2e\omega^2\cos\omega t=F_x \tag{a}$$

$$\sum_i m_i a_{Ciy}=F_{\mathrm{R}y}^{\mathrm{e}} \qquad m_1\cdot 0-m_2e\omega^2\sin\omega t=F_y-m_1g-m_2g \tag{b}$$

由此，解出机座的约束力

$$F_x=-m_2e\omega^2\cos\omega t \tag{c}$$

$$F_y=m_1g+m_2g-m_2e\omega^2\sin\omega t \tag{d}$$

通过上述结果，可以得到关于转子偏心引起的动约束力或轴承动反力的几点结论。

(1)电动机约束力由两部分组成：由重力 $m_1\boldsymbol{g}$ 与 $m_2\boldsymbol{g}$ 引起的**静约束力(或称静反力)**；由转子质心的运动状态变化引起的**动约束力(或称动反力)**，其在 x 方向上的分量为 $-m_2e\omega^2\cos(\omega t)$，在 y 方向上的分量为 $-m_2e\omega^2\sin(\omega t)$，动约束力既作用在机座上，也作用在约束转子运动的定子轴承(图 8-3(b))。

(2)当 $\varphi=0$、π 时，$|F_{x\max}|=m_2e\omega^2$，$F_{y\min}=0$；当 $\varphi=\dfrac{\pi}{2}$、$\dfrac{3\pi}{2}$ 时，$F_{x\min}=0$，$|F_{y\max}|=m_2e\omega^2$。

(3)动约束力与 ω^2 成正比。当转子的转速很高时，其数值可以达到静约束力的几倍，甚至十几倍。而且，这种约束力是周期性变化的，必然引起机座和基础的振动，影响安放在基础上其他设备的精度和强度，同时还会引起有关构件内的交变应力，以致产生疲劳破坏。

思考： 能否应用质点系动量定理求解电动机机座上约束力偶的大小 M？

【例题 8-3】 若例题 8-2 中的电动机机座与基础之间无螺栓固定，且为绝对光滑，电动机外壳与定子只能做平移运动，如图 8-4(a)所示。初始时，$\varphi=0,\ v_{O_2x}=0,\ v_{O_2y}=e\omega$，当电机转子仍以等角速 ω 转动时，试求：(1)机座铅垂方向的约束力；(2)电机跳起的条件；(3)外壳在水平方向的运动方程。

解　仍以电动机整体作为研究对象。它所受到的外力除重力 $m_1\boldsymbol{g}$ 与 $m_2\boldsymbol{g}$ 外，机座上被简化的约束力只有 $\boldsymbol{F}_y$ 和约束力偶M。

选定坐标系 Oxy，动坐标系 $O_1x_1y_1$ 为原点置于点 O_1 的平移系。将电动机外壳置于 x 轴的正方向上，转子的偏心 O_1O_2 置于角 φ 的一般位置($O_1x_1y_1$ 的第一象限)上。因为转子以角速度 ω 做等角速转动，故 $\varphi=\omega t$。

(1)机座的铅垂方向约束力。

本例中，外壳的运动为平移，设其质心 O_1 的加速度 $\boldsymbol{a}_{O1}$ 沿 x 轴的正向；转子为平面运动，其质心 O_2 的加速度由牵连加速度 $\boldsymbol{a}_\mathrm{e}=\boldsymbol{a}_{O1}$ 与相对加速度 $\boldsymbol{a}_\mathrm{r}(a_\mathrm{r}=e\omega^2)$ 组成，如图 8-4(a)所示。

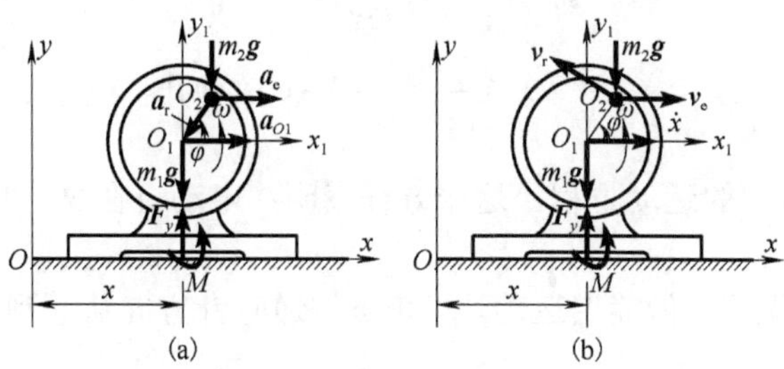

图 8-4　例题 8-3 图

在 y 方向上应用质心运动定理，有

$$m_1\times 0-m_2e\omega^2\sin(\omega t)=F_y-m_1g-m_2g$$

$$F_y=m_1g+m_2g-m_2e\omega^2\sin\omega t \tag{a}$$

其结果与例题8-2中所得结果(式(d))相同。

(2)电动机跳起的条件。

式(a)虽然在形式上与上例的式(d)一样，但由于约束条件不同(本例在 y 方向上只限制向下的运动，不限制向上的运动)，因此本例存在上例中不可能存在的**跳起问题**，也称**脱离约束问题**，即电动机跳离地面从而脱离地面约束。

脱离约束的力学含义是约束力为零。于是令约束力的表达式等于零，即可得到脱离约束条件。由式(a)可知，是否有 $F_y=0$，这决定于角速度 ω 的大小。为了求得电动机跳起的最小角速度 $\omega_{\min}$，令

$$\sin(\omega t)=1 \tag{b}$$

此时转子质心 O_2 处于最高位置。令 $F_y=0$，由式(a)解得

$$\omega_{\min}=\sqrt{\frac{(m_1+m_2)g}{m_2 e}} \tag{c}$$

(3)外壳在水平方向的运动方程。

因电动机在 x 方向不受力，即 $F_{Rx}^{e}=0$，故在 x 方向动量守恒。初始时，x 方向的动量为零，根据式(8-14)，有

$$p_x=0 \qquad m_1 v_{O_1x}+m_2 v_{O_2x}=0 \tag{d}$$

同上述加速度分析相似地进行速度分析。如图 8-4(b)所示，设外壳质心速度 $\boldsymbol{v}_{O_1}$ 沿轴 x 的正向，$v_{O_1x}=\dot{x}$；转子质心 O_2 的牵连速度 $\boldsymbol{v}_{\mathrm{e}}=\boldsymbol{v}_{O1}$，相对速度 $\boldsymbol{v}_{\mathrm{r}}$ 的大小为 $e\omega$，方向垂直于 O_1O_2，与角速度 ω 的转动方向一致。于是，式(d)变成

$$m_1\dot{x}+m_2[\dot{x}-e\omega\sin(\omega t)]=0 \tag{e}$$

整理后得

$$(m_1+m_2)\dot{x}=m_2 e\omega\sin(\omega t) \tag{f}$$

考虑本例中所给的运动初始条件，积分式(f)得

$$\int_0^x \mathrm{d}x=\frac{m_2 e}{m_1+m_2}\int_0^t \sin(\omega t)\mathrm{d}(\omega t)$$

所以

$$x=\frac{m_2 e}{m_1+m_2}[1-\cos(\omega t)] \tag{g}$$

此即电动机在水平方向的运动方程。这一方程表明：电动机在 x 方向上，以 $x=\dfrac{m_2 e}{m_1+m_2}$ 为平衡位置，$\dfrac{m_2 e}{m_1+m_2}$ 为振幅，做简谐运动。当角 φ 按逆时针方向从 0 到 π 时，电动机向右运动两个振幅；φ 再从 π 到 2π 时，电动机又向左运动两个振幅，如此循环往复。

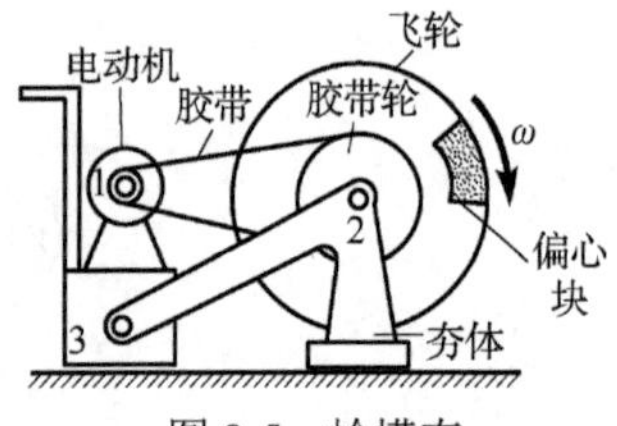

图 8-5　蛤蟆夯

本例小结：本例题中，电动机的水平运动与跳起运动是蛤蟆夯(又称蛙式打夯机)的力学模型。

蛤蟆夯是土木建筑工地上使用的一种小型施工机械，其作用是夯实地面(图 8-5)。在电动机启动后，固结在转子轴 1 上的小皮带轮便通过皮带带动大皮带轮以角速度 ω 绕轴 2 转动。由于大皮带轮与安装偏心块的飞轮相固结，因而二者运动相同。夯体可绕轴 3 转动，同时又套在轴 2 上。工作时夯体在偏心飞轮带动下不

断地跳起再落下，从而将地面夯实。

蛤蟆夯运动与电动机运动的不同点是，其整体并不在地面上做简谐运动，而是像蛤蟆(青蛙)一样自动地跳动向前，从而不断地夯实新的地面。有兴趣的读者可以对它做动力学分析。

8.2　动量矩定理

本节主要研究质点系的动量矩定理和刚体平面运动微分方程：首先将物理学中的质点动量矩定理推广到质点系，得到质点系对定点的动量矩定理，然后再由质点系对定点的动量矩定理推导质点系对质心的动量矩定理。对刚体动力学而言，本节还将导出刚体定轴转动微分方程和刚体平面运动微分方程。

8.2.1　质点系对定点的动量矩

1. 质点的动量矩

质点 i 的动量对于点 O 之矩称为质点的**动量矩**(moment of momentum)。即

$$\boldsymbol{L}_{Oi} = \boldsymbol{r}_i \times m_i \boldsymbol{v}_i \tag{8-16}$$

质点的动量矩是定位矢量，其作用点在所选的矩心 O 上。它是度量质点运动的另一个基本特征量。

2. 质点系的动量矩

考察由 n 个质点组成的质点系，如图 8-6 所示。其中，第 i 个质点的质量、位矢和速度分别为 m_i 、 r_i 和 $\boldsymbol{v}_i$ 。图 8-6 所示动量系为 $(m_1\boldsymbol{v}_1, m_2\boldsymbol{v}_2, \cdots, m_n\boldsymbol{v}_n)$ 。质点系中各质点动量对点 O 之矩的矢量和，即动量系主矩称为**质点系对点 O 的动量矩**，即

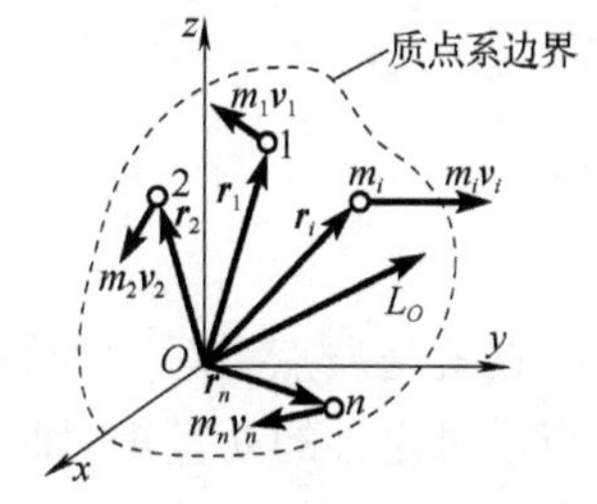

图 8-6　质点系的动量系及其主矩

$$\boldsymbol{L}_O = \sum \boldsymbol{r}_i \times m_i \boldsymbol{v}_i \tag{8-17}$$

质点系的动量矩是定位矢量，其作用点在所选的矩心 O 上，它是度量质点系整体运动的另一个基本特征量。

8.2.2　质点系对定点的动量矩定理

物理学中已给出质点的动量矩定理

$$\frac{\mathrm{d}}{\mathrm{d}t}(\boldsymbol{r} \times m\boldsymbol{v}) = \boldsymbol{r} \times \boldsymbol{F} = \boldsymbol{M}_O \tag{8-18}$$

式中，$\boldsymbol{F}$ 为作用于质点上的力，$\boldsymbol{M}_O$ 为力 $\boldsymbol{F}$ 对定点 O 之矩。该式表明，质点对定点 O 的动量矩对时间的一阶导数，等于作用在质点上的力对同一点之矩。

现将质点系中第 i 个质点上的作用力分为外力 $\boldsymbol{F}_i^{\mathrm{e}}$ 和内力 $\boldsymbol{F}_i^{\mathrm{i}}$ ，并将式(8-18)改写为

$$\frac{\mathrm{d}}{\mathrm{d}t}(\boldsymbol{r}_i \times m_i \boldsymbol{v}_i) = \boldsymbol{r}_i \times \boldsymbol{F}_i^{\mathrm{e}} + \boldsymbol{r}_i \times \boldsymbol{F}_i^{\mathrm{i}} \tag{8-19}$$

对于由 n 个质点组成的质点系，对所有质点求和得

$$\sum \frac{\mathrm{d}}{\mathrm{d}t}(\boldsymbol{r}_i \times m_i \boldsymbol{v}_i) = \sum \boldsymbol{r}_i \times \boldsymbol{F}_i^{\mathrm{e}} + \sum \boldsymbol{r}_i \times \boldsymbol{F}_i^{\mathrm{i}}$$

互换求导和求和运算顺序，并注意到$\sum \boldsymbol{r}_i \times \boldsymbol{F}_i^{\mathrm{i}} = 0$，得

$$\frac{\mathrm{d}}{\mathrm{d}t}\sum(\boldsymbol{r}_i \times m_i \boldsymbol{v}_i) = \sum \boldsymbol{r}_i \times \boldsymbol{F}_i^{\mathrm{e}} \tag{8-20a}$$

或

$$\frac{\mathrm{d}\boldsymbol{L}_O}{\mathrm{d}t} = \boldsymbol{M}_O^{\mathrm{e}} \tag{8-20b}$$

这表明，质点系对定点 O 的动量矩对时间的一阶导数等于作用在该质点系上外力系对同点的主矩。此即**质点系对定点的动量矩定理**(theorem of the moment of momentum of a system of particles)。

由式(8-20)可见，质点系动量矩的变化仅决定于外力系的主矩，内力不能改变质点系的动量矩，式(8-20)是质点系动量矩定理的微分形式。

1. *质点系动量矩定理的投影式——质点系对定轴的动量矩定理*

将式(8-20b)等号两边的各项投影到以定点 O 为原点的直角坐标系 $Oxyz$ 上，得

$$\left.\begin{aligned} \frac{\mathrm{d}L_x}{\mathrm{d}t} &= M_x^{\mathrm{e}} \\ \frac{\mathrm{d}L_y}{\mathrm{d}t} &= M_y^{\mathrm{e}} \\ \frac{\mathrm{d}L_z}{\mathrm{d}t} &= M_z^{\mathrm{e}} \end{aligned}\right\} \tag{8-21}$$

这就是质点系对定点的动量矩定理的投影形式，也称为**质点系对定轴的动量矩定理**，即质点系对定轴的动量矩对时间的一阶导数等于作用在质点系上的外力系对同轴之矩。

2. *质点系动量矩定理的守恒形式*

在式(8-20b)中，若外力系对定点 O 的主矩 $\boldsymbol{M}_O^{\mathrm{e}} = 0$，则质点系对该点的动量矩守恒，即

$$\boldsymbol{L}_O = \boldsymbol{C} \tag{8-22}$$

在式(8-21)中，若外力系对定轴(如对 z 轴)之矩为零，则质点系对该轴的动量矩守恒，即

$$L_z = C_1 \tag{8-23}$$

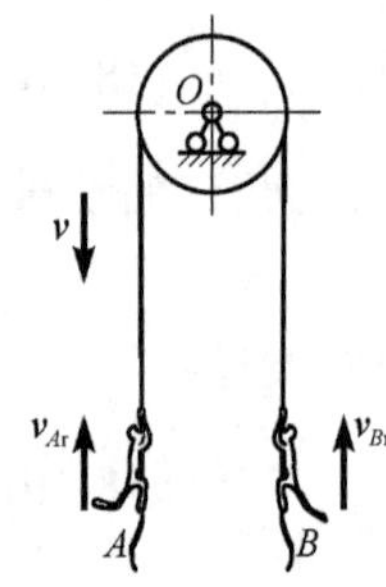

图 8-7　例题 8-4 图

【例题 8-4】　图 8-7 所示为二猴爬绳比赛。猴 A 与猴 B 的质量相等，即 $m_A = m_B = m$。爬绳时猴 A 相对绳爬得快，猴 B 相对绳爬得慢。二猴分别抓住缠绕在定滑轮 O 上的软绳的两端，在同一高度上，从静止开始同时向上爬。假设不计绳子与滑轮质量，不计轴 O 的摩擦，试分析比赛结果。另外，若已知二猴相对绳子的速度大小分别为 v_{Ar} 与 v_{Br}，试分析绳子的绝对速度 v。

解　考察由滑轮、绳与 A、B 二猴组成的质点系。由于二猴重力对轴 O 之矩的代数和为零，即

$$m_B gr - m_A gr = 0 \tag{a}$$

式中，r 为滑轮半径。因此，质点系对轴 O 的动量矩守恒，且等于零

$$L_O = m_A v_{Aa} r - m_B v_{Ba} r = 0 \tag{b}$$

即

$$v_{Aa} = v_{Ba} \tag{c}$$

这一结果表明，二猴的绝对速度大小永远相等，方向相同，比赛结果为同时到达顶端。

假设绳子运动的绝对速度大小为 v，则有

$$v_{Aa} = v_{Ar} - v \qquad v_{Ba} = v_{Br} + v \tag{d}$$

这样得到绳子的绝对速度

$$v = \frac{v_{Ar} - v_{Br}}{2} \tag{e}$$

实际上，猴子的体力差别只影响它们相对绳子的运动速度。为了满足整体系统对轴 O 的动量矩为零，绳子必然同弱猴一起向上运动，同时以自己的速度作为弱猴向上的牵连速度而帮助它运动。因此，弱猴即使不向上爬，而只将身体吊挂在绳子上，绳子也会在强猴到达终点的同时将其带到同一高度上。

思考： 若考虑滑轮的质量且绳与滑轮间没有相对滑动，则如何求解本题？

8.2.3 刚体定轴转动微分方程

1. 刚体定轴转动微分方程

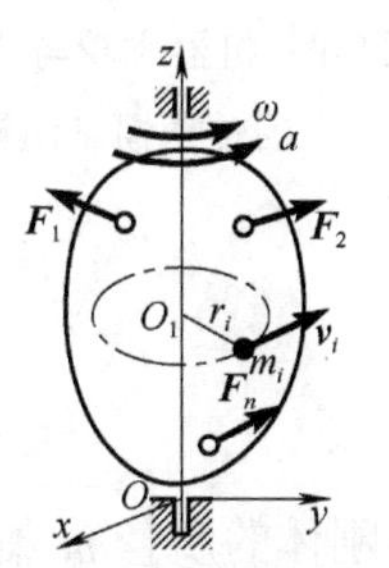

图 8-8 刚体定轴转动的动力学分析

应用式(8-21)质点系对定轴的动量矩定理，可以得到刚体定轴转动微分方程。设刚体绕定轴 z 转动(图 8-8)，其角速度与角加速度分别为 ω 与 α。刚体上第 i 个质点的质量为 m_i，至轴 z 的距离为 r_i，动量 $p_i = m_i r_i \omega$，则刚体对定轴 z 的动量矩为

$$L_z = \sum m_i r_i \omega \cdot r_i = \sum (m_i r_i^2)\omega = J_z \omega \tag{8-24}$$

式中

$$J_z = \sum (m_i r_i^2)$$

称为刚体对轴 z 的**转动惯量**(moment of inertia)。

将式(8-24)代入式(8-21)的第三式，得

$$J_z \dot{\omega} = M_z^{\mathrm{e}} \tag{8-25a}$$

或

$$J_z \alpha = M_z^{\mathrm{e}} \tag{8-25b}$$

这表明，刚体对定轴的转动惯量与角加速度的乘积等于作用在刚体上的外力系对该轴之矩。此即**刚体定轴转动微分方程**(differential equation of motation of a rigid body witha fixed axis)。

式(8-25)是质点系对定轴动量矩定理的一个推论。由于工程上做定轴转动的刚体很普遍，因此式(8-25)具有重要的工程意义。

2. 刚体对轴的转动惯量

(1) 转动惯量。

在物理学中已初步建立了刚体对定轴 z 的转动惯量的概念，即

$$J_z = \sum m_i r_i^2 = \sum m_i (x_i^2 + y_i^2) \tag{8-26a}$$

或

$$J_z = \int_m r^2 \mathrm{d}m = \int_m (x^2 + y^2) \mathrm{d}m \tag{8-26b}$$

式中，dm 为第 i 个质点的质量微元。式(8-26)表明，刚体转动惯量是刚体质量与其到轴的距离有关的量。它不仅与刚体的质量有关，而且与质量对轴 z 的分布状况有关。

将牛顿第二定律 $m\boldsymbol{a} = \boldsymbol{F}$ 与刚体定轴转动微分方程 $J_z\alpha = M_z^{\mathrm{e}}$ 逐项对应比较，可以看出：**转动惯量是刚体做定轴转动的惯性量度**。

图 8-9(a)所示为机器主轴上安装的飞轮，其作用是，用自身很大的转动惯量储存动能，以便在主轴出现转速波动时进行调节从而稳定主轴转速。即主轴转速下降时，由飞轮输出动能；相反则吸收动能。因此，它不仅质量大，而且将约 95%的质量集中在轮缘处，使其对转轴的转动惯量大。图 8-9(b)所示为仪表的指针，它要求有较高的灵敏度，能较快且较准确地反映出仪器所测物理量的最小信号。因此，指针对转轴的转动惯量要小。为此不仅用较少的轻金属制成，而且将质量较多集中在转轴附近。

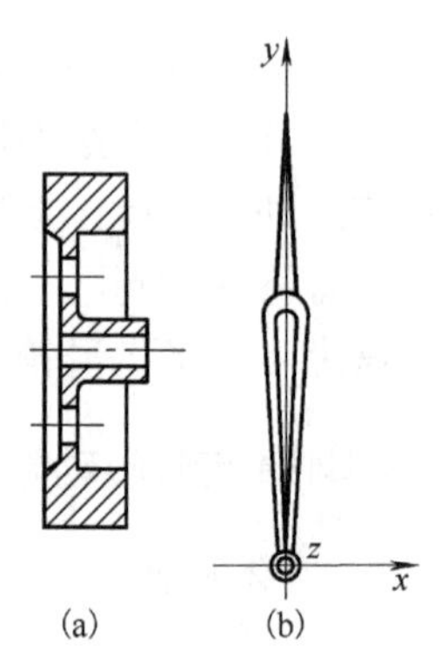

图 8-9 机器飞轮与仪表指针的转动惯量比较

(2) 回转半径。

质量为 m 的刚体对轴 z 的转动惯量 J_z 可表示为

$$J_z = m\rho_z^2 \qquad 或 \qquad \rho_z = \sqrt{\frac{J_z}{m}} \tag{8-27}$$

式中，ρ_z 称为**回转半径**(radius of gyration)。回转半径的含义是，若将刚体的质量 m 集中在距离轴 z 为 ρ_z 的圆周上，其转动惯量与原刚体的转动惯量相等。

(3) 转动惯量的平行轴定理。

图 8-10 所示之轴 z 和轴 z_C 互相平行，轴 z_C 通过刚体质心。根据刚体转动惯量的定义，可以证明，刚体对于平行轴的转动惯量存在以下关系：

$$J_z = J_{zC} + md^2 \tag{8-28}$$

这表明，刚体对某轴(例如轴 z)的转动惯量，等于刚体对通过质心 C 并与之平行的轴(例如轴 z_C)的转动惯量加上刚体质量 m 与两轴距离 d 的平方的乘积。这就是**转动惯量的平行轴定理**(parallel-axis theorem of moment of inertia)。

思考：在图 8-10 中另有与轴 z 平行的轴 z_1，刚体对该两轴的转动惯量是否能够写出以下关系，即 $J_{z1} = J_z + md_1^2$？式中，d_1 为轴 z 与轴 z_1 之间的距离。

(4) 简单几何形状的匀质刚体的转动惯量。

图 8-11 与图 8-12 分别表示质量为 m、长为 l 的匀质细直杆与质量为 m、半径为 R 的匀质圆板，其转动惯量均示于表 8-1 中。

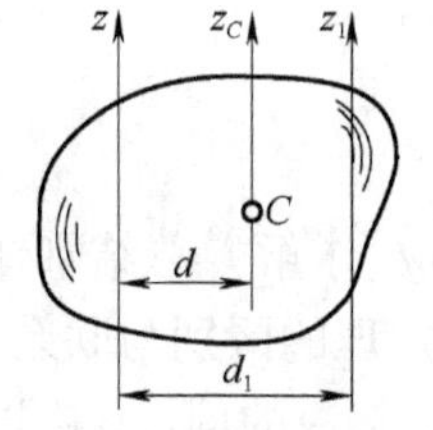

图 8-10　刚体对平行轴的转动惯量

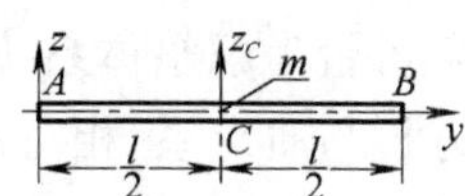

图 8-11　质量为 m、长为 l 的匀质细直杆

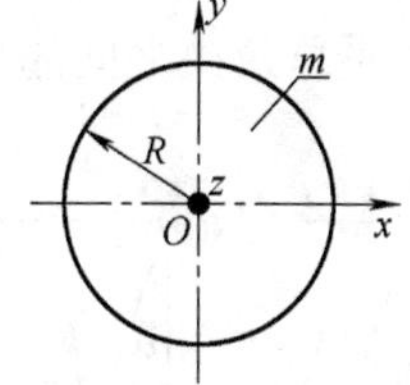

图 8-12　质量为 m、半径为 R 的匀质圆板

表 8-1　简单几何形状物体的转动惯量

质量为 m，长为 l 的均质细直杆	$J_z=\frac{1}{3}ml^2$　　$J_{zC}=\frac{1}{12}ml^2$
质量为 m，半径为 R 的均质圆板	$J_x=J_y=\frac{1}{4}mR^2$　　$J_z=\frac{1}{2}mR^2$

【例题 8-5】　半径为 R、质量为 m 的匀质圆轮绕定轴 O 转动，如图 8-13 所示。轮上缠绕细绳，绳端悬挂重 $\boldsymbol{F}_{\mathrm{W}}$ 的物块 P，试求物块下落的加速度。

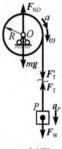

解　*方法 1*　将绳子截开，分为物块与轮两个考察对象。其受力如图 8-13 所示，其中，$\boldsymbol{F}_{\mathrm{T}}$ 为绳子拉力。

对物块应用牛顿第二定律

$$\frac{F_{\mathrm{W}}}{g}a_P=F_{\mathrm{W}}-F_{\mathrm{T}} \tag{a}$$

图 8-13　例题 8-5 图

对轮应用定轴转动微分方程

$$\frac{1}{2}mR^2\alpha=F_{\mathrm{T}}'R \tag{b}$$

运动学关系

$$a_P=\alpha R \tag{c}$$

将以上三式联立解得

$$a_P=\frac{F_{\mathrm{W}}}{\dfrac{m}{2}+\dfrac{F_{\mathrm{W}}}{g}} \tag{d}$$

方法 2　应用质点系对定轴的动量矩定理(式(8-21)第三式)，考察整体系统，有

$$\frac{\mathrm{d}}{\mathrm{d}t}\left(\frac{1}{2}mR^2\omega+\frac{F_{\mathrm{W}}}{g}vR\right)=F_{\mathrm{W}}R$$

$$\frac{1}{2}mR^2\alpha+\frac{F_{\mathrm{W}}}{g}a_PR=F_{\mathrm{W}}R \tag{e}$$

将运动学关系式(c)代入式(e)后，得到与式(d)相同的结果。

本例小结：

(1)方法的比较。

应用牛顿第二定律和定轴转动微分方程时，必须拆开系统求解；而应用质点系相对定轴的动量矩定理(式(8-21))，则可考虑整体系统写出其动力学方程。后一方法不仅计算简便，而且进一步体现了质点系动力学普遍定理的特征：建立度量质点系整体运动状态的物理量与作用力系总效果之间的关系。

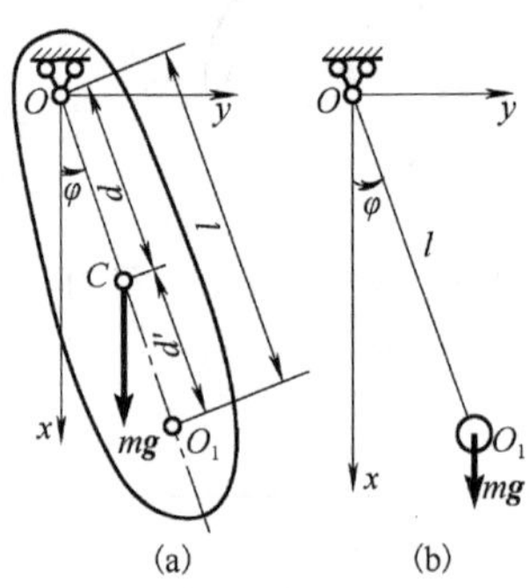

图 8-14　例题 8-6 图

(2) 思考。

①本题可否考虑整体系统应用 $J_O\alpha = M_O$ 求解？总结刚体定轴转动微分方程与质点系(相对定轴)动量矩定理的区别与联系，从而搞清前者的应用条件，不致将应该采用后者解决的问题，错误地用前者解决。

②若圆轮对轴 O 的转动惯量未知，则本例可用作测量圆轮转动惯量的装置。请读者自己设计测量方法。

【例题 8-6】　在重力作用下能绕固定轴摆动的物体称为**复摆**(compound pendulum)或**物理摆**(physical pendulum)，如图 8-14 所示。复摆的质心不在悬挂轴上。设摆的质量为 m，质心为 C，物体对通过质心并平行于悬挂轴的回转半径为 ρ_C，d 为质心到悬挂轴的距离。试求复摆做小摆动时的周期。

解　取复摆为研究对象，并规定以逆时针转向为正。

由式(8-25b)，复摆的运动微分方程为

$$m(\rho_C^2 + d^2)\ddot{\varphi} = -mgd\sin\varphi$$

$$\ddot{\varphi} + \frac{gd}{\rho_C^2 + d^2}\sin\varphi = 0 \tag{a}$$

当摆角 φ 很小时，有 $\sin\varphi \approx \varphi$，式(a)可化为

$$\ddot{\varphi} + \frac{gd}{\rho_C^2 + d^2}\varphi = 0 \tag{b}$$

因此复摆作小摆动时的周期为

$$T = 2\pi\sqrt{\frac{\rho_C^2 + d^2}{gd}} \tag{c}$$

本例小结：

(1) 利用复摆测量物体对轴的转动惯量。

将物体悬挂在轴上，并测量出摆的周期后，可按由式(8-28)与本例题式(c)得出的下式计算物体对于通过质心 C 的水平轴的转动惯量

$$J_C = m\rho_C^2 = mgd\left(\frac{T^2}{4\pi^2} - \frac{d}{g}\right) \tag{d}$$

这样，利用转动惯量的平行轴定理，即可求出物体对于过任一点的水平轴的转动惯量。

(2) 复摆的简化摆长(或称等价摆长)。

由式(b)和式(c)可以看出，复摆与单摆的运动微分方程类同，运动规律类似，故可以找到与复摆的摆动完全一样的等价单摆(图 8-14(b))。

质量为 m，长度为 l 的单摆的小摆动周期为

$$T = 2\pi\sqrt{\frac{l}{g}}$$

将此式与式(c)相比较可见，若取长度$l=\dfrac{\rho_C^2+d^2}{d}$作为单摆摆长，则单摆与复摆的运动规律类似，这一摆长称为复摆的**简化摆长**(或**等价摆长**)。

8.3 动能定理

能量的概念以及相应的分析方法，与动量一样，都是动力学普遍定理中的基本概念与基本方法，几乎科学与技术领域都要涉及能量的概念及能量方法。

动能是机械能中的一种，也是物体做功的一种能力。本节在物理学的基础上将质点和刚体定轴转动时的动能定理扩展到一般质点系，重点是质点系动能定理的工程应用。

8.3.1 力的功

物理学中已经给出了动能和功的概念，并对质点的动能定理进行了讨论，这里仅做简单回顾。

力的功是力对物体在空间的累积效应的度量。

1. *力 $\boldsymbol{F}_i$ 的元功*

力 $\boldsymbol{F}_i$ 的元功为

$$\begin{aligned}\delta W&=\boldsymbol{F}_i\cdot \mathrm{d}\boldsymbol{r}_i=F_i\mathrm{d}s\cos(\boldsymbol{F}_i,\ \boldsymbol{\tau}_i)\\&=F_x\mathrm{d}x+F_y\mathrm{d}y+F_z\mathrm{d}z\end{aligned}\tag{8-29}$$

需要注意的是，一般情形下，δW 并不是功函数 W 的全微分，仅是 $\boldsymbol{F}_i\cdot\mathrm{d}\boldsymbol{r}_i$ 的一种记号。

2. *力 $\boldsymbol{F}_i$ 在点的轨迹上从点 M_1 到点 M_2 所做的功*

如图 8-15 所示，力 $\boldsymbol{F}_i$ 在点的轨迹上从 M_1 点到 M_2 点所做的功

$$W_{12}=\int_{M_1}^{M_2}\boldsymbol{F}_i\cdot\mathrm{d}\boldsymbol{r}_i\tag{8-30}$$

由此得到了两个常用的功的表达式。

(1) 重力的功。

对质点

$$W_{12}=mg(z_1-z_2)\tag{8-31}$$

对质点系

$$W_{12}=Mg(z_{C1}-z_{C2})\tag{8-32}$$

式中，z_{C1} 和 z_{C2} 为质心的坐标。

(2) 弹性力的功(图 8-16)。

$$W_{12}=\frac{k}{2}[(r_1-l_0)^2-(r_2-l_0)^2]\tag{8-33a}$$

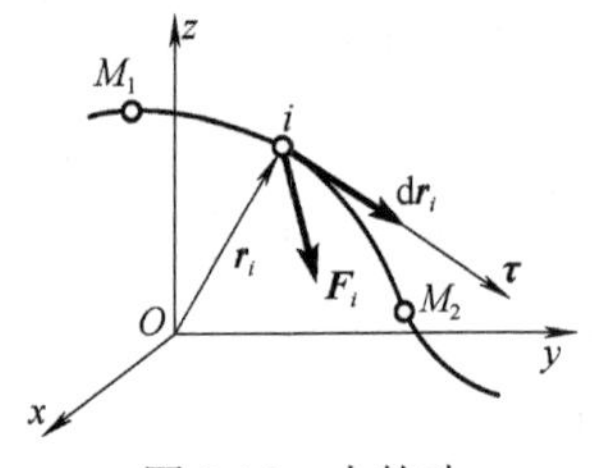

图 8-15　力的功

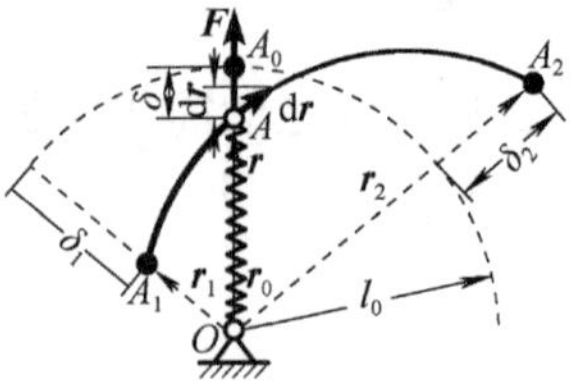

图 8-16　弹性力的功

或

$$W_{12}=\frac{k}{2}(\delta_1^2-\delta_2^2) \tag{8-33b}$$

式中，k 为弹簧的刚度系数，l_0 为弹簧的原长，δ_1、δ_2 分别为质点在起点及终点处弹簧的变形量。

3. 作用在刚体上力的功、力偶的功

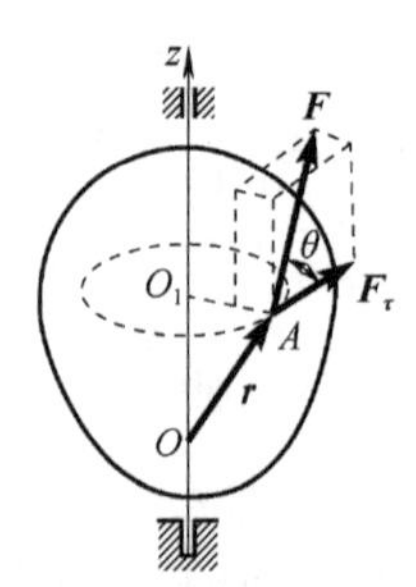

图 8-17　定轴转动刚体上外力的功

一般情形下，作用在质点系(刚体系)上的力系(包括内力系)非常复杂，需要认真分析哪些力做功哪些力不做功。在动量和动量矩定理中，只有外力系起作用，内力不改变系统的动量或动量矩；在能量方法中，内力对系统的能量改变是有影响的，许多内力都可以做功，这是学习本节内容时必须注意的。

1) 定轴转动刚体上外力的功和外力偶的功

如图 8-17 所示，刚体以角速度 $\boldsymbol{\omega}$ 绕定轴 z 转动，其上 A 点作用有力 $\boldsymbol{F}$，则力在 A 点轨迹切线 τ 上的投影为

$$F_\tau = F\cos\theta$$

定轴转动的转角 φ 和弧长的关系为

$$\mathrm{d}s = R\mathrm{d}\varphi$$

则力 $\boldsymbol{F}$ 的元功为

$$\mathrm{d}W=\boldsymbol{F}\cdot\mathrm{d}\boldsymbol{r}=F_\tau R\mathrm{d}\varphi=M_z(\boldsymbol{F})\mathrm{d}\varphi$$

式中，$M_z(\boldsymbol{F})=F_\tau R$ 为力 $\boldsymbol{F}$ 对轴 z 的矩。于是，力在刚体由角度 φ_1 转到角度 φ_2 时所做的功为

$$W_{12}=\int_{\varphi_1}^{\varphi_2}M_z(\boldsymbol{F})\mathrm{d}\varphi \tag{8-34}$$

据此，可以得到两种常用的功的表达式。

(1) 力偶的功。

若力偶矩矢 $\boldsymbol{M}$ 与轴 z 平行，则 $\boldsymbol{M}$ 做的功为

$$W_{12}=\int_{\varphi_1}^{\varphi_2}M\mathrm{d}\varphi \tag{8-35}$$

若力偶矩矢 $\boldsymbol{M}$ 为任意矢量，则 $\boldsymbol{M}$ 做的功为

$$W_{12}=\int_{\varphi_1}^{\varphi_2}M_z\mathrm{d}\varphi \tag{8-36}$$

式中，M_z 为力偶矩矢 $\boldsymbol{M}$ 在轴 z 上的投影。

⑵扭转弹簧力矩的功。

扭转弹簧如图 8-18 所示，设水平时扭转弹簧未变形，且变形时在弹性范围之内。此时扭转弹簧作用于杆上的力对点 O 的矩为

$$M=-k\theta$$

式中，k 为扭转弹簧的刚度系数。当杆从角度 θ_1 转到角度 θ_2 时，力矩 M 做的功为

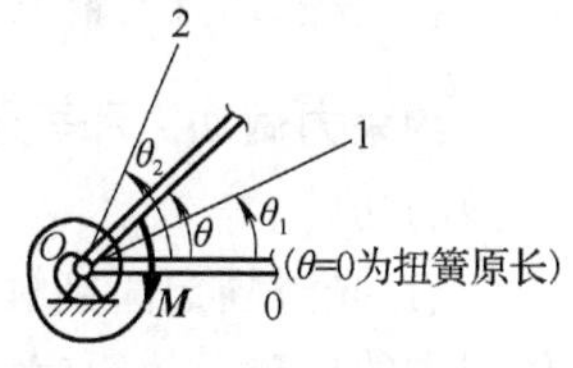

图 8-18　扭转弹簧力矩的功

$$W_{12}=\int_{\theta_1}^{\theta_2}(-k\theta)\mathrm{d}\theta=\frac{1}{2}k\theta_1^2-\frac{1}{2}k\theta_2^2 \tag{8-37}$$

2)质点系内力的功

质点系的内力总是成对出现的，且大小相等、方向相反、作用在一条直线上。因此，质点系内力的主矢量等于零，在动量、动量矩定理中，由于内力的合力、合力矩等于零，不会影响质点系动量、动量矩的改变，故无须考虑内力的作用，但不能由此认定内力的功也是零。事实上，在许多情形下，物体的运动是由内力做功而引起的。当然也有的内力确实不做功。

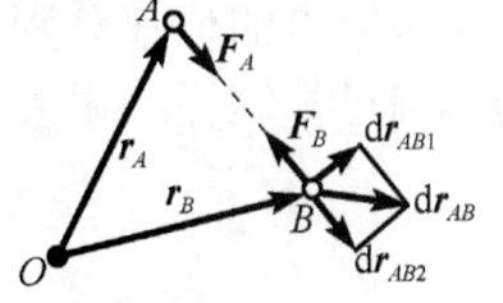

图 8-19　内力的功

设两质点 A、B 之间相互作用的内力为 $\boldsymbol{F}_A$、$\boldsymbol{F}_B$，且 $\boldsymbol{F}_A=-\boldsymbol{F}_B$；质点 A、B 相对于固定点 O 的矢径分别为 $\boldsymbol{r}_A$、$\boldsymbol{r}_B$，且 $\boldsymbol{r}_B=\boldsymbol{r}_A+\boldsymbol{r}_{AB}$，如图 8-19 所示。若在 $\mathrm{d}t$ 时间内，A、B 两点的无限小位移分别为 $\mathrm{d}\boldsymbol{r}_A$、$\mathrm{d}\boldsymbol{r}_B$，则内力在该位移上的元功之和为

$$\begin{aligned}\delta W_{\mathrm{i}}&=\boldsymbol{F}_A\cdot\mathrm{d}\boldsymbol{r}_A+\boldsymbol{F}_B\cdot\mathrm{d}\boldsymbol{r}_B\\&=\boldsymbol{F}_B\cdot(-\mathrm{d}\boldsymbol{r}_A+\mathrm{d}\boldsymbol{r}_B)=\boldsymbol{F}_B\cdot\mathrm{d}(\boldsymbol{r}_B-\boldsymbol{r}_A)\\&=\boldsymbol{F}_B\cdot\mathrm{d}\boldsymbol{r}_{AB}\end{aligned}$$

可将 $\mathrm{d}\boldsymbol{r}_{AB}$ 分解为垂直于 $\boldsymbol{F}_B$ 的 $\mathrm{d}\boldsymbol{r}_{AB1}$ 和平行于 $\boldsymbol{F}_B$ 的 $\mathrm{d}\boldsymbol{r}_{AB2}$，即

$$\mathrm{d}\boldsymbol{r}_{AB}=\mathrm{d}\boldsymbol{r}_{AB1}+\mathrm{d}\boldsymbol{r}_{AB2}$$

代入上式

$$\delta W_{\mathrm{i}}=\boldsymbol{F}_B\cdot\left(\mathrm{d}\boldsymbol{r}_{AB1}+\mathrm{d}\boldsymbol{r}_{AB2}\right)=\boldsymbol{F}_B\cdot\mathrm{d}\boldsymbol{r}_{AB2}=-\boldsymbol{F}_B\cdot\mathrm{d}\boldsymbol{r}_{AB2} \tag{8-38}$$

式(8-38)表明，当 A、B 两质点沿两点的连线相互靠近或分离时，其内力的元功之和不等于零。

⑴内力做功的情形。

日常生活中，人的行走和奔跑是腿的肌肉内力做功；弹簧力做功等。这些都是内力做功的例子。

在工程实际中，有很多内力做功之和不等于零的情况。例如，汽车在行驶过程中，汽缸内的压缩气体被点燃后，迅速膨胀而对活塞和汽缸壁产生的作用力均为内力，这些内力的功可使汽车的动能增加。又如，在传动机械中，相互接触的齿轮、轴与轴承之间的摩擦力，对于机械整体而言，也都是内力，它们所做的负功，使机械的部分动能转化为热能。

⑵刚体的内力不做功。

刚体内两质点间的相互作用力，是满足等值、反向、共线条件的一对内力。由于刚体是受力后不变形的物体，故其上任意两点之间的距离始终保持不变，若图 8-19 中的 A、B 是同一刚体上的两个点，则式(8-38)中的 $\mathrm{d}\boldsymbol{r}_{AB2}=0$，即沿这两点连线的位移必定相等，这样便有 $\delta W=0$。由此得出结论：刚体所有内力做功的和等于零。

4. 理想约束力的功

约束力做功之和等于零的约束称为理想约束。下面介绍几种常见的理想约束及其约束力所做的功。

(1)光滑固定面接触、一端固定的柔索、光滑活动铰链支座约束，由于约束力都垂直于力作用点的位移，故约束力不做功。

(2)光滑固定铰链支座、固定端等约束，由于约束力所对应的位移为零，故约束力也不做功。

(3)光滑铰链、刚性二力杆等作为系统内的约束时，其约束力总是成对出现的，若其中一个约束力做正功，则另一个约束力必做数值相同的负功，最后约束力做功之和等于零。如图 8-20(a)所示的铰链 O 处相互作用的约束力 $\boldsymbol{F}=-\boldsymbol{F}'$，在铰链中心 O 处的任何位移 $\mathrm{d}\boldsymbol{r}$ 上所做的元功之和为

$$\boldsymbol{F}\cdot\mathrm{d}\boldsymbol{r}+\boldsymbol{F}'\cdot\mathrm{d}\boldsymbol{r}=\boldsymbol{F}\cdot\mathrm{d}\boldsymbol{r}-\boldsymbol{F}\cdot\mathrm{d}\boldsymbol{r}=0$$

又如图 8-20(b)所示的刚性二力杆对 A、B 两点的约束力 $\boldsymbol{F}_1=-\boldsymbol{F}_2$，两作用点的位移分别为 $\mathrm{d}\boldsymbol{r}_1$、$\mathrm{d}\boldsymbol{r}_2$，因为 AB 是刚性杆，故两端位移在其连线的投影相等，即 $\mathrm{d}\boldsymbol{r}_1'=\mathrm{d}\boldsymbol{r}_2'$，这样约束力所做的元功之和为

$$\boldsymbol{F}_1\cdot\mathrm{d}\boldsymbol{r}_1+\boldsymbol{F}_2\cdot\mathrm{d}\boldsymbol{r}_2=\boldsymbol{F}_1\cdot\mathrm{d}\boldsymbol{r}_1'-\boldsymbol{F}_1'\cdot\mathrm{d}\boldsymbol{r}_2=0$$

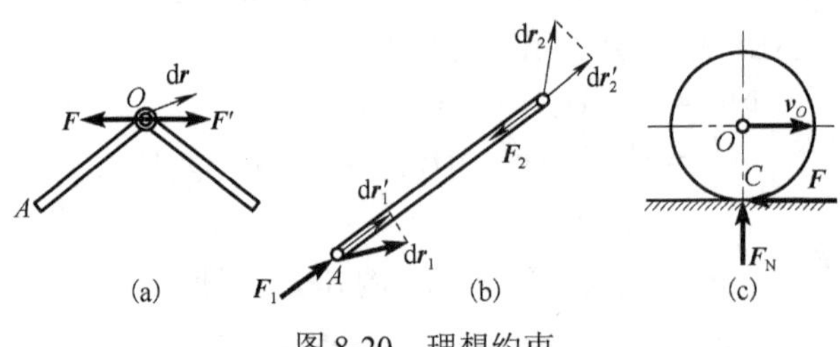

图 8-20　理想约束

(4)光滑面滚动(纯滚动)的约束，如图 8-20(c)所示。当一圆轮在固定约束面上无滑动滚动时，若滚动摩阻力偶可略去不计。由运动学知，C 为瞬时速度中心，即点 C 的位移 $\mathrm{d}\boldsymbol{r}_C$ 等于零，这样，作用于点 C 的约束力 $\boldsymbol{F}_\mathrm{N}$ 和摩擦力 $\boldsymbol{F}$ 所做的元功之和为

$$\boldsymbol{F}_\mathrm{N}\cdot\mathrm{d}\boldsymbol{r}_C+\boldsymbol{F}\cdot\mathrm{d}\boldsymbol{r}_C=0$$

需要特别指出的是，一般情况下，滑动摩擦力与物体的相对位移反向，摩擦力做负功，不是理想约束，只有纯滚动时的接触点才是理想约束。

8.3.2　质点系的动能与刚体的动能

物体由于机械运动而具有的能量称为动能。动能的概念与计算非常重要，本节将重点研究。

1. 质点系的动能

物理学已定义动能为

$$T=\frac{1}{2}mv^2$$

式中，m、v 分别为质点的质量和速度，动能是标量。

质点系的动能为质点系内各质点动能之和。记为

$$T=\sum_i \frac{1}{2}m_i v_i^2 \tag{8-39}$$

动能是度量质点系整体运动的另一物理量。它是一正标量，与速度的大小有关，但与速度的方向无关。

【例题 8-7】 图 8-21 所示系统，设重物 A、B 的质量为 $m_A=m_B=m$，三角块 D 的质量为 M，置于光滑地面上。圆轮 C 和绳的质量忽略不计。系统初始静止，求当物块以相对速度 v_r 下落时系统的动能。

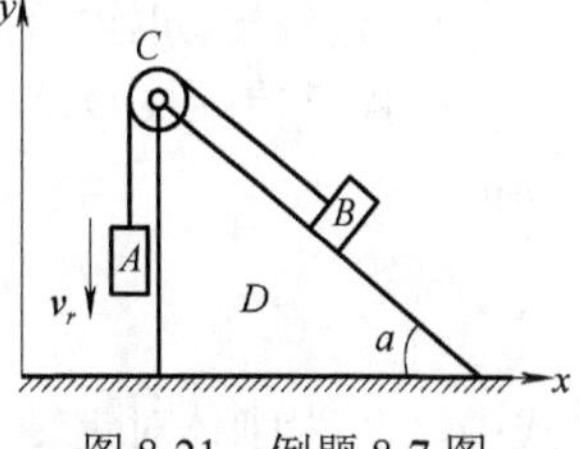

图 8-21　例题 8-7 图

解　开始运动后，系统的动能为

$$T=\frac{1}{2}m_A v_A^2+\frac{1}{2}m_B v_B^2+\frac{1}{2}m_D v_D^2 \tag{a}$$

式中

$$\boldsymbol{v}_A=\boldsymbol{v}_D+\boldsymbol{v}_{Ar} \qquad \boldsymbol{v}_B=\boldsymbol{v}_D+\boldsymbol{v}_{Br}$$

或

$$v_A^2=v_D^2+v_r^2 \tag{b}$$

$$v_B^2=v_D^2+v_r^2-2v_D v_r\cos\alpha=(v_D-v_r\cos\alpha)^2+(v_r\sin\alpha)^2 \tag{c}$$

注意到，系统水平方向上动量守恒，故有

$$m_A v_{Ax}+m_B v_{Bx}+m_D v_{Dx}=0$$

即

$$mv_D+m(v_D-v_r\cos\alpha)+Mv_D=0$$

也就是

$$v_D=\frac{mv_r\cos\alpha}{2m+M} \tag{d}$$

将式(b)～式(d)代入式(a)，得到

$$\begin{aligned}T&=\frac{1}{2}m(v_D^2+v_r^2)+\frac{1}{2}m(v_D^2+v_r^2-2v_D v_r\cos\alpha)+\frac{1}{2}Mv_D^2\\&=\frac{2m(2m+M)-m^2\cos^2\alpha}{2(2m+M)}v_r^2\end{aligned} \tag{e}$$

本例讨论： 通过本例的分析过程可以看出，确定系统动能时，注意以下几点是很重要的。

(1) 系统动能中所用的速度必须是绝对速度。

(2) 正确应用运动学知识，确定各部分的速度。

(3) 往往需要综合应用动量定理、动量矩定理与动能定理。

2. 刚体的动能

刚体的动能取决于刚体的运动形式，下面逐一加以讨论。

(1) 平移刚体的动能。

刚体平移时，其上各点在同一瞬时具有相同的速度，并且都等于质心速度。因此，平移刚体的动能

$$T = \sum_i \frac{1}{2} m_i v_i^2 = \frac{1}{2}(\sum m_i) v_C^2 = \frac{1}{2} M v_C^2 \tag{8-40}$$

这表明，刚体平移时的动能，相当于将刚体的质量集中于质心时的动能。

(2)定轴转动刚体的动能。

刚体以角速度ω绕定轴 z 转动时，其上一点的速度为$v_i = r_i\omega$。因此，定轴转动刚体的动能

$$T = \frac{1}{2}\sum_i m_i (r_i\omega)^2 = \frac{1}{2}\omega^2(\sum_i m_i r_i^2) = \frac{1}{2} J_z \omega^2 \tag{8-41}$$

式中，J_z为刚体对定轴z的转动惯量。

(3)平面运动刚体的动能。

刚体的平面运动可分解为随质心的平移和绕质心的相对转动，由式(8-40)、式(8-41)即可得平面运动刚体的动能

$$T = \frac{1}{2} M v_C^2 + \frac{1}{2} J_C \omega^2 \tag{8-42}$$

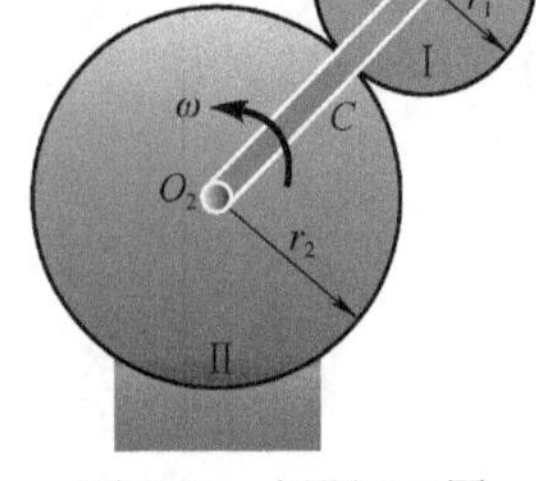

图 8-22　例题 8-8 图

式中，v_C为刚体质心的速度，J_C为刚体对通过质心且垂直于运动平面的轴的转动惯量。

【例题 8-8】 如图 8-22 所示，均质轮 I 的质量为m_1，半径为r_1，在曲柄O_1O_2的带动下绕O_2轴转动，并沿轮II的轮缘只滚动而不滑动。轮II固定不动，半径为r_2。曲柄的质量为m_2，长为$l = r_1 + r_2$。曲柄的角速度为ω，试求系统的动能。

因为曲柄O_1O_2做定轴转动，轮 I 做平面运动，所以系统的动能由 3 部分组成：曲柄定轴转动动能、轮 I 转动与平移的动能。于是，当曲柄O_1O_2转过φ角时系统的动能为

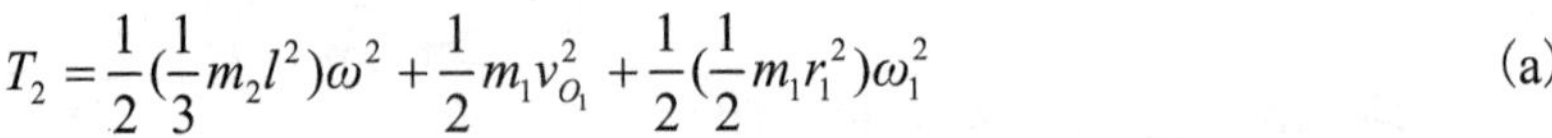

$$T_2 = \frac{1}{2}(\frac{1}{3} m_2 l^2)\omega^2 + \frac{1}{2} m_1 v_{O_1}^2 + \frac{1}{2}(\frac{1}{2} m_1 r_1^2)\omega_1^2 \tag{a}$$

式中

$$\omega_1 = \frac{v_{O_1}}{r_1} = \frac{\omega l}{r_1} \tag{b}$$

代入式(a)得到

$$T_2 = \frac{1}{2}(\frac{m_2}{3} + \frac{3m_1}{2})\omega^2 l^2 \tag{c}$$

8.3.3　质点系动能定理

1. 质点动能定理

物理学中已经由牛顿第二定律推导出

$$\mathrm{d}(\frac{1}{2} m v^2) = \mathrm{d}W = \boldsymbol{F} \cdot \mathrm{d}\boldsymbol{r} \tag{8-43}$$

式中，$\boldsymbol{F}$为作用在质点上的合力；$\mathrm{d}\boldsymbol{r}$为合力$\boldsymbol{F}$作用点的元位移。上式表明，质点动能的微分等于作用在质点上合力的元功。这就是质点的动能定理的微分形式。

将式(8-43)积分，得到

$$\frac{1}{2}mv_2^2-\frac{1}{2}mv_1^2=W_{1-2}=\int_1^2\boldsymbol{F}\cdot\mathrm{d}\boldsymbol{r} \tag{8-44}$$

这表明，质点从初位置 1 到末位置 2 的运动过程中，其动能的改变量等于作用在质点上的合力所做之功。这就是质点动能定理的积分形式。

2. 质点系动能定理

对质点系中所有质点写出式(8-43)并求和，再交换等号左边项的求和与微分运算记号，得到

$$\mathrm{d}\left(\sum\frac{1}{2}m_iv_i^2\right)=\sum\mathrm{d}W_i=\sum\boldsymbol{F}_i\cdot\mathrm{d}\boldsymbol{r}_i \tag{8-45a}$$

或简写为

$$\mathrm{d}T=\mathrm{d}W \tag{8-45b}$$

这表明，质点系动能的微分，等于作用在质点系上所有力的元功之和。这就是质点系动能定理的微分形式。

3. 动能定理的应用举例

【例题 8-9】 平面机构由两质量均为 m、长均为 l 的均质杆 AB、BO 组成。在杆 AB 上作用一不变的力偶矩 M，从图 8-23(a)所示位置由静止开始运动。不计摩擦，试求当杆 AB 的 A 端运动到铰支座 O 瞬时，A 端的速度。(θ 为已知)

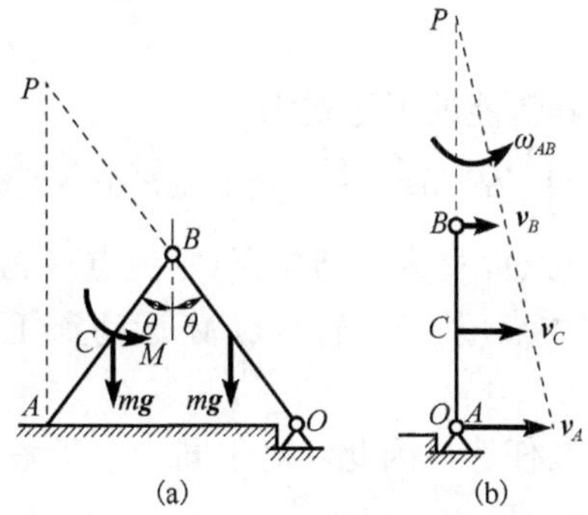

图 8-23　例题 8-9 图

解 选 AB、OB 杆这一整体为研究对象，其约束均为理想约束，可应用动能定理求解。

(1) 计算动能。

设系统由静止运动到图 8-23(b)所示位置时杆 AB、OB 的角速度分别为 ω_{AB}、ω_{OB}，且杆 AB 做平面运动，杆 OB 做定轴转动，系统的动能为

$$T_1=0$$

$$T_2=\frac{1}{2}mv_C^2+\frac{1}{2}J_C\omega_{AB}^2+\frac{1}{2}J_O\omega_{OB}^2$$

在图 8-23(a)所示位置，杆 AB 速度瞬心 P 到点 A 的距离 $AP=2l\cos\theta$，到图 8-23(b)所示位置时 $\theta=0°$ 时，$AP=2l$，则 $\omega_{AB}=\dfrac{v_B}{l}=\omega_{OB}$，$v_C=\dfrac{3}{2}l\omega_{AB}$，代入 T_2 表达式，有

$$T_2 = \frac{1}{2}[m(\frac{3}{2}l)^2 + \frac{1}{12}ml^2 + \frac{1}{3}ml^2]\omega_{AB}^2 = \frac{4}{3}ml^2\omega_{AB}^2$$

(2) 计算功。

做功的力有两杆的重力和外力偶矩，所以有

$$W_{12} = M\theta - 2mg\frac{l}{2}(1-\cos\theta)$$

(3) 应用动能定理求点 A 速度。

$$\frac{4}{3}ml^2\omega_{AB}^2 = M\theta - 2mg\frac{l}{2}(1-\cos\theta)$$

$$v_A = 2l\omega_{AB} = \sqrt{\frac{3}{m}[M\theta - 2mg\frac{l}{2}(1-\cos\theta)]}$$

8.4　势能的概念 机械能守恒定律

8.4.1　有势力和势能

1. 有势力

如果作用在物体上的力所做之功仅与力作用点的起始位置和终止位置有关，而与其作用点经过的路径无关，这种力称为有势力或保守力。重力、弹性力等都具有这一特征，因而都是有势力。

2. 势能

受有势力作用的质点系，其势能的表达式为

$$V = \int_M^{M_0} \boldsymbol{F} \cdot \mathrm{d}\boldsymbol{r} = \int_M^{M_0} (F_x \mathrm{d}x + F_y \mathrm{d}y + F_z \mathrm{d}z) \tag{8-46}$$

式中，M_0 为势能等于零的位置(点)，称为零势位置(零势点)；M 为所要考察的任意位置(点)。式(8-46)表明，势能是质点系(质点)从某位置(点) M 运动到任选的零势位置(零势点) M_0 时，有势力所做的功。

由于零势位置(零势点)可以任选，因此，对于同一个所考察的位置的势能，将因零势位置(零势点)的不同而有不同的数值。

为了使分析和计算过程简单、方便，对零势位置(零势点)要加以适当的选择。例如对常见的弹簧-质量系统，往往以其静平衡位置为零势位置，这样可以使势能的表达式更简洁、明了。

需要指出的是，这里的“零势位置(零势点)”与物理学中的“零势点”的关系：物理学中的零势点是针对质点的，零势位置其实是组成质点系的每一个质点的零势点的集合。例如，质点系在重力场中的零势位置是质点系中各质点在同一时刻的 z 坐标 $z_{10}, z_{20}, \dots, z_{n0}$ 的集合。因此，质点系在各质点的 z 坐标分别为 $z_1, z_2, \dots, z_n$ 时的势能为

$$V = \sum m_i g(z_i - z_{i0}) = mg(z_C - z_{C0})$$

3. 有势力的功与势能的关系

根据有势力的定义和功的概念，可得到有势力的功和势能的关系

$$W_{1-2} = V_1 - V_2 \tag{8-47}$$

这一结果表明，有势力所做的功等于质点系在运动过程的起始位置与终止位置的势能差。这一关系可以更好地帮助理解功和势能的概念。

8.4.2　机械能守恒定律

物理学指出，质点系在某瞬时动能和势能的代数和称为**机械能**(mechanical energy)。当作用在系统上的力均为有势力时，其机械能保持不变，这就是**机械能守恒定律**(law of conservation of mechanical energy)，其数学表达式为

$$T_1 + V_1 = T_2 + V_2 \tag{8-48}$$

事实上，在很多情形下，质点系会受到非保守力作用，此时系统成为非保守系统。我们只要在动能定理中加上非保守力的功 W'_{1-2} 即可。也就是

$$T_2 - T_1 = V_1 - V_2 + W'_{1-2}$$

或

$$(T_2 + V_2) - (T_1 + V_1) = W'_{1-2} \tag{8-49}$$

例如，如果系统上除了保守力外还有摩擦力做功，则 W'_{1-2} 就是摩擦力做的功。

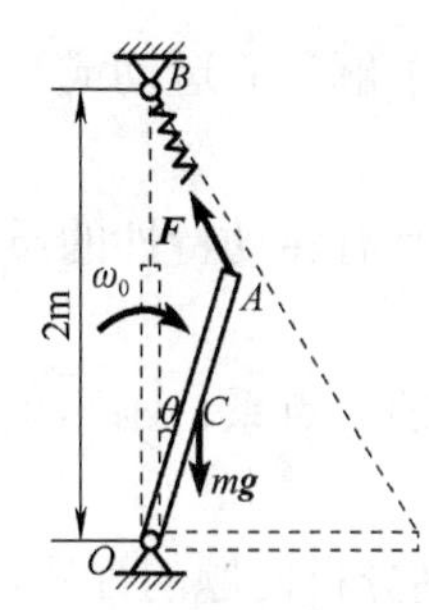

图 8-24　例题 8-10 图

【例题 8-10】 为使质量 $m = 10\text{kg}$、长 $l = 120\text{cm}$ 的均质细杆(图 8-24)刚好能达到水平位置($\theta = 90°$)，杆在初始铅垂位置($\theta = 0°$)时的初角速度 ω_0 应为多少？设各处摩擦忽略不计。弹簧在初始位置时未发生变形，且其刚度 $k = 200\text{N/m}$。

解　以杆 OA 为研究对象，其上作用的重力和弹性力是有势力，轴承 O 处的约束力不做功，所以杆的机械能守恒。

(1) 计算始、末位置的动能。

杆在初始铅垂位置的角速度为 ω_0，而在终止位置时角速度为零，所以始末位置的动能分别为

$$T_1 = \frac{1}{2}J_O\omega_0^2 = \frac{1}{2}\cdot\frac{1}{3}ml^2\omega_0^2 = \frac{1}{6}\times 10\times 1.2^2\omega_0^2$$

$$T_2 = 0$$

(2) 计算始、末位置的势能。

设水平位置为杆重力势能的零位置，则始末位置的重力势能分别为

$$V_1' = \frac{l}{2}mg = \frac{1.2}{2}\times 10\times 9.8 = 58.8(\text{J})$$

$$V_2' = 0$$

设初始铅垂位置弹簧自然长度为弹性力势能的零位置，则始末位置的弹性力势能分别为

$$V_1'' = 0$$

$$V_2'' = \frac{1}{2}k(\delta_2^2 - \delta_1^2)$$

式中

$$\delta_1 = 0 \qquad \delta_2 = \sqrt{2^2 + 1.2^2} - (2 - 1.2) = 1.532(\text{m})$$

代入上式，得

$$V_2''=\frac{200}{2}\times(1.532^2-0^2)=234.7(\mathrm{J})$$

(3) 应用机械能守恒定律求杆的初角速度。

由于系统在运动过程中机械能守恒，即

$$T_1+V_1'+V_1''=T_2+V_2'+V_2''$$

$$\frac{1}{6}\times10\times1.2^2\omega_0^2+58.8+0=0+0+234.7$$

由此式解得杆的初角速度为

$$\omega_0=\sqrt{\frac{6\times(234.7-58.8)}{10\times1.2^2}}=8.56\,\mathrm{rad/s}\text{（顺时针方向）}$$

8.5 动力学普遍定理的综合应用

动量定理、动量矩定理与动能定理统称为动力学普遍定理。

动力学的三个定理包括了矢量方法和能量方法。

动量定理给出了质点系动量的变化与外力主矢之间的关系，可以用于求解质心运动或某些外力。

动量矩定理描述了质点系动量矩的变化与主矩之间的关系，可以用于具有转动特性的质点系，求解角加速度等运动量和外力。

动能定理建立了做功的力与质点系动能变化之间的关系，可用于复杂的质点系、刚体系求运动。

在很多情形下，需要综合应用这三个定理，才能得到问题的解答。正确分析问题的性质，灵活应用这些定理，往往会达到事半功倍的作用。

此外，这三个定理都存在不同形式的守恒形式，分析问题时也要给予特别的重视。

由于动力学的三个**普遍定理**包括动量和能量两种方法，而动量法又分成动量主矢变化与动量主矩变化两个方面；能量法应用于动力学整体系统只能写出一个标量方程，因此，质点系普遍定理的理论结构不能提供对工程动力学问题的统一解法，需要针对不同的问题综合应用三个普遍定理。

综合应用普遍定理分析问题的基本方法包括以下几方面。

(1) 分析动力学两类问题的程序。

对一般的非自由质点系动力学问题，既要求由主动力求解质点系运动，也要求由质点系运动求解动约束力。通常的分析程序是先避开未知约束力求出运动量，然后再求解未知约束力。但是应用计算机分析，也可以将包含未知运动量和未知约束力的方程联立求解。

(2) 根据约束的性质分析问题。

应特别注意分析约束的性质：是单(处)约束，还是多(处)约束；理想约束，还是非理想约束；单自由度还是多自由度等。然后再根据约束力在每个定理中所处地位分别选用。

①对具有一个自由度的理想约束系统，特别是多约束系统，一般先应用动能定理分析运动，再应用动量定理或动量矩定理求解动约束力。

②对有单处约束的系统，或即使有多处约束，但只要求瞬时的二阶运动量(角加速度与加

速度）和未知约束力，也可用动量与动量矩定理联合求解。

③对二自由度或多自由度系统要用动能定理与动量和动量矩定理联合求解，并且要特别注意系统有守恒的情形。

【例题 8-11】　图 8-25(a)所示均质圆盘，可绕轴 O 在铅垂平面内转动。圆盘的质量为 m，半径为 R，在其质心 C 上连接一刚度为 k 的水平弹簧，弹簧的另一端固定在点 A，$CA=2R$ 为弹簧的原长。圆盘在常力偶 M 的作用下，由最低位置无初速地绕轴 O 逆时针方向转动。试求圆盘到达最高位置时，轴承 O 的约束力。

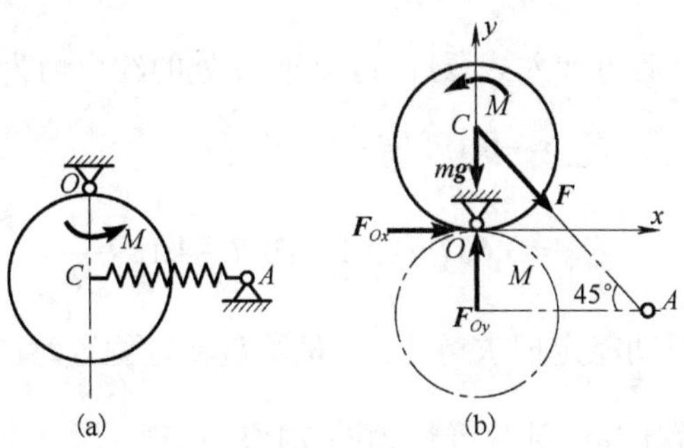

图 8-25　例题 8-11 图

解　选择圆盘为研究对象，其运动为绕轴 O 的定轴转动，圆盘的质心 C 做圆周运动。

对圆盘进行受力分析，其受力图如图 8-25(b)所示，圆盘受重力 $\boldsymbol{mg}$，弹簧力 $\boldsymbol{F}$，外力偶矩 M 和轴 O 处的约束力 $\boldsymbol{F}_{Ox}$、$\boldsymbol{F}_{Oy}$。为求圆盘到达最高位置时，轴承 O 的约束力，需采用质心运动定理，即

$$\begin{aligned} ma_{Cx} &= F\cos45° + F_{Ox} \\ ma_{Cy} &= F_{Oy} - mg - F\sin45° \end{aligned} \tag{a}$$

由于圆盘做定轴转动，为求质心的加速度，必先求出刚体转动的角速度和角加速度。

(1)应用质点系动能定理确定角速度 ω。

定轴转动刚体的动能为

$$T_1 = 0$$

$$T_2 = \frac{1}{2}J_O\omega^2 = \frac{1}{2}(\frac{1}{2}mR^2 + mR^2)\omega^2$$

力的功为

$$\begin{aligned} W_{1\text{-}2} &= M\varphi - mgh + \frac{1}{2}k(\delta_1^2 - \delta_2^2) \\ &= M\pi - mg2R + \frac{1}{2}k[0 - (2\sqrt{2}R - 2R)^2] \end{aligned}$$

由动能定理 $T_2 - T_1 = W_{1\text{-}2}$，可求得圆盘的角速度 ω 为

$$\omega^2 = \frac{4}{3mR^2}(M\pi - 2Rmg - 0.343kR^2) \tag{b}$$

(2)应用定轴转动微分方程求角加速度 α。

$$J_O\alpha = M - FR\cos45°$$

$$\frac{3}{2}mR^2\alpha = M - k(2\sqrt{2}-2)R^2\frac{1}{\sqrt{2}}$$

圆盘的角加速度 α 为

$$\alpha = \frac{2(M-0.586kR^2)}{3mR^2} \tag{c}$$

圆盘在图 8-25(b)位置，质心 C 的加速度为

$$\begin{aligned} a_{Cx} &= -R\alpha \\ a_{Cy} &= -R\omega^2 \end{aligned} \tag{d}$$

将式(b)、式(c)代入式(d)后再代入式(a)，可得轴 O 处的约束力为

$$F_{Ox} = -0.195kR - 0.667\frac{M}{R}$$

$$F_{Oy} = 3.667mg + 1.043kR - 4.189\frac{M}{R}$$

本例讨论： (1)本例用动能定理求得的 ω，是圆盘特定位置时的角速度，故不可用 $\frac{\mathrm{d}\omega}{\mathrm{d}t}$ 来求角加速度。若求一般位置的 ω，计算弹性力的功比较烦琐。因此在求角加速度时，本题应用了定轴转动微分方程，而没有采用对角速度求导的方法。

(2)定轴转动刚体的轴承约束力一般应设为两个分力 $\boldsymbol{F}_{Ox}$、$\boldsymbol{F}_{Oy}$，不可无根据的设为一个。

【例题 8-12】 均质杆 AB 长为 l，质量为 m，上端 B 靠在光滑墙上，另一端 A 用光滑铰链与车轮轮心相连接。已知车轮质量为 M，半径为 R，在水平面上做纯滚动，滚阻不计，如图 8-26(a)所示。设系统从图示位置(θ= 45°)无初速开始运动，求该瞬时轮心 A 的加速度。

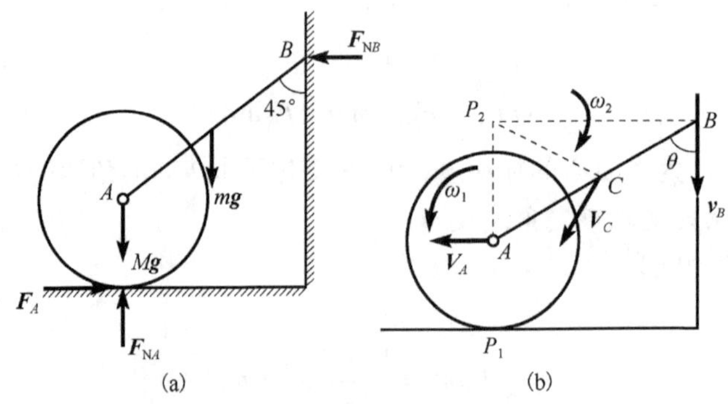

图 8-26　例题 8-12 图

解　本例为刚体系统，所要求的量为加速度，可应用动能定理求解。同时，由于系统中只有有势力做功，故也可用机械能守恒定律求解。

在一般位置上建立动能定理的方程，通过对时间求导数得到加速度。

(1)选系统整体作为研究对象，进行受力分析。

系统受力图如图 8-26(a)所示。考察杆 AB 由图 8-26(a)所示位置(θ= 45°)运动到图 8-26(b)所示位置(θ > 45°)。

以水平面为零势位置，则两位置系统的势能分别为

$$V_1 = \text{常量}$$

$$V_2 = mg(R + \frac{l}{2}\cos\theta) + MgR$$

(2)对系统进行运动分析。

设在任意位置时，轮心速度为 $\boldsymbol{v}_A$(水平向左)，B 点速度由于墙面约束的关系，铅直向下，车轮做纯滚动，其速度瞬心为 P_1，而杆 AB 做平面运动，其速度瞬心为 P_2，如图 8-26(b)所示，其中

$$CP_2 = \frac{l}{2}$$

于是，可得到下列运动学关系式

$$\omega_1 = \frac{v_A}{R} \qquad \omega_2 = \frac{v_A}{l\cos\theta} \qquad v_C = \frac{l}{2}\omega_2 = \frac{v_A}{2\cos\theta}$$

据此，得到系统在两位置的动能分别为

$$T_1 = 0$$

$$T_2 = \frac{1}{2}Mv_A^2 + \frac{1}{2}J_A\omega_1^2 + \frac{1}{2}mv_C^2 + \frac{1}{2}J_C\omega_2^2$$

将运动学关系是代入动能 T_2 表达式，考虑到

$$J_A = \frac{1}{2}MR^2 \qquad J_C = \frac{1}{12}ml^2$$

则有

$$T_2 = (\frac{3}{4}M + \frac{1}{6\cos^2\theta}m)v_A^2$$

(3)应用机械能守恒定律。

将上述结果代入机械能守恒定律表达式

$$T_1 + V_1 = T_2 + V_2$$

得到

$$V_1 = (\frac{3}{4}M + \frac{1}{6\cos^2\theta}m)v_A^2 + mg(R + \frac{l}{2}\cos\theta) + MgR$$

将上式对时间求一次导数，有

$$(\frac{3}{2}M + \frac{1}{3\cos^2\theta}m)v_A\dot{v}_A + (\frac{\sin\theta\dot{\theta}}{3\cos^3\theta}m)v_A^2 - mg\frac{l}{2}\sin\theta\dot{\theta} = 0$$

注意到

$$\dot{v}_A = a_A \qquad \dot{\theta} = \omega_2 = \frac{v_A}{l\cos\theta}$$

则

$$(\frac{3}{2}M + \frac{1}{3\cos^2\theta}m)a_A + (\frac{\sin\theta}{3l\cos^4\theta}m)v_A^2 - mg\frac{1}{2}\tan\theta = 0$$

上式对 $\theta \geqslant 45°$ 到 B 端离开墙面之前的全过程均成立。

当 $\theta = 45°$ 时，$v_A = 0$，代入上式有

$$a_A = \frac{3mg}{9M + 4m}$$

本例讨论：(1)本例也可应用积分形式的动能定理求解，所得结果是一致的。读者可自行

验证。

(2) 当系统从静止开始运动瞬时，物体上各点的速度、刚体的角速度均为零，要想求该瞬时的加速度，须首先考察系统在任意位置的动能和势能，然后才可能对机械能守恒定律的表达式求导数。

(3) 因为机械能守恒定律给出的是一个标量方程，只能解一个未知量，因此对于本例中两个平面运动的刚体，要应用刚体平面运动的速度分析方法，将所有的运动量用一个未知量表示。

8.6　小结与讨论

8.6.1　本章小结

(1) 牛顿第二定律与动量定理的微分形式。

应用牛顿第二定律

$$m\boldsymbol{a} = \boldsymbol{F}$$

可以导出质点系的动量定理的微分形式

$$\frac{\mathrm{d}\boldsymbol{p}}{\mathrm{d}t} = \sum \boldsymbol{F}_i^{\mathrm{e}} = \boldsymbol{F}_{\mathrm{R}}^{\mathrm{e}}$$

引入质心的概念将动量表达式

$$\boldsymbol{p} = \sum m_i \boldsymbol{v}_i = M\boldsymbol{v}_C$$

代入上式后，便得到质心运动定理

$$m\boldsymbol{a}_C = \boldsymbol{F}_{\mathrm{R}}^{\mathrm{e}}$$

比较牛顿第二定律和质心运动定理，可以发现二者具有基本相同的形式。但前者适用于质点，而后者适用于质点系。

质点系对点 O 的动量矩：$\boldsymbol{L}_O = \sum \boldsymbol{r}_i \times m_i\boldsymbol{v}_i$

质点系对定点 O 的动量矩定理：$\dfrac{\mathrm{d}\boldsymbol{L}_O}{\mathrm{d}t} = \boldsymbol{M}_O^{\mathrm{e}}$

刚体定轴转动微分方程：$J_z\alpha = M_z^{\mathrm{e}}$

力的功是力对物体作用的累积效应的度量：

$$W_{1-2} = \int_{\widehat{12}} \boldsymbol{F}\cdot\mathrm{d}\boldsymbol{r} = \int_s F\cos\angle(\boldsymbol{F},\boldsymbol{\tau})\mathrm{d}s = \int_{\widehat{12}} (F_x\mathrm{d}x + F_y\mathrm{d}y + F_z\mathrm{d}z)$$

弹簧力的功：$W_{1-2} = \dfrac{1}{2}k(x_1^2 - x_2^2)$

$$W_{1-2} = \frac{1}{2}k(\theta_1^2 - \theta_2^2)$$

刚体上力偶的功：$W_{1-2} = \int_{\varphi_1}^{\varphi_2} M\mathrm{d}\varphi$

(2) 动能是物体机械运动的一种度量。

质点系的动能：$T = \sum \dfrac{1}{2}m_i v_i^2$

平移刚体的动能：$T=\frac{1}{2}mv_C^2$

定轴转动刚体的动能：$T=\frac{1}{2}J_z\omega^2$

平面运动刚体的动能：$T=\frac{1}{2}mv_C^2+\frac{1}{2}J_{Cz}\omega^2=\frac{1}{2}J_{C^*z}\omega^2$

(3)动能定理。

微分形式：$\mathrm{d}T=\mathrm{d}W$

积分形式：$T_2-T_1=W_{1-2}$

有势力在有限路程上所做的功仅与其起点和终点的位置有关，而与其作用点所经过的路径无关。

势能是系统从这一位置到势能零点时，其上有势力所做的功。

机械能守恒：系统仅在有势力作用下运动时，其机械能保持不变，即

$$T+V=E=常数$$

8.6.2 讨论

1. 几个有意义的实例

1)驱动汽车行驶的力

一辆大马力的汽车，如图 8-27 所示，在崎岖不平的山路上可以畅通无阻。一旦开到结冰的光滑河面上，它却寸步难行。同一辆汽车，同样的发动机，为何有不同的结果？不要忘记在汽车的发动机中，气体的压力是汽车行驶的原动力啊，你能解释清楚吗？

2)直升飞机尾桨的平衡作用

直升机的旋翼转动时，空气对飞机产生升力，故它又称为升力螺旋桨。现在假设升力与重力相平衡，即直升机处于悬停状态，旋翼以等角速 ω 绕定轴 z 转动(图 8-28(a))。

考察直升机整体系统。空气除对其产生升力外，还产生气动阻力偶 $\boldsymbol{M}_r$。$\boldsymbol{M}_r$ 作用在旋翼上，也是作用在整体系统上，其方向与 ω 相反。这样，根据式(8-23)的第三式，如果没有尾桨，机身将在 $\boldsymbol{M}_r$ 作用下，产生与角速度 ω 反向的旋转。而尾桨旋转时，空气对其叶片产生垂直于纸面向内的气动力 $\boldsymbol{F}$，并使该力对轴 z 之矩与阻力偶 $\boldsymbol{M}_r$ 大小相等，方向相反，即 $M_z(\boldsymbol{F})=M_r$，以使机身在空中保持平衡。

尾桨平衡作用

上述问题还可以将整体系统分为旋翼与机身两个子系统进行分析(图 8-28(b)、图 8-28(c))。旋翼受气动阻力偶 $\boldsymbol{M}_r$ 与发动机的内主动力偶(对现在的考察对象则为外主动力偶)$\boldsymbol{M}$ 作用。因 $\boldsymbol{M}_r=-\boldsymbol{M}$，故据式(8-26)，旋翼以等角速 ω 旋转。另外，机身上受到反作用力偶 $\boldsymbol{M}'$ 的作用，若要维持飞机在空中悬停，即要尾桨提供上述力 $\boldsymbol{F}$，以使 $M'=-M_z(\boldsymbol{F})$。

一般的玩具直升机上没有尾桨。当上紧旋翼的发条，并让旋翼转动的同时置于地上，则尽管地面作用其支承轮以摩擦力，但机身仍然做与旋翼角速度方向相反的转动。

单旋翼直升机用以平衡旋翼反作用力偶、实现航向操纵和稳定的尾部螺旋桨，简称尾桨。其转轴一般垂直于机身对称平面，桨叶多为 2～6 片。

以上只对尾桨产生气动力矩 $M_z(\boldsymbol{F})$ 用以平衡旋翼上的气动阻力偶 M_r 的作用做了分析。尾桨的其他功能如操纵航向并使其保持稳定等不再赘述。

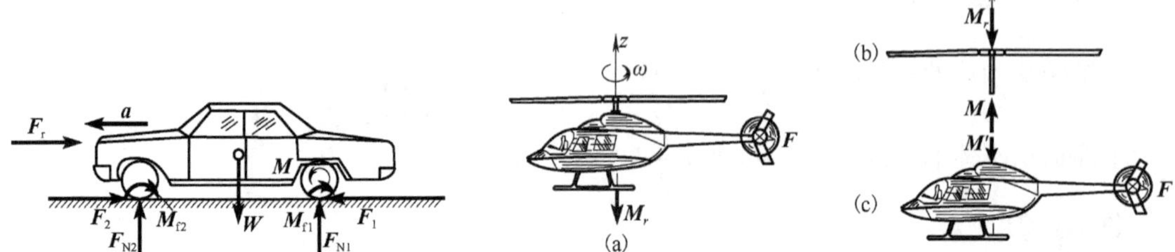

图 8-27　驱动汽车行驶的力　　　图 8-28　直升飞机整体系统与旋翼、机身子系统

此外，根据动量定理，作用在尾桨上的气动力 $\boldsymbol{F}$ 会使直升飞机的质心产生由纸面向纸内的运动，这可由倾斜主旋翼轴产生的另一与之相反方向的气动力与之平衡来解决。这里不再详述。

2. 质点系矢量动力学的两个矢量系(外力系与动量系)及其关系

如图 8-29(a)所示，作用在由 n 个质点组成的质点系上的外力系 $(\boldsymbol{F}_1,\cdots,\boldsymbol{F}_n)$，其基本特征量：主矢 $\boldsymbol{F}_{\mathrm{R}}^{\mathrm{e}}=\sum\boldsymbol{F}_i$，对点 O 的主矩 $\boldsymbol{M}_O^{\mathrm{e}}=\sum\boldsymbol{M}_O(\boldsymbol{F}_i^{\mathrm{e}})$。

如图 8-29(b)所示，作用在同一质点系上的动量系 $(m_1\boldsymbol{v}_1,\cdots,m_n\boldsymbol{v}_n)$，其基本特征量：主矢，即质点系动量，$\boldsymbol{p}=\sum m_i\boldsymbol{v}_i$；对点 O 的主矩，即质点系对同点的动量矩，$\boldsymbol{L}_O=\sum\boldsymbol{r}_i\times m_i\boldsymbol{v}_i$。

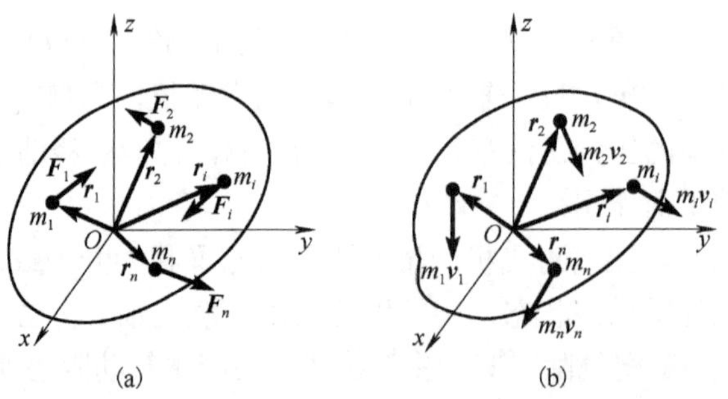

图 8-29　同一质点系的外力系与动量系

两个矢量系的关系：①动量系主矢对时间的变化率等于外力系的主矢，即为质点系动量定理 $\dfrac{\mathrm{d}\boldsymbol{p}}{\mathrm{d}t}=\boldsymbol{F}_{\mathrm{R}}^{\mathrm{e}}$；②动量系对定点 O(或质心 C)的主矩对时间的变化率等于外力系对同一点的主矩，即质点系动量矩定理 $\dfrac{\mathrm{d}\boldsymbol{L}_O}{\mathrm{d}t}=\boldsymbol{M}_O^{\mathrm{e}}$ 或 $\dfrac{\mathrm{d}\boldsymbol{L}_C}{\mathrm{d}t}=\boldsymbol{M}_C^{\mathrm{e}}$。

3. 突然解除约束问题

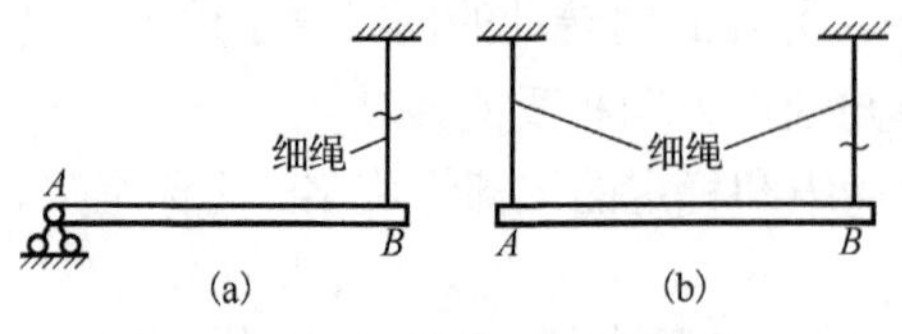

图 8-30　突然解除约束问题

图 8-30 所示为用刚性细绳以不同形式悬挂的匀质杆 AB。杆长均为 l，质量均为 m，若突然将 B 端细绳剪断，请读者分析二种情形下 A 端的约束力。这类问题称为**突然解除约束问题，简称突解约束问题**。

突解约束问题的力学特征：系统解除约束后，其自由度一般会增加；解除约束的前后瞬时，其一阶运动量(速度与角速度)连续，但二阶运动量(加速度与角加速度)发生突变。因此，突解约束问题属于动力学问题，而不属于静力学问题。

4. 正确计算刚体平面运动的动能

这是应用动能定理乃至于综合应用动力学普遍定理解题的重要方面。请读者分析下列问题。

图 8-31 所示为一个椭圆摆。匀质杆 $AB=l$，质量为 m，其一端 A 铰接无重的小滚轮，可在轴 Ox 上自由滑动。系统有两个自由度，广义坐标 $q=(x,\theta)$。从运动学角度看，可将杆 AB 做平面运动分解为跟随基点 A 的平移和相对基点 A 的转动。相应地，将杆的动能写成 $T_{AB}=\dfrac{1}{2}m\dot{x}_A^2+\dfrac{1}{2}J_A\dot{\theta}^2$，式中，$J_A$ 为杆 AB 对其端点 A 的转动惯量。这一动能是正确吗？

图 8-32 所示为外接行星轮机构。质量为 m、半径为 r 的小轮 A 在半径为 R 的固定大轮 O 上做纯滚动。曲柄 OA 不计质量，以角速度 ω 绕定轴 O 转动。从运动学角度看，小轮在图示瞬时绕其上与大轮相接触点 C 做瞬时转动，即点 C^* 是小轮的速度瞬心。请读者分析，小轮的动能能否写成 $T=\dfrac{1}{2}J_{C^*}\cdot\omega_A^2$？式中，$J_{C^*}$ 为小轮对点 C^* 的转动惯量，ω_A 是轮 A 的角速度，$\omega_A=\dfrac{(R+r)\omega}{r}$。小轮的动能式还有没有其他写法？

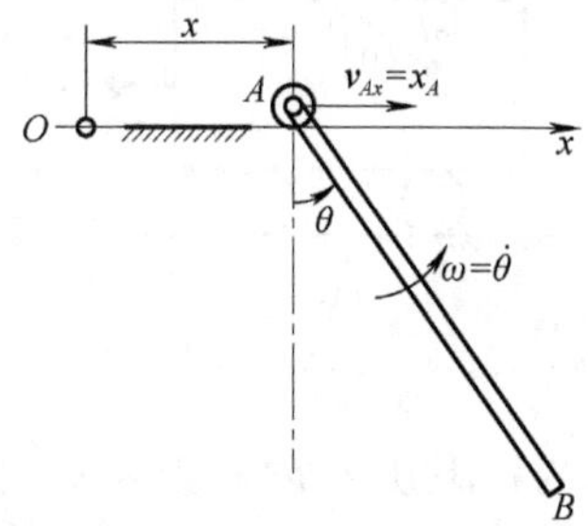

图 8-31　椭圆摆的动能计算

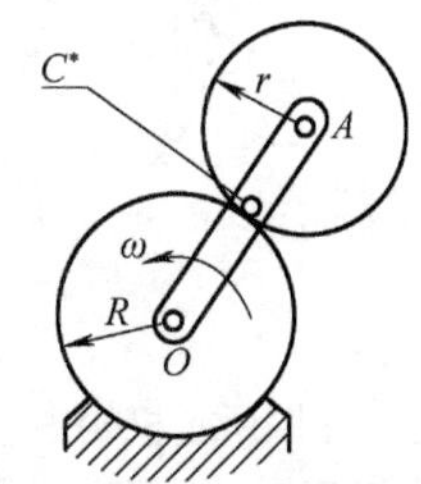

图 8-32　外接行星轮的动能计算

5. 运动学中的速度(含角速度)分析方法与质点系(含二维刚体)动能的计算

运动学为点的速度与二维刚体的角速度分析提供了以下方法。

(1) 点的运动学方法：恰当选择描述点的运动坐标后，写出点的运动方程组。再将该方程组对时间求一次导数，即得点的速度；

(2) 点的复合运动方法：正确选择动点与动系是这一方法的关键；

(3) 平面运动方法：包括基点法、速度投影法和速度瞬心法。

请读者对以下两种系统列写出动能式。列写时每个系统都用两种方法并加以比较。

图 8-33(a) 所示为半径 r、不计质量的大圆环绕其圆周上的点 O，以等角速度 ω 做定轴转动。大环上套一质量为 m 的小环。小环可在光滑的大环上自由滑动。

图 8-33(b) 所示为长 l，质量为 m 的匀质杆 AB。杆的一端 A 以速度 $\boldsymbol{v}_A$ 在铅垂墙面上滑动，其另一端 B 则在水平地面上滑动。

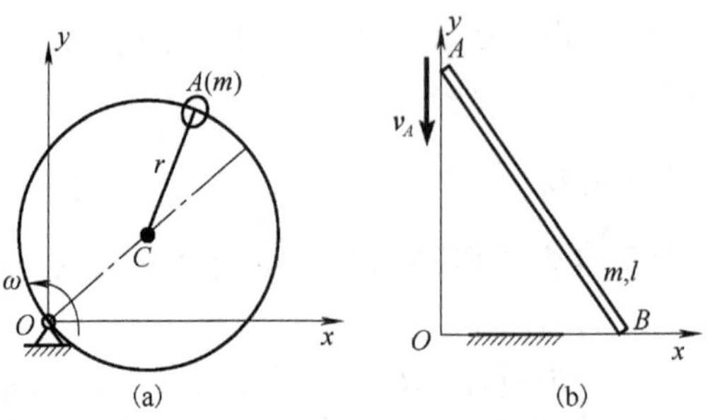

图 8-33　对两种系统列写动能式

习　　题

8-1　计算下列图示情况下系统的动量。

(1)已知 $OA=AB=l$，ω为常量，均质连杆 AB 的质量为 m，而曲柄 OA 和滑块 B 的质量不计。($\theta=45°$)(习题 8-1 图(a))。

(2)质量均为 m 的均质细杆 AB、BC 和均质圆盘 CD 用铰链连接在一起并支承如习题 8-1 图(b)。已知 $AB=BC=CD=2R$，图示瞬时 A、B、C 处于同一水平直线位置，而 CD 铅直，杆 AB 以角速度 ω 转动。

(3)如习题 8-1 图(c)所示，小球 M 质量为 m_1，固结在长为 l、质量为 m_2 的均质细杆 OM 上，杆的一端 O 铰接在不计质量且以速度 $\boldsymbol{v}$ 运动的小车上，杆 OM 以角速度 ω 绕轴 O 转动。

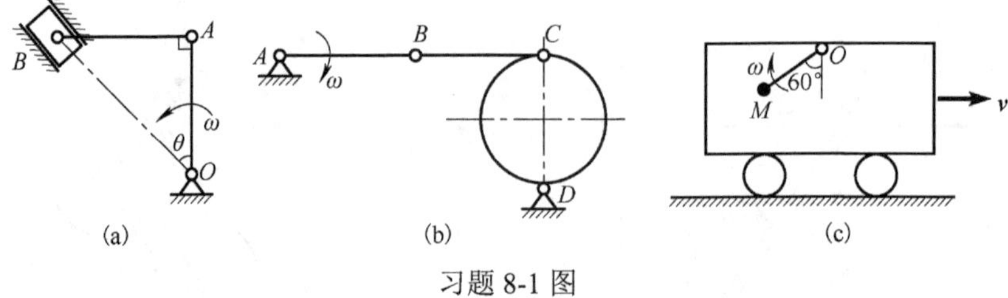

习题 8-1 图

8-2　如习题 8-2 图所示机构中，已知均质杆 AB 质量为 m，长为 l；均质杆 BC 质量为 $4m$，长为 $2l$。图示瞬时杆 AB 的角速度为 ω，求此时系统的动量。

8-3　两均质杆 AC 和 BC 的质量分别为 m_1 和 m_2，在点 C 用铰链连接，两杆立于铅垂平面内，如习题 8-3 图所示。设地面光滑，两杆在图示位置无初速倒向地面。问当 $m_1=m_2$ 和 $m_1=2m_2$ 时，点 C 的运动轨迹是否相同。

8-4　如习题 8-4 图所示水泵的固定外壳 D 和基础 E 的质量为 m_1，曲柄 $OA=d$，质量为 m_2，滑道 B 和活塞 C 的质量为 m_3。若曲柄 OA 以角速度 ω 做匀角速转动，试求水泵在唧水时给地面的动压力(曲柄可视为匀质杆)。

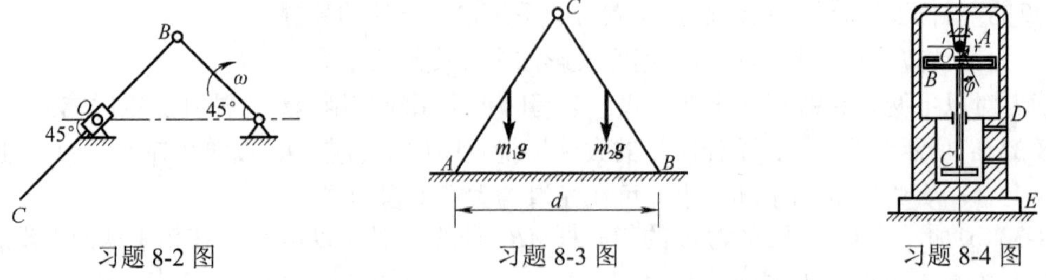

习题 8-2 图　　习题 8-3 图　　习题 8-4 图

8-5　如习题 8-5 图所示均质滑轮 A 质量为 m，重物 M_1、M_2 质量分别为 m_1 和 m_2，斜面的倾角为 θ，忽略摩擦。试求重物 M_2 的加速度 $\boldsymbol{a}$ 及轴承 O 处的约束力(表示成 a 的函数)。

8-6 板 AB 质量为 m，放在光滑水平面上，其上用铰链连接四连杆机构 $OCDO_1$，如习题 8-6 图所示。已知 $OC = O_1D = b$，$CD = OO_1$，均质杆 OC、O_1D 质量皆为 m_1，均质杆 CD 质量为 m_2，当杆 OC 从与铅垂线夹角为 θ 由静止开始转到水平位置时，求板 AB 的位移。

8-7 匀质杆 AB 长 $2l$，B 端放置在光滑水平面上。杆在习题 8-7 图所示位置自由倒下，试求点 A 轨迹方程。

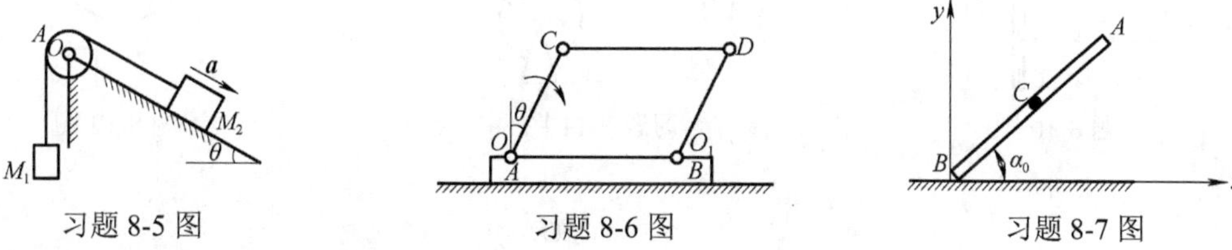

习题 8-5 图　　习题 8-6 图　　习题 8-7 图

8-8 计算下列情形下系统的动量矩。

(1) 圆盘以角速度 ω 绕轴 O 转动，质量为 m 的小球 M 可沿圆盘的径向凹槽运动，如习题 8-8 图(a)所示，瞬时小球以相对于圆盘的速度 $\boldsymbol{v}_r$ 运动到 $OM = s$ 处。

(2) 如习题 8-8 图(b)所示，质量为 m 的偏心轮在水平面上做平面运动。轮心为 A，质心为 C，且 $AC = e$；轮子半径为 R，对轮心 A 的转动惯量为 J_A；C、A、B 三点在同一铅垂线上。①当轮子只滚不滑时，若 $\boldsymbol{v}_A$ 已知，求轮子的动量和对点 B 的动量矩；②当轮子又滚又滑时，若 $\boldsymbol{v}_A$、ω 已知，求轮子的动量和对点 B 的动量矩。

8-9 如习题 8-9 图所示系统中，已知鼓轮以角速度 ω 绕轴 O 转动，其大、小半径分别为 R、r，对 O 轴的转动惯量为 J_O，物块 A、B 的质量分别为 m_A 和 m_B，试求系统对轴 O 的动量矩。

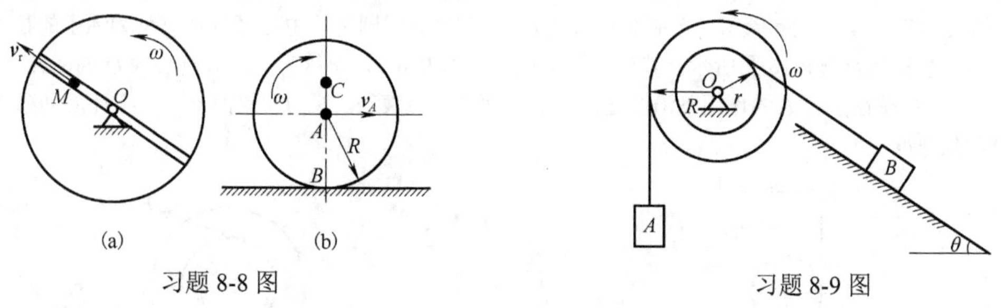

习题 8-8 图　　习题 8-9 图

8-10 如习题 8-10 图所示，匀质细杆 OA 和 EC 的质量分别为 50kg 和 100kg，并在点 A 焊成一体。若此结构在图示位置由静止状态释放，计算刚释放时，杆的角加速度及铰链 O 处的约束力，不计铰链摩擦。

8-11 卷扬机机构如习题 8-11 图所示。可绕固定轴转动的轮 B、C，其半径分别为 R 和 r，对自身转轴的转动惯量分别为 J_1 和 J_2。被提升重物 A 的质量为 m，作用于轮 C 的主动转矩为 M，求重物 A 的加速度。

8-12 如习题 8-12 图所示，电动绞车提升一质量为 m 的物体，在其主动轴上作用一矩为 M 的主动力偶。已知主动轴和从动轴连同安装在这两轴上的齿轮以及其他附属零件对各自转动轴的转动惯量分别为 J_1 和 J_2，传动比 $r_1 : r_2 = i$，吊索缠绕在鼓轮上，此轮半径为 R。设轴承的摩擦和吊索的质量忽略不计，求重物的加速度。

8-13 均质细杆长 $2l$，质量为 m，放在两个支承 A 和 B 上，如习题 8-13 图所示。杆的质心 C 到两支承的距离相等，即 $AC = CB = e$。现在突然移去支承 B，求在移去支承 B 瞬时支承 A 上压力的改变量 ΔF_A。

8-14 为了求得连杆的转动惯量，用一细圆杆穿过十字头销 A 处的衬套管，并使连杆绕这细杆的水平轴线摆动，如习题 8-14 图(a)、(b)所示。摆动 100 次半周期 T 所用的时间为 $100T = 100$s。另外，如图(c)所示，为了求得连杆重心到悬挂轴的距离 $AC = d$，将连杆水平放置，在点 A 处用杆悬挂，点 B 放置于台秤上，台秤的读数 $F = 490$N。已知连杆质量为 80kg，A 与 B 间的距离 l=1m，十字头销的半径 $r = 40$mm。试求连杆对于通过重心 C 并垂直于图面的轴的转动惯量 J_C。

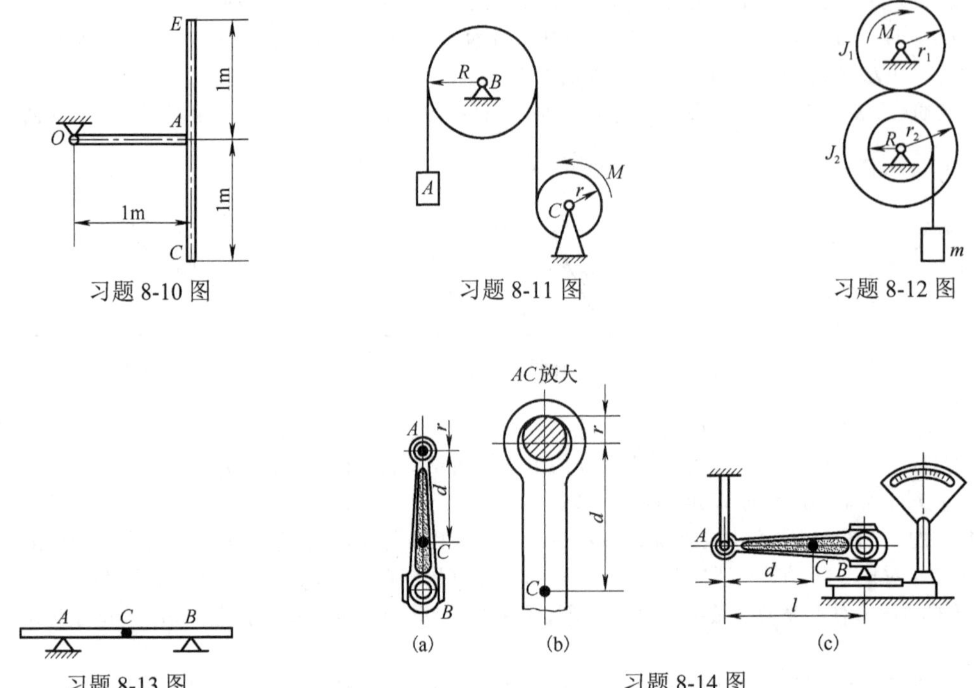

习题 8-10 图　　习题 8-11 图　　习题 8-12 图

习题 8-13 图　　习题 8-14 图

8-15　如习题 8-15 图所示，圆柱体 A 的质量为 m，在其中部绕以细绳，绳的一端 B 固定。圆柱体沿绳子解开的而降落，其初速为零。求当圆柱体的轴降落了高度 h 时圆柱体中心 A 的速度 v 和绳子的拉力 $\boldsymbol{F}_{\mathrm{T}}$。

8-16　鼓轮如习题 8-16 图所示，其外、内半径分别为 R 和 r，质量为 m，对质心轴 O 的回转半径为 ρ，且 $\rho^2 = R \cdot r$，鼓轮在拉力 $\boldsymbol{F}$ 的作用下沿倾角为 θ 的斜面往上纯滚动，$\boldsymbol{F}$ 力与斜面平行，不计滚动摩阻。试求质心 O 的加速度。

习题 8-15 图　　习题 8-16 图

8-17　如习题 8-17 图所示重物 A 的质量为 m，当其下降时，借无重且不可伸长的绳使滚子 C 沿水平轨道滚动而不滑动。绳子跨过定滑轮 D 并绕在滑轮 B 上。滑轮 B 与滚子 C 固结为一体。已知滑轮 B 的半径为 R，滚子 C 的半径为 r，二者总质量为 m，其对于图面垂直的轴 O 的回转半径为 ρ。求重物 A 的加速度。

8-18　如习题 8-18 图所示，匀质圆柱体质量为 m，半径为 r，在力偶作用下沿水平面做纯滚动。若力偶的力偶矩 M 为常数，滚动阻碍系数为 δ，求圆柱中心 O 的加速度及其与地面的静滑动摩擦力。

8-19　习题 8-19 图所示匀质圆盘的质量为 16kg，半径为 100mm，与地面间的动滑动摩擦因数 f=0.25。若球心 O 的初速度 $v_O = 400\mathrm{mm/s}$，初角速度 $\omega = 2\mathrm{rad/s}$，试问经过多少时间后球停止滑动？此时球心速度为多大？

8-20　跨过定滑轮 D 的细绳，一端缠绕在均质圆柱体 A 上，另一端系在光滑水平面上的物体 B 上，如习题 8-20 图所示。已知圆柱 A 的半径为 r，质量为 m_1；物块 B 的质量为 m_2。试求物块 B 和圆柱质心 C 的加速度以及绳索的拉力。滑轮 D 和细绳的质量以及轴承摩擦忽略不计。

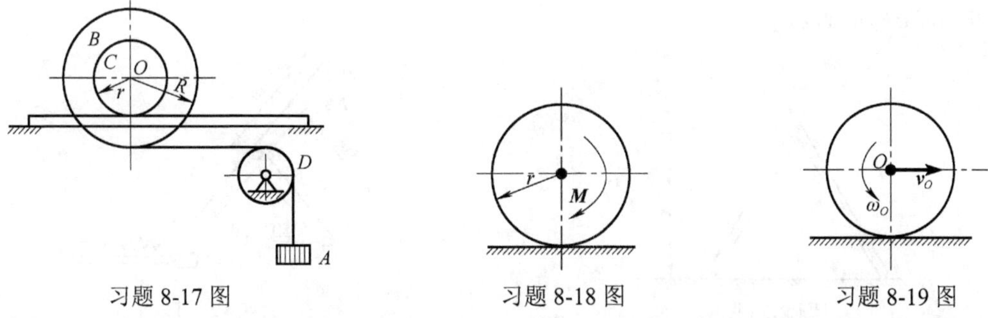

习题 8-17 图　　习题 8-18 图　　习题 8-19 图

8-21　如习题 8-21 图所示，圆轮 A 的半径为 R，与其固连的轮轴半径为 r，两者的重力共为 $\boldsymbol{W}$，对质心 C 的回转半径为 ρ，缠绕在轮轴上的软绳水平地固定于点 D。均质平板 BE 的重力为 $\boldsymbol{Q}$，可在光滑水平面上滑动，板与圆轮间无相对滑动。若在平板上作用一水平力 $\boldsymbol{F}$，试求平板 BE 的加速度。

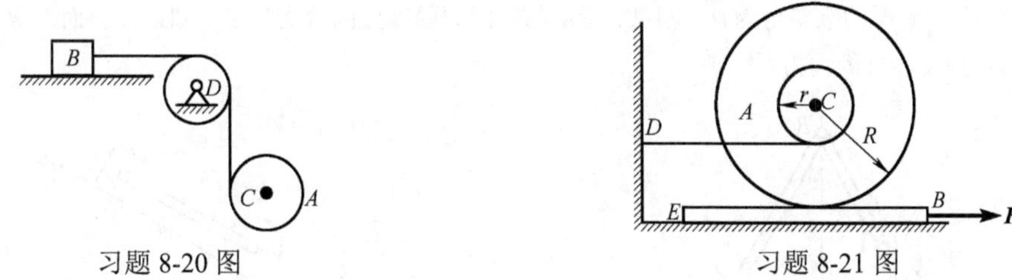

习题 8-20 图　　习题 8-21 图

***8-22**　习题 8-22 图所示匀质细长杆 AB，质量为 m，长度为 l，在铅垂位置由静止释放，借 A 端的小滑轮沿倾斜角为 θ 的轨道滑下。不计摩擦和小滑轮的质量，试求刚释放时点 A 的加速度。

***8-23**　匀质细长杆 AB，质量为 m，长为 l，$CD=d$，与铅垂墙间的夹角为 α，D 棱是光滑的。在习题 8-23 图所示位置将杆突然释放，试求刚释放时，质心 C 的加速度和 D 处的约束力。

习题 8-22 图　　习题 8-23 图

8-24　习题 8-24 图(a)与图(b)分别为圆盘和圆环，二者质量均为 m，半径均为 r，均置于距地面为 h 的斜面上，斜面倾角为 α，盘与环都从时间 $t=0$ 开始，在斜面上做纯滚动。分析圆盘与圆环哪一个先到达地面。

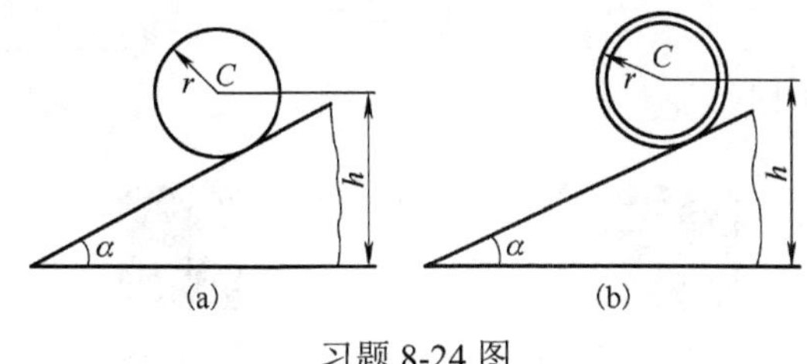

习题 8-24 图

8-25　两匀质杆 AC 和 BC 质量均为 m，长度均为 l，在点 C 由光滑铰链相连接，A、B 端放置在光滑水平面上，如习题 8-25 图所示。杆系在铅垂面内的图示位置由静止开始运动，试求铰链 C 落到地面时的速度。

8-26　系统在习题 8-26 图所示位置处于平衡。其中，匀质细杆 ABC 与 BD 的质量分别为 6kg 与 3kg，滑块的质量为 1kg。弹簧刚度 k=200N/m。现有方向向下的常力 F=100N 作用在杆 ABC 的 A 端，试求杆 ABC

转过 20° 后应有的角速度 ω_2。

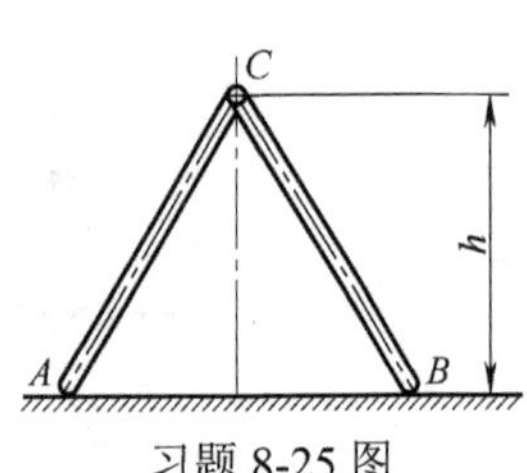

习题 8-25 图

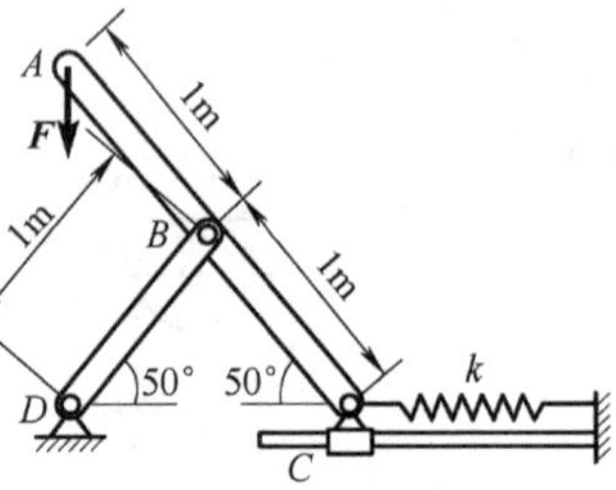

习题 8-26 图

8-27　二匀质细杆长度均为 l，质量均为 m，相互在点 B 铰接并在铅垂面内运动。习题 8-27 图所示为系统的初始位置并处于静止，然后在常力偶 M 作用下杆 AB 发生运动。试求点 A 与点 O 接触时，点 A 的速度 v_A。

8-28　如习题 8-28 图所示，圆盘和滑块的质量均为 m，圆盘的半径为 r，且可视为匀质。杆 OA 平行于斜面，质量不计。斜面的倾斜角为 θ，圆盘、滑块与斜面间的摩擦因数均为 f，圆盘在斜面上做无滑动滚动。试求滑块的加速度和杆的内力。

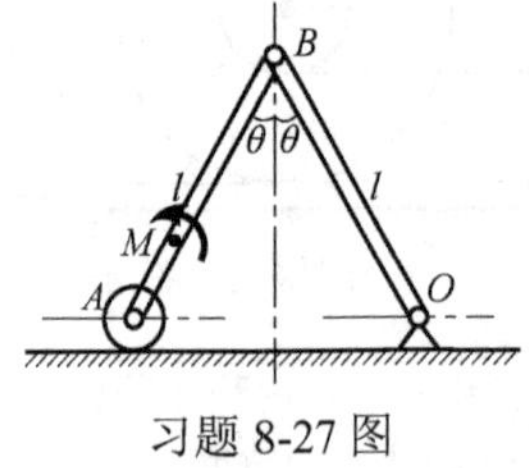

习题 8-27 图

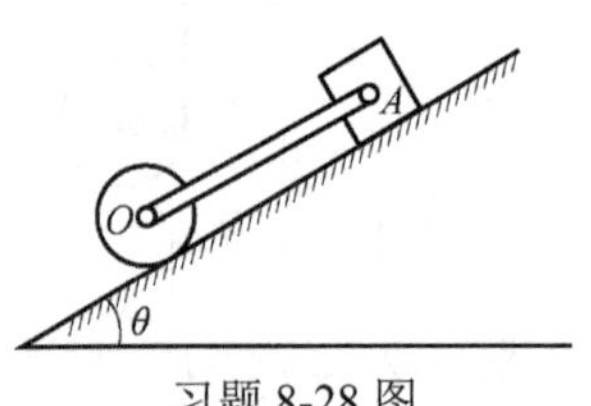

习题 8-28 图

8-29　如习题 8-29 图所示，匀质圆盘的质量为 m，半径为 r，在 $\theta=0$ 位置，受微小扰动后由静止状态沿半径为 R 的圆弧面滚下。试求圆盘与圆弧面间的法向约束力，并表为 θ 角的函数。

8-30　如习题 8-30 图所示，匀质细杆 AB，长度为 l，一端 A 靠在光滑的铅垂墙上，而其另一端 B 则放在光滑的水平地面上，并与水平面的夹角为 φ，杆由静止状态开始倒下。(1) 试求杆的角速度和角加速度；(2) 当杆脱离墙时，试求此时杆与水平面所成的角 φ_1。

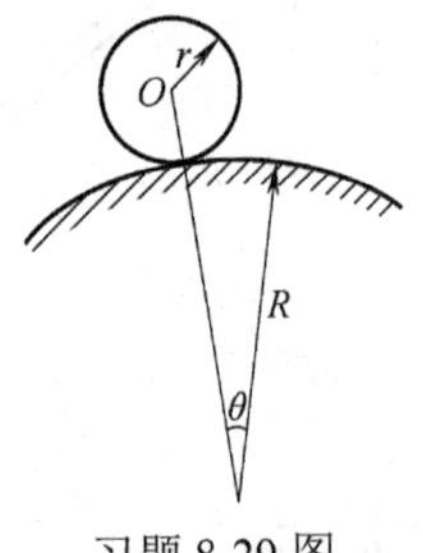

习题 8-29 图

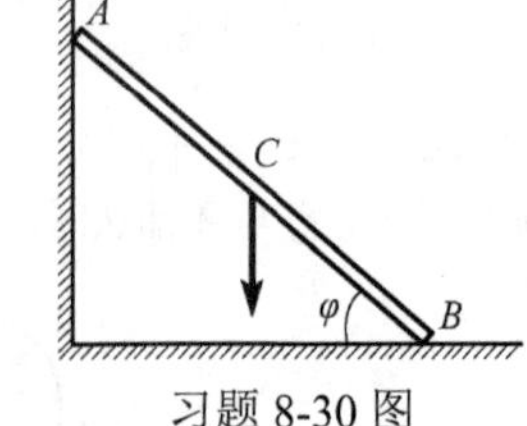

习题 8-30 图

惯性力与达朗贝尔原理

刚体惯性力系的简化

小结与讨论

习题

第四篇　材 料 力 学

材料力学(mechanics of materials)主要研究对象是弹性体。对于弹性体，除了平衡问题外，还将涉及变形以及力和变形之间的关系。此外，由于变形，在材料力学中还将涉及弹性体的失效以及与失效有关的设计准则。

将材料力学理论和方法应用于工程，即可对杆类构件或零件进行常规的静力学设计，包括强度、刚度和稳定性设计。

第 9 章　材料力学的基本概念

在工程静力学中，忽略了物体的变形，将所研究的对象抽象为刚体。实际上，任何固体受力后其内部质点之间均将产生相对运动，使其初始位置发生改变，称之为**位移**(displacement)，从而导致物体发生**变形**(deformation)。

工程上，绝大多数物体的变形均被限制在弹性范围内，即当外加载荷消除后，物体的变形随之消失，这时的变形称为**弹性变形**(elastic deformation)，相应的物体称为**弹性体**(elastic body)。

本章介绍材料力学的基本概念。

材料力学所涉及的内容分属于两个学科。一是**固体力学**(solid mechanics)，即研究物体在外力作用下的应力、变形和能量，统称为**应力分析**(stress analysis)。但是，材料力学又不同于固体力学，材料力学所研究的仅限于杆类物体，例如杆、轴、梁等。二是**材料科学**(materials science)中的**材料的力学行为**(mechanical behaviours of materials)，即研究材料在外力和温度作用下所表现出的**力学性能**(mechanical property)和**失效**(failure)行为。但是，材料力学所研究的仅限于材料的宏观力学行为，不涉及材料的微观机理。

以上两方面的结合使材料力学成为**工程设计**(engineering design)的重要组成部分，即设计出杆状构件或零部件的合理形状和尺寸，以保证它们具有足够的强度、刚度和稳定性。

9.1　关于材料的基本假定

组成构件的材料，其微观结构和性能一般都比较复杂。研究构件的应力和变形时，如果考虑这些微观结构上的差异，不仅在理论分析中会遇到极其复杂的数学和物理问题，而且在将理论应用于工程实际时也会带来极大的不便。在材料力学中，需要对材料做一些合理的简化与假定。

1. 均匀连续性假定

均匀连续性假定(homogenization and continuity assumption)——假定材料无空隙、均匀地分布于物体所占的整个空间。

从微观结构看，材料的粒子并非处处连续分布的，但从统计学的角度看，只要所考察的物体之几何尺寸足够大，而且所考察的物体中的每一“点”都是宏观上的点，则可以认为物体的全部体积内材料是均匀、连续分布的。根据这一假定，物体内的受力、变形等力学量可以表示为各点坐标的连续函数，从而有利于建立相应的数学模型。

2. 各向同性假定

各向同性假定(isotropy assumption)——假定弹性体在所有方向上均具有相同的物理和力学性能。根据这一假定，可以用一个参数描写各点在各个方向上的某种力学性能。

大多数工程材料虽然微观上不是各向同性的，例如金属材料，其单个晶粒呈**各向异性**(anisotropy)，但当它们形成多晶聚集的金属时，呈随机取向，因而在宏观上表现为各向同性。

3. 小变形假定

小变形假定(assumption of small deformation)——假定物体在外力作用下所产生的变形与物体本身的几何尺寸相比是很小的。根据这一假定，当考察变形固体的平衡问题时，一般可以略去变形的影响，因而可以直接应用工程静力学方法。

读者不难发现，在工程静力学中，实际上已经采用了上述关于小变形的假定。因为实际物体都是可变形物体，所谓刚体便是实际物体在变形很小时的理想化，即忽略了变形对平衡和运动规律的影响，从这个意义上讲，在材料力学中，当讨论平衡问题时，仍将沿用刚体概念，而在其他场合，必须代之以弹性体的概念。此外，读者还会在以后的分析中发现，小变形假定在分析变形几何关系等问题时将使问题大大简化。

9.2 外力与内力

9.2.1 外力

作用在结构构件上的外力包括外加载荷和约束力，二者组成平衡力系，外力分为体积力和表面力，简称体力和面力。体力分布于整个物体内，并作用在物体的每一个质点上。重力、磁力以及由于运动加速度在质点上产生的惯性力都是体力。面力是研究对象周围物体直接作用在其表面上的力。

9.2.2 截面法与内力分量

考察图 9-1 所示之两根材料和尺寸都完全相同的直杆，所受的载荷($\boldsymbol{F}_{\mathrm{P}}$)大小亦相同，但方向不同。图 9-1(a)所示之梁将远先于图 9-1(b)所示之拉杆发生破坏，而且二者的变形形式也是完全不同的。可见，在材料力学中不仅要分析外力，还要分析内力。

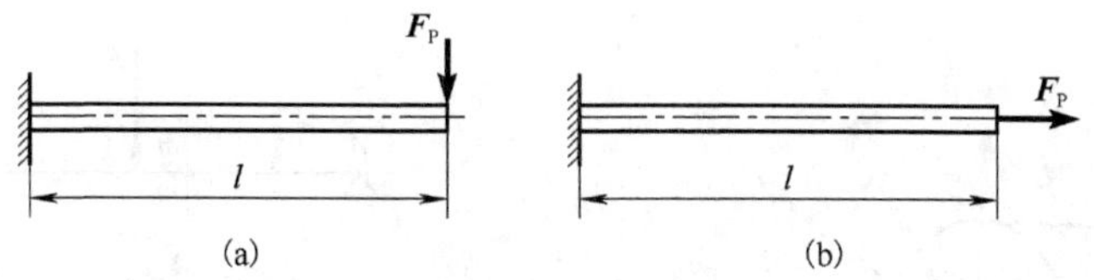

图 9-1　大小相等的外力产生不同的变形和内力

材料力学中的内力不同于工程静力学中物体系统中各个部分之间的相互作用力，也不同于物理学中基本粒子之间的相互作用力，而是指构件受力后发生变形，其内部各点(宏观上的点)的相对位置发生变化，由此而产生的附加内力，即弹性体因变形而产生的内力。这种内力确实存在，例如受拉的弹簧，其内力力图使弹簧恢复原状；人用手提起重物时，手臂肌肉内便产生内力等。

为了揭示承载物体内的内力，通常采用**截面法**(method of sections)。

这种方法是，用一假想截面将处于平衡状态下的承载物体截为 *A*、*B* 两部分，如图 9-2(a)所示。为了使其中任意一部分保持平衡，必须在所截的截面上作用某个力系，这就是 *A*、*B* 两部分相互作用的内力，如图 9-2(b)所示，根据牛顿第三定律，作用在 *A* 部分截面上的内力与作用在 *B* 部分同一截面上的内力在对应的点上，大小相等、方向相反。

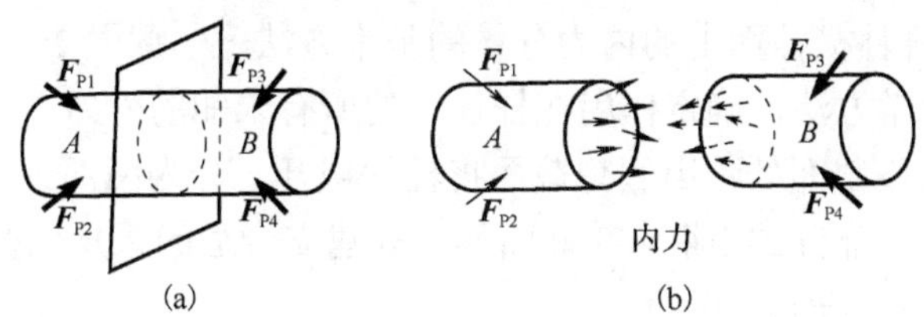

图 9-2　截面法显示弹性体内力

根据材料的连续性假定，作用在截面上的内力应是一个连续分布的力系。在截面上内力分布规律未知的情形下，不能确定截面上各点的内力。但是应用力系简化的基本方法，这一连续分布的内力系可以向截面形心简化为一主矢 $\boldsymbol{F}_R$ 和一主矩 $\boldsymbol{M}$，再将其沿三个特定的坐标轴分解，便得到该截面上的 6 个内力分量，如图 9-3 所示。

图 9-3 中的沿着杆件轴线方向的内力分量 $\boldsymbol{F}_N$ 将使杆件产生沿轴线方向的伸长或缩短变形，称为**轴向力**，简称**轴力**(normal force)；$\boldsymbol{F}_{Qy}$ 和 $\boldsymbol{F}_{Qz}$ 将使两个相邻截面分别产生沿 y 和 z 方向的相互错动，这种变形称为剪切变形，这两个内力分量称为**剪力**(shear force)；内力偶 M_x 将使杆件的两个相邻截面产生绕杆件轴线的相对转动，这种变形称为扭转变形，这一内力偶矩称为**扭矩**(torsional moment，torque)；M_y 和 M_z 则使杆件的两个相邻截面产生绕横截面上的某一轴线的相互转动，从而使杆件在 xz 和 xy 平面内发生弯曲变形，这两个内力偶矩称为**弯矩**(bending moment)。

应用平衡方法，考察所截取的任意一部分的平衡，即可求得杆件横截面上各个内力分量的大小和方向。

以图 9-4 所示梁为例，梁上作用一铅垂方向的集中力 $\boldsymbol{F}_P$，*A*、*B* 二处的约束力分别为 $\boldsymbol{F}_{Ay}$、$\boldsymbol{F}_B$。为求横截面 *m*-*m* 上的内力分量，用假想截面将梁从任意截面 *m*-*m* 处截开，分成左、右两段，任取其中一段作为研究对象，例如左段。

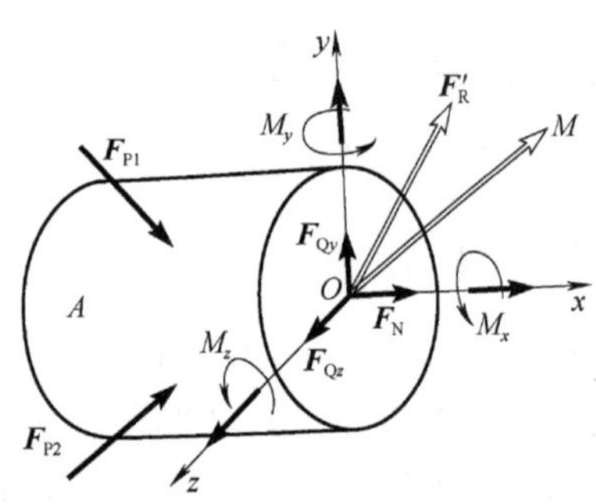

图 9-3　内力与内力分量

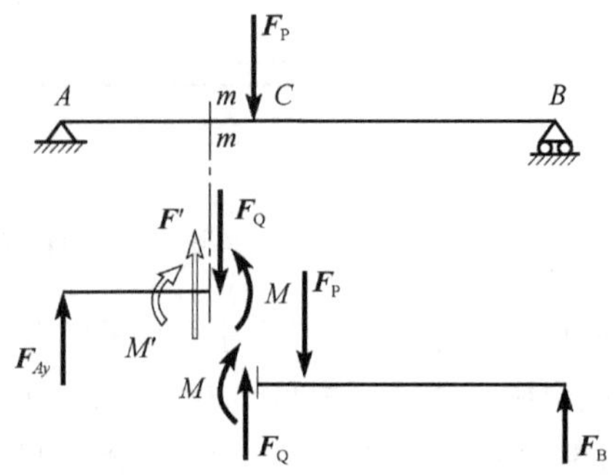

图 9-4　截面法确定杆件横截面上的内力

此时，左段上作用有外力 $\boldsymbol{F}_{Ay}$，为保持平衡，截面 *m-m* 上一定作用有与之平衡的内力，将左段上的所有外力向截面 *m-m* 的形心平移，得到垂直于梁轴线的外力 $\boldsymbol{F}'$及作用在梁对称面内的外力偶矩 M'，根据平衡要求，截面 *m-m* 上必然有剪力 $\boldsymbol{F}_Q$ 和弯矩 M 存在，二者分别与 $\boldsymbol{F}'$与 M'大小相等、方向相反。

若取右段为研究对象，同样可以确定截面 *m-m* 上的剪力与弯矩，所得的剪力与弯矩数值大小是相同的，但由于与左段截面 *m-m* 上的剪力、弯矩互为作用与反作用，故方向相反。

综上所述，确定杆件横截面上的内力分量的基本方法——截面法，一般包含下列步骤：

(1) 应用工程静力学方法，确定作用在杆件上的所有未知的外力；

(2) 在所要考察的横截面处，用假想截面将杆件截开，分为两部分；

(3) 考察其中任意一部分的平衡，在截面形心处建立合适的直角坐标系，由平衡方程计算出各个内力分量的大小与方向；

(4) 考察另一部分的平衡，以验证所得结果的正确性。

需要指出的是，当用假想截面将杆件截开，考察其中任意一部分平衡时，实际上已经将这一部分当作刚体，所以所用的平衡方法与在工程静力学中的刚体平衡方法完全相同。

9.2.3　杆件受力与变形的基本形式

实际杆类构件的受力与变形可以是各式各样的，但都可以归纳为：轴向拉伸(或压缩)、剪切、扭转和弯曲等基本形式，以及由两种或两种以上基本受力与变形形式共同形成的组合受力与变形形式。

1. 拉伸或压缩

当杆件两端承受沿轴线方向的拉力或压力载荷时，杆件将产生轴向伸长或压缩变形。这种受力与变形形式称为轴向拉伸或压缩，简称**拉伸或压缩**(tension or compression)，拉伸和压缩时的变形分别如图 9-5(a) 和 (b) 所示。

拉伸和压缩时，杆横截面上只有轴力 $\boldsymbol{F}_N$ 一个内力分量。

2. 剪切

作用线垂直于杆件轴线的力，称为**横向力**(transverse force)。大小相等、方向相反、作用线互相平行相距很近的两个横向力，作用在杆件上，当这两个力相互错动并保持二者作用线之间的距离不变时，杆件的两个相邻截面将产生相互错动，这种变形称为剪切变形，如图 9-6

所示。这种受力与变形形式称为**剪切**(shear)。

剪切时，杆件横截面上只有剪力 $\boldsymbol{F}_{Q}$($\boldsymbol{F}_{Qy}$或 $\boldsymbol{F}_{Qz}$)一个内力分量。

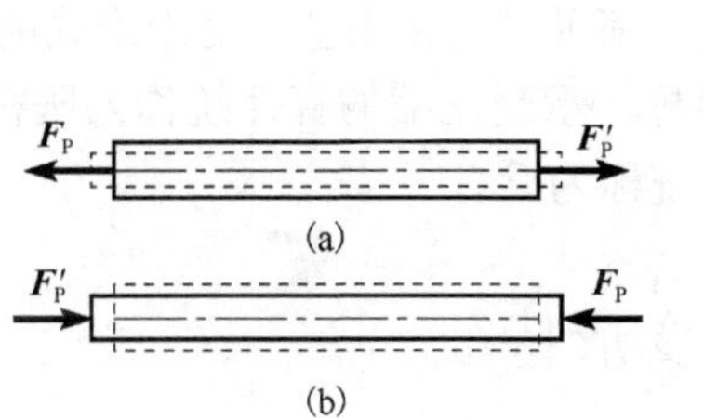

图 9-5　拉伸和压缩时的受力与变形

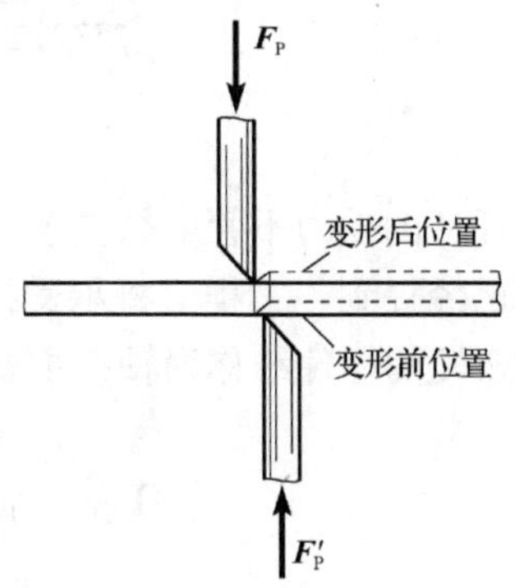

图 9-6　剪切时的受力与变形

3. 扭转

当两个力偶作用面互相平行的两个力偶作用在杆件的两个横截面内时，杆件的横截面将产生绕杆件轴线的相互转动，这种变形称为扭转变形，如图 9-7 所示。杆件的这种受力与变形形式称为**扭转**(torsion or twist)。

杆件承受扭转变形时，其横截面上只有扭矩 M_x 一个内力分量。

4. 平面弯曲

当外加力偶或横向力作用于杆件纵向的某一平面内时(图 9-8)，杆件的轴线将在加载平面内弯曲成曲线。这种变形形式称为**平面弯曲**(plane bending)，简称**弯曲**(bending)。

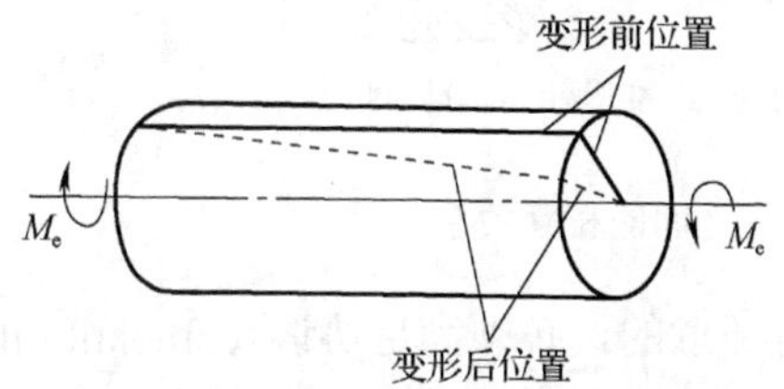

图 9-7　杆件的扭转时的受力与变形

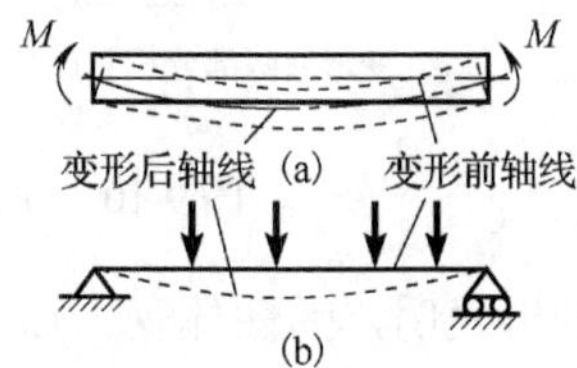

图 9-8　平面弯曲时杆件的受力与变形

图 9-8(a)所示的情形下，杆件横截面上只有弯矩一个内力分量 M(M_y 或 M_z)，这时的平面弯曲称为**纯弯曲**(pure bending)。

对于图 9-8(b)所示之情形，横截面上除弯矩外尚有剪力存在。这种弯曲称为**横向弯曲**(transverse bending)。

5. 组合受力与变形

由上述基本受力形式中的两种或两种以上所共同形成的受力形式即称为组合受力与变形(complex loads and deformation)。例如图 9-9 所示杆件的受力即为拉伸与弯曲的组合受力，其中，力 $\boldsymbol{F}_{P}$ 和力偶 M 都作用在同一平面内，这种情形下，杆件将同时承受拉伸变形与弯曲变形。

杆件承受组合受力与变形时，其横截面上将存在两个或两个以上的内力分量。

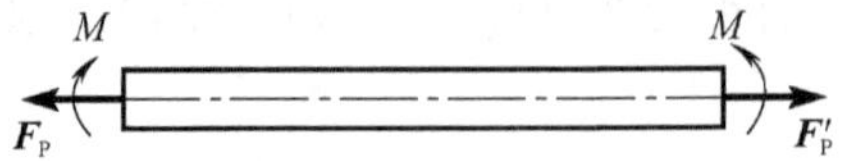

图 9-9　承受拉伸与弯曲共同作用的杆件

实际杆件的受力不管多么复杂，在一定的条件下，都可以简化为基本受力形式的组合。

前面已经提到，工程上将承受拉伸的杆件统称为**杆**；承受压缩的杆件统称为**压杆**或**柱**；主要承受扭转的杆件统称为**轴**；主要承受弯曲的杆件统称为**梁**。

9.3　弹性体受力与变形特征

第 9.2 节已经介绍了弹性体受力后，由于变形其内部将产生相互作用的内力。而且在一般情形下，截面上的内力组成一个非均匀分布力系。

由于整体平衡的要求，对于截开的每一部分也必须是平衡的。因此，作用在每一部分上的外力必须与截面上分布内力相平衡，组成平衡力系。这是弹性体受力、变形的第一个特征。这表明，弹性体由变形引起的内力不能是任意的。

在外力作用下，弹性体的变形应使弹性体各相邻部分既不能断开，也不能发生重叠的现象，图 9-10 为从一弹性体中取出的两相邻部分的三种变形状况，其中图 9-10(a)所示两部分在变形后发生互相重叠，这当然是不正确的；图 9-10(b)所示之两部分在变形后断开了，显然这也是不正确的；图 9-10(c)所示之两部分在变形后协调一致，所以是正确的。

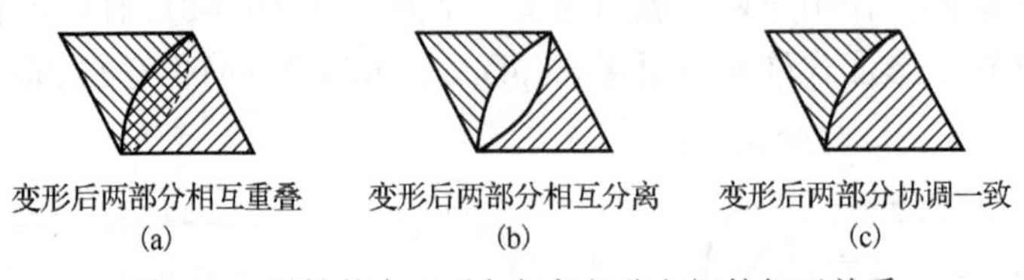

图 9-10　弹性体变形后各相邻部分之间的相互关系

上述分析表明，弹性体受力后发生的变形也不是任意的，必须满足**协调**(compatibility)一致的要求。这是弹性体受力、变形的第二个特征。此外，弹性体受力后发生的变形还与材料的力学性能有关，这表明，受力与变形之间存在确定的关系，称为物性关系。

9.4　杆件横截面上的应力

9.4.1　正应力与切应力定义

前面已经提到，在外力作用下，杆件横截面上的内力是一个连续分布的力系。一般情形下，这个分布的内力系在横截面上各点处的强弱程度是不相等的。材料力学不仅要研究和确定杆件横截面上分布内力系的合力及其分量，而且还要研究和确定横截面上的内力是怎样分布的，进而确定哪些点处内力最大。

例如，对于图 9-1(a)所示之一端固定、另一端自由的梁，读者不难分析出，在集中力 $\boldsymbol{F}_{\mathrm{P}}$ 作用下，各个横截面上的弯矩 M 是不相等的：固定端处的横截面上弯矩 M 最大，但在这个横截面上，内力并非处处相等，而是截面上、下两边上的数值最大，故破坏首先从这些点处开始。

怎样度量一点处内力的强弱程度？这就需要引进一个新的概念——**应力**(stress)。

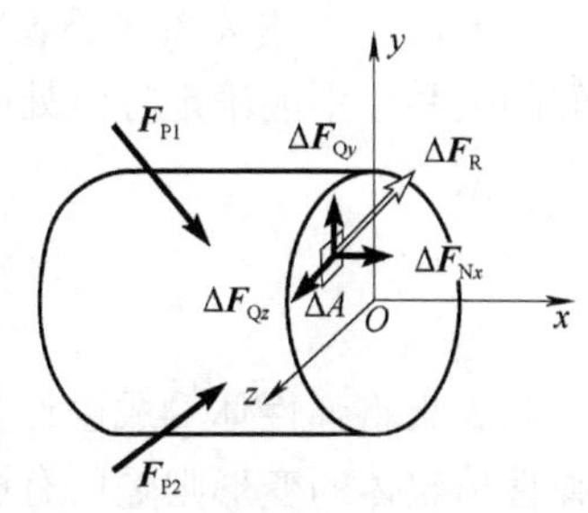

图 9-11　横截面上的应力定义

考察图 9-11 中杆件横截面上微小面积 ΔA，设其上总内力为 $\Delta \boldsymbol{F}_{\mathrm{R}}$，于是在此微小面积上，内力的平均值为

$$\bar{\sigma}=\frac{\Delta F_{\mathrm{R}}}{\Delta A} \tag{9-1}$$

称为**平均应力**(average stress)。当所取面积为无限小时，上述平均内力便趋于一极限值，这一极限值便能反映内力在该点处的强弱程度，内力在一点的强弱程度，称为**集度**(density)，**应力就是内力在一点处的集度**。

将 $\Delta \boldsymbol{F}_{\mathrm{R}}$ 分解为 x、y、z 三个方向的分量 $\Delta F_{\mathrm{N}x}$、$\Delta F_{\mathrm{Q}y}$、$\Delta F_{\mathrm{Q}z}$，其中，$\Delta F_{\mathrm{N}x}$ 垂直于横截面，$\Delta F_{\mathrm{Q}y}$、$\Delta F_{\mathrm{Q}z}$ 平行于横截面。

根据上述应力定义，可以得到两种应力：一种垂直于横截面，另一种平行于横截面，前者称为**正应力**(normal stress)，用希腊字母 σ 表示；后者称为**切应力**(shearing stress)，用希腊字母 τ 表示。

$$\sigma=\lim_{\Delta A\to 0}\frac{\Delta F_{\mathrm{N}x}}{\Delta A} \tag{9-2}$$

$$\tau=\lim_{\Delta A\to 0}\frac{\Delta F_{\mathrm{Q}}}{\Delta A} \tag{9-3}$$

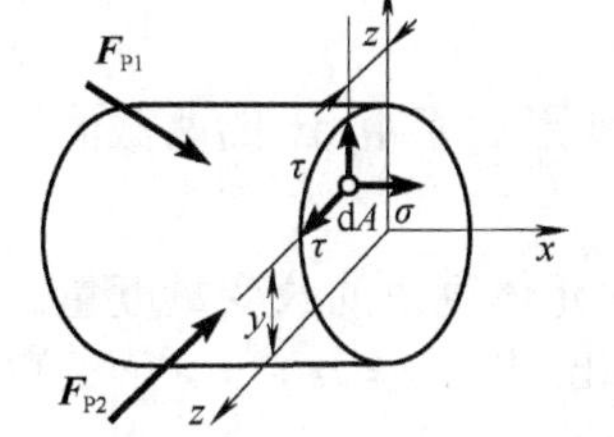

图 9-12　正应力与轴力、弯矩之间的关系

式中，F_{Q} 可以是 $\Delta F_{\mathrm{Q}y}$，也可以是 $\Delta F_{\mathrm{Q}z}$。需要指出的是，式(9-2)和式(9-3)只是作为应力定义的表达式，对于实际应力计算并无意义。

应力的国际单位制记号为 Pa($\mathrm{N/m^2}$)或 MPa($\mathrm{MN/m^2}$)。

9.4.2　正应力、切应力与内力分量之间的关系

前面已经提到，内力分量是截面上分布内力系的简化结果。以正应力为例，应用积分方法(图 9-12)，不难得出正应力与轴力、弯矩之间存在如下关系式

$$\begin{cases}\int_A \sigma \mathrm{d}A=F_{\mathrm{N}x}\\ \int_A(\sigma \mathrm{d}A)y=-M_z\\ \int_A(\sigma \mathrm{d}A)z=M_y\end{cases} \tag{9-4}$$

式(9-4)一方面表示应力与内力分量间的关系，另一方面也表明，如果已知内力分量并且能够确定横截面上的应力是怎样分布的，就可以确定横截面上各点处的应力数值。

同时，上述关系式还表明，仅仅根据平衡条件，只能确定横截面上的内力分量与外力之间的关系，不能确定各点处的应力。因此，确定横截面上的应力还需增加其他条件。

9.5　正应变与切应变

如果将弹性体看成由许多微单元体所组成，这些微单元体简称微元体或**微元**(element)。弹性体整体的变形则是所有微元变形累加的结果，而微元的变形则与作用在其上的应力有关。

围绕受力弹性体中的任意点截取微元(通常为正六面体)，一般情形下微元的各个面上均有应力作用。下面考察两种最简单的情形，分别如图 9-13(a)、(b)所示。

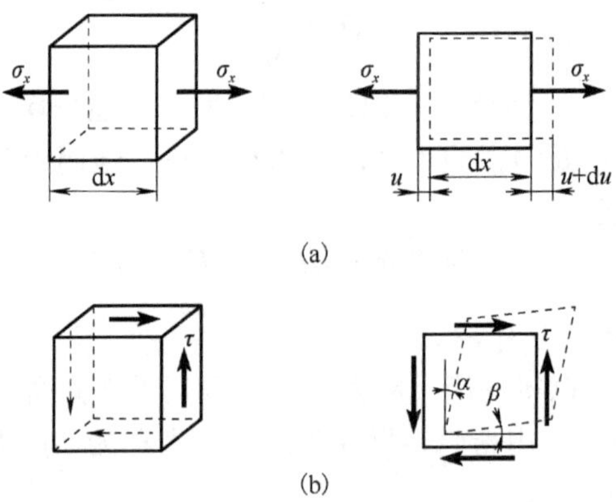

图 9-13　正应变与切应变

对于正应力作用下的微元(图 9-13(a))，沿着正应力方向和垂直于正应力方向将产生伸长和缩短，这种变形称为线变形。描写弹性体在各点处线变形程度的量，称为**线应变**或**正应变**(normal strain)，用ε_x表示。根据微元变形前、后 x 方向长度 dx 的相对改变量，有

$$\varepsilon_x = \frac{\mathrm{d}u}{\mathrm{d}x} \tag{9-5}$$

式中，dx 为变形前微元在正应力作用方向的长度；du 为微元体变形后相距 dx 的两截面沿正应力方向的相对位移；ε_x的下标 x 表示应变方向。

切应力作用下的微元体将发生剪切变形，剪切变形程度用微元体直角的改变量度量。微元直角改变量称为**切应变**(shearing strain)，用γ 表示。在图 9-13(b)中，$\gamma = \alpha + \beta$ 。γ 的单位为弧度(rad)。

关于正应力和正应变的正负号，一般约定：拉应变为正；压应变为负。产生拉应变的应力(拉应力)为正；产生压应变的应力(压应力)为负。关于切应力和切应变的正负号将在以后介绍。

9.6　线弹性材料的应力-应变关系

对于工程中常用材料，实验结果表明：若在弹性范围内加载(应力小于某一极限值)，对于只承受单方向正应力或承受切应力的微元体，正应力与正应变以及切应力与切应变之间存

在着线性关系，分别如图 9-14(a)和(b)所示。数学表达式分别为

$$\sigma_x = E\varepsilon_x \quad \text{或} \quad \varepsilon_x = \frac{\sigma_x}{E} \tag{9-6}$$

$$\tau_x = G\gamma_x \quad \text{或} \quad \gamma_x = \frac{\tau_x}{G} \tag{9-7}$$

式(9-6)和式(9-7)统称为**胡克定律**(Hooke law)。式中，E 和 G 为与材料有关的弹性常数：E 称为**弹性模量**(modulus of elasticity)或**杨氏模量**(Young modulus)；G 称为**切变模量**(shear modulus)；式(9-6)和式(9-7)即为描述线弹性材料物性关系的方程。所谓线弹性材料是指弹性范围内加载时应力-应变满足线性关系的材料。

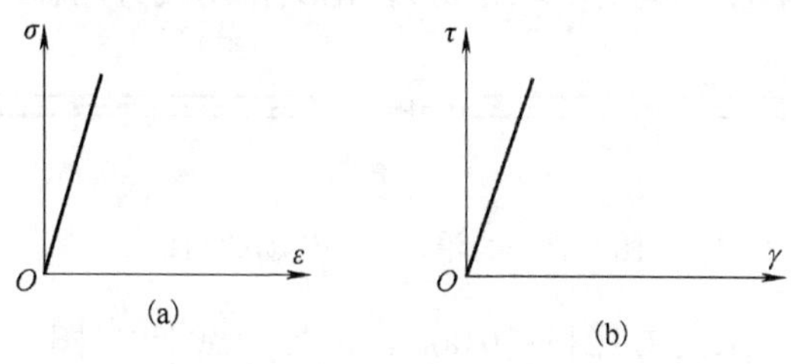

图 9-14　线性的应力-应变关系

9.7　小结与讨论

9.7.1　本章小结

(1)关于材料的基本假定：均匀连续性假定、各向同性假定、小变形假定。

(2)弹性杆件的内力与外力。外力是来自构件外部的力(包括外加载荷和约束力)。内力是指在外力作用下，构件内部各质点间相互作用力的改变量即附加作用力称为“附加内力”，简称为内力。

(3)截面法与内力分量：截面法是研究构件内力的基本方法，基本步骤为截(取)、代、平。采用截面法，可确定物体内的六个内力分量，一个轴力、两个剪力、一个扭矩和两个弯矩。

(4)杆件受力与变形的基本形式：拉伸(压缩)、剪切、扭转、平面弯曲、组合受力与变形。

(5)应力、正应力和切应力：应力就是内力在一点处的集度，将其分解可得到两种应力，垂直于横截面，称为正应力(σ)，另一种平行于横截面，称为切应力(τ)。

(6)变形、正应变与切应变：变形是指受力体形状和大小的变化，它可以归结为长度的改变和角度的改变。单位长度线段的伸长或缩短定义为正应变(ε)，而且应变(γ)是指微元体相邻棱边所夹直角的改变量。

9.7.2　讨论

1. 关于工程静力学模型与材料力学模型

所有工程结构的构件，实际上都是可变形的弹性体，当变形很小时，变形对物体运动效应的影响甚小，因而在研究运动和平衡问题时一般可将变形略去，从而将弹性体抽象为刚体。从这一意义讲，刚体和弹性体都是工程构件在确定条件下的力学简化模型。

2. 关于弹性体受力与变形特点

弹性体在载荷作用下，将产生连续分布的内力。弹性体内力应满足：与外力的平衡关系；弹性体自身变形协调关系；力与变形之间的物性关系。这是材料力学与工程静力学的重要区别。

3. 关于工程静力学概念与原理在材料力学中的可用性与限制性

工程中绝大多数构件受力后所产生的变形相对于构件的尺寸都是很小的，这种变形通常称为“小变形”。在小变形条件下，工程静力学中关于平衡的理论和方法能否应用于材料力学，下列问题的讨论对于回答这一问题是有益的。

(1) 若将作用在弹性杆上的力(图 9-15(a))，沿其作用线方向移动(图 9-15(b))。

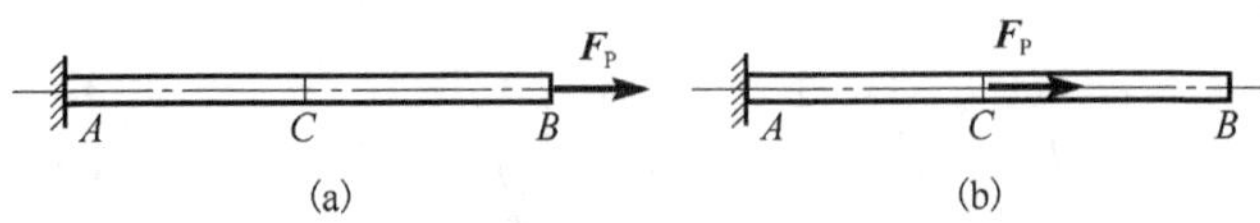

图 9-15　力沿作用线移动的结果

(2) 若将作用在弹性杆上的力(图 9-16(a))，向另一点平移(图 9-16(b))。

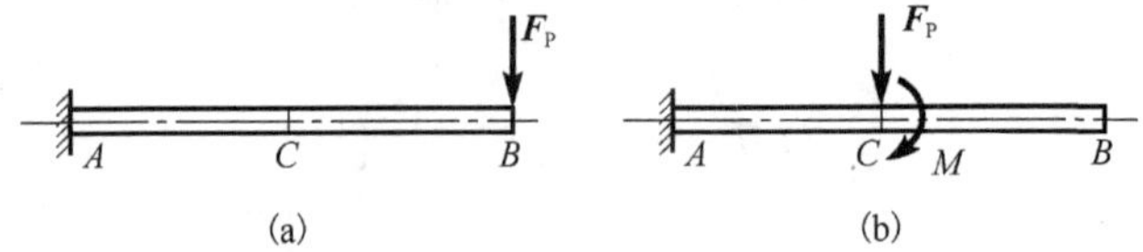

图 9-16　力向另一点平移的结果

请读者分析：上述两种情形下对弹性杆的平衡和变形将会产生什么影响？

习　题

9-1　确定习题 9-1 图所示结构中螺栓的指定截面 I - I 上的内力分量，并指出两种结构中的螺栓分别属于哪一种基本受力与变形形式。

9-2　已知杆件横截面上只有弯矩 M_z 作用，如习题 9-2 图所示。若横截面上的正应力沿着高度 y 方向呈直线分布，而与 z 坐标无关。这样的应力分布可以用以下的数学表达式描述

$$\sigma = Cy$$

式中，C 为待定常数。按照右手定则，$\boldsymbol{M}_z$ 的矢量与 z 坐标正向一致者为正，反之为负。试证明上式中的常数 C 可以由下式确定

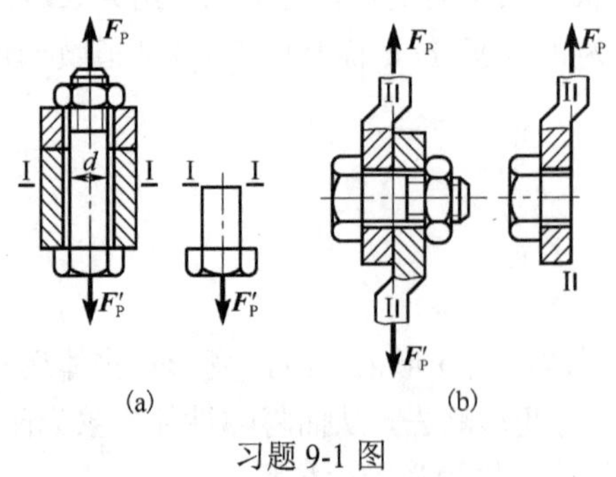

习题 9-1 图

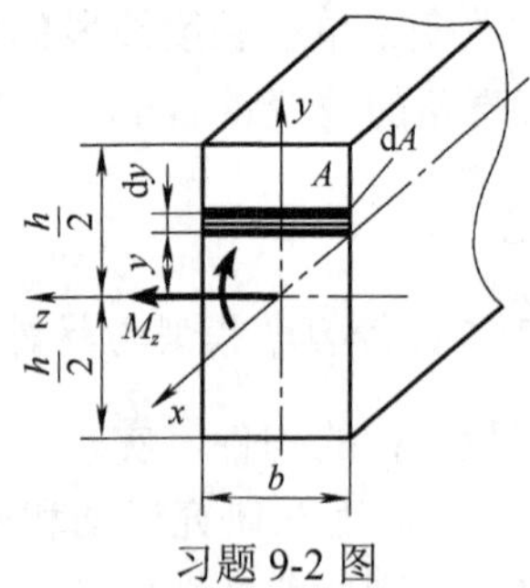

习题 9-2 图

$$C=-\frac{M_z}{I_z}$$

并画出横截面上的应力分布图。(提示：积分时可取图中所示之微面积 $dA=bdy$)

9-3 如习题 9-3 图所示的矩形截面直杆，右端固定，左端在杆的对称平面内作用有集中力偶，数值为 M。关于固定端处横截面 A-A 上的内力分布，有 4 种答案。请根据弹性体横截面连续分布内力的合力必须与外力平衡这一特点，分析图示的 4 种答案中哪一种比较合理。　　正确答案是________。

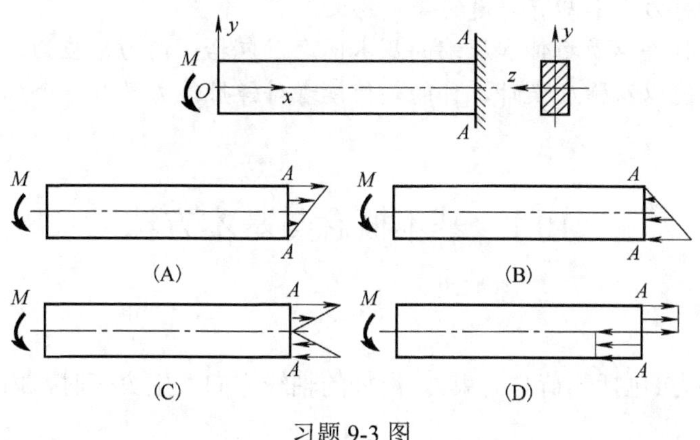

习题 9-3 图

9-4 如习题 9-4 图所示等截面直杆在两端作用有力偶，数值为 M，力偶作用面与杆的对称面一致。关于杆中点处截面 A-A 在杆变形后的位置(对于左端，有 $A\delta A'$；对于右端，有 $A\delta A''$)，有四种答案，试判断哪一种答案是正确的。　　正确答案是________。

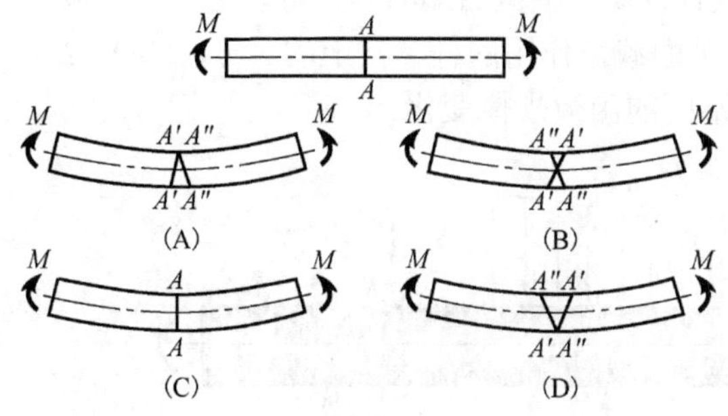

习题 9-4 图

9-5 等截面直杆其支承和受力如习题 9-5 图所示。关于其轴线在变形后的位置(图中虚线所示)，有四种答案，根据弹性体的特点，试分析哪一种是合理的。　　正确答案是________。

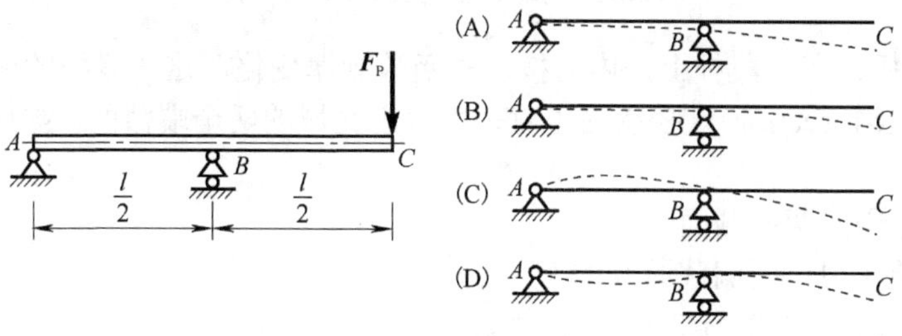

习题 9-5 图

第 10 章　轴向拉伸与压缩

拉伸和压缩是杆件基本受力与变形形式中最简单的一种，所涉及的一些基本原理与方法比较简单，但在材料力学中却有一定的普遍意义。

本章主要介绍杆件承受拉伸和压缩的基本问题，包括：内力、应力、变形；材料在拉伸和压缩时的力学性能以及强度设计，目的是使读者对弹性静力学有一个初步的、比较全面的了解。

10.1　基本概念与基本方法

10.1.1　控制面

当杆件上的外力(包括载荷与约束力)沿杆的轴线方向发生突变时，内力的变化规律也将发生变化。

外力突变是指有集中力、集中力偶作用的情形，或是分布载荷间断以及分布载荷集度发生突变的情形。

内力变化规律是指表示内力变化的函数或图线。如果在两个外力作用点之间的杆件上没有其他外力作用，则这一段杆件所有横截面上的内力可以用同一个数学方程或者同一图线描述。

例如，图 10-1 所示平面载荷作用的杆，其上的 *A-B*、*C-D*、*E-F*、*F-G*、*H-I*、*I-J*、*K-L*、*M-N* 等各段内力分别按不同的函数规律变化。

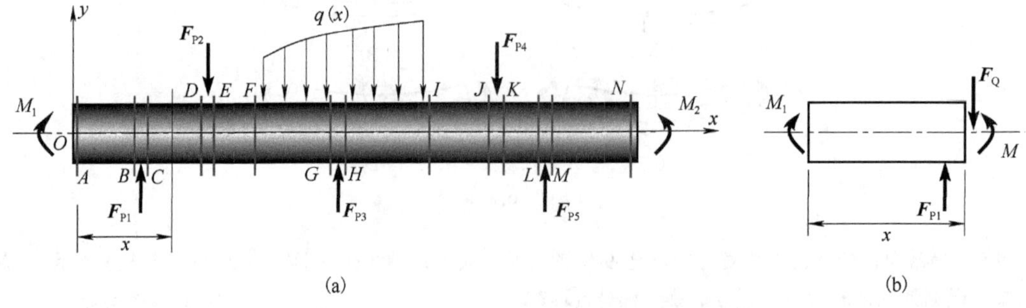

图 10-1　杆件内力与外力的变化有关

根据以上分析，在一段杆上，内力按一种函数规律变化，这一段杆的两个端截面称为**控制面**(controlled cross section)。控制面也就是函数定义域的两个端截面。据此，下列截面均可能为控制面。

(1) 集中力作用点两侧截面。

(2) 集中力偶作用点两侧截面。

(3) 集度相同的均布载荷起点和终点处截面。

图 10-1 所示杆件上的 *A*、*B*、*C*、*D*、*E*、*F*、*G*、*H*、*I*、*J*、*K*、*L*、*M*、*N* 等截面都是控制面。

10.1.2　截面法确定指定横截面上的内力分量

应用截面法确定某一个指定横截面上的内力分量。首先，需要用假想横截面从指定横截面处将杆件截为两部分；然后，考察其中任意一部分的受力。由平衡条件，即可得到该截面上的内力分量。

以平面载荷作用情形(图 10-1(a))为例，为了确定 C-D 之间的某一横截面上的内力分量，用一假想横截面将杆件截开，考察左边部分的平衡，其受力如图 10-1(b)所示，这时截面上只有三个内力分量，假设这些内力分量都是正方向。由于这三个内力分量都作用在外力所在的平面内，因此，应用平面力系的三个平衡方程

$$\sum F_x=0 \qquad \sum F_y=0 \qquad \sum M=0$$

即可求得全部内力分量。其中，力矩平衡方程的矩心可以取为所截开截面的几何中心。

10.2　拉伸与压缩杆件的轴力图

承受轴向载荷的拉(压)杆在工程中的应用非常广泛。例如一些机器和几个中所用的各种紧固螺栓，图 10-2 所示即为其中的一种，在紧固时，要对螺栓施加预紧力，螺栓承受轴向拉力，将发生伸长变形；图 10-3 所示由汽缸、活塞、连杆所组成的机构中，不仅连接汽缸缸体和汽缸盖的螺栓承受轴向拉力，带动活塞运动的连杆由于两端都是铰链约束，因此也是承受轴向载荷的杆件。此外，起吊重物的钢索、桥梁桁架结构中的杆件等，也都是承受拉伸或压缩的杆件。

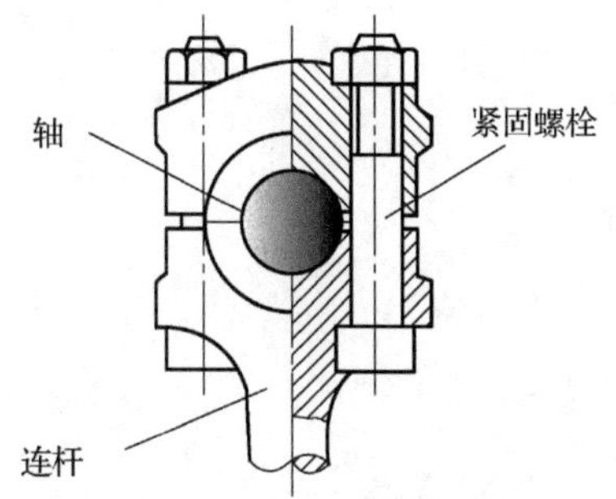

图 10-2　承受轴向拉伸的紧固螺栓

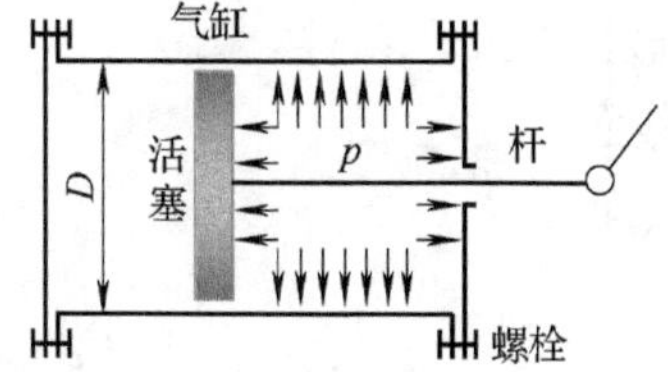

图 10-3　承受轴向拉伸的连杆

沿着杆件轴线方向作用的载荷，通常称为**轴向载荷**(axial load)。杆件承受轴向载荷作用时，横截面上只有轴力 $\boldsymbol{F}_{\mathrm{N}}$ 一种内力分量。

轴力的正负号规则如图 10-4 所示。

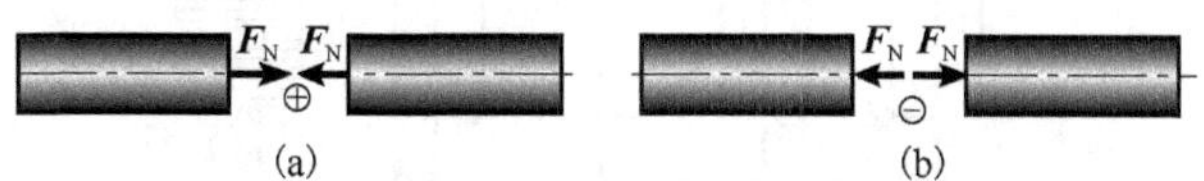

图 10-4　轴力的正负号规则

轴力 $\boldsymbol{F}_{\mathrm{N}}$：无论作用在哪一侧截面上，使杆件受拉者为正；受压者为负。

杆件只在两个端截面处承受轴向载荷时，则杆件的所有横截面上的轴力都是相同的。如

果杆件上作用有两个以上的轴向载荷，就只有两个轴向载荷作用点之间的横截面上的轴力是相同的。

表示轴力沿杆件轴线方向变化的图形，称为**轴力图**(the normal-force diagram)。

下面举例说明轴力图的画法。

【例题 10-1】 如图 10-5(a)所示，在直杆 B、C 两处作用有集中载荷 $\boldsymbol{F}_1$ 和 $\boldsymbol{F}_2$，其中 F_1=5kN，F_2=10kN。试画出杆件的轴力图。

解　(1)确定约束力。

A 处虽然是固定端约束，但由于杆件只有轴向载荷作用，因此只有一个轴向的约束力 $\boldsymbol{F}_A$。由平衡方程

$$\sum F_x = 0$$

求得

$$F_A=5\text{kN}$$

方向如图 10-5(a)所示。

(2)确定控制面。

在集中载荷 $\boldsymbol{F}_2$、约束力 $\boldsymbol{F}_A$ 作用处的 A、C 截面，以及集中载荷 $\boldsymbol{F}_1$ 作用点 B 处的上、下两侧横截面 B''、B' 都是控制面，如图 10-5(a)中虚线所示。

(3)应用截面法。

用假想截面分别从控制面 A、B''、B'、C 处将杆截开，假设横截面上的轴力均为正方向(拉力)，并考察截开后下面部分的平衡，如图 10-5(b)、(c)、(d)所示。

根据平衡方程

$$\sum F_x = 0$$

求得各控制面上的轴力分别为

A 截面：　　$F_{NA}=F_2-F_1=5\text{kN}$

B'' 截面：　　$F_{NB''}=F_2-F_1=5\text{kN}$

B' 截面：　　$F_{NB'}=F_2=10\text{kN}$

C 截面：　　$F_{NC}=F_2=10\text{kN}$

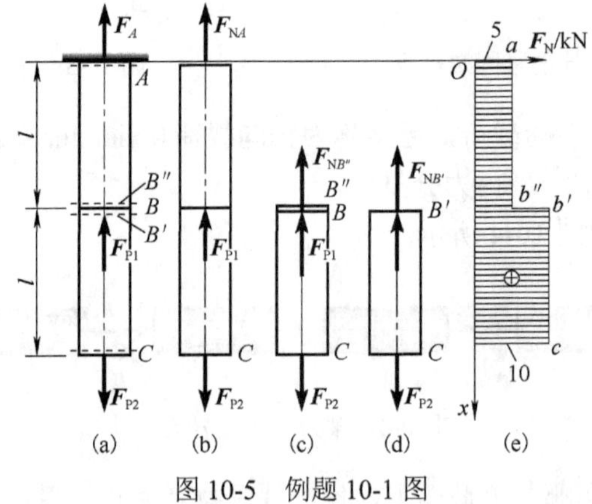

图 10-5　例题 10-1 图

(4) 建立 F_N-x 坐标系，画轴力图。

F_N-x 坐标系中 x 坐标轴沿着杆件的轴线方向，F_N 坐标轴垂直于 x 轴。

将所求得的各控制面上的轴力标在 F_N-x 坐标系中，得到 a、b''、b' 和 c 四点。因为在 A、B'' 之间以及 B'、C 之间，没有其他外力作用，故这两段中的轴力分别与 A(或 B'')截面以及 C(或 B')截面相同。这表明点 a 与点 b'' 之间以及点 b' 与点 c 之间的轴力图为平行于 x 轴的直线。于是，得到杆的轴力图如图 10-5(e)所示。

10.3　拉伸与压缩杆件的应力与变形

10.3.1　应力计算

当外力沿着杆件的轴线作用时，其横截面上只有轴力一个内力分量——轴力 F_N。与轴力相对应，杆件横截面上将只有正应力。

在很多情形下，杆件在轴力作用下产生均匀的伸长或缩短变形，因此，根据材料均匀性的假定，杆件横截面上的应力均匀分布，如图 10-6 所示。这时横截面上的正应力为

$$\sigma = \frac{F_N}{A} \tag{10-1}$$

式中，F_N 为横截面上的轴力，由截面法求得；A 为横截面面积。

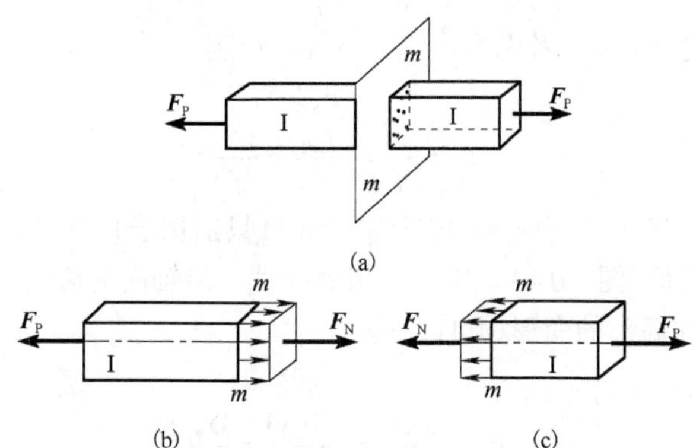

图 10-6　轴向载荷作用下杆件横截面上的正应力

10.3.2　变形计算

1. 绝对变形　弹性模量

设一长度为 l、横截面面积为 A 的等截面直杆，承受轴向载荷后，其长度变为 $l+\Delta l$，其中，Δl 为杆的伸长量(图 10-7(a))。实验结果表明：如果所施加的载荷使杆件的变形处于线弹性范围内，杆的伸长量 Δl 与杆所承受的轴向载荷成正比，如图 10-7(b)所示。写成关系式为

$$\Delta l = \pm\frac{F_N l}{EA} \tag{10-2}$$

这是描述弹性范围内杆件承受轴向载荷时力与变形的**胡克定律**(Hooke law)。其中，F_N 为杆横截面上的轴力，当杆件只在两端承受轴向载荷 F_P 作用时，$F_N=F_P$；E 为杆材料的弹性模量，它与正应力具有相同的单位；EA 称为杆件的**拉伸(或压缩)刚度**(tensile or compression rigidity)；式中，“+”号表示伸长变形；“-”号表示缩短变形。

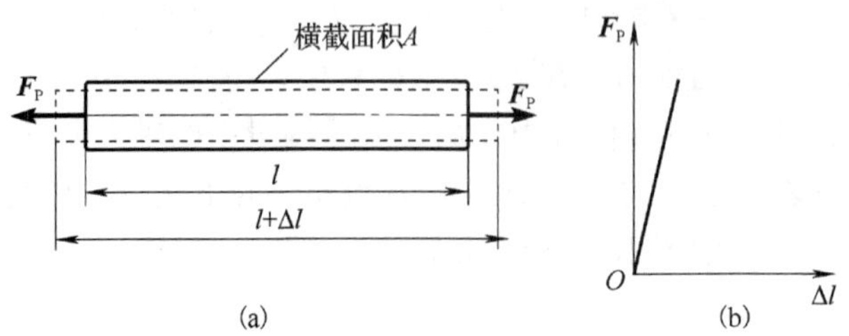

图 10-7　轴向载荷作用下杆件的变形

当拉、压杆有两个以上的外力作用时，需要先画出轴力图，然后按式(10-2)分段计算各段的变形，各段变形的代数和即为杆的总伸长量(或缩短量)

$$\Delta l = \sum_i \frac{F_{Ni} l_i}{(EA)_i} \tag{10-3}$$

2. 相对变形　正应变

对于杆件沿长度方向均匀变形的情形，其相对伸长量 $\Delta l/l$ 表示轴向变形的程度，是这种情形下杆件的正应变

$$\varepsilon_x = \frac{\Delta l}{l} \tag{10-4}$$

将式(10-2)代入式(10-4)，考虑到 $\sigma_x = F_N / A$，得到

$$\varepsilon_x = \frac{\Delta l}{l} = \frac{\frac{F_N l}{EA}}{l} = \frac{\sigma_x}{E} \tag{10-5}$$

需要指出的是，上述关于正应变的表达式(10-5)只适用于杆件各处均匀变形的情形。对于各处变形不均匀的情形(图 10-8)，则必须考察杆件上沿轴向的微段 dx 的变形，并以微段 dx 的相对变形作为杆件局部的变形程度。这时

$$\varepsilon_x = \frac{\Delta \mathrm{d}x}{\mathrm{d}x} = \frac{\frac{F_N \mathrm{d}x}{EA(x)}}{\mathrm{d}x} = \frac{\sigma_x}{E}$$

可见，无论变形均匀还是不均匀，正应力与正应变之间的关系都是相同的。

3. 横向变形与泊松比

杆件承受轴向载荷时，除了轴向变形外，在垂直于杆件轴线方向也同时产生变形，称为横向变形。图 10-9 所示为拉伸杆件表面一微元(图中虚线所示)的轴线和横向变形的情形。

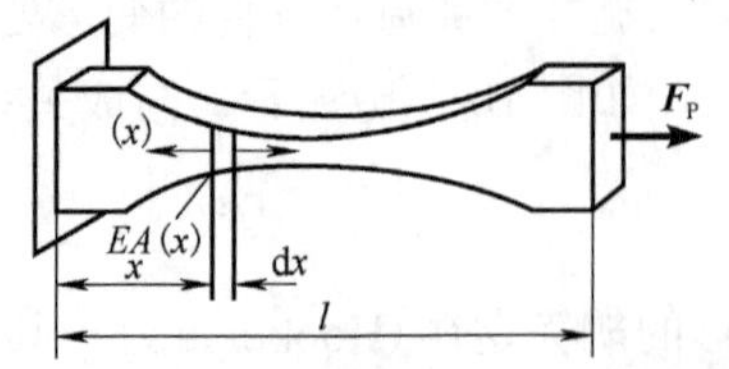

图 10-8　杆件轴向变形不均匀的情形

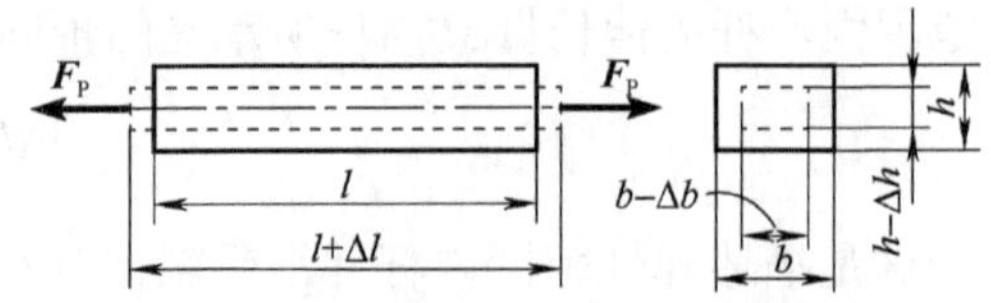

图 10-9　轴向变形与横向变形

实验结果表明，若在弹性范围内加载，轴向应变ε_x与横向应变ε_y之间存在下列关系

$$\varepsilon_y = -\nu\varepsilon_x \tag{10-6}$$

式中，ν为材料的另一个弹性常数，称为**泊松比**(Poisson ratio)，泊松比为无量纲量。

表 10-1 中给出了几种常用金属材料之 E、ν 的数值。

表 10-1　常用金属材料的 E、ν 的数值

材料	E/GPa	ν
低碳钢	196-216	0.25-0.33
合金钢	186-216	0.24-0.33
灰铸铁	78.5-157	0.23-0.27
铜及其合金	72.6-128	0.31-0.42
铝合金	70	0.33

【例题 10-2】　图 10-10(a)所示之变截面直杆，ADE 段为铜制，EBC 段为钢制；在 A、D、B、C 等 4 处承受轴向载荷。已知：$ADEB$ 段杆的横截面面积 A_{AB}=10×10^{2}mm^2，BC 段杆的横截面面积 A_{BC}=5×10^{2}mm^2，F_P=60kN，铜的弹性模量 E_c=100GPa，钢的弹性模量 E_s=210GPa；各段杆的长度如图所示，单位为 mm。试求：(1) 直杆横截面上的绝对值最大的正应力$|\sigma|_{max}$；(2) 直杆的总变形量 Δl_{AC}。

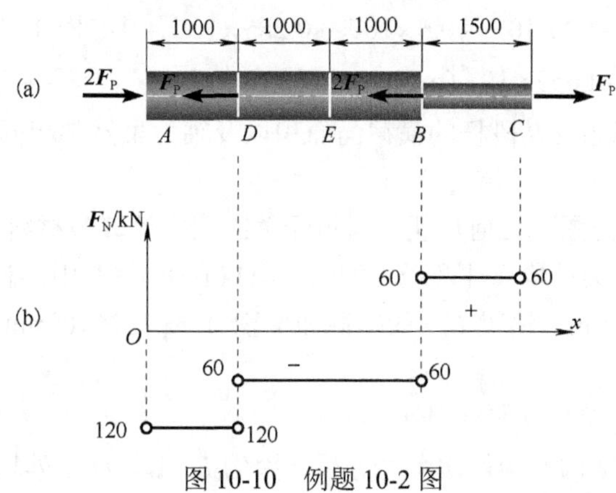

图 10-10　例题 10-2 图

解　(1) 画轴力图。

由于直杆上作用有 4 个轴向载荷，而且 AB 段与 BC 段杆横截面面积不相等，为了确定直杆横截面上的最大正应力和杆的总变形量，必须首先确定各段杆的横截面上的轴力。

应用截面法，可以确定 AD、DEB、BC 段杆横截面上的轴力分别为

$$F_{NAD}=-2F_P=-120\text{kN}$$

$$F_{NDE}=F_{NEB}=-F_P=-60\text{kN}$$

$$F_{NBC}=F_P=60\text{kN}$$

于是，在 F_N-x 坐标系可以画出轴力图，如图 10-10(b)所示

(2) 计算直杆横截面上绝对值最大的正应力。

根据式(10-1)，横截面上绝对值最大的正应力将发生在轴力绝对值最大的横截面，或者横截面面积最小的横截面上。本例中，AD 段轴力最大；BC 段横截面面积最小。所以，最大正应力将发生在这两段杆的横截面上。

$$\sigma\left(AD\right)=\frac{F_{\mathrm{NAD}}}{A_{AD}}=-\frac{120\times10^{3}}{10\times10^{2}\times10^{-6}}=-120\times10^{6}(\mathrm{Pa})=-120(\mathrm{MPa})$$

$$\sigma\left(BC\right)=\frac{F_{\mathrm{NBC}}}{A_{BC}}=\frac{60\times10^{3}}{5\times10^{2}\times10^{-6}}=120\times10^{6}(\mathrm{Pa})=120(\mathrm{MPa})$$

于是，直杆中绝对值最大的正应力为

$$\left|\sigma\right|_{\max}=\left|\sigma\left(AD\right)\right|=\sigma\left(BC\right)=120\mathrm{MPa}$$

(3)计算直杆的总变形量。

直杆的总变形量等于各段杆变形量的代数和。根据式(10-3)，有

$$\begin{aligned}\Delta l&=\sum_i\frac{F_{\mathrm{N}i}l_i}{\left(EA\right)_i}=\Delta l_{AD}+\Delta l_{DE}+\Delta l_{EB}+\Delta l_{BC}\\&=\frac{F_{\mathrm{NAD}}l_{AD}}{E_{\mathrm{c}}A_{AD}}+\frac{F_{\mathrm{NDE}}l_{DE}}{E_{\mathrm{c}}A_{DE}}+\frac{F_{\mathrm{NEB}}l_{EB}}{E_{\mathrm{s}}A_{EB}}+\frac{F_{\mathrm{NBC}}l_{BC}}{E_{\mathrm{s}}A_{BC}}\\&=-\frac{120\times10^{3}\times1000\times10^{-3}}{100\times10^{9}}-\frac{60\times10^{3}\times1000\times10^{-3}}{100\times10^{9}}\\&\quad-\frac{60\times10^{3}\times1000\times10^{-3}}{210\times10^{9}}+\frac{60\times10^{3}\times1500\times10^{-3}}{210\times10^{9}}\\&=-1.2\times10^{-6}-0.6\times10^{-6}-0.285\times10^{-6}+0.428\times10^{-6}\\&=-1.657\times10^{-6}(\mathrm{m})=-1.657\times10^{-3}(\mathrm{mm})\end{aligned}$$

上述计算中，*DE* 段和 *EB* 段杆的横截面面积以及轴力虽然都相同，但由于材料不同，因此需要分段计算变形量。

上述结果表明：轴力图与几何形状、材料无关；应力计算与材料无关。

【例题 10-3】 三角架结构尺寸及受力如图 10-11(a)所示。其中，悬挂重物重量 F_{P}=22.2kN；钢杆 *BD* 的直径 d_1=25.4mm；钢梁 *CD* 的横截面面积 $A_2=2.32\times10^3\mathrm{mm}^2$。试求杆 *BD* 与 *CD* 的横截面上的正应力。

解 (1)受力分析，确定各杆的轴力。

首先对组成三角架结构的构件做受力分析，因为 *B*、*C*、*D* 三处均为销钉连接，故 *BD* 与 *CD* 均为二力构件，受力图如图 10-11(b)所示，由平衡方程

$$\sum F_x=0\qquad\sum F_y=0$$

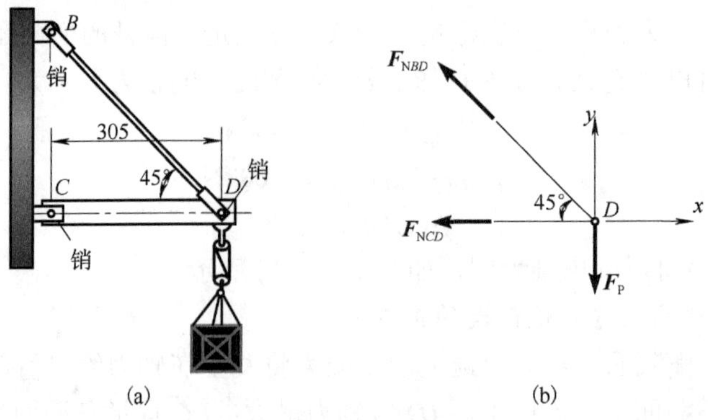

图 10-11　例题 10-3 图

解得两者的轴力分别为

$$F_{NBD}=\sqrt{2}F_P=\sqrt{2}\times 22.2\times 10\text{N}=31.40\text{kN}$$
$$F_{NCD}=-F_P=-22.2\times 10\text{N}=-22.2\text{kN}$$

式中，负号表示压力。

(2)计算各杆的应力。

应用拉、压杆件横截面上的正应力公式(10-1)，杆 *BD* 与梁 *CD* 横截面上的正应力分别为

杆 *BD*

$$\sigma_x=\frac{F_{NBD}}{A_{BD}}=\frac{F_{NBD}}{\dfrac{\pi d_1^2}{4}}=\frac{4\times 31.4\times 10^3}{\pi\times 25.4^2\times 10^{-6}}=62.0\times 10^6(\text{Pa})=62.0(\text{MPa})$$

梁 *CD*

$$\sigma_x=\frac{F_{NCD}}{A_{CD}}=\frac{F_{NCD}}{A_2}=\frac{-22.2\times 10^3}{2.32\times 10^3\times 10^{-6}}=-9.57\times 10^6(\text{Pa})=-9.57(\text{MPa})$$

式中，负号表示压应力。

10.4　拉伸与压缩杆件的强度设计

第 10.3 节中分析了轴向载荷作用下杆件中的应力和变形，以后的几章中还将对其他载荷作用下的构件做应力和变形分析。但是，在工程应用中，确定应力很少是最终目的，而只是工程师借助于完成下列主要任务的中间过程。

(1)分析已有的或设想中的机器或结构，确定它们在特定载荷条件下的性态。

(2)设计新的机器或新的结构，使之安全而经济地实现特定的功能。

例如，对于图 10-11(a)所示之三角架结构，10.3 节中已经计算出拉杆 *BD* 和压杆 *CD* 横截面上的正应力。现在可能有以下几方面的问题。

(1)在这样的应力水平下，二杆分别选用什么材料，才能保证三角架结构可以安全可靠地工作？

(2)在给定载荷和材料的情形下，怎样判断三角架结构能否安全可靠的工作？

(3)在给定杆件截面尺寸和材料的情形下，怎样确定三角架结构所能承受的最大载荷？

为了回答上述问题，需要引入强度设计的概念。

10.4.1　强度设计准则、安全因数与许用应力

所谓**强度设计**(strength design)是指将杆件中的最大应力限制在允许的范围内，以保证杆件正常工作，不仅不发生强度失效，而且还要具有一定的安全裕度。对于拉伸与压缩杆件，也就是杆件中的最大正应力满足：

$$\sigma_{max}\leqslant[\sigma] \tag{10-7}$$

这一表达式称为拉伸与压缩杆件的**强度设计准则**(criterion for strength design)，又称为**强度条件**。式中，$[\sigma]$称为**许用应力**(allowable stress)，与杆件的材料力学性能以及工程对杆件安全裕度的要求有关，由下式确定：

$$[\sigma]=\frac{\sigma^0}{n} \tag{10-8}$$

式中，σ^0 为材料的**极限应力**或**危险应力**(critical stress)，由材料的拉伸实验确定；n 为安全因数，对于不同的机器或结构，在相应的设计规范中都有不同的规定。

10.4.2 三类强度计算问题

应用强度设计准则，可以解决 3 类强度问题：

(1) 强度校核：已知杆件的几何尺寸、受力大小以及许用应力，校核杆件或结构的强度是否安全，也就是验证设计准则(10-7)是否满足。如果满足，则杆件或结构的强度是安全的；否则，是不安全的。

(2) 尺寸设计：已知杆件的受力大小以及许用应力，根据设计准则，计算所需要的杆件横截面面积，进而设计出合理的横截面尺寸。根据式(10-7)

$$\sigma_{\max} \leqslant [\sigma] \Rightarrow \frac{F_N}{A} \leqslant [\sigma] \Rightarrow A \geqslant \frac{F_N}{[\sigma]} \tag{10-9}$$

式中，F_N 和 A 分别为产生最大正应力的横截面上的轴力和面积。

(3) 强度杆件或结构所能承受的**许用载荷**(allowable load)：根据设计准则(10-1)，确定杆件或结构所能承受的最大轴力，进而求得所能承受的外加载荷。

$$\sigma_{\max} \leqslant [\sigma] \Rightarrow \frac{F_N}{A} \leqslant [\sigma] \Rightarrow F_N \leqslant [\sigma]A \Rightarrow [F_P] \tag{10-10}$$

式中，$[F_P]$ 为许用载荷。

10.4.3 强度设计准则应用举例

【例题 10-4】 螺纹内径 d=15mm 的螺栓，紧固时所承受的预紧力为 F_P=20kN。若已知螺栓的许用应力 $[\sigma]$=150MPa，试校核螺栓的强度是否安全。

解 (1) 确定螺栓所受轴力。

应用截面法，很容易求得螺栓所受的轴力即为预紧力

$$F_N=F_P=20\text{kN}$$

(2) 计算螺栓横截面上的正应力。

根据拉伸与压缩杆件横截面上的正应力公式(10-1)，螺栓在预紧力作用下，横截面上的正应力

$$\sigma=\frac{F_N}{A}=\frac{F_P}{\dfrac{\pi d^2}{4}}=\frac{4F_P}{\pi d^2}=\frac{4\times 20\times 10^3}{\pi\times\left(15\times 10^{-3}\right)^2}=113.2\times 10^6(\text{Pa})=113.2(\text{MPa})$$

(3) 应用设计准则确定校核。

已知许用应力

$$[\sigma]=150\text{MPa}$$

而上述计算结果表明螺栓横截面上的实际应力

$$\sigma=113.2\text{MPa}<[\sigma]=150\text{MPa}$$

所以，螺栓的强度是安全的。

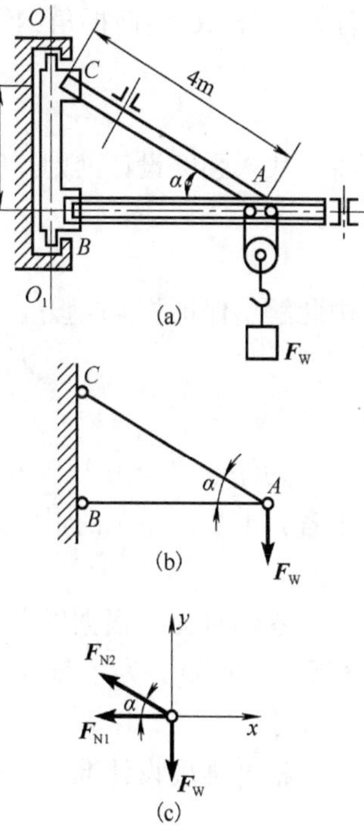

图 10-12　例题 10-5 图

【例题 10-5】　图 10-12(a)所示为可以绕铅垂轴 OO_1 旋转的吊车简图，其中，斜拉杆 AC 由两根 50mm×50mm×5mm 的等边角钢组成，水平横梁 AB 由两根 10 号槽钢组成。杆 AC 和梁 AB 的材料都是 Q235 钢，许用应力 $[\sigma]$=120MPa。当行走小车位于点 A 时(小车的两个轮子之间的距离很小，小车作用在横梁上的力可以看作是作用在点 A 的集中力)，求允许的最大起吊重量 F_W(包括行走小车和电动机的自重)。杆和梁的自重忽略不计。

解　(1)受力分析。

当小车位于点 A 时，此时能起吊的重量最大，这种情形下，梁 AB 与杆 AC 的两端都可以简化为铰链连接。所以，吊车的计算模型可以简化为图 10-12(b)所示。于是 AB 和 AC 都是二力杆，二者分别承受压缩和拉伸。

(2)确定二杆的轴力。

以节点 A 为研究对象，并设梁 AB 和杆 AC 的轴力均为正方向，分别为 F_{N1} 和 F_{N2}。于是节点 A 的受力如图 10-12(c)所示。由平衡条件

$$\sum F_x = 0 \qquad -F_{N1} - F_{N2}\cos\alpha = 0$$
$$\sum F_y = 0 \qquad -F_W + F_{N2}\sin\alpha = 0$$

由图 10-12(a)中的几何尺寸，有

$$\sin\alpha = \frac{1}{2} \qquad \cos\alpha = \frac{\sqrt{3}}{2}$$

于是，由平衡方程解得

$$F_{N1} = -1.73F_W \qquad F_{N2} = 2F_W$$

(3)确定最大起吊重量。

对于梁 AB，由型钢表查得单根 10 号槽钢的横截面面积为 12.74cm²，注意到梁 AB 由两根槽钢组成，因此，杆横截面上的正应力

$$\sigma(AB) = \frac{|F_{N1}|}{A_1} = \frac{1.73F_W}{2\times 12.74\text{cm}^2}$$

将其代入强度设计准则，得到

$$\sigma(AB) = \frac{|F_{N1}|}{A_1} = \frac{1.73F_W}{2\times 12.74\text{cm}^2} \leqslant [\sigma]$$

由此解出保证梁 AB 强度安全所能承受的最大起吊重量

$$F_{W1} \leqslant \frac{2\times[\sigma]\times 12.74\times 10^{-4}}{1.73} = \frac{2\times 120\times 10^6\times 12.74\times 10^{-4}}{1.73}$$
$$= 176.7\times 10^3(\text{N}) = 176.7(\text{kN})$$

对于杆 AC，由型钢表查得单根 50mm×50mm×5mm 等边角钢的横截面面积为 4.803cm²，

注意到杆 AC 由两根角钢组成，杆横截面上的正应力

$$\sigma(AC)=\frac{F_{N2}}{A_2}=\frac{2F_W}{2\times 4.803\text{cm}^2}$$

将其代入强度设计准则，得到

$$\sigma(AC)=\frac{F_{N2}}{A_2}=\frac{F_W}{4.803\text{cm}^2}\leqslant[\sigma]$$

由此解出保证杆 AC 强度安全所能承受的最大起吊重量

$$F_{W2}\leqslant[\sigma]\times 4.803\times 10^{-4}=120\times 10^6\times 4.803\times 10^{-4}$$
$$=57.6\times 10^3(\text{N})=57.6(\text{kN})$$

为保证整个吊车结构的强度安全，吊车所能起吊的最大重量，应取上述 F_{W1} 和 F_{W2} 中较小者。于是，吊车的最大起吊重量

$$F_W=57.6\text{kN}$$

本例讨论： 根据以上分析，在最大起吊重量 F_W=57.6kN 的情形下，显然梁 AB 的强度尚有富裕。因此，为了节省材料，同时还可以减轻吊车结构的重量，可以重新设计梁 AB 的横截面尺寸。

根据强度设计准则，有

$$\sigma(AB)=\frac{|F_{N1}|}{A_1}=\frac{1.73F_W}{2\times A_1'}\leqslant[\sigma]$$

式中，A_1' 为单根槽钢的横截面面积。于是，有

$$A_1'\geqslant\frac{1.73F_W}{2[\sigma]}=\frac{1.73\times 57.6\times 10^3}{2\times 120\times 10^6}=4.2\times 10^{-4}(\text{m}^2)=4.2\times 10^2(\text{mm}^2)=4.2(\text{cm}^2)$$

由型钢表可以查得，5 号槽钢即可满足这一要求。

这种设计实际上是一种等强度的设计，是保证构件与结构安全的前提下，最经济合理的设计。

10.5　拉伸与压缩时材料的力学性能

第 10.4 节所介绍的强度设计准则中的许用应力

$$[\sigma]=\frac{\sigma^0}{n}$$

式中，σ^0 为材料的极限应力或危险应力。危险应力为材料发生强度失效时的应力，这种应力不是通过计算，而是通过材料的拉伸实验得到的。

通过拉伸实验一方面可以观察到材料发生强度失效的现象，另一方面可以得到材料失效时的应力值。

10.5.1　材料拉伸时的应力-应变曲线

进行拉伸实验，首先需要将被试验的材料按国家标准制成**标准试样**(standard specimen)；然后将试样安装在试验机上，使试样承受轴向拉伸载荷。通过缓慢的加载过程，试验机自动记录下试样所受的载荷和变形，得到应力与应变的关系曲线，称为**应力-应变曲线**(stress-strain curve)。

不同的材料，其应力-应变曲线有很大的差异。图 10-13 所示为典型的**韧性材料**(ductile materials)——低碳钢的拉伸应力-应变曲线；图 10-14 所示为典型的**脆性材料**(brittle materials)——铸铁的拉伸应力-应变曲线。

通过分析拉伸应力-应变曲线，可以得到材料的若干力学性能指标。

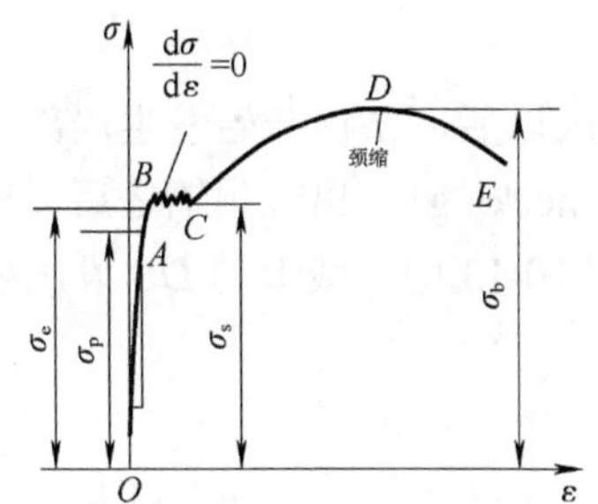

图 10-13　低碳钢的拉伸应力-应变曲线

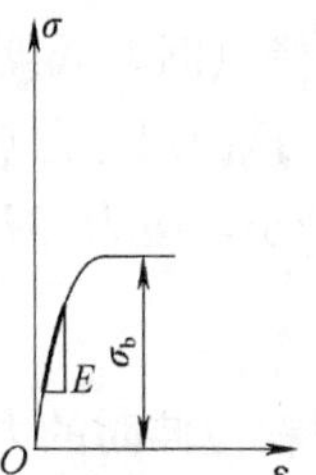

图 10-14　铸铁的拉伸应力-应变曲线

10.5.2　韧性材料拉伸时的力学性能

1. 弹性模量

应力-应变曲线中的直线段称为线弹性阶段，如图 10-13 所示曲线的 OA 部分。弹性阶段中的应力与应变成正比，比例常数即为材料的弹性模量 E。

对于大多数脆性材料，其应力-应变曲线上没有明显的直线段，图 10-14 所示之铸铁的应力-应变曲线即属此例。因为没有明显的直线部分，常用割线(图中粗线部分)的斜率作为这类材料的弹性模量 E，称为割线模量。

2. 比例极限与弹性极限

应力-应变曲线上线弹性阶段的应力最高限称为**比例极限**(proportional limit)，用 σ_p 表示。线弹性阶段之后，应力-应变曲线上有一小段微弯的曲线(图 10-13 中的 AB 段)，这表示应力超过比例极限以后，应力与应变不再成正比关系，但是，如果在这一阶段，卸去试样上的载荷，试样的变形将随之消失。表明这一阶段内的变形都是弹性变形，因而包括线弹性阶段在内，统称为弹性阶段(图 10-13 中的 OB 段)。弹性阶段的应力最高限称为弹性极限(elastic limit)，用 σ_e 表示。大部分韧性材料比例极限与弹性极限极为接近，只有通过精密测量才能加以区分。

3. 屈服应力

许多韧性材料的应力-应变曲线中，在弹性阶段之后，出现近似的水平段，这一阶段中应力几乎不变，而变形急剧增加，这种现象称为**屈服**(yield)，例如图 10-13 所示曲线的 BC 段。这一阶段曲线的最低点的应力值称为**屈服应力**或**屈服强度**(yield stress)，用 σ_s 表示。

对于没有明显屈服阶段的韧性材料，工程上则规定产生 0.2%塑性应变时的应力值为其屈服应力，称为材料的条件屈服应力(offset yield stress)，用 $\sigma_{0.2}$ 表示。

4. 强度极限

应力超过屈服应力或条件屈服应力后，要使试样继续变形，必须再继续增加载荷。这一阶段称为**强化**(strengthening)阶段，例如图 10-13 中曲线上的 *CD* 段。这一阶段应力的最高限称为强度极限(strength limit)，用 σ_b 表示。

5. 颈缩与断裂

某些韧性材料(例如低碳钢和铜)，应力超过强度极限以后，试样开始发生局部变形，局部变形区域内横截面尺寸急剧缩小，这种现象称为**颈缩**(necking)。出现颈缩之后，试样变形所需拉力相应减小，应力-应变曲线出现下降阶段，如图 10-13 中曲线上的 *DE* 段，至点 *E* 试样拉断。

10.5.3　脆性材料拉伸时的力学性能

对于脆性材料，从开始加载直至试样被拉断，试样的变形都很小。而且，大多数脆性材料拉伸的应力-应变曲线上，都没有明显的直线段，几乎没有塑性变形，也不会出现屈服和颈缩现象，如图 10-14 所示。因而只有断裂时的应力值——强度极限 σ_b。

图 10-15(a)和(b)所示为韧性材料试样发生颈缩和断裂时的照片，图 10-15(c)所示为脆性材料试样断裂时的照片。

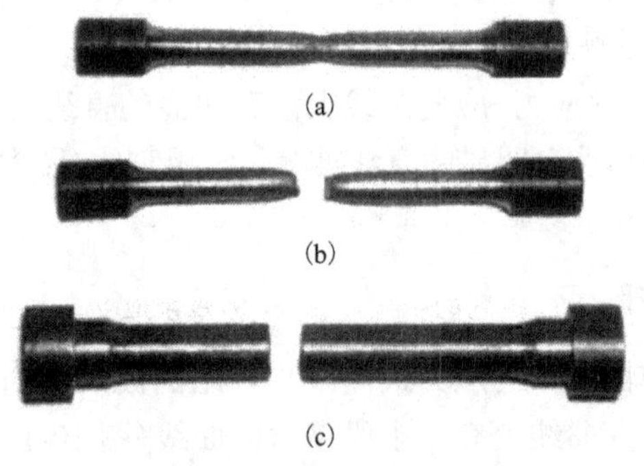

(a)

(b)

(c)

图 10-15　试样的颈缩与断裂

10.5.4　强度失效概念与失效应力

如果构件发生断裂，将完全丧失正常功能，这是强度失效的一种最明显的形式。如果构件没有发生断裂而是产生明显的塑性变形，这在很多工程中都是不允许的，因此，当发生屈服，产生明显塑性变形时，也是失效。根据拉伸实验过程中观察的现象，强度失效的形式可以归纳为：

(1) 韧性材料的强度失效——屈服与断裂；

(2) 脆性材料的强度失效——断裂。

因此，发生屈服和断裂时的应力，就是**失效应力**(failure stress)，也就是强度设计中的极限应力或危险应力。韧性材料与脆性材料的强度失效应力分别为：

(1) 韧性材料的强度失效应力——屈服强度 σ_s (或条件屈服强度 $\sigma_{0.2}$)、强度极限 σ_b；

(2) 脆性材料的强度失效应力——强度极限 σ_b。

我国传统材料力学教材中一般将屈服强度与强度极限称为材料的强度指标。

此外，通过拉伸试验还可得到衡量材料韧性性能的指标——伸长率 δ 和截面收缩率 ψ：

$$\delta = \frac{l_1 - l_0}{l_0} \times 100\% \tag{10-11}$$

$$\psi = \frac{A_0 - A_1}{A_0} \times 100\% \tag{10-12}$$

式中，l_0 为试样原长(规定的标距)；A_0 为试样的初始横截面面积；l_1 和 A_1 分别为试样拉断后长度(变形后的标距长度)和断口处最小的横截面面积。

伸长率和截面收缩率的数值越大，表明材料的韧性越好。工程中一般认为 $\delta \geqslant 5\%$ 者为韧性材料；$\delta < 5\%$ 者为脆性材料。

10.5.5　压缩时材料的力学性能

材料压缩实验通常采用短试样。低碳钢压缩时的应力-应变曲线如图 10-16 所示。与拉伸时的应力-应变曲线相比较，拉伸和压缩屈服前的曲线基本重合，即拉伸、压缩时的弹性模量及屈服应力相同，但屈服后，由于试样越压越扁，应力-应变曲线不断上升，试样不会发生破坏。

铸铁压缩时的应力-应变曲线如图 10-17 所示，与拉伸时的应力-应变曲线不同的是，压缩时的强度极限却远远大于拉伸时的数值，通常是拉伸强度极限的 4~5 倍。对于拉伸和压缩强度极限不等的材料，拉伸强度极限和压缩强度极限分别用 σ_b^+ 和 σ_b^- 表示。这种压缩强度极限明显高于拉伸强度极限的脆性材料，通常用于制作受压构件。

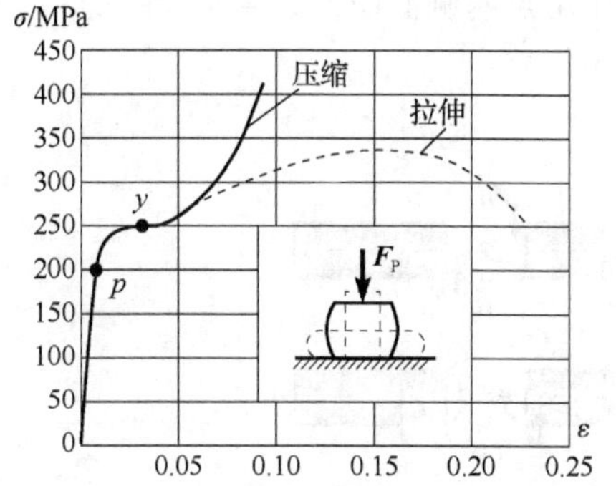

图 10-16　低碳钢压缩时的应力-应变曲线

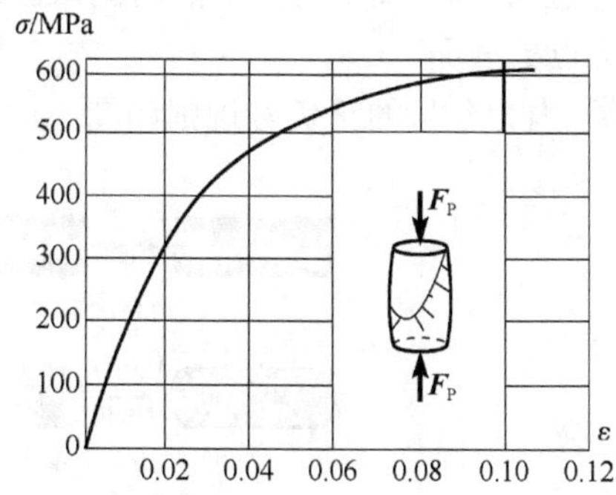

图 10-17　铸铁压缩时的应力-应变曲线

表 10-2 中所列为我国常用工程材料的主要力学性能。

表 10-2　我国常用工程材料的主要力学性能

材料名称	牌号	屈服强度 σ_s /MPa	强度极限 σ_b /MPa	δ/%
普通碳素钢	Q216	186~216	333~412	31
	Q235	216~235	373~461	25~27
	Q274	255~274	490~608	19~21
优质碳素结构钢	15	225	373	27
	40	333	569	19
	45	353	598	16

续表

材料名称	牌号	屈服强度 σ_s /MPa	强度极限 σ_b /MPa	δ/%
普通低合金结构钢	12Mn 16Mn 15MnV 18MnMoNb	274~294 274~343 333~412 441~510	432~441 471~510 490~549 588~637	19~21 19~21 17~19 16~17
合金结构钢	40Cr 50Mn2	785 785	981 932	9 9
碳素铸钢	ZG15 ZG35	196 274	392 490	25 16
可锻铸铁	KTZ45-5 KTZ70-2	274 539	441 687	5 2
球墨铸铁	QT40-10 QT45-5 QT60-2	294 324 412	392 441 588	10 5 2
灰铸铁	HT15-33 HT30-54		98.1~274(压) 255~294(压)	

注：表中δ_5是指$l_0=5d_0$时标准试样的延伸率。

10.6 小结与讨论

10.6.1 本章小结

(1)基本概念与基本方法。

① 控制面：集中力作用点两侧截面；集中力偶作用点两侧截面；集度相同的均布载荷起点和终点处截面。

② 内力分量的正负号规则如图 10-18 所示。

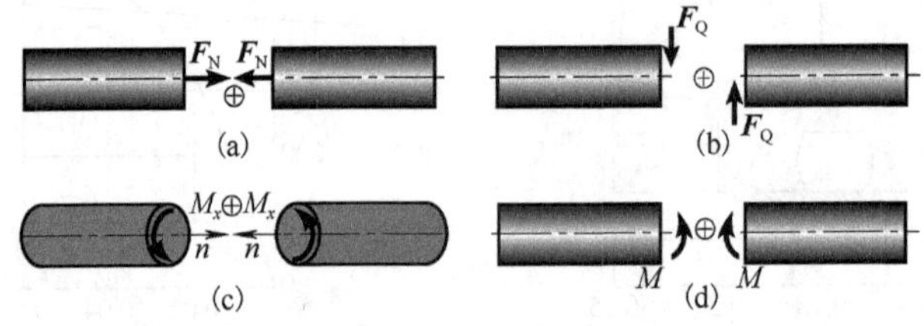

图 10-18 内力分量的正负号规则

③ 截面法：截、取、代、平。

(2)轴力与轴力图：轴向拉压时，杆件横截面上内力的合力 F_N 的作用线与杆件的轴线重合，称为轴力。表示轴力沿杆件轴线方向变化的图形，称为轴力图。

(3)正应力：$\sigma=\dfrac{F_N}{A}$。

(4)拉压变形：$\Delta l=\pm\dfrac{F_N l}{EA}$。

(5)强度设计：$\sigma_{max}\leqslant[\sigma]$。根据强度条件，可以解决 3 种类型的强度问题：强度校核、截面设计、确定许可载荷。

(6)材料的力学性能。

① 低碳钢的拉伸。

4 个阶段：弹性阶段、屈服阶段、强化阶段、局部变形(颈缩)阶段。

4 个极限应力：比例极限σ_p、弹性极限σ_e、屈服极限σ_s或$\sigma_{0.2}$、强度极限σ_b。

2 个塑性指标：延伸率δ和截面收缩率ψ。

② 衡量脆性材料拉伸强度的唯一指标是拉伸强度极限σ_b。

③ 材料压缩时的力学性能：塑性材料压缩时的力学性能与拉伸时的基本无异。脆性材料拉、压力学性能有较大差别，抗压能力明显高于抗拉能力。

10.6.2 讨论

1. 关于应力和变形公式的应用条件

本章得到了承受拉伸或压缩时杆件横截面上的正应力公式与变形公式

$$\sigma_x = \frac{F_N}{A}$$

$$\Delta l = \frac{F_N l}{EA}$$

其中，正应力公式只有杆件沿轴向方向均匀变形时，才是适用的。怎样从受力或内力判断杆件沿轴向方向均匀变形是均匀的呢？这一问题请读者对图 10-19 所示之二杆加以比较、分析和总结。

图 10-19(a)所示之直杆，载荷作用线沿着杆件的轴线方向，所有横截面上的轴力作用线都通过横截面的中心。因此，这一杆件的所有横截面上的应力都是均匀分布的，这表明：正应力公式$\sigma = \dfrac{F_N}{A}$对所有横截面都是适用的。

图 10-19(b)所示之直杆则不然。这种情形下，对于某些横截面上轴力的作用线通过横截面中心；而另外的一些横截面，当将外力向截面中心简化时，不仅得到一个轴力，还有一个弯矩。请读者想一想，这些横截面将会发生什么变形？哪些横截面上的正应力可以应用$\sigma = \dfrac{F_{Nx}}{A}$计算？哪些横截面则不能应用上述公式。

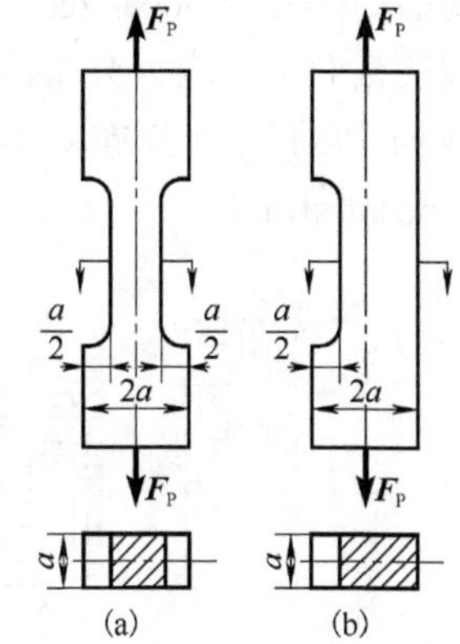

图 10-19　拉伸与压缩正应力公式的适用性

对于变形公式$\Delta l = \dfrac{F_{Nx} l}{EA}$，应用时有两点必须注意：一是导出这一公式时应用了胡克定律，因此，只有杆件在弹性范围内加载时，才能应用上述公式计算杆件的变形；二是公式中的 F_N 为一段杆件内的轴力，只有当杆件仅在两端受力时 F_N 才等于外力 F_P。当杆件上有多个外力作用，则必须先计算各段轴力，再分段计算变形，然后按代数值相加。

思考：为什么变形公式只适用于弹性范围，而正应力公式就没有弹性范围的限制呢？

*2. 关于加力点附近区域的应力分布

前面已经提到拉伸和压缩时的正应力公式，只有在杆件沿轴线方向的变形均匀时，横截面上正应力均匀分布才是正确的。因此，对杆件端部的加载方式有一定的要求。

当杆端承受集中载荷或其他非均匀分布载荷时，杆件并非所有横截面都能保持平面，从而产生均匀的轴向变形。这种情形下，上述正应力公式不是对杆件上的所有横截面都适用。

考察图 10-20(a)所示之橡胶拉杆模型，为观察各处的变形大小，加载前在杆表面画上小方格。当集中力通过刚性平板施加于杆件时，若平板与杆端面的摩擦极小，这时杆的各横截面均发生均匀轴向变形，如图 10-20(b)所示。若载荷通过尖楔块施加于杆端，则在加力点附近区域的变形是不均匀的：一是横截面不再保持平面；二是愈是接近加力点的小方格变形愈大，如图 10-20(c)所示。但是，距加力点稍远处，轴向变形依然是均匀的，因此在这些区域，正应力公式仍然成立。

上述分析表明：*如果杆端两种外加力静力学等效，则距离加力点稍远处，静力学等效对应力分布的影响很小，可以忽略不计*。这一思想最早是由法国科学家圣维南(Saint-Venant)于 1855 年至 1856 年研究弹性力学问题时提出的。1885 年布森涅斯克(Boussinesq J. V.)将这一思想加以推广，并称之为**圣维南原理**(Saint-Venant principle)。当然，圣维南原理也有不适用的情形，这已超出本书的范围。

*3. 关于应力集中的概念

上面的分析说明，在加力点的附近区域，由于局部变形，应力的数值会比一般截面上大。除此而外，当构件的几何形状**不连续**(discontinuity)，诸如开孔或截面突变等处，也会产生很高的**局部应力**(localized stresses)。图 10-21(a)所示为开孔板条承受轴向载荷时，通过孔中心线的截面上的应力分布。图 10-21(b)所示为轴向加载的变宽度矩形截面板条，在宽度突变处截面上的应力分布。几何形状不连续处应力局部增大的现象，称为**应力集中**(stress concentration)。

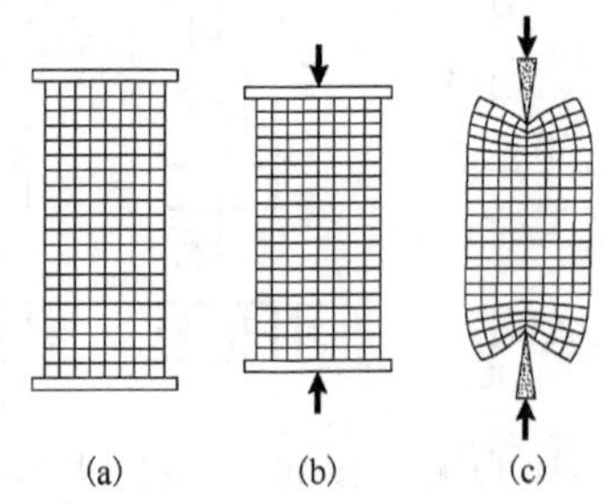

图 10-20　加力点附近局部变形的不均匀性

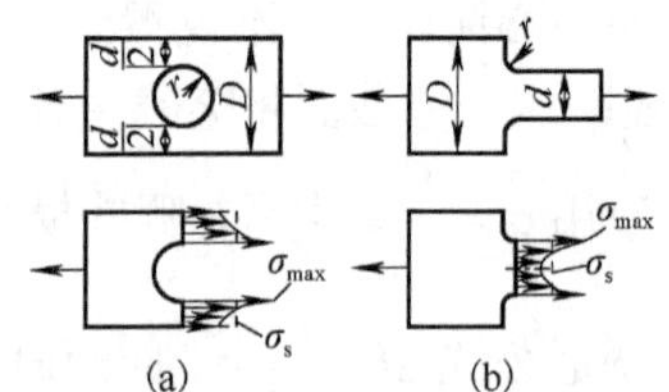

图 10-21　几何形状不连续处的应力集中现象

应力集中的程度用应力集中因数描述。应力集中处横截面上的应力最大值 σ_{max} 与不考虑应力集中时的应力值 σ_a (名义应力)之比，称为**应力集中因数**(factor of stress concentration)，用 K 表示

$$K=\frac{\sigma_{max}}{\sigma_a} \tag{10-13}$$

4. 拉伸与压缩杆件斜截面上的应力

考察一个橡皮拉杆模型，其表面画有一正置小方格和一斜置小方格，分别如图 10-22(a)和(b)所示。

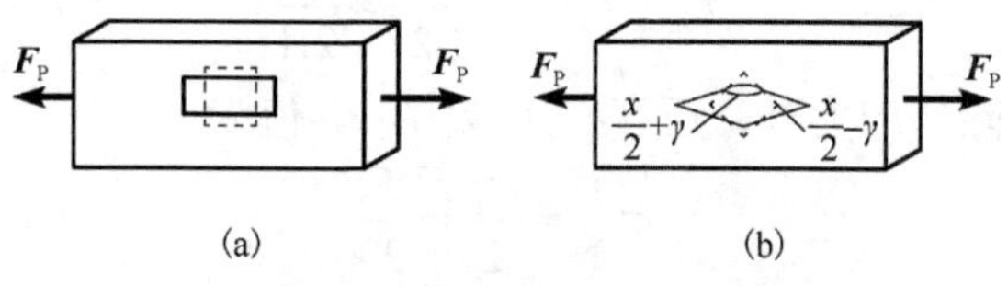

图 10-22　拉杆中的剪切变形

受力后，正置小方块的直角并未发生改变，而斜置小方格变成了菱形，直角发生变化。这种现象表明，在拉、压杆件中，虽然横截面上只有正应力，但在斜截面方向却产生剪切变形，这种剪切变形必然与斜截面上的切应力有关。

为确定拉(压)杆斜截面上的应力，可以用假想截面沿斜截面方向将杆截开(图 10-23(a))，斜截面法线与杆轴线的夹角设为θ。考察截开后任意部分的平衡，求得该斜截面上的总内力为$F_R=F_P$，如图 10-23(b)所示。力 F_R 对斜截面而言，既非轴力又非剪力，故需将其分解为沿斜截面法线和切线方向上的分量：F_N 和 F_Q(图 10-23(c))。

$$
\begin{aligned}
F_N &= F_P\cos\theta \\
F_Q &= F_P\sin\theta
\end{aligned}
\tag{10-14}
$$

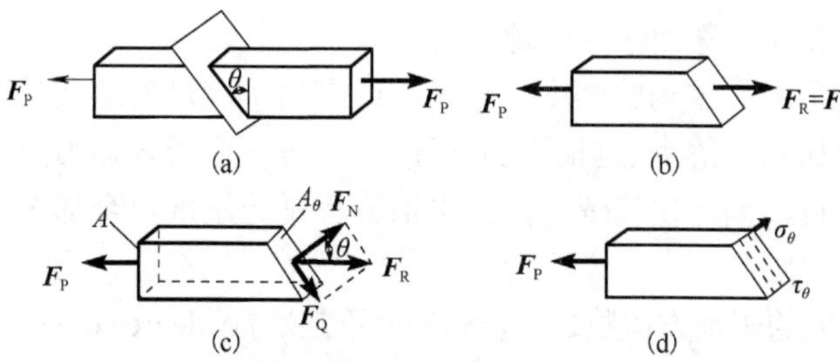

图 10-23　拉杆斜截面上的应力

F_N 和 F_Q 分别由整个斜截面上的正应力和切应力所组成(图 10-23(d))。在轴向均匀拉伸或压缩的情形下，两个相互平行的相邻斜截面之间的变形也是均匀的，因此，可以认为斜截面上的正应力和切应力都是均匀分布的。于是斜截面上正应力和切应力分别为

$$
\begin{aligned}
\sigma_\theta &= \frac{F_N}{A_\theta} = \frac{F_P\cos\theta}{A_\theta} = \sigma_x\cos^2\theta \\
\tau_\theta &= \frac{F_Q}{A_\theta} = \frac{F_P\sin\theta}{A_\theta} = \frac{1}{2}\sigma_x\sin(2\theta)
\end{aligned}
\tag{10-15}
$$

式中，σ_x 为杆横截面上的正应力，由式(10-1)确定。A_θ 为斜截面面积

$$
A_\theta = \frac{A}{\cos\theta}
$$

上述结果表明，杆件承受拉伸或压缩时，横截面上只有正应力；斜截面上则既有正应力又有切应力。而且，对于不同倾角的斜截面，其上的正应力和切应力各不相同。

根据式(10-15)，在$\theta=0$ 的截面(即横截面)上，σ_θ 取最大值，即

$$\sigma_{\theta\max}=\sigma_x=\frac{F_P}{A} \tag{10-16}$$

在θ=45°的斜截面上，τ_θ取最大值，即

$$\tau_{\theta\max}=\tau_{45^\circ}=\frac{\sigma_x}{2}=\frac{F_P}{2A} \tag{10-17}$$

在这一斜截面上，除切应力外，还存在正应力，其值为

$$\sigma_{45^\circ}=\frac{\sigma_x}{2}=\frac{F_P}{2A} \tag{10-18}$$

应用上述结果，可以对两种强度失效的原因做简单的解释。

(1)低碳钢试样拉伸至屈服时，如果试样表面具有足够的光洁度，将会在试样表面出现与轴线夹角为45°的花纹，称为滑移线。通过拉、压杆件斜截面上的应力分析，在与轴线夹角为45°的斜截面上切应力取最大值。因此，可以认为，这种材料的屈服是由于切应力最大的斜截面相互错动产生滑移，导致应力虽然不增加，但应变继续增加。

(2)灰铸铁拉伸时，最后将沿横截面断开，显然是由于拉应力拉断的。但是，灰铸铁压缩至破坏时，却是沿着约55°的斜截面错动破坏的，而且断口处有明显的由于相互错动引起的痕迹。这显然不是由于正应力所致，而是与切应力有关。

*5. 拉伸和压缩超静定问题简述

前面几节讨论的问题中，作用在杆件上的外力或杆件横截面上的内力，都能够由静力平衡方程直接确定，这类问题称为静定问题。

工程实际中，为了提高结构的强度、刚度，或者为了满足构造及其他工程技术要求，常常在静定结构中再附加某些约束(包括添加杆件)。这时，由于未知力的个数多于所能提供的独立的平衡方程的数目，因此仅仅依靠静力平衡方程是无法确定全部未知力。这类问题称为静不定问题或超静定问题。

未知力个数与独立的平衡方程数之差，称为**静不定次数**(degree of statically indeterminacy)。在静定结构上附加的约束称为**多余约束**(redundant constraint)，这种“多余”只是对保证结构的平衡与几何不变性而言的，对于提高结构的强度、刚度则是需要的。

关于静定与静不定问题的概念，本书在第3章中曾经做过简单介绍。但是，由于那时所涉及的是刚体模型，因此无法求解静不定问题。现在，研究了拉伸和压缩杆件的受力与变形后，通过弹性体模型，就可以求解静不定问题。

多余约束使结构由静定变为静不定，问题由静力平衡可解变为静力平衡不可解，这只是问题的一方面。问题的另一方面是，多余约束对结构或构件的变形起着一定的限制作用，而结构或构件的变形又是与受力密切相关的，这就为求解静不定问题提供了补充条件。

因此，求解静不定问题，除了根据静力平衡条件列出平衡方程外，还必须在多余约束处寻找各构件变形之间的关系，或者构件各部分变形之间的关系，这种变形之间的关系称为**变形协调关系**或**变形协调条件**(compatibility relations of deformation)，进而根据弹性范围内的力和变形之间关系(胡克定律)，即物理条件，建立补充方程。总之，求解静不定问题需要综合考察平衡、变形和物理三方面，这是分析静不定问题的基本方法。现举例说明求解静不定问题的一般过程以及静不定结构的特性。

考察图 10-24 所示之两端固定的等截面直杆，杆件沿轴线方向承受一对大小相等、方向相反的集中力 $\boldsymbol{F}_{\mathrm{P}}=-\boldsymbol{F}_{\mathrm{P}}'$，假设杆件的拉伸与约束刚度为 EA，其中，E 为材料的弹性模量，A 为杆件的横截面面积。要求各段杆横截面上的轴力，并画出轴力图。

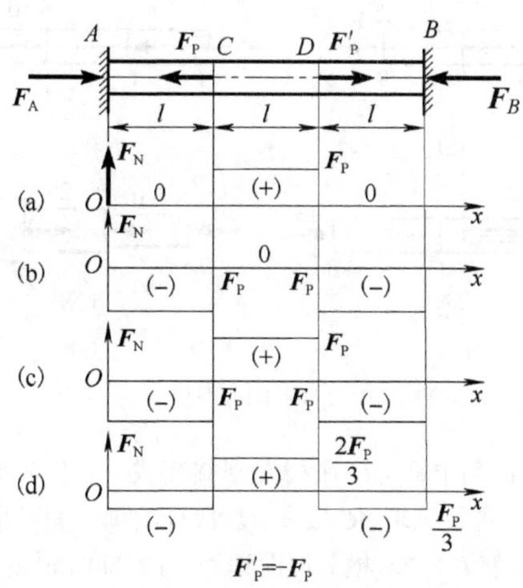

图 10-24　简单的静不定问题

首先，分析约束力，判断静不定次数。在轴向载荷的作用下，固定端 A、B 二处各有一个沿杆件轴线方向的约束力 $\boldsymbol{F}_A$ 和 $\boldsymbol{F}_B$，独立的平衡方程只有一个

$$\sum F_x=0 \qquad F_A-F_{\mathrm{P}}+F_{\mathrm{P}}'-F_B=0 \qquad F_A=F_B \tag{a}$$

静不定次数 n=2−1=1 次。所以除了平衡方程外还需要一个补充方程。

其次，为了建立补充方程，需要先建立变形协调方程。杆件在载荷与约束力作用下，AC、CD、DB 等 3 段都要发生轴向变形，但是，由于两端都是固定端，杆件的总的轴向变形量必须等于零

$$\Delta l_{AB}=\Delta l_{AC}+\Delta l_{CD}+\Delta l_{DB}=0 \tag{b}$$

这就是变形协调条件。

根据胡克定律，即式(10-2)，杆件各段的轴力与变形的关系

$$\Delta l_{AC}=\frac{F_{\mathrm{N}AC}l}{EA} \qquad \Delta l_{CD}=\frac{F_{\mathrm{N}CD}l}{EA} \qquad \Delta l_{DB}=\frac{F_{\mathrm{N}DB}l}{EA} \tag{c}$$

此即物理方程。应用截面法，上式中的轴力分别为

$$F_{\mathrm{N}AC}=-F_A\ (\text{压}) \qquad F_{\mathrm{N}CD}=F_{\mathrm{P}}-F_A\ (\text{拉}) \qquad F_{\mathrm{N}DB}=-F_B\ (\text{压}) \tag{d}$$

最后，将式(a)～式(d)联立，即可解出两固定端的约束力

$$F_A=F_B=\frac{F_{\mathrm{P}}}{3}$$

据此即可求得直杆各段的轴力，直杆的轴力图如 10-24(d)所示。

请读者从平衡或变形协调两方面分析图 10-24(a)、(b)、(c)中的轴力图为什么是不正确的？

习　题

10-1 试用截面法计算习题 10-1 图所示的杆件各段的轴力，并画轴力图。

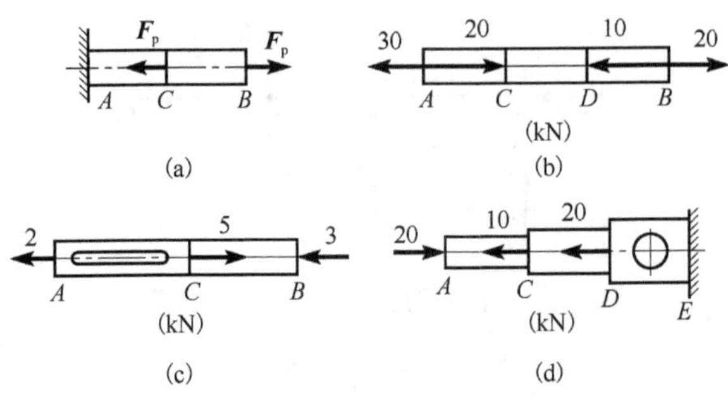

习题 10-1 图

10-2 等截面直杆由钢杆 *ABC* 与铜杆 *CD* 在 *C* 处黏接而成。直杆各部分的直径均为 d=36mm，受力如习题 10-2 图所示。若不考虑杆的自重，试求 *AC* 段和 *AD* 段杆的轴向变形量 Δl_{AC} 和 Δl_{AD} 。

10-3 如习题 10-3 图所示，长度 l=1.2m、横截面面积为 $1.10\times10^{-3}\text{m}^2$ 的铝制圆筒放置在固定的刚性块上；直径 d=15.0mm 的钢杆 *BC* 悬挂在铝筒顶端的刚性板上；铝制圆筒的轴线与钢杆的轴线重合。若在钢杆的 *C* 端施加轴向拉力 F_P，且已知，钢和铝的弹性模量分别为 E_s=200GPa，E_a=70GPa；轴向载荷 F_P=60kN，试求钢杆 *C* 端向下移动的距离。

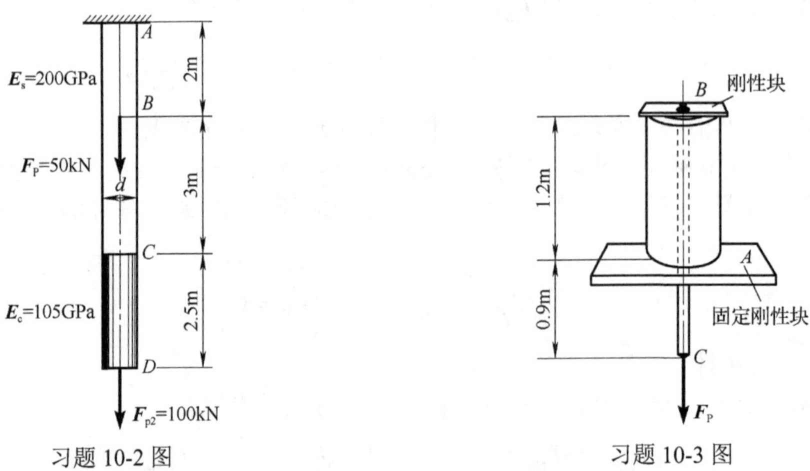

习题 10-2 图　　　　习题 10-3 图

10-4 如习题 10-4 图所示，直杆在上半部两侧面都受有平行于杆轴线的均匀分布载荷，其集度为 $\overline{p}$ =10kN/m；在自由端 D 处作用有集中力 F_P=20kN。已知杆的横截面面积 $A=2.0\times10^{-4}\text{m}^2$，试求：(1) *A*、*B*、*E* 三个横截面上的正应力；(2) 杆内横截面上的最大正应力，并指明其作用位置。

10-5 螺旋压紧装置如习题 10-5 图所示，图中长度单位为 mm。现已知工件所受的压紧力为 F=4kN。装置中旋紧螺栓螺纹的内径 d_1=13.8mm；固定螺栓内径 d_2=17.3mm。两根螺栓材料相同，其许用应力 $[\sigma]$=53.0MPa。试校核各螺栓的强度是否安全。

10-6 现场施工所用起重机吊环由两根侧臂组成。每一侧臂 *AB* 和 *BC* 都由两根矩形截面杆所组成，*A*、*B*、*C* 三处均为铰链连接，如习题 10-6 图所示，图中长度单位为 mm。已知起重载荷 F_P=1200kN，每根矩形杆截面尺寸比例 b/h=0.3，材料的许用应力 $[\sigma]$=78.5MPa。试设计矩形杆的截面尺寸 b 和 h。

10-7 如习题 10-7 图所示的结构中 *BC* 和 *AC* 都是圆截面直杆，直径均为 d=20mm，材料都是 Q235 钢，其许用应力 $[\sigma]$=157MP。试求该结构的许用载荷。

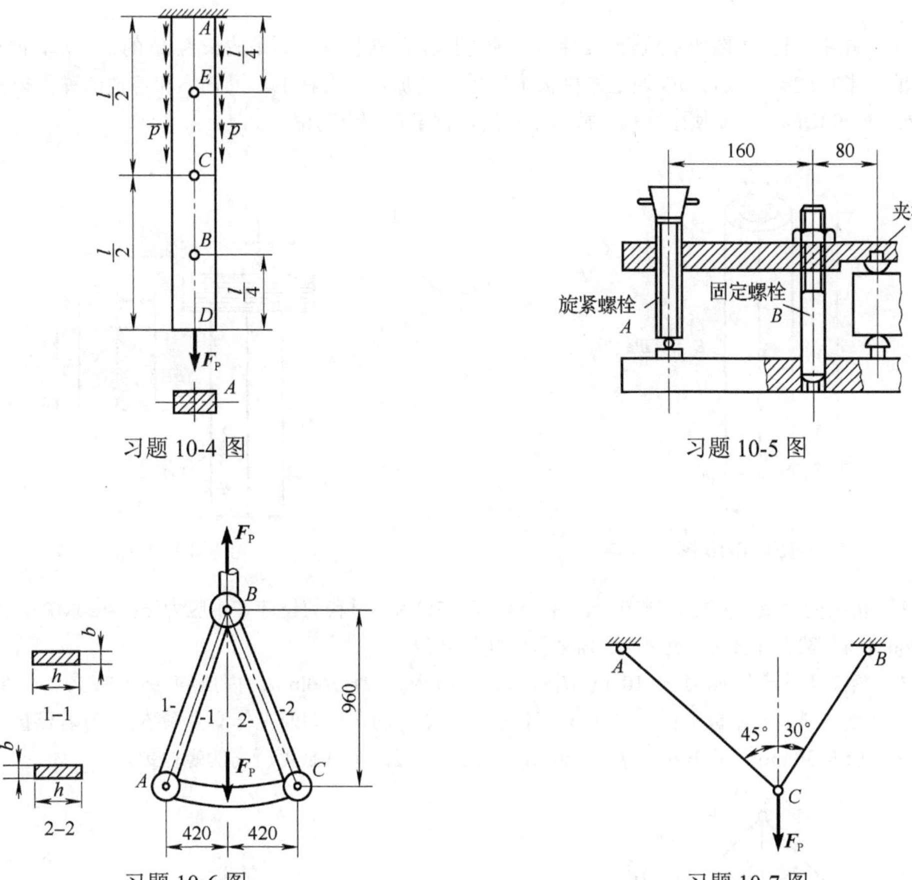

习题 10-4 图　　习题 10-5 图

习题 10-6 图　　习题 10-7 图

10-8　如习题 10-8 图所示的杆件结构中杆 1、2 为木制，杆 3、4 为钢制。已知杆 1、2 的横截面面积 $A_1=A_2=4000\text{mm}^2$，杆 3、4 的横截面面积 $A_3=A_4=800\text{mm}^2$；杆 1、2 的许用应力 $[\sigma_W]=20\text{MPa}$，杆 3、4 的许用应力 $[\sigma_s]=120\text{MPa}$。试求结构的许用载荷 $[F_P]$。

***10-9**　如习题 10-9 图所示(图中长度单位为 mm)，由铝板和钢板组成的复合柱，通过刚性板承受纵向载荷 $F_P=38\text{kN}$，其作用线沿着复合柱的轴线方向。试确定铝板和钢板横截面上的正应力。

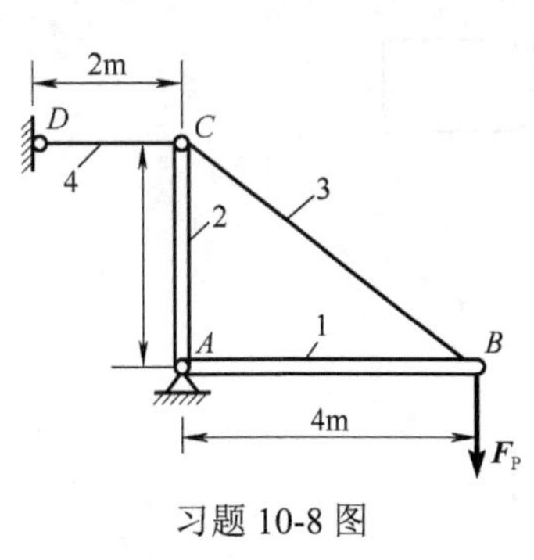

习题 10-8 图

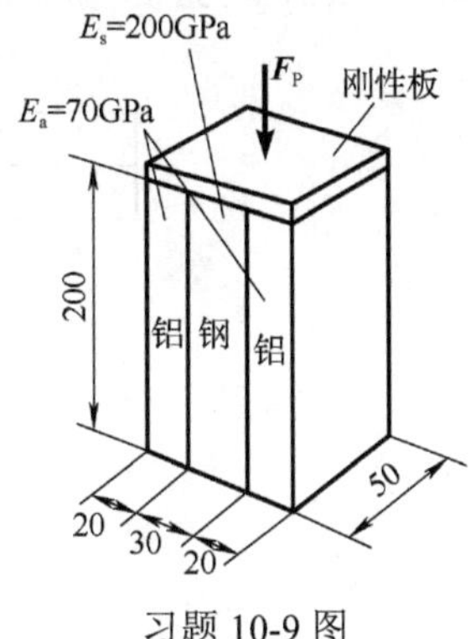

习题 10-9 图

***10-10**　铜芯与铝壳组成的复合棒材如习题 10-10 图所示(图中长度单位为 mm)，轴向载荷通过两端刚性板加在棒材上。现已知结构总长减少了 0.24mm。试求：(1)所加轴向载荷的大小；(2)铜芯横截面上的正

应力。

*10-11　如习题 10-11 图所示组合柱由钢和铸铁制成，组合柱横截面是边长为 2b 的正方形，钢和铸铁各占横截面的一半(b×2b)。载荷 $\boldsymbol{F}_P$ 通过刚性板沿铅垂方向加在组合柱上。已知钢和铸铁的弹性模量分别为 E_s=196GPa，E_i=98GPa。今欲使刚性板保持水平位置，试求加力点的位置 x。

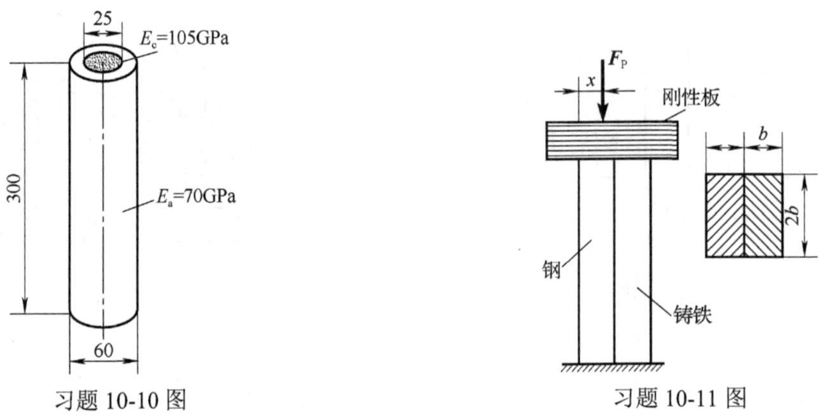

习题 10-10 图　　习题 10-11 图

10-12　桁架受力及尺寸如习题 10-12 图所示。F_P=30kN，材料的拉伸许用应力$[\sigma]^+$=120MPa，压缩许用应力$[\sigma]^-$=60MPa。试设计杆 AC 及 AD 所需之等边角钢号码。

10-13　蒸汽机的气缸如习题 10-13 图所示。气缸内径 D=560mm，内压强 p=2.5MPa，活塞杆直径 d=100mm。所用材料的屈服极限σ_s=300MPa。(1)试求活塞杆的正应力及工作安全系数；(2)若连接气缸和气缸盖的螺栓直径为 30mm，其许用应力$[\sigma]$=60MPa，试求连接每个气缸盖所需的螺栓数。

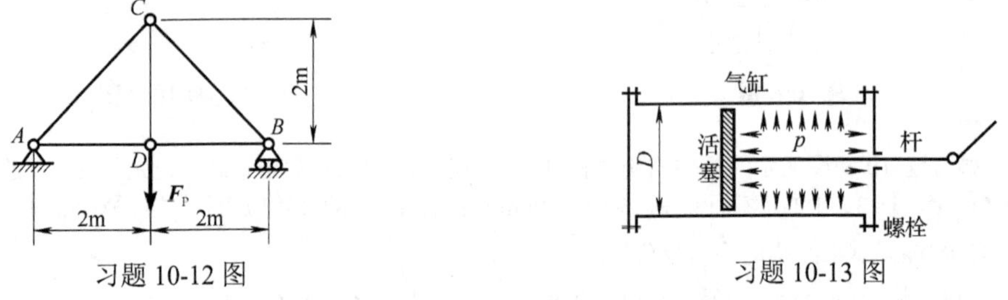

习题 10-12 图　　习题 10-13 图

10-14　如习题 10-14 图所示为硬铝试件，h=200mm，b=20mm。标距 l_0=70mm。在轴向拉力 F_P=6kN 作用下，测得标距伸长Δl_0=0.15mm，板宽缩短Δb=0.014mm。试计算硬铝的弹性模量 E 和泊松比 ν 。

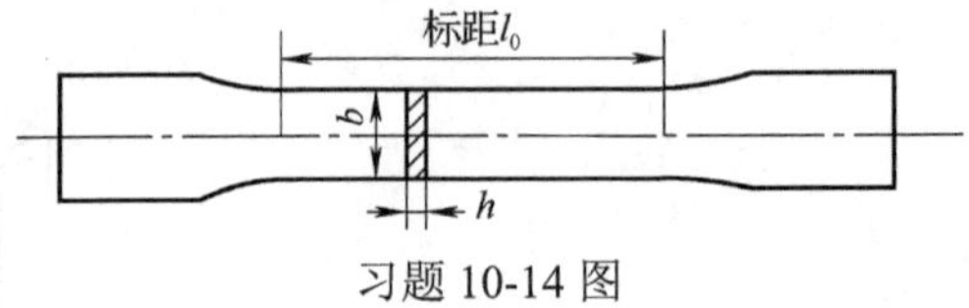

习题 10-14 图

第 11 章　圆 轴 扭 转

工程上将主要承受扭转的杆件称为轴，当轴的横截面上仅有扭矩(M_x)作用时，与扭矩相对应的分布内力，其作用面与横截面重合。这种分布内力在一点处的集度，即为切应力。圆截面轴与非圆截面轴扭转时横截面上的切应力分布有着很大的差异。本章主要介绍圆轴扭转时的应力变形分析以及强度设计和刚度设计。

分析圆轴扭转时的应力和变形的方法与分析梁的应力和变形的方法基本相同。依然借助于平衡、变形协调与物性关系。

11.1　外力偶矩的计算

工程上传递功率的轴，大多数为圆轴。图 11-1 所示为火力发电厂中汽轮机通过传动轴带动发电机转动的结构简图。这种传递功率的轴主要承受扭转变形。

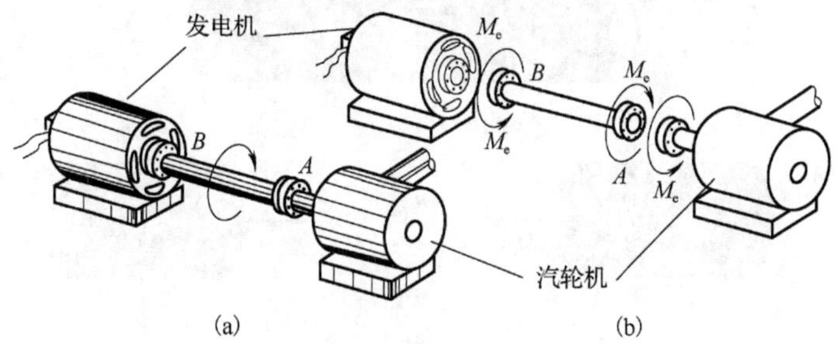

图 11-1　火力发电系统中的受扭圆轴

作用在杆件上的外力偶矩，可以由外力向杆的轴线简化而得，但是对于传递功率的轴，通常都不是直接给出力或力偶矩，而是给定功率和转速。

因为力偶矩在单位时间内所做之功即为功率，于是有

$$M_e\omega = P$$

式中，M_e 为外力偶矩；ω为轴转动的角速度；P 为轴传递的功率。

由 1kW=1000N·m/s，上式可以改写为

$$M_e = 9549\frac{P}{n} \tag{11-1a}$$

式中，功率 P 的单位为 kW；n 为轴的转速，单位为 r/min。

若以马力(1 马力=735.5N·m/s)作为功率单位，则有

$$M_e = 7024\frac{P}{n} \tag{11-1b}$$

11.2　扭　矩　图

在扭转外力偶作用下，圆轴横截面上将产生扭矩。

确定扭矩的方法也是截面法，即用假想截面将杆截开分成两部分，横截面上的扭矩与作用在轴的任一部分上的所有外力偶矩组成平衡力系。据此，即可求得扭矩的大小与方向。

如果只在轴的两个端截面作用有外力偶，则沿轴线方向所有横截面上的扭矩都是相同的，并且都等于作用在轴上的外力偶矩。

当轴的长度方向上有两个以上的外力偶作用时，轴各段横截面上的扭矩将是不相等的，这时需用截面法确定各段横截面上的扭矩。

扭矩沿杆轴线方向变化的图形，称为**扭矩图**(torque diagram)。

绘制扭矩图，同样需要规定扭矩的正负号。为了使同一处两侧截面上的扭矩具有相同的正负号，据此，采用右手螺旋定则规定扭矩的正负号，右手握拳，四指与扭矩的转动方向一致，拇指指向扭矩矢量 $\boldsymbol{M}_x$ 方向，若扭矩矢量方向与截面外法线方向一致则扭矩为正(图 11-2(a))；若扭矩矢量方向与截面外法线方向相反，则扭矩为负(图 11-2(b))。

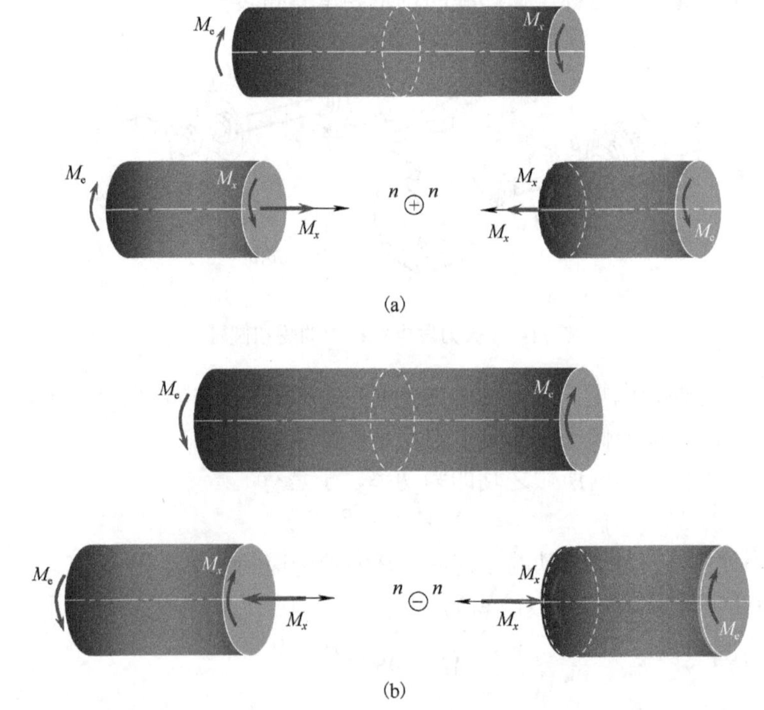

图 11-2　扭矩的正负号规则

绘制扭矩图的方法和过程与绘制轴力图相似，这里不再重复。下面举例说明。

【例题 11-1】　如图 11-3(a)所示，圆轴受有四个绕轴线转动的外力偶，各力偶的力偶矩的大小和方向均示于图中，其单位为 N·m，轴的长度单位为 mm。试画出圆轴的扭矩图。

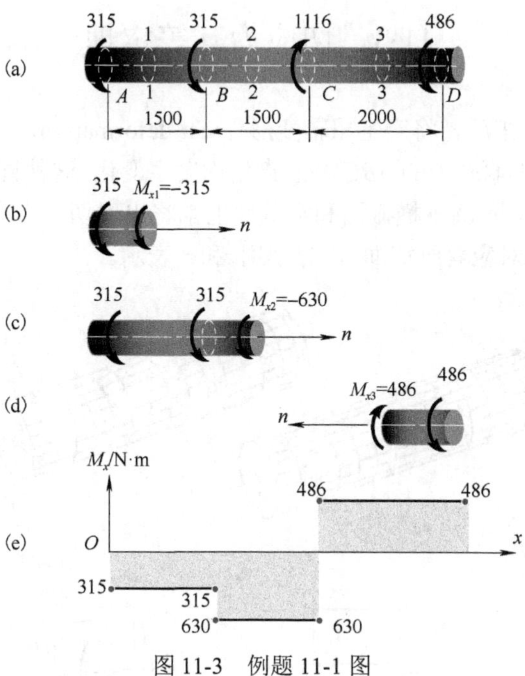

图 11-3　例题 11-1 图

解　(1)确定控制面。

从圆轴所受的外力偶分布可以看出，外力偶处截面 A、B、C、D 左右两侧截面均为控制面。这表明 AB、BC、CD 各段横截面上的扭矩各不相同，但每一段内的扭矩却是相同的。为了计算简化起见，可以在 AB 段、BC 段、CD 段圆轴内任意选取一横截面，例如 1-1、2-2、3-3 截面，这 3 个横截面上的扭矩即对应 3 段圆轴上所有横截面的扭矩。

(2)应用截面法确定各段圆轴内的扭矩。

用 1-1、2-2、3-3 截面将圆轴截开，假设截开横截面上的扭矩为正方向，考察这些截面左侧或右侧部分圆轴的受力与平衡，分别如图 11-3(b)、(c)、(d)所示。由平衡方程

$$\sum M_x = 0$$

求得三段圆轴内的扭矩分别为

$$M_{x1}+315=0 \qquad M_{x1}=-315\ \text{N}\cdot\text{m}$$

$$M_{x2}+315+315=0 \qquad M_{x2}=-630\ \text{N}\cdot\text{m}$$

$$M_{x3}-486=0 \qquad M_{x3}=486\ \text{N}\cdot\text{m}$$

上述计算过程中，由于假定横截面上的扭矩为正方向，因此，结果为正者，表示假设的扭矩正方向是正确的；若为负，说明截面上的扭矩与假定方向相反，即扭矩为负。

(3)建立 M_x-x 坐标系，画出扭矩图。

建立 M_x-x 坐标系，其中 x 轴平行于圆轴的轴线，M_x 轴垂直于圆轴的轴线。将所求得的各段的扭矩值，标在 M_x-x 坐标系中，得到相应的点，过这些点作 x 轴的平行线，即得到所需要的扭矩图，如图 11-3(e)所示。

11.3　切应力互等定理

圆轴(图 11-4(a))受扭后，将产生**扭转变形**(twist deformation)，如图 11-4(b)所示。圆轴上的每个微元(例如图 11-4(a)中的 $ABCD$)的直角均发生变化，这种直角的改变量即为切应变，如图 11-4(c)所示。这表明，圆轴横截面和纵截面上都将出现切应力(图中 AB 和 CD 边对应着横截面；AC 和 BD 边则对应着纵截面)，分别用 τ 和 τ' 表示。

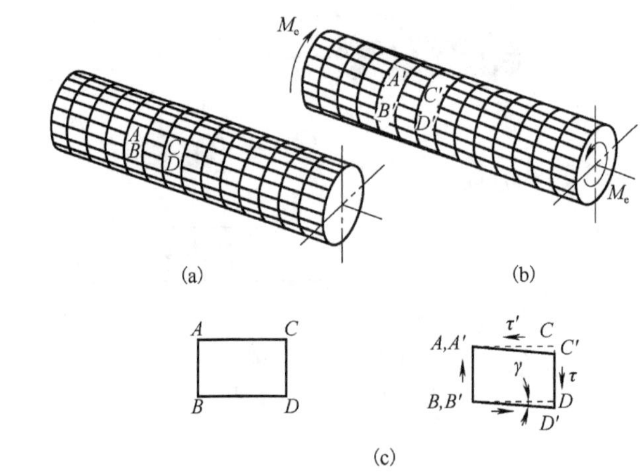

圆轴扭转

图 11-4　圆轴的扭转变形

圆轴扭转时，微元的剪切变形现象表明，圆轴不仅在横截面上存在切应力，而且在通过轴线的纵截面上也将存在切应力，这是平衡所要求的。

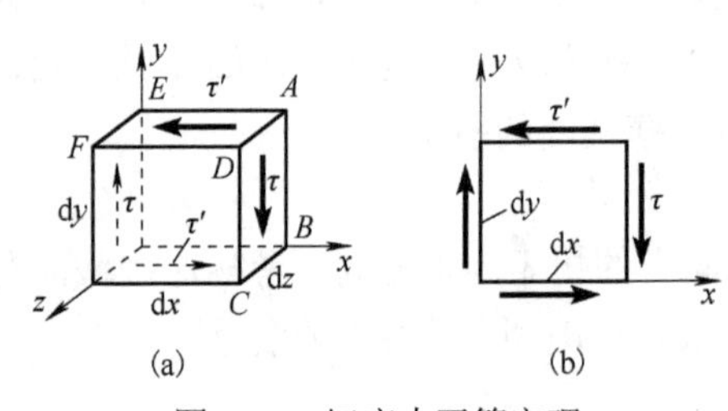

图 11-5　切应力互等定理

如果用圆轴的相距很近的一对横截面、一对纵截面以及一对圆柱面，从受扭的圆轴上截取一微元，如图 11-5(a)所示，微元与横截面对应的一对面上存在切应力 τ，这一对面上的切应力与其作用面的面积相乘后组成一绕 z 轴的力偶，其力偶矩为 $(\tau \mathrm{d}y\mathrm{d}z)\mathrm{d}x$。为了保持微元的平衡，在微元与纵截面对应的一对面上，必然存在切应力 τ'，这一对面上的切应力也组成一个力偶矩为 $(\tau'\mathrm{d}x\mathrm{d}z)\mathrm{d}y$ 的力偶。这两个力偶的力偶矩大小相等、方向相反，才能使微元保持平衡。

应用对 z 轴的平衡方程，可以写出

$$\sum M_z = 0 \qquad -(\tau \mathrm{d}y\mathrm{d}z)\mathrm{d}x + (\tau'\mathrm{d}x\mathrm{d}z)\mathrm{d}z = 0$$

由此解出

$$\tau = \tau' \tag{11-2}$$

这一结果表明，在两个互相垂直的平面上，切应力必然成对出现，且数值相等，二者都垂直于两个平面的交线，方向则共同指向或背离这一交线，这一结论称为**切应力互等定理**或**切应力成对定理**(complementary theorem of shear stress)。

木材试样扭转实验的破坏现象(图 11-6)，可以证明圆轴扭转时纵截面上确实存在切应力：

沿木材顺纹方向截取的圆截面试样，试样承受扭矩发生破坏时，将沿纵截面发生破坏，这种破坏就是由于切应力所致。

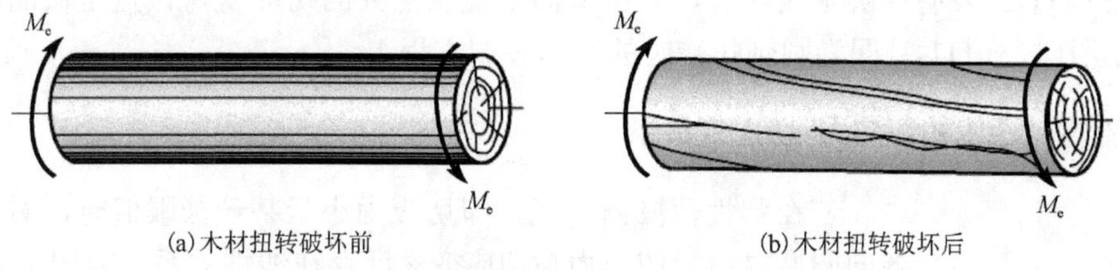

(a) 木材扭转破坏前　(b) 木材扭转破坏后

图 11-6　圆截面木制杆承受扭矩破坏前后的情形

11.4　圆轴扭转时的切应力分析

分析圆轴扭转切应力的方法与分析梁纯弯曲正应力的方法基本相同，就是：根据表面变形做出平面假定；由平面假定得到应变分布，亦即得到变形协调方程；再由变形协调方程与应力-应变关系得到应力分布，也就是含有待定常数的应力表达式；最后利用静力方程确定待定常数，从而得到计算应力的公式。

圆轴扭转时，其圆柱面上的圆保持不变，都是两个相邻的圆绕圆轴的轴线相互转过一角度。根据这一变形特征，假定：圆轴受扭发生变形后，其横截面依然保持平面，并且绕圆轴的轴线刚性地转过一角度。这就是关于圆轴扭转的平面假定。所谓“刚性地转过一角度”，就是横截面上的直径在横截面转动之后依然保持为一直线，如图 11-7 所示。

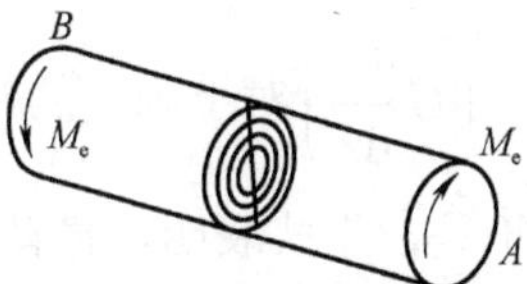

图 11-7　圆轴扭转时横截面保持平面

11.4.1　变形协调方程

若将圆轴用同轴柱面分割成许多半径不等的圆柱，根据上述结论，在 dx 长度上，虽然所有圆柱的两端面均转过相同的角度 dφ，但半径不等的圆柱上产生的切应变各不相同，半径越小者切应变越小，如图 11-8(a)、(b) 所示。

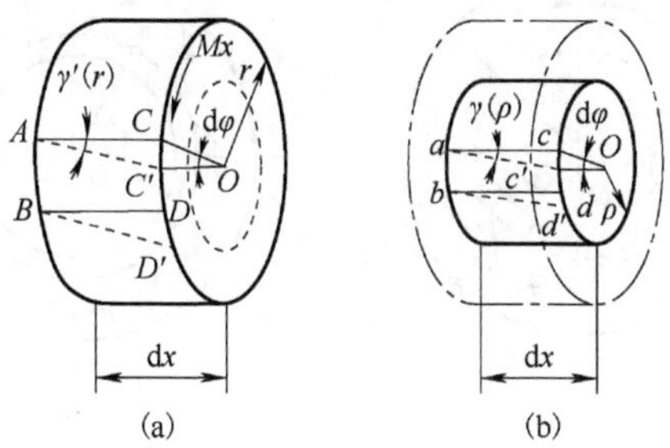

图 11-8　圆轴扭转时的变形协调关系

设到轴线任意远ρ处的切应变为$\gamma(\rho)$，则从图 11-8 中可得到如下几何关系

$$\gamma(\rho)=\rho\frac{\mathrm{d}\varphi}{\mathrm{d}x} \tag{11-3}$$

式中，$\dfrac{\mathrm{d}\varphi}{\mathrm{d}x}$称为**单位长度相对扭转角**(angle of twist per unit length)。对于两相邻截面，$\dfrac{\mathrm{d}\varphi}{\mathrm{d}x}$为常量，故式(11-3)表明：圆轴扭转时，其横截面上任意点处的切应变与该点至截面中心之间的距离成正比。式(11-3)即为圆轴扭转时的变形协调方程。

11.4.2　弹性范围内的切应力-切应变关系

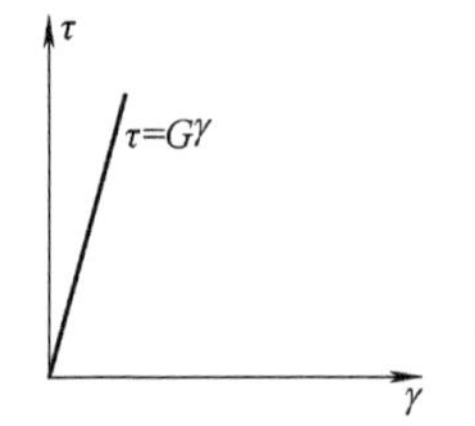

图 11-9　剪切胡克定律

若在弹性范围内加载，即切应力小于某一极限值时，对于大多数各向同性材料，切应力与切应变之间存在线性关系，如图 11-9 所示。于是，有

$$\tau = G\gamma \tag{11-4}$$

此即为**剪切胡克定律**(Hooke law in shearing)，式中，G 为比例常数，称为**剪切弹性模量**或**切变模量**(shearingmodulus)。

11.4.3　静力学方程

将式(11-3)代入式(11-4)，得到

$$\tau(\rho) = G\gamma(\rho) = \left(G\frac{\mathrm{d}\varphi}{\mathrm{d}x}\right)\rho \tag{11-5}$$

式中，$\left(G\dfrac{\mathrm{d}\varphi}{\mathrm{d}x}\right)$对于确定的横截面是一个不变的量。

于是，上式表明，横截面上各点的切应力与点到横截面中心的距离成正比，即切应力沿横截面的半径呈线性分布，方向如图 11-10(a)所示。

作用在横截面上的切应力形成一个分布力系，该力系向截面中心简化结果为一个力偶，其力偶矩即为该截面上的扭矩。于是有

$$\int_A \left[\tau(\rho)\mathrm{d}A\right]\rho = M_x \tag{11-6}$$

此即静力学方程。

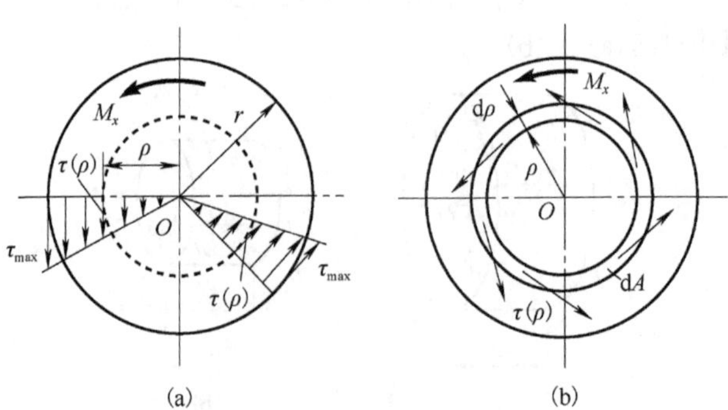

图 11-10　圆轴扭转时横截面上的切应力分布

将式(11-5)代入式(11-6)，积分后得到

$$\frac{\mathrm{d}\varphi}{\mathrm{d}x} = \frac{M_x}{GI_\mathrm{P}} \tag{11-7}$$

式中

$$I_{\mathrm{P}} = \int_A \rho^2 \mathrm{d}A \tag{11-8}$$

其中，I_{P} 就是圆截面对其中心的极惯性矩。式(11-7)中的 GI_{P} 称为圆轴的**扭转刚度**(torsional rigidity)。

11.4.4　圆轴扭转时横截面上的切应力表达式

将式(11-7)代入式(11-5)，得到

$$\tau(\rho) = \frac{M_x \rho}{I_{\mathrm{P}}} \tag{11-9}$$

这就是圆轴扭转时横截面上任意点的切应力表达式，式中，M_x 由平衡条件确定，I_{P} 由式(11-8)积分求得(参见图 11-10(b)中微元面积的取法)。对于直径为 d 的实心截面圆轴

$$I_{\mathrm{P}} = \frac{\pi d^4}{32} \tag{11-10}$$

对于内、外直径分别为 d、D 的空心截面圆轴

$$I_{\mathrm{P}} = \frac{\pi D^4}{32}\left(1-\alpha^4\right) \qquad \alpha = \frac{d}{D} \tag{11-11}$$

从图 11-10(a)中不难看出，最大切应力发生在横截面边缘上各点，其值由式(11-12)确定

$$\tau_{\max} = \frac{M_x \rho_{\max}}{I_{\mathrm{P}}} = \frac{M_x}{W_{\mathrm{P}}} \tag{11-12}$$

式中

$$W_{\mathrm{P}} = \frac{I_{\mathrm{P}}}{\rho_{\max}} \tag{11-13}$$

称为圆截面的**扭转截面模量**(section modulus in torsion)。

对于直径为 d 的实心圆截面

$$W_{\mathrm{P}} = \frac{\pi d^3}{16} \tag{11-14}$$

对于内、外直径分别为 d、D 的空心截面圆轴

$$W_{\mathrm{P}} = \frac{\pi D^3}{16}\left(1-\alpha^4\right) \qquad \alpha = \frac{d}{D} \tag{11-15}$$

【例题 11-2】　实心圆轴与空心圆轴通过牙嵌式离合器相联，并传递功率，如图 11-11 所示。已知轴的转速 n=100r/min，传递的功率 P=7.5kW。若已知实心圆轴的直径 d_1=45mm; 空心圆轴的内、外直径之比 $D_2/d_2=\alpha$=0.5，D_2=46mm。试确定实心轴与空心圆轴横截面上的最大切应力。

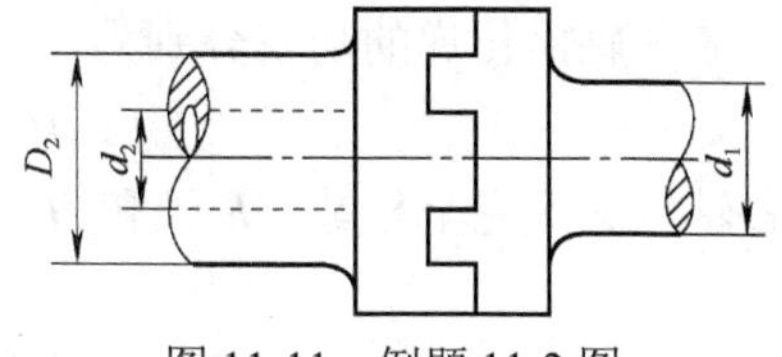

图 11-11　例题 11-2 图

解　由于两传动轴的转速与传递的功率相等，故二者承受相同的外加扭转力偶矩，横截面上的扭矩也因而相等。根据外加力偶矩与轴所传递的功率以及转速之间的关系，求得横截面上的扭矩

$$M_x = M_e = 9549 \times \frac{7.5}{100} = 716.2(\text{N} \cdot \text{m})$$

对于实心轴：根据式(11-12)和式(11-14)和已知条件，横截面上的最大切应力为

$$\tau_{\max} = \frac{M_x}{W_P} = \frac{16M_x}{\pi d_1^3} = \frac{16 \times 716.2}{\pi\left(45 \times 10^{-3}\right)^3} = 40 \times 10^6 (\text{Pa}) = 40(\text{MPa})$$

对于空心轴：根据式(11-12)和式(11-15)和已知条件，横截面上的最大切应力为

$$\tau_{\max} = \frac{M_x}{W_P} = \frac{16M_x}{\pi D_2^3\left(1-\alpha^4\right)} = \frac{16 \times 716.2}{\pi\left(46 \times 10^{-3}\right)^3\left(1-0.5^4\right)} = 40 \times 10^6 (\text{Pa}) = 40(\text{MPa})$$

本例讨论： 上述计算结果表明，本例中的实心轴与空心轴横截面上的最大切应力数值相等。但是二轴的横截面面积之比为

$$\frac{A_1}{A_2} = \frac{d_1^2}{D_2^2\left(1-\alpha^2\right)} = \left(\frac{45 \times 10^{-3}}{46 \times 10^{-3}}\right)^2 \times \frac{1}{1-0.5^2} = 1.28$$

可见，如果轴的长度相同，在最大切应力相同的情形下，实心轴所用材料要比空心轴多。

【例题 11-3】 图 11-12 所示传动机构中，功率从轮 B 输入，通过锥形齿轮将一半传递给铅垂 C 轴，另一半传递给水平 H 轴。已知输入功率 P_1=14kW，水平轴(E 和 H)转速 $n_1=n_2$=120r/min；锥齿轮 A 和 D 的齿数分别为 z_1=36，z_2=12；各轴的直径分别为 d_1=70mm，d_2=50mm，d_3=35mm。试确定各轴横截面上的最大切应力。

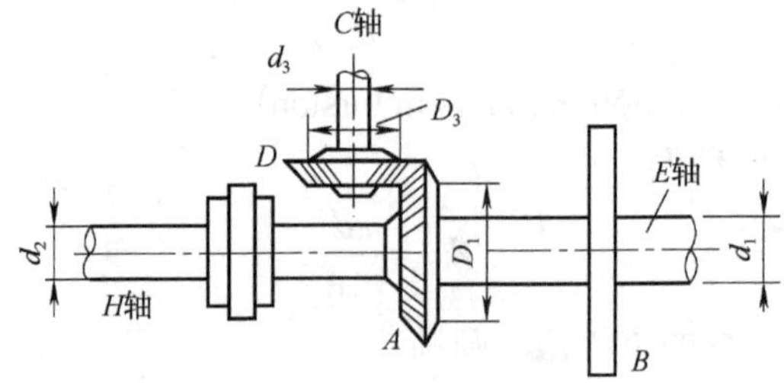

图 11-12　例题 11-3 图

解　(1)各轴所承受的扭矩。

各轴所传递的功率分别为

$$P_1=14\text{kW} \qquad P_2=P_3=P_1/2=7\text{kW}$$

各轴转速不完全相等。E 轴和 H 轴的转速均为 120r/min，即

$$n_1=n_2=120\text{r/min}$$

E 轴和 C 轴的转速与齿轮 A 和齿轮 D 的齿数成反比，由此得到 C 轴的转速

$$n_3 = n_1 \times \frac{z_1}{z_2} = 120 \times \frac{36}{12} = 360(\text{r/min})$$

据此，算得各轴承受的扭矩

$$M_{x1} = M_{e1} = 9549 \times \frac{14}{120} = 1114(\mathrm{N \cdot m})$$

$$M_{x2} = M_{e2} = 9549 \times \frac{7}{120} = 557(\mathrm{N \cdot m})$$

$$M_{x2} = M_{e2} = 9549 \times \frac{7}{360} = 185.7(\mathrm{N \cdot m})$$

(2)计算最大切应力。

E、H、C 轴横截面上的最大切应力分别为

$$\tau_{\max}(E) = \frac{M_{x1}}{W_{P1}} = \frac{16 \times 1114}{\pi \times 70^3 \times 10^{-9}} = 16.54 \times 10^6(\mathrm{Pa}) = 16.54(\mathrm{MPa})$$

$$\tau_{\max}(H) = \frac{M_{x2}}{W_{P2}} = \frac{16 \times 557}{\pi \times 50^3 \times 10^{-9}} = 22.70 \times 10^6(\mathrm{Pa}) = 22.70(\mathrm{MPa})$$

$$\tau_{\max}(C) = \frac{M_{x3}}{W_{P3}} = \frac{16 \times 185.7}{\pi \times 35^3 \times 10^{-9}} = 22.06 \times 10^6(\mathrm{Pa}) = 22.06(\mathrm{MPa})$$

11.5　承受扭转时圆轴的强度设计与刚度设计

11.5.1　扭转实验与扭转破坏现象

为了测定剪切时材料的力学性能，需用材料制成扭转试样在扭转试验机上进行试验。对于低碳钢，采用薄壁圆管或圆筒进行试验，使薄壁截面上的切应力接近均匀分布，这样才能得到反映切应力与切应变关系的曲线。对于铸铁这样的脆性材料由于基本上不发生塑性变形，因此，采用实心圆截面试样也能得到反映切应力与切应变关系的曲线。

由试验所得的扭转时韧性材料(低碳钢)和脆性材料(铸铁)的应力-应变曲线分别如图 11-13(a)和(b)所示。

试验结果表明，低碳钢的切应力与切应变关系曲线，类似于拉伸正应力与正应变关系曲线，也存在线弹性、屈服和破断三个主要阶段。屈服强度和强度极限分别用 τ_s 和 τ_b 表示。

对于铸铁，整个扭转过程，都没有明显的线弹性阶段和塑性阶段，最后发生脆性断裂。其强度极限用 τ_b 表示。

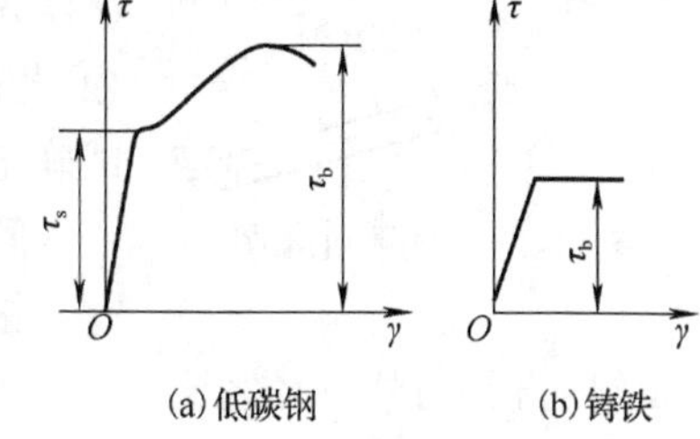

图 11-13　扭转实验的应力-应变曲线

韧性材料与脆性材料扭转破坏时，其试样断口有着明显的区别。韧性材料试样最后沿横截面剪断，断口比较光滑、平整，如图 11-14(a)所示。

铸铁试样扭转破坏时沿 45° 螺旋面断开，断口呈细小颗粒状，如图 11-14(b)所示。

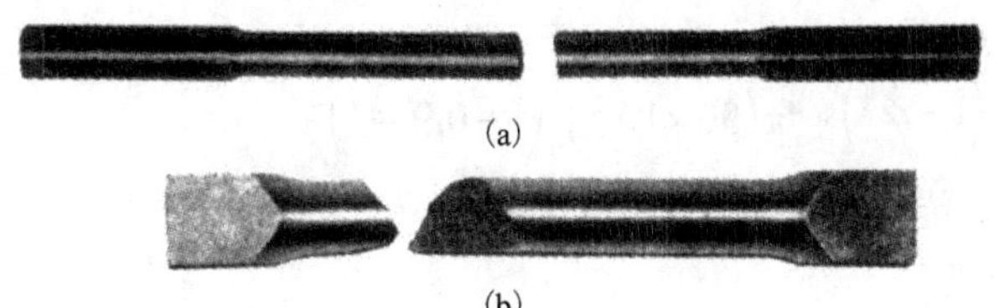

图 11-14　扭转实验的破坏现象

11.5.2 圆轴扭转强度设计

扭转强度设计时，首先需要根据扭矩图和横截面的尺寸判断可能的危险截面；然后根据危险截面上的应力分布确定危险点(即最大切应力作用点)；最后利用试验结果直接建立扭转时的强度设计准则。

圆轴扭转时的强度设计准则为

$$\tau_{\max} \leqslant [\tau] \tag{11-16}$$

式中，$[\tau]$为许用切应力。

对于脆性材料

$$[\tau] = \frac{\tau_b}{n_b} \tag{11-17}$$

对于韧性材料

$$[\tau] = \frac{\tau_s}{n_s} \tag{11-18}$$

上述各式中，许用切应力与许用正应力之间存在一定的关系。

对于脆性材料

$$[\tau] = [\sigma]$$

对于韧性材料

$$[\tau] = (0.5 \sim 0.577)[\sigma]$$

如果设计中不能提供$[\tau]$值时，可根据上述关系由$[\sigma]$值求得$[\tau]$值。

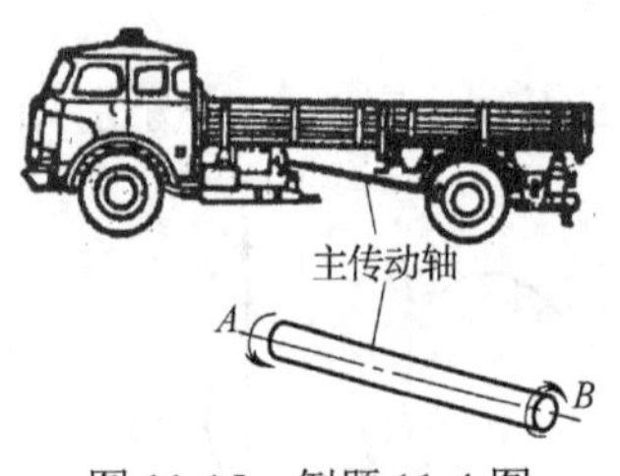

图 11-15　例题 11-4 图

【例题 11-4】 汽车发动机将功率通过主传动轴 AB 传给后桥，驱动车轮行驶，如图 11-15 所示。设主传动轴所承受的最大外力偶矩为 M_e=1.5kN·m，轴由 45 号钢无缝钢管制成，外直径 D=90mm，壁厚 δ=2.5mm，$[\tau]$=60MPa。试求：(1)试校核主传动轴的强度；(2)若改用实心轴，在具有与空心轴相同的最大切应力的前提下，试确定实心轴的直径；(3)确定空心轴与实心轴的重量比。

解　(1)校核空心轴的强度。

根据已知条件，主传动轴横截面上的扭矩 M_x=M_e=1.5kN·m，轴的内直径与外直径之比

$$\alpha = \frac{d}{D} = \frac{D-2\delta}{D} = \frac{90-2\times 2.5}{90} = 0.944$$

因为轴只在两端承受外加力偶，所以轴各横截面的危险程度相同，轴的所有横截面上的最大切应力均为

$$\tau_{\max} = \frac{M_x}{W_P} = \frac{16M_x}{\pi D^3\left(1-\alpha^4\right)} = \frac{16\times 1.5\times 10^3}{\pi\left(90\times 10^{-3}\right)^3\left(1-0.944^4\right)} = 50.9\times 10^6(\text{Pa}) = 50.9(\text{MPa}) < [\tau]$$

由此可以得出结论：主传动轴的强度是安全的。

(2)确定实心轴的直径。

根据实心轴与空心轴具有同样数值的最大切应力的要求，实心轴横截面上的最大切应力

也必须等于 50.9MPa。若设实心轴直径为 d_1，则有

$$\tau_{\max}=\frac{M_x}{W_P}=\frac{16M_x}{\pi d_1^3}=\frac{16\times1.5\times10^3}{\pi d_1^3}=50.9(\text{MPa})=50.9\times10^6(\text{Pa})$$

据此，实心轴的直径

$$d_1=\sqrt[3]{\frac{16\times1.5\times10^3}{\pi\times50.9\times10^6}}=53.1\times10^{-3}(\text{m})=53.1(\text{mm})$$

(3) 计算空心轴与实心轴的重量比。

由于二者长度相等、材料相同，因此，重量比即为横截面的面积比，即

$$\eta=\frac{W_1}{W_2}=\frac{A_1}{A_2}=\frac{\dfrac{\pi\left(D^2-d^2\right)}{4}}{\dfrac{\pi d_1^2}{4}}=\frac{D^2-d^2}{d_1^2}=\frac{90^2-85^2}{53.1^2}=0.31$$

本例讨论： 上述结果表明，空心轴远比实心轴轻，即采用空心圆轴比采用实心圆轴合理。这是由于圆轴扭转时横截面上的切应力沿半径方向非均匀分布，截面中心附近区域的切应力比截面边缘各点的切应力小得多，当最大切应力达到许用切应力 $[\tau]$ 时，中心附近的切应力远小于许用切应力值。将受扭杆件做成空心圆轴，使得横截面中心附近的材料得到充分利用。

11.5.3　圆轴扭转刚度设计

扭转刚度计算是将单位长度上的相对扭转角限制在允许的范围内，即必须使构件满足刚度设计准则

$$\theta=\frac{d\varphi}{dx}\leqslant[\theta] \tag{11-19}$$

根据第 11.4 节中所得到的式(11-7)，其中单位长度上的相对扭转角

$$\theta=\frac{d\varphi}{dx}=\frac{M_x}{GI_P}$$

式(11-19)中，$[\theta]$ 称为单位长度上的许用相对扭转角，其数值视轴的工作条件而定：用于精密机械的轴 $[\theta]$=(0.25~0.5) (°)/m；一般传动轴 $[\theta]$=(0.5~1.0) (°)/m；刚度要求不高的轴 $[\theta]$=2°/m。

刚度设计中要注意单位的一致性。式(11-19)不等号左边 $\theta=\dfrac{d\varphi}{dx}=\dfrac{M_x}{GI_P}$ 的单位为 rad/m；而右边通常所用的单位为(°)/m。因此，在实际设计中，若不等式两边均采用 rad/m，则必须在不等式右边乘以(π/180)；若两边均采用(°)/m，则必须在左边乘以(180/π)。

【例题 11-5】 钢制空心圆轴的外直径 D=100mm，内直径 d=50mm。若要求轴在 2m 长度内的最大相对扭转角不超过 1.5°，材料的切变模量 G=80.4GPa。试求：(1) 求该轴所能承受的最大扭矩；(2) 确定此时轴内最大切应力。

解　(1) 确定轴所能承受的最大扭矩。

根据刚度设计准则，有

$$\theta=\frac{d\varphi}{dx}=\frac{M_x}{GI_P}\leqslant[\theta]$$

由已知条件，许用的单位长度上相对扭转角为

$$[\theta]=\frac{1.5^\circ}{2}=\frac{1.5}{2}\times\frac{\pi}{180}(\text{rad/m}) \tag{a}$$

空心圆轴截面的极惯性矩

$$I_\text{P}=\frac{\pi D^4}{32}\left(1-\alpha^4\right) \qquad \alpha=\frac{d}{D} \tag{b}$$

将式(a)和式(b)一并代入刚度设计准则，得到轴所能承受的最大扭矩为

$$\begin{aligned}M_x&\leqslant[\theta]\times GI_\text{P}=\frac{1.5}{2}\times\frac{\pi}{180}\times G\times\frac{\pi D^4}{32}\left(1-\alpha^4\right)\\&=\frac{1.5\times\pi^2\times 80.4\times10^9\times\left(100\times10^{-3}\right)^4\left[1-\left(\frac{50}{100}\right)^4\right]}{2\times180\times32}\\&=9.686\times10^3(\text{N}\cdot\text{m})=9.686(\text{kN}\cdot\text{m})\end{aligned}$$

(2) 计算轴在承受最大扭矩时，横截面上的最大正应力。

轴在承受最大扭矩时，横截面上最大切应力

$$\tau_{\max}=\frac{M_x}{W_\text{P}}=\frac{16\times9.686\times10^3\times1.5}{\pi\left(100\times10^{-3}\right)^3\left[1-\left(\frac{50}{100}\right)^4\right]}=52.6\times10^6(\text{Pa})=52.6(\text{MPa})$$

11.6 小结与讨论

11.6.1 本章小结

(1) 外力偶矩的计算。已知传动轴的转速 n(r/min) 和传递的功率 P(kW)，外力偶矩为

$$M_\text{e}=9549\frac{P}{n} \tag{11-1a}$$

(2) 扭矩和扭矩图。矢量方向垂直于横截面的内力偶矩称为扭矩。符号规定遵守右手螺旋法则。求任一截面的扭矩采用截面法，扭矩沿杆轴线方向变化规律用扭矩图来表示。

(3) 切应力互等定理。在互相垂直的两个平面上，切应力必然成对存在，且大小相等；切应力的方向皆垂直于两个平面的交线，且共同指向或共同背离这一交线。

(4) 圆轴扭转时的切应力。圆轴扭转时横截面上任意点的切应力表达式：$\tau(\rho)=\dfrac{M_x\rho}{I_\text{P}}$；最大切应力发生在横截面边缘上各点：$\tau_{\max}=\dfrac{M_x\rho_{\max}}{I_\text{P}}=\dfrac{M_x}{W_\text{P}}$。式中，$W_\text{P}=\dfrac{I_\text{P}}{\rho_{\max}}$，称为圆截面的扭转截面模量。

(5) 圆轴扭转时的变形。单位长度上的相对扭转角：$\theta=\dfrac{\mathrm{d}\varphi}{\mathrm{d}x}=\dfrac{M_x}{GI_\text{P}}$

11.6.2　讨论

1. 关于圆轴强度与刚度设计

圆轴是很多工程中常见的零件之一，其强度计算和刚度计算一般过程如下。

(1)根据轴传递的功率以及轴每分钟的转数，确定作用在轴上的外加力偶的力偶矩。

(2)应用截面法确定轴的横截面上的扭矩，当轴上同时作用有两个以上扭转外加力偶时，一般需要画出扭矩图。

(3)根据轴的扭矩图，确定可能的危险截面和危险截面上的扭矩数值。

(4)计算危险截面上的最大切应力或单位长度上的相对扭转角。

(5)根据需要，应用强度条件与刚度条件对圆轴进行强度与刚度校核、设计轴的直径以及确定许用载荷。

需要指出的是，工程结构与机械中有些传动轴都是通过与之连接的零件或部件承受外力作用的。这时需要首先将作用在零件或部件上的力向轴线简化，得到轴的受力图。这种情形下，圆轴将同时承受扭转与弯曲，而且弯曲可能是主要的。这一类圆轴的强度设计比较复杂，本书将在第 14 章中介绍。

2. 矩形截面杆扭转时的切应力

试验结果表明：非圆(正方形、矩形、三角形、椭圆形等)截面杆扭转时，横截面外周线将改变原来的形状，并且不再位于同一平面内。由此推定，杆横截面将不再保持平面，而发生**翘曲**(warping)。图 11-16(a)所示为一矩形截面杆受扭后发生翘曲的情形。

由于翘曲，非圆截面杆扭转时横截面上的切应力将与圆截面杆有很大差异。

应用平衡的方法可以得到以下结论。

(1)非圆截面杆扭转时，横截面上周边各点的切应力沿着周边切线方向。

(2)对于有凸角的多边形截面杆，横截面上凸角点处的切应力等于零。

考察图 11-16(a)所示的受扭矩形截面杆上位于角点的微元(图 11-16(b))。假定微元各面上的切应力如图 11-16(c)所示。由于垂直于 y、z 坐标轴的杆表面均为自由表面(无外力作用)，故微元上与之对应的面上的切应力均为零，即

$$\tau_{yz}=\tau_{yx}=\tau_{zy}=\tau_{zx}=0$$

根据切应力互等定理，角点微元垂直于 x 轴的面(对应于杆横截面)上，与上述切应力互等的切应力也必然为零，即

$$\tau_{xy}=\tau_{xz}=0$$

采用类似方法，读者不难证明，杆件横截面上沿周边各点的切应力必与周边相切。

弹性力学理论以及实验方法可以得到矩形截面构件扭转时，横截面上的切应力分布以及切应力计算公式，现将结果介绍如下。

切应力分布如图 11-17 所示。从图中可以看出，最大切应力发生在矩形截面的长边中点处，其值为

$$\tau_{\max}=\frac{M_x}{C_1hb^2} \tag{11-20}$$

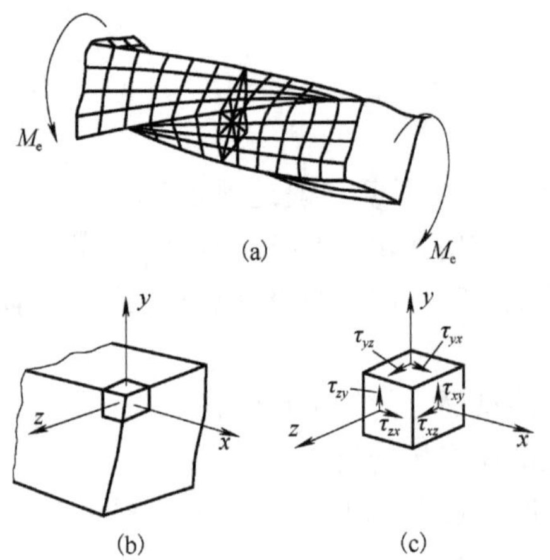

图 11-16　非圆截面杆扭转时的翘曲变形

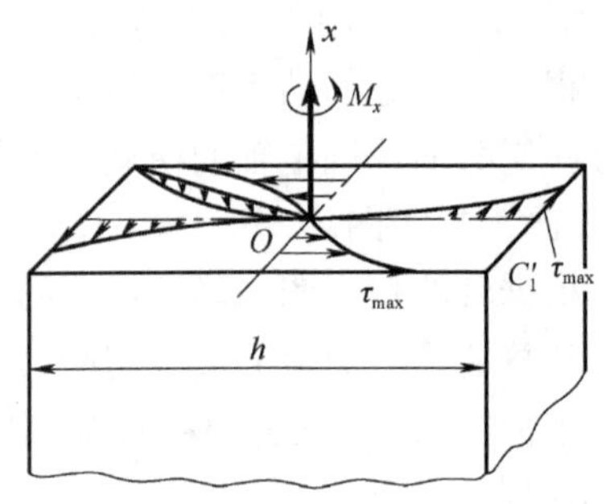

图 11-17　矩形截面扭转时横截面上的应力分布

在短边中点处，切应力

$$\tau = C_1'\tau_{max} \tag{11-21}$$

式中，C_1 和 C_1' 为与长、短边尺寸之比 h/b 有关的因数。表 11-1 所示为若干 h/b 值下的 C_1 和 C_1' 数值。

表 11-1　矩形截面杆扭转切应力公式中的因数

	C_1	C_1'
1.0	0.208	1.000
1.5	0.231	0.895
2.0	0.246	0.795
3.0	0.267	0.766
4.0	0.282	0.750
6.0	0.299	0.745
8.0	0.307	0.743
10.0	0.312	0.743
∞	0.333	0.743

当 $h/b>10$ 时，截面变得狭长，这时 $C_1=0.333\approx 1/3$，于是，式(11-20)变为

$$\tau_{max} = \frac{3M_x}{hb^2} \tag{11-22}$$

这时，沿宽度 b 方向的切应力可近似视为线性分布。

矩形截面杆横截面单位扭转角由下式计算

$$\theta = \frac{M_x}{Ghb^3\left[\frac{1}{3} - 0.21\frac{b}{h}\left(1-\frac{b^4}{12h^4}\right)\right]} \tag{11-23}$$

式中，G 为材料的切变模量。

习　题

11-1　关于扭转切应力公式 $\tau(\rho)=\dfrac{M_x\rho}{I_{\mathrm{P}}}$ 的应用范围，有以下几种答案，请试判断哪一种是正确的。

(A) 等截面圆轴，弹性范围内加载；　(B) 等截面圆轴；

(C) 等截面圆轴与椭圆轴；　(D) 等截面圆轴与椭圆轴，弹性范围内加载。

正确答案是________。

11-2　两根长度相等、直径不等的圆轴受扭后，轴表面上母线转过相同的角度。设直径大的轴和直径小的轴的横截面上的最大切应力分别为 $\tau_{1\max}$ 和 $\tau_{2\max}$，材料的切变模量分别为 G_1 和 G_2。关于 $\tau_{1\max}$ 和 $\tau_{2\max}$ 的大小，有下列四种结论，请判断哪一种是正确的。

(A) $\tau_{1\max}>\tau_{2\max}$；　(B) $\tau_{1\max}<\tau_{2\max}$；

(C) 若 $G_1>G_2$，则有 $\tau_{1\max}>\tau_{2\max}$；　(D) 若 $G_1>G_2$，则有 $\tau_{1\max}<\tau_{2\max}$。

正确答案是________。

11-3　长度相等的直径为 d_1 的实心圆轴与内、外直径分别为 d_2、D_2（$\alpha=d_2/D_2$）的空心圆轴，二者横截面上的最大切应力相等。关于二者重量之比（W_1/W_2）有如下结论，请判断哪一种是正确的。

(A) $\left(1-\alpha^4\right)^{\frac{3}{2}}$；　(B) $\left(1-\alpha^4\right)^{\frac{3}{2}}\left(1-\alpha^2\right)$；

(C) $\left(1-\alpha^4\right)\left(1-\alpha^2\right)$；　(D) $\left(1-\alpha^4\right)^{\frac{2}{3}}\left(1-\alpha^2\right)$。

正确答案是________。

11-4　由两种不同材料组成的圆轴，里层和外层材料的切变模量分别为 G_1 和 G_2，且 $G_1=2G_2$。圆轴尺寸如习题 11-4 图所示。圆轴受扭时，里、外层之间无相对滑动。关于横截面上的切应力分布，有图中所示的四种结论，请判断哪一种是正确的。

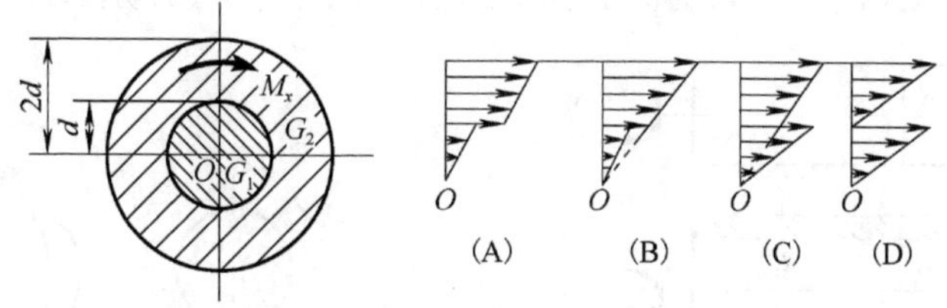

习题 11-4 图

正确答案是________。

11-5　变截面轴受力如习题 11-5 图所示，图中长度单位为 mm。若已知 $M_{e1}=1765\mathrm{N\cdot m}$，$M_{e2}=1171\mathrm{N\cdot m}$，材料的切变模量 $G=80.4\mathrm{GPa}$，求：(1) 轴内最大切应力，并指出其作用位置；(2) 轴内最大相对扭转角 $\varphi_{\max}$。

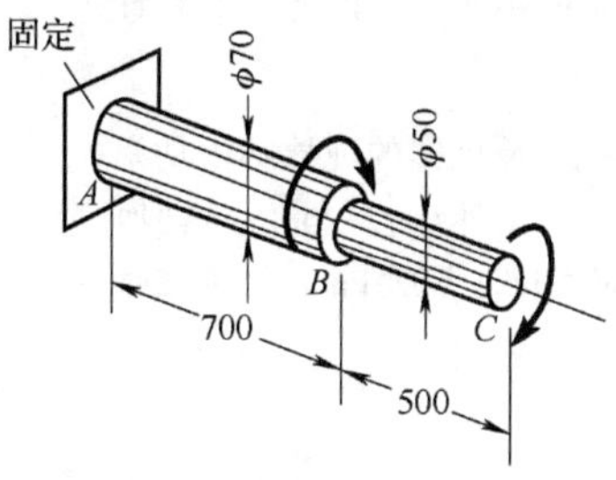

习题 11-5 图

11-6　如习题 11-6 图所示实心圆轴承受外加扭转力偶，其力偶矩 $M_e=3\mathrm{kN\cdot m}$，图中长度单位为 mm。试求：(1) 轴横截面上的最大切应力；(2) 轴横截面上半径 $r=15\mathrm{mm}$ 以内部分承受的扭矩所占全部横截面上扭矩的百分比；(3)去掉 r=15mm 以内部分，横截面上的最大切应力增加的百分比。

11-7 同轴线的芯轴 AB 与轴套 CD，在 D 处二者无接触，而在 C 处焊成一体。轴的 A 端承受扭转力偶作用，如习题 11-7 图所示。已知轴直径 d=66mm，轴套外直径 D=80mm，厚度 δ=6mm；材料的许用切应力 $[\tau]$=60MPa。求结构所能承受的最大外力偶矩。

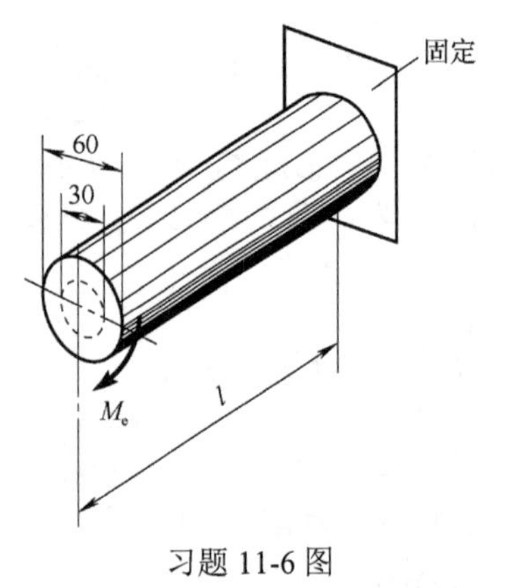

习题 11-6 图

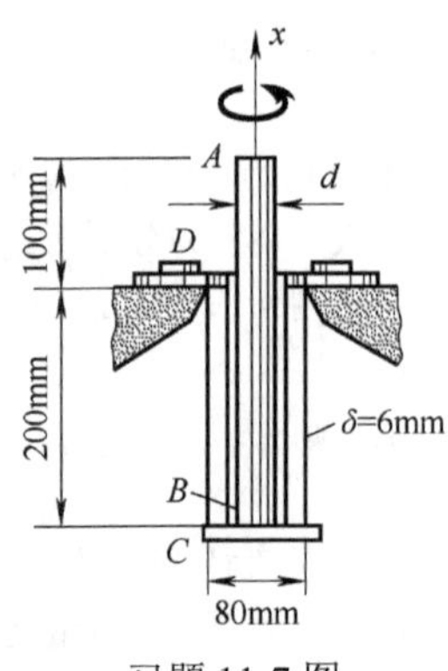

习题 11-7 图

11-8 由同一材料制成的实心和空心圆轴，二者长度和质量均相等，如习题 11-8 图所示。设实心轴半径为 R，空心圆轴的内、外半径分别为 R_1 和 R_2，且 $R_1/R_2=n$；二者所承受的外加扭转力偶矩分别为 M_{es} 和 M_{eh}。若二者横截面上的最大切应力相等，试证明：$\dfrac{M_{es}}{M_{eh}}=\dfrac{\sqrt{1-n^2}}{1+n^2}$。

11-9 如习题 11-9 图所示，圆轴的直径 d=50mm，外力偶矩 $M_e=1\text{kN}\cdot\text{m}$，材料的切变模量 G=82GPa。试求：(1)横截面上点 A 处（$\rho_A=d/4$）的切应力和相应的切应变；(2)最大切应力和单位长度相对扭转角。

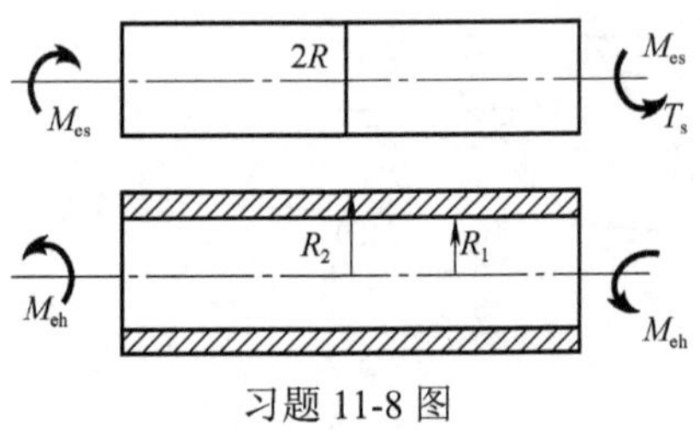

习题 11-8 图

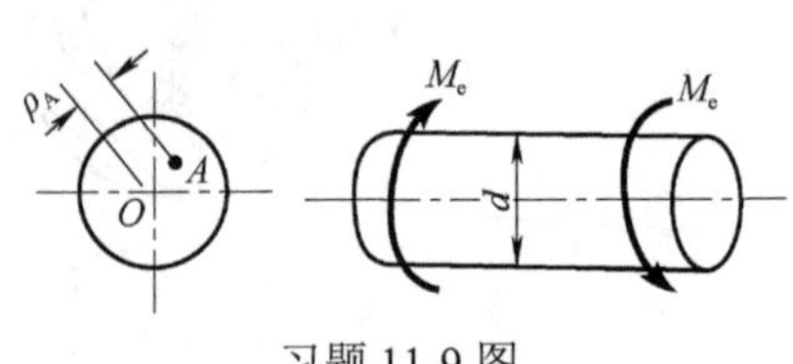

习题 11-9 图

11-10 钢质实心轴和铝质空心轴（内外径比值 α=0.6）的横截面面积相等。$[\tau]_{钢}=800\text{MPa}$，$[\tau]_{铝}=50\text{MPa}$。若仅从强度条件考虑，哪一根轴能承受较大的扭矩？

11-11 如习题 11-11 图所示，化工反应器的搅拌轴由功率 P=6kW 的电动机带动，转速 n=0.5r/s，轴由外径 D=89mm、壁厚 t=10mm 的钢管制成，材料的许用切应力 $[\tau]=50\text{MPa}$。试校核轴的扭转强度。

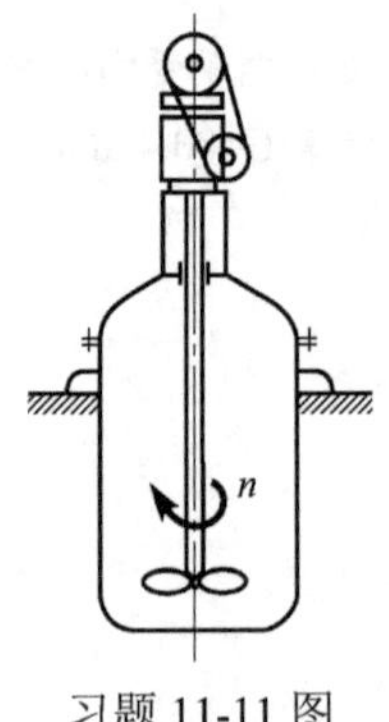

习题 11-11 图

第12章 弯曲强度

杆件承受垂直于其轴线的外力或位于其轴线所在平面内的力偶作用时，其轴线将弯曲成曲线。这种受力与变形形式称为弯曲。主要承受弯曲的杆件称为梁。

根据内力分析的结果，梁弯曲时，通常将在弯矩最大的横截面处发生失效。这种最容易发生失效的截面称为“危险截面”。但是，危险截面的哪一点最先发生失效？怎样才能保证梁不发生失效？这些就是本章所要讨论的问题。

要知道横截面上哪一点最先发生失效，必须知道横截面上的应力是怎样分布的。梁承受弯曲时横截面上将有剪力和弯矩两个内力分量。与这两个内力分量相对应，横截面上将有连续分布的切应力和正应力。本章将介绍的是应用平衡原理与平衡方法，确定梁的横截面上的剪力和弯矩。但是，剪力和弯矩只是横截面上分布切应力与正应力的简化结果。怎样确定梁的横截面上的应力分布？

应力是不可见的，而变形却是可见的，而且应力与应变存在一定的关系。因此，为了确定应力分布，必须分析和研究梁的变形，必须研究材料应力与应变之间的关系，即必须涉及变形协调与应力-应变关系两个重要方面。二者与平衡原理一起组成分析弹性杆件应力分布的基本方法。

绝大多数细长梁的失效，主要与正应力有关，切应力的影响是次要的。本章将主要确定梁横截面上正应力以及与正应力有关的强度问题。

12.1 工程中的弯曲构件

材料力学中将主要承受弯曲的杆件简化为梁，可以说梁就是承受弯曲的杆件的力学模型。有些结构或者结构的局部，形式上不属于杆件，但是，进行总体结构设计时，有时也需要将其视为梁。从这个意义上讲，梁又是一个广义的概念——泛指主要承受弯曲的构件、部件以及结构整体等。

根据梁的支承形式和支承位置不同，梁可以分为：悬臂梁（图 12-1(a)）、简支梁（图 12-1(b)）、外伸梁（图 12-1(c)、(d)）。

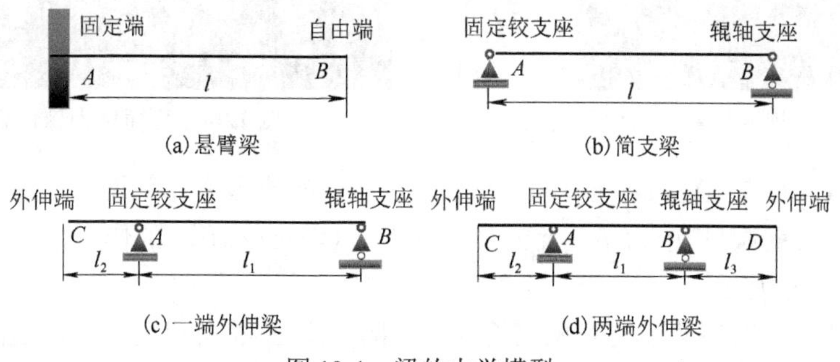

图 12-1 梁的力学模型

悬臂梁的一端固定、另一端自由(没有支承或约束)。简支梁的一端为固定铰支座、另一端为辊轴支座。外伸梁有一个固定铰支座和一个辊轴支座，这两个支座中有一个不在梁的端点、或者两个都不在梁的端点，分别称为一端外伸梁和两端外伸梁。

工程结构的设计中，可以看作梁的对象很多。

图 12-2 所示之直升机旋翼的桨叶，桨叶可以看成一端固定、另一端自由的悬臂梁，在重力和空气动力作用下桨叶将发生弯曲变形。

图 12-2　可以简化为悬臂梁的直升机旋翼的桨叶

高层建筑(图 12-3)和古塔(图 12-4)在风载的作用下将发生弯曲变形，总体设计时，可以看作下端固定、上端自由的悬臂梁。

图 12-3　可以视为悬臂梁的高层建筑

图 12-4　可简化为悬臂梁的古塔

工厂车间内的行车(图 12-5(a))的大梁，通过行走轮支承在车间两侧的轨道上，可以看作为简支梁。在起吊重量(集中力 F_P)及大梁自身重量(均布载荷 q)的作用下，大梁将发生弯曲变形，如图 12-5(b)所示。

工程中可以简化为外伸梁的对象也不少见。例如图 12-6 所示之整装待运的化工容器，可以简化为承受均匀分布载荷(自重和装载物质量)的两端外伸梁。

(a)

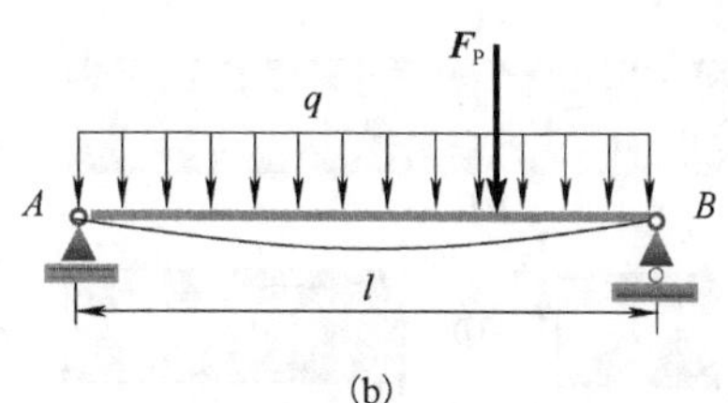

(b)

图 12-5　工厂车间内的行车可以简化为简支梁

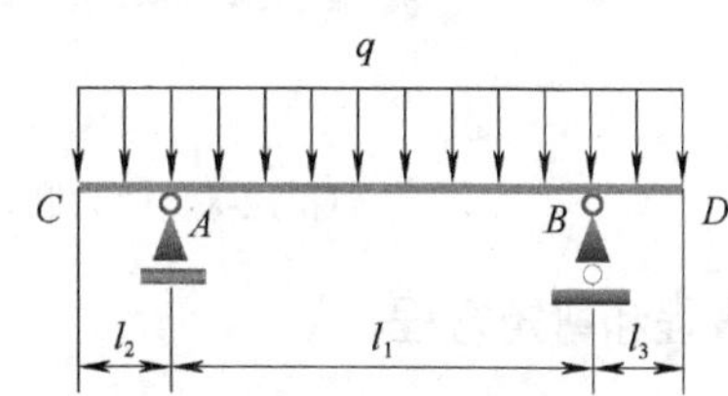

图 12-6　静置的化工容器可以简化为承受均布载荷的外伸梁

本章将在研究剪力图和弯矩图的基础上，分析梁的横截面上的应力，进而解决梁的强度问题。第 13 章将在本章的基础上解决梁的刚度问题。

12.2　剪力图与弯矩图

12.2.1　剪力和弯矩

应用截面法，将梁从任意横截面(例如图 12-7(a)中的 C 截面)处截开，考察其中的任意一部分(例如图 12-7(b)中 C 截面的左边部分)的平衡，将作用在这一部分上的外力向截开的截面处简化得到一个力和一个力偶，为了平衡，在横截面上将出现与之大小相等方向相反的力和力偶，这个力和力偶分别称为这个截面上的**剪力**(shear force)和**弯矩**(bending moment)，用 $\boldsymbol{F}_Q$ 和 M 表示。

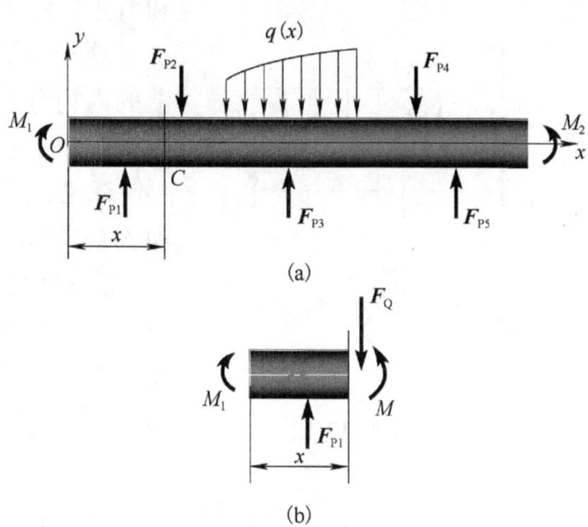

图 12-7　梁的内力与外力的变化有关

无论是建立弯矩方程、剪力方程，还是绘制弯矩图与剪力图，都必须对它们的正负号有明确的规定。规定弯矩、剪力正负号的基本原则应保证梁的一个截面的两侧面的弯矩或剪力必须具有相同的正负号。

剪力和弯矩的正负号规则如下：

(1) 剪力 $\boldsymbol{F}_Q$ 使截开部分梁产生顺时针方向转动者为正；逆时针方向转动者为负。如图 12-8(a)所示。

(2) 弯矩 M 使截开的横截面下边受拉、上边受压的弯矩为正；使截开的横截面上边受拉、下边受压的弯矩为负。如图 12-8 (b) 所示。

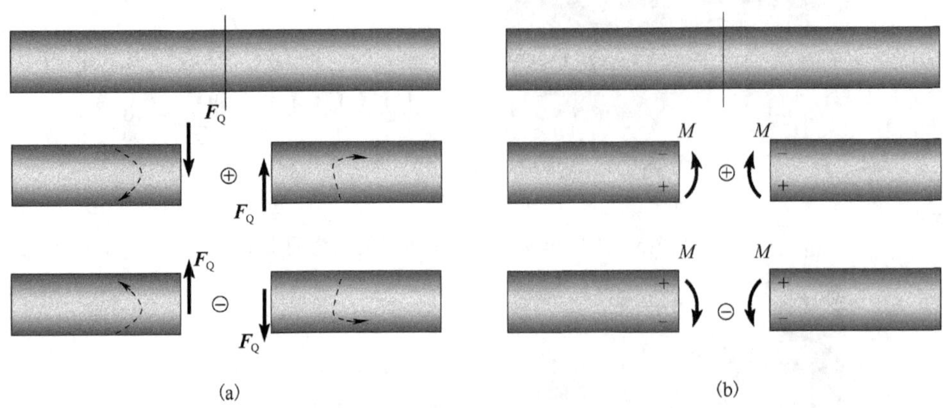

图 12-8　剪力和弯矩的正负号规则

12.2.2　剪力方程和弯矩方程

一般受力情形下，梁内剪力和弯矩将随横截面位置的改变而发生变化。描述梁的剪力和弯矩沿长度方向变化的代数方程，分别称为**剪力方程**(equation of shearing force) 和**弯矩方程**(equation of bending moment)。

为了建立剪力方程和弯矩方程，必须首先建立 Oxy 坐标系，其中，O 为坐标原点，x 轴与梁的轴线一致，坐标原点 O 一般取在梁的左端，x 轴的正方向自左至右，y 轴铅垂向上。

建立剪力方程和弯矩方程时，需要根据梁上的外力(包括载荷和约束力)作用状况，确定控制面，从而确定要不要分段，以及分几段建立剪力方程和弯矩方程。确定了分段之后，首先，在每一段中取任意横截面，假设这一横截面的坐标为 x；然后从这一横截面处将梁截开，并假设所截开的横截面上的剪力 $F_Q(x)$ 和弯矩 $M(x)$ 都是正方向；最后分别应用力的投影方程和力矩的平衡方程，即可得到剪力 $F_Q(x)$ 和弯矩 $M(x)$ 的表达式，这就是所要求的剪力方程 $F_Q(x)$ 和弯矩方程 $M(x)$。

这一方法和过程实际上与前面所介绍的确定指定横截面上的内力分量的方法和过程是相似的，所不同的是现在指定的横截面是坐标为 x 的任意横截面。

注意：在剪力方程和弯矩方程中，x 是变量，而 $F_Q(x)$ 和 $M(x)$ 则是 x 的函数。

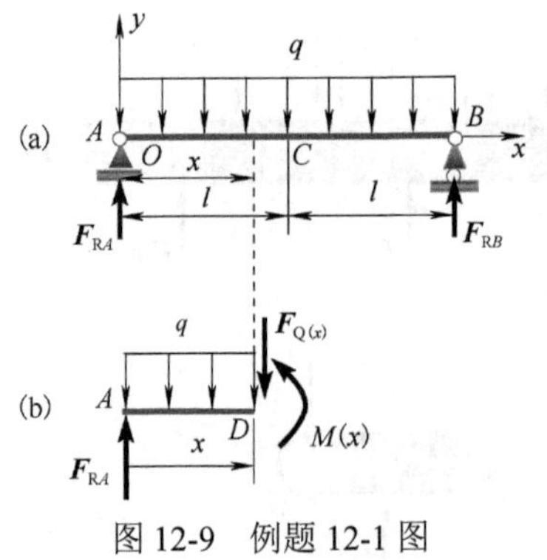

图 12-9　例题 12-1 图

【例题 12-1】　图 12-9 (a) 所示一端为固定铰链支座、另一端为辊轴支座的梁，称为**简支梁**(simple supported beam)。简支梁上承受集度为 q 的均布载荷作用，梁的长度为 $2l$。试写出该梁的剪力方程和弯矩方程。

解　(1) 确定约束力。

因为只有铅垂方向的外力，所以支座 A 的水平约束力等于零。又因为梁的结构及受力都是对称的，故支座 A 与支座 B 处铅垂方向的约束力相同。于是，根据平衡条件得

$$F_{RA} = F_{RB} = ql$$

其方向均示于图 12-9(a)中。

(2)确定控制面和分段。

因为梁上只作用有连续分布载荷(载荷集度没有突变)，没有集中力和集中力偶的作用，所以，从 A 到 B 梁的横截面上的剪力和弯矩可以分别用一个方程描述，因而无须分段建立剪力方程和弯矩方程。

(3)建立 Oxy 坐标系。

以梁的左端为坐标原点，建立 Oxy 坐标系，如图 12-9(a)所示。

(4)确定剪力方程和弯矩方程。

以 A、B 之间坐标为 x 的任意截面为假想截面，将梁截开，取左段为研究对象，在截开的截面上标出剪力 $F_Q(x)$ 和弯矩 $M(x)$ 的正方向，如图 12-9(b)所示。由左段梁的平衡条件有

$$\sum F_y = 0 \qquad F_{RA} - qx - F_Q(x) = 0$$

$$\sum M = 0 \qquad M(x) - F_{RA} \times x + qx \times \frac{x}{2} = 0$$

据此，得到梁的剪力方程和弯矩方程分别为

$$F_Q(x) = F_{RA} - qx = ql - qx \qquad (0 \leqslant x \leqslant 2l)$$

$$M(x) = qlx - \frac{qx^2}{2} \qquad (0 \leqslant x \leqslant 2l)$$

这一结果表明，梁上的剪力方程是 x 的线性函数；弯矩方程是 x 的二次函数。

【例题 12-2】　悬臂梁在 B、C 二处分别承受集中力 $\boldsymbol{F}_P$ 和集中力偶 $M=2F_Pl$ 作用，如图 12-10(a)所示，梁的全长为 $2l$。试写出梁的剪力方程和弯矩方程。

解：(1)确定控制面与分段。

因为梁在固定端 A 处作用有约束力、自由端 B 处作用有集中力、中点 C 处作用有集中力偶，所以，截面 A、B、C、C' 均为控制面。因此，需要分为 AC 和 $C'B$ 两段建立剪力和弯矩方程。

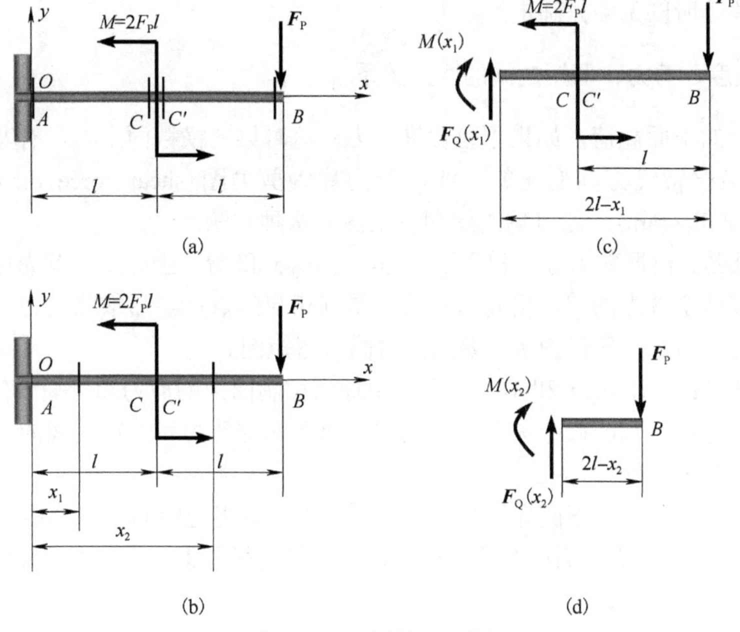

图 12-10　例题 12-2 图

(2) 建立 Oxy 坐标系。

以梁的左端为坐标原点，建立 Oxy 坐标系，如图 12-10(a) 所示。

(3) 建立剪力方程和弯矩方程。

在 AC 和 $C'B$ 两段分别以坐标为 x_1 和 x_2 的横截面将梁截开，并在截开的横截面上标出剪力和弯矩，假设剪力 $F_Q(x_1)$、$F_Q(x_2)$ 和弯矩 $M(x_1)$、$M(x_2)$ 都是正方向，然后考察截开的右边部分梁的受力与平衡，分别如图 12-10(c) 和 (d) 所示。由平衡方程即可确定所需要的剪力方程和弯矩方程。

AC 段：由平衡方程

$$\sum F_y = 0 \qquad F_Q(x_1) - F_P = 0$$
$$\sum M = 0 \qquad -M(x_1) + M - F_P \times (2l - x_1) = 0$$

解得

$$F_Q(x_1) = F_P \qquad (0 \leqslant x_1 \leqslant l)$$
$$M(x_1) = M - F_P(2l - x_1) = 2F_P l - F_P(2l - x_1) = F_P x_1 \qquad (0 \leqslant x_1 \leqslant l)$$

$C'B$ 段：由平衡方程

$$\sum F_y = 0 \qquad F_Q(x_2) - F_P = 0$$
$$\sum M = 0 \qquad -M(x_2) - F_P \times (2l - x_2) = 0$$

解得

$$F_Q(x_2) = F_P \qquad (l \leqslant x_2 \leqslant 2l)$$
$$M(x_2) = -F_P(2l - x_2) \qquad (l \leqslant x_2 \leqslant 2l)$$

上述结果表明，AC 段和 $C'B$ 段的剪力方程是相同的；弯矩方程不同，但都是 x 的线性函数。

此外，需要指出的是，本例中，因为所考察的是截开后右边部分梁的平衡，与固定端 A 处的约束力无关，所以无须先确定约束力。

12.2.3　载荷集度、剪力、弯矩之间的微分关系

作用在梁上的平面载荷，如果不包含纵向力，这时梁的横截面上将只有弯矩和剪力。表示剪力和弯矩沿梁轴线方向变化的图线，分别称为**剪力图**(shear force diagram) 和**弯矩图**(bending moment diagram)。绘制剪力图和弯矩图有两种方法。

第一种方法是：根据剪力方程和弯矩方程，在 F_Q-x 和 M-x 坐标系中首先标出剪力方程和弯矩方程定义域两个端点的剪力值和弯矩值，得到相应的点；然后按照剪力和弯矩方程的类型，绘制出相应的图线，便得到所需要的剪力图与弯矩图。

第二种方法是：先在 F_Q-x 和 M-x 坐标系中标出控制面上的剪力和弯矩数值，然后应用载荷集度、剪力、弯矩之间的微分关系，确定控制面之间的剪力和弯矩图线的形状，无须首先建立剪力方程和弯矩方程。

本书推荐第二种方法。下面介绍载荷集度、剪力、弯矩之间的微分关系。

根据相距 dx 的两个横截面间微段的平衡，可以得到载荷集度、剪力、弯矩之间存在下列的微分关系

$$\begin{cases} \dfrac{\mathrm{d}F_{\mathrm{Q}}(x)}{\mathrm{d}x}=q(x) \\ \dfrac{\mathrm{d}M(x)}{\mathrm{d}x}=F_{\mathrm{Q}}(x) \\ \dfrac{\mathrm{d}^2M(x)}{\mathrm{d}x^2}=q(x) \end{cases} \tag{12-1}$$

如果将例题 12-1 中所得到的剪力方程和弯矩方程分别求一次导数，同样也会得到上述微分关系式。例题 12-1 中所得到的剪力方程和弯矩方程分别为

$$F_{\mathrm{Q}}(x)=ql-qx \qquad (0\leqslant x\leqslant 2l)$$

$$M(x)=qlx-\frac{qx^2}{2} \qquad (0\leqslant x\leqslant 2l)$$

将 $F_{\mathrm{Q}}(x)$ 对 x 求一次导数，将 $M(x)$ 对 x 求一次和二次导数，得到

$$\frac{\mathrm{d}F_{\mathrm{Q}}(x)}{\mathrm{d}x}=-q$$

$$\frac{\mathrm{d}M(x)}{\mathrm{d}x}=ql-qx=F_{\mathrm{Q}}$$

$$\frac{\mathrm{d}^2M(x)}{\mathrm{d}x^2}=-q$$

上述第一式和第三式中等号右边的负号，是由于作用在梁上的均布载荷向下所致。因此，规定：对于向上的均布载荷，微分关系(12-1)的第一式等号右边取正号；对于向下的均布载荷，微分关系式(12-1)的第一式等号右边取负号。

上述微分关系式(12-1)，也说明剪力图和弯矩图图线的几何形状与作用在梁上的载荷集度有关。

(1)剪力图的斜率等于作用在梁上的均布载荷集度；弯矩图在某一点处斜率等于对应截面处剪力的数值。

(2)如果一段梁上没有分布载荷作用，即 q=0，这一段梁上剪力的一阶导数等于零，则剪力方程为常数，因此，这一段梁的剪力图为平行于 x 轴的水平直线；弯矩的一阶导数等于常数，弯矩方程为 x 的线性函数，因此，弯矩图为斜直线。

(3)如果一段梁上作用有均布载荷，即 q=常数，这一段梁上剪力的一阶导数等于常数，则剪力方程为 x 的线性函数，因此，这一段梁的剪力图为斜直线；弯矩的一阶导数为 x 的线性函数，弯矩方程为 x 的二次函数，因此弯矩图为二次抛物线。

(4)弯矩图二次抛物线的凸凹性，与载荷集度 q 的正负有关：当 q 为正(向上)时，抛物线为凹曲线，凹的方向与 M 坐标正方向一致；当 q 为负(向下)时，抛物线为凸曲线，凸的方向与 M 坐标正方向一致。

12.2.4　剪力图与弯矩图

根据载荷集度、剪力、弯矩之间的微分关系绘制剪力图与弯矩图的方法，与绘制轴力图和扭矩图的方法大体相似，但略有差异，主要步骤如下。

(1)根据载荷及约束力的作用位置，确定控制面。

(2) 应用截面法确定控制面上的剪力和弯矩值。

(3) 建立 F_Q-x 和 M-x 坐标系，并将控制面上的剪力和弯矩值标在上述坐标系中，得到若干相应的点。其中 x 坐标沿着梁的轴线自左向右；剪力 F_Q 坐标竖直向上，M 坐标可以向上也可以向下，本书采用 M 坐标向下的坐标系。

(4) 应用微分关系确定各段控制面之间的剪力图和弯矩图的图线，得到所需要的剪力图与弯矩图。

下面举例说明。

【例题 12-3】 简支梁受力的大小和方向如图 12-11 (a) 所示。试画出其剪力图和弯矩图，并确定剪力和弯矩绝对值的最大值：$\left|F_Q\right|_{max}$ 和 $\left|M\right|_{max}$。

解 (1) 确定约束力。

根据力矩平衡方程

$$\sum M_A = 0 \qquad \sum M_B = 0$$

可以求得 A、F 二处的约束力

$$F_{Ay}=0.89\text{kN} \qquad F_{Fy}=1.11\text{kN}$$

方向如图 12-11 (a) 所示。

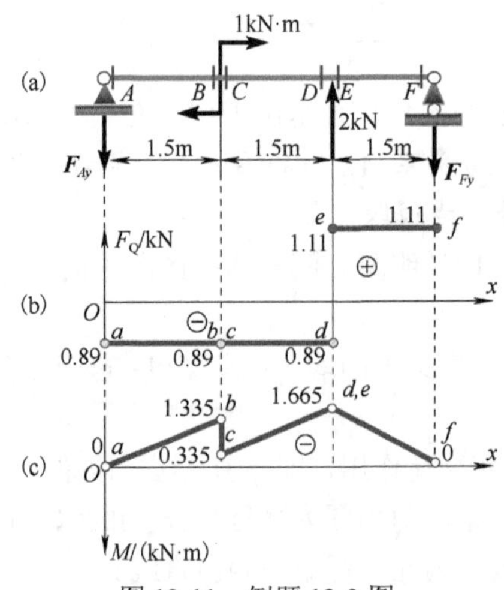

图 12-11　例题 12-3 图

(2) 建立坐标系。

建立 F_Q-x 和 M-x 坐标系，分别如图 12-11 (b)、(c) 所示。

(3) 确定控制面及控制面上的剪力和弯矩值。

在集中力和集中力偶作用处的两侧截面以及支座反力内侧截面均为控制面，即图 12-11 (a) 所示 A、B、C、D、E、F 各截面均为控制面。

应用截面法和平衡方程，求得这些控制面上的剪力和弯矩值分别为

A 截面：$F_Q=-0.89\text{kN}$　　$M=0$

B 截面：$F_Q=-0.89\text{kN}$　　$M=-1.335\text{kN}\cdot\text{m}$

C 截面：$F_Q=-0.89\text{kN}$　　$M=-0.335\text{kN}\cdot\text{m}$

D 截面：$F_Q=-0.89\text{kN}$　　$M=-1.665\text{kN}\cdot\text{m}$

E 截面：$F_Q=1.11\text{kN}$　　$M=-1.665\text{kN}\cdot\text{m}$

F 截面：$F_Q=1.11\text{kN}$　　$M=0$

将这些值分别标在 F_Q-x 和 M-x 坐标系中，便得到 a、b、c、d、e、f 各点，如图 12-11(b)、(c)所示。

(4)根据微分关系连图线。

因为梁上无分布载荷作用，所以剪力 F_Q 图形均为平行于 x 轴的直线；弯矩 M 图形均为斜直线。于是，顺序连接 F_Q-x 和 M-x 坐标系中的 a、b、c、d、e、f 各点，便得到梁的剪力图与弯矩图，分别如图 12-11(b)、(c)所示。

从图中不难得到剪力与弯矩的绝对值的最大值分别为

$$\left|F_Q\right|_{\max}=1.11\text{kN}\quad\text{(发生在 }EF\text{ 段)}$$

$$\left|M\right|_{\max}=1.665\text{kN}\quad\text{(发生在 }D\text{、}E\text{ 截面上)}$$

从所得到的剪力图和弯矩图中不难看出 AB 段与 CD 段的剪力相等，因而这两段内的弯矩图具有相同的斜率。此外，在集中力作用点两侧截面上的剪力是不相等的，且在集中力偶作用处两侧截面上的弯矩是不相等的，其差值分别为集中力与集中力偶的数值，这是由于维持 DE 小段和 BC 小段梁的平衡所必需的。建议读者自行加以验证。

【例题 12-4】　图 12-12(a)所示梁由一个固定铰链支座和一个辊轴支座所支承，但是梁的一端向外伸出，这种梁称为**外伸梁**(overhanding beam)。外伸梁的受力以及各部分的尺寸均示于图中。试画出梁的剪力图与弯矩图，并确定剪力和弯矩绝对值的最大值 $\left|F_Q\right|_{\max}$ 和 $\left|M\right|_{\max}$。

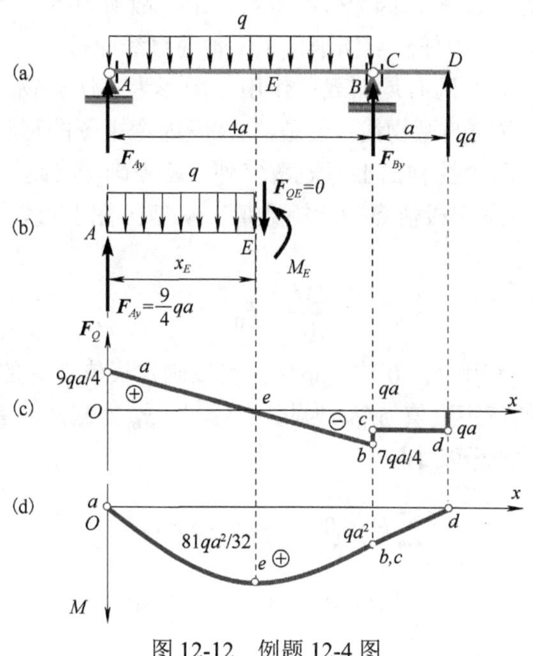

图 12-12　例题 12-4 图

解　(1)确定约束力。

根据梁的整体平衡，由

$$\sum M_A=0\qquad\sum M_B=0$$

可以求得 A、B 二处的约束力

$$F_{Ay}=\frac{9}{4}qa \qquad F_{By}=\frac{3}{4}qa$$

方向如图 12-12(a)所示。

(2) 建立坐标系。

建立 F_Q-x 和 M-x 坐标系，分别如图 12-12(c)、(d)所示。

(3) 确定控制面及控制面上的剪力和弯矩值。

由于 AB 段上作用有连续分布载荷，故 A、B 两个截面为控制面，约束力 $\boldsymbol{F}_{By}$ 右侧的 C 截面，以及集中力 qa 左侧的 D 截面，也都是控制面。

应用截面法和平衡方程求得 A、B、C、D 四个控制面上的 F_Q、M 数值分别为

A 截面：$F_Q=\dfrac{9}{4}qa \qquad M=0$

B 截面：$F_Q=-\dfrac{7}{4}qa \qquad M=qa^2$

C 截面：$F_Q=-qa \qquad M=qa^2$

D 截面：$F_Q=-qa \qquad M=0$

将这些值分别标在 F_Q-x 和 M-x 坐标系中，便得到 a、b、c、d 各点，如图 12-12(c)、(d)所示。

(4) 根据微分关系连图线。

对于剪力图：在 AB 段，因有均布载荷作用，剪力图为一斜直线，于是连接 a、b 两点，即得这一段的剪力图；在 CD 段，因无分布载荷作用，故剪力图为平行于 x 轴的直线，由连接 c、d 两点而得，或者由其中任一点作平行于 x 轴的直线而得。

对于弯矩图：在 AB 段，因有均布载荷作用，图形为二次抛物线。又因为 q 向下为负，弯矩图为凸向 M 坐标正方向的抛物线。于是，AB 段内弯矩图的形状便大致确定。为了确定曲线的位置，除 AB 段上两个控制面上弯矩数值外，还需确定在这一段内二次抛物线有没有极值点，以及极值点的位置和极值点的弯矩数值。从剪力图上可以看出，在 e 点剪力为零。根据

$$\frac{\mathrm{d}M}{\mathrm{d}x}=F_Q=0$$

弯矩图在 e 点有极值点。利用 $F_Q=0$ 这一条件，可以确定极值点 e 的位置 x_E 的数值。进而由截面法可以确定极值点的弯矩数值 M_E。为此，将梁从 x_E 处截开，考察左边部分梁的受力，如图 12-12(b)所示。根据平衡方程

$$\sum F_y=0 \qquad \frac{9}{4}qa-q\times x_E=0$$

$$\sum M=0 \qquad M_E-\frac{qx_E^2}{2}=0$$

由此解得

$$x_E=\frac{9}{4}a$$

$$M_E=\frac{1}{2}qx_E^2=\frac{81}{32}qa^2$$

将其标在 $M\text{-}x$ 坐标系中，得到 e 点，根据 a、b、c 三点，以及图形为凸曲线并在 e 点取极值，即可画出 AB 段的弯矩图。在 CD 段因无分布载荷作用，故弯矩图为一斜直线，由 c、d 两点直接连接得到。

从图中可以看出剪力和弯矩绝对值的最大值分别为

$$\left|F_{\mathrm{Q}}\right|_{\max}=\frac{9}{4}qa$$

$$\left|M\right|_{\max}=\frac{81}{32}qa^2$$

注意到在右边支座处，由于约束力的作用，该处剪力图有突变(支座两侧截面剪力不等)，弯矩图在该处出现折点(弯矩图的曲线段在该处的切线斜率不等于斜直线 cd 的斜率)。

作为应力分析基础，下面将介绍与应力分析有关的截面图形的几何性质。

12.3　与应力分析相关的截面图形几何性质

拉压杆的正应力分析以及强度计算的结果表明，拉压杆横截面上正应力大小以及拉压杆的强度只与杆件横截面的大小，即横截面面积有关。而受扭圆轴横截面上切应力的大小，则与横截面的极惯性矩有关。这表明圆轴的强度不仅与截面的大小有关，而且与截面的几何形状有关，例如，在材料和横截面面积都相同的条件下，空心圆轴的扭转强度高于实心圆轴的扭转强度。不同受力与变形形式下，由于应力分布的差别，应力分析中会出现不同的几何量。

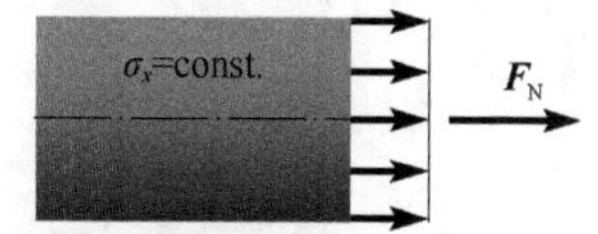

图 12-13　横截面上均匀分布应力

对于图 12-13 所示之应力均匀分布的情形，利用内力与应力的静力学关系，有

$$\sigma=\frac{F_{\mathrm{N}}}{A}$$

式中，A 为杆件的横截面面积。

当杆件横截面上，除了轴力以外还存在弯矩时，其上之应力不再是均匀分布的，这时得到的应力表达式，仍然与横截面上的内力分量以及横截面的几何量有关。但是，这时的几何量将不再是横截面的面积，而是其他的形式。例如当横截面上的正应力沿横截面的高度方向线性分布时，即 $\sigma=Cy$ 时(图 12-14)，根据应力与内力的静力学关系，这样的应力分布将组成弯矩 M_z，于是有

$$\int_A(\sigma\mathrm{d}A)y=\int_A(Cy\mathrm{d}A)y=C\int_A y^2\mathrm{d}A=M_z$$

由此得到

$$C=\frac{M_z}{\int_A y^2\mathrm{d}A}=\frac{M_z}{I_z}\qquad \sigma=Cy=\frac{M_z y}{I_z}$$

式中，$I_z=\int_A y^2\mathrm{d}A$，不仅与横截面面积的大小有关，而且与横截面各部分到轴 z 距离的平方 (y^2) 有关。

分析弯曲正应力时将涉及若干与横截面大小以及横截面形状有关的量，包括形心、静矩、

惯性矩、惯性积以及主轴等。研究上述几何量，完全不考虑研究对象的物理和力学因素，作为纯几何问题加以处理。

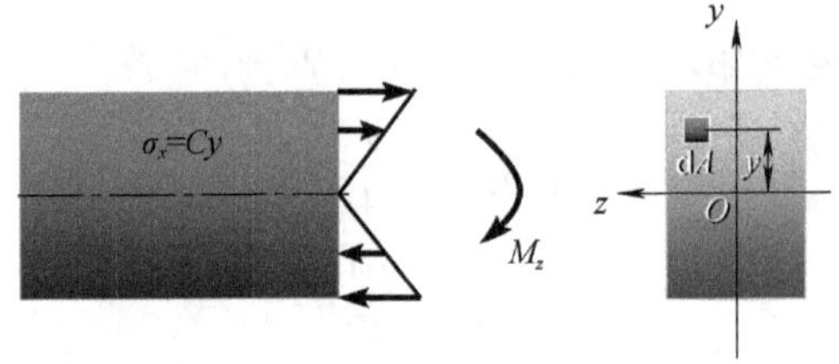

图 12-14　横截面上非均匀分布应力

12.3.1　静矩、形心及其相互关系

考察任意平面几何图形如图 12-15 所示，在其上取面积微元 dA，该微元在 Oyz 坐标系中的坐标为 y、z(为与本书所用坐标系一致，将通常所用的 Oxy 坐标系改为 Oyz 坐标系)。定义下列积分

$$
\begin{aligned}
S_y &= \int_A z \mathrm{d}A \\
S_z &= \int_A y \mathrm{d}A
\end{aligned}
\tag{12-2}
$$

分别称为图形对于 y 轴和 z 轴的**截面一次矩**(firstmoment of an area)或**静矩**(static moment)。静矩的单位为 m^3 或 mm^3。

如果将 dA 视为垂直于图形平面的力，则 ydA 和 zdA 分别为 dA 对于 z 轴和 y 轴的力矩；S_z 和 S_y 则分别为 A 对 z 轴和 y 轴之矩。

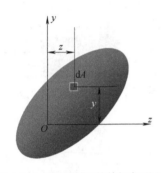

图 12-15　平面图形的静矩与形心

图形几何形状的中心称为**形心**(centroid of an area)，若将面积视为垂直于图形平面的力，则形心即为合力的作用点。

设 z_C、y_C 为形心坐标，则根据合力矩定理

$$
\begin{aligned}
S_z &= A y_C \\
S_y &= A z_C
\end{aligned}
\tag{12-3}
$$

或

$$
\begin{aligned}
y_C &= \frac{S_z}{A} = \frac{\int_A y \mathrm{d}A}{A} \\
z_C &= \frac{S_y}{A} = \frac{\int_A z \mathrm{d}A}{A}
\end{aligned}
\tag{12-4}
$$

这就是图形形心坐标与静矩之间的关系。

根据上述关于静矩的定义以及静矩与形心之间的关系可以看出以下两点。

(1)静矩与坐标轴有关，同一平面图形对于不同的坐标轴有不同的静矩。对某些坐标轴静矩为正；对另外一些坐标轴静矩则可能为负；对于通过形心的坐标轴，图形对其静矩等于零。

(2)如果已经计算出静矩，就可以确定形心的位置；反之，如果已知形心在某一坐标系中的位置，则可计算图形对于这一坐标系中坐标轴的静矩。

实际计算中，对于简单的、规则的图形，其形心位置可以直接判断，例如：矩形、正方形、圆形、正三角形等的形心位置是显而易见的。对于组合图形，则先将其分解为若干个简单图形(可以直接确定形心位置的图形)；然后由式(12-2)分别计算它们对于给定坐标轴的静矩，并求其代数和，即

$$\begin{cases} S_z = A_1 y_{C1} + A_2 y_{C2} + \cdots + A_n y_{Cn} = \sum_{i=1}^{n} A_i y_{Ci} \\ S_y = A_1 z_{C1} + A_2 z_{C2} + \cdots + A_n z_{Cn} = \sum_{i=1}^{n} A_i z_{Ci} \end{cases} \tag{12-5}$$

再利用式(12-4)，即可得组合图形的形心坐标

$$\begin{cases} y_C = \dfrac{S_z}{A} = \dfrac{\sum_{i=1}^{n} A_i y_{Ci}}{\sum_{i=1}^{n} A_i} \\ z_C = \dfrac{S_y}{A} = \dfrac{\sum_{i=1}^{n} A_i z_{Ci}}{\sum_{i=1}^{n} A_i} \end{cases} \tag{12-6}$$

12.3.2　惯性矩、极惯性矩、惯性积、惯性半径

对于图 12-15 中的任意图形，以及给定的 Oyz 坐标，定义下列积分

$$\begin{aligned} I_y &= \int_A z^2 \mathrm{d}A \\ I_z &= \int_A y^2 \mathrm{d}A \end{aligned} \tag{12-7}$$

分别为图形对于 y 轴和 z 轴的截面二次轴矩或**惯性矩**(moment of inertia)。

定义积分

$$I_{\mathrm{P}} = \int_A r^2 \mathrm{d}A \tag{12-8}$$

为图形对于点 O 的截面二次极矩或**极惯性矩**(polar moment of inertia)。

定义积分

$$I_{yz} = \int_A yz \mathrm{d}A \tag{12-9}$$

为图形对于通过点 O 的一对坐标轴 y、z 的**惯性积**(product of inertia)。

定义

$$\begin{cases} i_y = \sqrt{\dfrac{I_y}{A}} \\ i_z = \sqrt{\dfrac{I_z}{A}} \end{cases} \tag{12-10}$$

分别为图形对于 y 轴和 z 轴的**惯性半径**(radius of gyration)。

根据上述定义可知以下四点。

(1)惯性矩和极惯性矩恒为正；而惯性积则由于坐标轴位置的不同，可能为正，也可能为负。三者的单位均为 m^4 或 mm^4。

(2) 因为$r^2 = x^2 + y^2$，所以由上述定义不难得到惯性矩与极惯性矩之间的下列关系

$$I_P = I_y + I_z \tag{12-11}$$

(3) 根据极惯性矩的定义式(12-7)以及图 12-16 所示的微面积取法，不难得到圆截面对其中心的极惯性矩

$$I_P = \frac{\pi d^4}{32} \tag{12-12}$$

或

$$I_P = \frac{\pi R^4}{2} \tag{12-13}$$

式中，d 为圆截面的直径；R 为半径。

类似地，还可以得到圆环截面对于圆环中心的极惯性矩为

$$I_P = \frac{\pi D^4}{32}\left(1-\alpha^4\right) \qquad \alpha = \frac{d}{D} \tag{12-14}$$

式中，D 为圆环外直径；d 为内直径。

根据式(12-11)、式(12-12)，注意到圆形对于通过其中心的任意两根轴具有相同的惯性矩，便可得到圆截面对于通过其中心的任意轴的惯性矩均为

$$I = \frac{\pi d^4}{64} \tag{12-15}$$

对于外径为 D、内径为 d 的圆环截面，则有

$$I = \frac{\pi D^4}{64}\left(1-\alpha^4\right) \qquad \alpha = \frac{d}{D} \tag{12-16}$$

(4) 根据惯性矩的定义式(12-7)，注意微面积的取法(图 12-17)，不难求得矩形截面对于通过其形心、平行于矩形周边轴的惯性矩

$$\begin{cases} I_y = \dfrac{hb^3}{12} \\ I_z = \dfrac{bh^3}{12} \end{cases} \tag{12-17}$$

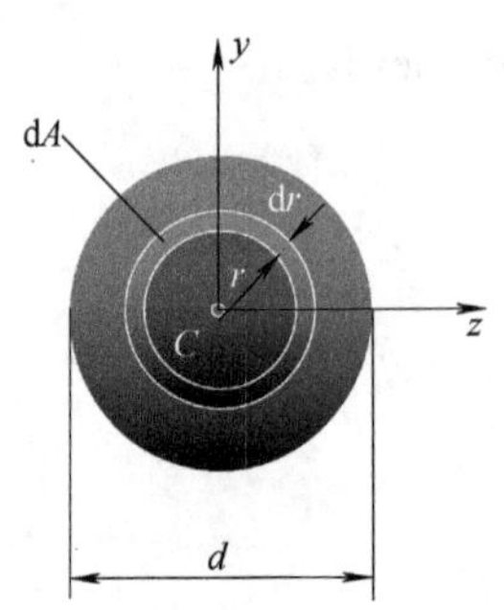

图 12-16　圆形的极惯性矩

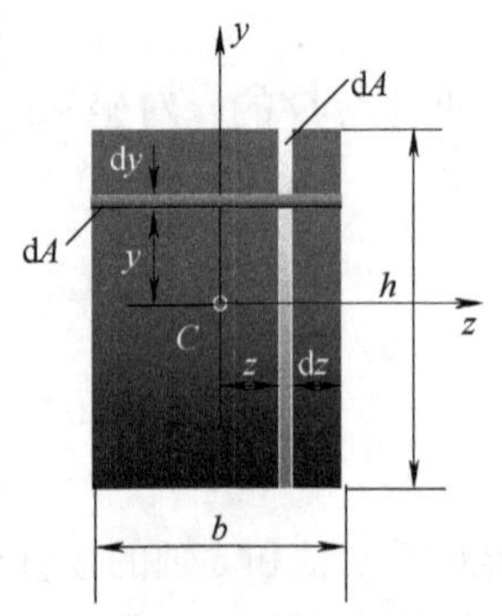

图 12-17　矩形微面积的取法

应用上述积分定义，还可以计算其他各种简单图形截面对于给定坐标轴的惯性矩。

必须指出，对于由简单几何图形组合成的图形，为避免复杂数学运算，一般都不采用积分的方法计算它们的惯性矩。而是利用简单图形的惯性矩计算结果以及图形对于不同坐标轴(例如，互相平行的坐标轴、不同方向的坐标轴)惯性矩之间的关系，由求和的方法求得。

12.3.3　惯性矩与惯性积的平行移轴定理

图 12-18 所示之任意图形，在以形心 O 为原点的坐标系 Oyz 系中，对于 y、z 轴的惯性矩和惯性积为 I_y、I_z、I_{yz}。另有一坐标系 $O'y_1z_1$，其中，y_1 和 z_1 分别平行于 y 和 z 轴，且二者之间的距离分别为 a 和 b。图形对于 y_1、z_1 轴的惯性矩和惯性积为 I_{y1}、I_{z1}、I_{y1z1}。

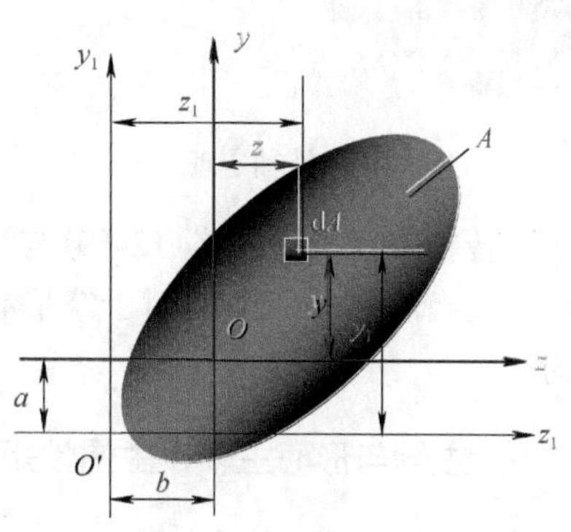

图 12-18　平行移轴定理

所谓**平行移轴定理**(parallel-axis theorem)是指图形对于互相平行轴的惯性矩、惯性积之间的关系。即通过已知图形对于一对坐标轴(通常是过形心的一对坐标)的惯性矩、惯性积，求图形对另一对与上述坐标轴平行的坐标轴的惯性矩与惯性积。根据惯性矩与惯性积的定义，通过同一微面积在两个坐标系中坐标之间的关系，可以得到

$$\begin{cases} I_{y1} = I_y + b^2 A \\ I_{z1} = I_z + a^2 A \\ I_{y1z1} = I_{yz} + abA \end{cases} \tag{12-18}$$

此即关于图形对于平行轴惯性矩与惯性积之间关系的平行移轴定理。其中 y、z 轴必须通过图形形心。

平行移轴定理表明：

(1) 图形对任意轴的惯性矩，等于图形对于与该轴平行的且通过形心轴的惯性矩，加上图形面积与两平行轴间距离平方的乘积；

(2) 图形对于任意一对直角坐标轴的惯性积，等于图形对于平行于该坐标轴的一对通过形心的直角坐标轴的惯性积，加上图形面积与两对平行轴间距离的乘积；

(3) 因为面积及包含 a^2、b^2 的项恒为正，故自形心轴移至与之平行的任意轴，惯性矩总是增加的；

(4) a、b 为原坐标系原点在新坐标系中的坐标，要注意二者的正负号，二者同号时 abA 为正，异号时为负。所以，移轴后惯性积有可能增加也可能减少。

12.3.4　惯性矩与惯性积的转轴定理

所谓**转轴定理**(rotation-axis theorem)是研究坐标轴绕原点转动时，图形对这些坐标轴的惯性矩和惯性积的变化规律。

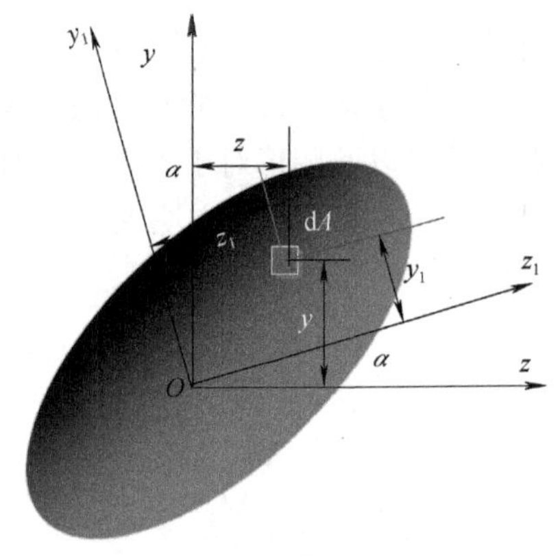

图 12-19　转轴定理

图 12-19 所示的图形对于 y、z 轴的惯性矩和惯性积分别为 I_y、I_z 和 I_{yz}。

将 Oyz 坐标系绕坐标原点 O 逆时针方向转过 α 角，得到一新的坐标系 Oy_1z_1。图形对新坐标系的 I_{y1}、I_{z1}、I_{y1z1} 与图形对原坐标系 I_y、I_z、I_{yz} 之间存在关系如下

$$\begin{cases} I_{y1} = \dfrac{I_y + I_z}{2} - \dfrac{I_y - I_z}{2}\cos 2\alpha - I_{yz}\sin 2\alpha \\ I_{z1} = \dfrac{I_y + I_z}{2} + \dfrac{I_y - I_z}{2}\cos 2\alpha + I_{yz}\sin 2\alpha \\ I_{y1z1} = \dfrac{I_y - I_z}{2}\sin 2\alpha + I_{yz}\cos 2\alpha \end{cases} \tag{12-19}$$

上述由转轴定理得到的式(12-19)与平行移轴定理所得到的式(12-18)不同，它不要求 y、z 通过形心。当然，式(12-19)对于绕形心转动的坐标系也是适用的，而且也是实际应用中最感兴趣的。

12.3.5　主轴与形心主轴、主惯性矩与形心主惯性矩

从式(12-19)的第三式可以看出，对于确定的点(坐标原点)，当坐标轴旋转时，随着角度 α 的改变，惯性积也发生变化，并且根据惯性积可能为正，也可能为负的特点，总可以找到一角度 α_0 以及相应的 y_0、z_0 轴，图形对于这一对坐标轴的惯性积等于零。

考察图 12-20 中的矩形截面，以图形内或图形外的某一点(例如 O 点)作为坐标原点，建立 Oyz 坐标系。在图 12-20(a)的情形下，图形中的所有面积的 y、z 坐标均为正值，根据惯性积的定义，图形对于这一对坐标轴的惯性积大于零，即 $I_{yz}>0$。

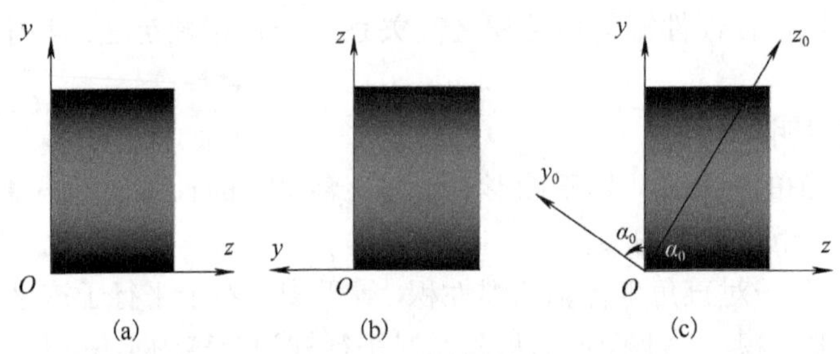

图 12-20　图形的惯性积与坐标轴取向的关系

将坐标系 Oyz 逆时针方向旋转 90°，如图 12-20(b)所示，这时，图形中的所有面积的 z 坐标均为正值，y 坐标均为负值，根据惯性积的定义，图形对于这一对坐标轴的惯性积小于零，即 $I_{yz}<0$。

当坐标轴旋转时，惯性积由正变负(或者由负变正)的事实表明，在坐标轴旋转的过程中，一定存在一角度(例如 α_0)，以及相应的坐标轴(例如 y_0、z_0 轴)，图形对于这一对坐标轴的惯性积等于零(例如 $I_{y0z0}=0$)。据此，作出如下定义：

如果图形对于过一点的一对坐标轴的惯性积等于零，则称这一对坐标轴为过这一点的**主轴**(principal axis)。图形对于主轴的惯性矩称为**主惯性矩**(principal moment of inertia of an area)。主惯性矩具有极大值或极小值的特征。

主轴的方向角以及主惯性矩可以通过初始坐标轴的惯性矩和惯性积确定

$$\tan 2\alpha_0 = \frac{2I_{yz}}{I_y - I_z} \tag{12-20}$$

$$\left.\begin{aligned} I_{y0} &= I_{\max} \\ I_{z0} &= I_{\min} \end{aligned}\right\} = \frac{I_y + I_z}{2} \pm \frac{1}{2}\sqrt{\left(I_y - I_z\right)^2 + 4I_{yz}^2} \tag{12-21}$$

图形对于任意一点(图形内或图形外)都有主轴，而通过形心的主轴称为**形心主轴**，图形对形心主轴的惯性矩称为**形心主惯性矩**，简称为**形心主矩**。

工程计算中有意义的是形心主轴与形心主矩。

当图形有一根对称轴时，对称轴及与之垂直的任意轴即为过二者交点的主轴。例如，图 12-21 所示的具有一根对称轴的图形，位于对称轴 y 一侧的部分图形对于 y、z 轴的惯性积与位于另一侧的图形对于 y、z 轴的惯性积，二者数值相等，但符号相反。所以，整个图形对于 y、z 轴的惯性积 $I_{yz}=0$，故 y、z 轴为主轴。又因为 C 为形心，故 y、z 轴为形心主轴。

【例题 12-5】 截面图形的几何尺寸如图 12-22 所示。试求图中阴影部分的惯性矩 I_y 和 I_z。

解 根据积分定义，具有断面线的图形对于 y、z 轴的惯性矩，等于高为 H、宽为 b 的矩形对于 y、z 轴的惯性矩，减去高为 h、宽为 b 的矩形对于相同轴的惯性矩，即

$$I_y = \frac{Hb^3}{12} - \frac{hb^3}{12} = \frac{b^3}{12}\left(H - h\right)$$

$$I_z = \frac{bH^3}{12} - \frac{bh^3}{12} = \frac{b}{12}\left(H^3 - h^3\right)$$

上述方法称为**负面积法**，也可用于圆形中有挖空部分的情形，计算比较简捷。

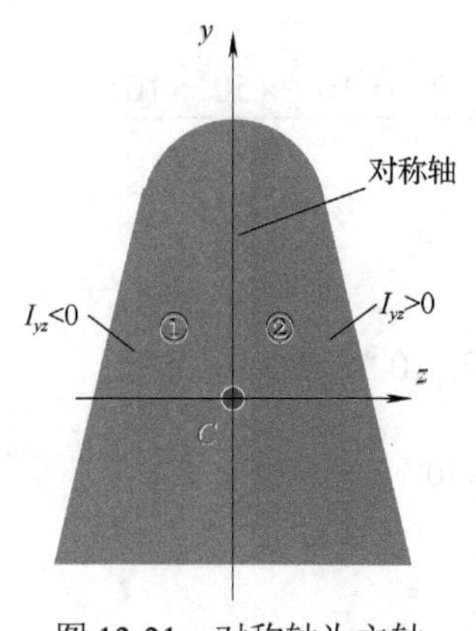

图 12-21　对称轴为主轴

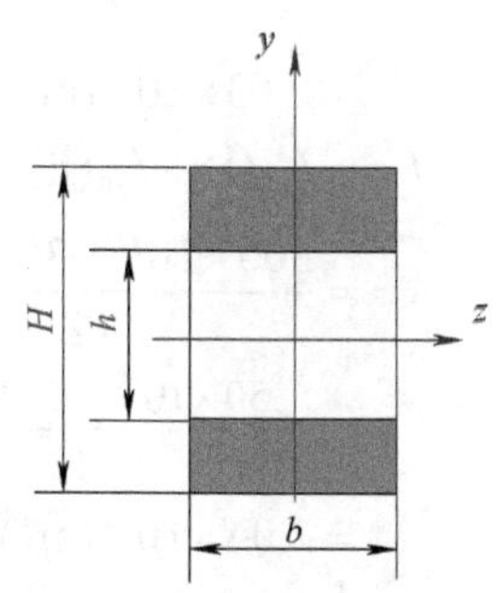

图 12-22　例题 12-5 图

*【例题 12-6】** T 形截面尺寸如图 12-23(a)所示。试求其形心主惯性矩。

解 (1)将所给图形分解为简单图形的组合。

将 T 形分解为如图 12-23(b)所示的两个矩形 Ⅰ 和 Ⅱ。

(2)确定形心位置。

首先，以矩形 Ⅰ 的形心 C_1 为坐标原点，建立如图 12-23(b)所示的 C_1yz 坐标系。因为 y 轴为 T 字形的对称轴，故图形的形心必位于该轴上。因此，只需要确定形心在 y 轴上的位置，即可确定 y_C。

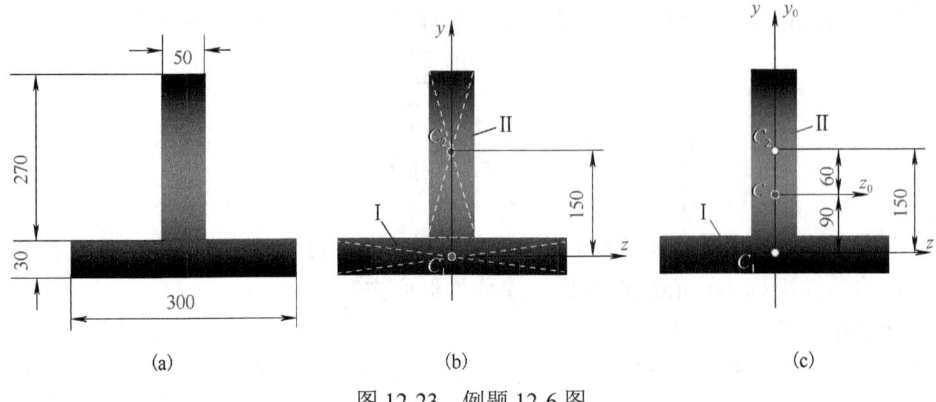

图 12-23　例题 12-6 图

根据式(12-6)，形心 C 的坐标

$$y_C = \frac{\sum_{i=1}^{3} A_i y_{Ci}}{\sum_{i=1}^{3} A_i} = \frac{0 + \left(270 \times 10^{-3} \times 50 \times 10^{-3}\right) \times 150 \times 10^{-3}}{300 \times 10^{-3} \times 30 \times 10^{-3} + 270 \times 10^{-3} \times 50 \times 10^{-3}}$$

$$= 90 \times 10^{-3}(\mathrm{m}) = 90(\mathrm{mm})$$

(3) 确定形心主轴。

因为对称轴及与其垂直的轴即为通过二者交点的主轴，故以形心 C 为坐标原点建立如图 12-23(c)所示的 Cy_0z_0 坐标系，其中，y_0 通过原点且与对称轴重合，则 y_0、z_0 即为形心主轴。

(4) 采用组合法及移轴定理计算形心主惯性矩 I_{y0} 和 I_{z0}。

根据惯性矩的积分定义，有

$$I_{y0} = I_{y0}(\mathrm{I}) + I_{y0}(\mathrm{II}) = \frac{30 \times 10^{-3} \times 300^3 \times 10^{-9}}{12} + \frac{270 \times 10^{-3} \times 50^3 \times 10^{-9}}{12}$$

$$= 7.03 \times 10^{-5}(\mathrm{m}^4) = 7.03 \times 10^{7}(\mathrm{mm}^4)$$

$$I_{z0} = I_{z0}(\mathrm{I}) + I_{z0}(\mathrm{II})$$

$$= \frac{300 \times 10^{-3} \times 30^3 \times 10^{-9}}{12} + 90^2 \times 10^{-6} \times \left(300 \times 10^{-3} \times 30 \times 10^{-3}\right)$$

$$+ \frac{50 \times 10^{-3} \times 270^3 \times 10^{-9}}{12} + 60^2 \times 10^{-6} \times \left(270 \times 10^{-3} \times 50 \times 10^{-3}\right)$$

$$= 2.04 \times 10^{-4}(\mathrm{m}^4) = 2.04 \times 10^{8}(\mathrm{mm}^4)$$

12.4　平面弯曲时梁横截面上的正应力

12.4.1　平面弯曲与纯弯曲的概念

1. 对称面

梁的横截面具有对称轴，所有相同的对称轴组成的平面(图 12-24(a))，称为梁的**对称面**(symmetric plane)。

2. 主轴平面

梁的横截面如果没有对称轴，但是都有通过横截面形心的形心主轴，所有相同的形心主轴组成的平面，称为梁的**主轴平面**(principal plane)。由于对称轴也是主轴，因此，对称面也是主轴平面；反之则不然。以下的分析和叙述中均使用**主轴平面**。

3. 平面弯曲

所有外力(包括力、力偶)都作用梁的同一主轴平面内时，梁的轴线弯曲后将弯曲成平面曲线，这一曲线位于外力作用平面内，如图 12-24(b)所示。这种弯曲称为**平面弯曲**(plane bending)。

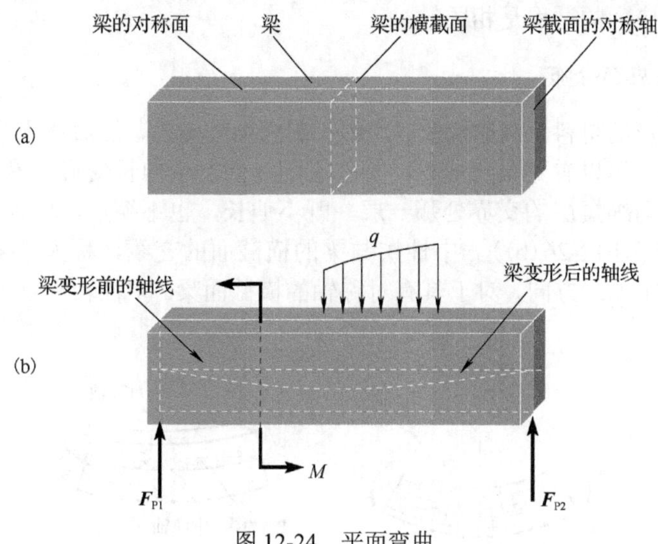

图 12-24 平面弯曲

4. 纯弯曲

一般情形下，平面弯曲时，梁的横截面上一般将有两个内力分量，即剪力和弯矩。如果梁的横截面上只有弯矩一个内力分量，这种平面弯曲称为**纯弯曲**(pure bending)。图 12-25 中的几种梁上的 AB 段都属于纯弯曲。纯弯曲情形下，由于梁的横截面上只有弯矩，因此，便只有可以组成弯矩的垂直于横截面的正应力。

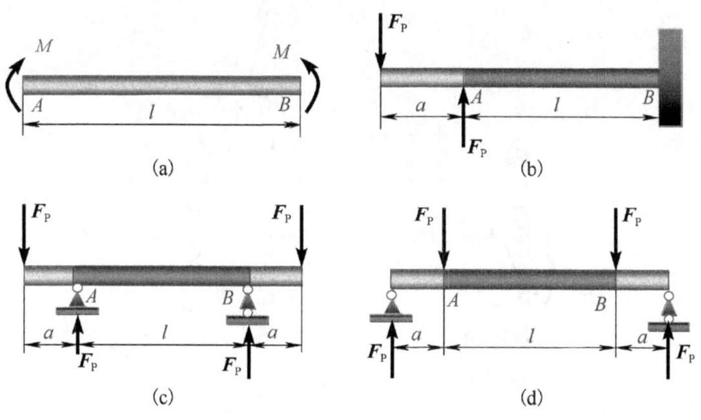

图 12-25 纯弯曲实例

5. 横向弯曲

梁在垂直梁轴线的横向力作用下，其横截面上将同时产生剪力和弯矩。这时，梁的横截面上不仅有正应力，还有切应力。这种弯曲称为**横向弯曲**，简称**横弯曲**(transverse bending)。

12.4.2　纯弯曲时梁横截面上的正应力分析

分析梁横截面上的正应力，就是要确定梁横截面上各点的正应力与弯矩、横截面的形状和尺寸之间的关系。由于横截面上的应力是看不见的，而梁的变形是可见的，应力又与变形有关，因此，可以根据梁的变形情形推知梁横截面上的正应力分布。这一过程与分析圆轴扭转时横截面上的切应力的过程是相同的。

1. 平面假定与应变分布

如果用容易变形的材料，例如橡胶、海绵，制成梁的模型，然后让梁的模型产生纯弯曲，如图 12-26(a)所示。可以看到梁弯曲后，一些层的纵向发生伸长变形，另一些层则会发生缩短变形，在伸长层与缩短层的交界处那一层，既不伸长，也不缩短，称为梁的**中性层**或**中性面**(neutral surface)(图 12-26(b))。中性层与梁的横截面的交线，称为截面的**中性轴**(neutral axis)。中性轴垂直于加载方向，对于具有对称轴的横截面梁，中性轴垂直于横截面的对称轴。

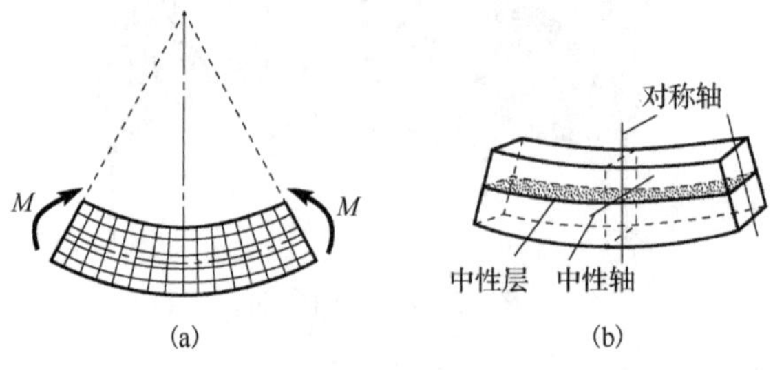

图 12-26　梁横截面上的正应力分析

用相邻的两个横截面从梁上截取长度为 dx 的一微段(图 12-27(a))，假定梁发生弯曲变形后，微段的两个横截面仍然保持平面，但是绕各自的中性轴转过一角度 dθ，如图 12-27(b)所示。这一假定称为**平面假定**(plane assumption)。

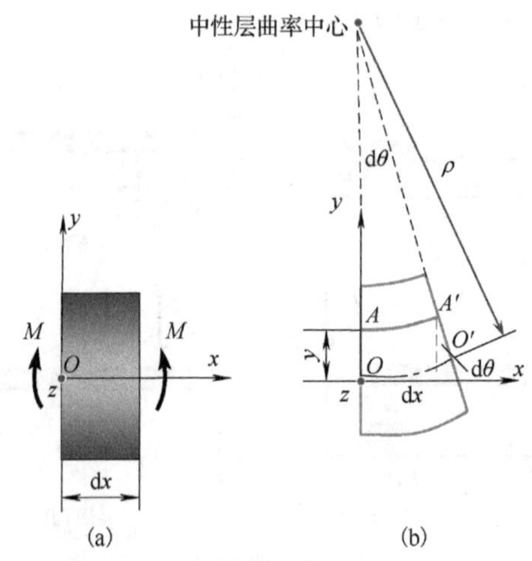

图 12-27　弯曲时微段梁的变形协调

在横截面上建立 Oyz 坐标系，如图 12-27 所示，其中 z 轴与中性轴重合(中性轴的位置尚未确定)，y 轴沿横截面高度方向并与加载方向重合。

在图 12-27 所示的坐标系中，微段上到中性面的距离为 y 处长度的改变量为

$$\Delta \mathrm{d}x = -y\mathrm{d}\theta \tag{12-22}$$

式中，负号表示 y 坐标为正的线段产生压缩变形；y 坐标为负的线段产生伸长变形。

将线段的长度改变量除以原长 dx，即为线段的正应变。于是，由式(12-22)得到

$$\varepsilon = \frac{\Delta \mathrm{d}x}{\mathrm{d}x} = -y\frac{\mathrm{d}\theta}{\mathrm{d}x} = -\frac{y}{\rho} \tag{12-23}$$

这就是正应变沿横截面高度方向分布的数学表达式。式中

$$\frac{1}{\rho} = \frac{\mathrm{d}\theta}{\mathrm{d}x} \tag{12-24}$$

从图 12-27(b)中可以看出，ρ 就是中性面弯曲后的曲率半径，也就是梁的轴线弯曲后的曲率半径。因为 ρ 与 y 坐标无关，所以在式(12-23)和式(12-24)中，ρ 为常数。

2. 胡克定律与应力分布

应用弹性范围内的应力-应变关系，即胡克定律

$$\sigma = E\varepsilon \tag{12-25}$$

将上面所得到的正应变分布的数学表达式(12-23)代入后，便得到正应力沿横截面高度分布的数学表达式

$$\sigma = -\frac{E}{\rho}y \tag{12-26}$$

式(12-26)中，E 为材料弹性模量；ρ为中性层的曲率半径；对于横截面上各点而言，二者都是常量。这表明，横截面上的弯曲正应力沿横截面的高度方向从中性轴为零开始呈线性分布。

上述表达式虽然给出了横截面上的应力分布，但仍然不能用于计算横截面上各点的正应力。这是因为尚有两个问题没有解决：一是 y 坐标是从中性轴开始计算的，中性轴的位置还没有确定；二是中性面的曲率半径ρ也没有确定。

3. 应用静力方程确定待定常数

确定中性轴的位置以及中性面的曲率半径，需要应用静力方程。为此，以横截面的形心为坐标原点，建立 $Cxyz$ 坐标系，其中，x 轴沿着梁的轴线方向；z 轴与中性轴重合。

正应力在横截面上可以组成一个轴力和一个弯矩。但是，根据截面法和平衡条件，纯弯曲时，横截面上只能有弯矩一个内力分量，轴力必须等于零。于是，应用积分的方法，由图 12-28 有

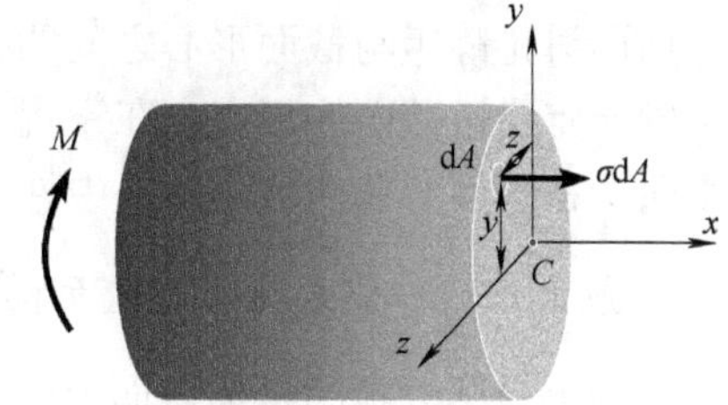

图 12-28　横截面上的正应力组成的内力分量

$$\int_A \sigma \mathrm{d}A = F_{\mathrm{N}} = 0 \tag{12-27}$$

$$\int_A (\sigma \mathrm{d}A)\, y = -M_z \tag{12-28}$$

式(12-28)中，负号表示坐标 y 为正值的微面积 $\mathrm{d}A$ 上的力对 z 轴之矩为负值；M_z 为作用在加载平面内的弯矩，可由截面法求得。

将式(12-26)代入式(12-28)，得到

$$\int_A\left(-\frac{E}{\rho}y\mathrm{d}A\right)y=-\frac{E}{\rho}\int_A y^2\mathrm{d}A=-M_z$$

根据截面惯性矩的定义，式中的积分就是梁的横截面对于 z 轴的惯性矩，即

$$\int_A y^2 dA=I_z$$

代入上式后，得到

$$\frac{1}{\rho}=\frac{M_z}{EI_z} \tag{12-29}$$

式中，EI_z 称为**弯曲刚度**(bending rigidity)。因为ρ 为中性层的曲率半径，所以上式就是中性层的曲率与横截面上的弯矩以及弯曲刚度的关系式。

再将式(12-29)代入式(12-26)，最后得到弯曲时梁横截面上的正应力的计算公式

$$\sigma=-\frac{M_z y}{I_z} \tag{12-30}$$

式中，弯矩 M_z 由截面法平衡求得；截面对于中性轴的惯性矩 I_z 既与截面的形状有关，又与截面的尺寸有关。

4. 中性轴的位置

为了利用公式(12-30)计算梁弯曲时横截面上的正应力，还需要确定中性轴的位置。

将式(12-26)代入静力方程(12-27)，有

$$\int_A -\frac{E}{\rho}y\mathrm{d}A=-\frac{E}{\rho}\int_A y\mathrm{d}A=0$$

根据截面的静矩定义，式中的积分即为横截面面积对于 z 轴的静矩 S_z。又因为$\dfrac{E}{\rho}\neq 0$，静矩必须等于零，即

$$S_z=\int_A y\mathrm{d}A=0$$

前面讨论静矩与截面形心之间的关系时，已经知道：截面对于某一轴的静矩如果等于零，则该轴一定通过截面的形心。在设置坐标系时，已经指定 z 轴与中性轴重合，因此，这一结果表明，在平面弯曲的情形下，中性轴 z 通过截面形心，从而确定了中性轴的位置。

5. 最大正应力公式与弯曲截面模量

工程上最感兴趣的是横截面上的最大正应力，也就是横截面上到中性轴最远处点上的正应力。这些点的 y 坐标值最大，即 $y=y_{\max}$。将 $y=y_{\max}$ 代入正应力公式(12-30)得到

$$\sigma_{\max}=\frac{M_z y_{\max}}{I_z}=\frac{M_z}{W_z} \tag{12-31}$$

式中，$W_z=I_z/y_{\max}$ 称为弯曲截面模量，单位是 mm^3 或 m^3 。

对于宽度为 b、高度为 h 的矩形截面

$$W_z = \frac{bh^2}{6} \tag{12-32}$$

对于直径为 d 的圆截面

$$W_z = W_y = W = \frac{\pi d^3}{32} \tag{12-33}$$

对于外径为 D，内径为 d 的圆环截面

$$W_z = W_y = W = \frac{\pi D^3}{32}\left(1 - \alpha^4\right) \qquad \alpha = \frac{d}{D} \tag{12-34}$$

对于轧制型钢(工字型钢等)，弯曲截面模量 W 可直接从型钢表中查得。

12.4.3　梁的弯曲正应力公式的应用与推广

1. 计算梁的弯曲正应力需要注意的几个问题

计算梁弯曲时横截面上的最大正应力，注意以下两点是很重要的。

一是关于正应力正负号，确定正应力是拉应力还是压应力。确定正应力正负号比较简单的方法是：首先确定横截面上弯矩的实际方向，确定中性轴的位置；然后根据所要求应力的那一点的位置，以及“弯矩是由分布正应力组成的合力偶矩”这一关系，就可以确定这一点的正应力是拉应力还是压应力(图 12-29)。

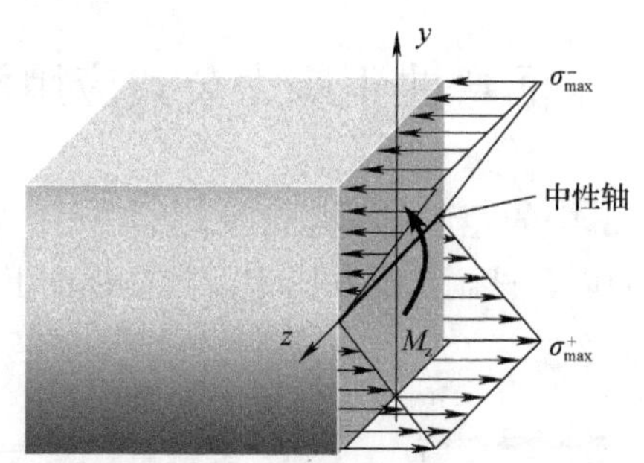

图 12-29　根据弯矩的实际方向确定正应力的正负号

二是，关于最大正应力计算。如果梁的横截面具有一对相互垂直的对称轴，并且加载方向与其中一根对称轴一致时，则中性轴与另一对称轴一致。此时最大拉应力与最大压应力绝对值相等，由公式(12-31)计算。

如果梁的横截面只有一根对称轴，而且加载方向与对称轴一致，则中性轴过截面形心并垂直对称轴。这时，横截面上最大拉应力与最大压应力绝对值不相等，可由下列二式分别计算

$$\sigma_{\max}^{+} = \frac{M_z y_{\max}^{+}}{I_z}\ (拉) \qquad \sigma_{\max}^{-} = \frac{M_z y_{\max}^{-}}{I_z}\ (压) \tag{12-35}$$

式中，$y_{\max}^{+}$ 为截面受拉一侧离中性轴最远各点到中性轴的距离；$y_{\max}^{-}$ 为截面受压一侧离中性轴最远各点到中性轴的距离(图 12-30)。实际计算中，可以不注明应力的正负号，只要在计算结果的后面用括号注明“拉”或“压”。

注意： 某一个横截面上的最大正应力不一定就是梁内的最大正应力，应该首先判断可能

产生最大正应力的那些截面，这些截面称为危险截面；然后比较所有危险截面上的最大正应力，其中最大者才是梁内横截面上的最大正应力。保证梁安全工作而不发生破坏，最重要的就是保证这种最大正应力不得超过允许的数值。

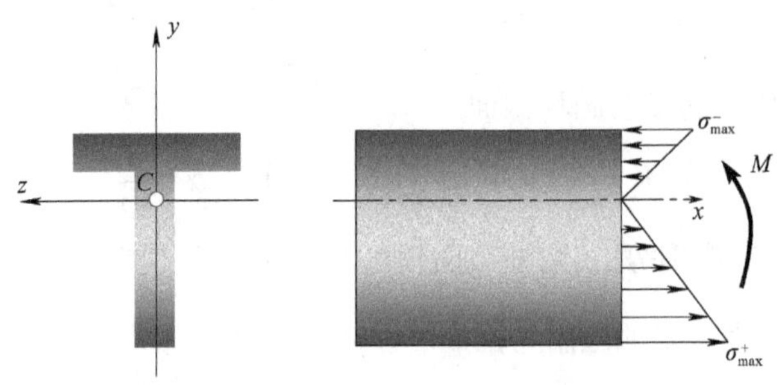

图 12-30　最大拉、压应力不等的情形

2. 纯弯曲正应力可以推广到横向弯曲

以上有关纯弯曲的正应力的公式，对于非纯弯曲，也就是横截面上除了弯矩之外，还有剪力的情形，如果是细长杆，也是近似适用的。理论与实验结果都表明，由于切应力的存在，梁的横截面在梁变形之后将不再保持平面，而是要发生翘曲。这种翘曲对正应力分布的将产生影响。但是，对于细长梁这种影响很小，通常忽略不计。

12.5　平面弯曲正应力公式应用举例

【例题 12-7】　图 12-31(a)中的矩形截面悬臂梁，梁在自由端承受外力偶作用，力偶矩为 M_e，力偶作用在铅垂对称面内。试画出梁在固定端处横截面上正应力分布图。

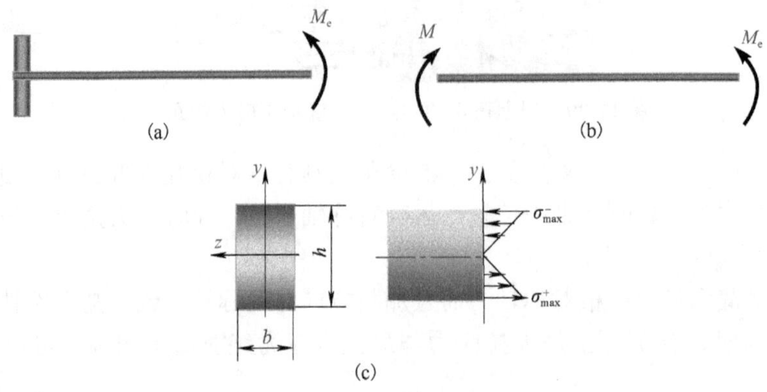

图 12-31　例题 12-7 图

解　(1)确定固定端处横截面上的弯矩。

根据梁的受力，从固定端处将梁截开，考虑右边部分的平衡，可以求得固定端处梁截面上的弯矩

$$M = M_e$$

方向如图 12-31(b)所示。

读者不难证明，这一梁的所有横截面上的弯矩都等于外加力偶的力偶矩 M_e。

(2) 确定中性轴的位置。

中性轴通过截面形心并与截面的铅垂对称轴 y 垂直。因此，图 12-31(c) 中的 z 轴就是中性轴。

(3) 判断横截面上承受拉应力和压应力的区域。

根据弯矩的方向可判断横截面中性轴以上各点均受压应力，横截面中性轴以下各点均受拉应力。

(4) 画梁在固定端截面上正应力分布图。

根据正应力公式，横截面上正应力沿截面高度 y 按直线分布。在上、下边缘正应力值最大。本例题中，上边缘承受最大压应力；下边缘承受最大拉应力。于是可以画出固定端截面上的正应力分布图，如图 12-31(c) 所示。

【例题 12-8】 承受均布载荷的简支梁如图 12-32 所示。已知梁的截面为矩形，矩形的宽度 b=20mm，高度 h=30mm；均布载荷集度 q=10kN/m；梁的长度 l=450mm。试求梁最大弯矩截面上 1、2 两点处的正应力。

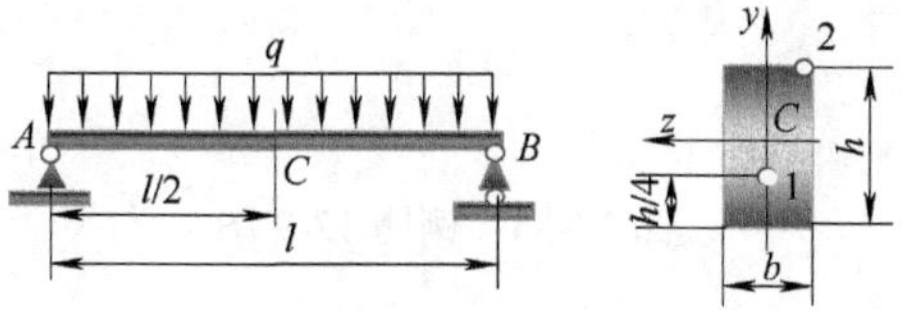

图 12-32　例题 12-8 图

解　(1) 确定弯矩最大截面以及最大弯矩数值。

根据静力学平衡方程 $\sum M_A=0$ 和 $\sum M_B=0$，可以求得支座 A 和 B 处的约束力分别为

$$F_{RA}=F_{RB}=\frac{ql}{2}=\frac{10\times10^3\times450\times10^{-3}}{2}=2.25\times10^3(\mathrm{N})$$

梁的中点处横截面上弯矩最大，数值为

$$M_{\max}=\frac{ql^2}{8}=\frac{10\times10^3\times(450\times10^{-3})^2}{8}=0.253\times10^3(\mathrm{N\cdot m})$$

(2) 计算横截面对中性轴的惯性矩。

根据矩形截面惯性矩的公式 (12-17) 的第二式，本例题中，梁横截面对 z 轴的惯性矩

$$I_z=\frac{bh^3}{12}=\frac{20\times10^{-3}\times(30\times10^{-3})^3}{12}=4.5\times10^{-8}(\mathrm{m}^4)$$

(3) 求弯矩最大截面上 1、2 两点的正应力。

均布载荷作用在纵向对称面内，因此横截面的水平对称轴 z 就是中性轴。根据弯矩最大截面上弯矩的方向，可以判断出：点 1 受拉应力，点 2 受压应力。

1、2 两点到中性轴的距离分别为

$$y_1=\frac{h}{2}-\frac{h}{4}=\frac{h}{4}=\frac{30\times10^{-3}}{4}=7.5\times10^{-3}(\mathrm{m})$$

$$y_2=\frac{h}{2}=\frac{30\times10^{-3}}{2}=15\times10^{-3}(\mathrm{m})$$

于是弯矩最大截面上，1、2 两点的正应力分别为

$$\sigma(1)=\frac{M_{\max}y_1}{I_z}=\frac{0.253\times10^3\times7.5\times10^{-3}}{4.5\times10^{-8}}=0.422\times10^8(\text{Pa})=42.2(\text{MPa})\text{ （拉）}$$

$$\sigma(2)=\frac{M_{\max}y_2}{I_z}=\frac{0.253\times10^3\times15\times10^{-3}}{4.5\times10^{-8}}=0.843\times10^8(\text{Pa})=84.3(\text{MPa})\text{（压）}$$

【例题 12-9】　图 12-33(a)所示 T 形截面简支梁在中点作用有集中力 F_P=32kN，梁的长度 l=2m。T 形截面的形心坐标 y_C=96.4mm，横截面对于 z 轴的惯性矩 $I_z=1.02\times10^8\text{mm}^4$。试求弯矩最大截面上的最大拉应力和最大压应力。

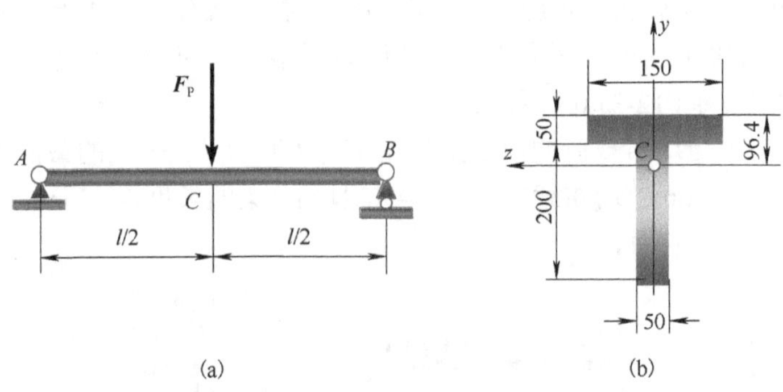

图 12-33　例题 12-9 图

解　(1)确定弯矩最大截面以及最大弯矩数值。

根据静力学平衡方程 $\sum M_A=0$ 和$\sum M_B=0$，可以求得支座 A 和 B 处的约束力分别为

$$F_{RA}=F_{RB}=16\text{kN}$$

根据内力分析，梁中点的截面上弯矩最大，数值为

$$M_{\max}=\frac{F_Pl}{4}=16\text{kN·m}$$

(2)确定中性轴的位置。

T 形截面只有一根对称轴，而且载荷方向沿着对称轴方向，因此，中性轴通过截面形心并且垂直于对称轴，图 12-33(b)中的 z 轴就是中性轴。

(3)确定最大拉应力和最大压应力作用点到中性轴的距离。

根据中性轴的位置和中间截面上最大弯矩的实际方向，可以确定中性轴以上部分承受压应力；中性轴以下部分承受拉应力。最大拉应力作用点和最大压应力作用点分别为到中性轴最远的下边缘和上边缘上的各点。由图 12-33(b)所示截面尺寸，可以确定最大拉应力作用点和最大压应力作用点到中性轴的距离分别为

$$y_{\max}^{+}=200+50-96.4=153.6(\text{mm})\qquad y_{\max}^{-}=96.4\text{mm}$$

(4)计算弯矩最大截面上的最大拉应力和最大压应力。

应用公式(12-35)，得到

$$\sigma_{\max}^{+}=\frac{My_{\max}^{+}}{I_z}=\frac{16\times10^3\times153.6\times10^{-3}}{1.02\times10^8\times(10^{-3})^4}=24.09\times10^6(\text{Pa})=24.09(\text{MPa})\text{（拉）}$$

$$\sigma_{\max}^{-}=\frac{My_{\max}^{-}}{I_z}=\frac{16\times10^3\times96.4\times10^{-3}}{1.02\times10^8\times(10^{-3})^4}=15.12\times10^6(\text{Pa})=15.12(\text{MPa})\text{（压）}$$

12.6 梁的强度计算

12.6.1 梁的失效判据

与拉伸或压缩杆件失效类似，对于韧性材料制成的梁，当梁的危险截面上的最大正应力达到材料的屈服应力σ_s时，便认为梁发生失效；对于脆性材料制成的梁，当梁的危险截面上的最大正应力达到材料的强度极限σ_b时，便认为梁发生失效。即

$$\sigma_{\max}=\sigma_s \quad（韧性材料） \tag{12-36}$$

$$\sigma_{\max}=\sigma_b \quad（脆性材料） \tag{12-37}$$

这就是判断梁是否失效的准则。其中，σ_s和σ_b都由拉伸实验确定。

12.6.2 梁的弯曲强度设计准则

与拉、压杆的强度设计相类似，工程设计中，为了保证梁具有足够的安全裕度，梁的危险截面上的最大正应力，必须小于许用应力，许用应力等于σ_s或σ_b除以一个大于 1 的安全因数。于是，有

$$\sigma_{\max}\leqslant\frac{\sigma_s}{n_s}=[\sigma] \tag{12-38}$$

$$\sigma_{\max}\leqslant\frac{\sigma_b}{n_b}=[\sigma] \tag{12-39}$$

上述二式就是基于最大正应力的梁弯曲强度计算准则，又称为弯曲强度条件。式中，$[\sigma]$为弯曲许用应力；n_s和n_b分别为对应于屈服强度和强度极限的安全因数。

根据上述强度条件，同样可以解决三类强度问题：强度校核、截面尺寸设计、确定许用载荷。

12.6.3 梁的弯曲强度计算步骤

根据梁的弯曲强度设计准则，进行弯曲强度计算的一般步骤如下：

(1) 根据梁的约束性质，分析梁的受力，确定约束力。

(2) 画出梁的弯矩图，根据弯矩图，确定可能的危险截面。

(3) 根据应力分布和材料的拉伸与压缩强度性能是否相等，确定可能的危险点：对于拉、压强度相同的材料(如低碳钢等)，最大拉应力作用点与最大压应力作用点具有相同的危险性，通常不加以区分；对于拉、压强度性能不同的材料(如铸铁等脆性材料)，最大拉应力作用点和最大压应力作用点都有可能是危险点。

(4) 应用强度条件进行强度计算：对于拉伸和压缩强度相等的材料，应用强度条件式(12-38)和式(12-39)；对于拉伸和压缩强度不相等的材料，强度条件式(12-38)和式(12-39) 可以改写为

$$\sigma_{\max}^{+}\leqslant[\sigma]^{+} \tag{12-40}$$

$$\sigma_{\max}^{-}\leqslant[\sigma]^{-} \tag{12-41}$$

式中，$[\sigma]^+$ 和 $[\sigma]^-$ 分别称为拉伸许用应力和压缩许用应力。

$$[\sigma]^+ = \frac{\sigma_b^+}{n_b} \tag{12-42}$$

$$[\sigma]^- = \frac{\sigma_b^-}{n_b} \tag{12-43}$$

式中，σ_b^+ 和 σ_b^- 分别为材料的拉伸强度极限和压缩强度极限。

【例题 12-10】 图 12-34(a)中的圆轴在 A、B 两处的滚珠轴承可以简化为铰链支座；轴的外伸部分 BD 是空心的。轴的直径和其余尺寸(单位：mm)以及轴所承受的载荷都标在图中。这样的圆轴主要承受弯曲变形，因此，可以简化为外伸梁。已知拉伸和压缩的许用应力相等，即 $[\sigma]=120\text{MPa}$，试分析圆轴的强度是否安全。

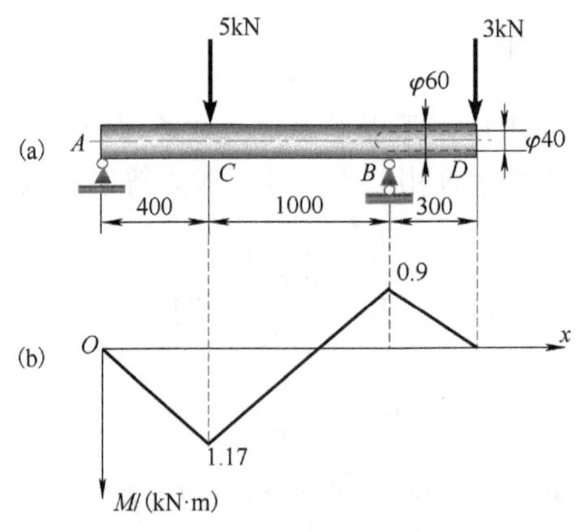

图 12-34　例题 12-10 图

解　(1)确定约束力。

A、B 两处都只有垂直方向的约束力 $\boldsymbol{F}_{RA}$、$\boldsymbol{F}_{RB}$，假设方向都向上。于是，由平衡方程$\sum M_A=0$和$\sum M_B=0$，求得

$$F_{RA}=2.93\text{kN} \qquad F_{RB}=5.07\text{kN}$$

(2)画弯矩图，判断可能的危险截面。

根据圆轴所承受的载荷和约束力，可以画出圆轴的弯矩图，如图 12-34(b)所示。根据弯矩图和圆轴的截面尺寸，在实心部分 C 截面处弯矩最大，为危险截面；在空心部分，轴承 B 右侧截面处弯矩最大，亦为危险截面。

$$M_C=1.17\text{kN·m} \qquad |M_B|=0.9\text{kN·m}$$

(3)计算危险截面上的最大正应力。

应用最大正应力公式(12-31)和圆截面以及圆环截面的弯曲截面模量公式(12-33)和式(12-34)，可以计算危险截面上的应力

C 截面上：$\sigma_{\max}=\dfrac{M}{W}=\dfrac{32M}{\pi D^3}=\dfrac{32\times1.17\times10^3}{\pi\times(60\times10^{-3})^3}=55.2\times10^6(\text{Pa})=55.2(\text{MPa})$

B 右侧截面上：

$$\sigma_{\max} = \frac{M}{W} = \frac{32M}{\pi D^3\left(1-\alpha^4\right)} = \frac{32 \times 0.9 \times 10^3}{\pi \times \left(60 \times 10^{-3}\right)^3 \left[1-\left(\frac{40}{60}\right)^4\right]}$$

$$= 52.9 \times 10^6 (\text{Pa}) = 52.9(\text{MPa})$$

(4)分析梁的强度是否安全。

上述计算结果表明，两个危险截面上的最大正应力都小于许用应力$[\sigma]=120\text{MPa}$。于是，满足强度条件，即

$$\sigma_{\max} < [\sigma]$$

因此，圆轴的强度是安全的。

【例题 12-11】 由铸铁制造的外伸梁，受力及横截面尺寸如图 12-35 所示(图中长度单位为 mm)，其中，z 轴为中性轴。已知铸铁的拉伸许用应力$[\sigma]^+ = 39.3\text{MPa}$，压缩许用应力为$[\sigma]^- = 58.8\text{MPa}$，$I_z = 7.65 \times 10^6 \text{mm}^4$。试校核该梁的正应力强度。

解 因为梁的截面没有水平对称轴，所以其横截面上的最大拉应力与最大压应力不相等。同时，梁的材料为铸铁，其拉伸与压缩许用应力不等。因此，判断危险面位置时，除弯矩图外，还应考虑上述因素。

梁的弯矩图如图 12-35(b)所示。可以看出，截面 B 上弯矩绝对值最大，为可能的危险面之一。在截面 D 上，弯矩虽然比截面 B 上的小，但根据该截面上弯矩的实际方向，如图 12-35(c)所示，其上边缘各点受压应力，下边缘各点受拉应力，并且由于受拉边到中性轴的距离较大，拉应力也比较大，而材料的拉伸许用应力低于压缩许用应力，因此，截面 D 也可能为危险面。现分别校核这两个截面的强度。

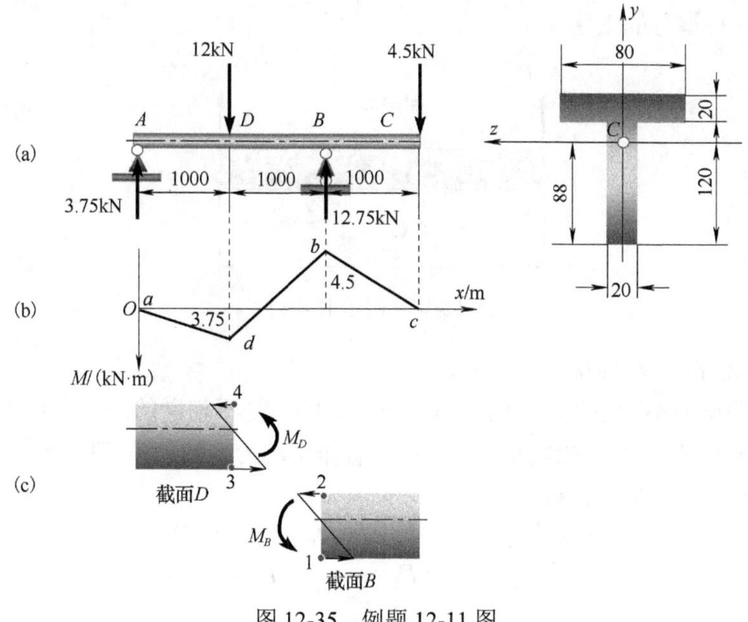

图 12-35　例题 12-11 图

对于截面 B，弯矩为负值，其绝对值为

$$|M| = 4.5\times10^3\times1 = 4.5\times10^3(\text{N}\cdot\text{m}) = 4.5(\text{kN}\cdot\text{m})$$

其方向如图 12-35(c)所示。由弯矩实际方向可以确定该截面上点 1 受压、点 2 受拉，应力值分别为

点 1：$\sigma^- = \dfrac{My^-_{\max}}{I_z} = \dfrac{4.5\times10^3\times88\times10^{-3}}{7.65\times10^{-6}} = 51.8\times10^6(\text{Pa}) = 51.8(\text{MPa}) < [\sigma]^-$

点 2：$\sigma^+ = \dfrac{My^+_{\max}}{I_z} = \dfrac{4.5\times10^3\times52\times10^{-3}}{7.65\times10^{-6}} = 30.6\times10^6(\text{Pa}) = 30.6(\text{MPa}) < [\sigma]^+$

因此，截面 B 的强度是安全的。

对于截面 D，其上的弯矩为正值，其值为

$$|M| = 3.75\times10^3\times1 = 3.75\times10^3(\text{N}\cdot\text{m}) = 3.75(\text{kN}\cdot\text{m})$$

方向如图 12-35(c)所示。已经指出，点 3 受拉，点 4 受压，但点 4 的压应力要比截面 B 上点 1 的压应力小，所以只需校核点 3 的拉应力。

点 3：$\sigma^+ = \dfrac{My^+_{\max}}{I_z} = \dfrac{3.75\times10^3\times88\times10^{-3}}{7.65\times10^{-6}} = 43.1\times10^6(\text{Pa}) = 43.1(\text{MPa}) > [\sigma]^+$

因此，截面 D 的强度是不安全的，亦即该梁的强度不安全。

思考： 在不改变载荷大小及截面尺寸的前提下，可以采用什么办法，使该梁满足强度安全的要求？

【例题 12-12】 为了起吊重量为 F_P=300kN 的大型设备，采用一台最大起吊重量为 150kN 和一台最大起吊重量为 200kN 的吊车，以及一根工字形轧制型钢作为辅助梁，共同组成临时的附加悬挂系统，如图 12-36 所示。如果已知辅助梁的长度 l=4m，型钢材料的许用应力 $[\sigma]$=160MPa，试计算：(1) F_P 加在辅助梁的什么位置，才能保证两台吊车都不超载？(2) 辅助梁应该选择何种型号的工字钢？

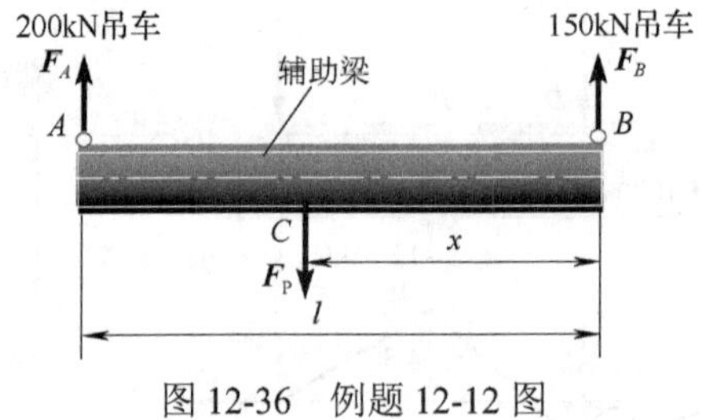

图 12-36　例题 12-12 图

解　(1) 确定 $\boldsymbol{F}_P$ 加在辅助梁的位置。

F_P 加在辅助梁的不同位置上，两台吊车所承受的力是不相同的。假设 $\boldsymbol{F}_P$ 加在辅助梁的点 C 处，这一点到 150kN 吊车的距离为 x。将 $\boldsymbol{F}_P$ 看作主动力，两台吊车所受的力为约束力，分别用 $\boldsymbol{F}_A$ 和 $\boldsymbol{F}_B$ 表示。由平衡方程

$$\sum M_A = 0 \qquad F_B\times l - F_P\times(l-x) = 0$$

$$\sum M_B = 0 \qquad F_P\times x - F_A\times l = 0$$

解出

$$F_A = \frac{F_P x}{l} \qquad F_B = \frac{F_P(l-x)}{l}$$

因为 A 处和 B 处的约束力分别不能超过 200kN 和 150kN，故有

$$F_A = \frac{F_P \times x}{l} \leqslant 200\text{kN} \qquad F_B = \frac{F_P \times (l-x)}{l} \leqslant 150\text{kN}$$

由此解出

$$x \leqslant \frac{200\times 4}{300} = 2.667(\text{m}) \qquad 且 \qquad x \geqslant 4 - \frac{150\times 4}{300} = 2(\text{m})$$

于是，得到 $\boldsymbol{F}_P$ 加在辅助梁上作用点的范围为

$$2\text{m} \leqslant x \leqslant 2.667\text{m}$$

(2) 确定辅助梁所需要的工字钢型号。

根据上述计算得到的 $\boldsymbol{F}_P$ 加在辅助梁上作用点的范围，当 x=2m 时，辅助梁在 B 点受力为 150kN；当 x=2.667m 时，辅助梁在 A 点受力为 200kN。

这两种情形下，辅助梁都在 $\boldsymbol{F}_P$ 作用点处弯矩最大，最大弯矩数值分别为

$$M_{\max}(A) = 200\times(l-2.667) = 200\times(4-2.667) = 266.6(\text{kN}\cdot\text{m})$$

$$M_{\max}(B) = 150\times 2 = 300(\text{kN}\cdot\text{m})$$

$$M_{\max}(B) > M_{\max}(A)$$

因此，应该以 $M_{\max}(B)$ 作为强度计算的依据。于是，由强度条件

$$\sigma_{\max} = \frac{M_{\max}}{W_z} \leqslant [\sigma]$$

可以写出

$$\sigma_{\max} = \frac{M_{\max}(B)}{W_z} \leqslant 160\text{MPa}$$

由此，可以算出辅助梁所需要的弯曲截面模量

$$W_z \geqslant \frac{M_{\max}(B)}{[\sigma]} = \frac{300\times 10^3}{160\times 10^6} = 1.875\times 10^{-3}(\text{m}^3) = 1.875\times 10^3(\text{cm}^3)$$

由热轧普通工字钢型钢表中查得 50a 和 50b 工字钢的 W_z 分别为 $1.860\times 10^3\text{cm}^3$ 和 $1.940\times 10^3\text{cm}^3$。如果选择 50a 工字钢，它的弯曲截面模量 $1.860\times 10^3\text{cm}^3$ 比所需要的 $1.875\times 10^3\text{cm}^3$ 大约小

$$\frac{1.875\times 10^3 - 1.860\times 10^3}{1.875\times 10^3}\times 100\% = 0.8\%$$

在一般的工程设计中最大正应力可以允许超过许用应力 5%，所以选择 50a 工字钢是可以的。但是，对于安全性要求很高的构件，最大正应力不允许超过许用应力，这时就需要选择 50b 工字钢。

12.7 小结与讨论

12.7.1 本章小结

(1) 梁的力学模型。

(2) 剪力方程和弯矩方程：描述梁的剪力和弯矩沿长度方向变化的代数方程，分别称为剪

力方程和弯矩方程。

(3) 载荷集度、剪力、弯矩之间的微分关系。

$$\begin{cases}\dfrac{\mathrm{d}F_{\mathrm{Q}}(x)}{\mathrm{d}x}=q(x)\\[2mm] \dfrac{\mathrm{d}M(x)}{\mathrm{d}x}=F_{\mathrm{Q}}(x)\\[2mm] \dfrac{\mathrm{d}^2M(x)}{\mathrm{d}x^2}=q(x)\end{cases}$$

(4) 与应力分析相关的截面图形几何性质。

① 静矩、形心。

$$\begin{cases}S_y=\int_A z\mathrm{d}A\\ S_z=\int_A y\mathrm{d}A\end{cases}\qquad \begin{cases}y_C=\dfrac{S_z}{A}=\dfrac{\int_A y\mathrm{d}A}{A}\\[2mm] z_C=\dfrac{S_y}{A}=\dfrac{\int_A z\mathrm{d}A}{A}\end{cases}$$

② 惯性矩、极惯性矩、惯性积、惯性半径。

$$\begin{cases}I_y=\int_A z^2\mathrm{d}A\\ I_z=\int_A y^2\mathrm{d}A\end{cases}\qquad I_{\mathrm{P}}=\int_A r^2\mathrm{d}A\qquad I_{yz}=\int_A yz\mathrm{d}A\qquad \begin{cases}i_y=\sqrt{\dfrac{I_y}{A}}\\[2mm] i_z=\sqrt{\dfrac{I_z}{A}}\end{cases}$$

③ 惯性矩与惯性积的移轴定理。

$$\begin{cases}I_{y1}=I_y+b^2A\\ I_{z1}=I_z+a^2A\\ I_{y1z1}=I_{yz}+abA\end{cases}$$

④ 惯性矩与惯性积的转轴定理。

$$\begin{cases}I_{y1}=\dfrac{I_y+I_z}{2}-\dfrac{I_y-I_z}{2}\cos2\alpha-I_{yz}\sin2\alpha\\[2mm] I_{z1}=\dfrac{I_y+I_z}{2}+\dfrac{I_y-I_z}{2}\cos2\alpha+I_{yz}\sin2\alpha\\[2mm] I_{y1z1}=\dfrac{I_y-I_z}{2}\sin2\alpha+I_{yz}\cos2\alpha\end{cases}$$

⑤ 主轴的方向角以及主惯性矩。

$$\tan2\alpha_0=\frac{2I_{yz}}{I_y-I_z}\qquad \left.\begin{matrix}I_{y0}=I_{\max}\\ I_{z0}=I_{\min}\end{matrix}\right\}=\frac{I_y+I_z}{2}\pm\frac{1}{2}\sqrt{\left(I_y-I_z\right)^2+4I_{yz}^2}$$

(5) 平面弯曲与纯弯曲的概念。

(6) 最大正应力公式。

$$\sigma_{\max}=\frac{M_z y_{\max}}{I_z}=\frac{M_z}{W_z}$$

(7)梁的弯曲强度设计准则。

$$\sigma_{max} \leqslant \frac{\sigma_s}{n_s} = [\sigma] \qquad \sigma_{max} \leqslant \frac{\sigma_b}{n_b} = [\sigma]$$

12.7.2　讨论

1. 关于弯曲正应力公式的应用条件

第一，平面弯曲正应力公式只能应用于平面弯曲情形。对于截面有对称轴的梁，外加载荷的作用线必须位于梁的对称平面内，才能产生平面弯曲。对于没有对称轴截面的梁，外加载荷的作用线如果位于梁的主轴平面内，也可以产生平面弯曲。

第二，只有在弹性范围内加载，横截面上的正应力才会线性分布，才会得到平面弯曲正应力公式。

第三，平面弯曲正应力公式是在纯弯曲情形下得到的，但是，对于细长杆，由于剪力引起的切应力比弯曲正应力小得多，对强度的影响很小，通常都可以忽略。由此，平面弯曲正应力公式也适用于横截面上有剪力作用的情形，也就是纯弯曲的正应力公式也适用于细长梁横弯曲。

2. 弯曲切应力的概念

当梁发生横向弯曲时，横截面上一般都有剪力存在，截面上与剪力对应的分布内力在各点的强弱程度称为切应力，用希腊字母τ 表示。切应力的方向一般与剪力的方向相同，作用线位于横截面内，如图 12-37 所示。

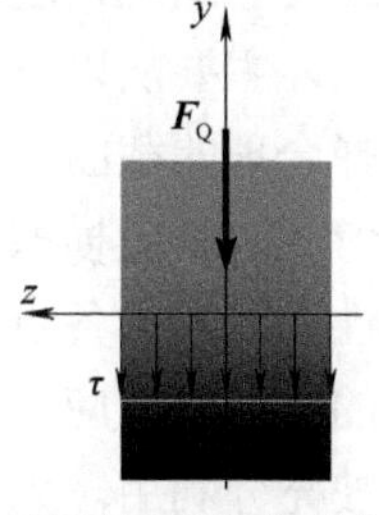

图 12-37　横弯曲时横截面上的切应力

弯曲切应力在截面上的分布是不均匀的，分布状况与截面的形状有关，一般情形下，最大切应力发生在横截面中性轴上的各点。

对于宽度为 b、高度为 h 的矩形截面，最大切应力

$$\tau_{max} = \frac{3}{2}\frac{F_Q}{b \times h} \tag{12-44}$$

对于直径为 d 的圆截面，最大切应力

$$\tau_{max} = \frac{4}{3}\frac{F_Q}{A} \qquad A = \frac{\pi d^2}{4} \tag{12-45}$$

对于内径为 d、外径为 D 的空心圆截面，最大切应力

$$\tau_{max} = 2.0\frac{F_Q}{A} \qquad A = \frac{\pi\left(D^2 - d^2\right)}{4} \tag{12-46}$$

对于工字形截面，腹板上最大切应力近似为

$$\tau_{max} = \frac{F_Q}{A} \qquad (A\text{ 为腹板面积})$$

若为工字钢型钢，A 可从型钢表中查得。

3. 关于截面的惯性矩

横截面对于某一轴的惯性矩，不仅与横截面的面积大小有关，而且还与这些面积到这一轴的距离的远近有关。同样的面积，到轴的距离远者，惯性矩大；到轴的距离近者，惯性矩小。为了使梁能够承受更大的力，我们当然希望截面的惯性矩越大越好。

对于图 12-38(a)中承受均布载荷的矩形截面简支梁，最大弯矩发生在梁的中点。如果需要在梁的中点开一个小孔，请读者分析：图 12-38(b)和(c)中的开孔方式，哪一种最合理？

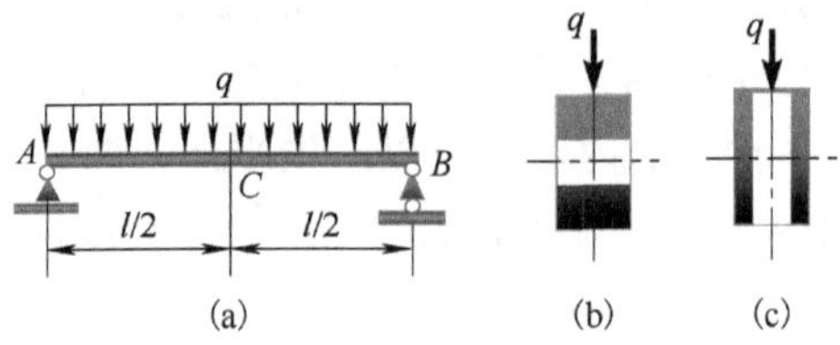

图 12-38　惯性矩与截面形状有关

4. 提高梁强度的措施

前面已经讲到，对于细长梁，影响梁的强度的主要因素是梁横截面上的正应力，因此，提高梁的强度，就是设法降低梁横截面上的正应力数值。

工程上，主要从以下几方面提高梁的强度。

1)选择合理的截面形状

平面弯曲时，梁横截面上的正应力沿着高度方向线性分布，离中性轴越远的点，正应力越大，中性轴附近的各点正应力很小。当离中性轴最远点上的正应力达到许用应力值时，中性轴附近的各点的正应力还远远小于许用应力值。因此，可以认为，横截面上中性轴附近的材料没有被充分利用。为了使这部分材料得到充分利用，在不破坏截面整体性的前提下，可以将横截面上中性轴附近的材料移到距离中性轴较远处，从而形成“合理截面”。如工程结构中常用的空心截面和各种各样的薄壁截面(工字形、槽形、箱形截面等)。

根据最大弯曲正应力公式

$$\sigma_{\max}=\frac{M_{\max}}{W}$$

为了使 $\sigma_{\max}$ 尽可能地小，必须使 W 尽可能地大。但是，梁的横截面面积有可能随着 W 的增加而增加，这意味着要增加材料的消耗。能不能使 W 增加，而横截面积不增加或少增加？当然是可能的。这就是采用合理截面，使横截面的 W/A 数值尽可能大。W/A 数值与截面的形状有关。表 12-1 中列出了常见截面的 W/A 数值。

表 12-1　常见截面的 W/A 数值

截面形状				d/D=0.8	
W/A	$0.167h$	$0.167b$	$0.125d$	$0.205D$	$(0.29\sim0.31)h$

以宽度为 b、高度为 h 的矩形截面为例，当横截面竖直放置，而且载荷作用在竖直对称

面内时，$W/A=0.167h$；当横截面横向放置，而且载荷作用在短轴对称面内时，$W/A=0.167b$。如果 $h/b=2$，则截面竖直放置时的 W/A 值是截面横向放置时的两倍。显然，矩形截面梁竖直放置比较合理。

2) 采用变截面梁或等截面梁

弯曲强度计算是保证梁的危险截面上的最大正应力必须满足强度条件

$$\sigma_{\max}=\frac{M_{\max}}{W}\leqslant[\sigma]$$

大多数情形下，梁上只有一个或者少数几个截面上的弯矩得到最大值，也就是说只有极少数截面是危险截面。当危险截面上的最大正应力达到许用应力值时，其他大多数截面上的最大正应力还没有达到许用应力值，有的甚至远远没有达到许用应力值。这些截面处的材料同样没有被充分利用。

为了合理地利用材料，减轻结构重量，很多工程构件都设计成变截面的：弯矩大的地方截面大一些，弯矩小的地方截面也小一些。例如火力发电系统中的汽轮机转子(图 12-39(a))，即采用阶梯轴(图 12-39(b))。

(a)

(b)

图 12-39　汽轮机转子及其阶梯轴

在机械工程与土木工程中所采用的变截面梁，与阶梯轴也有类似之处，即达到减轻结构重量、节省材料、降低成本的目的。图 12-40 所示为大型悬臂钻床的变截面悬臂。

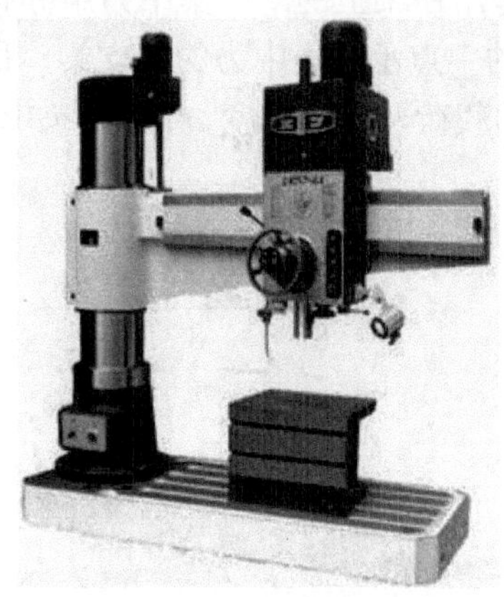

图 12-40　机械工程中的变截面梁

图 12-41(a) 所示为旋转楼梯中的变截面梁；图 12-41(b) 所示为高架桥中的变截面梁。

(a)　　　　(b)

图 12-41　土木工程中的变截面梁

如果使每一个截面上的最大正应力都正好等于材料的许用应力，这样设计出的梁就是“等强度梁”。图 12-42 所示为高速公路高架段所采用的空心鱼腹梁，就是一种等强度梁，这种结构使材料得到充分利用。

图 12-42　高速公路高架段的空心鱼腹梁

3）改善受力状况

改善梁的受力状况，一是改变加载方式；二是调整梁的约束。这些都可以减小梁上的最大弯矩数值。

改变加载方式，主要是将作用在梁上的一个集中力用分布力或者几个比较小的集中力代替。例如，图 12-43(a)中在梁的中点承受集中力的简支梁，最大弯矩 $M_{\max}=F_P l/4$。如果将集中力变为梁的全长上均匀分布的载荷，载荷集度 $q=F_P/l$，如图 12-43(b)所示，这时，梁上的最大弯矩变为

$$M_{\max}=\frac{ql^2}{8}=\frac{\frac{F_P}{l}\times l^2}{8}=\frac{F_P l}{8}$$

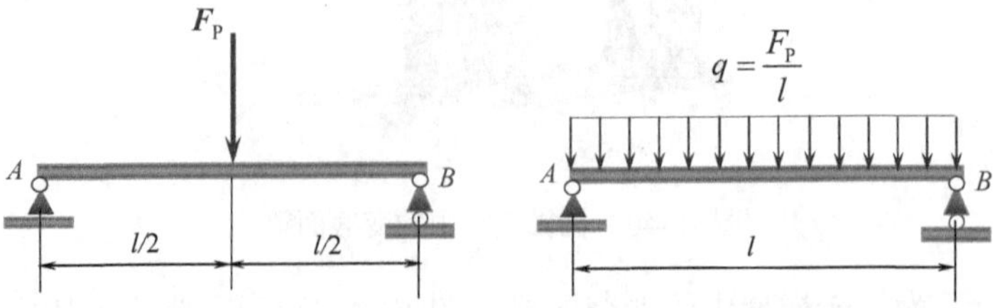

(a)　　　　(b)

图 12-43　改善受力状况提高梁的强度

在主梁上增加辅助梁(图 12-44)，也是改变受力方式，也可以达到减小最大弯矩、提高梁的强度的目的。

此外，在某些允许的情形下，改变加力点的位置，使其靠近支座，也可以使梁内的最大弯矩有明显的降低。例如，图 12-45 中的齿轮轴，齿轮靠近支座时的最大弯矩要比齿轮放在中间时小得多。

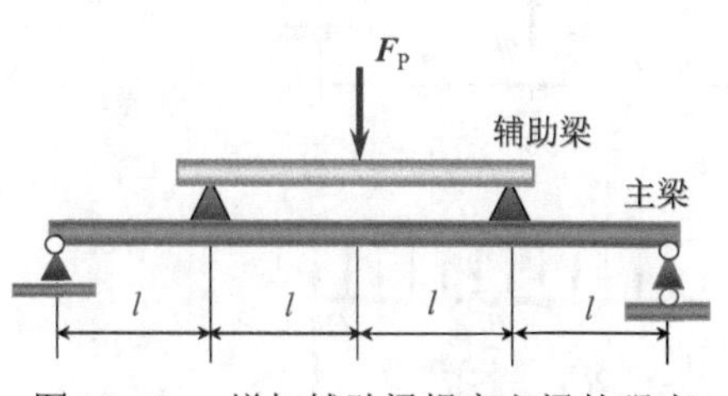

图 12-44　增加辅助梁提高主梁的强度

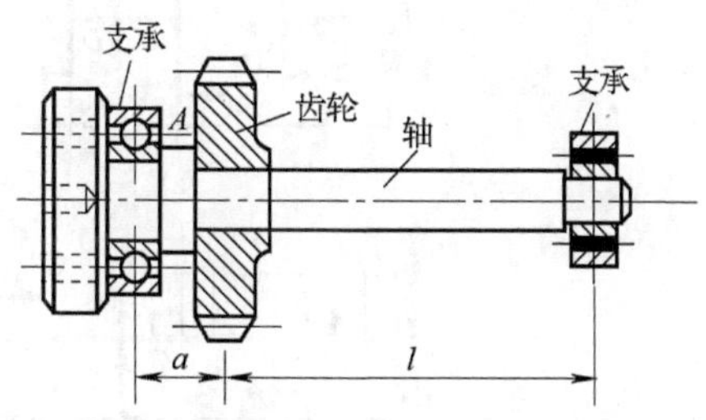

图 12-45　改变加力点位置减小最大弯矩

调整梁的约束，主要是改变支座的位置，降低梁上的最大弯矩数值。例如图 12-46(a) 中承受均布载荷的简支梁，最大弯矩 $M_{max}=ql^2/8$。如果将支座向中间移动 $0.2l$，如图 12-46(b) 所示，这时，梁内的最大弯矩变为 $M_{max}=ql^2/40$。但是，随着支座向梁的中点移动，梁中间截面上的弯矩逐渐减小，而支座处截面上的弯矩却逐渐增大。支座最合理的位置是使梁的中间截面上的弯矩正好等于支座处截面上的弯矩。图 12-47 所示之静置压力容器的支承就是出于这种考虑。

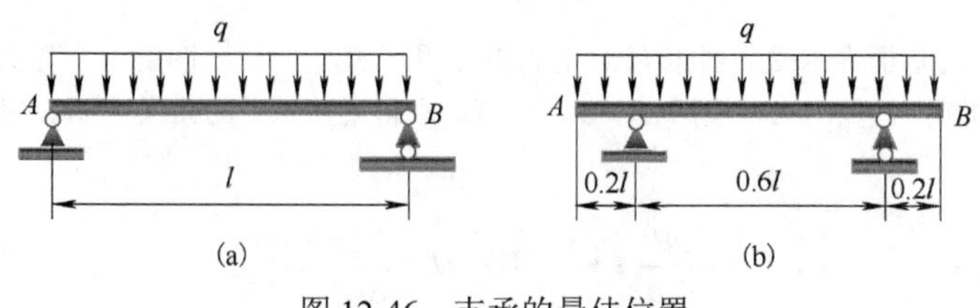

图 12-46　支承的最佳位置

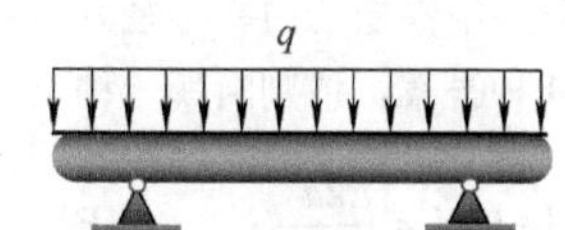

图 12-47　静置压力容器的合理支承

习　题

12-1　试求如习题 12-1 图所示的各梁中指定截面上的剪力、弯矩值。

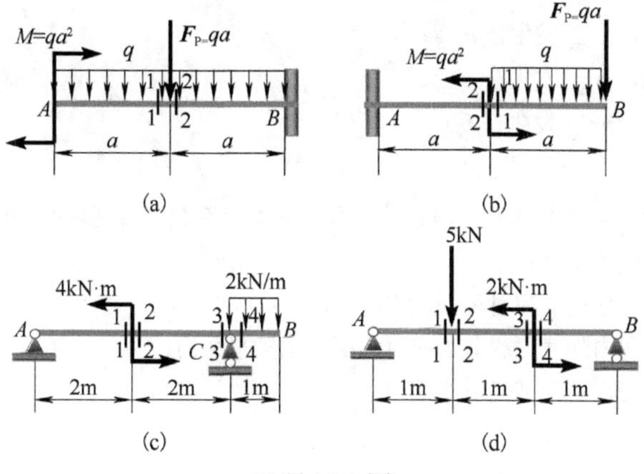

习题 12-1 图

12-2 试写出如习题 12-2 图所示的各梁的剪力方程、弯矩方程。

12-3 试画出如习题 12-2 图所示中各梁的剪力图、弯矩图，并确定剪力和弯矩的绝对值的最大值。

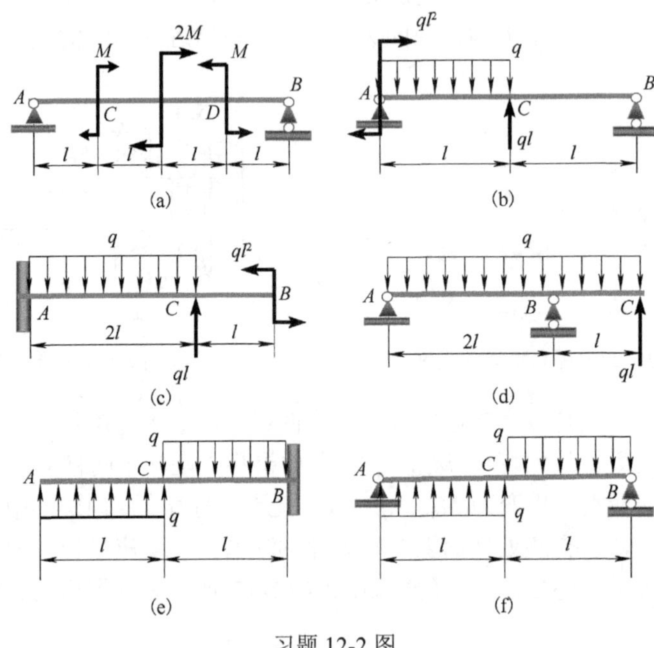

习题 12-2 图

12-4 直径为 d 的圆截面梁，两端在对称面内承受力偶矩为 M 的力偶作用，如习题 12-4 图所示。若已知变形后中性层的曲率半径为 ρ；材料的弹性模量为 E。根据 d、ρ、E 可以求得梁所承受的力偶矩 M。现在有 4 种答案，请判断哪一种是正确的。

(A) $M=\dfrac{E\pi d^4}{64\rho}$；　(B) $M=\dfrac{64\rho}{E\pi d^4}$；　(C) $M=\dfrac{E\pi d^3}{32\rho}$；　(D) $M=\dfrac{32\rho}{E\pi d^3}$。

正确答案是__________。

12-5 矩形截面梁在截面 B 处沿铅垂对称轴和水平对称轴方向上分别作用有 $\boldsymbol{F}_{P1}$ 和 $\boldsymbol{F}_{P2}$，且 $F_{P1}=F_{P2}$，如习题 12-5 图所示。关于最大拉应力和最大压应力发生在危险截面 A 的哪些点上，有 4 种答案，请判断哪一种是正确的。

(A) σ_{max}^{+} 发生在 a 点，σ_{max}^{-} 发生在 b 点；

(B) σ_{max}^{+} 发生在 c 点，σ_{max}^{-} 发生在 d 点；

(C) σ_{max}^{+} 发生在 b 点，σ_{max}^{-} 发生在 a 点；

(D) σ_{max}^{+} 发生在 d 点，σ_{max}^{-} 发生在 b 点。

正确答案是__________。

12-6 关于平面弯曲正应力公式的应用条件，有以下 4 种答案，请判断哪一种是正确的。

(A) 细长梁、弹性范围内加载；

(B) 弹性范围内加载、载荷加在对称面或主轴平面内；

(C) 细长梁、弹性范围内加载、载荷加在对称面或主轴平面内；

(D) 细长梁、载荷加在对称面或主轴平面内。

正确答案是__________。

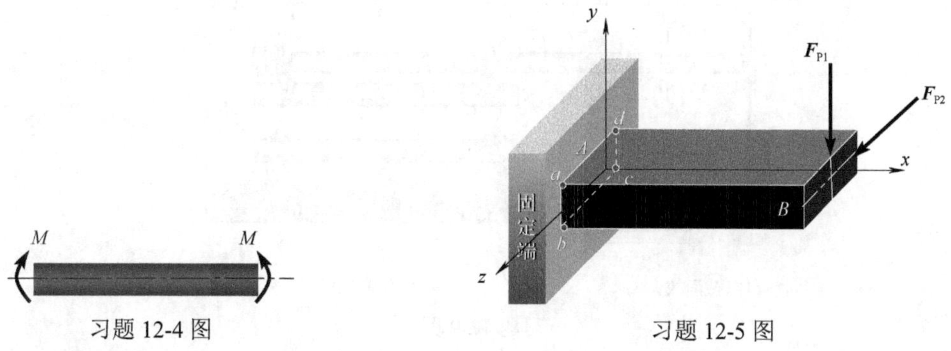

习题 12-4 图　　　习题 12-5 图

12-7　长度相同、承受同样的均布载荷 q 作用的梁，有如习题 12-7 图所示的 4 种支承方式，如果从梁的强度考虑，请判断哪一种支承方式最合理。

正确答案是＿＿＿＿＿＿。

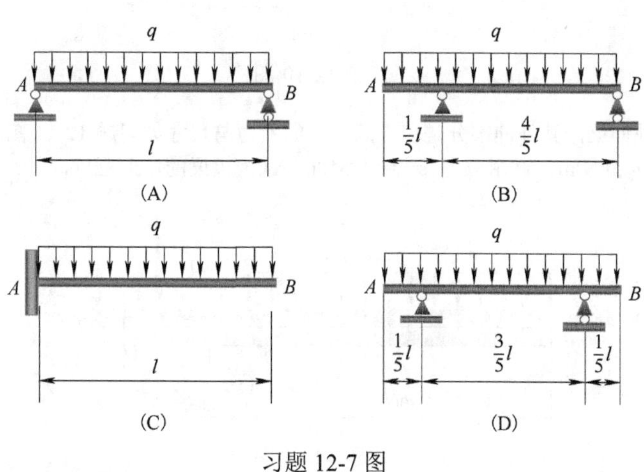

习题 12-7 图

12-8　悬臂梁受力及截面尺寸如习题 12-8 图所示。图中长度单位为 mm。试求梁的 1-1 截面上 A、B 两点的正应力。

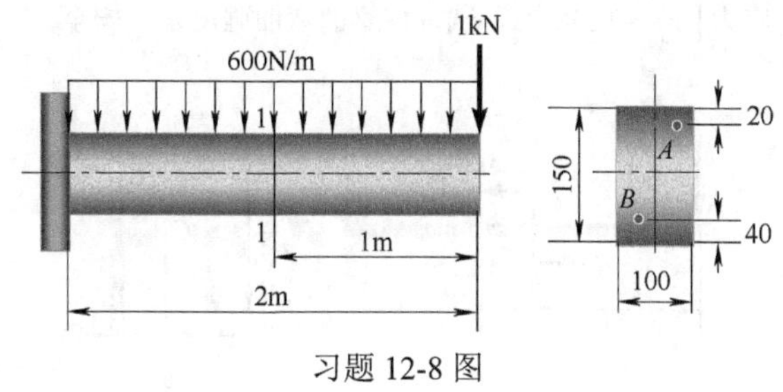

习题 12-8 图

12-9　加热炉炉前机械操作装置如习题 12-9 图所示，图中长度单位为 mm。其操作臂由两根无缝钢管组成。外伸端装有夹具，夹具与所夹持钢料的总重 F_P=2200N，平均分配到两根钢管上。试求梁内最大正应力(不考虑钢管自重)。

12-10　如习题 12-10 图所示矩形截面简支梁，承受均布载荷 q 的作用。若已知 q=2kN/m，l=3m，$h=2b$ = 240mm。试求截面竖放(习题 12-10(b))和横放(习题 12-10(c))时梁内的最大正应力，并加以比较。

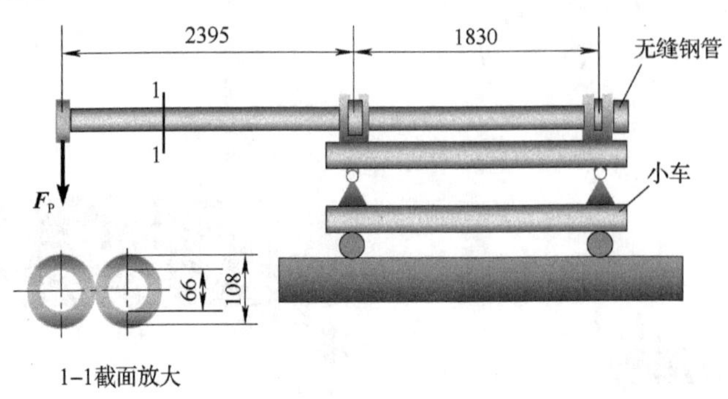

习题 12-9 图

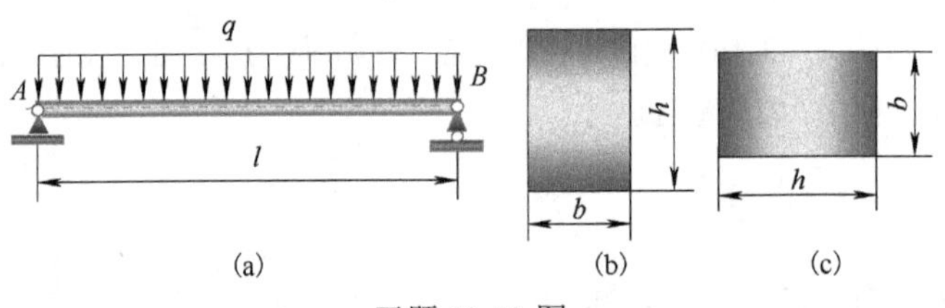

习题 12-10 图

12-11　圆截面外伸梁，其外伸部分是空心的，梁的受力与尺寸如习题 12-11 图所示。图中长度单位为 mm。已知 F_P=10kN，q=5kN/m，许用应力$[\sigma]$=140MPa，试校核梁的弯曲强度。

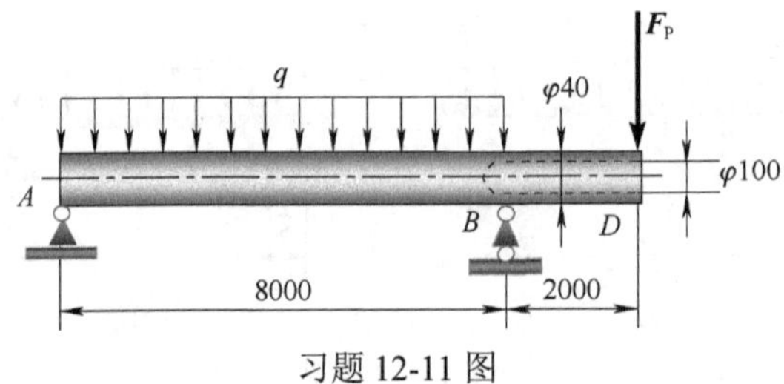

习题 12-11 图

12-12　悬臂梁 AB 受力如习题 12-12 图(a)所示，其中，F_P=10kN，M=70kN·m，a=3m。梁横截面的形状及尺寸均示于图(b)中(单位：mm)，C 为截面形心，截面对中性轴的惯性矩 $I_z=1.02\times10^8\text{mm}^4$，拉伸许用应力$[\sigma]^+$=40MPa，压缩许用应力$[\sigma]^-$=120MPa。试校核梁的弯曲强度是否安全。

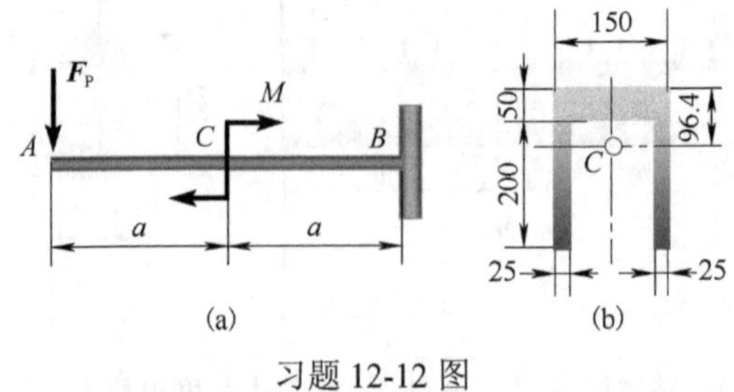

习题 12-12 图

12-13　由 No.10 号工字钢制成的 ABD 梁，左端点 A 处为固定铰链支座，点 B 处用铰链与钢制圆截面杆 BC 连接，BC 杆在 C 处用铰链悬挂(习题 12-13 图)。已知圆截面杆直径 d=20mm，梁和杆的许用应力均为$[\sigma]$=160MPa，试求结构的许用均布载荷集度$[q]$。

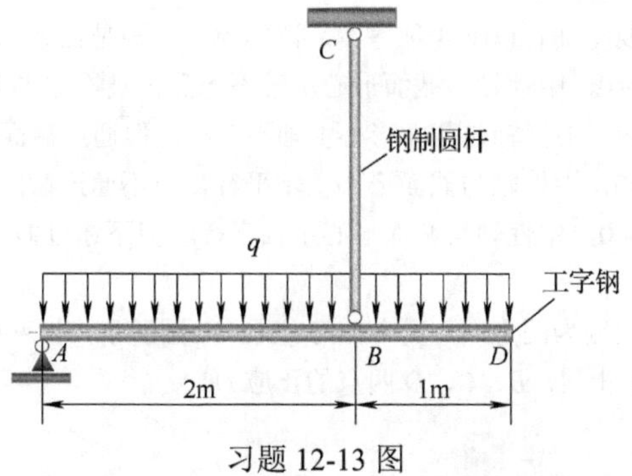

习题 12-13 图

12-14　外伸梁承受集中载荷 $\boldsymbol{F}_{\mathrm{P}}$ 作用，尺寸如习题 12-14 图所示。已知 F_{P} =20kN，许用应力 $[\sigma]$ =160MPa，试选择工字型钢的号码。

12-15　习题 12-15 图所示的 AB 为简支梁，当载荷 $\boldsymbol{F}_{\mathrm{P}}$ 直接作用在梁的跨度中点时，梁内最大弯曲正应力超过许用应力 30%。为减小 AB 梁内的最大正应力，在 AB 梁上配置一辅助梁 CD，CD 也可以看作是简支梁。试求辅助梁的长度 a。

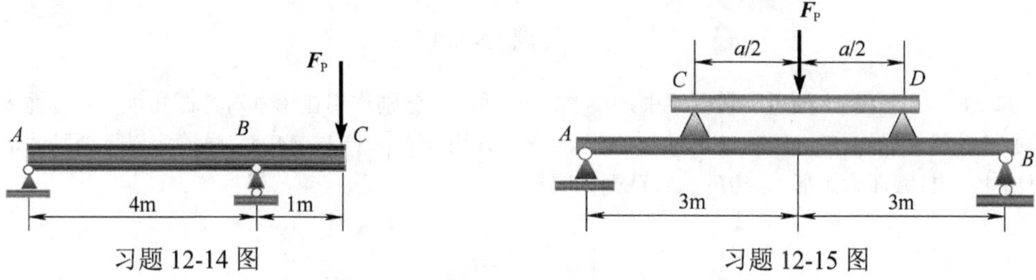

习题 12-14 图　　　　习题 12-15 图

***12-16**　从圆木中锯成的矩形截面梁，受力及尺寸如习题 12-16 图所示。试求下列两种情形下 h 与 b 的比值：(1) 横截面上的最大正应力尽可能小；(2) 曲率半径尽可能大。

***12-17**　工字形截面钢梁，已知梁横截面上只承受弯矩一个内力分量，M_z=20kN·m，I_z=11.3×10^{6}mm^4，其他尺寸如习题 12-17 图所示(单位：mm)。试求横截面中性轴以上部分分布力系沿 x 方向的合力。

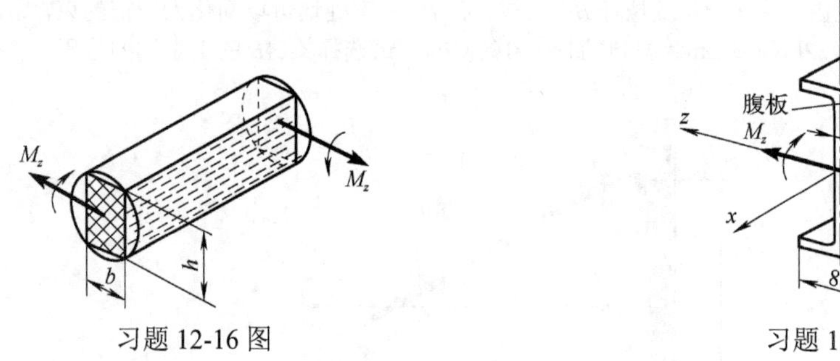

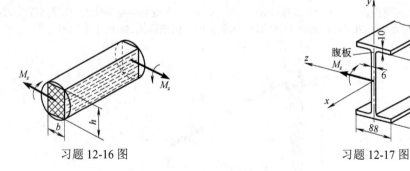

习题 12-16 图　　　　习题 12-17 图

12-18 根据杆件横截面正应力分析过程，中性轴在什么情形下才会通过截面形心？关于这一问题有以下 4 种答案，请分析哪一种是正确的。

(A) M_y=0 或 M_z=0，$F_{\mathrm{N}x}\neq0$；　　(B) M_y=M_z=0，$F_{\mathrm{N}x}\neq0$；

(C) M_y=0，$M_z\neq0$，$F_{\mathrm{N}x}\neq0$；　　(D) $M_y\neq0$ 或 $M_z\neq0$，$F_{\mathrm{N}x}$=0。

正确答案是________。

12-19　关于斜弯曲的主要特征有以下 4 种答案，请判断哪一种是正确的。

(A) $M_y \neq 0$，$M_z \neq 0$，$F_{Nx} \neq 0$，中性轴与截面形心主轴不一致，且不通过截面形心；

(B) $M_y \neq 0$，$M_z \neq 0$，$F_{Nx}=0$，中性轴与截面形心主轴不一致，但通过截面形心；

(C) $M_y \neq 0$，$M_z \neq 0$，$F_{Nx}=0$，中性轴与截面形心主轴平行，但不通过截面形心；

(D) $M_y \neq 0$，$M_z \neq 0$，$F_{Nx} \neq 0$，中性轴与截面形心主轴平行，但不通过截面形心。

正确答案是________。

12-20　矩形截面悬臂梁左端为固定端，受力如习题 12-20 图所示，长度单位为 mm。若已知 $F_{P1}=60\text{kN}$，$F_{P2}=4\text{kN}$。试求固定端处横截面上 A、B、C、D 四点的正应力。

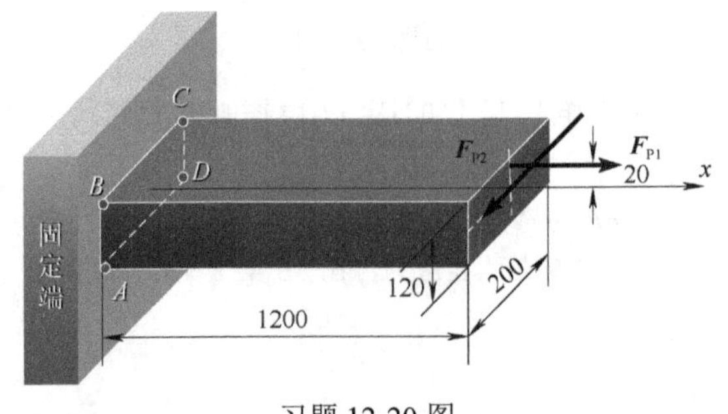

习题 12-20 图

12-21　习题 12-21 图所示悬臂梁中，集中力 F_{P1} 和 F_{P2} 分别作用在铅垂对称面和水平对称面内，并且垂直于梁的轴线。已知 $F_{P1}=1.6\text{kN}$，$F_{P2}=800\text{N}$，$l=1\text{m}$，许用应力 $[\sigma]=160\text{MPa}$。试确定以下两种情形下梁的横截面尺寸：(1) 截面为矩形，$h=2b$；(2) 截面为圆形。

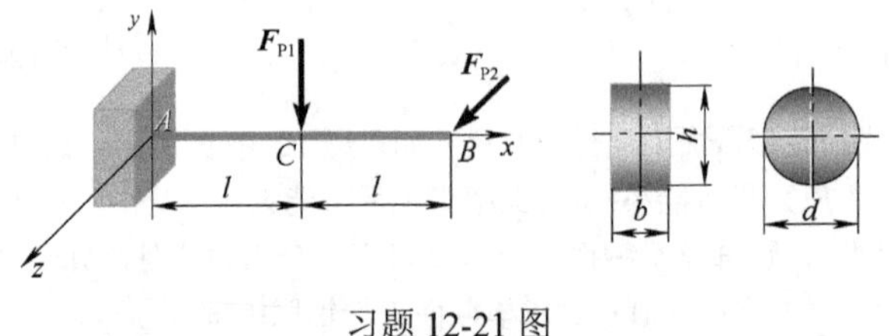

习题 12-21 图

12-22　旋转式起重机由工字梁 AB 及拉杆 BC 组成，A、B、C 三处均可以简化为铰链约束，如习题 12-22 图所示。已知起重荷载 $F_P=22\text{kN}$，$l=2\text{m}$。材料的 $[\sigma]=100\text{MPa}$。试选择梁 AB 的工字钢的号码。

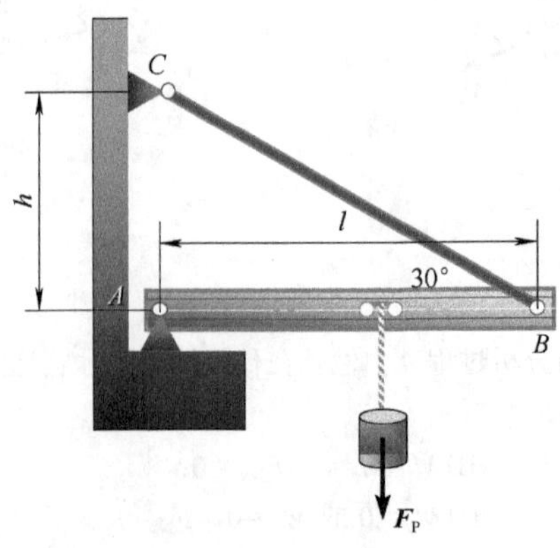

习题 12-22 图

第 13 章　弯曲刚度

第 12 章中已经提到，在平面弯曲的情形下，梁的轴线将弯曲成平面曲线，梁的横截面变形后依然保持平面，且仍与梁变形后的轴线垂直。由于发生弯曲变形，梁横截面的位置发生改变，这种改变称为位移。

位移是各部分变形累加的结果。位移与变形有着密切联系，但又有严格区别。有变形不一定处处有位移；有位移也不一定有变形。这是因为，杆件横截面的位移不仅与变形有关，而且还与杆件所受的约束有关。

在数学上，确定杆件横截面位移的过程主要是积分运算，积分常数则与约束条件和连续条件有关。

若材料的应力-应变关系满足胡克定律，且在弹性范围内加载，则位移(线位移或角位移)与力(力或力偶)之间均存在线性关系。因此，不同的力在同一处引起的同一种位移可以相互叠加。

本章将在分析变形与位移关系的基础上，建立确定梁位移的小挠度微分方程及其积分的概念，重点介绍工程上应用的叠加法以及梁的刚度条件。

13.1　基 本 概 念

13.1.1　梁弯曲后的挠度曲线

梁在弯矩(M_y 或 M_z)的作用下发生弯曲变形，为叙述简便起见，以下讨论只有一个方向的弯矩作用的情形，并略去下标，只用 M 表示弯矩，所得到的结果适用于 M_y 或 M_z 单独作用的情形。

图 13-1(a)所示之梁，受力后将发生变形(图 13-1(b))。如果在弹性范围内加载，梁的轴线在梁弯曲后变成一连续光滑曲线，如图 13-1(c)所示。这一连续光滑曲线称为**弹性曲线**(elastic curve)，或**挠度曲线**(deflection curve)，简称**挠曲线**。

根据第 12 章所得到的结果，弹性范围内的挠度曲线在一点的曲率与这一点处横截面上的弯矩、弯曲刚度之间存在下列关系

$$\frac{1}{\rho}=\frac{M}{EI} \tag{13-1}$$

式中，ρ、M 都是横截面位置 x 的函数，不失一般性

$$\rho=\rho(x) \qquad M=M(x)$$

式(13-1)中的 EI 为横截面的弯曲刚度，对于等截面梁 EI 为常量。

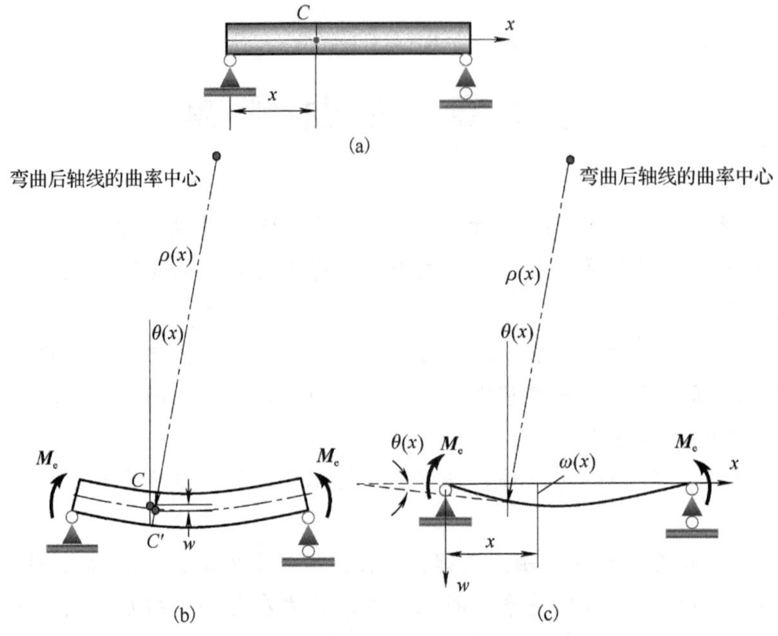

图 13-1 梁的变形和位移

13.1.2 梁的挠度与转角

根据图 13-1(b)所示之梁的变形状况，梁在弯曲变形后，横截面的位置将发生改变，这种位置的改变称为**位移**(displacement)。梁的位移包括三部分：

(1)横截面形心处垂直于变形前梁的轴线方向的线位移，称为**挠度**(deflection)，用 w 表示；

(2)变形后的横截面相对于变形前位置绕中性轴转过的角度，称为**转角**(slope)，用θ表示；

(3)横截面形心沿变形前梁的轴线方向的线位移，称为**轴向位移**或**水平位移**(horizontal displacement)，用 u 表示。

在小变形情形下，上述位移中，轴向位移 u 与挠度 w 相比为高阶小量，故通常不予考虑。

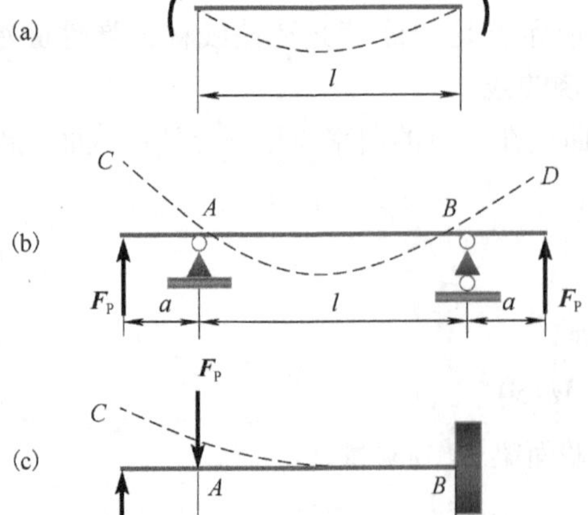

图 13-2 梁的位移与约束的关系

在图 13-1(c)所示 Oxw 坐标系中，挠度与转角存在下列关系

$$\frac{\mathrm{d}w}{\mathrm{d}x}=\tan\theta \tag{13-2}$$

在小变形条件下，挠曲线较为平坦，即 θ 很小，式(13-2)中 $\tan\theta\approx\theta$。于是有

$$\frac{\mathrm{d}w}{\mathrm{d}x}=\theta \tag{13-3}$$

式(13-2)及式(13-3)中，$w=w(x)$ 称为**挠度方程**(deflection equation)。

13.1.3 梁的位移与约束密切相关

图 13-2(a)、(b)、(c)所示三种承受弯曲的梁，在这三种情形下，AB 段各横截面都受相同的弯矩

($M=F_P a$)作用。

根据式(13-1)，在上述三种情形下，AB 段梁的曲率($1/\rho$)处处对应相等，因而挠度曲线具有相同的形状。但是，在三种情形下，由于约束的不同，梁的位移则不完全相同。对于图 13-2(a)所示的无约束梁，因为其在空间的位置不确定，故无从确定其位移。

13.1.4　梁的位移分析的工程意义

工程设计中，对于结构或构件的弹性位移都有一定的限制。弹性位移过大，也会使结构或构件丧失正常功能，即发生刚度失效。

例如，图 13-3 所示之机械传动机构中的齿轮轴，当变形过大时，两齿轮的啮合处将产生较大的挠度和转角，这不仅会影响两个齿轮之间的啮合，以致不能正常工作，而且还会加大齿轮磨损，同时将在转动的过程中产生很大的噪声；此外，当轴的变形很大时，轴在支承处也将产生较大的转角，从而使轴和轴承的磨损大大增加，降低轴和轴承的使用寿命。

图 13-3　齿轮轴的弯曲刚度问题

风力发电机风轮的关键部件——叶片(图 13-4)在风载的作用下，如果没有足够的弯曲刚度，将会产生很大弯曲挠度，其结果将是很大的力撞在塔杆上，不仅叶片遭到彻底毁坏，而且会导致塔杆倒塌。

工程设计中还有另外一类问题，所考虑的不是限制构件的弹性位移，而是希望在构件不发生强度失效的前提下，尽量产生较大的弹性位移。例如，各种车辆中用于减震的板簧(图 13-5)，都是采用厚度不大的板条叠合而成，采用这种结构，板簧既可以承受很大的力而不发生破坏，同时又能承受较大的弹性变形，吸收车辆受到振动和冲击时产生的动能，起到抗震和抗冲击的作用。

图 13-4　风力发电机叶片需要足够的弯曲刚度

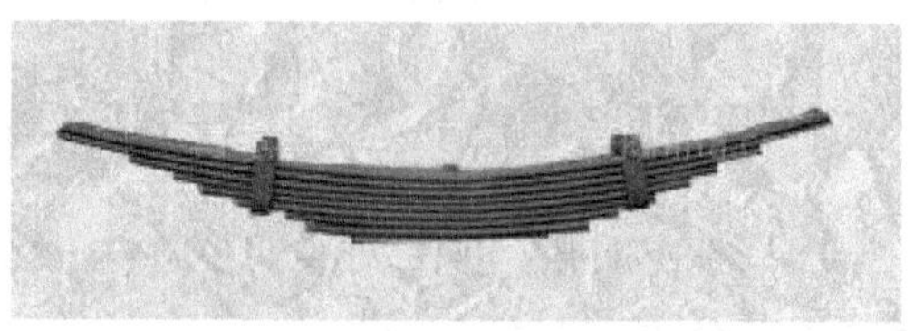

图 13-5　车辆中用于减震的板簧

此外，位移分析也是解决静不定问题与振动问题的基础。

13.2　小挠度微分方程及其积分

13.2.1　小挠度微分方程

应用挠度曲线的曲率与弯矩和弯曲刚度之间的关系式(13-1)，以及数学中关于曲线的曲率公式

$$\frac{1}{\rho}=\frac{|w''|}{\left[1+\left(\frac{\mathrm{d}w}{\mathrm{d}x}\right)^2\right]^{3/2}} \tag{13-4}$$

得到

$$\frac{\dfrac{\mathrm{d}^2w}{\mathrm{d}x^2}}{\left[1+\left(\dfrac{\mathrm{d}w}{\mathrm{d}x}\right)^2\right]^{3/2}}=\pm\frac{M}{EI} \tag{13-5}$$

在小变形情形下，$\frac{\mathrm{d}w}{\mathrm{d}x}=\theta\ll 1$，式(13-5)将变为

$$\frac{\mathrm{d}^2w}{\mathrm{d}x^2}=\pm\frac{M}{EI} \tag{13-6}$$

此式即为确定梁的挠度和转角的微分方程，称为**小挠度微分方程**。式中的正负号与坐标取向有关。

对于图 13-6(a)所示之坐标系，弯矩与挠度的二阶导数同号，所以式(13-6)中取正号；对于图 13-6(b)所示之坐标系，弯矩与挠度的二阶导数异号，所以式(13-6)中取负号。

本书采用 w 向下、x 向右的坐标系(如图 13-6(b)所示)，故有

$$\frac{\mathrm{d}^2w}{\mathrm{d}x^2}=-\frac{M}{EI} \tag{13-7}$$

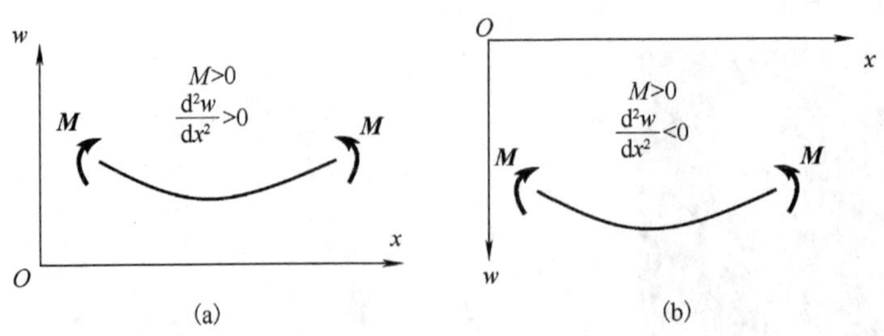

图 13-6　不同的 w 坐标取向

需要指出的是，剪力对梁的位移是有影响的。但是，对于细长梁，这种影响很小，因而常常忽略不计。

对于等截面梁，写出弯矩方程 $M(x)$，代入式(13-7)后，分别对 x 做不定积分，得到包含积分常数的挠度方程与转角方程，即

$$\frac{\mathrm{d}w}{\mathrm{d}x}=-\int_{l}\frac{M(x)}{EI}\mathrm{d}x+C \tag{13-8}$$

$$w=\int_{l}\left(-\int_{l}\frac{M(x)}{EI}\mathrm{d}x\right)\mathrm{d}x+Cx+D \tag{13-9}$$

式中，C、D 为积分常数。

13.2.2　积分常数的确定 约束条件与连续条件

积分法中出现的常数由梁的约束条件与连续条件确定：约束条件是指约束对于挠度和转角的限制。

(1)在固定铰链支座和辊轴支座处，约束条件为挠度等于零：$w=0$。

(2)在固定端处，约束条件为挠度和转角都等于零：$w=0$，$\theta=0$。

连续条件是指，梁在弹性范围内加载，其轴线将弯曲成一条连续光滑曲线，因此，在集中力、集中力偶以及分布载荷间断处，两侧的挠度、转角对应相等：$w_1=w_2$，$\theta_1=\theta_2$ 等。

上述方法称为**积分法**(integration method)。下面举例说明积分法的应用。

【例题 13-1】　承受集中载荷的简支梁，如图 13-7 所示。梁的弯曲刚度 EI、长度 l、载荷 F_P 等均为已知。试用积分法求梁的挠度方程和转角方程，并计算加力点 B 处的挠度和支承 A 和 C 处截面的转角。

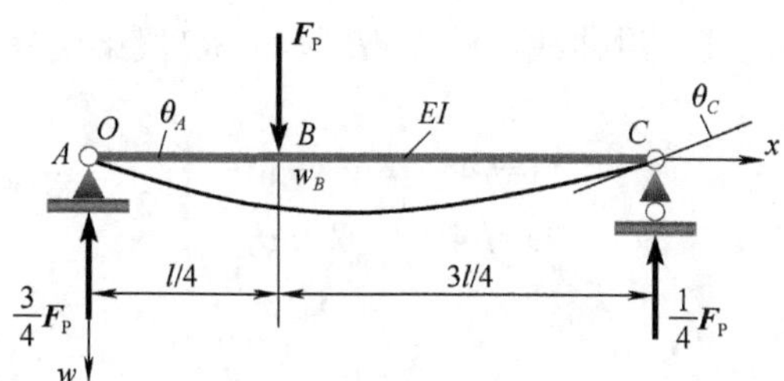

图 13-7　例题 13-1 图

解　(1)确定梁约束力。

应用静力学平衡方法求得梁在支承 A、C 二处的约束力，分别如图 13-7 所示。

(2)分段建立梁的弯矩方程。

因为点 B 处作用有集中力 $\boldsymbol{F}_P$，所以需要分成 AB 和 BC 两段建立弯矩方程。

利用第 12.2.2 节中介绍的方法得到 AB 和 BC 两段的弯矩方程分别为

$$AB\text{段}\quad M_1(x)=\frac{3}{4}F_Px \quad \left(0\leqslant x\leqslant\frac{l}{4}\right) \tag{a}$$

$$BC\text{段}\quad M_2(x)=\frac{3}{4}F_Px-F_P\left(x-\frac{l}{4}\right) \quad \left(\frac{l}{4}\leqslant x\leqslant l\right) \tag{b}$$

(3)将弯矩方程表达式代入小挠度微分方程并分别积分。

$$EI\frac{\mathrm{d}^2w_1}{\mathrm{d}x^2}=-M_1(x)=-\frac{3}{4}F_Px \quad \left(0\leqslant x\leqslant\frac{l}{4}\right) \tag{c}$$

$$EI\frac{d^2w_2}{dx^2}=-M_2(x)=-\frac{3}{4}F_Px+F_P\left(x-\frac{l}{4}\right)\qquad\left(\frac{l}{4}\leqslant x\leqslant l\right)\tag{d}$$

将式(c)积分后，得

$$EI\theta_1=-\frac{3}{8}F_Px^2+C_1\tag{e}$$

$$EIw_1=-\frac{1}{8}F_Px^3+C_1x+D_1\tag{f}$$

将式(d)积分后，得

$$EI\theta_2=-\frac{3}{8}F_Px^2+\frac{1}{2}F_P\left(x-\frac{l}{4}\right)^2+C_2\tag{g}$$

$$EIw_2=-\frac{1}{8}F_Px^3+\frac{1}{6}F_P\left(x-\frac{l}{4}\right)^3+C_2x+D_2\tag{h}$$

式中，C_1、D_1、C_2、D_2 为积分常数，由支承处的约束条件和 AB 段与 BC 段梁交界处的连续条件确定。

(4) 利用约束条件和连续条件确定积分常数。

在支座 A、C 两处挠度应为零，即

$$x=0\qquad w_1=0\tag{i}$$

$$x=l\qquad w_2=0\tag{j}$$

因为梁弯曲后的轴线应为连续光滑曲线，所以 AB 段与 BC 段梁交界处的挠度和转角必须分别相等，即

$$x=l/4\qquad w_1=w_2\tag{k}$$

$$x=l/4\qquad \theta_1=\theta_2\tag{l}$$

将式(i)代入式(f)，得

$$D_1=0$$

将式(l)代入式(e)、式(g)，得到

$$C_1=C_2$$

将式(k)代入式(f)、式(h)，得到

$$D_1=D_2$$

将式(j)代入式(h)，有

$$0=-\frac{1}{8}F_Pl^3+\frac{1}{6}F_P\left(l-\frac{l}{4}\right)^3+C_2l$$

从中解出

$$C_1=C_2=\frac{7}{128}F_Pl^2$$

(5) 确定转角方程和挠度方程以及指定横截面的挠度与转角。

将所得的积分常数代入式(e)～式(h)，得到梁的转角和挠度方程为

$$0\leqslant x<\frac{l}{4}\qquad \theta(x)=\frac{F_P}{EI}\left(-\frac{3}{8}x^2+\frac{7}{128}l^2\right)$$

$$w(x)=\frac{F_P}{EI}\left(-\frac{1}{8}x^3+\frac{7}{128}l^2x\right)$$

$$\frac{l}{4}\leqslant x\leqslant l\qquad \theta(x)=\frac{F_P}{EI}\left[-\frac{3}{8}x^2+\frac{1}{2}\left(x-\frac{l}{4}\right)^2+\frac{7}{128}l^2\right]$$

$$w(x)=\frac{F_P}{EI}\left[-\frac{1}{8}x^3+\frac{1}{6}\left(x-\frac{l}{4}\right)^3+\frac{7}{128}l^2x\right]$$

据此，可以求得加力点 B 处的挠度和支承 A 和 C 处的转角分别为

$$w_B=\frac{3}{256}\frac{F_Pl^3}{EI}\qquad \theta_A=\frac{7}{128}\frac{F_Pl^2}{EI}\qquad \theta_C=-\frac{5}{128}\frac{F_Pl^2}{EI}$$

13.3 工程中的叠加法

在很多的工程计算手册中，已将各种支承条件下的静定梁，在各种典型载荷作用下的挠度和转角表达式一一列出，简称为挠度表(表 13-1)。

基于杆件变形后其轴线为一光滑连续曲线和位移是杆件变形累加的结果这两个重要概念，以及在小变形条件下的力的独立作用原理，采用**叠加法**(superposition method)，由现有的挠度表可以得到在很多复杂情形下梁的位移。

表 13-1 梁的挠度和转角公式

	荷载类型	转角	最大挠度	挠度方程
1. 悬臂梁集中荷载作用在自由端	F_P, A, B, l, O, $w(x)$, x, w	$\theta_B=\frac{F_Pl^2}{2EI}$	$w_{max}=\frac{F_Pl^3}{3EI}$	$w(x)=\frac{F_Px^2}{6EI}(3l-x)$
2. 悬臂梁弯曲力偶作用在自由端	A, B, M, l, O, $w(x)$, x, w	$\theta_B=\frac{Ml}{EI}$	$w_{max}=\frac{Ml^2}{2EI}$	$w(x)=\frac{Mx^2}{2EI}$
3. 悬臂梁均匀分布荷载作用在梁上	q, A, B, l, O, $w(x)$, x, w	$\theta_B=\frac{ql^3}{6EI}$	$w_{max}=\frac{ql^4}{8EI}$	$w(x)=\frac{qx^2}{24EI}(x^2+6l^2-4lx)$

续表

荷载类型	转角	最大挠度	挠度方程
4. 简支梁集中荷载作用在任意位置上	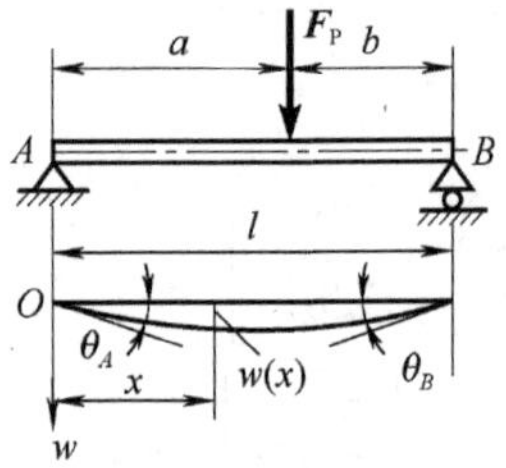 $\theta_A=\dfrac{F_Pb(l^2-b^2)}{6lEI}$ $\theta_B=-\dfrac{F_Pab(2l-b)}{6lEI}$	$w_{\max}=\dfrac{F_Pb(l^2-b^2)^{3/2}}{9\sqrt{3}lEI}$ （在 $x=\sqrt{\dfrac{l^2-b^2}{3}}$ 处）	$w_1(x)=\dfrac{F_Pbx}{6lEI}(l^2-x^2-b^2)$ $(0\leqslant x\leqslant a)$ $w_2(x)=\dfrac{F_Pb}{6lEI}\left[\dfrac{l}{b}(x-a)^3+(l^2-b^2)x-x^3\right]$ $(a\leqslant x\leqslant l)$
5. 简支梁均匀分布荷载作用在梁上	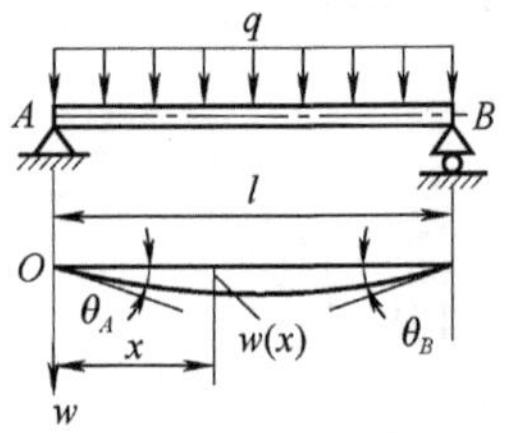 $\theta_A=\theta_B=\dfrac{ql^3}{24EI}$	$w_{\max}=\dfrac{5ql^4}{384EI}$	$w(x)=\dfrac{qx}{24EI}(l^3-2lx^2+x^3)$
6. 简支梁弯曲力偶作用在梁的一端	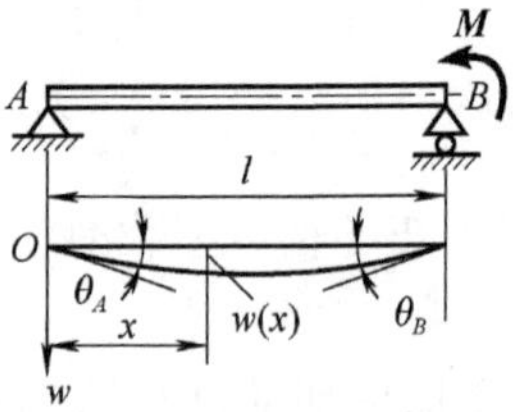 $\theta_A=\dfrac{Ml}{6EI}$ $\theta_B=-\dfrac{Ml}{3EI}$	$w_{\max}=\dfrac{Ml^2}{9\sqrt{3}EI}$ （在 $x=\dfrac{l}{\sqrt{3}}$ 处）	$w(x)=\dfrac{Mlx}{6EI}(1-\dfrac{x^2}{l^2})$
7. 简支梁弯曲力偶作用在两支承间任意点	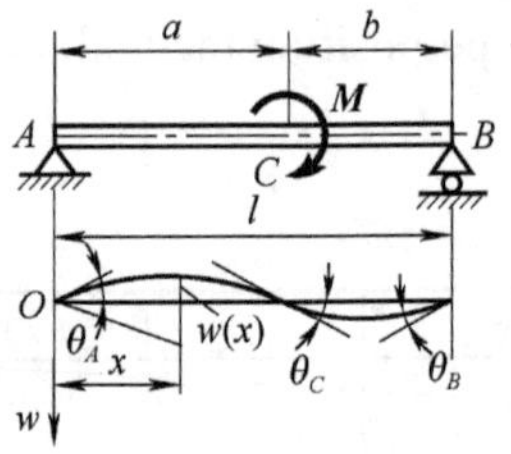 $\theta_A=-\dfrac{M}{6EIl}(l^2-3b^2)$ $\theta_B=-\dfrac{M}{6EIl}(l^2-3a^2)$ $\theta_C=\dfrac{M}{6EIl}(3a^2+3b^2-l^2)$	$w_{\max 1}=-\dfrac{M(l^2-3b^2)^{3/2}}{9\sqrt{3}EIl}$ （在 $x=\dfrac{1}{\sqrt{3}}\sqrt{l^2-3b^2}$ 处） $w_{\max 2}=\dfrac{M(l^2-3a^2)^{3/2}}{9\sqrt{3}EIl}$ （在 $x=\dfrac{1}{\sqrt{3}}\sqrt{l^2-3a^2}$ 处）	$w_1(x)=-\dfrac{Mx}{6EIl}(l^2-3b^2-x^2)$ $(0\leqslant x\leqslant a)$ $w_2(x)=\dfrac{M(l-x)}{6EIl}\left[l^2-3a^2-(l-x)^2\right]$ $(a\leqslant x\leqslant l)$
8. 外伸梁集中荷载作用在外伸臂端点	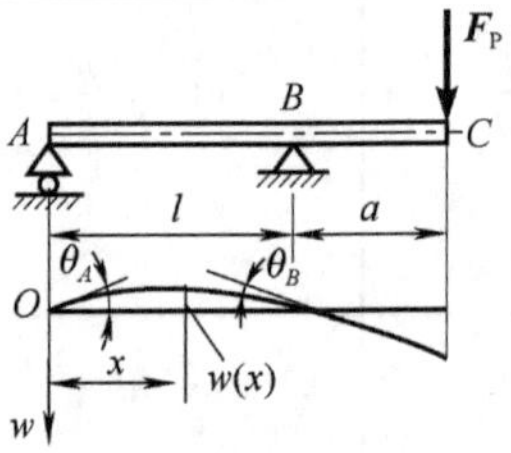 $\theta_A=-\dfrac{F_Pal}{6EI}$ $\theta_B=\dfrac{F_Pal}{3EI}$ $\theta_C=\dfrac{F_Pa(2l+3a)}{6EI}$	$w_{\max 1}=-\dfrac{F_Pal^2}{9\sqrt{3}EI}$ （在 $x=l/\sqrt{3}$ 处） $w_{\max 2}=\dfrac{F_Pa^2}{3EI}(a+l)$ （在自由端）	$w_1(x)=-\dfrac{F_Pax}{6EIl}(l^2-x^2)$ $(0\leqslant x\leqslant l)$ $w_2(x)=\dfrac{F_P(l-x)}{6EI}\left[(x-l)^2+a(l-3x)\right]$ $(l\leqslant x\leqslant l+a)$
9. 外伸梁均布荷载作用在外伸臂上	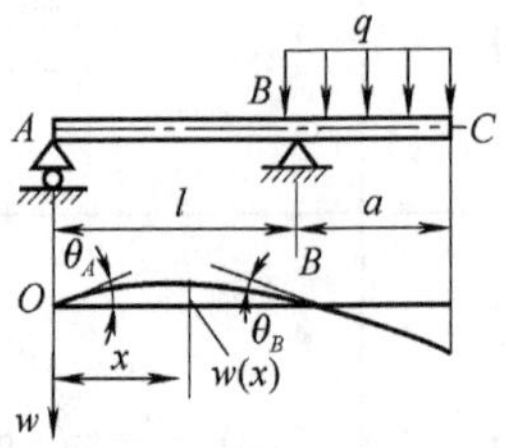 $\theta_A=-\dfrac{qla^2}{12EI}$ $\theta_B=\dfrac{qla^2}{6EI}$	$w_{\max 1}=-\dfrac{ql^2a^2}{18\sqrt{3}EI}$ （在 $x=l/\sqrt{3}$ 处） $w_{\max 2}=\dfrac{qa^3}{24EI}(3a+4l)$ （在自由端）	$w_1(x)=-\dfrac{qa^2x}{12EIl}(l^2-x^2)$ $(0\leqslant x\leqslant l)$ $w_2(x)=\dfrac{q(x-l)}{24EI}\left[2a^2(3x-l)+(x-l)^2\cdot(x-l-4a)\right]$ $(l\leqslant x\leqslant l+a)$

13.3.1 叠加法应用于多个载荷作用的情形

当梁上受有几种不同的载荷作用时，都可以将其分解为各种载荷单独作用的情形，由挠度表查得这些情形下的挠度和转角，再将所得结果叠加后，便得到几种载荷同时作用的结果。

【例题 13-2】 简支梁同时承受均布载荷 q、集中力 ql 和集中力偶 ql^2 作用，如图 13-8(a) 所示。梁的弯曲刚度为 EI，试用叠加法求梁中点的挠度和右端支座处横截面的转角。

解 (1) 将梁上的载荷分解为三种简单载荷单独作用的情形。

画出三种简单载荷单独作用时的挠度曲线大致形状，分别如图 13-8(b)、(c)、(d) 所示。

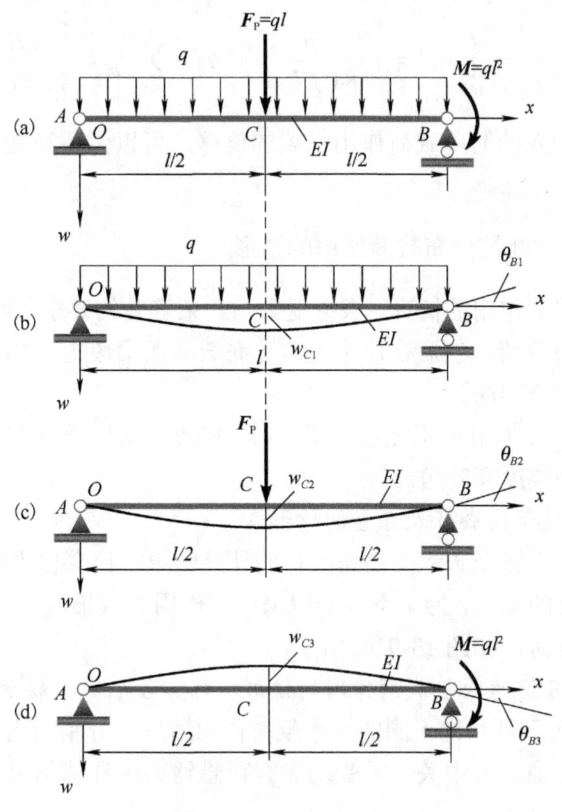

图 13-8 例题 13-2 图

(2) 应用挠度表确定三种情形下，梁中点的挠度与支承处 B 横截面的转角。

应用表 13-1 中所列结果，求得上述三种情形下，梁中点的挠度 w_{Ci} (i=1，2，3) 分别为

$$
\begin{aligned}
w_{C1} &= \frac{5}{384}\frac{ql^4}{EI} \\
w_{C2} &= \frac{1}{48}\frac{ql^4}{EI} \\
w_{C3} &= -\frac{1}{16}\frac{ql^4}{EI}
\end{aligned}
\tag{a}
$$

右端支座 B 处横截面的转角 θ_{Bi} 为

$$\theta_{B1}=-\frac{1}{24}\frac{ql^3}{EI}$$
$$\theta_{B2}=-\frac{1}{16}\frac{ql^3}{EI} \tag{b}$$
$$\theta_{B3}=\frac{1}{3}\frac{ql^3}{EI}$$

(3) 应用叠加法，将简单载荷作用时的挠度和转角分别叠加。

将上述结果按代数值相加，分别得到梁中点的挠度和支座 B 处横截面的转角

$$w_C=\sum_{i=1}^{3}w_{Ci}=-\frac{11}{384}\frac{ql^4}{EI}\qquad \theta_B=\sum_{i=1}^{3}\theta_{Bi}=\frac{11}{48}\frac{ql^3}{EI}$$

对于挠度表中未列入的简单载荷作用下梁的位移，可以做适当处理，使之成为有表可查的情形，然后再应用叠加法。

13.3.2　叠加法应用于间断性分布载荷作用的情形

对于间断性分布载荷作用的情形，根据受力与约束等效的要求，可以将间断性分布载荷，变为梁全长上连续分布载荷，然后在原来没有分布载荷的梁段上，加上集度相同但方向相反的分布载荷，最后应用叠加法。

【例题 13-3】　图 13-9(a) 所示之悬臂梁，弯曲刚度为 EI。梁承受间断性分布载荷。试利用叠加法确定自由端的挠度和转角。

解　(1) 将梁上的载荷变成有表可查的情形。

为利用挠度表中关于梁全长承受均布载荷的计算结果，计算自由端 C 处的挠度和转角，先将均布载荷延长至梁的全长，为了不改变原来载荷作用的效果，在 AB 段还需再加上集度相同、方向相反的均布载荷，如图 13-9(b) 所示。

(2) 将处理后的梁分解为简单载荷作用的情形，计算各个简单载荷引起的挠度和转角。

图 13-9(c) 和 (d) 所示是两种不同的均布载荷作用情形，分别画出这两种情形下的挠度曲线大致形状。于是，由挠度表中关于承受均布载荷悬臂梁的计算结果，上述两种情形下自由端的挠度和转角分别为

$$w_{C1}=\frac{1}{8}\frac{ql^4}{EI}\qquad w_{C2}=w_{B2}+\theta_{B2}\times\frac{l}{2}=-\frac{1}{128}\frac{ql^4}{EI}-\frac{1}{48}\frac{ql^3}{EI}\times\frac{l}{2}$$
$$\theta_{C1}=\frac{1}{6}\frac{ql^3}{EI}\qquad \theta_{C2}=-\frac{1}{48}\frac{ql^3}{EI}$$

(3) 将简单载荷作用的结果叠加。

上述结果叠加后，得到

$$w_C=\sum_{i=1}^{2}w_{Ci}=\frac{41}{384}\frac{ql^4}{EI}\qquad \theta_C=\sum_{i=1}^{2}\theta_{Ci}=\frac{7}{48}\frac{ql^3}{EI}$$

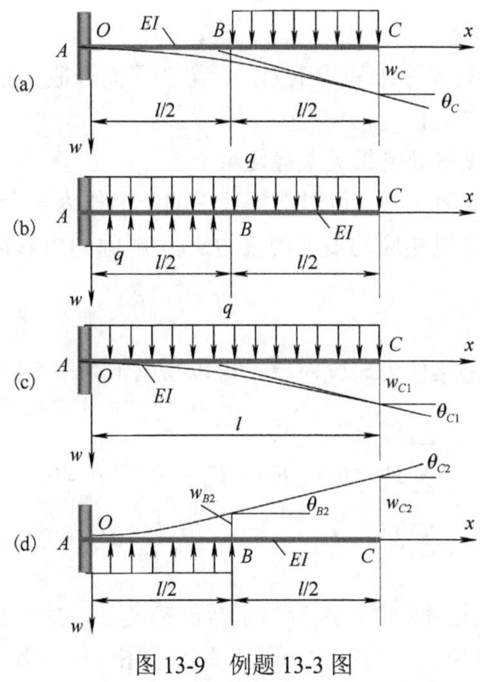

图 13-9　例题 13-3 图

13.4　简单的超静定问题梁

13.4.1　求解超静定梁的基本方法

与求解拉伸、压缩杆件的超静定问题相似，求解超静定梁，除了平衡方程外，还需要根据多余约束对位移或变形的限制，建立各部分位移或变形之间的几何关系，即建立**几何方程**，一般称为变形**协调方程**(compatibility equation)，并建立力与位移或变形之间的物理关系，即**物理方程**或称**本构方程**(constitutive equation)。将这二者联立才能找到求解超静定问题所需的补充方程。

据此，首先要判断超静定的次数，也就是确定有几个多余约束；然后选择合适的多余约束，将其除去，使超静定梁变成静定梁，在解除约束处代之以多余约束力；最后将解除约束后的梁与原来的超静定梁相比较，多余约束处应当满足什么样的变形条件才能使解除约束后的系统的受力和变形与原来的系统完全等效，从而写出变形协调条件。

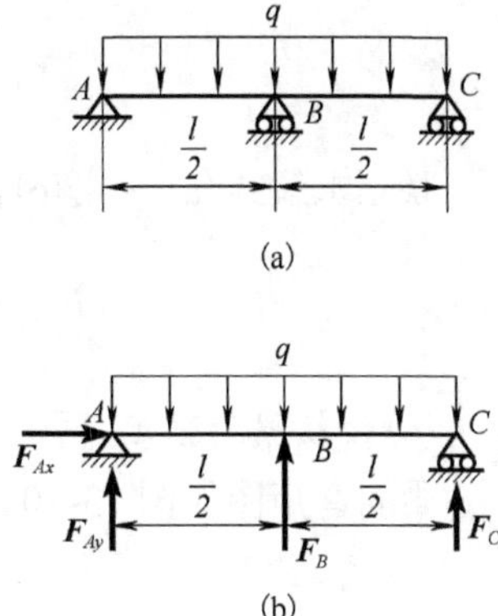

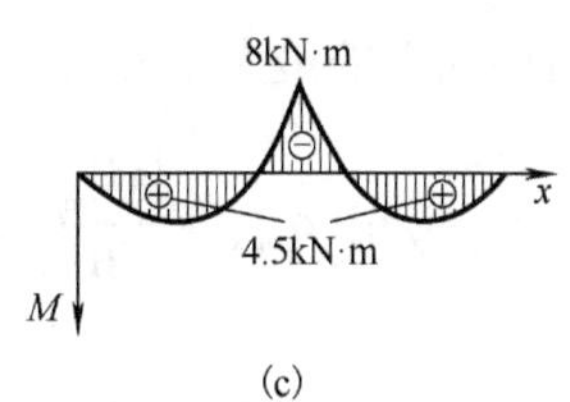

图 13-10　例题 13-4 图

13.4.2　简单的超静定问题示例

【例题 13-4】　图 13-10 所示三支承梁，A 处为固定铰链支座，B、C 二处为辊轴支座。梁上作用有均布载荷。已知：均布载荷集度 q=16N/mm，l=4m，梁为圆截面，其直径 d=100mm，材料的$[\sigma]$=100MPa，试校核该梁的强度是否满足安全要求。

解 (1)判断超静定次数。

梁在 A、B、C 三处共有 4 个未知约束力，而梁在平面一般力系作用下，只有 3 个独立的平衡方程，故为一次超静定梁。

(2)解除多余约束，使超静定梁变成静定梁。

本例中 B、C 二处的辊轴支座，可以选择其中的一个作为多余约束，现在将支座 B 作为多余约束除去，在 B 处代之以相应的多余约束力 $\boldsymbol{F}_B$。解除约束后得到的静定梁为一简支梁，如图 13-10(b)所示。

(3)建立平衡方程。

以图 13-10(b)所示静定梁作为研究对象，可以写出下列平衡方程

$$\begin{aligned}&\sum F_x=0 \qquad F_{Ax}=0\\&\sum F_y=0 \qquad F_{Ay}+F_B+F_{Cy}-ql=0\\&\sum M_C=0 \qquad -F_{Ay}l-F_B\frac{l}{2}+ql\frac{l}{2}=0\end{aligned} \tag{a}$$

(4)比较解除约束前的超静定梁和解除约束后的静定梁，建立变形协调条件。

比较图 13-10(a)、(b)所示的两根梁，可以看出，图 13-10(b)中的静定梁在 B 处的挠度必须等于零，梁的受力与变形才能相当。于是，可以写出变形协调条件为

$$w_B=w_B(q)+w_B(F_B)=0 \tag{b}$$

式中，$w_B(q)$为均布载荷 q 作用在静定梁上引起的 B 处的挠度；$w_B(F_B)$为多余约束力 $\boldsymbol{F}_B$ 作用在静定梁上引起的 B 处的挠度。

(5)查表确定 $w_B(q)$ 和 $w_B(F_B)$。

由挠度表 13-1 查得

$$w_B(q)=-\frac{5}{384}\times\frac{ql^4}{EI} \qquad w_B(F_B)=-\frac{1}{48}\times\frac{F_Bl^3}{EI} \tag{c}$$

联立求解式(a)～式(c)，得到全部约束力

$$F_{Ax}=0 \qquad F_{Ay}=\frac{3}{16}ql \qquad F_B=\frac{5}{8}ql \qquad F_{Cy}=\frac{3}{16}ql$$

(6)校核梁的强度。

梁的弯矩图如图 13-10(c)所示。由图可知，支座 B 处的截面为危险面，其上之弯矩值为

$$|M|_{\max}=8\times10^6\,\mathrm{N\cdot mm}$$

危险面上的最大正应力

$$\sigma_{\max}=\frac{|M|_{\max}}{W}=\frac{32|M|_{\max}}{\pi d^3}=\frac{32\times8\times10^6\times10^{-3}}{\pi\times\left(100\times10^{-3}\right)^3}=81.5\times10^6(\mathrm{Pa})=81.5(\mathrm{MPa})$$

$$\sigma_{\max}<[\sigma]$$

所以，此超静定梁的强度是安全的。

13.5　梁的刚度设计

13.5.1　梁的刚度条件

对于主要承受弯曲的零件和构件，刚度设计就是根据对零件和构件的不同工艺要求，将最大挠度和转角(或者指定截面处的挠度和转角)限制在一定范围内，即满足弯曲**刚度条件**(stiffness criterion)

$$w_{max} \leqslant [w] \tag{13-10}$$

$$\theta_{max} \leqslant [\theta] \tag{13-11}$$

式(13-10)及式(13-11)中，$[w]$和$[\theta]$分别称为许用挠度和许用转角，均根据对于不同零件或构件的工艺要求而确定。常见轴的许用挠度和许用转角数值列于表 13-2 中。

表 13-2　常见轴的弯曲许用挠度与许用转角值

对 挠 度 的 限 制	
轴的类型	许用挠度$[w]$
一般传动轴	$(0.0003\sim0.0005)l$
刚度要求较高的轴	$0.0002l$
齿轮轴	$(0.01\sim0.03)m$ ①
涡轮轴	$(0.02\sim0.05)m$
对 转 角 的 限 制	
轴的类型	许用挠度$[\theta]$/rad
滑动轴承	0.001
向心球轴承	0.005
向心球面轴承	0.005
圆柱滚子轴承	0.0025
圆锥滚子轴承	0.0016
安装齿轮的轴	0.001

① m 为齿轮模数。

13.5.2　刚度设计举例

【例题 13-5】　图 13-11 所示之钢制圆轴，左端受力为 $\boldsymbol{F}_{P}$，尺寸如图 13-11 所示。已知 F_{P}=20kN，a=lm，l=2m，E=206GPa，轴承 B 处的许用转角$[\theta]$=0.5°。试根据刚度要求确定该轴的直径 d。

解　根据要求，所设计的轴直径必须使轴具有足够的刚度，以保证轴承 B 处的转角不超过许用数值。为此，需按下列步骤计算。

(1) 查表确定 B 处的转角。

由表 13-1 中承受集中载荷的外伸梁的结果，得

$$\theta_{B}=-\frac{F_{P}la}{3EI}$$

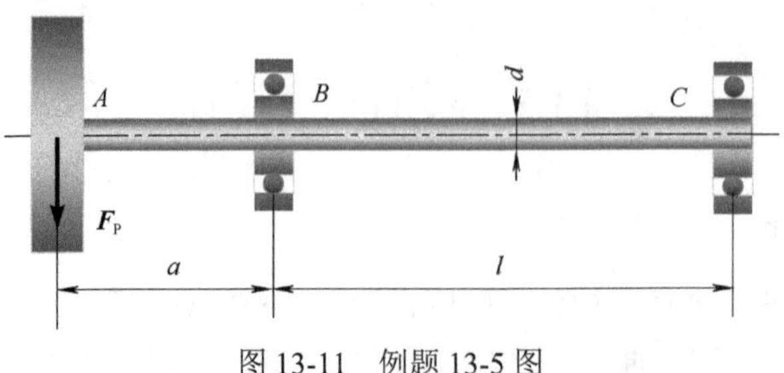

图 13-11 例题 13-5 图

(2)根据刚度条件确定轴的直径。

根据设计要求

$$|\theta| \leqslant [\theta]$$

式中，θ 的单位为弧度(rad)，而$[\theta]$的单位为度(°)，应考虑到单位的一致性，将有关数据代入后，得到

$$d \geqslant \sqrt[4]{\frac{64 \times 20 \times 1 \times 2 \times 180 \times 10^3}{3 \times \pi^2 \times 206 \times 0.5 \times 10^9}} = 111 \times 10^{-3}(\mathrm{m}) = 111(\mathrm{mm})$$

【例题 13-6】 矩形截面悬臂梁承受均布载荷如图 13-12 所示。已知 q=10kN/m，l=3m，E=196GPa，$[\sigma]$=118MPa，许用最大挠度与梁跨度比值$[w_{\max}/l]=1/250$，且已知梁横截面的高度与宽度之比 h/b=2。试求梁横截面尺寸 b 和 h。

解 本例所涉及的问题是，既要满足强度要求，又要满足刚度要求。

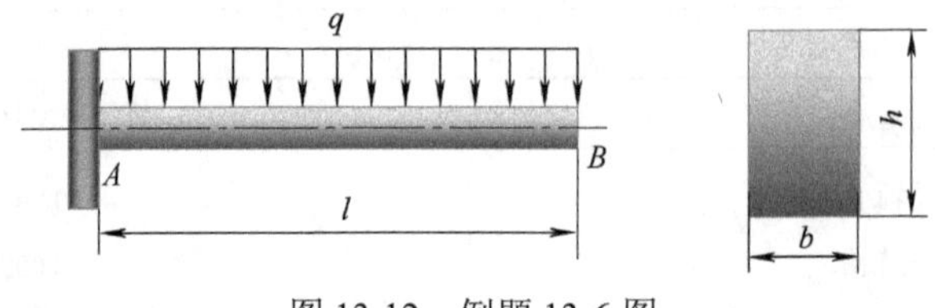

图 13-12 例题 13-6 图

解决这类问题的办法是，可以先按强度条件设计截面尺寸，然后校核刚度条件是否满足；也可以先按刚度条件设计截面尺寸，然后校核强度设计是否满足。或者，同时按强度和刚度条件设计截面尺寸，最后选两种情形下所得尺寸中较大者。现按后一种方法计算如下。

(1)强度设计。

根据强度条件

$$\sigma_{\max} = \frac{|M|_{\max}}{W} \leqslant [\sigma] \tag{a}$$

于是，有

$$|M|_{\max} = \frac{1}{2}ql^2 = \frac{1}{2} \times 10 \times 10^3 \times 3^2 = 45 \times 10^3(\mathrm{N \cdot m}) = 45(\mathrm{kN \cdot m})$$

$$W = \frac{bh^2}{6} = \frac{b(2b)^2}{6} = \frac{2b^3}{3}$$

将其代入式(a)后，得

$$b \geqslant \sqrt[3]{\frac{3\times 45\times 10^3}{2\times 118\times 10^6}} = 83.0\times 10^{-3}(\text{m}) = 83.0(\text{mm})$$

$$h = 2b \geqslant 166\text{mm}$$

(2) 刚度设计。

根据刚度条件

$$w_{\max} \leqslant [w]$$

有

$$\frac{w_{\max}}{l} \leqslant \left[\frac{w}{l}\right] \tag{b}$$

由表 13-1 中承受均布载荷作用的悬臂梁的计算结果，得

$$w_{\max} = \frac{1}{8}\frac{ql^4}{EI}$$

于是，有

$$\frac{w_{\max}}{l} = \frac{1}{8}\frac{ql^3}{EI} \tag{c}$$

式中

$$I = \frac{bh^3}{12} \tag{d}$$

将式(c)和式(d)代入式(b)，得

$$\frac{3ql^3}{16Eb^4} \leqslant \left[\frac{w_{\max}}{l}\right]$$

由此解得

$$b \geqslant \sqrt[4]{\frac{3\times 10\times 10^3\times 3^3\times 250}{16\times 196\times 10^9}} = 89.6\times 10^{-3}(\text{m}) = 89.6(\text{mm})$$

$$h = 2b \geqslant 179.2\text{mm}$$

(3) 根据强度和刚度设计结果，确定梁的最终尺寸。

综合上述设计结果，取刚度设计所得到的尺寸，作为梁的最终尺寸，即 $b \geqslant 89.6\text{mm}$，$h \geqslant 179.2\text{mm}$。

13.6 小结与讨论

13.6.1 本章小结

(1) 梁的位移包括三部分：横截面形心处垂直于变形前梁的轴线方向线位移，称为挠度，用 w 表示；变形后的横截面相对于变形前位置绕中性轴转过的角度，称为转角，用 θ 表示；横截面形心沿变形前梁的轴线方向的线位移，称为轴向位移或水平位移，用 u 表示。

(2) 小挠度曲线微分方程。

$$\frac{\mathrm{d}^2 w}{\mathrm{d}x^2} = -\frac{M}{EI}$$

(3) 用积分法求转角方程和挠度方程。

(4) 用叠加法求梁的转角和挠度。

(5) 梁的刚度条件。

$$w_{\max} \leqslant [w] \qquad \theta_{\max} \leqslant [\theta]$$

13.6.2　讨论

1. 关于变形和位移的相依关系

(1) 位移是杆件各部分变形累加的结果。

位移不仅与变形有关，而且与杆件所受的约束有关(在铰支座处，约束条件为 $w=0$；在固定端处约束条件为 $w=0$，$\theta=0$)。

请读者比较图 13-13 所示两种梁所受的外力、梁内弯矩以及梁的变形和位移有何相同之处和不同之处。

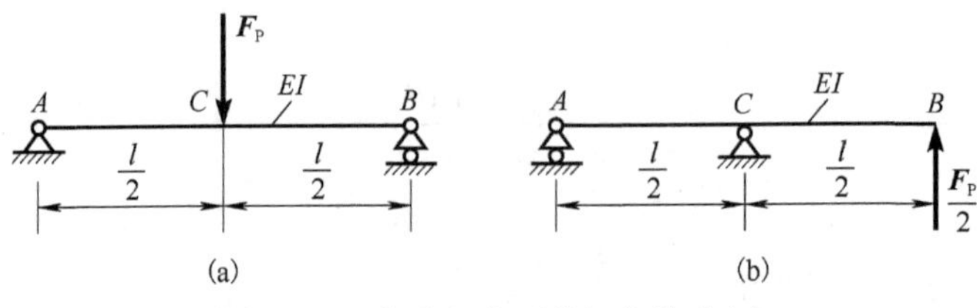

图 13-13　位移与变形的相依关系(1)

(2) 是不是有变形一定有位移，或者有位移一定有变形？

这一问题请读者结合考察图 13-14 所示的梁与杆的变形和位移加以分析，得出自己的结论。

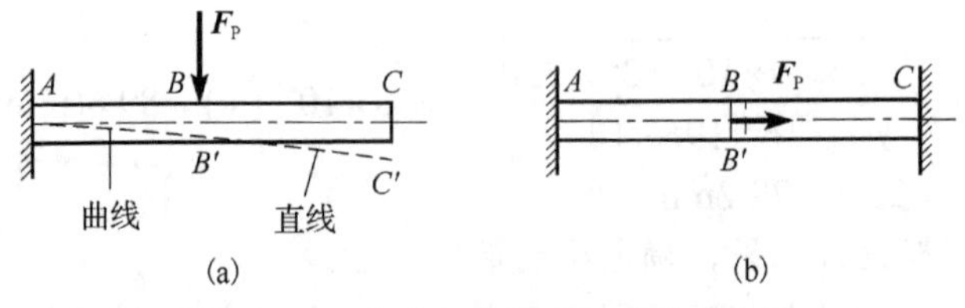

图 13-14　位移与变形的相依关系(2)

2. 关于梁的连续光滑曲线

在平面弯曲情形下，若在弹性范围内加载，梁的轴线弯曲后必然成为一条连续光滑的曲线，并在支承处满足约束条件。根据弯矩的实际方向可以确定挠度曲线的大致形状(凹凸性)；进而根据约束性质以及连续光滑要求，即可确定挠度曲线的大致位置，并大致画出梁的挠度曲线。

读者如能从图 13-15 所示的挠度曲线中加以分析判断，分清哪些是正确的，哪些是不正确的，无疑对正确绘制梁在各种载荷作用下的挠度曲线是有益的。

3. 关于求解超静定问题的讨论

(1) 求解超静定问题时，除应用平衡方程外，还需根据变形协调方程和物理方程建立求解未知约束力的补充方程。

(2) 根据小变形特点和对称性分析，可以使一个或几个未知力变为已知，从而使求解超静定问题大为简化。

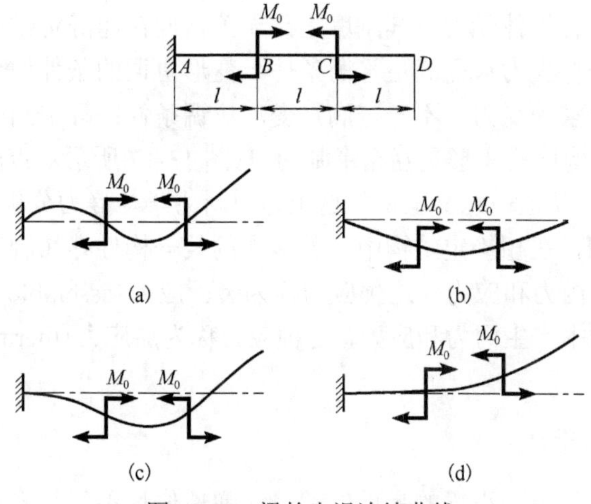

图 13-15　梁的光滑连续曲线

(3)为了建立变形协调方程，需要解除多余约束，使超静定结构变成静定的，这时的静定结构称为静定系统。

在很多情形下，可以将不同的约束分别视为多余约束，这表明静定系统的选择不是唯一的。例如，图 13-16(a)所示的一端固定、另一端为辊轴支座的超静定梁，其静定系统可以是悬臂梁(图 13-16(b))，也可以是简支梁(图 13-16(c))。

需要指出的是，这种解除多余约束，代之以相应的约束力，实际上是以力为未知量，求解超静定问题。这种方法称为**力法**(force method)。

4. 关于求解超静定结构特性的讨论

对于由不同刚度(EA、EI、GI_P 等)杆件组成的超静定结构，一般情形下，各杆内力的大小不仅与外力有关，而且与各杆的刚度之比有关。

考察图 13-17 中的超静定结构，不难得到上述结论。例如，杆 2、3 的刚度远小于杆 1 的刚度，作为一种极端，令 $E_1A_1 \to \infty$，显然，杆 2、3 受力将趋于零；反之，若令 $E_1A_1 \to 0$，则外力将主要由杆 2、3 承受。

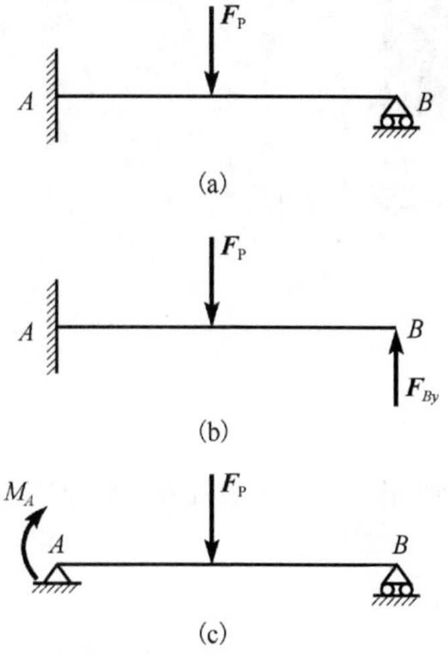

图 13-16　解超静定问题时静定梁的不同选择

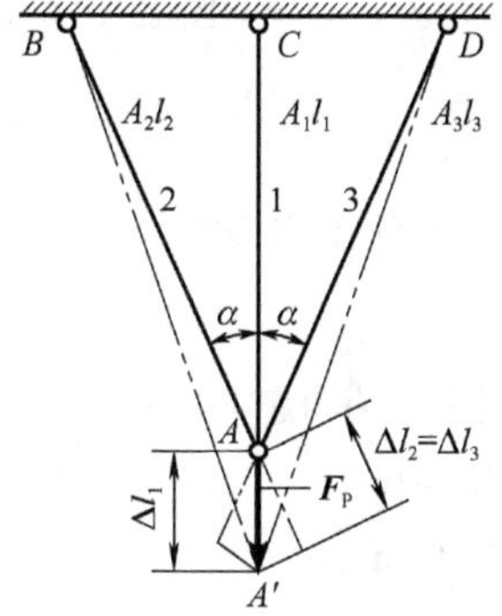

图 13-17　解超静定结构中杆件的变形相互牵制

为什么静定结构中各构件受力与其刚度之比无关，而在超静定结构中却密切相关？其原因在于静定结构中各杆件受力只需满足平衡条件，变形协调的条件便会自然满足；而在超静定结构中，满足平衡要求的受力，不一定满足变形协调条件；静定结构中各构件的变形相互独立，超静定结构中各构件的变形是互相牵制的(从图 13-17 所示双点画线所示即可看出各杆的变形是如何牵制的)。从这一意义上讲，这也是材料力学与静力分析最本质的差别。

正是由于这种差别，在超静定结构中，若其中的某一构件存在制造误差，装配后即使不加载，各构件也将产生内力和应力，这种应力称为**装配应力**(assemble stress)。此外，温度的变化也会在超静定结构中产生内力和应力，这种应力称为**热应力**(thermal stress)。这也是静定结构所没有的特性。

5. 提高弯曲刚度的途径

提高梁的刚度主要是指减小梁的弹性位移。而弹性位移不仅与载荷有关，而且与杆长和梁的弯曲刚度(EI)有关。对于梁，其长度对弹性位移影响较大，例如对于集中力作用的情形，挠度与梁长的三次方量级成比例；转角则与梁长的二次方量级成比例。因此减小弹性位移除了采用合理的截面形状以增加惯性矩 I 外，主要是减小梁的长度 l，当梁的长度无法减小时，则可增加中间支座。例如在车床上加工较长的工件时，为了减小切削力引起的挠度，以提高加工精度，可在卡盘与尾架之间再增加一个中间支架，如图 13-18 所示。

此外，选用弹性模量 E 较高的材料也能提高梁的刚度。但是，对于各种钢材，弹性模量的数值相差甚微，因而与一般钢材相比，选用高强度钢材并不能提高梁的刚度。

类似地，受扭圆轴的刚度，也可以通过减小轴的长度、增加轴的扭转刚度(GI_P)来实现。同样，对于各种钢材，切变模量 G 的数值相差甚微，所以通过采用高强度钢材以提高轴的扭转刚度，效果是不明显的。

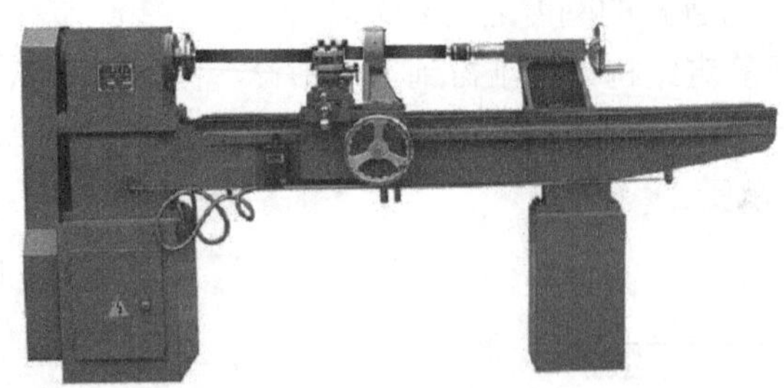

图 13-18　增加中间支架以提高机床加工工件的刚度

习　题

13-1　与小挠度微分方程

$$\frac{d^2w}{dx^2}=-\frac{M}{EI}$$

对应的坐标系有习题 13-1 图(a)、(b)、(c)、(d)所示的四种形式。试判断哪几种是正确的。

(A)图(b)和(c)；　　(B)图(b)和(a)；

(C)图(b)和(d)；　　(D)图(c)和(d)。

正确答案是________。

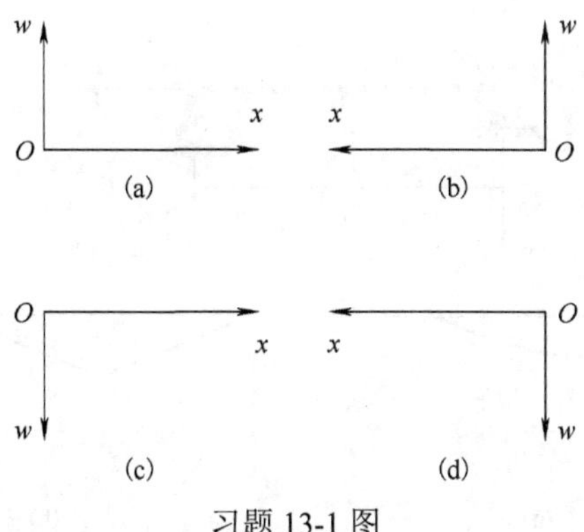

习题 13-1 图

13-2 简支梁承受间断性分布荷载，如习题 13-2 图所示。试说明需要分几段建立微分方程，积分常数有几个，确定积分常数的条件是什么。

13-3 具有中间铰的梁受力如习题 13-3 图所示。试画出挠度曲线的大致形状，并说明需要分几段建立微分方程，积分常数有几个，确定积分常数的条件是什么。

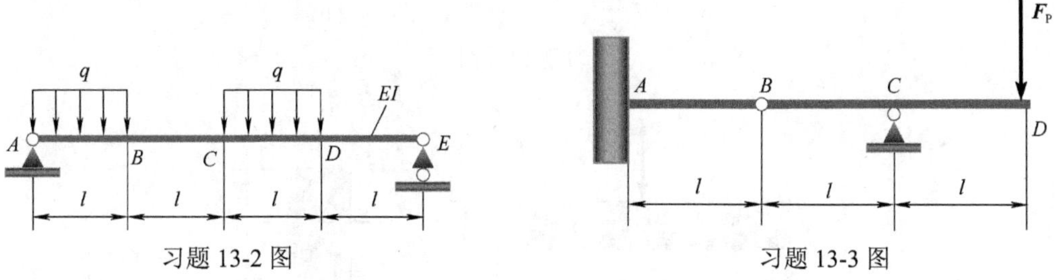

习题 13-2 图　　　　习题 13-3 图

13-4 试用叠加法求习题 13-4 图所示梁中截面 A 的挠度和截面 B 的转角。q、l、EI 等为已知。

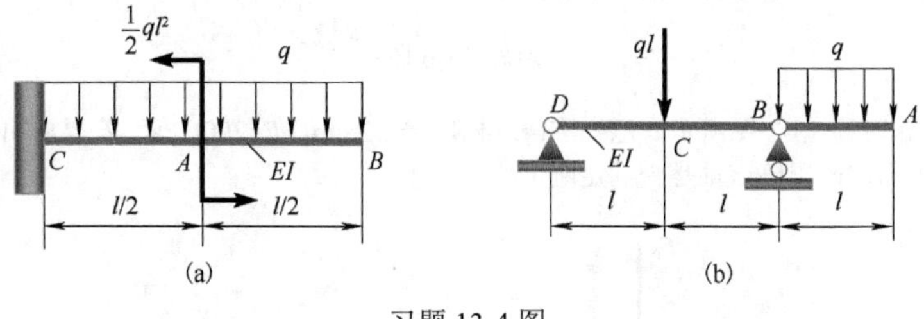

习题 13-4 图

13-5 已知刚度为 EI 的简支梁的挠度方程为

$$w(x)=\frac{q_0 x}{24EI}\left(l^3-2lx^2+x^3\right)$$

据此推知的弯矩图有四种答案，如习题 13-5 图所示，试分析哪一种是正确的。

正确答案是________。

13-6 如习题 13-6 图所示承受集中力的细长简支梁，在弯矩最大截面上沿加载方向开一小孔，若不考虑应力集中影响时，关于小孔对梁强度和刚度的影响，有如下论述，试判断哪一种是正确的。

(A) 大大降低梁的强度和刚度；

(B) 对强度有较大影响，对刚度的影响很小可以忽略不计；

(C) 对刚度有较大影响，对强度的影响很小可以忽略不计；

(D) 对强度和刚度的影响都很小，都可以忽略不计。

正确答案是________。

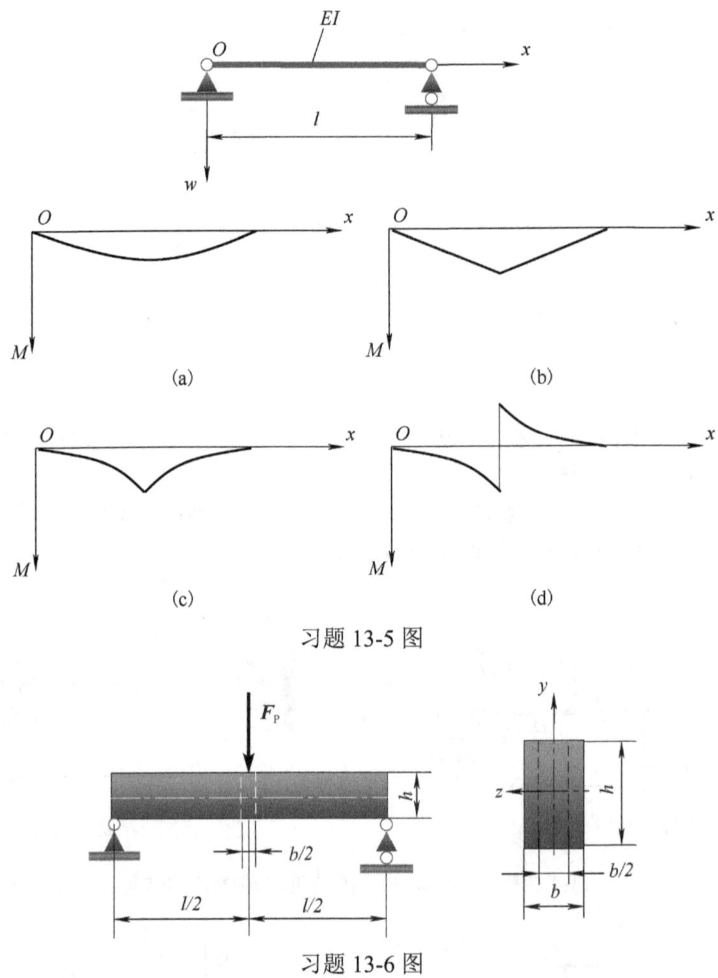

习题 13-5 图

习题 13-6 图

13-7　轴受力如习题 13-7 图所示，已知 F_P=1.6kN，d=32mm，E=200GPa。若要求加力点的挠度不大于许用挠度$[w]$=0.05mm，试校核该轴是否满足刚度要求。

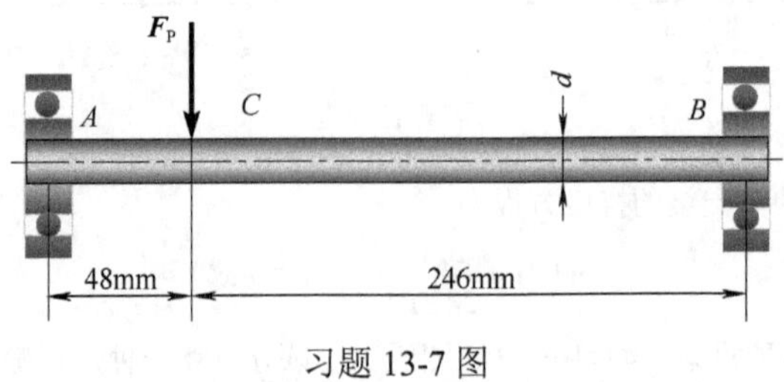

习题 13-7 图

13-8　如习题 13-8 图所示，一端外伸的轴在飞轮重量作用下发生变形，已知飞轮重 F_W=20kN，轴材料的 E=200GPa，轴承 B 处的许用转角$[\theta]$=0.5°。试设计轴的直径。

13-9　如习题 13-9 图所示，承受均布载荷的简支梁由两根竖向放置的普通槽钢组成。已知 q=10kN/m，l=4m，材料的$[\sigma]$=100MPa，许用挠度$[w]$=l/1 000，E=200GPa。试确定槽钢型号。

13-10　梁 AB 和 BC 在 B 处铰接，A、C 两端固定，梁的弯曲刚度均为 EI，如习题 13-10 图所示，F_P= 40kN，q = 20kN/m。求 B 处约束力。

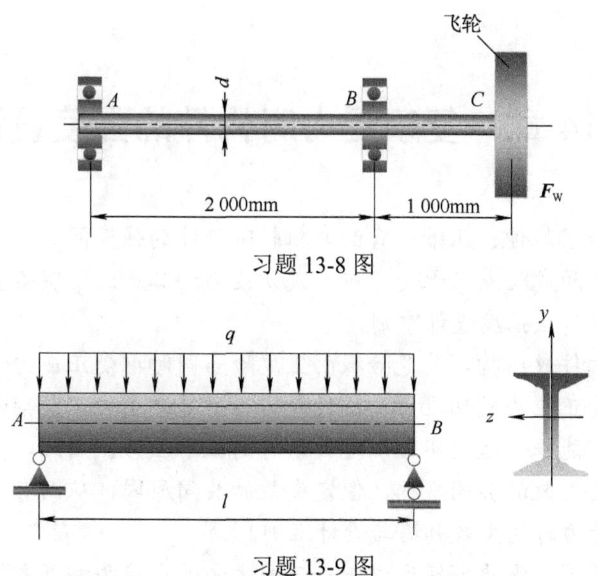

习题 13-8 图

习题 13-9 图

13-11　如习题 13-11 图所示的梁带有中间铰，在力 F_P 的作用下截面 A、B 的弯矩之比有如下四种答案，试判断哪一种是正确的。

(A) 1∶2；　　(B) 1∶1；　　(C) 2∶1；　　(D) 1∶4。

正确答案是________。

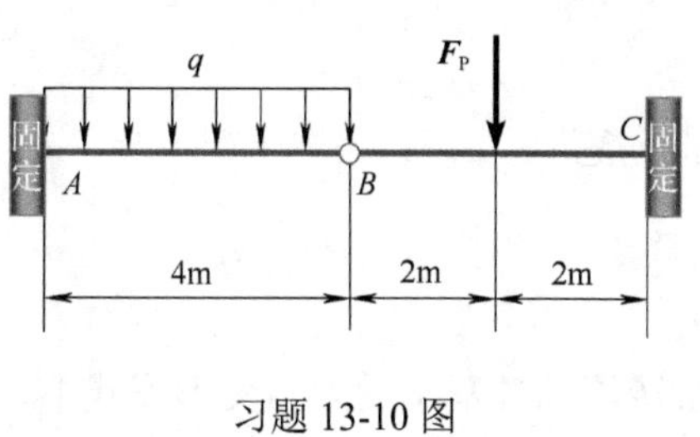

习题 13-10 图

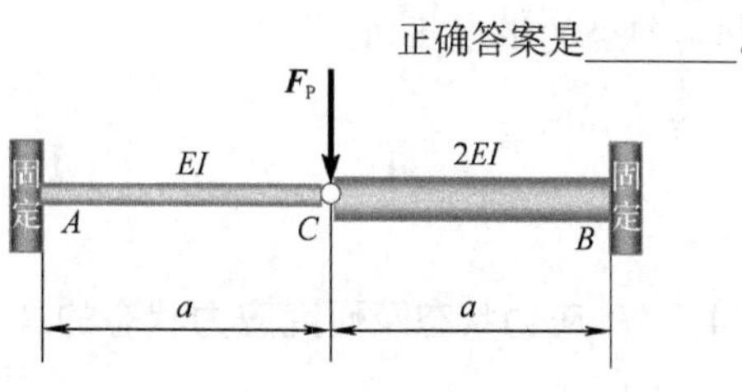

习题 13-11 图

第 14 章　复杂受力时构件的强度设计

前面几章中，讨论了拉伸、压缩、弯曲与扭转时杆件的强度问题，这些强度问题的共同特点：一是危险截面上的危险点只承受正应力或切应力；二是通过实验直接确定失效时的极限应力，并以此为依据建立强度设计准则。

工程上还有一些构件或结构，其危险截面上危险点同时承受正应力和切应力，或者危险点的其他面上同时承受正应力或切应力，这种受力称为复杂受力，复杂受力情形下，由于复杂受力形式繁多，不可能一一通过实验确定失效时的极限应力。因此，必须研究在各种不同的复杂受力形式下强度失效的共同规律，假定失效的共同原因，从而有可能利用单向拉伸的实验结果，建立复杂受力时的失效判据与设计准则。

为了分析失效的原因，需要研究通过一点不同方向面上应力相互之间的关系。这是建立复杂受力时设计准则的基础。

本章首先介绍应力状态的基本概念，以此为基础建立复杂受力时的失效判据与设计准则，然后将这些准则应用于解决薄壁容器承受内压时、斜弯曲、拉伸(压缩)与弯曲组合、弯曲与扭转组合的强度问题。

14.1　基 本 概 念

14.1.1　应力状态及研究应力状态的意义

前几章中，讨论了杆件在拉伸(压缩)、弯曲和扭转等几种基本受力与变形形式下，横截面上的应力；并且根据横截面上的应力以及相应的实验结果，建立了只有正应力和只有切应力作用时的强度条件。但这些对于分析进一步的强度问题是远远不够的。

例如，仅仅根据横截面上的应力，不能分析为什么低碳钢试样拉伸至屈服时，表面会出现与轴线夹 45° 角的滑移线；也不能分析铸铁圆试样扭转时，为什么沿 45° 螺旋面断开；以及铸铁压缩试样的破坏面为什么不像铸铁扭转试样破坏面那样呈颗粒状，而是呈错动光滑状。

又例如，根据横截面上的应力分析和相应的实验结果，不能直接建立既有正应力又有切应力存在时的失效判据与设计准则。

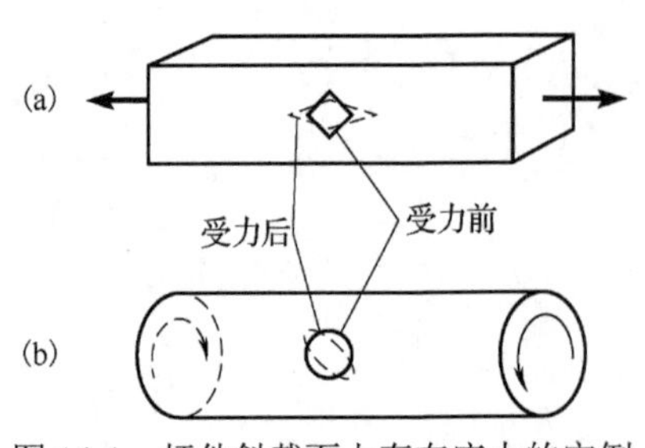

图 14-1　杆件斜截面上存在应力的实例

事实上，杆件受力变形后，不仅在横截面上会产生应力，而且在斜截面上也会产生应力。例如图 14-1(a)所示之拉杆，受力之前在其表面画一斜置的正方形，受拉后，正方形变成了菱形(图中虚线所示)。这表明在拉杆的斜截面上有切应力存在。又如在图 14-1(b)所示之圆轴，受扭之前在其表面画一圆，受扭后，此圆变为一斜置椭圆，长轴方向表示承受拉应力而伸长，短轴方向表示承受压应力而缩短。这表明，扭转时，杆的斜截面上存在着正应力。

本章后面的分析还将进一步证明：围绕一点做一微小单元体，即微元，一般情形下，微元的不同方位面上的应力，是不相同的。过一点的所有方位面上的应力集合，称为该点的**应力状态**(state of stress)。

分析一点的应力状态，不仅可以解释上面所提到的那些实验中的破坏现象，而且可以预测各种复杂受力情形下，构件何时发生失效，以及怎样保证构件不发生失效，并且具有足够的安全裕度。因此，应力状态分析是建立构件在复杂受力(既有正应力，又有切应力)时失效判据与设计准则的重要基础。

14.1.2　应力状态分析的基本方法

为了描述一点的应力状态，在一般情形下，总是围绕所考察的点做一个三对面互相垂直的六面体，当各边边长充分小时，六面体便趋于宏观上的“点”。这种六面体就是前面所提到的微元。

由于微元是平衡的，微元的任意一局部也必然是平衡的，因此，当微元三对面上的应力已知时，就可以应用假想截面将微元从任意方向面处截开，考察截开后的任意一部分的平衡，由平衡条件就可以求得任意方位面上的应力。

因此，通过微元及其三对互相垂直的面上的应力，可以描述一点的应力状态。

为了确定一点的应力状态，需要确定代表这一点的微元的三对互相垂直的面上的应力。为此，围绕一点截取微元时，应尽量使其三对面上的应力容易确定。例如，矩形截面杆与圆截面杆中微元的取法便有所区别、对于矩形截面杆，三对面中的一对面为杆的横截面，另外两对面为平行于杆表面的纵截面。对于圆截面杆，除一对面为横截面外，另外两对面中有一对为同轴圆柱面，另一对则为通过杆轴线的纵截面。截取微元时，还应注意相对面之间的距离应为无限小。

由于构件受力的不同，应力状态多种多样。只受一个方向正应力作用的应力状态，称为**单向应力状态**(state of uniaxial stress)。只受切应力作用的应力状态，称为**纯剪切应力状态**(shearing state of stress)。所有应力作用线都处于同一平面内的应力状态，称为**平面应力状态**(plane state of stresses)。单向应力状态与纯剪切应力状态都是平面应力状态的特例。本书主要讨论平面应力状态。

14.1.3　建立复杂受力时失效判据的思路与方法

严格地讲，在拉伸和弯曲强度问题中所建立的失效判据实际上是材料在单向应力状态下的失效判据；而关于扭转强度的失效判据则是材料在纯剪切应力状态下的失效判据。所谓复杂受力时的失效判据，实际上就是材料在各种复杂应力状态下的失效判据。

大家知道，单向应力状态和纯剪切应力状态下的失效判据，都是通过实验确定极限应力值，然后直接利用实验结果建立起来的。但是，复杂应力状态下则不能。这是因为：一方面复杂应力状态各式各样，可以说有无穷多种，不可能一一通过实验确定极限应力；另一方面，有些复杂应力状态的实验，技术上难以实现。

大量的关于材料失效的实验结果以及工程构件失效的实例表明，复杂应力状态虽然各式各样，但是材料在各种复杂应力状态下强度失效的形式却是共同的而且是有限的。

无论应力状态多么复杂，材料的强度失效，大致有两种形式：一种是指产生裂缝并导致断裂，例如铸铁拉伸和扭转时的破坏；另一种是指屈服，即出现一定量的塑性变形，例如低碳钢拉伸时的屈服。简而言之，屈服与脆性断裂是强度失效的两种基本形式。

对于同一种失效形式，有可能在引起失效的原因中包含着共同的因素。建立复杂应力状态下的强度失效判据，就是提出关于材料在不同应力状态下失效共同原因的各种假说。根据这些假说。就有可能利用单向拉伸的实验结果，建立材料在复杂应力状态下的失效判据。就可以预测材料在复杂应力状态下，何时发生失效，以及怎样保证不发生失效，进而建立复杂应力状态下强度设计准则或强度条件。

14.2 平面应力状态分析——任意方向面上应力的确定

当微元在三对面上的应力已经确定时，为求某个斜面(即方向面)上的应力，可用一假想截面将微元从所考察的斜面处截为两部分，考察其中任意一部分的平衡，即可由平衡条件求得该斜截面上的正应力和切应力。这是分析微元斜截面上的应力的基本方法。下面以一般平面应力状态为例，说明这一方法的具体应用。

14.2.1 方向角与应力分量的正负号约定

对于平面应力状态，由于微元有一对面上没有应力作用，因此三维微元可以用一平面微元表示。图 14-2(a)所示即平面应力状态的一般情形，其两对互相垂直的面上都有正应力和切应力作用。

在平面应力状态下，任意方向面是由其法线 n 与水平坐标轴 x 正向的夹角 θ 所定义的。图 14-2(b)所示是用法线为 n 的方向面从微元中截出微元局部。

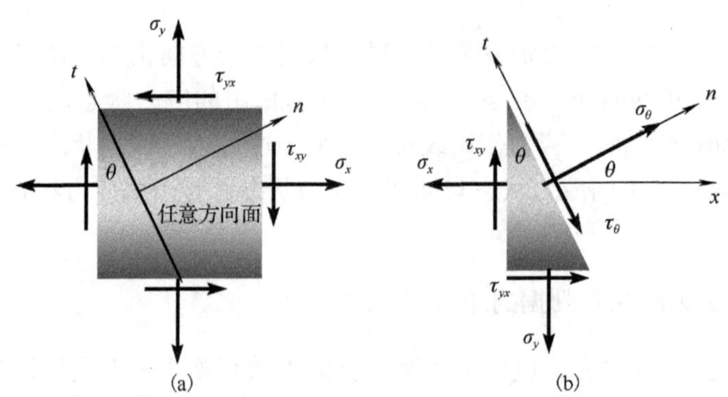

图 14-2 正负号规则

为了确定任意方向面(任意 θ 角)上的正应力与切应力，需要首先对 θ 角以及各应力分量正负号，作如下约定。

(1) θ 角从 x 正方向逆时针转至 n 正方向者为正；反之为负。

(2) 正应力：拉为正；压为负。

(3) 切应力：使微元或其局部产生顺时针方向转动趋势者为正；反之为负。

图 14-2 所示的 θ 角及正应力和切应力 τ_{xy} 均为正；τ_{yx} 为负。

14.2.2　微元的局部平衡

为确定平面应力状态中任意方向面(法线为 n，方向角为θ)上的应力，将微元从任意方向面处截为两部分。考察其中任意部分，其受力如图 14-2(b)所示，假定任意方向面上的正应力 σ_θ 和切应力 τ_θ 均为正方向。

于是，根据力的平衡方程可以写出

$$\sum F_{\mathrm{n}} = 0$$

$$\sigma_\theta \mathrm{d}A - (\sigma_x \mathrm{d}A\cos\theta)\cos\theta + (\tau_{xy}\mathrm{d}A\cos\theta)\sin\theta - (\sigma_y \mathrm{d}A\sin\theta)\sin\theta + (\tau_{yx}\mathrm{d}A\sin\theta)\cos\theta = 0 \tag{a}$$

$$\sum F_{\mathrm{t}} = 0$$

$$-\tau_\theta \mathrm{d}A + (\sigma_x \mathrm{d}A\cos\theta)\sin\theta + (\tau_{xy}\mathrm{d}A\cos\theta)\cos\theta - (\sigma_y \mathrm{d}A\sin\theta)\cos\theta - (\tau_{yx}\mathrm{d}A\sin\theta)\sin\theta = 0 \tag{b}$$

14.2.3　平面应力状态中任意方向面上的正应力与切应力

利用三角倍角公式，式(a)和式(b)经过整理后，得到计算平面应力状态中任意方向面上正应力与切应力的表达式

$$\begin{cases} \sigma_\theta = \dfrac{\sigma_x + \sigma_y}{2} + \dfrac{\sigma_x - \sigma_y}{2}\cos 2\theta - \tau_{xy}\sin 2\theta \\ \tau_\theta = \dfrac{\sigma_x - \sigma_y}{2}\sin 2\theta + \tau_{xy}\cos 2\theta \end{cases} \tag{14-1}$$

【例题 14-1】　分析轴向拉伸杆件的最大切应力的作用面，说明低碳钢拉伸时发生屈服的主要原因。

解　杆件承受轴向拉伸时，其上任意一点均为单向应力状态，如图 14-3 所示。

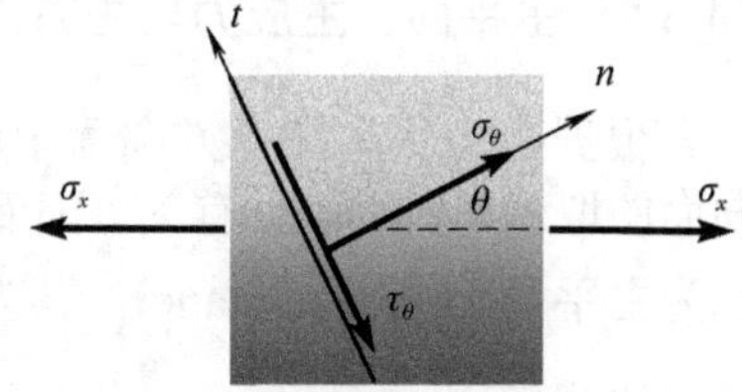

图 14-3　轴向拉伸时斜截面上的应力

在本例的情形下，σ_y=0，τ_{yx}=0。于是，根据式(14-1)，任意斜截面上的正应力和切应力分别为

$$\begin{cases} \sigma_\theta = \dfrac{\sigma_x}{2} + \dfrac{\sigma_x}{2}\cos 2\theta \\ \tau_\theta = \dfrac{\sigma_x}{2}\sin 2\theta \end{cases} \tag{14-2}$$

这一结果表明，当 θ=45° 时，斜截面上既有正应力又有切应力，其值分别为

$$\sigma_{45^\circ} = \frac{\sigma_x}{2}$$

$$\tau_{45^\circ} = \frac{\sigma_x}{2}$$

不难看出，在所有的方向面中，45° 斜截面上的正应力不是最大值，而切应力却是最大值。这表明，轴向拉伸时最大切应力发生在与轴线夹 45° 角的斜面上，这正是低碳钢试样拉伸至屈服时表面出现滑移线的方向。因此，可以认为屈服是由最大切应力引起的。

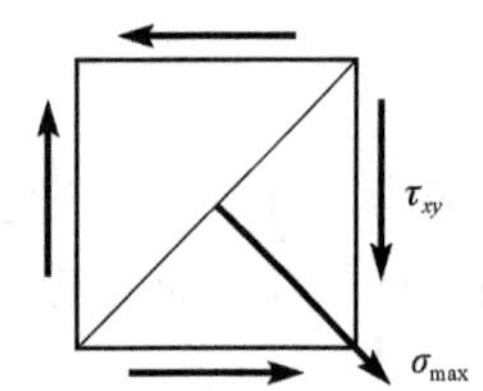

图 14-4　圆轴扭转时斜截面上的应力

【例题 14-2】　分析圆轴扭转时最大切应力的作用面，说明铸铁圆试样扭转破坏的主要原因。

解　圆轴扭转时，其上任意一点的应力状态为纯剪切应力状态，如图 14-4 所示。

本例中，$\sigma_x=\sigma_y=0$，代入式(14-1)，得到微元任意斜截面上的正应力和切应力分别为

$$\begin{aligned}\sigma_\theta &= -\tau_{xy}\sin 2\theta \\ \tau_\theta &= \tau_{xy}\cos 2\theta\end{aligned} \tag{14-3}$$

可以看出，当$\theta=\pm 45°$时，斜截面上只有正应力没有切应力。$\theta=45°$时(自 x 轴逆时针方向转过 45°)，压应力最大；$\theta=-45°$时(自 x 轴顺时针方向转过 45°)，拉应力最大。

$$\sigma_{45°}=\sigma_{\max}^{-}=-\tau_{xy}$$

$$\tau_{45°}=0$$

$$\sigma_{-45°}=\sigma_{\max}^{+}=\tau_{xy}$$

$$\tau_{-45°}=0$$

铸铁圆试样扭转实验时，正是沿着最大拉应力作用面(即−45°螺旋面)断开的。因此，可以认为这种脆性破坏是由最大拉应力引起的。

14.3　应力状态中的主应力与最大切应力

14.3.1　主平面、主应力与主方向

根据应力状态任意方向面上的应力表达式(14-1)，不同方向面上的正应力与切应力与方向面的取向(方向角θ)有关。因而有可能存在某种方向面，其上之切应力$\tau_\theta=0$，这种方向面称为**主平面**(principal plane)，其方向角用θ_{p}表示。令式(14-1)中的$\tau_\theta=0$，得到主平面方向角的表达式

$$\tan 2\theta_{\mathrm{p}}=-\frac{2\tau_{xy}}{\sigma_x-\sigma_y} \tag{14-4}$$

主平面上的正应力称为**主应力**(principal stress)。主平面法线方向即主应力作用线方向，称为**主方向**(principal direction)，主方向用方向角θ_{p}表示。不难证明：对于确定的主应力，例如σ_{p}，其方向角θ_{p}由式(14-5)确定

$$\tan\theta_{\mathrm{p}}=\frac{\sigma_x-\sigma_{\mathrm{p}}}{\tau_{xy}} \tag{14-5}$$

式中，θ_{p}为σ_{p}的作用线与 x 轴正方向的夹角。

若将式(14-1)中σ_θ的表达式对θ求一次导数，并令其等于零，有

$$\frac{\mathrm{d}\sigma_\theta}{\mathrm{d}\theta}=-(\sigma_x-\sigma_y)\sin 2\theta-2\tau_{xy}\cos 2\theta=0$$

由此解出的角度与式(14-4)具有完全一致的形式。这表明，主应力具有极值的性质，是所有垂直于 xy 坐标面的方向面上正应力的极大值或极小值。

根据切应力互等定理，当一对方向面为主平面时，另一对与之垂直的方向面（$\theta=\theta_p+\pi/2$），其上之切应力也等于零，因而也是主平面，其上之正应力也是主应力。

需要指出的是，对于平面应力状态，平行于 xy 坐标面的平面，其上既没有正应力、也没有切应力作用，这种平面也是主平面。这一主平面上的主应力等于零。

14.3.2　平面应力状态的三个主应力

将由式(14-4)解得的主应力方向角 θ_p 代入式(14-1)，得到平面应力状态的两个不等于零主应力。这两个不等于零的主应力以及上述平面应力状态固有的等于零的主应力，分别用 σ'、σ''、σ''' 表示。

$$\sigma'=\frac{\sigma_x+\sigma_y}{2}+\frac{1}{2}\sqrt{\left(\sigma_x-\sigma_y\right)^2+4\tau_{xy}^2} \tag{14-6a}$$

$$\sigma''=\frac{\sigma_x+\sigma_y}{2}-\frac{1}{2}\sqrt{\left(\sigma_x-\sigma_y\right)^2+4\tau_{xy}^2} \tag{14-6b}$$

$$\sigma'''=0 \tag{14-6c}$$

以后将按三个主应力 σ'、σ''、σ''' 代数值由大到小顺序排列，并分别用 σ_1、σ_2、σ_3 表示，且 $\sigma_1>\sigma_2>\sigma_3$。

根据主应力的大小与方向可以确定材料何时发生失效或破坏，及确定失效或破坏的形式。因此，可以说主应力是反映应力状态本质内涵的特征量。

14.3.3　面内最大切应力与一点的最大切应力

与正应力相类似，不同方向面上的切应力亦随着坐标的旋转而变化，因而切应力亦可能存在极值。为求此极值，将式(14-1)的第二式对 θ 求一次导数，并令其等于零，得到

$$\frac{\mathrm{d}\tau_\theta}{\mathrm{d}\theta}=(\sigma_x-\sigma_y)\cos2\theta-2\tau_{xy}\sin2\theta=0$$

由此得出另一特征角，用 θ_s 表示

$$\tan2\theta_s=\frac{\sigma_x-\sigma_y}{2\tau_{xy}} \tag{14-7}$$

从中解出 θ_s，将其代入式(14-1)的第二式，得到 τ_θ 的极值。根据切应力互等定理以及切向力的正负号规则，$\tau_{x'y'}=-\tau_{y'x'}$，因而，τ_θ 有两个极值，二者大小相等、正负号相反，其中一个为极大值，另一个为极小值，其数值由式(14-8)确定

$$\left.\begin{matrix}\tau'\\ \tau''\end{matrix}\right\}=\pm\frac{1}{2}\sqrt{\left(\sigma_x-\sigma_y\right)^2+4\tau_{xy}^2} \tag{14-8}$$

需要特别指出的是，上述切应力极值仅对垂直于 xy 坐标面的方向面而言，因而称为**面内最大切应力**(maximum shearing stresses in plane)与面内最小切应力。二者不一定是过一点的所有方向面中切应力的最大和最小值。

为确定过一点的所有方向面上的最大切应力，可以将平面应力状态视为有三个主应力（σ_1、σ_2、σ_3）作用的应力状态的特殊情形，即三个主应力中有一个等于零。

考察微元三对面上分别作用着三个主应力（$\sigma_1>\sigma_2>\sigma_3\neq0$）的应力状态，如图 14-5(a)所示。

在平行于主应力σ_1方向的任意方向面Ⅰ上，正应力和切应力都与σ_1无关。因此，当研究平行于σ_1的这一组方向面上的应力时，所研究的应力状态可视为图 14-5(b)所示之平面应力状态，其方向面上的正应力和切应力可由式(14-1)计算。式中，$\sigma_x = \sigma_3$，$\sigma_y = \sigma_2$，$\tau_{xy} = 0$。

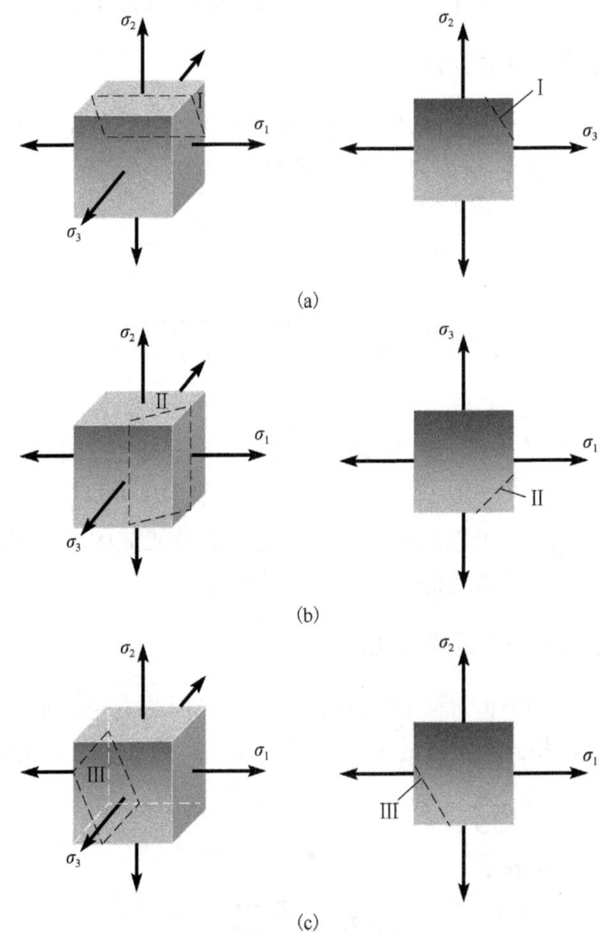

图 14-5　三组平面内的最大切应力

同理，对于在平行于主应力σ_2和平行于σ_3的任意方向面Ⅱ和Ⅲ上，正应力和切应力分别与σ_2和σ_3无关。因此，当研究平行于σ_2和σ_3的这两组方向面上的应力时，所研究的应力状态可视为图 14-5(b)和(c)所示之平面应力状态，其方向面上的正应力和切应力都可以由式(14-1)计算。

应用式(14-8)，可以得到Ⅰ、Ⅱ和Ⅲ三组方向面内的最大切应力分别为

$$\tau' = \frac{\sigma_2 - \sigma_3}{2} \tag{14-9}$$

$$\tau'' = \frac{\sigma_1 - \sigma_3}{2} \tag{14-10}$$

$$\tau''' = \frac{\sigma_1 - \sigma_2}{2} \tag{14-11}$$

一点应力状态中的最大切应力，必然是上述三者中的最大的，即

$$\tau_{\max}=\tau''=\frac{\sigma_1-\sigma_3}{2} \tag{14-12}$$

【例题 14-3】 薄壁圆管受扭转和拉伸同时作用，如图 14-6(a)所示。已知圆管的平均直径 D=50mm，壁厚 δ=2mm。外加力偶的力偶矩 M_e=600N·m，轴向载荷 F_P=20kN。薄壁管截面的扭转截面系数可近似取为 $W_P=\dfrac{\pi d^2\delta}{2}$。试求：(1)圆管表面上过点 D 与圆管母线夹角为 30° 的斜截面上的应力；(2)点 D 主应力和最大切应力。

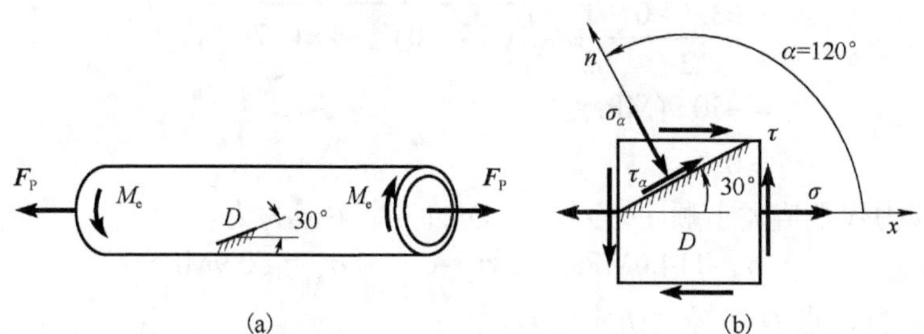

图 14-6　例题 14-3 图

解　(1)取微元，确定微元各个面上的应力。

围绕点 D 用横截面、纵截面和圆柱面截取微元，其受力如图 14-6(b)所示。利用拉伸与圆轴扭转时横截面上的正应力和切应力公式计算微元各面上的应力

$$\sigma=\frac{F_P}{A}=\frac{F_P}{\pi D\delta}=\frac{20\times10^3}{\pi\times50\times10^{-3}\times2\times10^{-3}}=63.7\times10^6(\text{Pa})=63.7(\text{MPa})$$

$$\tau=\frac{M_x}{W_P}=\frac{2M_e}{\pi d^2\delta}=\frac{2\times600}{\pi\times\left(50\times10^{-3}\right)^2\times2\times10^{-3}}=76.4\times10^6(\text{Pa})=76.4(\text{MPa})$$

(2)求斜截面上的应力。

根据图 14-6(b)所示之应力状态以及关于 θ、σ_x、σ_y、τ_{xy} 的正负号规则，本例中有：σ_x=63.7MPa，σ_y=0，τ_{xy}=−76.4MPa，$\theta=120°$。将这些数据代入式(14-1)，求得过点 D 与圆管母线夹角为 30° 的斜截面上的应力

$$\begin{aligned}\sigma_{30°}&=\frac{\sigma_x+\sigma_y}{2}+\frac{\sigma_x-\sigma_y}{2}\cos2\theta-\tau_{xy}\sin2\theta\\&=\frac{63.7+0}{2}+\frac{63.7-0}{2}\cos\left(2\times120°\right)-(-76.4)\sin\left(2\times120°\right)\\&=-50.3(\text{MPa})\end{aligned}$$

$$\begin{aligned}\tau_{30°}&=\frac{\sigma_x-\sigma_y}{2}\sin2\theta+\tau_{xy}\cos2\theta\\&=\frac{63.7-0}{2}\sin\left(2\times120°\right)+(-76.4)\cos\left(2\times120°\right)\\&=10.7(\text{MPa})\end{aligned}$$

二者的方向均示于图 14-6(b)中。

(3)确定主应力与最大切应力。

根据式(14-6)有

$$\sigma'=\frac{\sigma_x+\sigma_y}{2}+\frac{1}{2}\sqrt{\left(\sigma_x-\sigma_y\right)^2+4\tau_{xy}^2}$$
$$=\frac{63.7+0}{2}+\frac{1}{2}\times\sqrt{\left(63.7-0\right)^2+4\times\left(-76.4\right)^2}$$
$$=114.6(\text{MPa})$$
$$\sigma''=\frac{\sigma_x+\sigma_y}{2}-\frac{1}{2}\sqrt{\left(\sigma_x-\sigma_y\right)^2+4\tau_{xy}^2}$$
$$=\frac{63.7+0}{2}-\frac{1}{2}\times\sqrt{\left(63.7-0\right)^2+4\times\left(-76.4\right)^2}$$
$$=-50.9(\text{MPa})$$
$$\sigma'''=0$$

于是，根据主应力代数值大小顺序排列，点 D 的三个主应力为

$$\sigma_1=114.6\text{MPa}\qquad\sigma_2=0\qquad\sigma_3=-50.9\text{MPa}$$

根据式(14-12)，点 D 的最大切应力为

$$\tau_{\max}=\frac{\sigma_1-\sigma_3}{2}=\frac{114.6-\left(-50.9\right)}{2}=82.75(\text{MPa})$$

*14.4　分析应力状态的应力圆方法

14.4.1　应力圆方程

将微元任意方向面上的正应力与切应力表达式(14-1)的第一式等号右边的第一项移至等号的左边，然后将两式平方后再相加，得到一个新的方程

$$\left(\sigma_\theta-\frac{\sigma_x+\sigma_y}{2}\right)^2+\tau_\theta^2=\left(\frac{1}{2}\sqrt{\left(\sigma_x-\sigma_y\right)^2+\tau^2_{xy}}\right)^2 \tag{14-13}$$

在以 σ_θ 为横轴、τ_θ 为纵轴的坐标系中，上述方程为圆方程，这种圆称为**应力圆**(stress circle)。应力圆的圆心坐标为 $\left(\dfrac{\sigma_x+\sigma_y}{2},0\right)$，应力圆的半径为 $\dfrac{1}{2}\sqrt{\left(\sigma_x-\sigma_y\right)^2+\tau^2_{xy}}$

应力圆最早由德国工程师莫尔(Mohr)提出的，故又称为**莫尔应力圆**(Mohr stress circle)，也可简称为**莫尔圆**。

14.4.2　应力圆的画法

上述分析结果表明，对于平面应力状态，根据其上的应力分量 σ_x、σ_y 和 τ_{xy}，由圆心坐标以及圆的半径，即可画出与给定的平面应力状态相对应的应力圆。但是，这样做并不方便。

为了简化应力圆的绘制方法，需要考察表示平面应力状态微元相互垂直的一对面上的应力与应力圆上点的对应关系。

图 14-7(a)、(b)所示为相互对应的应力状态与应力圆。

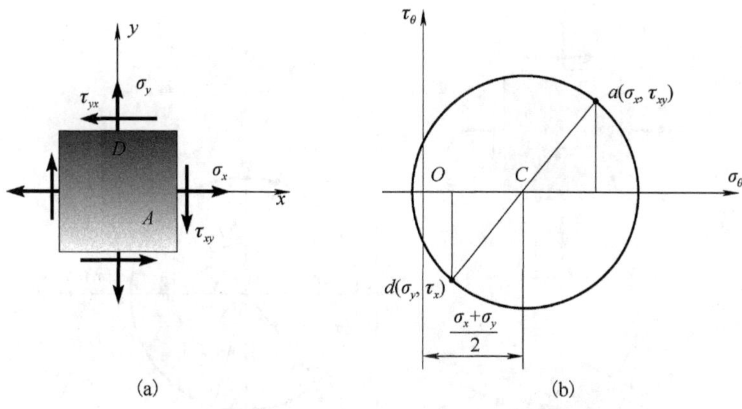

图 14-7　平面应力状态应力圆

假设应力圆上点 a 的坐标对应着微元 A 面上的应力。将点 a 与圆心 C 相连，并延长 aC 交应力圆于点 d。根据图中的几何关系，不难证明，应力圆上点 d 坐标对应微元 D 面上的应力(σ_y，$-\tau_{xy}$)。

根据上述类比，不难得到平面应力状态与其应力圆的几种对应关系。

(1)点面对应：应力圆上某一点的坐标值对应着微元某一方面面上的正应力和切应力值。

(2)转向对应：应力圆半径旋转时，半径端点的坐标随之改变，对应地，微元上方向面的法线亦沿相同方向旋转，才能保证方向面上的应力与应力圆上半径端点的坐标相对应。

(3)二倍角对应：应力圆上半径转过的角度等于方向面法线旋转角度的二倍。

14.4.3　应力圆的应用

基于上述对应关系，不仅可以根据微元两相互垂直面上的应力确定应力圆上一直径上的两端点，并由此确定圆心 C，进而画出应力圆，从而使应力图绘制过程大为简化。而且，还可以确定任意方向面上的正应力和切应力，以及主应力和面内最大切应力。

以图 14-8(a)所示的平面应力状态为例。首先，在图 14-8(b)所示的 $O\sigma_\theta\tau_\theta$坐标系中找到与微元 A、D 面上的应力(σ_x，τ_{xy})、(σ_y，$-\tau_{xy}$)对应的两点 a、d，连接 ad 交σ_θ轴于点 C，以点 C 为圆心，以 Ca 或 Cd 为半径作圆，即为与所给应力状态对应的应力圆。

其次，为求 x 轴逆时针旋转θ角至 x' 轴位置时微元方向面 G 上的应力，可将应力圆上的半径 Ca 按相同方向旋转 2θ，得到点 g，则点 g 的坐标值即为 G 面上的应力值(图 14-8(c))。这一结论留给读者自己证明。

应用应力圆上的几何关系，可以得到平面应力状态主应力与面内最大切应力表达式，结果与前面所得到的完全一致。

从图 14-8(b)所示应力圆可以看出，应力圆与σ_θ轴的交点 b 和 e，对应着平面应力状态的主平面，其横坐标值即为主应力σ'和σ''。此外，对于平面应力状态，根据主平面的定义，其上没有应力作用的平面亦为主平面，只不过这一主平面上的主应力σ'''为零。

图 14-8(b)中应力圆的最高和最低点(h 和 i)，切应力绝对值最大，均为面内最大切应力。不难看出，在切应力最大处，正应力不一定为零。即在最大切应力作用面上，一般存在正应力。

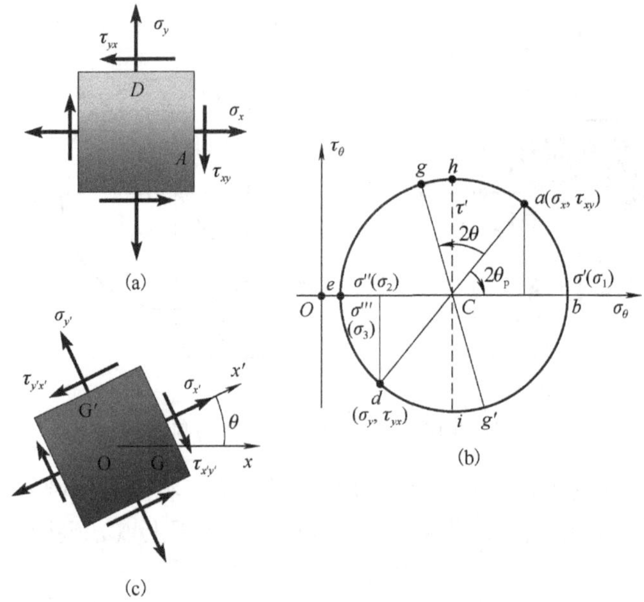

图 14-8　应力圆的应用

需要指出的是，在图 14-8(b) 中应力圆在坐标轴 τ_θ 的右侧，因而 σ' 和 σ'' 均为正值。这种情形不具有普遍性。当 $\sigma_x<0$ 或在其他条件下，应力圆也可能在坐标轴 τ_θ 的左侧，或者与坐标轴 τ_θ 相交，因此 σ' 和 σ'' 也有可能为负值，或者一正一负。

还需要指出的是，应力圆的功能主要不是作为图解法的工具用以量测某些量。它一方面通过明晰的几何关系帮助读者导出一些基本公式，而不是死记硬背这些公式；另一方面，也是最重要的方面，作为一种思考问题的工具，用以分析和解决一些难度较大的问题。请读者在分析本章中的某些习题时注意充分利用这种工具。

【例题 14-4】　对于图 14-9(a) 所示之平面应力状态，若要求面内最大切应力 $\tau'<85\text{MPa}$，试求 τ_{xy} 的取值范围。图中应力的单位为 MPa。

解　因为 σ_y 为负值，故所给应力状态的应力圆如图 14-9(b) 所示。根据图中的几何关系，不难得到

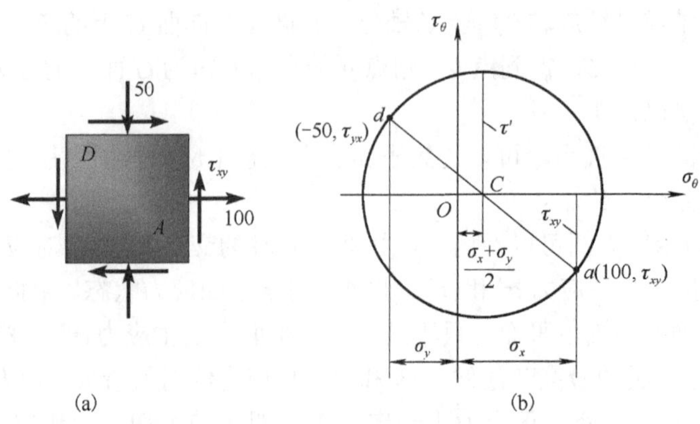

图 14-9　例题 14-4 图

$$\left(\sigma_x-\frac{\sigma_x+\sigma_y}{2}\right)^2+\tau_{xy}^2=\tau'^2$$

根据题意，并将σ_x=100MPa，σ_y=−50MPa，$\tau'\leqslant$85MPa，代入上式后，得到

$$\tau_{xy}^2\leqslant\left[(85)^2-\left(100-\frac{100+(-50)}{2}\right)^2\right]$$

由此解得

$$\tau_{xy}\leqslant 40\ \text{MPa}$$

14.5　复杂应力状态下的应力-应变关系　应变能密度

14.5.1　广义胡克定律

根据各向同性材料在弹性范围内应力-应变关系的实验结果，可以得到单向应力状态下微元沿正应力方向的正应变

$$\varepsilon_x=\frac{\sigma_x}{E}$$

实验结果还表明，在σ_x作用下，除 x 方向的正应变外，在与其垂直的 y、z 方向亦有反号的正应变ε_y、ε_z存在，二者与ε_x之间存在下列关系

$$\varepsilon_y=-\nu\varepsilon_x=-\nu\frac{\sigma_x}{E}$$

$$\varepsilon_z=-\nu\varepsilon_x=-\nu\frac{\sigma_x}{E}$$

式中，ν为材料的泊松比。对于各向同性材料，上述二式中的泊松比是相同的。

对于纯剪切应力状态，第 10 章已提到切应力和切应变在弹性范围也存在比例关系，即

$$\gamma=\frac{\tau}{G}$$

在小变形条件，考虑到正应力与切应力所引起的正应变和切应变，都是相互独立的，因此，应用叠加原理，可以得到图 14-10(a)所示一般应力(三向应力)状态下的应力-应变关系。

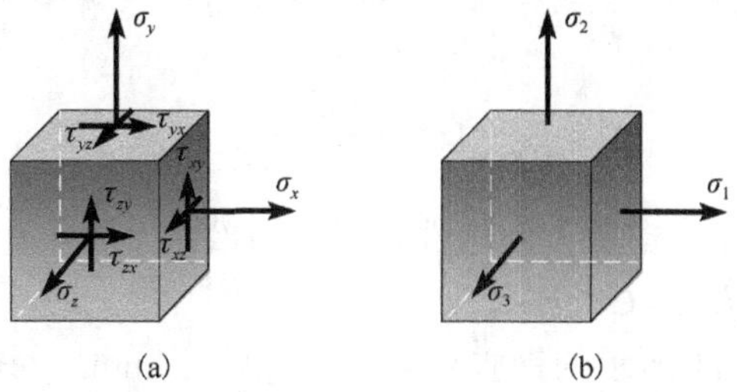

图 14-10　一般应力状态下的应力-应变关系

$$
\begin{cases}
\varepsilon_x = \dfrac{1}{E}\left[\sigma_x - \nu\left(\sigma_y + \sigma_z\right)\right] \\
\varepsilon_y = \dfrac{1}{E}\left[\sigma_y - \nu\left(\sigma_z + \sigma_x\right)\right] \\
\varepsilon_z = \dfrac{1}{E}\left[\sigma_z - \nu\left(\sigma_x + \sigma_y\right)\right] \\
\gamma_{xy} = \dfrac{\tau_{xy}}{G} \\
\gamma_{xz} = \dfrac{\tau_{xz}}{G} \\
\gamma_{yz} = \dfrac{\tau_{yz}}{G}
\end{cases}
\tag{14-14}
$$

式(14-14)称为一般应力状态下的**广义胡克定律**(generalized Hooke law)。

若微元的三个主应力已知时，其应力状态如图 14-10(b)所示，这时广义胡克定律变为

$$
\begin{cases}
\varepsilon_1 = \dfrac{1}{E}\left[\sigma_1 - \nu\left(\sigma_2 + \sigma_3\right)\right] \\
\varepsilon_2 = \dfrac{1}{E}\left[\sigma_2 - \nu\left(\sigma_3 + \sigma_1\right)\right] \\
\varepsilon_3 = \dfrac{1}{E}\left[\sigma_3 - \nu\left(\sigma_1 + \sigma_2\right)\right]
\end{cases}
\tag{14-15}
$$

式中，ε_1、ε_2、ε_3 分别为沿主应力 σ_1、σ_2、σ_3 方向的应变，称为**主应变**(principal strain)。

对于**平面应力状态**(σ_z=0)，广义胡克定律式(14-14)简化为

$$
\begin{cases}
\varepsilon_x = \dfrac{1}{E}\left(\sigma_x - \nu\sigma_y\right) \\
\varepsilon_y = \dfrac{1}{E}\left(\sigma_y - \nu\sigma_x\right) \\
\varepsilon_z = -\dfrac{\nu}{E}\left(\sigma_x + \sigma_y\right) \\
\gamma_{xy} = \dfrac{\tau_{xy}}{G}
\end{cases}
\tag{14-16}
$$

14.5.2　各向同性材料各弹性常数之间的关系

对于同一种各向同性材料，广义胡克定律中的三个弹性常数并不完全独立，它们之间存在下列关系

$$
G = \frac{E}{2(1+\nu)} \tag{14-17}
$$

需要指出的是，对于绝大多数各向同性材料，泊松比一般在 0～0.5 之间取值，因此，切变模量 G 的取值范围为：$E/3 < G < E/2$。

【例题 14-5】　图 14-11 所示的钢质立方体块(单位：mm)，其各个面上都承受均匀静水压力 p。已知边长 AB 的改变量 $\Delta AB = -24\times 10^{-3}$mm，$E$=200GPa，$\nu$=0.29。试求：(1) BC 和 BD 边的长度改变量；(2)确定静水压力值 p。

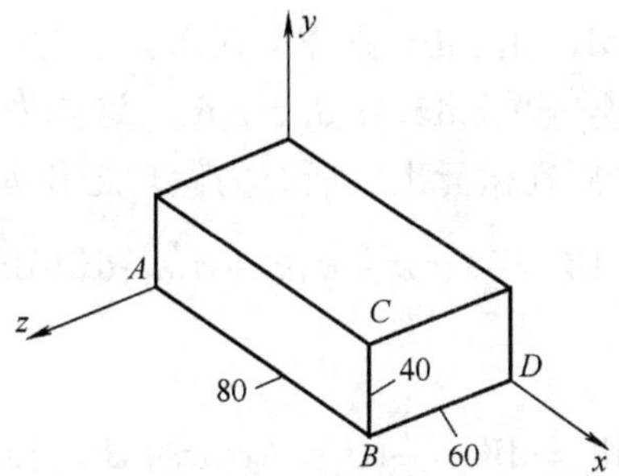

图 14-11　例题 14-4 图

解　(1) 计算 BC 和 BD 边的长度改变量。

在静水压力作用下，弹性体各方向发生均匀变形，因而任意一点均处于三向等压应力状态，且

$$\sigma_x = \sigma_y = \sigma_z = -p \tag{a}$$

应用广义胡克定律，得

$$\varepsilon_x = \varepsilon_y = \varepsilon_z = -\frac{p}{E}(1-2\nu) \tag{b}$$

由已知条件，有

$$\varepsilon_x = \frac{\Delta AB}{AB} = -0.3\times10^{-3} \tag{c}$$

于是，得

$$\Delta BC = \varepsilon_y BC = -0.3\times10^{-3}\times40\times10^{-3} = -12\times10^{-3}(\text{mm})$$

$$\Delta BD = \varepsilon_y BD = -0.3\times10^{-3}\times60\times10^{-3} = -18\times10^{-3}(\text{mm})$$

(2) 确定静水压力值 p。

将式 (c) 中的结果及 E、ν 的数值代入式 (b)，解出

$$p = -\frac{E\varepsilon_x}{1-2\nu} = \frac{-200\times10^9\times\left(-0.3\times10^{-3}\right)}{1-2\times0.29} = 142.9\times10^6(\text{Pa}) = 142.9(\text{MPa})$$

14.5.3　总应变能密度

考察图 14-10(b) 中以主应力表示的三向应力状态，其主应力和主应变分别为σ_1、σ_2、σ_3和ε_1、ε_2、ε_3。假设应力和应变都同时自零开始逐渐增加至终值。

根据能量守恒原理，材料在弹性范围内工作时，微元三对面上的力(其值为应力与面积之乘积)在由各自对应应变所产生的位移上所做之功，全部转变为一种能量，贮存于微元内。这种能量称为**弹性应变能**，简称为**应变能**(strain energy)，用 dV_ε表示。若以 dV 表示微元的体积，则定义 dV_ε/dV 为**应变能密度**(strainenergy density)，用 v_ε表示。

当材料的应力-应变满足广义胡克定律时，在小变形的条件下，相应的力和位移亦存在线性关系。这时力做功为

$$W = \frac{1}{2}F_P\varDelta \tag{14-18}$$

对于弹性体，此功将转变为弹性应变能 V_ε。

设微元的三对边长分别为 dx、dy、dz，则作用在微元三对面上的力分别为σ_1dydz、σ_2dxdz、σ_3dxdy，与这些力对应的位移分别为ε_1dx、ε_2dy、ε_3dz。这些力在各自位移上所做之功，都可以用式(14-18)计算。于是，作用在微元上的所有力做功之和为

$$\mathrm{d}W=\frac{1}{2}\left(\sigma_1\varepsilon_1+\sigma_2\varepsilon_2+\sigma_3\varepsilon_3\right)\mathrm{d}x\mathrm{d}y\mathrm{d}z$$

储藏于微元体内的应变能为

$$\mathrm{d}V_\varepsilon=\mathrm{d}W=\frac{1}{2}\left(\sigma_1\varepsilon_1+\sigma_2\varepsilon_2+\sigma_3\varepsilon_3\right)\mathrm{d}V$$

根据应变能密度的定义，并应用式(14-18)，得到三向应力状态下，总应变能密度表达式

$$v_\varepsilon=\frac{1}{2E}\left[\sigma_1^2+\sigma_2^2+\sigma_3^2-2\nu\left(\sigma_1\sigma_2+\sigma_2\sigma_3+\sigma_3\sigma_1\right)\right] \tag{14-19}$$

14.5.4 体积改变能密度与畸变能密度

一般情形下，物体变形时，同时包含了体积改变与形状改变。因此，总应变能密度包含相互独立的两种应变能密度。即

$$v_\varepsilon=v_\mathrm{V}+v_\mathrm{d} \tag{14-20}$$

式中，v_V 和 v_d 分别称为**体积改变能密度**(strain-energy density corresponding to the change of volume)和**畸变能密度**(strain-energy density corresponding to the distortion)。

将用主应力表示的三向应力状态(图 14-12(a))分解为图 14-12(b)、(c)所示之两种应力状态的叠加。式中，$\bar{\sigma}$ 称为**平均应力**(average stress)。

$$\bar{\sigma}=\frac{1}{3}\left(\sigma_1+\sigma_2+\sigma_3\right) \tag{14-21}$$

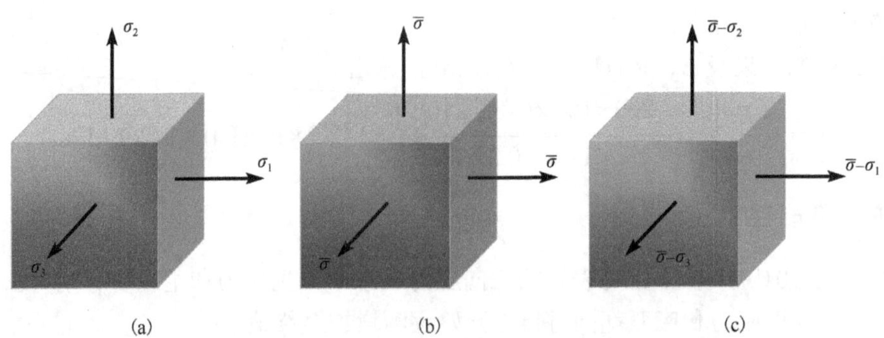

图 14-12　微元的形状改变与体积改变

图 14-12(b)所示为三向等拉应力状态，在这种应力状态作用下，微元只产生体积改变，而没有形状改变。图 14-12(c)所示之应力状态，读者可以证明，它将使微元只产生形状改变，而没有体积改变。

对于图 14-12(b)中的微元，将式(14-21)代入式(14-19)，算得其体积改变能密度

$$v_\mathrm{V}=\frac{1-2\nu}{6E}\left(\sigma_1+\sigma_2+\sigma_3\right)^2 \tag{14-22}$$

将式(14-19)和式(14-22)代入式(14-20)，得到微元的畸变能密度

$$v_d = \frac{1+\nu}{6E}\left[(\sigma_1-\sigma_2)^2+(\sigma_2-\sigma_3)^2+(\sigma_3-\sigma_1)^2\right] \tag{14-23}$$

14.6　复杂应力状态下的强度设计准则

前面已经提到，大量实验结果表明，材料在常温、静载作用下主要发生两种形式的强度失效：一种是**屈服**；另一种是**断裂**。

本节将通过对屈服和断裂原因的假说，直接应用单向拉伸的实验结果，建立材料在各种应力状态下的屈服与断裂的失效判据，以及相应的设计准则。我国国内的材料力学教材关于强度设计准则，一直沿用苏联的名词，称为强度理论。

关于断裂的准则有最大拉应力准则和最大拉应变准则，由于最大拉应变准则只与少数材料的实验结果相吻合，工程上已经很少应用。关于屈服的准则主要有最大切应力准则和畸变能密度准则。

14.6.1　最大拉应力准则

最大拉应力准则(maximum tensile stress criterion)是关于无裂纹脆性材料构件的断裂失效的判据和设计准则。这一准则最早由英国的兰金(Rankine W. J. M.)提出，他认为引起材料断裂破坏的原因是最大正应力达到某个共同的极限值。对于拉、压强度相同的材料，这一准则现在已被修正为最大拉应力准则，并且作为断裂失效的准则。

这一准则认为：无论材料处于什么应力状态，只要发生脆性断裂，其共同原因都是由于微元内的最大拉应力 $\sigma_{\max}$ 达到了某个共同的极限值 $\sigma_{\max}^0$。

根据这一准则，“无论什么应力状态”，当然包括单向应力状态。脆性材料单向拉伸实验结果表明，当横截面上的正应力 $\sigma=\sigma_b$ 时发生脆性断裂；对于单向拉伸，横截面上的正应力，就是微元所有方向面中的最大正应力，即 $\sigma_{\max}=\sigma$；所以 σ_b 就是所有应力状态发生脆性断裂的极限值

$$\sigma_{\max}^0=\sigma_b \tag{a}$$

同时，无论什么应力状态，只要存在大于零的正应力，σ_1 就是最大拉应力

$$\sigma_{\max}=\sigma_1 \tag{b}$$

比较式(a)、式(b)，所有应力状态发生脆性断裂的失效判据为

$$\sigma_1=\sigma_b \tag{14-24}$$

相应的设计准则为

$$\sigma_1 \leqslant [\sigma]=\frac{\sigma_b}{n_b} \tag{14-25}$$

式中，σ_b 为材料的强度极限；n_b 为对应的安全因数。

这一准则与均质的脆性材料(如玻璃、石膏以及某些陶瓷)的实验结果吻合得较好。国内的一些材料力学与工程力学教材中，最大拉应力准则又称为**第一强度理论**。

*14.6.2　最大拉应变准则

最大拉应变准则(maximum tensile strain criterion)也是关于无裂纹脆性材料构件的断裂失效的判据和设计准则。

这一准则认为：无论材料处于什么应力状态，只要发生脆性断裂，其共同原因都是由于微元的最大拉应变 ε_1 达到了某个共同的极限值 ε_1^0。

根据这一准则以及胡克定律，单向应力状态的最大拉应变 $\varepsilon_{\max}=\dfrac{\sigma_{\max}}{E}=\dfrac{\sigma}{E}$，$\sigma$ 为横截面上的正应力；脆性材料单向拉伸实验结果表明，当 $\sigma=\sigma_b$ 时发生脆性断裂，这时的最大应变值为 $\varepsilon_{\max}^0=\dfrac{\sigma_{\max}}{E}=\dfrac{\sigma_b}{E}$；所以 $\dfrac{\sigma_b}{E}$ 就是所有应力状态发生脆性断裂的极限值

$$\varepsilon_{\max}^0=\frac{\sigma_b}{E} \tag{c}$$

同时，对于主应力为 σ_1、σ_2、σ_3 的任意应力状态，根据广义胡克定律，最大拉应变为

$$\varepsilon_{\max}=\frac{\sigma_1}{E}-\nu\frac{\sigma_2}{E}-\nu\frac{\sigma_3}{E}=\frac{1}{E}(\sigma_1-\nu\sigma_2-\nu\sigma_3) \tag{d}$$

比较式(c)、式(d)，所有应力状态发生脆性断裂的失效判据为

$$\sigma_1-\nu(\sigma_2+\sigma_3)=\sigma_b \tag{14-26}$$

相应的设计准则为

$$\sigma_1-\nu(\sigma_2+\sigma_3)\leqslant[\sigma]=\frac{\sigma_b}{n_b} \tag{14-27}$$

式中，σ_b 为材料的强度极限；n_b 为对应的安全因数。

这一准则只与少数脆性材料的实验结果吻合。最大拉应变准则又称为**第二强度理论**。

14.6.3　最大切应力准则

最大切应力准则(maximum shearing stress criterion)是关于屈服的准则之一。这一准则认为：无论材料处于什么应力状态，只要发生屈服(或剪断)，其共同原因都是由于微元内的最大切应力 $\tau_{\max}$ 达到了某个共同的极限值 $\tau_{\max}^0$。

根据这一准则，由拉伸实验得到的屈服应力 σ_s，即可确定各种应力状态下发生屈服时最大切应力的极限值 $\tau_{\max}^0$。

轴向拉伸实验发生屈服时，横截面上的正应力达到屈服强度，即 $\sigma=\sigma_s$，此时最大切应力

$$\tau_{\max}=\frac{\sigma_1-\sigma_3}{2}=\frac{\sigma}{2}=\frac{\sigma_s}{2}$$

因此，根据最大切应力准则，$\sigma_s/2$ 即为所有应力状态下发生屈服时最大切应力的极限值

$$\tau_{\max}^0=\frac{\sigma_s}{2} \tag{e}$$

同时，对于主应力为 σ_1、σ_2、σ_3 的任意应力状态，其最大切应力为

$$\tau_{\max}=\frac{\sigma_1-\sigma_3}{2} \tag{f}$$

比较式(e)、式(f)，任意应力状态发生屈服时的失效判据可以写成

$$\sigma_1 - \sigma_3 = \sigma_s \tag{14-28}$$

据此，得到相应的设计准则

$$\sigma_1 - \sigma_3 \leqslant [\sigma] = \frac{\sigma_s}{n_s} \tag{14-29}$$

式中，$[\sigma]$为许用应力；n_s为安全因数。

最大切应力准则最早由法国工程师、科学家库仑(Coulomb)于 1773 年提出，是关于剪断的准则，并应用于建立土的破坏条件；1864 年特雷斯卡(Tresca)通过挤压实验研究屈服现象和屈服准则，将剪断准则发展为屈服准则，因而这一准则又称为特雷斯卡准则。

试验结果表明，这一准则能够较好地描述低强化韧性材料(例如退火钢)的屈服状态。最大切应力准则又称为**第三强度理论**。

14.6.4　畸变能密度准则

畸变能密度准则(criterion of strain energy density corresponding to distortion)也是一个关于屈服的准则。这一准则认为：无论材料处于什么应力状态，只要发生屈服(或剪断)，其共同原因都是由于微元内的畸变能密度v_d达到了某个共同的极限值v_d^0。

根据这一准则，由拉伸屈服试验结果σ_s，即可确定各种应力状态下发生屈服时畸变能密度的极限值v_d^0。

因为单向拉伸实验至屈服时，$\sigma_1 = \sigma_s$、$\sigma_2 = \sigma_3 = 0$，这时的畸变能密度，就是所有应力状态发生屈服时的极限值

$$v_d^0 = \frac{1+\nu}{6E}\left[(\sigma_1-\sigma_2)^2 + (\sigma_2-\sigma_3)^2 + (\sigma_3-\sigma_1)^2\right] = \frac{1+\nu}{3E}\sigma_s^2 \tag{g}$$

同时，对于主应力为σ_1、σ_2、σ_3的任意应力状态，其畸变能密度为

$$v_d = \frac{1+\nu}{6E}\left[(\sigma_1-\sigma_2)^2 + (\sigma_2-\sigma_3)^2 + (\sigma_3-\sigma_1)^2\right] \tag{h}$$

比较式(g)、式(h)，主应力为σ_1、σ_2、σ_3的任意应力状态屈服失效判据为

$$\frac{1}{2}\left[(\sigma_1-\sigma_2)^2 + (\sigma_2-\sigma_3)^2 + (\sigma_3-\sigma_1)^2\right] = \sigma_s^2 \tag{14-30}$$

相应的设计准则为

$$\sqrt{\frac{1}{2}\left[(\sigma_1-\sigma_2)^2 + (\sigma_2-\sigma_3)^2 + (\sigma_3-\sigma_1)^2\right]} \leqslant [\sigma] = \frac{\sigma_s}{n_s} \tag{14-31}$$

畸变能密度准则由米泽斯(R.von Mises)于 1913 年从修正最大切应力准则出发提出的。1924 年德国的亨奇(H.Hencky)从畸变能密度出发对这一准则做了解释，从而形成了畸变能密度准则，因此，这一准则又称为米泽斯准则。

1926 年，德国的洛德(Lode)通过薄壁圆管同时承受轴向拉伸与内压力时的屈服实验，验证米泽斯准则。他发现：对于碳素钢和合金钢等韧性材料，米泽斯准则与实验结果吻合得相当好。其他大量的试验结果还表明，米泽斯准则能够很好地描述铜、镍、铝等大量工程韧性材料的屈服状态。

国内的一些材料力学与工程力学教材中，畸变能密度准则又称为**第四强度理论**。

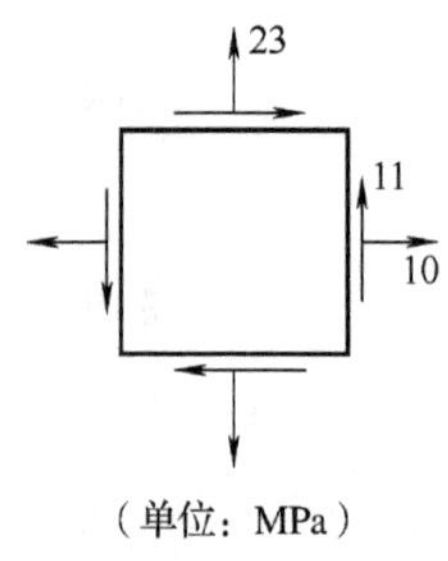

（单位：MPa）
图 14-13　例题 14-6 图

【例题 14-6】　已知铸铁构件上危险点处的应力状态。如图 14-13 所示，图中应力单位为 MPa。若铸铁拉伸许用应力为$[\sigma]^+=30\text{MPa}$，试校核该点处的强度是否安全。

解　根据所给的应力状态，在微元各个面上只有拉应力而无压应力。因此，可以认为铸铁在这种应力状态下可能发生脆性断裂，故采用最大拉应力准则，即

$$\sigma \leqslant [\sigma]^+$$

对于所给的平面应力状态，可算得非零主应力值为

$$\begin{aligned}\begin{matrix}\sigma'\\\sigma''\end{matrix} &= \frac{\sigma_x+\sigma_y}{2}\pm\frac{1}{2}\sqrt{\left(\sigma_x-\sigma_y\right)^2+4\tau_{xy}^2}\\ &=\left[\frac{10+23}{2}\pm\frac{1}{2}\sqrt{\left(10-23\right)^2+4\times\left(-11\right)^2}\right]\times10^6\\ &=\left(16.5\pm12.78\right)\times10^6(\text{Pa})=\begin{matrix}29.28(\text{MPa})\\3.72(\text{MPa})\end{matrix}\end{aligned}$$

因为是平面应力状态，有一个主应力为零，故三个主应力分别为

$$\sigma_1=29.28\text{MPa}\qquad \sigma_2=3.72\text{MPa}\qquad \sigma_3=0$$

显然

$$\sigma_1=29.28\text{MPa}<[\sigma]=30\text{MPa}$$

故此危险点强度是足够的。

【例题 14-7】　某结构上危险点处的应力状态如图 14-14 所示，其中，σ=116.7MPa，τ=46.3MPa。材料为钢，许用应力$[\sigma]=160\text{MPa}$。试校核此结构是否安全。

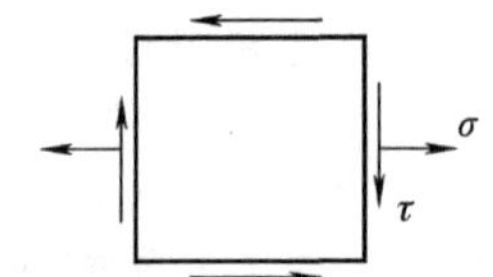

图 14-14　例题 14-7 图

解　对于这种平面应力状态，不难求得非零的主应力为

$$\begin{matrix}\sigma'\\\sigma''\end{matrix}=\frac{\sigma}{2}\pm\frac{1}{2}\sqrt{\sigma^2+4\tau^2}$$

因为有一个主应力为零，故有

$$\begin{aligned}\sigma_1&=\frac{\sigma}{2}+\frac{1}{2}\sqrt{\sigma^2+4\tau^2}\\ \sigma_2&=0\\ \sigma_3&=\frac{\sigma}{2}-\frac{1}{2}\sqrt{\sigma^2+4\tau^2}\end{aligned}\tag{14-32}$$

钢材在这种应力状态下可能发生屈服，故可采用最大切应力或畸变能密度准则做强度计算。根据最大切应力准则和畸变能密度准则，有

$$\sigma_1-\sigma_3=\sqrt{\sigma^2+4\tau^2}\leqslant[\sigma]\tag{14-33}$$

$$\sqrt{\frac{1}{2}\left[\left(\sigma_1-\sigma_2\right)^2+\left(\sigma_2-\sigma_3\right)^2+\left(\sigma_3-\sigma_1\right)^2\right]}=\sqrt{\sigma^2+3\tau^2}\leqslant[\sigma]\tag{14-34}$$

将已知的σ和τ数值代入式(14-33)和式(14-34)不等号的左侧，得

$$\sqrt{\sigma^2+4\tau^2}=\sqrt{116.7^2\times10^{12}+4\times46.3^2\times10^{12}}=149.0\times10^6(\text{Pa})=149.0(\text{MPa})$$

$$\sqrt{\sigma^2+3\tau^2}=\sqrt{116.7^2\times10^{12}+3\times46.3^2\times10^{12}}=141.6\times10^6(\text{Pa})=141.6(\text{MPa})$$

二者均小于$[\sigma]=160\text{MPa}$。可见，采用最大切应力准则或畸变能密度准则进行强度校核，该结构都是安全的。

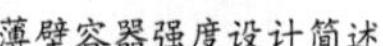
薄壁容器强度设计简述

斜弯曲

14.7　拉伸(压缩)与弯曲组合的强度计算

当杆件同时承受垂直于轴线的横向力和沿着轴线方向的纵向力时(图 14-15(a))，杆件的横截面上将同时产生轴力、弯矩和剪力，忽略剪力的影响，轴力和弯矩都将在横截面上产生正应力。

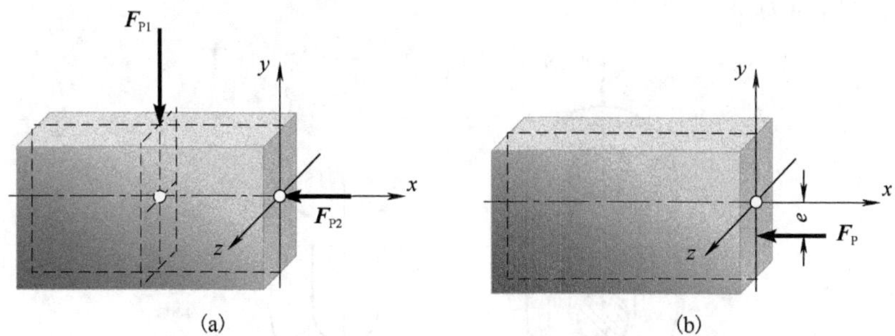

图 14-15　杆件横截面上同时产生轴力和弯矩的受力形式

此外，如果作用在杆件上的纵向力与杆件的轴线不重合，这种情形称为偏心加载。图 14-15(b)所示即为偏心加载的一种情形。这时，如果将纵向力向横截面的形心简化，同样，将在杆件的横截面上产生轴力和弯矩。

在梁的横截面上同时产生轴力和弯矩的情形下，根据轴力图和弯矩图，可以确定杆件的危险截面以及危险截面上的轴力 F_N 和弯矩 M_{max}。

轴力 F_N 引起的正应力沿整个横截面均匀分布，轴力为正时，产生拉应力；轴力为负时产生压应力

$$\sigma=\pm\frac{F_N}{A}$$

弯矩 M_{max} 引起的正应力沿横截面高度方向线性分布。

$$\sigma=\frac{M_z y}{I_z}\quad 或\quad \sigma=\frac{M_y z}{I_y}$$

应用叠加法，将二者分别引起的同一点的正应力求代数和，所得到的应力就是二者在同一点引起的总应力。

由于轴力 F_N 和弯矩 M_{max} 的方向有不同形式的组合，因此，横截面上的最大拉伸和压缩正应力的计算式也不完全相同。例如，对于图 14-15(b)中的情形，有

$$\sigma_{\max}^{+}=\frac{M}{W}-\frac{F_{\mathrm{N}}}{A} \tag{14-35a}$$

$$\sigma_{\max}^{-}=-\left(\frac{F_{\mathrm{N}}}{A}+\frac{M}{W}\right) \tag{14-35b}$$

式中，$M=F_{\mathrm{P}}e$，e 为偏心距；A 为横截面面积。

由于危险点上只有一个方向有正应力作用，故该点处为单向应力状态，其强度条件为

$$\sigma_{\max}\leqslant[\sigma]$$

式中，$\sigma_{\max}$ 由式(14-35)算得。

对于拉伸和压缩强度不等的材料，强度条件为

$$\begin{aligned}\sigma_{\max}^{+}&\leqslant[\sigma]^{+}\\ \sigma_{\max}^{-}&\leqslant[\sigma]^{-}\end{aligned} \tag{14-36}$$

【例题 14-8】　开口链环由直径 d=12mm 的圆钢弯制而成，其形状如图 14-16(a)所示，图中长度单位为 mm。链环的受力及其他尺寸均示于图中。试求链环直段部分横截面上的最大拉应力和最大压应力。

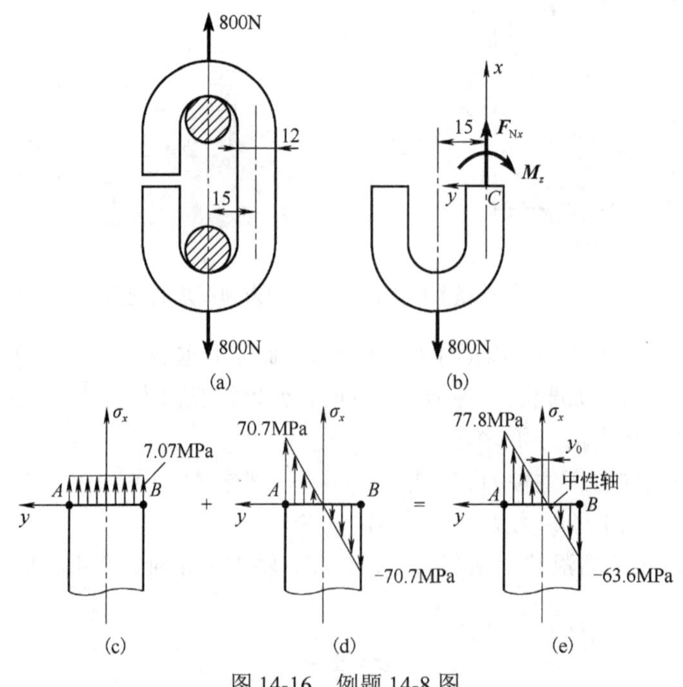

图 14-16　例题 14-8 图

解　计算直段部分横截面上的最大拉、压应力。将链环从直段的某一横截面处截开，根据平衡，截面上将作用有内力分量 $\boldsymbol{F}_{\mathrm{N}x}$ 和 M_z(图 14-16(b))。由平衡方程 $\sum F_x=0$ 和 $\sum M_C=0$，得

$$F_{\mathrm{N}x}=800\mathrm{N}\qquad M_z=800\times15\times10^{-3}\ \mathrm{N\cdot m}=12\mathrm{N\cdot m}$$

因为所有横截面上的轴力和弯矩都是相同的，所以，所有横截面的危险程度是相同的。

轴力 $\boldsymbol{F}_{\mathrm{N}x}$ 引起的正应力在截面上均匀分布，如图 14-16(c)所示，其值为

$$\sigma_x\left(\boldsymbol{F}_{\mathrm{N}x}\right)=\frac{F_{\mathrm{N}x}}{A}=\frac{4F_{\mathrm{N}x}}{\pi d^2}=\frac{4\times 800}{\pi\times 12^2\times 10^{-6}}=7.07\times 10^6(\mathrm{Pa})=7.07(\mathrm{Mpa})$$

弯矩 M_z 引起的正应力分布如图 14-16(d)所示。最大拉、压应力分别发生在 A、B 两点，其绝对值为

$$\sigma_{x\max}\left(M_z\right)=\frac{M_z}{W_z}=\frac{32M_z}{\pi d^3}=\frac{32\times 12}{\pi\times 12^3\times 10^{-9}}=70.7\times 10^6(\mathrm{Pa})=70.7(\mathrm{MPa})$$

将上述两个内力分量引起的应力分布叠加，便得到由载荷引起的链环直段横截面上的正应力分布，如图 14-16(e)所示。

从图中可以看出，横截面上的 A、B 两点处分别承受最大拉应力和最大压应力，其值分别为

$$\sigma_{x\max}^{+}=\sigma_x\left(F_{\mathrm{N}x}\right)+\sigma_x\left(M_z\right)=77.8\,\mathrm{MPa}$$

$$\sigma_{x\max}^{-}=\sigma_x\left(F_{\mathrm{N}x}\right)-\sigma_x\left(M_z\right)=-63.6\,\mathrm{MPa}$$

【例题 14-9】　图 14-17(a)所示为钻床结构及其受力简图。钻床立柱为空心铸铁管，管的外径为 D=140mm，内、外径之比 d/D=0.75。铸铁的拉伸许用应力 $[\sigma]^{+}=35\mathrm{MPa}$，压缩许用应力 $[\sigma]^{-}=90\mathrm{MPa}$。钻孔时钻头和工作台面的受力如图所示，其中 F_{P}=15kN，力 $\boldsymbol{F}_{\mathrm{P}}$ 作用线与立柱轴线之间的距离(偏心距) e=400mm。试校核立柱的强度是否安全。

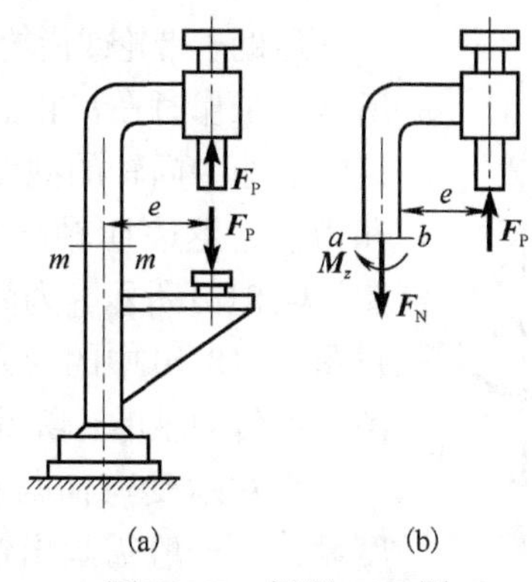

图 14-17　例题 14-9 图

解　(1)确定立柱横截面上的内力分量。

用假想截面 m-m 将立柱截开，以截开的上半部分为研究对象，如图 14-17(b)所示。由平衡条件得截面上的轴力和弯矩分别为

$$F_{\mathrm{N}}=F_{\mathrm{P}}=15\mathrm{kN}$$

$$M_z=F_{\mathrm{P}}\times e=15\times 400\times 10^{-3}=6(\mathrm{kN\cdot m})$$

(2)确定危险截面并计算最大正应力。

立柱在偏心力 $\boldsymbol{F}_{\mathrm{P}}$ 作用下产生拉伸与弯曲组合变形。根据图 14-17(b)所示横截面上轴力 $\boldsymbol{F}_{\mathrm{N}}$ 和弯矩 M_z 的实际方向可知，横截面上左、右两侧上的点 b 和点 a 分别承受最大拉应力和最大压应力，其值分别为

$$\sigma_{\max}^{+}=\frac{M_z}{W}+\frac{F_{\mathrm{N}}}{A}=\frac{F_{\mathrm{P}}\times e}{\dfrac{\pi D^3\left(1-\alpha^4\right)}{32}}+\frac{F_{\mathrm{P}}}{\dfrac{\pi\left(D^2-d^2\right)}{4}}$$

$$=\frac{32\times6\times10^{3}}{\pi\times\left(140\times10^{-3}\right)^{3}\left(1-0.75^{4}\right)}+\frac{4\times15\times10^{3}}{\pi\left[\left(140\times10^{-3}\right)^{2}-\left(0.75\times140\times10^{-3}\right)^{2}\right]}$$

$$=34.92\times10^{6}(\text{Pa})=34.92(\text{MPa})$$

$$\sigma_{\max}^{-}=-\frac{M_{z}}{W}+\frac{F_{\text{N}}}{A}$$

$$=-\frac{32\times6\times10^{3}}{\pi\times\left(140\times10^{-3}\right)^{3}\left(1-0.75^{4}\right)}+\frac{4\times15\times10^{3}}{\pi\left[\left(140\times10^{-3}\right)^{2}-\left(0.75\times140\times10^{-3}\right)^{2}\right]}$$

$$=-30.38\times10^{6}(\text{Pa})=-30.38(\text{MPa})$$

$$\sigma_{\max}^{+}<[\sigma]^{+}$$

$$\sigma_{\max}^{-}<[\sigma]^{-}$$

二者的数值都小于各自的许用应力值，这表明立柱的拉伸和压缩的强度都是安全的。

14.8　弯曲与扭转组合的强度计算

14.8.1　计算简图

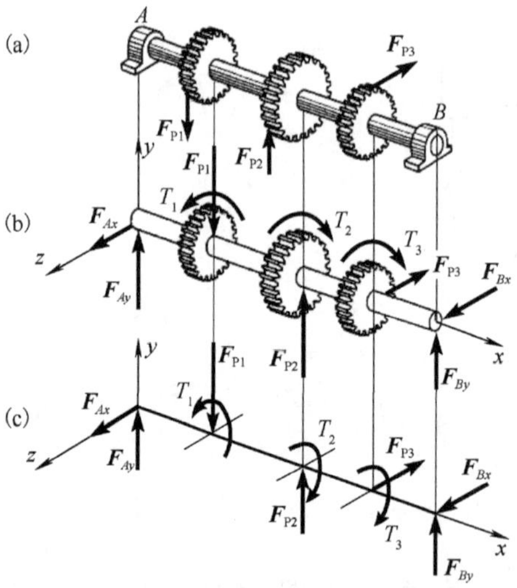

借助于带轮或齿轮传递功率的传动轴，如图 14-18(a)所示。工作时在齿轮的齿上均有外力作用。将作用在齿轮上的力向轴的截面形心简化便得到与之等效的力和力偶，这表明轴将承受横向载荷和扭转载荷，如图 14-18(b)所示。为简单起见，可以用轴线受力图代替图 14-18(b)中的受力图，如图 14-18(c)所示，这种图称为传动轴的计算简图。

图 14-18　传动轴及其计算简图

为对承受弯曲与扭转共同作用下的圆轴进行强度设计，一般需画出弯矩图和扭矩图(剪力一般忽略不计)，并据此确定传动轴上可能的危险面。因为是圆截面，所以当危险面上有两个弯矩 M_y 和 M_z 同时作用时，应按矢量求和的方法，确定危险面上总弯矩 M 的大小与方向(图 14-19(a)、(b))。

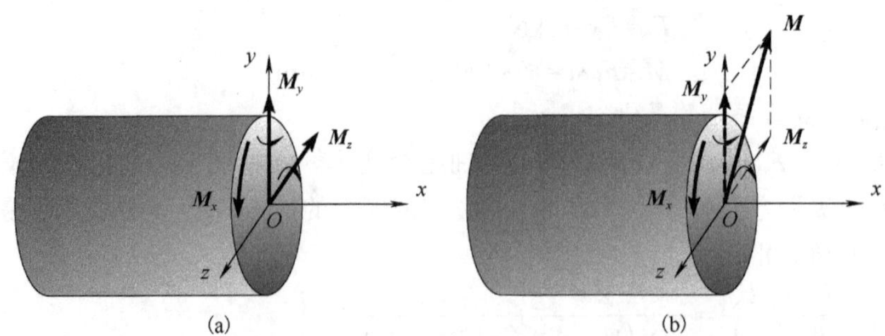

图 14-19　危险截面上的内力分量

14.8.2　危险点及其应力状态

根据截面上的总弯矩 M 和扭矩 M_x 的实际方向，以及它们分别产生的正应力和切应力分布，即可确定承受弯曲与扭转圆轴的危险点及其应力状态，如图 14-20 所示。微元截面上的正应力和切应力分别为

$$\sigma=\frac{M}{W}\qquad \tau=\frac{M_x}{W_{\mathrm{P}}}$$

式中

$$W=\frac{\pi d^3}{32}\qquad W_{\mathrm{P}}=\frac{\pi d^3}{16}$$

式中，d 为圆轴的直径。

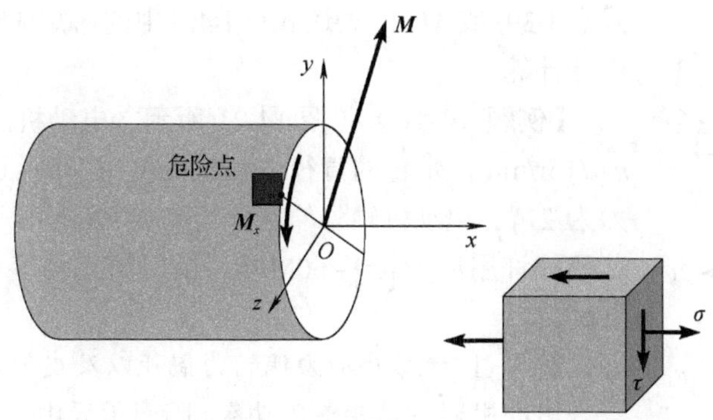

图 14-20　承受弯曲与扭转圆轴的危险点及其应力状态

14.8.3　强度设计准则与设计公式

因为承受弯曲与扭转的圆轴一般由韧性材料制成，故可用第三强度理论，强度条件

$$\sqrt{\sigma^2+4\tau^2}\leqslant[\sigma]$$

或按第四强度理论，强度条件

$$\sqrt{\sigma^2+3\tau^2}\leqslant[\sigma]$$

作为强度设计的依据。将 σ 和 τ 的表达式代入上式，并考虑到 $W_{\mathrm{P}}=2W$，于是，得到圆轴承受弯曲与扭转组合作用时的强度条件

$$\frac{\sqrt{M^2+M_x^2}}{W}\leqslant[\sigma] \tag{14-37}$$

$$\frac{\sqrt{M^2+0.75M_x^2}}{W}\leqslant[\sigma] \tag{14-38}$$

引入记号

$$M_{\mathrm{r3}}=\sqrt{M^2+M_x^2}=\sqrt{M_x^2+M_y^2+M_z^2} \tag{14-39}$$

$$M_{\mathrm{r4}}=\sqrt{M^2+0.75M_x^2}=\sqrt{0.75M_x^2+M_y^2+M_z^2} \tag{14-40}$$

式(14-37)、式(14-38)变为

$$\frac{M_{\mathrm{r3}}}{W}\leqslant[\sigma] \tag{14-41}$$

$$\frac{M_{r4}}{W} \leqslant [\sigma] \tag{14-42}$$

式中，M_{r3} 和 M_{r4} 分别称为基于第三强度理论和基于第四强度理论的**计算弯矩**或**相当弯矩**(equivalent bending moment)。

将 $W=\pi d^3/32$ 代入式(14-41)、式(14-42)，便得到承受弯曲与扭转的圆轴直径的设计公式

$$d \geqslant \sqrt[3]{\frac{32M_{r3}}{\pi[\sigma]}} \approx \sqrt[3]{10\frac{M_{r3}}{[\sigma]}} \tag{14-43}$$

$$d \geqslant \sqrt[3]{\frac{32M_{r4}}{\pi[\sigma]}} \approx \sqrt[3]{10\frac{M_{r4}}{[\sigma]}} \tag{14-44}$$

需要指出的是，对于承受纯扭转的圆轴，只要令 M_{r3} 的表达式(14-39)或 M_{r4} 的表达式(14-40)中的弯矩 $M=0$，即可进行同样的设计计算。

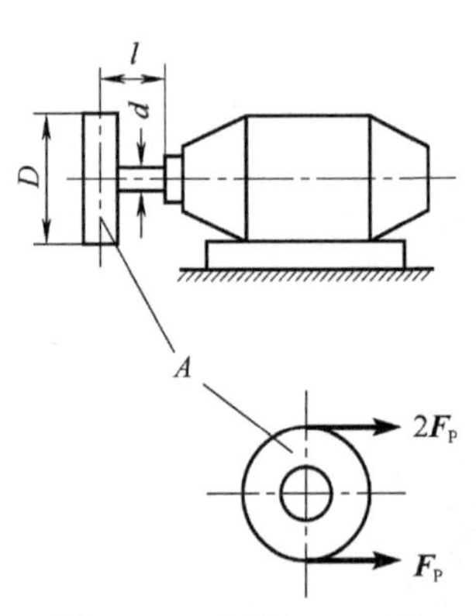

图 14-21　例题 14-10 图

【例题 14-10】　图 14-21 所示之电动机的功率 $P=9\text{kW}$，转速 $n=715\text{r/min}$，带轮的直径 $D=250\text{mm}$，皮带松边拉力为 $\boldsymbol{F}_P$，紧边拉力为 $2\boldsymbol{F}_P$。电动机轴外伸部分长度 $l=120\text{mm}$，轴的直径 $d=40\text{mm}$。若已知许用应力 $[\sigma]=60\text{MPa}$，试用第三强度理论校核电动机轴的强度。

解　(1)计算外加力偶的力偶矩以及皮带拉力。

电动机通过带轮输出功率，因而承受由皮带拉力引起的扭转和弯曲共同作用。根据轴传递的功率、轴的转速与外加力偶矩之间的关系，作用在带轮上的外加力偶矩为

$$M_e = 9549 \times \frac{P}{n} = 9549 \times \frac{9}{715} = 120.2(\text{N}\cdot\text{m})$$

根据作用在皮带上的拉力与外加力偶矩之间的关系，有

$$2F_P \times \frac{D}{2} - F_P \times \frac{D}{2} = M_e$$

于是，作用在皮带上的拉力

$$F_P = \frac{2M_e}{D} = \frac{2\times 120.2}{250\times 10^{-3}} = 961.6(\text{N})$$

(2)确定危险面上的弯矩和扭矩。

将作用在带轮上的皮带拉力向轴线简化，得到一个力和一个力偶，

$$F_R = 3F_P = 3\times 961.6 = 2884.8(\text{N})$$
$$M_e = 120.2\text{N}\cdot\text{m}$$

轴的左端可以看作自由端，右端可视为固定端约束。由于问题比较简单，可以不必画出弯矩图和扭矩图，就可以直接判断出固定端处的横截面为危险面，其上之弯矩和扭矩分别为

$$M_{max} = F_R \times l = 3F_P \times l = 3\times 961.6 \times 120 \times 10^{-3} = 346.2(\text{N}\cdot\text{m})$$
$$M_x = M_e = 120.2\text{N}\cdot\text{m}$$

应用第三强度理论，由式(14-37)，有

$$\frac{\sqrt{M^2+M_x^2}}{W}=\frac{\sqrt{346.2^2+120.2^2}}{\dfrac{\pi\left(40\times10^{-3}\right)^3}{32}}=58.32\times10^6(\text{Pa})=58.32(\text{MPa})\leqslant[\sigma]$$

所以，电动机轴的强度是安全的。

【例题 14-11】　图 14-22(a)所示之圆杆 BD，左端固定，右端与刚性杆 AB 固结在一起。刚性杆的 A 端作用有平行于 y 坐标轴的力 $\boldsymbol{F}_P$。若已知 F_P=5kN，a=300mm，b=500mm，材料为 Q235 钢，许用应力$[\sigma]$=140MPa。试分别用第三强度理论和第四强度理论设计圆杆 BD 的直径 d。

解　(1)将外力向轴线简化。

将外力 $\boldsymbol{F}_P$ 向杆 BD 的 B 端简化，得到一个向上的力和一个绕 x 轴转动的力偶，如图 14-22(b)所示，其值分别为

$$F_P=5\ \text{kN}$$
$$M_e=F_P\times a=5\times10^3\times300\times10^{-3}=1500\ (\text{N}\cdot\text{m})$$

(2)确定危险截面以及其上的内力分量。

杆 BD 相当于一端固定的悬臂梁，在自由端承受集中力和扭转力偶的作用，因此同时发生弯曲和扭转变形。

不难看出，杆 BD 的所有横截面上的扭矩都是相同的，弯矩却不同，在固定端 D 处弯矩取最大值。

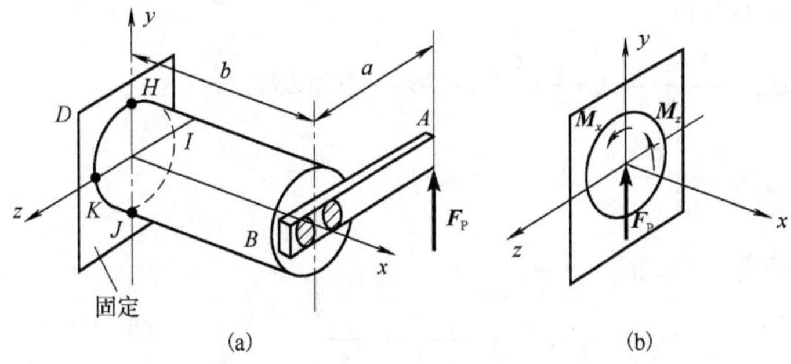

图 14-22　例题 14-11 图

因此固定端处的横截面为危险面。此外，危险面上还存在剪力，考虑到剪力的影响较小，可以忽略不计。

危险面上的弯矩和扭矩的数值分别为

$$M_z=F_P\times b=5\times10^3\times500\times10^{-3}=2500\ (\text{N}\cdot\text{m})$$
$$M_x=M_e=F_P\times a=5\times10^3\times300\times10^{-3}=1500\ (\text{N}\cdot\text{m})$$

(3)应用强度条件设计杆 BD 的直径。

应用第三强度理论或第四强度理论，由式(14-43)和式(14-44)有

$$d\geqslant\sqrt[3]{10\frac{M_{r3}}{[\sigma]}}=\sqrt[3]{\frac{10\times\sqrt{M_z^2+M_x^2}}{[\sigma]}}$$

$$=\sqrt[3]{\frac{10\times\sqrt{2500^2+1500^2}}{140\times10^6}}=0.0593(\text{m})=59.3(\text{mm})$$

$$d\geqslant\sqrt[3]{10\frac{M_{r4}}{[\sigma]}}\sqrt[3]{\frac{10\times\sqrt{M_z^2+0.75M_x^2}}{[\sigma]}}$$

$$=\sqrt[3]{\frac{10\times\sqrt{2500^2+0.75\times1500^2}}{140\times10^6}}=0.0586(\text{m})=58.6(\text{mm})$$

14.9 小结与讨论

14.9.1 本章小结

(1)应力状态的概念。

① 一点的应力状态：通过受力构件内一点各个方位截面上的应力情况称为应力状态。为了表示一点的应力状态，一般围绕所研究的点截取出一个正六面体(简称微元)。

② 主平面、主应力：单元体上切应力等于零的平面称为主平面。主平面上的应力称为主应力。3 个主应力按代数值大小排列顺序为$\sigma_1>\sigma_2>\sigma_3$。

③ 应力状态分类：只受一个方向正应力作用的应力状态，称为单向应力状态。只受切应力作用的应力状态，称为纯剪切应力状态。所有应力作用线都处于同一平面内的应力状态，称为平面应力状态。

(2)平面应力状态分析。

① 解析法：$\sigma_\theta=\dfrac{\sigma_x+\sigma_y}{2}+\dfrac{\sigma_x-\sigma_y}{2}\cos2\theta-\tau_{xy}\sin2\theta$

$$\tau_\theta=\frac{\sigma_x-\sigma_y}{2}\sin2\theta+\tau_{xy}\cos2\theta$$

② 主平面方向角：$\tan2\theta_p=-\dfrac{2\tau_{xy}}{\sigma_x-\sigma_y}$

③ 主应力：$\sigma'=\dfrac{\sigma_x+\sigma_y}{2}+\dfrac{1}{2}\sqrt{(\sigma_x-\sigma_y)^2+4\tau_{xy}^2}$

$$\sigma''=\frac{\sigma_x+\sigma_y}{2}-\frac{1}{2}\sqrt{(\sigma_x-\sigma_y)^2+4\tau_{xy}^2}$$

$$\sigma'''=0$$

④ 面内最大和最小切应力：$\left.\begin{matrix}\tau'\\\tau''\end{matrix}\right.=\pm\dfrac{1}{2}\sqrt{(\sigma_x-\sigma_y)^2+4\tau_{xy}^2}$

⑤ 一点处的最大切应力：$\tau_{\max}=\dfrac{\sigma_1-\sigma_3}{2}$

⑥ 应力圆方法：点面对应；转向对应；二倍角对应。

(3)广义胡克定律。

$$
\begin{cases}
\varepsilon_x = \dfrac{1}{E}\left[\sigma_x - \nu\left(\sigma_y + \sigma_z\right)\right] \\
\varepsilon_y = \dfrac{1}{E}\left[\sigma_y - \nu\left(\sigma_z + \sigma_x\right)\right] \\
\varepsilon_z = \dfrac{1}{E}\left[\sigma_z - \nu\left(\sigma_x + \sigma_y\right)\right] \\
\gamma_{xy} = \dfrac{\tau_{xy}}{G} \\
\gamma_{xz} = \dfrac{\tau_{xz}}{G} \\
\gamma_{yz} = \dfrac{\tau_{yz}}{G}
\end{cases}
\qquad G = \frac{E}{2(1+\nu)}
$$

(4) 总应变能密度：$v_\varepsilon = \dfrac{1}{2E}\left[\sigma_1^2 + \sigma_2^2 + \sigma_3^2 - 2\nu\left(\sigma_1\sigma_2 + \sigma_2\sigma_3 + \sigma_3\sigma_1\right)\right]$

体积改变能密度：$v_{\mathrm{V}} = \dfrac{1-2\nu}{6E}\left(\sigma_1 + \sigma_2 + \sigma_3\right)^2$

畸变能密度：$v_{\mathrm{d}} = \dfrac{1+\nu}{6E}\left[\left(\sigma_1 - \sigma_2\right)^2 + \left(\sigma_2 - \sigma_3\right)^2 + \left(\sigma_3 - \sigma_1\right)^2\right]$

(5) 复杂应力状态下的强度设计准则。

最大拉应力准则(第一强度理论)：$\sigma_1 \leqslant [\sigma]$

最大拉应变准则(第二强度理论)：$\sigma_1 - \left(\sigma_2 + \nu\sigma_3\right) \leqslant [\sigma]$

最大切应力准则(第三强度理论)：$\sigma_1 - \sigma_3 \leqslant [\sigma]$

畸变能密度准则(第四强度理论)：$\sqrt{\dfrac{1}{2}\left[\left(\sigma_1 - \sigma_2\right)^2 + \left(\sigma_2 - \sigma_3\right)^2 + \left(\sigma_3 - \sigma_1\right)^2\right]} \leqslant [\sigma]$

(6) 拉伸(压缩)与弯曲组合。

压弯组合横截面上的最大拉伸和压缩正应力：$\sigma_{\max}^{+} = \dfrac{M}{W} - \dfrac{F_{\mathrm{N}}}{A}$　　$\sigma_{\max}^{-} = -\left(\dfrac{F_{\mathrm{N}}}{A} + \dfrac{M}{W}\right)$

(7) 弯曲与扭转组合。

圆轴承受弯曲与扭转组合作用时的第三和第四强度条件：

$$
\frac{\sqrt{M^2 + M_x^2}}{W} \leqslant [\sigma] \qquad \frac{\sqrt{M^2 + 0.75M_x^2}}{W} \leqslant [\sigma]
$$

补充小结

14.9.2　讨论

1. 关于应力状态的几点重要结论

关于应力状态，有以下几点重要结论。

(1) 应力的点和面的概念以及应力状态的概念，不仅是工程力学的基础，而且也是其他弹性体力学的基础。

(2) 应力状态方向面上的应力与应力圆的类比关系，为分析应力状态提供了一种重要手段。需要注意的是，不应当将应力圆作为图解工具，因而无需用绘图仪器画出精确的应力圆，只要徒手即可画出。根据应力圆中的几何关系，就可以得到所需要的答案。

(3) 要注意区分面内最大切应力与应力状态中的最大切应力。为此，对于平面应力状态，要正确确定σ_1、σ_2、σ_3，然后由式(14-12)计算一点处的最大切应力。

2. 平衡方法是分析应力状态最重要、最基本的方法

本章应用平衡方法建立了不同方向面上应力的转换关系。但是，平衡方法的应用不仅限于此，在分析和处理某些复杂问题时，也是非常有效的。例如图 14-23(a)所示的承受轴向拉伸的锥形杆(矩形截面)，应用平衡方法可以证明：横截面 *A-A* 上各点的应力状态不会完全相同。

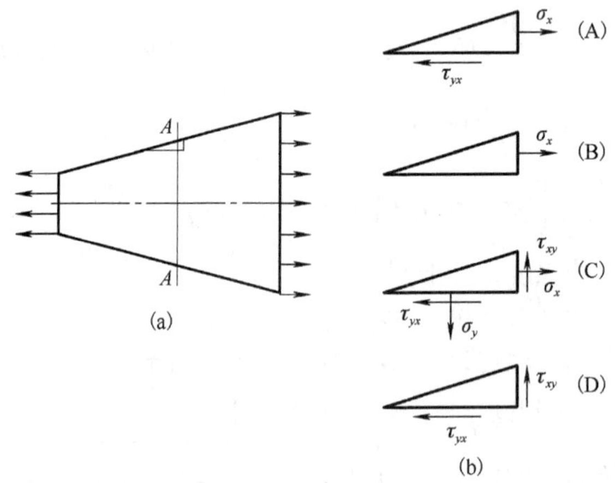

图 14-23　承受轴向拉伸的锥形杆的应力状态

注意： 考察微元及其局部平衡时，参加平衡的量只能是力，而不是应力。应力只有乘以其作用面的面积才能参与平衡。

又比如，图 14-23(b)所示为从点 *A* 取出的应力状态，请读者应用平衡的方法，分析哪一种是正确的？

*3. 关于应力状态的不同的表示方法

同一点的应力状态可以有不同的表示方法，但以主应力表示的应力状态最为重要。

对于图 14-24 所示的四种应力状态，请读者分析哪几种是等价的？为了回答这一问题，首先，需要应用本章的分析方法，确定两个应力状态等价不仅要主应力的数值相同，而且主应力的作用线方向也必须相同。据此，才能判断哪些应力状态是等价的。

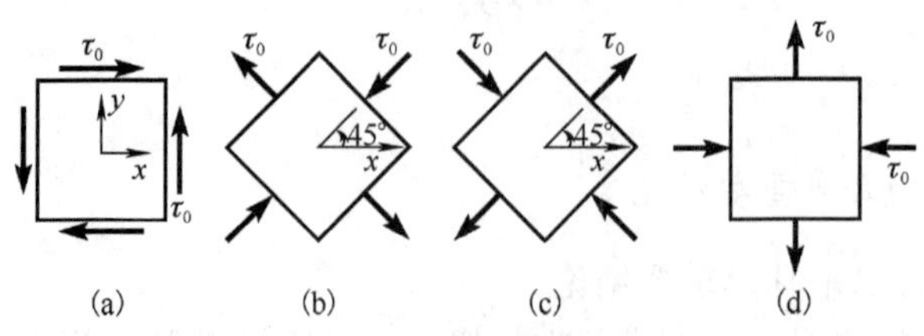

图 14-24　判断应力状态是否等价

4. 正确应用广义胡克定律

对于一般应力状态的微元，其上某一方向的正应变不仅与这一方向上的正应力有关，而且还与单元体的另外两个垂直方向上的正应力有关。在小变形的条件下，切应力在其作用方向以及与之垂直的方向都不会产生正应变，但在其余方向仍将产生正应变。

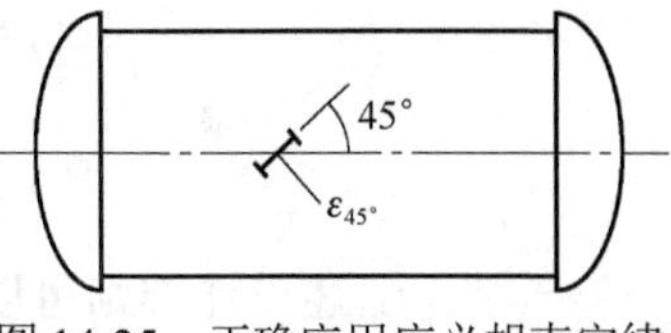

图 14-25　正确应用广义胡克定律

对于图 14-25 所示的承受内压的薄壁容器，怎样从表面一点处某一方向上的正应变(例如 ε_{45°)推知容器所受内压，或间接测量容器壁厚。这一问题具有重要的工程意义，请读者自行研究。

5. 应用强度设计准则需要注意的几个问题

根据本章分析以及工程实际应用的要求，应用失效判据与设计准则时需要注意以下几方面问题。

1) 要注意不同设计准则的适用范围

上述设计准则只适用于某种确定的失效形式。因此，在实际应用中，应当先判别将会发生什么形式的失效——屈服还是断裂，然后选用合适的判据或准则。在大多数应力状态下，脆性材料将发生脆性断裂，因而应选用最大拉应力准则；而在大多数应力状态下，韧性材料将发生屈服和剪断，故应选用最大切应力或畸变能密度准则。

但是，必须指出，材料的失效形式，不仅取决于材料的力学行为，而且与其所处的应力状态、温度和加载速度等都有一定的关系。试验表明，韧性材料在一定的条件下(例如低温或三向拉伸时)，会表现为脆性断裂；而脆性材料在一定的应力状态(例如三向压缩)下，会表现出塑性屈服或剪断。

2) 要注意强度设计的全过程

上述设计准则并不包括强度设计的全过程，只是在确定了危险点及其应力状态之后的计算过程。因此，在对构件或零部件进行强度计算时，要根据强度设计步骤进行。特别要注意的是，在复杂受力形式下，要正确确定危险点的应力状态，并根据可能的失效形式选择合适的设计准则。

3) 注意关于计算应力和应力强度在设计准则中的应用

工程上为了计算方便起见，常常将强度设计准则中直接与许用应力 $[\sigma]$ 相比较的量，称为**计算应力**或**相当应力**(equivalent stress)，用 σ_{ri} 表示，i=1，2，3，4，其中，数码 1、2、3、4 分别表示了最大拉应力、最大拉应变、最大切应力和畸变能密度设计准则的序号。

近年来，一些科学技术文献中也将相当应力称为**应力强度**，用 S_{i} 表示。不论是“计算应力”还是“应力强度”，它们本身都没有确切的物理含义，只是为了计算方便起见而引进的名词和记号。

对于不同的失效判据或设计准则，σ_{ri} 和 S_{i} 都是主应力 σ_1、σ_2、σ_3 的不同函数：

$$\begin{cases}\sigma_{r1}=\sigma_1\\ \sigma_{r2}=\sigma_1-\left(\sigma_2+\nu\sigma_3\right)\\ \sigma_{r3}=\sigma_1-\sigma_3\\ \sigma_{r4}=\sqrt{\dfrac{1}{2}\left[\left(\sigma_1-\sigma_2\right)^2+\left(\sigma_2-\sigma_3\right)^2+\left(\sigma_3-\sigma_1\right)^2\right]}\end{cases} \tag{10-45}$$

于是，上述设计准则可以概括为

$$\sigma_{ri}\leqslant[\sigma]\qquad(i=1,2,3,4) \tag{10-46}$$

习　　题

14-1　木制构件中的微元受力如习题 14-1 图所示，图中所示的角度为木纹方向与铅垂方向的夹角。试求：(1)面内平行于木纹方向的切应力；(2)垂直于木纹方向的正应力。

14-2　层合板构件中微元受力如习题 14-2 图所示，各层板之间用胶黏接，接缝方向如图所示。若已知胶层切应力不得超过 1MPa，试分析是否满足这一要求。

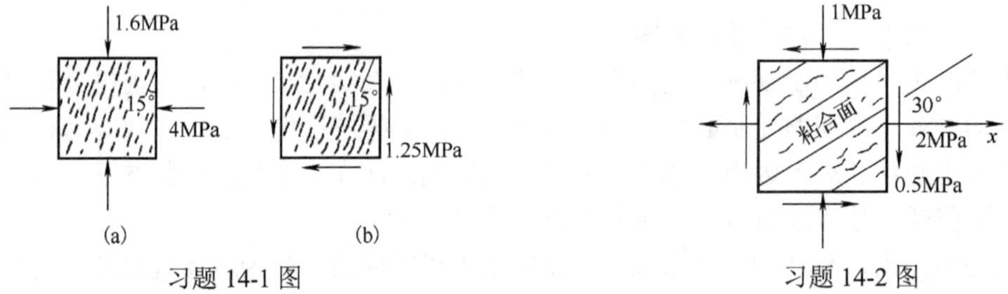

习题 14-1 图　　　　习题 14-2 图

14-3　从构件中取出的微元受力如习题 14-3 图所示，其中 AC 为自由表面(无外力作用)，试求 σ_x 和 τ_{xy}。

14-4　构件微元表面 AC 上作用有数值为 14MPa 的压应力，其余受力如习题 14-4 图所示，试求 σ_x 和 τ_{xy}。

14-5　对于如习题 14-5 图所示的应力状态，若要求其中的最大切应力 $\tau_{max}<160\text{MPa}$，试求 τ_{xy}。

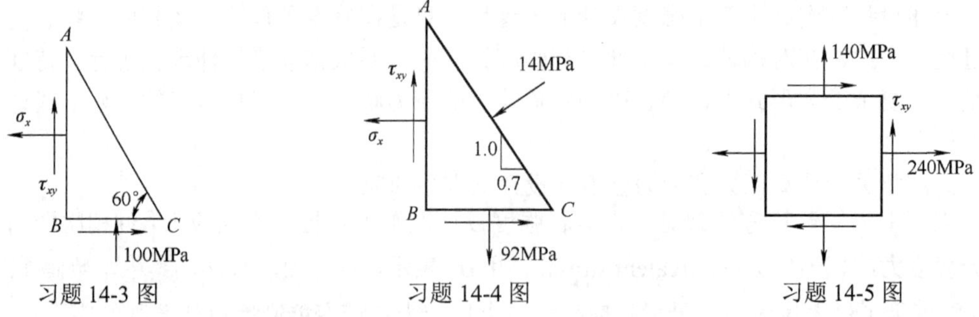

习题 14-3 图　　　　习题 14-4 图　　　　习题 14-5 图

14-6　如习题 14-6 图所示外径为 300mm 的钢管由厚度为 8mm 的钢带沿 20° 的螺旋线卷曲焊接而成。试求下列情形下，焊缝上沿焊缝方向的切应力和垂直于焊缝方向的正应力。(1)只承受轴向载荷 $F_P=250\text{kN}$；(2)只承受内压 $p=5.0\text{MPa}$(两端封闭)；*(3)同时承受轴向载荷 $F_P=250\text{kN}$ 和内压 $p=5.0\text{MPa}$(两端封闭)。

14-7　承受内压的铝合金制的圆筒形薄壁容器如习题 14-7 图所示，图中长度单位为 mm。已知内压 $p=3.5\text{MPa}$，材料的 $E=75\text{GPa}$，$\nu=0.33$。试求圆筒的半径改变量。

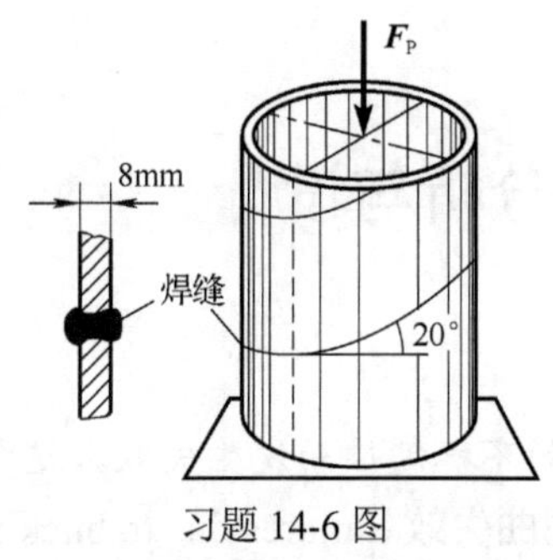

习题 14-6 图

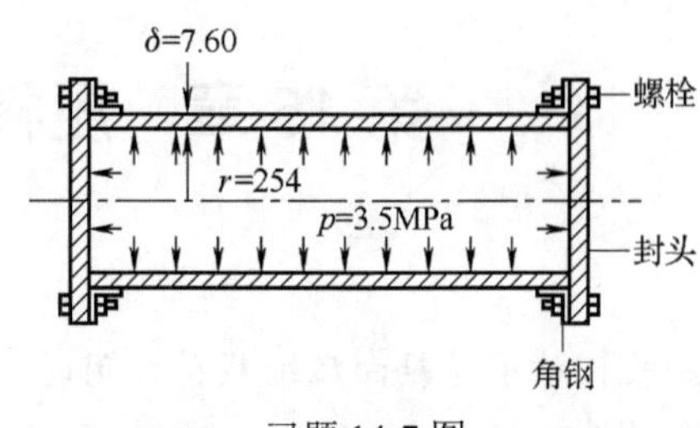

习题 14-7 图

14-8　构件中危险点的应力状态如习题 14-8 图所示。试选择合适的准则对以下两种情形作强度校核：

(1) 构件为钢制，$\sigma_x = 45\text{MPa}$，$\sigma_y = 135\text{MPa}$，$\sigma_z = 0$，$\tau_{xy} = 0$，许用应力 $[\sigma] = 160\text{MPa}$；

(2) 构件材料为铸铁，$\sigma_x = 20\text{MPa}$，$\sigma_y = -25\text{MPa}$，$\sigma_z = 30\text{MPa}$，$\tau_{xy} = 0$，$[\sigma] = 30\text{MPa}$。

14-9　对于习题 14-9 图所示平面应力状态，各应力分量的可能组合有以下几种情形，试按最大切应力准则和畸变能密度准则分别计算此几种情形下的计算应力。(1) $\sigma_x = 40\text{MPa}$，$\sigma_y = 40\text{MPa}$，$\tau_{xy} = 60\text{MPa}$；(2) $\sigma_x = 60\text{MPa}$，$\sigma_y = -80\text{MPa}$，$\tau_{xy} = -40\text{MPa}$；(3) $\sigma_x = -40\text{MPa}$，$\sigma_y = 50\text{MPa}$，$\tau_{xy} = 0$；(4) $\sigma_x = 0$，$\sigma_y = 0$，$\tau_{xy} = 45\text{MPa}$。

14-10　传动轴受力如习题 14-10 图所示。若已知材料的 $[\sigma] = 120\text{MPa}$，试设计该轴的直径。

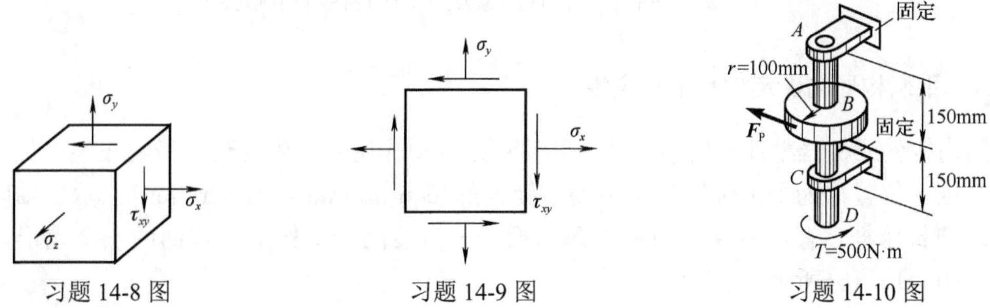

习题 14-8 图　　习题 14-9 图　　习题 14-10 图

14-11　铝制圆轴右端固定、左端受力如习题 14-11 图所示。若轴的直径 $d = 32\text{mm}$，试确定点 a 和点 b 的应力状态，并计算 σ_{r3} 和 σ_{r4} 值。

***14-12**　直杆 AB 与直径 $d = 40\text{mm}$ 的圆柱焊成一体，结构受力如习题 14-12 图所示(单位：mm)。试确定点 a 和点 b 的应力状态，并计算 σ_{r4}。

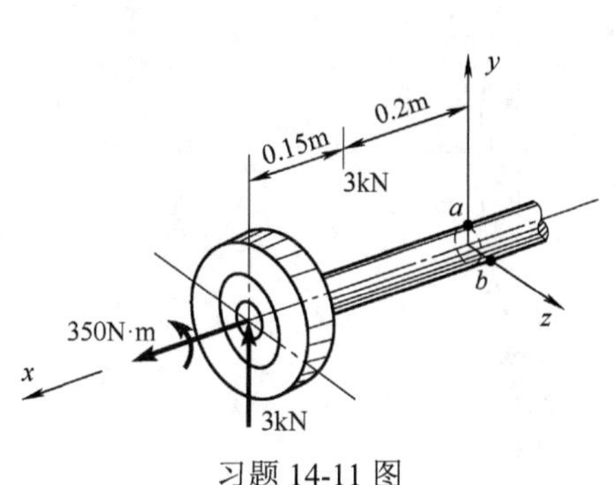

习题 14-11 图

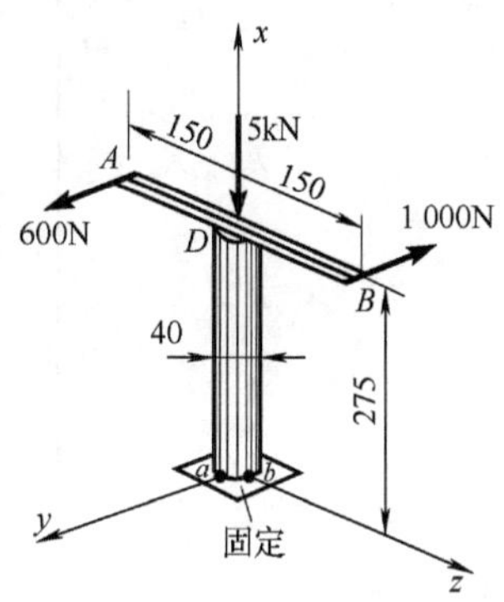

习题 14-12 图

第 15 章　压杆的稳定性分析与设计

细长杆件承受轴向压缩载荷作用时，将会由于平衡的不稳定性而发生失效，这种失效称为**稳定性失效**(failures due to a loss of stability)，又称为**屈曲失效**(failures due to bucking)。

什么是受压杆件的稳定性，什么是屈曲失效，按照什么准则进行设计，才能保证压杆安全可靠地工作，这是工程常规设计的重要任务之一。

本章首先介绍关于弹性体平衡构形稳定性的基本概念，包括：平衡构形、平衡构形稳定与不稳定的概念以及弹性平衡稳定性的静力学判别准则。然后根据微弯的屈曲平衡构形，由平衡条件和小挠度微分方程以及端部约束条件，确定不同刚性支承条件下弹性压杆的临界力。最后，本章还将介绍工程中常用的压杆稳定设计方法——安全因数法。

15.1　弹性平衡稳定性的基本概念

15.1.1　平衡构形的稳定性和不稳定性

结构构件或机器零件在压缩载荷或其他特定载荷作用下发生变形，最终在某一位置保持平衡，这一位置称为平衡位置，又称为**平衡构形**(equilibrium configuration)。承受轴向压缩载荷的细长压杆，有可能存在两种平衡构形——直线的平衡构形与弯曲的平衡构形，分别如图 15-1(a)、(b)所示。

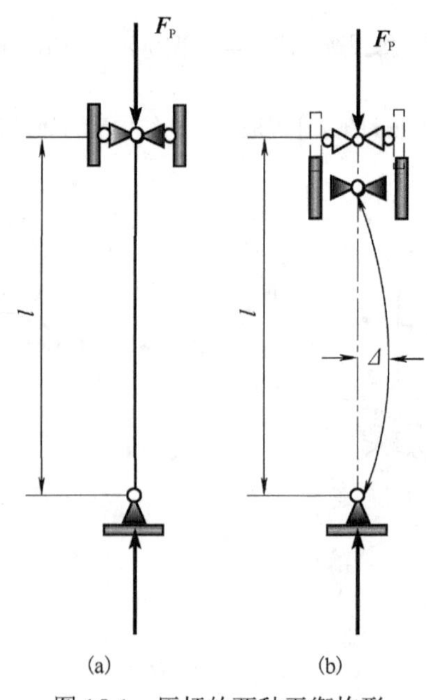

图 15-1　压杆的两种平衡构形

当载荷小于一定的数值时，微小的外界**扰动**使其偏离平衡构形，外界扰动除去后，构件仍能恢复到初始平衡构形，则称初始的平衡构形是**稳定的**。扰动除去后，构件不能回复到原来的平衡构形，则称初始的平衡构形是**不稳定的**。此即判别**弹性平衡稳定性的静力学准则**(statical criterion for elastic stability)。

不稳定的平衡构形在任意微小的外界**扰动**下，将转变为其他平衡构形。例如，不稳定的细长压杆的直线平衡构形，在外界的微小扰动下，将转变为弯曲的平衡构形。这一过程称为屈曲(buckling)或失稳(lost stability)。通常，屈曲将使构件失效，并导致相关的结构发生**坍塌**(collapse)。由于这种失效具有突发性，常常带来灾难性后果。

15.1.2 临界状态与临界载荷

介于稳定平衡构形与不稳定平衡构形之间的平衡构形称为**临界平衡构形**，或称为**临界状态**(critical state)。处于临界状态的平衡构形，有的是稳定的，有的是不稳定的，也有的是中性的。

使杆件处于临界状态的压缩载荷称为临界载荷(critical load)，用 $\boldsymbol{F}_{\mathrm{Pcr}}$ 表示。

非线性弹性稳定理论已经证明了：对于细长压杆，临界平衡构形是稳定的。因此，当压缩载荷超过临界载荷时，压杆仍然具有一定的承载能力，但不会在直线状态保持平衡，而在弯曲的平衡状态保持平衡，并且弯曲的程度与压缩载荷的大小有关。

15.1.3 三种类型压杆的不同临界状态

不是所有受压杆件都会发生屈曲，也不是所有发生屈曲的压杆都是弹性的。理论分析与试验结果都表明，根据不同的失效形式，受压杆件可以分为三种类型，它们的临界状态和临界载荷各不相同。

(1)细长杆——发生弹性屈曲，当外加载荷 $F_{\mathrm{P}} \leqslant F_{\mathrm{Pcr}}$ 时，不发生屈曲；当 $F_{\mathrm{P}}>F_{\mathrm{Pcr}}$ 时，发生弹性屈曲，即当载荷除去后，杆仍能由弯曲平衡构形恢复到初始直线平衡构形。细长杆承受压缩载荷时，载荷与侧向屈曲位移之间的关系如图 15-2(a)所示。

(2)中长杆——发生弹塑性屈曲。当外加载荷 $F_{\mathrm{P}}>F_{\mathrm{Pcr}}$ 时，中长杆也会发生屈曲，但不再是弹性的，这是因为这时压杆上的某些部分已经出现塑性变形。中长杆承受压缩载荷时，载荷与侧向屈曲位移之间的关系如图 15-2(b)所示。

(3)粗短杆——不发生屈曲，而发生屈服或断裂。粗短杆承受压缩载荷时，载荷与轴向变形关系曲线如图 15-2(c)所示。

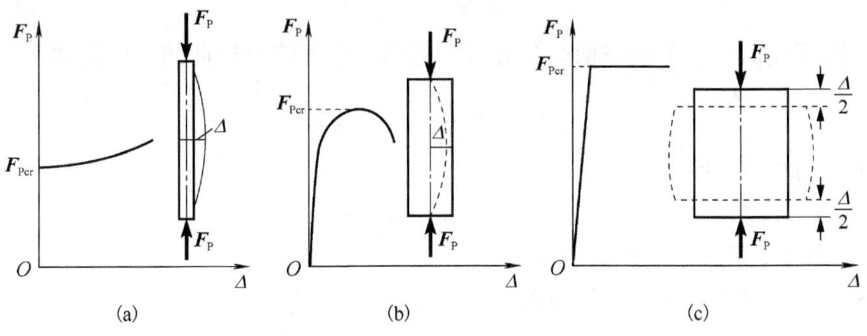

图 15-2 三类压杆不同的临界状态

显然，上述三种压杆的失效形式不同，临界载荷当然也各不相同。

15.2　细长压杆的临界载荷——欧拉临界力

15.2.1　两端铰支的细长压杆

从图 15-2(a)所示 F_P-Δ 曲线可以看出，当 $F_P > F_{Pcr}$ 时，$\Delta \neq 0$，这表明当 F_P 无限接近临界载荷 F_{Pcr} 时，在直线平衡构形附近无穷小的邻域内存在微弯的屈曲平衡构形。根据这一平衡构形，由平衡条件和小挠度微分方程，以及端部约束条件，即可确定临界载荷。

考察图 15-3(a)所示之承受轴向压缩载荷的理想直杆，令 F_P 无限接近临界载荷 F_{Pcr}，压杆由直线平衡构形转变为与之无限接近的微弯屈曲构形(图 15-3(b))，从任意横截面处将微弯屈曲构形下的压杆截开，局部的受力如图 15-3(c)所示。根据平衡条件，得到微弯屈曲构形时的弯矩

$$M = F_P w \tag{a}$$

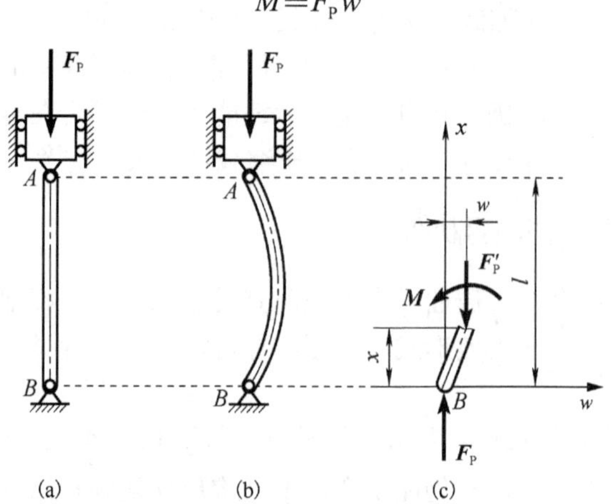

图 15-3　微弯屈曲构形下的局部受力与平衡

根据小挠度微分方程，在图 15-3 所示的坐标系中

$$M = -EI\frac{d^2 w}{dx^2} \tag{b}$$

将式(a)代入式(b)得到

$$\frac{d^2 w}{dx^2} + k^2 w = 0 \tag{15-1}$$

这是压杆在微弯屈曲状态下的平衡微分方程，是确定压杆临界载荷的主要依据，式中

$$w = w(x) \qquad k^2 = \frac{F_P}{EI} \tag{15-2}$$

微分方程(15-1)的解是

$$w = A\sin kx + B\cos kx \tag{15-3}$$

式中，A、B 为待定常数，由约束条件确定。

利用两端处挠度都等于零的约束条件

$$w(0) = 0 \qquad w(l) = 0$$

得到一线性代数方程组

$$\begin{cases} 0\cdot A+B=0 \\ \sin kl\cdot A+\cos kl\cdot B=0 \end{cases} \tag{c}$$

方程组(c)中，A、B 不全为零的条件是系数行列式等于零

$$\begin{vmatrix} 0 & 1 \\ \sin kl & \cos kl \end{vmatrix}=0 \tag{d}$$

由此解得

$$\sin kl=0 \tag{15-4}$$

据此，得到

$$kl=n\pi \qquad (n=1,2,\cdots)$$

将 $k=n\pi/l$ 代入式(15-2)，即可得到所要求的临界载荷的一般表达式

$$F_{\mathrm{Pcr}}=\frac{n^2\pi^2 EI}{l^2} \tag{15-5}$$

当 n=1 时，所得到的就是具有实际意义的、最小的临界载荷计算公式

$$F_{\mathrm{Pcr}}=\frac{\pi^2 EI}{l^2} \tag{15-6}$$

式(15-5)及式(15-6)中，E 为压杆材料的弹性模量；I 为压杆横截面的形心主惯性矩：如果两端在各个方向上的约束都相同，I 则为压杆横截面的最小形心主惯性矩。

从式(c)中的第一式解出 B=0，连同 $k=n\pi/l$ 一起代入式(15-3)，得到与直线平衡构形无限接近的屈曲位移函数，又称为**屈曲模态**(buckling mode)

$$w(x)=A\sin\frac{n\pi x}{l} \tag{15-7}$$

式中，A 为不定常数，称为**屈曲模态幅值**(amplitude of buckling mode)；n 为屈曲模态的正弦半波数。式(15-7)表明，与直线平衡构形无限接近的微弯屈曲位移是不确定的，这与本小节一开始所假定的任意微弯屈曲构形是一致的。

15.2.2　其他刚性支承细长压杆临界载荷的通用公式

不同刚性支承条件下的压杆，由静力学平衡方法得到的平衡微分方程和端部的约束条件都可能各不相同，确定临界载荷的表达式亦因此而异，但基本分析方法和分析过程却是相同的。对于细长杆，这些公式可以写成通用形式

$$F_{\mathrm{Pcr}}=\frac{\pi^2 EI}{(\mu l)^2} \tag{15-8}$$

这一表达式称为**欧拉公式**。式中，μl 为不同压杆屈曲后挠曲线上正弦半波的长度(图 15-4)称为**有效长度**(effective length)；μ为反映不同支承影响的系数，称为**长度系数**(effective-length factor)，可由屈曲后的正弦半波长度与两端铰支压杆初始屈曲时的正弦半波长度的比值确定。例如，一端固定另一端自由的压杆，其微弯屈曲波形如图 15-4(a)所示，屈曲波形的正弦半波长度等于 $2l$。这表明，一端固定、另一端自由、杆长为 l 的压杆，其临界载荷相当于两端铰支、杆长为 $2l$ 压杆的临界载荷。所以长度系数μ=2。

又如，图 15-4(c)中所示一端铰支、另一端固定压杆的屈曲波形，其正弦半波长度等于 $0.7l$，因而，临界载荷与两端铰支、长度为 $0.7l$ 的压杆相同。

再如，图 15-4(d) 中所示两端固定压杆的屈曲波形，其正弦半波长度等于 0.5l，因而，临界载荷与两端铰支、长度为 0.5l 的压杆相同。

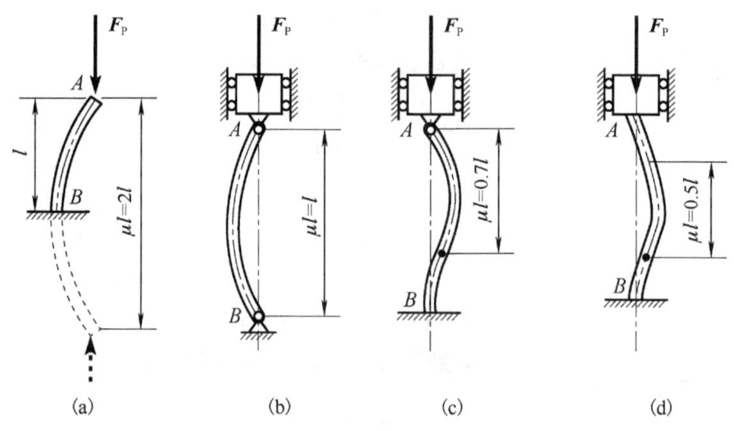

图 15-4　不同支承条件下压杆的屈曲波形

注意： 上述临界载荷公式，只有在微弯曲状态下压杆仍然处于弹性状态时才是成立的。

15.3　长细比的概念　三类不同压杆的判断

15.3.1　长细比的定义与概念

前面已经提到欧拉公式只有在弹性范围内才是适用的。这就要求在临界载荷作用下，压杆在直线平衡构形时，其横截面上的正应力小于或等于材料的比例极限，即

$$\sigma_{cr}=\frac{F_{Pcr}}{A}\leqslant\sigma_p \tag{15-9}$$

式中，σ_{cr} 称为**临界应力**(critical stress)；σ_p 为材料的比例极限。

对于某一压杆，当临界载荷 F_{Pcr} 尚未算出时，不能判断式(15-9)是否满足；当临界载荷算出后，如果式(15-9)不满足，则还需采用超过比例极限的临界载荷计算公式，重新计算。这些都会给实际设计带来不便。

能否在计算临界载荷之前，预先判断压杆是发生弹性屈曲还是发生超过比例极限的非弹性屈曲？或者不发生屈曲而只发生强度失效？为了回答这一问题，需要引进**长细比**(slenderness ratio)的概念。

长细比用λ表示，由下式确定

$$\lambda=\frac{\mu l}{i} \tag{15-10}$$

式中，i 为压杆横截面的惯性半径：

$$i=\sqrt{\frac{I}{A}} \tag{15-11}$$

式(15-10)及式(15-11)中，μ为反映不同支承影响的长度系数；l 为压杆的长度；i 是全面反映压杆横截面形状与尺寸的几何量。所以，长细比是一个综合反映压杆长度、约束条件、截面尺寸和截面形状对压杆临界载荷影响的量。

15.3.2　三类不同压杆的区分

根据长细比的大小可以将压杆分成三类，并且可以判断和预测三类压杆将发生不同形式的失效。三类压杆如下。

(1) 细长杆。

当压杆的长细比λ大于或等于某个极限值λ_p时，即

$$\lambda \geqslant \lambda_p$$

压杆将发生弹性屈曲。这时，压杆在直线平衡构形下横截面上的正应力不超过材料的比例极限，这类压杆称为大长细比杆或细长杆。

(2) 中长杆。

当压杆的长细比λ小于λ_p，但大于或等于另一个极限值λ_s时，即

$$\lambda_p > \lambda \geqslant \lambda_s$$

压杆也会发生屈曲。这时，压杆在直线平衡构形下横截面上的正应力已经超过材料的比例极限，截面上某些部分已进入塑性状态。这种屈曲称为非弹性屈曲。这类压杆称为中长杆。

(3) 粗短杆。

长细比λ小于极限值λ_s时

$$\lambda < \lambda_s$$

压杆不会发生屈曲，但将会发生屈服。这类压杆称为粗短杆。

15.3.3　三类压杆的临界应力公式

对于细长杆，根据临界应力公式(15-9)和欧拉公式(15-8)，得

$$\sigma_{cr} = \frac{\pi^2 E}{\lambda^2} \tag{15-12}$$

对于中长杆，由于发生了塑性变形，理论计算比较复杂，工程中大多采用直线经验公式计算其临界应力，最常用是直线公式为

$$\sigma_{cr} = a - b\lambda \tag{15-13}$$

式中，a 和 b 为与材料有关的常数，单位为 MPa。常用工程材料的 a 和 b 数值列于表 15-1 中。

表 15-1　常用工程材料的 a 和 b 数值

材料(σ_s，σ_b 的单位为 MPa)	a/MPa	b/MPa
Q235 钢(σ_s=235，σ_b≥372)	304	1.12
优质碳素钢(σ_s=306，σ_b≥417)	461	2.568
硅钢(σ_s=353，σ_b=510)	578	3.744
铬钼钢	9 807	5.296
铸铁	332.2	1.454
强铝	373	2.15
木材	28.7	0.19

对于粗短杆，因为不发生屈曲，而只发生屈服(韧性材料)，故其临界应力即为材料的屈服应力，亦即

$$\sigma_{cr} = \sigma_s \tag{15-14}$$

将上述各式乘以压杆的横截面面积，即得到三类压杆的临界载荷。

15.3.4 临界应力总图与 λ_p、λ_s 值的确定

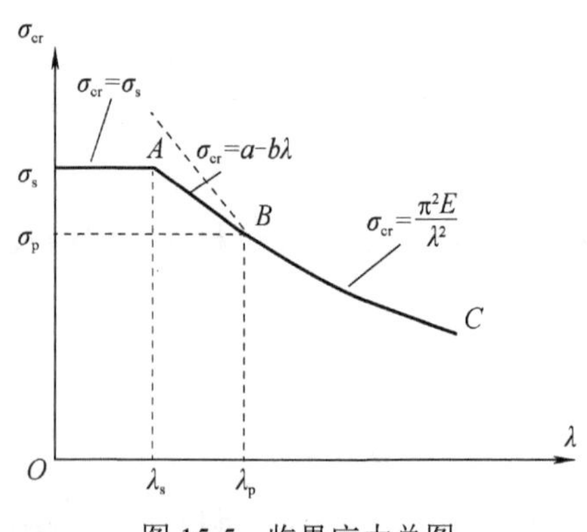

图 15-5 临界应力总图

根据三种压杆的临界应力表达式，在 $O\sigma_{cr}\lambda$ 坐标系中可以作出 σ_{cr}-λ 关系曲线，称为**临界应力总图**(figures of critical stresses)，如图 15-5 所示。

根据临界应力总图所示之 σ_{cr}-λ 关系，可以确定区分不同材料三类压杆的长细比极限值 λ_p、λ_s。

令细长杆的临界应力等于材料的比例极限(图 15-5 中的点 B)，得到

$$\lambda_p = \sqrt{\frac{\pi^2 E}{\sigma_P}} \tag{15-15}$$

对于不同的材料，由于 E、σ_P 各不相同，λ_p 的数值亦不相同。一旦给定 E、σ_P，即可算得 λ_p。例如，对于 Q235 钢，E=206GPa、σ_P=200MPa，由式(15-15)算得 λ_p=101。

若令中长杆的临界应力等于屈服强度(图 15-5 中的点 A)，得到

$$\lambda_s = \frac{a - \sigma_s}{b} \tag{15-16}$$

例如，对于 Q235 钢，σ_s=235MPa，a=304MPa，b=1.12MPa，由上式可以算得 λ_p=61.6。

15.4 压杆的稳定性设计

15.4.1 压杆稳定性设计内容

稳定性设计(stability design)一般包括以下两部分。

(1)确定临界载荷。

当压杆的材料、约束以及几何尺寸已知时，根据三类不同压杆的临界应力公式(式(15-12)～式(15-14))，确定压杆的临界载荷。

(2)稳定性安全校核。

当外加载荷、杆件各部分尺寸、约束以及材料性能均为已知时，验证压杆是否满足稳定性设计准则。

15.4.2 安全因素法与稳定性设计准则

为了保证压杆具有足够的稳定性，设计中，必须使杆件所承受的实际压缩载荷(又称为工作载荷)小于杆件的临界载荷，并且具有一定的安全裕度。

压杆的稳定性设计一般采用安全因数法与稳定系数法。本书只介绍安全因素法。

采用安全因数法时，**稳定性设计准则**(stability criterion)一般可表示为

$$n_w \geqslant [n]_{st} \tag{15-17}$$

式中，n_w 为工作安全因数，由下式确定

$$n_{\mathrm{w}}=\frac{F_{\mathrm{Pcr}}}{F}=\frac{\sigma_{\mathrm{cr}}A}{F} \tag{15-18}$$

式中，F 为压杆的工作载荷；A 为压杆的横截面面积。

式(15-17)中，$[n]_{\mathrm{st}}$ 为规定的稳定安全因数。在静载荷作用下，稳定安全因数应略高于强度安全因数。这是因为实际压杆不可能是理想直杆，而是具有一定的初始缺陷(例如初曲率)，压缩载荷也可能具有一定的偏心度。这些因素都会使压杆的临界载荷降低。对于钢材，取 $[n]_{\mathrm{st}}=1.8\sim3.0$；对于铸铁，取 $[n]_{\mathrm{st}}=5.0\sim5.5$；对于木材，取 $[n]_{\mathrm{st}}=2.8\sim3.2$。

15.4.3　压杆稳定性设计过程

根据上述设计准则，进行压杆的稳定性的设计，首先必须根据材料的弹性模量与比例极限 E、σ_{P}，由式(15-15)和式(15-16)计算出长细比的极限值 λ_{P}、λ_{s}；再根据压杆的长度 l、横截面的惯性矩 I 和面积 A，以及两端的支承条件 μ，计算压杆的实际长细比 λ；然后比较压杆的实际长细比值与极限值，判断属于哪一类压杆，选择合适的临界应力公式，确定临界载荷；最后，由式(15-18)计算压杆的工作安全因素，并验算是否满足稳定性设计准则式(15-17)。

对于简单结构，则需应用受力分析方法，首先确定哪些杆件承受压缩载荷，然后再按上述过程进行稳定性计算与设计。

15.5　压杆稳定性分析与稳定性设计示例

【例题 15-1】　图 15-6(a)、(b)所示之压杆，其直径均为 d，材料都是 Q235 钢，但二者长度和约束条件各不相同。试求：(1)分析哪一根杆的临界载荷较大？(2)计算 d=160mm，E=206GPa 时，二杆的临界载荷。

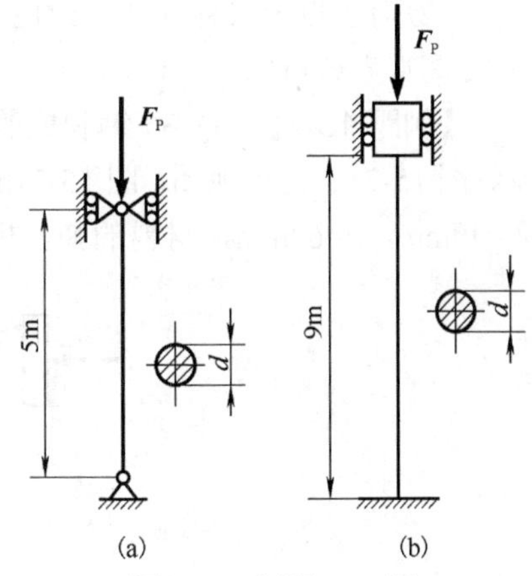

图 15-6　例题 15-1 图

解　(1)计算长细比，判断哪一根杆的临界载荷大。

因为 $\lambda=\mu l/i$，式中，$i=\sqrt{I/A}$，而二者均为圆截面且直径相同，故有

$$i=\sqrt{\frac{\pi d^4/64}{\pi d^2/4}}=\frac{d}{4}$$

因二者约束条件和杆长都不相同，所以 λ 也不一定相同。

对于两端铰支的压杆(图 15-6(a))，$\mu=1$，l=5 000mm

$$\lambda_a=\frac{\mu l}{i}=\frac{1\times5}{\dfrac{d}{4}}=\frac{20}{d}$$

对于两端固定的压杆(图 15-6(b))，μ=0.5，l=9 000mm

$$\lambda_b=\frac{\mu l}{i}=\frac{0.5\times9}{\dfrac{d}{4}}=\frac{18}{d}$$

可见本例中两端铰支压杆的临界载荷，小于两端固定压杆的临界载荷。

(2) 计算各杆的临界载荷。

对于两端铰支的压杆

$$\lambda_a=\frac{\mu l}{i}=\frac{1\times 5}{\frac{d}{4}}=\frac{20}{0.16}=125>\lambda_{\rm p}=101$$

属于细长杆，利用欧拉公式计算临界力

$$F_{\rm Pcr}=\sigma_{\rm cr}A=\frac{\pi^2 E}{\lambda^2}\times\frac{\pi d^2}{4}=\frac{\pi^2\times 206\times 10^9}{125^2}\times\frac{\pi\times\left(160\times 10^{-3}\right)^2}{4}$$
$$=2.6\times 10^6({\rm N})=2.60\times 10^3({\rm kN})$$

对于两端固定的压杆

$$\lambda_a=\frac{\mu l}{i}=\frac{0.5\times 9{\rm m}}{\frac{d}{4}}=\frac{18{\rm m}}{0.16{\rm m}}=112.5>\lambda_{\rm p}=101$$

也属于细长杆

$$F_{\rm Pcr}=\sigma_{\rm cr}A=\frac{\pi^2 E}{\lambda^2}\times\frac{\pi d^2}{4}=\frac{\pi^2\times 206\times 10^9}{112.5^2}\times\frac{\pi\times\left(160\times 10^{-3}\right)^2}{4}$$
$$=3.21\times 10^6({\rm N})=3.21\times 10^3({\rm kN})$$

思考：(1) 本例中的两根压杆，在其他条件不变时，当杆长 l 减小一半时，其临界载荷将增加几倍？

(2) 对于以上二杆，如果改用高强度钢(屈服强度比 Q235 钢高 2 倍以上，E 相差不大) 能否提高临界载荷？

【例题 15-2】　Q235 钢制成的矩形截面杆，两端约束以及所承受的压缩载荷如图 15-7 所示(图 15-7(a) 为正视图；图 15-7(b) 为俯视图)，在 A、B 两处为销钉连接。若已知 l=2300mm，b=40mm，h=60mm，材料的弹性模量 E=205GPa。试求此杆的临界载荷。

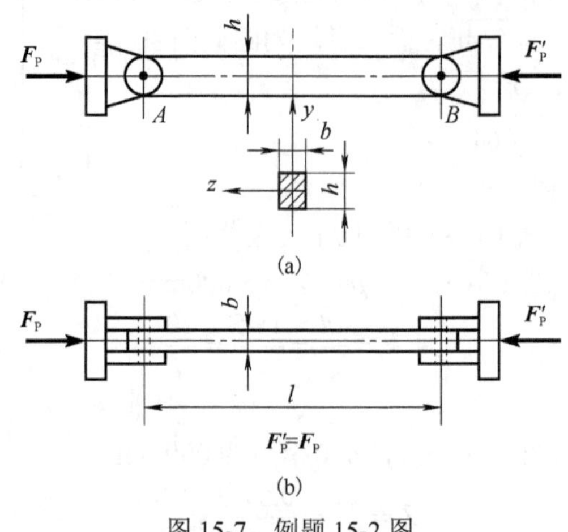

图 15-7　例题 15-2 图

解　给定的压杆在 A、B 两处为销钉连接，这种约束与球铰约束不同。在正视图平面内屈曲时，A、B 两处可以自由转动，相当于铰链；而在俯视图平面内屈曲时，A、B 二处不能转动，这时可近似视为固定端约束。又因为是矩形截面，压杆在正视图平面内屈曲时，截面

将绕 z 轴转动；而在俯视图平面内屈曲时，截面将绕 y 轴转动。

根据以上分析，为了计算临界力，应首先计算压杆在两个平面内的长细比，以确定它将在哪一平面内发生屈曲。

在正视图平面(图 15-7(a))内

$$I_z = \frac{bh^3}{12} \qquad A = bh \qquad \mu = 1.0 \qquad i_z = \sqrt{\frac{I_z}{A}} = \frac{h}{2\sqrt{3}}$$

$$\lambda_z = \frac{\mu l}{i_z} = \frac{\mu l}{\dfrac{h}{2\sqrt{3}}} = \frac{(1\times 2300\times 10^{-3})\times 2\sqrt{3}}{(60\times 10^{-3})} = 132.8 > \lambda_{\mathrm{P}} = 101$$

在俯视图平面(图 15-7(b))内

$$I_y = \frac{hb^3}{12} \qquad A = bh \qquad \mu = 0.5 \qquad i_y = \sqrt{\frac{I_y}{A}} = \frac{b}{2\sqrt{3}}$$

$$\lambda_y = \frac{\mu l}{i_y} = \frac{\mu l}{\dfrac{b}{2\sqrt{3}}} = \frac{(1\times 2300\times 10^{-3})\times 2\sqrt{3}}{(40\times 10^{-3})} = 99.6 < \lambda_{\mathrm{P}} = 101$$

比较上述结果，可以看出，$\lambda_z > \lambda_y$。所以，压杆将在正视图平面内屈曲。又因为在这一平面内，压杆的长细比 $\lambda_z > \lambda_{\mathrm{P}}$，属于细长杆，可以用欧拉公式计算压杆的临界载荷

$$F_{\mathrm{Pcr}} = \sigma_{\mathrm{cr}} A = \frac{\pi^2 E}{\lambda_z^2}\times bh = \frac{\pi^2\times 205\times 10^9\times 40\times 10^{-3}\times 60\times 10^{-3}}{132.8^2}$$

$$= 275.3\times 10^3(\mathrm{N}) = 275.3(\mathrm{kN})$$

【例题 15-3】 图 15-8 所示的结构中，梁 AB 为 No.14 普通热轧工字钢，CD 为圆截面直杆，其直径为 d=20mm，二者材料均为 Q235 钢。结构受力如图所示，A、C、D 三处均为球铰约束。若已知 F_{P}=25kN，l_1=1.25m，l_2=0.55m，σ_{s}=235MPa，强度安全因数 n_{s}=1.45，稳定安全因数$[n]_{\mathrm{st}}$=1.8。试校核此结构是否安全？

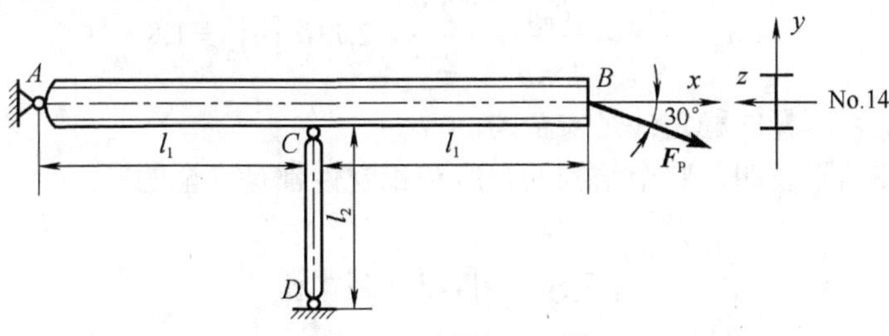

图 15-8 例题 15-3 图

解 在给定的结构中共有两个构件：梁 AB，承受拉伸与弯曲的组合作用，属于强度问题；杆 CD 承受压缩载荷，属于稳定性问题。现分别校核如下。

(1) 大梁 AB 的强度校核。

大梁 AB 在截面 C 处弯矩最大，该处横截面为危险截面，其上的弯矩和轴力分别为

$$M_{\max} = (F_{\mathrm{P}}\sin 30^\circ)l_1 = \left(25\times 10^3\times 0.5\right)\times 1.25 = 15.63\times 10^3(\mathrm{N\cdot m}) = 15.63(\mathrm{kN\cdot m})$$

$$F_{\mathrm{N}} = F_{\mathrm{P}}\cos 30^\circ = 25\times 10^3\times \cos 30^\circ = 21.65\times 10^3(\mathrm{N}) = 21.65(\mathrm{kN})$$

由型钢表查得 No.14 普通热轧工字钢的

$$W_z = 102\text{cm}^3 = 102\times10^3\text{mm}^3$$
$$A = 21.5\text{cm}^2 = 21.5\times10^2\text{mm}^2$$

由此得到

$$\sigma_{\max} = \frac{M_{\max}}{W_z} + \frac{F_{Nx}}{A} = \frac{15.63\times10^3}{102\times10^3\times10^{-9}} + \frac{21.65\times10^3}{21.5\times10^2\times10^{-4}}$$
$$= 163.2\times10^6(\text{Pa}) = 163.2(\text{MPa})$$

Q235 钢的许用应力

$$[\sigma] = \frac{\sigma_s}{n_s} = \frac{235}{1.45} = 162(\text{MPa})$$

$\sigma_{\max}$略大于$[\sigma]$，但$(\sigma_{\max}-[\sigma])\times100\%/[\sigma]=0.7\%<5\%$，工程上仍认为是安全的。

(2) 校核压杆 CD 的稳定性。

由平衡方程求得压杆 CD 的轴向压力

$$F_{NCD} = 2F_P\sin30^\circ = F_P = 25\text{kN}$$

因为是圆截面杆，故惯性半径

$$i = \sqrt{\frac{I}{A}} = \frac{d}{4} = 5\text{mm}$$

又因为两端为球铰约束μ=1.0，所以

$$\lambda = \frac{\mu l}{i} = \frac{1.0\times0.55}{5\times10^{-3}} = 110 > \lambda_P = 101$$

这表明，压杆 CD 为细长杆，故采用欧拉公式计算其临界应力

$$F_{Pcr} = \sigma_{cr}A = \frac{\pi^2E}{\lambda^2}\times\frac{\pi d^2}{4} = \frac{\pi^2\times206\times10^9}{110^2}\times\frac{\pi\times\left(20\times10^{-3}\right)^2}{4}$$
$$= 52.8\times10^3(\text{N}) = 52.8(\text{kN})$$

于是，压杆的工作安全因数

$$n_w = \frac{\sigma_{cr}}{\sigma_w} = \frac{F_{Pcr}}{F_{NCD}} = \frac{52.8}{25} = 2.11 > [n]_{st} = 1.8$$

这一结果说明，压杆的稳定性是安全的。

上述两项计算结果表明，整个结构的强度和稳定性都是安全的。

15.6　小结与讨论

15.6.1　本章小结

(1) 弹性平衡稳定性的概念：平衡构形的稳定性和不稳定性；临界状态与临界载荷；三种类型压杆的不同临界状态。

(2) 细长压杆的临界载荷：$F_{Pcr} = \dfrac{\pi^2EI}{(\mu l)^2}$

(3) 长细比：$\lambda = \dfrac{\mu l}{i}$

(4) 临界应力总图。

(5) 压杆稳定性计算：$n_{\mathrm{w}}=\dfrac{F_{\mathrm{Pcr}}}{F}=\dfrac{\sigma_{\mathrm{cr}}A}{F}\geqslant[n]_{\mathrm{st}}$

15.6.2　讨论

1. 稳定性计算的重要性

由于受压杆的失稳而使整个结构发生坍塌，不仅会造成物质上巨大损失，而且还危及人民的生命安全。在 19 世纪末，瑞士的一座铁桥，当一辆客车通过时，桥桁架中的压杆失稳，致使桥发生灾难性坍塌，大约有 200 人受难。加拿大和俄国的一些铁路桥梁也曾经由于压杆失稳而造成灾难性事故。

虽然科学家和工程师早就面对着这类灾害进行了大量的研究，采取了很多预防措施，但直到现在还不能完全终止这种灾害的发生。

1983 年 10 月，北京的某建筑工地的钢管脚手架距地面 5～6m 处突然外弓。刹那间，这座高达 54.2m、长 17.25m、总重 565.4kN 的大型脚手架轰然坍塌，5 人死亡，7 人受伤，脚手架所用建筑材料大部分报废，经济损失 4.6 万元；工期推迟一个月，现场调查结果表明，脚手架结构本身存在严重缺陷，致使结构失稳坍塌，是这次灾难性事故的直接原因。

调查中发现支搭技术上存在以下问题：

(1) 钢管脚手架是在未经清理和夯实的地面上搭起的。这样在自重和外加载荷作用下必然使某些竖杆受力大，另外一些杆受力小。

(2) 脚手架未设“扫地横杆”，各大横杆之间的距离太大，最大达 2.2m，超过规定值 0.5m。两横杆之间的竖杆，相当于两端铰支的压杆，横杆之间的距离越大，竖杆临界载荷便越小。

(3) 高层脚手架在每层均应设有与建筑墙体相连的牢固连接点。而这座脚手架竟有 8 层未设与墙体的连接点。

(4) 这类脚手架的稳定安全因数规定为 3.0，而这座脚手架的安全因数，内层杆为 1.75；外层杆仅为 1.11。

这些便是导致脚手架失稳的必然因素。

2. 影响压杆承载能力的因素

(1) 对于细长杆，由于其临界载荷为

$$F_{\mathrm{Pcr}}=\frac{\pi^2 EI}{(\mu l)^2}$$

因此，影响承载能力的因素较多。临界载荷不仅与材料的弹性模量 (E) 有关，而且与长细比有关。长细比包含了截面形状、几何尺寸以及约束条件等多种因素。

(2) 对于中长杆，临界载荷

$$F_{\mathrm{Pcr}}=\sigma_{\mathrm{cr}}A=\left(a-b\lambda\right)A$$

影响其承载能力的主要是材料常数 a 和 b，以及压杆的长细比，当然还有压杆的横截面面积。

(3) 对于粗短杆，因为不发生屈曲，而只发生屈服或破坏，故

$$F_{\mathrm{Pcr}}=\sigma_{\mathrm{cr}}A=\sigma_{\mathrm{s}}A$$

临界载荷主要取决于材料的屈服强度和杆件的横截面面积。

3. 提高压杆承载能力的主要途径

为了提高压杆承载能力，必须综合考虑杆长、支承、截面的合理性以及材料性能等因素的影响。可选用的措施有以下几方面。

(1) 尽量减小压杆杆长。

对于细长杆，其临界载荷与杆长平方成反比。因此，减小杆长可以显著地提高压杆承载能力，在某些情形下，通过改变结构或增加支点可以达到减小杆长、从而提高压杆承载能力的目的，例如，图 15-9(a)、(b)所示之两种桁架，读者不难分析，两种桁架中的杆①、④均为压杆，但图 15-9(b)中压杆承载能力要远远高于图 15-9(a)中的压杆。

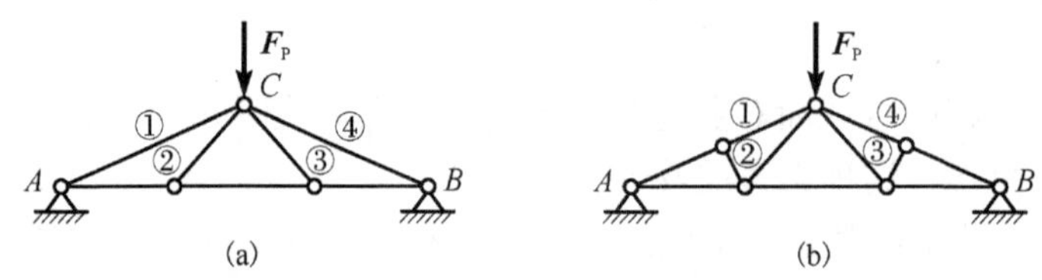

图 15-9　减小压杆的长度提高结构的承载能力

(2) 增强支承的刚性。

支承的刚性越大，压杆长度系数值越低，临界载荷越大，例如，将两端铰支的细长杆，变成两端固定约束的情形，临界载荷将成数倍增加。

(3) 合理选择截面形状。

当压杆两端在各个方向弯曲平面内具有相同的约束条件时，压杆将在刚度最小的主轴平面内屈曲，这时，如果只增加截面某个方向的惯性矩(例如只增加矩形截面高度)，并不能提高压杆的承载能力，最经济的办法是将截面设计成中空心的，且使 $I_y=I_z$，从而加大横截面的惯性矩，并使截面对各个方向轴的惯性矩均相同。因此，对于一定的横截面面积，正方形截面或圆截面比矩形截面好，空心正方形或环形截面比实心截面好。

当压杆端部在不同的平面内具有不同的约束条件时，应采用最大与最小主惯性矩不等的截面(例如矩形截面)，并使主惯性矩较小的平面内具有较刚性的约束，尽量使两主惯性矩平面内，压杆的长细比相互接近。

(4) 合理选用材料。

在其他条件均相同的情况下，选用弹性模量大的材料，可以提高细长压杆的承载能力，例如钢杆临界载荷大于铜、铸铁或铝制压杆的临界载荷。但是，普通碳素钢，合金钢以及高强度钢的弹性模量数值相差不大。因此，对于细长杆，若选用高强度钢，对压杆临界载荷影响甚微，意义不大，反而造成材料的浪费。

但对于粗短杆或中长杆，其临界载荷与材料的比例极限或屈服强度有关，这时选用高强度钢会使临界载荷有所提高。

4. 稳定性计算中需要注意的几个重要问题

(1) 正确地进行受力分析，准确地判断结构中哪些杆件承受压缩载荷，对于这些杆件必须按稳定性设计准则进行稳定性计算或稳定性设计。

例如，图 15-10 所示之某种仪器中的微型钢制圆轴，在室温下安装，这时轴既不沿轴向移动，也不承受轴向载荷，当温度升高时，轴和机架将同时因热膨胀而伸长，但二者材料的线膨胀系数不同，而且轴的线膨胀系数大于机架的线膨胀系数。请读者分析，当温度升高时，轴有没有稳定性问题？

(2) 要根据压杆端部约束条件以及截面的几何形状，正确判断可能在哪一个平面内发生屈曲，从而确定欧拉公式中的截面惯性矩，或压杆的长细比。

例如，图 15-11 所示为两端球铰约束细长杆的各种可能截面形状，请读者自行分析，压杆屈曲时横截面将绕哪一根轴转动？

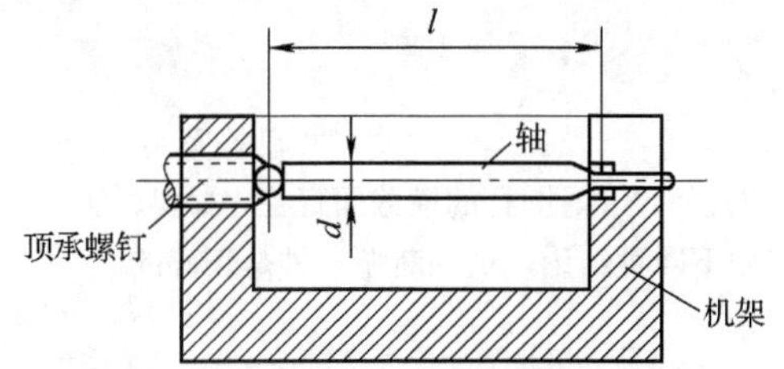

图 15-10　由热膨胀受限制引起稳定性问题

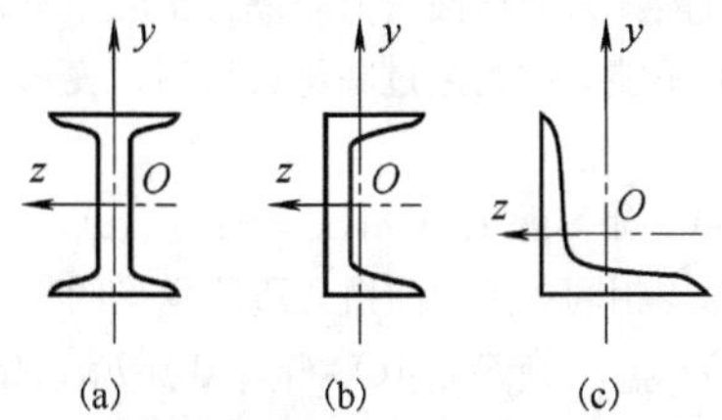

图 15-11　不同横截面形状压杆的稳定性问题

(3) 确定压杆的长细比，判断属于哪一类压杆，采用合适的临界应力公式计算临界载荷。

例如，图 15-12 所示之 4 根圆轴截面压杆，若材料和圆截面尺寸都相同，请读者判断哪一根杆最容易失稳？哪一根杆最不容易失稳？

(4) 应用稳定性设计准则进行稳定安全校核或设计压杆横截面尺寸。

设计压杆的横截面尺寸时，由于截面尺寸尚未知，故无从计算长细比以及临界载荷。这种情形下，可先假设一截面尺寸，算得长细比和临界载荷，再校核稳定设计准则是否满足，若不满足则需加大或减小截面尺寸，再行计算，一般经过几次试算后即可达到要求。

(5) 要注意综合性问题，工程结构中往往既有强度问题又有稳定性问题；或者既有刚度问题又有稳定性问题。有时稳定性问题又包含在超静定问题之中。

例如，图 15-13 所示结构中，哪一根杆会发生屈曲？其临界载荷又如何确定？

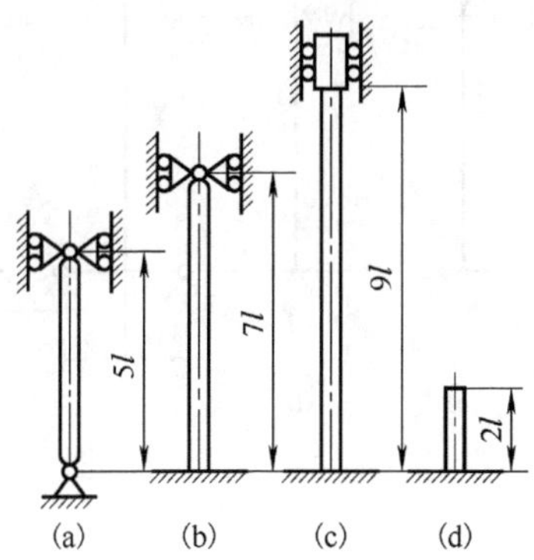

图 15-12　材料和横截面尺寸都相同的压杆稳定性问题

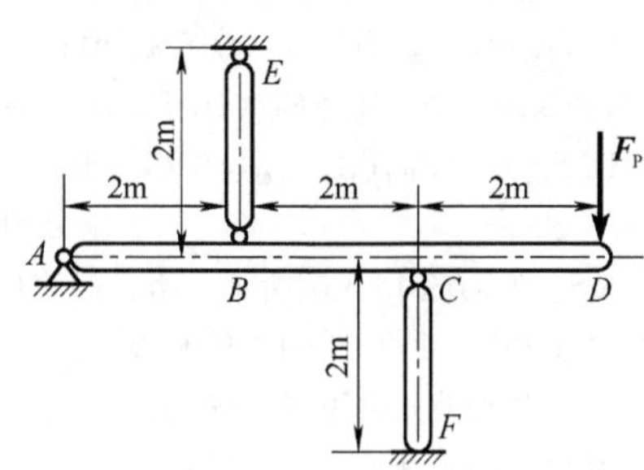

图 15-13　超静定结构中压杆的稳定性问题

习　　题

15-1　两端铰支圆截面细长压杆，在某一截面上开有一小孔，如习题 15-1 图所示。关于这一小孔对杆承载能力的影响，有以下四种论述，请判断哪一种是正确的。

(A) 对强度和稳定承载能力都有较大削弱；

(B) 对强度和稳定承载能力都不会削弱；

(C) 对强度无削弱，对稳定承载能力有较大削弱；

(D) 则对强度有较大削弱，对稳定承载能力削弱极微。

正确答案是________。

习题 15-1 图

15-2 关于钢制细长压杆承受轴向压力达到临界载荷之后，还能不能继续承载有如下四种答案，试判断哪一种是正确的。

(A) 不能。因为载荷达到临界值时屈曲位移将无限制地增加；

(B) 能。因为压杆一直到折断为止都有承载能力；

(C) 能。只要横截面上的最大正应力不超过比例极限；

(D) 不能。因为超过临界载荷后，变形不再是弹性的。

正确答案是________。

15-3 如习题 15-3 图(a)、(b)、(c)、(d)所示四桁架的几何尺寸、圆杆的横截面直径、材料、加力点及加力方向均相同。关于四桁架所能承受的最大外力 F_{Pmax} 有如下四种结论，试判断哪一种是正确的。

(A) $F_{Pmax}(a)=F_{Pmax}(c)<F_{Pmax}(b)=F_{Pmax}(d)$；

(B) $F_{Pmax}(a)=F_{Pmax}(c)=F_{Pmax}(b)=F_{Pmax}(d)$；

(C) $F_{Pmax}(a)=F_{Pmax}(d)<F_{Pmax}(b)=F_{Pmax}(c)$；

(D) $F_{Pmax}(a)=F_{Pmax}(b)<F_{Pmax}(c)=F_{Pmax}(d)$。

正确答案是________。

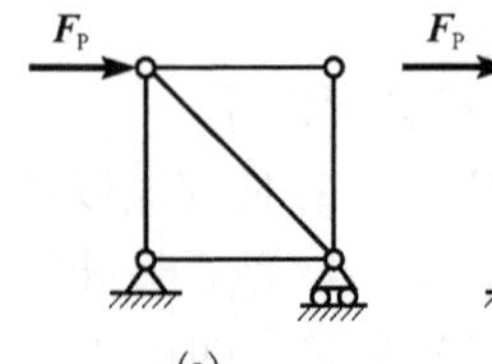

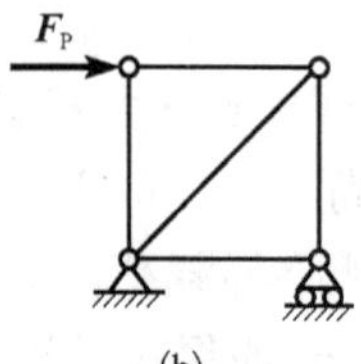

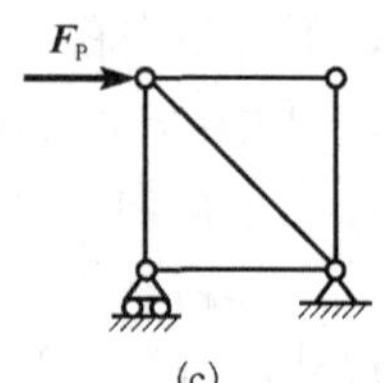

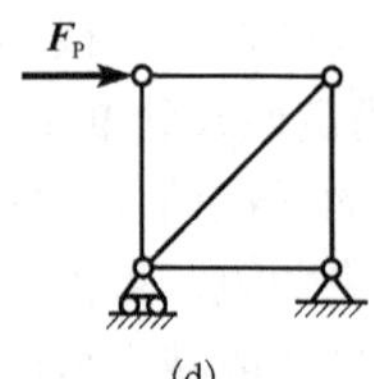

习题 15-3 图

15-4 习题 15-4 图(a)四杆均为圆截面直杆，杆长相同，且均为轴向加载，关于四者临界载荷的大小，有四种解答，试判断哪一种是正确的(其中弹簧的刚度较大)。

(A) $F_{Pcr}(a)<F_{Pcr}(b)<F_{Pcr}(c)<F_{Pcr}(d)$；

(B) $F_{Pcr}(a)>F_{Pcr}(b)>F_{Pcr}(c)>F_{Pcr}(d)$；

(C) $F_{Pcr}(b)>F_{Pcr}(c)>F_{Pcr}(d)>F_{Pcr}(a)$；

(D) $F_{Pcr}(b)>F_{Pcr}(a)>F_{Pcr}(c)>F_{Pcr}(d)$。

正确答案是________。

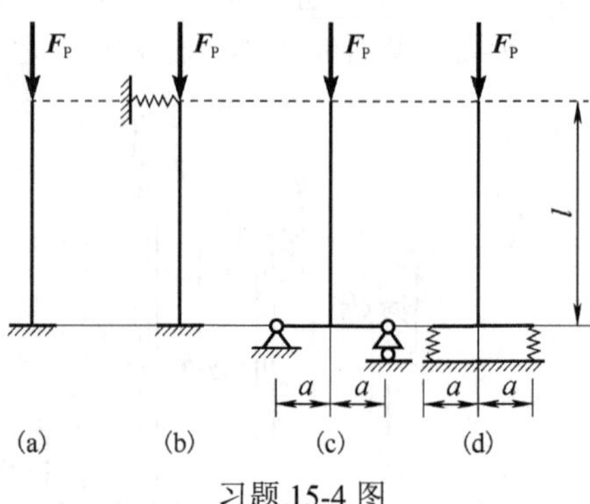

习题 15-4 图

15-5 如习题 15-5 图所示，所有梁的材料、弯曲刚度、梁长等均完全相同；所有杆(AB)的长度、拉压刚度等也完全相等。关于图示四种加载条件下杆 AB 的稳定工作安全因数之间的关系有如下结论，请判断哪一结论是正确的。

(A) $n_w(a)=n_w(b)=n_w(c)=n_w(d)$；

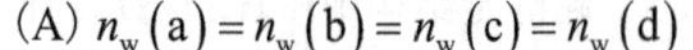

(B) $n_w(a)\neq n_w(b)\neq n_w(c)\neq n_w(d)$；

(C) $n_w(a)=n_w(b)<n_w(c)<n_w(d)$；

(D) $n_w(a)=n_w(b)>n_w(c)>n_w(d)$。

正确答案是________。

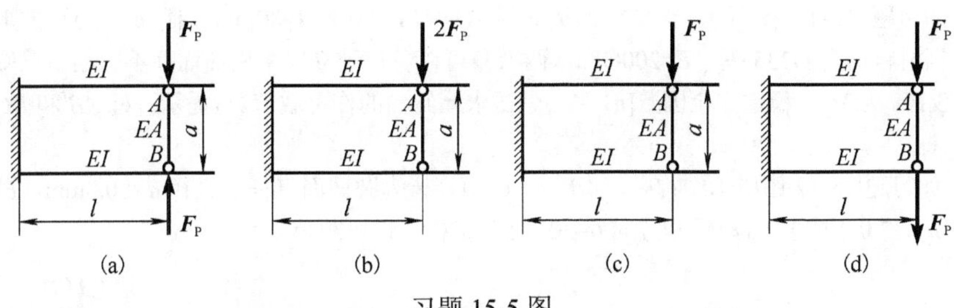

习题 15-5 图

15-6　提高钢制大长细比压杆承载能力有如下方法，试判断哪一种是最正确的。

(A) 减小杆长，减小长度系数，使压杆沿横截面两形心主轴方向的长细比相等；

(B) 增加横截面面积，减小杆长；

(C) 增加惯性矩，减小杆长；

(D) 采用高强度钢。

正确答案是________。

15-7　根据压杆稳定性设计准则，压杆的许可载荷 $[F_P]=\dfrac{\sigma_{cr}A}{[n]_{st}}$。当横截面面积 A 增加一倍时，试分析压杆的许可载荷将按下列四种规律中的哪一种变化？

(A) 增加 1 倍；

(B) 增加 2 倍；

(C) 增加 1/2 倍；

(D) 压杆的许可载荷随着 A 的增加呈非线性变化。

正确答案是________。

15-8　已知如习题 15-8 图所示液压千斤顶顶杆最大承重量 F_P=150kN，顶杆直径 d=52mm，长度 l=0.5m，材料为 Q235 钢，$[\sigma]$=235MPa。顶杆的下端为固定端约束，上端可视为自由端。试求顶杆的工作安全因数。

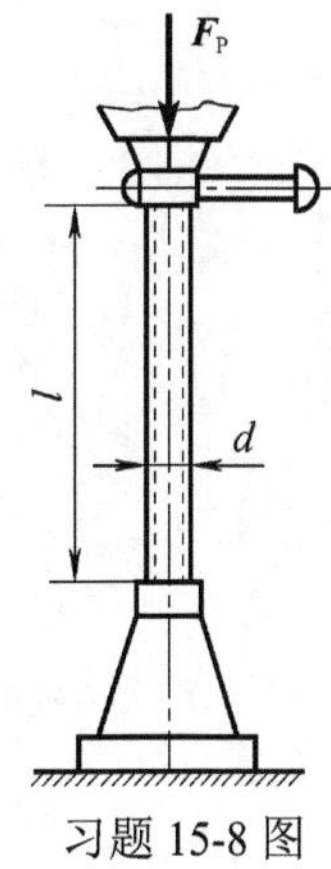

习题 15-8 图

15-9　如习题 15-9 图所示(单位：mm)，托架中杆 AB 的直径 d=40mm，长度 l=800mm，两端可视为球铰链约束，材料为 Q235 钢。试求：(1) 托架的临界载荷；(2) 若已知工作载荷 F_P=170kN，并要求杆 AB 的稳定安全因数$[n]_{st}$=2.0，校核托架是否安全；(3) 若横梁为 No.18 普通热轧工字钢，$[\sigma]$=160MPa，则托架所能承受的最大载荷有没有变化？

15-10　长 l=50mm，直径 d=6mm 的 40Cr 钢制微型圆轴，如习题 15-10 图所示，在温度为 t_1=−60℃时安装，这时轴既不能沿轴向移动，又不承受轴向载荷，温度升高时，轴和架身将同时因热膨胀而伸长。轴材料的线膨胀系数 $\alpha_1=125\times10^{-6}$/℃；架身材料的线膨胀系数 $\alpha_2=75\times10^{-6}$/℃。40Cr 钢：σ_s=600MPa，E=210GPa。若规定轴的稳定工作安全因数 $[n]_{st}$=2.0，并且忽略架身因受力而引起的微小变形，试校核当温度升高到 t_2=60℃时，该轴是否安全。

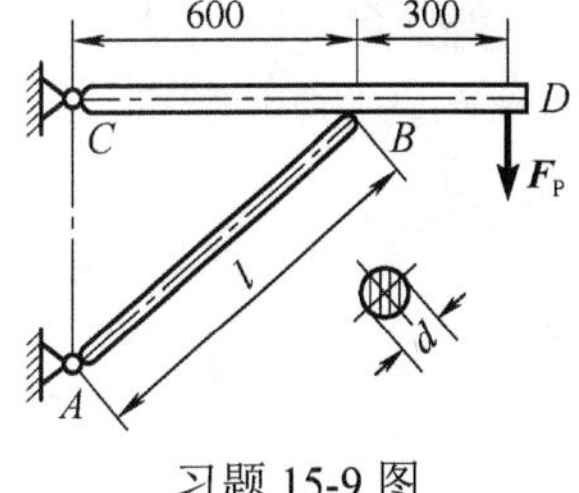

习题 15-9 图

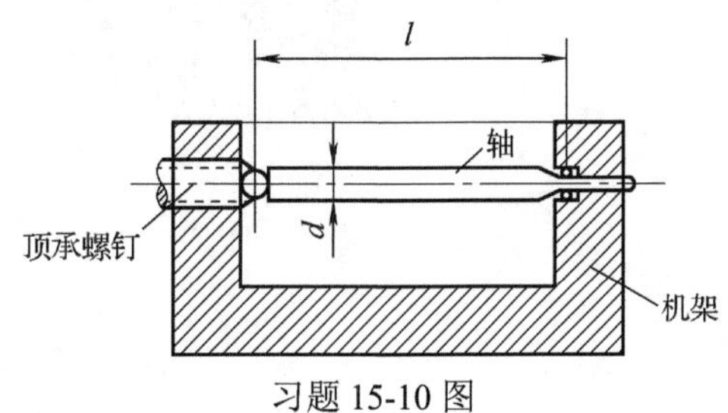

习题 15-10 图

15-11　如习题 15-11 图所示结构中，AB 为圆截面杆，直径 d=80mm，杆 BC 为正方形截面，边长 a=70mm，两杆材料均为 Q235 钢，E=200GPa，两部分可以各自独立发生屈曲而互不影响。已知 A 端固定，B、C 端为球铰链。l=3m，稳定安全因数$[n]_{st}$=2.5。试求此结构的许可载荷。(提示：杆 AB 和 BC 可以看作是两个独立的压杆)

*__15-12__　如习题 15-12 图所示结构中，AB 及 AC 两杆皆为圆截面直杆，直径 d=80.0mm，BC=4m，材料为 Q235 钢，$[n]_{st}$=2.0。试求 F_P 沿铅垂方向 θ=30° 时，结构的许可载荷。

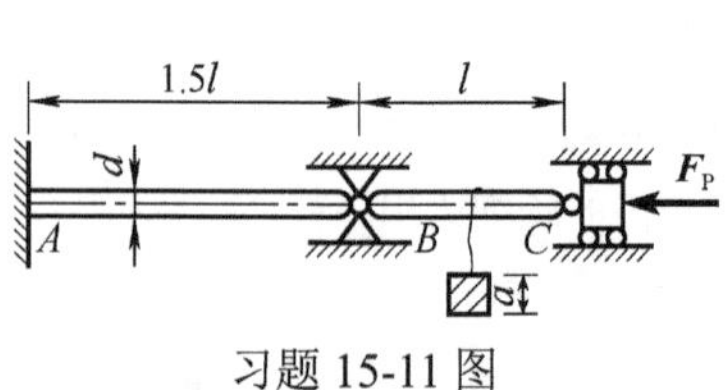

习题 15-11 图

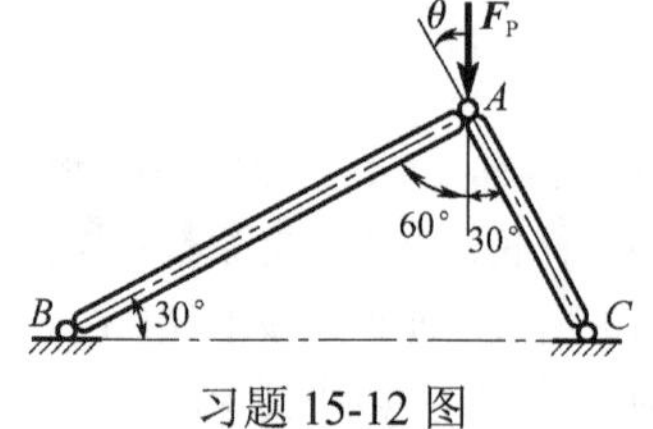

习题 15-12 图

15-13　如习题 15-13 图所示正方形桁架结构，由五根圆截面钢杆组成，连接处均为铰链，各杆直径均为 d=40mm，a=1m，材料均为 Q23S 钢，$[n]_{st}$=1.8。试求：(1) 求结构的许可载荷；(2) 若 F_P 力的方向与(1)中相反，许可载荷是否改变，若有改变应为多少？

*__15-14__　如习题 15-14 图所示结构中，梁与柱的材料均为 Q235 钢，E=200GPa，σ_s=240MPa。均匀分布载荷集度 q=40kN/m，竖杆为两根 63mm×63mm×5mm 等边角钢(连接成一整体)。试确定梁与柱的工作安全因数。

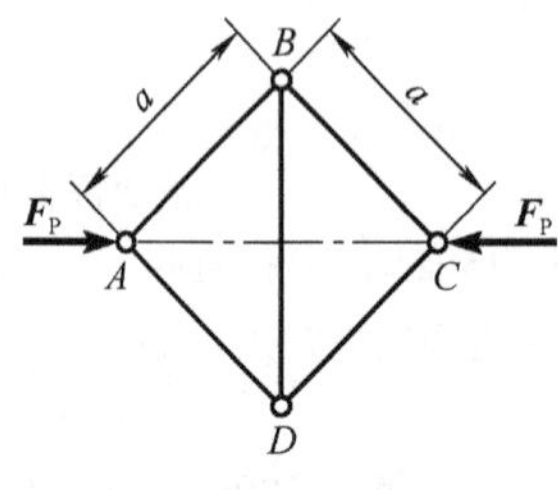

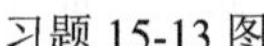
习题 15-13 图

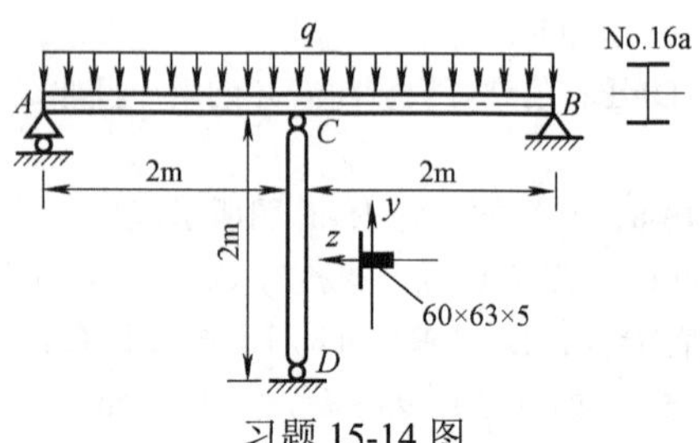

习题 15-14 图

等加速度直线运动时构件上的惯性力与动应力

旋转构件的受力分析与动应力计算

冲击载荷与冲击应力

疲劳失效特征与原因分析

影响疲劳寿命的因素

基于无限寿命的疲劳强度设计

小结与讨论

习题

参 考 文 献

陈建平, 范钦珊, 2018. 理论力学[M]. 北京：高等教育出版社.

范钦珊, 2007. 工程力学[M]. 北京：机械工业出版社.

范钦珊, 唐静静, 刘荣梅, 2012. 工程力学[M]. 2 版. 北京：清华大学出版社.

范钦珊, 殷雅俊, 虞伟建, 2013. 材料力学[M]. 2 版. 北京：清华大学出版社.

费迪南德 P.比尔, E.罗素・约翰斯顿 Jr., 约翰 T.德沃尔夫, 等, 2015. 材料力学. 陶秋帆, 范钦珊, 译. 北京：机械工业出版社.

唐静静, 范钦珊, 2017. 工程力学(静力学和材料力学)[M]. 3 版. 北京：高等教育出版社.

谢传锋, 王琪, 2009. 理论力学[M]. 北京：高等教育出版社.

殷雅俊, 范钦珊, 2019. 材料力学[M]. 3 版. 北京：高等教育出版社.

BEER F P, JOHNSTON E R, 1985. Mechanics of materials[M]. 2nd ed. New York: McGraw Hill.

BENHAM P P, CRAWFORD R J, 1987. Mechanics of materials[M]. London: Longman.

ROYLANCE D, 1996. Mechanics of materials[M]. New York: John Wiley & Sons Inc.